# 大学化学
## 习题解答

### 第 2 版

主 编 邱海霞　　副主编 杨秋华

中国教育出版传媒集团

高等教育出版社·北京

内容提要

本书是根据天津大学无机化学教研室编《大学化学》（第 2 版）的内容要求而编写的配套学习指导书，并入选天津大学"十四五"规划，由邱海霞主编。《大学化学》（第 2 版）是与在中国大学 MOOC 上的大学化学在线课程紧密结合的新形态教材，已由高等教育出版社出版。本书在第一版基础上对思考题与习题、自我检测、拓展思考题进行了补充，新增了重点知识剖析及例解和附录两个栏目，以及 5 套模拟试题。本书内容丰富、难度适中，适于学生学习使用。

本书可作为高等工科院校非化学化工类专业学生的大学化学辅助教材，也可供其他院校相关专业师生及自学者参考。

## 图书在版编目（CIP）数据

大学化学习题解答 / 邱海霞主编；杨秋华副主编
. --2 版. --北京：高等教育出版社，2023.11
ISBN 978-7-04-061020-8

Ⅰ．①大…　Ⅱ．①邱…　②杨…　Ⅲ．①化学–高等学校–题解　Ⅳ．①O6-44

中国国家版本馆 CIP 数据核字（2023）第 149929 号

大学化学习题解答（第 2 版）
Daxue HuaXue Xiti Jieda

| | | | | | | | |
|---|---|---|---|---|---|---|---|
| 策划编辑 | 沈晚晴 | 责任编辑 | 沈晚晴 | 封面设计 | 李卫青 | 版式设计 | 杜微言 |
| 责任绘图 | 邓　超 | 责任校对 | 胡美萍 | 责任印制 | 刁　毅 | | |

| | | | |
|---|---|---|---|
| 出版发行 | 高等教育出版社 | 网　址 | http://www.hep.edu.cn |
| 社　址 | 北京市西城区德外大街 4 号 | | http://www.hep.com.cn |
| 邮政编码 | 100120 | 网上订购 | http://www.hepmall.com.cn |
| 印　刷 | 天津嘉恒印务有限公司 | | http://www.hepmall.com |
| 开　本 | 787mm×1092mm　1/16 | | http://www.hepmall.cn |
| 印　张 | 21.75 | 版　次 | 2014 年 11 月第 1 版 |
| 字　数 | 540 千字 | | 2023 年 11 月第 2 版 |
| 购书热线 | 010-58581118 | 印　次 | 2023 年 11 月第 1 次印刷 |
| 咨询电话 | 400-810-0598 | 定　价 | 42.70 元 |

# 第 2 版前言

　　《大学化学习题解答》（第 2 版）为天津大学无机化学教研室编写的《大学化学》（第 2 版）的配套学习指导书，并入选天津大学"十四五"规划。《大学化学》（第 2 版）是与在中国大学 MOOC 上线的大学化学在线课程紧密结合的新形态教材，已由高等教育出版社出版发行。为了适应"互联网+"教学的需求，本书在第 1 版的基础上对思考题与习题、自我检测、拓展思考题进行了更新和补充；对原有的 5 套模拟题进行了筛选和扩充，模拟试题由 5 套增加至 10 套；新增加了重点知识剖析及例解和附录两个栏目，重点知识剖析及例解中根据学生平时的易错点精选例题，附录的引入方便本书作为独立的参考书使用。

　　本书由邱海霞担任主编，杨秋华担任副主编，各章节的执笔人分别是：邱海霞（第 6，9 章），杨秋华（第 1，3，7 章），马骁飞（第 4，10，11 章），曲建强（第 2，12 章），马亚鲁（第 5，8 章）。

　　本书在编写过程中得到了天津大学无机教研室各位老师的大力协助，同时高等教育出版社也给予了很大的支持与帮助，在此一并表示衷心感谢！

　　书中不足之处，敬请斧正。

编者

2022 年 3 月

# 第1版前言

　　本书是根据天津大学无机化学教研室编《大学化学》的内容要求而编写的配套学习指导书。全书根据主教材结构分为 12 章，各章包括基本要求、思考题与习题、自我检测、自我检测答案、拓展思考题和知识拓展六部分，在书后设计了五套模拟试题。

　　本书为思考题与习题、自我检测题提供了答案，目的是便于学生对作业实行自查、自改，提高他们的自主学习能力。

　　拓展思考题不提供答案。因为习题的最终目的是引导学生去思维，从自己或他人的实践中寻找答案，并对答案进行不断的完善。这部分内容的设置目的是为了打破所有习题全有答案，而且是标准答案的思路，培养学生进行创新思维、自己寻找答案的能力和习惯，同时加深对相关化学问题的理解。

　　知识拓展部分包含了超临界流体、熵和热力学温度的来源、飞秒化学、盐湖化学、新能源汽车电池、非整比化合物和缺陷化学、铀的提炼与浓缩、配位化学发展前景、页岩气、软物质、环境质量监测和生物活性分子一氧化氮等内容。这部分内容涉及近代化学理论和化学研究的新领域，在内容上与主教材相关章节有一定的关联性，目的是为了扩展学生的知识面。

　　本书由邱海霞主编，第 1～6 章由邱海霞编写，第 7～12 章及模拟试题由马骁飞编写。

　　本书的编写是在杨宏秀教授和杨秋华教授的精心策划、指导下进行的，杨宏秀教授还为本书提供了部分拓展思考题及知识拓展内容。在编写过程中，教研室的同行也给予了极大的帮助，在此一并表示感谢。

　　书中不足之处，敬请斧正。

编者

2014 年 4 月

# 目录

**第1章 气体和等离子体** ·············································································· 1

  基本要求 ···························································································· 1

  重点知识剖析及例解 ·············································································· 1

  思考题与习题 ······················································································ 5

  自我检测 ···························································································· 8

  自我检测答案 ····················································································· 11

  拓展思考题 ························································································ 14

  知识拓展 ···························································································· 15

**第2章 化学反应的热效应、方向及限度** ······················································· 19

  基本要求 ···························································································· 19

  重点知识剖析及例解 ············································································· 19

  思考题与习题 ····················································································· 25

  自我检测 ···························································································· 33

  自我检测答案 ····················································································· 39

  拓展思考题 ························································································ 43

  知识拓展 ···························································································· 43

**第3章 化学反应速率** ·············································································· 48

  基本要求 ···························································································· 48

  重点知识剖析及例解 ············································································· 48

  思考题与习题 ····················································································· 52

  自我检测 ···························································································· 56

  自我检测答案 ····················································································· 59

  拓展思考题 ························································································ 61

  知识拓展 ···························································································· 62

**第4章 溶液和离子平衡** ·············································································· 65

  基本要求 ···························································································· 65

  重点知识剖析及例解 ············································································· 65

  思考题与习题 ····················································································· 71

自我检测 ·········································································· 80

自我检测答案 ································································· 83

拓展思考题 ···································································· 88

知识拓展 ········································································ 88

## 第 5 章　氧化还原反应与电化学 ································ 91

基本要求 ········································································ 91

重点知识剖析及例解 ···················································· 91

思考题与习题 ······························································ 102

自我检测 ······································································ 111

自我检测答案 ······························································ 114

拓展思考题 ·································································· 118

知识拓展 ······································································ 119

## 第 6 章　结构化学基础 ················································ 125

基本要求 ······································································ 125

重点知识剖析及例解 ···················································· 125

思考题与习题 ······························································ 131

自我检测 ······································································ 142

自我检测答案 ······························································ 146

拓展思考题 ·································································· 150

知识拓展 ······································································ 150

## 第 7 章　过渡金属元素 ················································ 153

基本要求 ······································································ 153

重点知识剖析及例解 ···················································· 153

思考题与习题 ······························································ 157

自我检测 ······································································ 162

自我检测答案 ······························································ 163

拓展思考题 ·································································· 165

知识拓展 ······································································ 165

## 第 8 章　配合物 ···························································· 168

基本要求 ······································································ 168

重点知识剖析及例解 ···················································· 168

思考题与习题 ······························································ 177

自我检测 ······································································ 183

自我检测答案 ······························································ 185

拓展思考题 ………………………………………………………………… 189

知识拓展 …………………………………………………………………… 192

## 第 9 章　材料化学基础 …………………………………………………… 194

基本要求 …………………………………………………………………… 194

重点知识剖析及例解 ……………………………………………………… 194

思考题与习题 ……………………………………………………………… 199

自我检测 …………………………………………………………………… 203

自我检测答案 ……………………………………………………………… 204

拓展思考题 ………………………………………………………………… 205

知识拓展 …………………………………………………………………… 205

## 第 10 章　化学与新能源 …………………………………………………… 208

基本要求 …………………………………………………………………… 208

重点知识剖析及例解 ……………………………………………………… 208

思考题与习题 ……………………………………………………………… 209

自我检测 …………………………………………………………………… 210

自我检测答案 ……………………………………………………………… 211

拓展思考题 ………………………………………………………………… 211

知识拓展 …………………………………………………………………… 211

## 第 11 章　化学与环境保护 ………………………………………………… 213

基本要求 …………………………………………………………………… 213

重点知识剖析及例解 ……………………………………………………… 213

思考题与习题 ……………………………………………………………… 213

自我检测 …………………………………………………………………… 218

自我检测答案 ……………………………………………………………… 218

拓展思考题 ………………………………………………………………… 218

知识拓展 …………………………………………………………………… 219

## 第 12 章　生命化学基础 …………………………………………………… 223

基本要求 …………………………………………………………………… 223

重点知识剖析及例解 ……………………………………………………… 223

思考题与习题 ……………………………………………………………… 232

自我检测 …………………………………………………………………… 238

自我检测答案 ……………………………………………………………… 239

拓展思考题 ………………………………………………………………… 239

知识拓展 …………………………………………………………………… 239

**模拟试卷** ································································································· 242

　模拟试卷（一）····················································································· 242

　模拟试卷（一）答案 ············································································· 247

　模拟试卷（二）····················································································· 250

　模拟试卷（二）答案 ············································································· 254

　模拟试卷（三）····················································································· 257

　模拟试卷（三）答案 ············································································· 262

　模拟试卷（四）····················································································· 266

　模拟试卷（四）答案 ············································································· 270

　模拟试卷（五）····················································································· 273

　模拟试卷（五）答案 ············································································· 277

　模拟试卷（六）····················································································· 279

　模拟试卷（六）答案 ············································································· 283

　模拟试卷（七）····················································································· 286

　模拟试卷（七）答案 ············································································· 290

　模拟试卷（八）····················································································· 293

　模拟试卷（八）答案 ············································································· 297

　模拟试卷（九）····················································································· 300

　模拟试卷（九）答案 ············································································· 304

　模拟试卷（十）····················································································· 307

　模拟试卷（十）答案 ············································································· 311

**附录** ······································································································· 314

　附录 1　常用基本物理常数 ·································································· 314

　附录 2　某些物质的标准摩尔生成焓、标准摩尔生成吉布斯自由能和标准摩尔熵
　　　　　（标准态压强 $p^{\ominus} = 100\ \text{kPa}$，298.15 K）··············································· 315

　附录 3　水溶液中某些离子的标准摩尔生成焓、标准摩尔生成吉布斯自由能和标准
　　　　　摩尔熵（标准态压强 $p^{\ominus} = 100\ \text{kPa}$，298.15 K）································· 319

　附录 4　某些有机化合物的标准摩尔燃烧焓（标准态压强 $p^{\ominus} = 100\ \text{kPa}$，298.15 K）······ 323

　附录 5　某些弱电解质在水中的解离常数（298.15 K，离子强度 $I = 0$）············· 324

　附录 6　难溶化合物的溶度积常数（291.15～298 K，离子强度 $I = 0$）··············· 327

　附录 7　标准电极电势（标准态压强 $p^{\ominus} = 100\ \text{kPa}$，298.15 K）····················· 329

　附录 8　相对原子质量表 ····································································· 333

# 第1章　气体和等离子体

## 基本要求

1. 掌握理想气体状态方程和分压定律。
2. 熟悉实际气体和理想气体的区别，了解范德华方程。
3. 了解等离子体及其特点。

## 重点知识剖析及例解

1. 理想气体状态方程的运用

理想气体状态方程是一个用来描述气体四个基本性质之间关系的方程式，可用式（1-1）表示：

$$pV = nRT \tag{1-1}$$

式中 $p$ 是压强，$V$ 是体积，$n$ 是气体的物质的量，$T$ 是热力学温度，$R$ 是摩尔气体常数，所有气体的 $R$ 值均相同，但其数值与压强、体积单位有关。

在国际单位制（SI）中，压强单位用 Pa（帕斯卡）或 kPa 表示。常用的压强单位还有 atm[①]（标准大气压），它与 Pa 和 kPa 的换算关系如下：

$$1 \text{ atm} = 1.013 \times 10^5 \text{ Pa} = 101.3 \text{ kPa}$$

对于一定质量、一定种类的理想气体，在热平衡下，状态方程可写为

$$\frac{p_1 V_1}{T_1} = \frac{p_2 V_2}{T_2} = \cdots = nR = 常数 \tag{1-2}$$

式（1-2）表明了一定质量、一定种类的理想气体，几个平衡状态的各参量之间的关系。

对于种类相同的两部分气体，状态参量分别为 $p_1$，$V_1$，$T_1$ 和 $p_2$，$V_2$，$T_2$，现将其混合，其状态参量为 $p$，$V$，$T$，则状态参量间具有下列关系式：

$$\frac{pV}{T} = \frac{p_1 V_1}{T_1} + \frac{p_2 V_2}{T_2} \tag{1-3}$$

式（1-3）实质上说明了质量守恒：$m = m_1 + m_2$（$m$ 与 $m_1$，$m_2$ 分别表示混合前后的质量）。按照质量守恒与状态方程是否可以得知：式（1-3）对不同气体也照样适用？

（1）摩尔气体常数 $R$ 的单位

已知标准状况下 1 mol 气体体积为 22.4 $dm^3$，如果压强、温度和体积都采用 SI 单位，也就是 $n = 1$ mol，$p = 101.3$ kPa，$T = 273.15$ K，$V = 22.4$ $dm^3$ 时，把这些数据代入理想气体状态

---

① 工程上，atm 仍为常用的压强单位，本书保留此习惯。

方程，则得

$$R = \frac{101.3 \text{ kPa} \times 22.4 \text{ dm}^3}{1 \text{ mol} \times 273.15 \text{ K}} = 8.314 \text{ kPa} \cdot \text{dm}^3/(\text{mol} \cdot \text{K})$$

若压强用 atm 作单位、体积用 $m^3$ 作单位时，$R$ 取 $8.20 \times 10^{-5}$ atm·$m^3$/(mol·K)，因为

$$R = \frac{1 \text{ atm} \times 22.4 \times 10^{-3} \text{ m}^3/\text{mol}}{273.15 \text{ K}} = 8.20 \times 10^{-5} \text{ atm} \cdot \text{m}^3/(\text{mol} \cdot \text{K})$$

若压强用 atm 作单位、体积用 L 作单位时，$R$ 取 0.082 atm·L/(mol·K)，因为

$$R = \frac{1 \text{ atm} \times 22.4 \text{ L}/\text{mol}}{273.15 \text{ K}} = 0.082 \text{ atm} \cdot \text{L}/(\text{mol} \cdot \text{K})$$

应用理想气体状态方程进行计算时，压强、体积单位的选取必须与 $R$ 一致，同时温度必须用热力学温标。

（2）用状态方程来解题

与气体的混合（如充气、贮气等）和分离（如抽气、漏气等）有关的习题，可从不同角度出发去列方程：① 从质量守恒定律或推广到不同种类的气体分子时总物质的量不变来考虑；② 从同温、同压下的折合的加和减来考虑。由于气体体积是温度、压强的函数，所以，在利用"气体折合体积的加和性"时必须注意，只有统一折算成相同温度和压强下的体积后，才可以比较；③ 从道尔顿分压定律来考虑。上述三种不同的出发点，可得相同结果。

另外，用气、排气、漏气等变质量问题，如将跑出气体的体积，设想包含在气体变化后的状态中，即可转为定质量问题，从而使建立的方程简单。

**例 1**　A、B 两容器的容积分别为 $V_1 = 250$ cm$^3$ 和 $V_2 = 400$ cm$^3$，用一带活塞 K 的绝热细管连接起来（见图 1–1）。容器 A 浸入温度为 $T_1 = 373$ K 的恒温沸水槽中，容器 B 浸在温度为 $T_2 = 273$ K 的冷水冷液中。开始时，两容器被关闭着的活塞隔开。容器 A 中理想气体的压强 $p_1 = 400$ mmHg[①]，B 中的压强为 $p_2 = 150$ mmHg，求活塞打开后，两容器中的平衡压强。

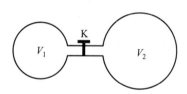

图 1–1　由绝热细管连接的两容器

[**解法一**] 从质量守恒定律考虑：

因为两容器内气体的总质量不变，所以 A、B 中的质量变化值应当相等：

$$\Delta m_1 = \Delta m_2 \tag{1}$$

因为

$$p_1 V_1 = \frac{m_1}{M} R T_1$$

故

$$\Delta p_1 V_1 = \frac{\Delta m_1}{M} R T_1 \tag{2}$$

又因为

$$p_2 V_2 = \frac{m_2}{M} R T_2$$

---

① 760 mmHg = 101 325 Pa

故 $$\Delta p_2 V_2 = \frac{\Delta m_2}{M} R T_2 \tag{3}$$

由式（2）、式（3）得 $\Delta m_1$，$\Delta m_2$，代入式（1）得

即 $$\frac{(p_1 - p)V_1}{(p - p_2)V_2} = \frac{T_1}{T_2}$$

由此可以解得 $$p = \frac{p_1 V_1 T_2 + p_2 V_2 T_1}{V_1 T_2 + V_2 T_1}$$

[**解法二**] 取 A，B 整体作为研究对象，从整体系统的总物质的量（总质量）始终不变来考虑。

因为 $$p_1 V_1 = \frac{m_1}{M} R T_1 \qquad p_2 V_2 = \frac{m_2}{M} R T_2 \tag{1}$$

故 $$\frac{p_1 V_1}{T_1} + \frac{p_2 V_2}{T_2} = \frac{m_1 + m_2}{M} R \tag{2}$$

$$p = \frac{\dfrac{p_1 V_1}{T_1} + \dfrac{p_2 V_2}{T_2}}{\dfrac{V_1}{T_1} + \dfrac{V_2}{T_2}} = \frac{p_1 V_1 T_2 + p_2 V_2 T_1}{V_1 T_2 + V_2 T_1}$$

[**解法三**] 把变质量问题化为定质量问题，从而可以利用气态方程来解：当活塞打开后，容器 A 中有一部分状态为 $p_1$，$V_1$，$T_1$ 的气体占体积 $\Delta V_1$，跑到容器 B 中去而处于状态为 $p_2$，$T_2$，$V_2$ 下占据体积 $\Delta V_2$（注意 $\Delta V_1 \neq \Delta V_2$），选择 $V_1 - \Delta V_1$ 这部分气体作为研究对象，其质量为 $m_1 - \Delta m$，打开活塞后膨胀成体积 $V_1$；另选 $V_2 + \Delta V_2$ 的气体为研究对象，其质量为 $m_2 + \Delta m$，打开活塞后收缩为体积 $V_2$。在变化过程中，这两个研究对象的质量都没有变化，故适用气态方程。它们都服从等温过程，且达到同一压强：

对容器 A： $$\frac{p_1(V_1 - \Delta V_1)}{T_1} = \frac{p V_1}{T_1} \tag{1}$$

对容器 B： $$\frac{p_2(V_2 + \Delta V_2)}{T_2} = \frac{p V_2}{T_2} \tag{2}$$

式（1）、式（2）中除了待求的未知量 $p$ 以外，还有两个中间未知量 $\Delta V_1$、$\Delta V_2$，因此，还得建立新的方程。

考虑到 A、B 中的质量变化值相同，故有

$$\frac{p_1 \Delta V_1}{T_1} = \frac{p_2 \Delta V_2}{T_2} = \frac{\Delta m}{M} R$$

即 $$\Delta V_1 = \frac{p_2 T_1}{p_1 T_2} \Delta V_2$$

代入式（1）得 $$\frac{p_1 V_1}{T_1} - \frac{p_2 \Delta V_2}{T_2} = \frac{p V_1}{T_1}$$

与式（2）相加，即可解得

$$p = \frac{\dfrac{p_1 V_1}{T_1} + \dfrac{p_2 V_2}{T_2}}{\dfrac{V_1}{T_1} + \dfrac{V_2}{T_2}} = \frac{\dfrac{400 \text{ mmHg} \times 250 \text{ cm}^3}{373 \text{ K}} + \dfrac{150 \text{ mmHg} \times 400 \text{ cm}^3}{273 \text{ K}}}{\dfrac{250 \text{ cm}^3}{373 \text{ K}} + \dfrac{400 \text{ cm}^3}{273 \text{ K}}} = 229 \text{ mmHg}$$

**例 2**　氧气瓶的容积 30 L，瓶中氧气的压强 130 atm。氧气厂规定：当压强下降到 10 atm 时，就应当重新充氧气。若每天用 40 L 的 1 atm 的氧气。问这瓶氧气至多可用几天？（设使用温度不变。）

[**解法一**] 把瓶内充足了氧气作为研究对象，并看成理想气体。这时，$p_1 = 130$ atm，$V_1 = 30$ L。先设想把氧气瓶的体积等温扩大，使压强降到 $p_2 = 10$ atm，设其体积为 $V_2$，则有

$$p_1 V_1 = p_2 V_2 \tag{1}$$
$$p_2(V_2 - 30 \text{ L}) = p_3 V_3 \tag{2}$$

将已知数据代入得　　　　　　$V_3 = 3\,600$ L

可见每天用 40 L，可用 90 天。

[**解法二**] 由解法一中的式（1）代入式（2），得

$$V_3 = \frac{p_2 V_2}{p_3} = \frac{p_2 \left( \dfrac{V_1 p_1}{p_2} - 30 \text{ L} \right)}{p_3} = \frac{V_1 p_1}{p_3} - 30 \text{ L} \frac{p_2}{p_3}$$

即　　　　　　　　　　　$$p_3 V_3 = V_1(p_1 - p_2)$$
$$V_3 = \frac{V_1(p_1 - p_2)}{p_3}$$

**例 3**　在 0 ℃时 1 atm 的甲气体为 100 cm³，与 10 ℃时的 5 atm 的乙气体 200 cm³ 混合在 150 cm³ 的容器中。求 30 ℃时混合气体的压强。

[**分析**] 30 ℃时混合气体状态变化后的压强：

初态：　　　　$p_2 = 5$ atm，　$V_2 = 200$ cm³，　$T_2 = (273 + 10)$ K = 283 K

终态：　　　　$p_2' = ?$，　$V_2' = 200$ cm³，　$T_2' = (273 + 30)$ K = 303 K

**解**：根据理想气体状态方程有

$$p_2' = \frac{p_2 V_2 T_2'}{T_2 V_2'} = \frac{5 \text{ atm} \times 200 \text{ cm}^3 \times 303 \text{ K}}{283 \text{ K} \times 150 \text{ cm}^3} = 7.14 \text{ atm}$$

再根据道尔顿分压定律，混合气体的压强为

$$p = p_1' + p_2' = (7.14 + 0.74) \text{ atm} = 7.88 \text{ atm}$$

2. 对实际气体的认识

实际气体都不同程度地偏离理想气体定律。偏离大小取决于压强、温度与气体的性质，特别是取决于气体液化的难易程度。对于处在室温及 1 atm 左右的气体，这种偏离是很小的，最多不过百分之几。如氧气和氢气是沸点很低（沸点分别为 −183 ℃和 −253 ℃）的气体，在 25 ℃和 1 atm 时，摩尔体积与理想值的偏差在 0.1% 以内。而沸点较高的二氧化硫和氯气（沸点分别为 −10 ℃与 −35 ℃），在 25 ℃与 1 atm 下就不很理想。它们的摩尔体积比按理想气体

定律预计的数值分别低了 2.4% 与 1.6%。当温度较低、压强较高时，各种气体的行为都将不同程度地偏离理想气体的行为。

引起上述偏差的原因有两个，第一个原因是分子间的引力，当气体被压缩时，分子间平均距离缩短，分子间引力变大，气体的体积就要在分子引力的作用下逐步缩小。因此，定温下，当压强增加时，气体的体积要比玻意耳–马里奥特定律所给的数值小，即导致气体的 $pV$ 值随压强 $p$ 的增大而减小；第二个原因是分子本身的体积，当气体被压缩到分子本身的体积不容忽视时，容器内气体分子间可以被压缩的空间与气体体积之比要随压强的增加而不断减小。因此把气体压缩到一定体积所需的压强应该大于玻意耳–马里奥特定律所给出的压强，也就是说，气体的 $pV$ 值要变大，这一情况反映了分子之间的斥力。我们注意到，分子之间的引力和分子本身的体积这两个因素的影响是相反的，前者使气体易于压缩，后者使气体难于压缩。在压强较低时，分子间吸引力是使气体偏离理想气体定律的主要因素，而在压强很高时，分子体积的影响就显得更加重要。

## 思考题与习题

1. 气体有哪些特性？

**答**：气体具有扩散性、渗透性、传导性、黏滞性和可压缩性。此外，与液体分子和固体分子相比，气体分子间空隙大，分子运动速率大。

2. 摩尔气体常数 $R$ 的单位和数值是根据什么确定的？常用的 $R$ 值有哪几种表达方式？

**答**：摩尔气体常数 $R$ 的单位和数值是根据压强、体积的单位确定的。常用 $R$ 值的表达方式有：8.314 kPa·dm³·mol⁻¹·K⁻¹，8.314 Pa·m³·mol⁻¹·K⁻¹，8.314 J·mol⁻¹·K⁻¹，0.082 atm·L·mol⁻¹·K⁻¹。

3. 什么叫理想气体？引入理想气体概念的意义是什么？

**答**：气体分子本身的体积和气体分子间的作用力都可以忽略不计的气体，称为理想气体。理想气体满足气体状态方程 $pV = nRT$，它是一种理想化的模型，实际并不存在。由于理想气体无须考虑分子体积和分子间作用力，因此使得气体的一些状态函数有简单的比例关系，简化了许多运算，有助于一些公式的推导。

4. 理想气体方程式的适用范围是什么？

**答**：实际气体在温度高于临界温度和低压时比较符合理想气体状态方程；而在低温高压下与理想气体性质的偏差就较大。

5. 分压定律的内容有何应用？请解释摩尔分数、体积分数。

**答**：在生产和科研中遇到的气体往往是多组分的气体混合物。分压定律指出：混合气体的总压强等于各组分气体单独占有与混合气体同样体积时的各分压强的总和。使用分压定律，可以在已知混合气体中各组分气体的分压时求得总压，也可在已知混合气体总压和除组分气体 A 以外其他组分气体的分压时，求组分气体 A 的分压。

摩尔分数是指混合物或溶液中的一种物质的量与各组分物质的量之和的比。体积分数是指混合气体中的各气体在同温同压下单独存在时的体积与总体积之比。

6. 公式 $\dfrac{p_A}{p_{总}} = \dfrac{n_A}{n_{总}}$ 及 $\dfrac{V_A}{V_{总}} = \dfrac{n_A}{n_{总}}$ 成立的条件各是什么？

**答**：公式 $\dfrac{p_A}{p_{总}} = \dfrac{n_A}{n_{总}}$ 成立的条件是等温等体积，公式 $\dfrac{V_A}{V_{总}} = \dfrac{n_A}{n_{总}}$ 成立的条件是等温等压。

7. 实际气体与理想气体有何区别？

**答**：理想气体是一种实际不存在的假想气体，它和真实气体的主要区别是：理想气体分子间没有相互作用力，实际气体分子间存在相互作用力；理想气体分子自身不占有体积，实际气体分子自身的体积不能忽略（尤其在压强很大时）；理想气体严格遵从理想气体状态方程，实际气体只有在温度不太低，压强不太高的条件下，才能遵守理想气体的状态方程。

8. 什么是临界温度、临界压强、临界体积？

**答**：使物质由气相变为液相的最高温度叫临界温度，在这个温度以上，无论怎样增大压强，气体都不会液化。在临界温度下使气体变为液体的最小压强叫临界压强。在临界温度和临界压强下，1 mol 物质所占有的体积是它的临界体积。

9. 何谓范德华方程式？式中各项分别表示什么意义？

**答**：范德华方程式是荷兰科学家范德华针对引起实际气体与理想气体发生偏差的主要原因，对理想气体状态方程提出的修正式：

$$\left(p + \frac{a}{\tilde{V}^2}\right)(\tilde{V} - b) = RT \quad （1\ mol\ 气体）$$

$$\left(p + \frac{n^2 a}{V^2}\right)(V - nb) = nRT \quad （n\ mol\ 气体）$$

式中 $a$ 是与分子间吸引力有关的常数，$b$ 是与分子体积有关的常数（$a$ 和 $b$ 统称为范德华常数），$p$ 为气体的压强，$R$ 为摩尔气体常数，$T$ 为热力学温度，$n$ 为物质的量，$\tilde{V}$ 为气体的摩尔体积，$V$ 为气体的体积。

10. 什么叫等离子体？用哪些方法可以获得等离子体？

**答**：等离子体是由大量的等数量的带正电荷的粒子（一般为离子）和带负电荷的粒子（一般为电子）组成的带电粒子系统，宏观上呈电中性，它是固体、液体和气体三种常见的物质状态之外的第四种物态。常用的产生等离子体的方法主要有：

（1）气体放电法　在电场作用下获得加速动能的带电粒子使气体电离，加之阴极二次电子发射等其他机制的作用，导致气体击穿放电形成等离子体。

（2）光电离法　利用入射光子的能量使某物质的分子电离以形成等离子体。

（3）射线辐照法　用各种射线或者粒子束对气体进行辐照产生等离子体。

（4）燃烧法　是一种热致电离法，借助热运动能足够大的原子、分子间相互碰撞引起电离，产生的等离子体叫火焰等离子体。

其中比较实用的是放电获得等离子体，如各种电弧放电、辉光放电、高频电感耦合放电、高频电容耦合放电、微波诱导放电等。

11. 在标准状况下 1.0 $m^3$ $CO_2$ 通过炽热的碳层后，完全转变为 CO。这时温度为 900 ℃，压强为 101.325 kPa，求 CO 的体积。

**解：**
$$CO_2(g) + C(s) \longrightarrow 2CO(g)$$

$CO_2$ 的物质的量：

$$n(CO_2) = \frac{pV}{RT} = \frac{101\ 325\ \text{Pa} \times 1.0\ \text{m}^3}{8.314\ \text{J} \cdot \text{mol}^{-1} \cdot \text{K}^{-1} \times 273.15\ \text{K}} = 44.62\ \text{mol}$$

由反应方程式可知，反应后 CO 的物质的量：

$$n(CO) = 2n(CO_2) = 2 \times 44.62\ \text{mol} = 89.24\ \text{mol}$$

$$V(CO) = \frac{n(CO)RT}{p(CO)} = \frac{89.24\ \text{mol} \times 8.314\ \text{J} \cdot \text{mol}^{-1} \cdot \text{K}^{-1} \times (273.15 + 900)\ \text{K}}{101\ 325\ \text{Pa}} = 8.6\ \text{m}^3$$

12. 在 $CH_4$ 和 $H_2$ 的混合气体中，它们的体积分数分别是 0.3 和 0.7，总压强为 80.0 kPa，求 $CH_4$ 和 $H_2$ 的分压各是多少？

**解：** 等温等压时，$\dfrac{V_A}{V_{总}} = \dfrac{n_A}{n_{总}}$，等温等体积时，$\dfrac{p_A}{p_{总}} = \dfrac{n_A}{n_{总}}$

由题可知：$\dfrac{V(CH_4)}{V_{总}} = \dfrac{n(CH_4)}{n_{总}} = 0.3$，$\dfrac{V(H_2)}{V_{总}} = \dfrac{n(H_2)}{n_{总}} = 0.7$，$\dfrac{p(CH_4)}{p_{总}} = \dfrac{n(CH_4)}{n_{总}} = 0.3$，所

以 $p(CH_4) = \dfrac{n(CH_4)}{n_{总}}p_{总} = 0.3 \times 80.0\ \text{kPa} = 24\ \text{kPa}$

$\dfrac{p(H_2)}{p_{总}} = \dfrac{n(H_2)}{n_{总}} = 0.7$，所以 $p(H_2) = \dfrac{n(H_2)}{n_{总}}p_{总} = 0.7 \times 80.0\ \text{kPa} = 56\ \text{kPa}$

13. 在 27 ℃，将电解水得到的氢、氧混合气干燥后贮于 60.0 m³ 容器中，混合气体的总质量为 40.0 g，求氢气、氧气的分压强。

**解：** 设氢气和氧气的质量分别为 $m(H_2)$ 和 $m(O_2)$，由题知：$m(H_2) + m(O_2) = 40.0\ \text{g}$，即

$$2\ \text{g} \cdot \text{mol}^{-1} \times n(H_2) + 32\ \text{g} \cdot \text{mol}^{-1} \times n(O_2) = 40.0\ \text{g} \tag{1}$$

由反应方程式 $2H_2O(l) \longrightarrow 2H_2(g) + O_2(g)$ 知混合气体中氢气和氧气的物质的量之比：

$$\frac{n(H_2)}{n(O_2)} = \frac{2}{1} \tag{2}$$

联立式（1）和式（2）可得，$n(H_2) = 2.22\ \text{mol}$，$n(O_2) = 1.11\ \text{mol}$，$n_{总} = 3.33\ \text{mol}$

$$p_{总} = \frac{n_{总}RT}{V} = \frac{3.33\ \text{mol} \times 8.314\ \text{J} \cdot \text{mol}^{-1} \cdot \text{K}^{-1} \times (273.15 + 27)\ \text{K}}{60.0\ \text{m}^3} = 138.5\ \text{Pa}$$

在等温等体积下：

$$\frac{p(H_2)}{p_{总}} = \frac{n(H_2)}{n_{总}}, \quad 则\ p(H_2) = \frac{n(H_2)}{n_{总}} \times p_{总} = \frac{2}{3} \times 138.5\ \text{Pa} = 92.3\ \text{Pa}$$

$$\frac{p(O_2)}{p_{总}} = \frac{n(O_2)}{n_{总}}, \quad 则\ p(O_2) = \frac{n(O_2)}{n_{总}} \times p_{总} = \frac{1}{3} \times 138.5\ \text{Pa} = 46.2\ \text{Pa}$$

14. 一个体积为 40.0 dm³ 的氮气钢瓶，在 22.5 ℃时，使用前压强为 $1.27 \times 10^5$ Pa，使用后压强为 $1.02 \times 10^5$ Pa，求算总共使用氮气的质量。

**解：** 使用前 $N_2$ 的物质的量：

$$n(N_2, 使用前) = \frac{pV}{RT} = \frac{1.27 \times 10^5 \text{ Pa} \times 40.0 \text{ dm}^3}{8.314 \cdot \text{J} \cdot \text{mol}^{-1} \cdot \text{K}^{-1} \times (273.15 + 22.5) \text{ K}} = 2.07 \text{ mol}$$

使用后 $N_2$ 的物质的量：

$$n(N_2, 使用后) = \frac{pV}{RT} = \frac{1.02 \times 10^5 \text{ Pa} \times 40.0 \text{ dm}^3}{8.314 \text{ J} \cdot \text{mol}^{-1} \cdot \text{K}^{-1} \times (273.15 + 22.5) \text{ K}} = 1.66 \text{ mol}$$

设总共使用氮气的质量为 $m$，则

$$m = (2.07 - 1.66) \text{ mol} \times 28.0 \times 10^{-3} \text{ kg} \cdot \text{mol}^{-1} = 1.15 \times 10^{-3} \text{ kg}$$

15. 用金属 Zn 与盐酸反应制氢气，在 25 ℃时，用排水取气法收集 $H_2$，总压强为 98.6 kPa，问生成 2.50 dm³ 湿的氢气，需多少克锌？ 〔已知 25 ℃时 $p(H_2O) = 3.2$ kPa〕

**解：** $\quad p(H_2) = p_总 - p(H_2O) = (98.6 - 3.2) \text{ kPa} = 95.4 \text{ kPa}$

由理想气体状态方程 $pV = nRT$ 知：

$$n(H_2) = \frac{pV}{RT} = \frac{95.4 \text{ kPa} \times 2.50 \text{ dm}^3}{8.314 \text{ J} \cdot \text{mol}^{-1} \cdot \text{K}^{-1} \times 298.15 \text{ K}} = 0.096 \ 2 \text{ mol}$$

由 Zn 与盐酸制取 $H_2$ 的反应方程式 $Zn + 2H^+ \longrightarrow Zn^{2+} + H_2$ 知：

$$n(Zn) = n(H_2)$$

设需要 Zn 的质量为 $m$，则 $m = 0.096 \ 2 \text{ mol} \times 65.39 \text{ g} \cdot \text{mol}^{-1} = 6.29 \text{ g}$

# 自我检测

## 一、填空题

1. 理想气体状态方程的数学表达式为_____，在该方程中，若摩尔气体常数 $R$ 的单位为 $J \cdot \text{mol}^{-1} \cdot \text{K}^{-1}$，体积的单位为 L，则压强的单位为_____。

2. 真实气体在分子间的作用力较_____，气体分子自身的体积和气体体积相比可以忽略不计时，与理想气体的状态方程偏差较小。

3. 在同温同压下，相同质量的 $N_2$ 和 $CO_2$ 的体积比为_____。

4. $N_2$ 和 $H_2$ 混合气体的体积比为 1:3，将初始压强为 5 MPa 的该混合气体压缩至 12 MPa，则 $N_2$ 的压强由_____MPa 提高至_____MPa，$H_2$ 的压强由_____MPa 提高全_____MPa。

## 二、选择题

1. 关于理想气体，下列叙述正确的是 （　　）。

A. 通常情况下，高温低压下的气体接近理想气体性质

B. 通常情况下，高温高压下的气体接近理想气体性质

C. 通常情况下，低温低压下的气体接近理想气体性质

D. 通常情况下，低温高压下的气体接近理想气体性质

2. $N_2$ 和 $H_2$ 的混合理想气体，其压强、体积、温度和物质的量分别用 $p$，$V$，$T$，$n$ 表示，下列表达式中错误的是（　　　）。

A. $pV = nRT$                       B. $p(H_2)V = n(H_2)RT$

C. $p(H_2)V(H_2) = n(H_2)RT$        D. $pV(N_2) = n(N_2)RT$

3. 在一定的温度下，在一密闭容器内充入 A，B，C 三种理想气体，组分 A，B，C 的物质的量分别为 0.3 mol，0.2 mol，0.1 mol，混合气体的总压为 100 kPa，则组分 A 的分压为（　　　）。

A. 30 kPa         B. 50 kPa         C. 60 kPa         D. 20 kPa

## 三、判断题

1. 混合气体中某组分的分体积是指在相同的温度下，该组分气体单独存在而且与总压强相同时所测得的体积。（　　　）

2. 在同一容器中通入相同质量的 $CO_2$ 和 $O_2$，$CO_2$ 的分压高于 $O_2$ 的分压。（　　　）

3. 实际气体与理想气体存在偏差的原因是理想气体分子之间不存在作用力和分子本身不占有体积。（　　　）

4. 等离子体是由大量的带正电荷的粒子和带负电荷的粒子组成的带电粒子系统，所以宏观上不是电中性的。（　　　）

5. 只要压强足够大，气体可以在任何温度下液化。（　　　）

## 四、计算题

1. 在 25 ℃，一个容积为 15.0 L 的容器中混有 $O_2$，$N_2$ 和 $CO_2$ 气体，已知混合气体的总压为 100 kPa，其中 $p(O_2)$ 为 30.0 kPa，$CO_2$ 的质量为 5.00 g，求：

（1）容器中 $O_2$ 的摩尔分数；

（2）$N_2$ 和 $CO_2$ 的分压。

2. 有一容积为 30 L 的氮气瓶，其中氮气的压强为 $16.6 \times 10^3$ kPa。为了防止混入别的气体，规定氮气的压强降到 $1.01 \times 10^3$ kPa 时就要充入氮气。现有一实验每天需要用 101.325 kPa 的氮气 100 L，试问一瓶氮气能用几天？

3. 有一气柜，容积为 2 000 $m^3$，气柜中压强保持在 104.0 kPa，内装氢气。设夏季最高温度为 42 ℃，冬季最低温度为 −38 ℃，问气柜在冬季最低温度时比夏季最高温度时多装多少氢气？

4. 一球形容器抽空后质量为 25 kg，充以 4 ℃ 的水（密度为 1 000 kg·$m^{-3}$），总质量为 125 kg。若改充以 25 ℃，$1.333 \times 10^4$ Pa 的某碳氢化合物气体，则总质量为 25.016 3 kg，试求该气体的摩尔质量。若据元素分析结果，测得该化合物中各元素的质量分数 $w$ 分别为 $w(C) = 0.799$，$w(H) = 0.201$，试写出该碳氢化合物的分子式。

5. 在生产中，用电石（$CaC_2$）分析碳酸氢铵产品中水分的含量，其反应式如下：

$$CaC_2(s) + 2H_2O(l) \Longrightarrow C_2H_2(g) + Ca(OH)_2(s)$$

现称取 2 g 碳酸氢铵样品与过量的电石完全作用，在 27 ℃，101.325 kPa 时测得 $C_2H_2(g)$ 的体积为 50.0 $cm^3$，试计算碳酸氢铵样品中水的质量分数。

6. 水平放置两个体积相同的球形烧瓶，中间用细玻璃管连通，形成密闭的系统，其中装有 0.7 mol $H_2$。开始两球温度均是 300 K，压强是 $0.5 \times 101\ 325$ Pa。若将其中一球浸入 400 K 的油浴中，试计算此时瓶中的压强及两球中各含 $H_2$ 的物质的量。

7. 将 1.00 mol $CO_2(g)$ 在 50 ℃时充入 0.5 $dm^3$ 的容积中，试计算容器中的压强，并将结果与实测压强 4.16 MPa 进行比较。

（1）用理想气体状态方程计算；

（2）用范德华方程计算。

8. 3.00 mol $SO_2(g)$ 在 1.52 MPa 压强下体积为 10.0 $dm^3$，试用范德华方程计算在上述状态下气体的温度。

**附表　一些气体的范德华常数**

| 气体 | $a/(Pa \cdot m^6 \cdot mol^{-2})$ | $b/(10^{-5}\ m^3 \cdot mol^{-1})$ | 气体 | $a/(Pa \cdot m^6 \cdot mol^{-2})$ | $b/(10^{-5}\ m^3 \cdot mol^{-1})$ |
|---|---|---|---|---|---|
| Ar | 0.136 3 | 3.219 | $H_2S$ | 0.449 0 | 4.287 |
| $Cl_2$ | 0.657 9 | 5.622 | HBr | 0.451 0 | 4.431 |
| $C_2H_2$ | 0.445 0 | 5.140 | HCl | 0.371 6 | 4.081 |
| $C_2H_4$ | 0.453 0 | 5.714 | He | 0.003 457 | 2.370 |
| $C_2H_6$ | 0.556 2 | 6.380 | Kr | 0.234 9 | 3.978 |
| $C_3H_6$ | 0.850 8 | 8.272 | $N_2$ | 0.140 8 | 3.913 |
| $C_3H_8$ | 0.877 9 | 8.445 | Ne | 0.021 35 | 1.709 |
| $C_6H_6$ | 1.824 | 11.54 | $NH_3$ | 0.422 5 | 3.707 |
| $CH_4$ | 0.228 3 | 4.278 | NO | 0.135 8 | 2.789 |
| CO | 0.151 | 3.99 | $NO_2$ | 0.535 4 | 4.424 |
| $CO_2$ | 0.364 0 | 4.267 | $O_2$ | 0.137 8 | 3.183 |
| $H_2$ | 0.024 76 | 2.661 | $SO_2$ | 0.680 | 5.640 |
| $H_2O$ | 0.553 6 | 3.049 | Xe | 0.425 0 | 5.105 |

9. 某烃类气体在 27 ℃及 100 kPa 下为 10.0 L，完全燃烧后将生成物分离，并恢复到 27 ℃及 100 kPa，得到 20.0 L $CO_2$ 和 14.44 g $H_2O$，通过计算确定此气体的分子式。

10. 30 ℃时，在 10.0 L 容器中，$O_2$，$N_2$ 和 $CO_2$ 混合气体的总压强为 93.3 kPa，其中 $O_2$ 的分压为 26.7 kPa，$CO_2$ 的质量为 5.00 g。计算 $CO_2$，$N_2$ 的分压及 $O_2$ 的摩尔分数。

# 自我检测答案

## 一、填空题

1. $pV=nRT$；kPa
2. 小
3. 11:7
4. 1.25；3；3.75；9

## 二、选择题

1. A    2. C    3. B

## 三、判断题

1. √

2. ×    解析：$CO_2$ 的相对分子质量高于 $O_2$，质量相同时，前者的物质的量小于后者，由于在温度和压强相同的条件下，混合气体中某组分的分压和该组分物质的量成正比，所以 $CO_2$ 的分压应低于 $O_2$ 的分压。

3. √

4. ×    解析：组成等离子体带正电荷的粒子和带负电荷的离子数量相等，宏观上是电中性的。

5. ×    解析：在气体的临界温度以上，无论如何加压也不能使该气体液化。

## 四、计算题

1. 解：（1）$x_{O_2} = \dfrac{n(O_2)}{n_{总}} = \dfrac{p(O_2)}{p_{总}} = \dfrac{30.0 \text{ kPa}}{100 \text{ kPa}} = 0.3$

（2）$p(CO_2) = \dfrac{n(CO_2)}{V}RT = \dfrac{m(CO_2)}{M(CO_2)V}RT$

$$= \dfrac{5.00 \text{ g}}{44.01 \text{ g} \cdot \text{mol}^{-1} \times 15.0 \times 10^{-3} \text{ m}^3} \times 8.314 \text{ J} \cdot \text{mol}^{-1} \cdot \text{K}^{-1} \times 298.15 \text{ K}$$

$$= 18.8 \times 10^4 \text{ Pa} = 18.8 \text{ kPa}$$

$$p(N_2) = p_{总} - p(CO_2) - p(O_2) = (100 - 18.8 - 30.0) \text{ kPa} = 51.2 \text{ kPa}$$

2. 解：设氮气瓶中的初始压强为 $p$，需要充氮气时的最小压强为 $p_1$，氮气瓶的体积为 $V_1$，设每天需用氮气体积、压强分别为 $V_2$，$p_2$，氮气中可用氮气的物质的量和每天需用氮气的物质的量分别为 $n_1$ 和 $n_2$，则

氮气中可用氮气的物质的量为

$$n_1 = \dfrac{(p - p_1)V_1}{RT}$$

每天需用氮气的物质的量为

$$n_2 = \frac{p_2 V_1}{RT}$$

一瓶氮气可用的天数为

$$\frac{n_1}{n_2} = \frac{(p-p_1)V_1}{p_2 V_2} = \frac{(16.6\times10^3 - 1.01\times10^3)\ \text{kPa}\times30\ \text{L}}{101.325\ \text{kPa}\times100\ \text{L}} = 46$$

3. 解：夏季最高温度时气体的物质的量：

$$n_1 = \frac{pV}{RT_1} = \frac{104\,000\ \text{Pa}\times2\,000\ \text{m}^3}{8.314\ \text{J}\cdot\text{mol}^{-1}\cdot\text{K}^{-1}\times(273+42)\ \text{K}} = 7.94\times10^4\ \text{mol}$$

冬季最低温度时气体的物质的量：

$$n_2 = \frac{pV}{RT_2} = \frac{104\,000\ \text{Pa}\times2\,000\ \text{m}^3}{8.314\ \text{J}\cdot\text{mol}^{-1}\cdot\text{K}^{-1}\times(273-38)\ \text{K}} = 1.065\times10^5\ \text{mol}$$

气柜在冬季最低温度时比夏季最高温度时多装氢气的物质的量：

$$n = n_2 - n_1 = (1.065\times10^5 - 7.94\times10^4)\ \text{mol} = 27.1\ \text{kmol}$$

多装氢气的质量：

$$m = nM = 27.1\ \text{kmol}\times2\ \text{g}\cdot\text{mol}^{-1} = 54.2\ \text{kg}$$

4. 解：设容器的体积为 $V$

$$\rho_{水} = 1\,000\ \text{kg}\cdot\text{m}^{-3} = \frac{m_水}{V} = \frac{(125-25)\ \text{kg}}{V} = \frac{100\ \text{kg}}{V}$$

则

$$V = 0.1\ \text{m}^3$$

碳氢化合物的摩尔质量：

$$M_{碳氢} = \frac{m_{碳氢}\cdot RT}{pV} = \frac{0.016\,3\ \text{kg}\times8.314\ \text{J}\cdot\text{mol}^{-1}\cdot\text{K}^{-1}\times298\ \text{K}}{0.1\ \text{m}^3\times1.333\times10^4\ \text{Pa}} = 30.3\times10^{-3}\ \text{kg}\cdot\text{mol}^{-1}$$

设碳原子个数为 $x$，氢原子个数为 $y$，则

$$12x + y = 30 \tag{1}$$

碳与氢原子个数比：

$$x:y = \frac{0.799\times0.016\,3\ \text{kg}}{12\ \text{g}\cdot\text{mol}^{-1}} : \frac{0.201\times0.016\,3\ \text{kg}}{1\ \text{g}\cdot\text{mol}^{-1}} = 0.001 : 0.003\,3 \approx 1:3$$

即

$$\frac{x}{y} = \frac{1}{3} \tag{2}$$

联立式（1）与式（2），解得 $x=2$，$y=6$

所以，该碳氢化合物的分子式为 $C_2H_6$。

5. 解：乙炔的物质的量为

$$n_{乙炔} = \frac{pV}{RT} = \frac{101\,325\ \text{Pa}\times50\times10^{-6}\ \text{m}^3}{8.314\ \text{J}\cdot\text{mol}^{-1}\cdot\text{K}^{-1}\times300\ \text{K}} = 2.031\times10^{-3}\ \text{mol}$$

水的物质的量为 $n_{水} = 2 \times n_{乙炔} = 4.062 \times 10^{-3}$ mol

水的质量为 $m = 18 \text{ g} \cdot \text{mol}^{-1} \times 4.062 \times 10^{-3} \text{ mol} = 0.073\ 1$ g

碳酸氢铵样品中水分的质量分数为

$$w = \frac{0.073\ 1 \text{ g}}{2 \text{ g}} = 0.036\ 6 = 3.66\%$$

6. 解：设两个球的体积和为 $V$，则

$$V = \frac{nRT}{p} = \frac{0.7 \text{ mol} \times 8.314 \text{ J} \cdot \text{mol}^{-1} \cdot \text{K}^{-1} \times 300 \text{ K}}{0.5 \times 101\ 325 \text{ Pa}} = 0.034\ 46 \text{ m}^3$$

每个球的体积为 $0.034\ 46/2 \text{ m}^3 = 0.017\ 23 \text{ m}^3$

由于两个球之间有细玻璃管连通，两个球处于不同温度时，体积和压强均相同，则

$$p_1 V_1 = n_1 R T_1 \qquad p_2 V_2 = n_2 R T_2$$
$$p_1 = p_2 \qquad V_1 = V_2$$

即 $n_1 T_1 = n_2 T_2, \ 300 n_1 = 400 n_2$

且 $n_1 + n_2 = 0.7 \text{ mol}$

联立解得 $n_1 = 0.4 \text{ mol}, \ n_2 = 0.3 \text{ mol}$

压强为 $p_1 = \frac{n_1 RT}{V_1} = \frac{0.4 \text{ mol} \times 8.314 \text{ J} \cdot \text{mol}^{-1} \cdot \text{K}^{-1} \times 300 \text{ K}}{0.017\ 23 \text{ m}^3} = 57\ 904$ Pa

7. 解：（1） $p = \frac{nRT}{V} = \frac{1 \text{ mol} \times 8.314 \text{ J} \cdot \text{mol}^{-1} \cdot \text{K}^{-1} \times 323 \text{ K}}{0.5 \times 10^{-3} \text{ m}^3} = 5.37 \times 10^6 \text{ Pa} = 5.37$ MPa

与实测值产生的误差：

$$\frac{5.37 \text{ MPa} - 4.16 \text{ MPa}}{4.16 \text{ MPa}} \times 100\% = 29.1\%$$

（2）二氧化碳气体的范德华常数：

$$a = 0.364\ 0 \text{ Pa} \cdot \text{m}^6 \cdot \text{mol}^{-2} \qquad b = 4.267 \times 10^{-5} \text{ m}^3 \cdot \text{mol}^{-1}$$

$$p = \frac{RT}{(V - nb)} - \frac{n^2 a}{V^2}$$

$$= \frac{8.314 \text{ J} \cdot \text{mol}^{-1} \cdot \text{K}^{-1} \times 323 \text{ K}}{(0.5 \times 10^{-3} \text{ m}^3 - 1 \text{ mol} \times 4.267 \times 10^{-5} \text{ m}^3 \cdot \text{mol}^{-1})} - \frac{(1 \text{ mol})^2 \times 0.364\ 0 \text{ Pa} \cdot \text{m}^6 \cdot \text{mol}^{-2}}{(0.5 \times 10^{-3} \text{ m}^3)^2}$$

$$= 4.415 \times 10^6 \text{ Pa} = 4.415 \text{ MPa}$$

与实测值产生的误差：

$$\frac{4.415 \text{ MPa} - 4.16 \text{ MPa}}{4.16 \text{ MPa}} \times 100\% = 6.13\%$$

8. 解：二氧化硫气体的范德华常数：

$$a = 0.680 \text{ Pa} \cdot \text{m}^6 \cdot \text{mol}^{-2} \qquad b = 5.640 \times 10^{-5} \text{ m}^3 \cdot \text{mol}^{-1}$$

由实际气体的范德华方程为 $\left( p + \frac{n^2 a}{V^2} \right)(V - nb) = nRT$，得

$$T = \frac{\left(p + \dfrac{n^2 a}{V^2}\right)(V - nb)}{RT}$$

$$= \frac{\left[1.52 \times 10^6 \text{ Pa} + \dfrac{(3 \text{ mol})^2 \times 0.680 \text{ Pa} \cdot \text{m}^6 \cdot \text{mol}^{-2}}{(10 \times 10^{-3} \cdot \text{m}^3)^2}\right](10 \times 10^{-3} \text{ m}^3 - 3 \text{ mol} \times 5.640 \times 10^{-5} \text{ m}^3 \cdot \text{mol}^{-1})}{3 \text{ mol} \times 8.314 \text{ J} \cdot \text{mol}^{-1} \cdot \text{K}^{-1}}$$

$$= 623 \text{ K}$$

9. 解：根据理想气体状态方程，得

$$n_{烃} = \frac{pV}{RT} = \frac{100 \text{ kPa} \times 10.0 \text{ L}}{8.314 \text{ kPa} \cdot \text{L} \cdot \text{mol}^{-1} \cdot \text{K}^{-1} \times 300 \text{ K}} = 0.401 \text{ mol}$$

燃烧生成的二氧化碳的物质的量为

$$n(CO_2) = \frac{pV}{RT} = \frac{100 \text{ kPa} \times 20.0 \text{ L}}{8.314 \text{ kPa} \cdot \text{L} \cdot \text{mol}^{-1} \cdot \text{K}^{-1} \times 300 \text{ K}} = 0.802 \text{ mol}$$

生成的水的物质的量为　　$14.44 \text{ g}/(18 \text{ g} \cdot \text{mol}^{-1}) = 0.802 \text{ mol}$

设该烃的分子式为 $C_x H_y$。其燃烧反应如下：

$$C_x H_y + \left(x + \frac{y}{4}\right)O_2 \xrightarrow{\text{燃烧}} xCO_2 + \frac{y}{2}H_2O$$

根据计量关系得

$$x = 0.802 \text{ mol}/(0.401 \text{ mol}) = 2, \quad y = 0.802 \text{ mol} \times 2/(0.401 \text{ mol}) = 4$$

即该烃类的分子式为 $C_2 H_4$。

10. 解：混合气体中二氧化碳的物质的量为 $5.00 \text{ g}/(44.0 \text{ g} \cdot \text{mol}^{-1}) = 0.114 \text{ mol}$

根据道尔顿分压定律，二氧化碳的分压为

$$p(CO_2) = \frac{n(CO_2)RT}{V} = \frac{0.114 \text{ mol} \times 8.314 \text{ kPa} \cdot \text{L} \cdot \text{mol}^{-1} \cdot \text{K}^{-1} \times 303 \text{ K}}{10.0 \text{ L}} = 28.7 \text{ kPa}$$

根据道尔顿分压定律，$p_{总} = p(CO_2) + p(O_2) + p(N_2)$，所以，

$$p(N_2) = p_{总} - p(CO_2) - p(O_2) = 93.3 \text{ kPa} - 28.7 \text{ kPa} - 26.7 \text{ kPa} = 37.9 \text{ kPa}$$

$$x_{O_2} = \frac{p(O_2)}{p_{总}} = \frac{26.7 \text{ kPa}}{93.3 \text{ kPa}} = 0.286$$

## 拓展思考题

1. 摩尔量，例如摩尔质量 $M = m/n$；摩尔体积 $V_m = V/n$；摩尔热力学能 $U_m = U/n$；摩尔热容 $C_m = C/n$；摩尔熵 $S_m = S/n$，摩尔气体常数 $R = pV/Tn$。试问这里的"摩尔"，与单位中的 mol，有无区别？

2. 从道尔顿分压定律来分析，"压强"这一变量有没有加和性？

3. 为什么液态和固态之间的差别比液体和气体之间的差别更大？

4. 为什么湿空气比干燥的空气密度小？

5. 试解释在以下两种情况下，分子间的作用力对气体性质的影响是增加了还是减弱了？
（1）等温下压缩气体；（2）等压下升高气体的温度。

# 知识拓展

## 超临界流体

### 一、超临界流体的性质

高于临界温度和临界压强而接近临界点状态，称为超临界状态。超临界现象最早由英国科学家 Thomas Andrews 于 1869 年发现，至今已有 150 多年的历史，但对超临界流体的广泛研究只是近 30 年的事。

超临界流体是指超过了物质的临界温度和临界压强的流体。图 1-2 为一常见纯物质的压强-温度相图。图中 $T_c$ 和 $p_c$ 则分别代表临界温度和临界压强。温度高于 $T_c$，压强高于 $p_c$ 的流体就是超临界流体。

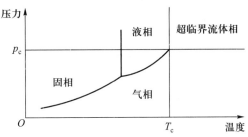

图 1-2　纯物质的压强-温度相图

超临界流体呈现出一种既非气态又非液态的形态，既具有类似液体的某些性质，又保留了气体的某些性能，许多物理化学性质介于气体与液体之间，并具有两者的优点。

密度：超临界流体具有与液体相近的密度。但它有比普通流体更多的空隙，并有高度的可压缩性，因此，与液体相比，超临界流体的密度与温度、压强的相关性较大，温度和压强的微小变化会引起超临界流体密度的显著变化。由于黏度、介电常数、扩散系数和溶解能力都与密度有关，因此可以方便地通过调节压强来控制超临界流体的物理化学性质。

溶解性能：超临界流体与常态液体相比溶解性能存在明显差异。如水在超临界与常态下的溶解性能差异很大，如表 1-1 所示。

表 1-1　超临界水与普通水的溶解性能对比

| 溶质 | 普通水 | 超临界水 |
| --- | --- | --- |
| 气体 | 大部分微溶或不溶 | 易溶 |
| 无机物 | 大部分易溶 | 不溶或微溶 |
| 有机物 | 大部分微溶或不溶 | 易溶 |

黏度：超临界流体的黏度比液体小得多，与气体接近。温度、密度是影响黏度的主要因素。通常液体的黏度随温度升高而减小，超临界流体在高密度条件下，黏度随温度升高而减小，在低密度条件下结果相反。

扩散系数：超临界流体的扩散系数是常温下液体的 10～100 倍，处于气体与液体之间。超临界流体的扩散系数随压强的变化规律与常态流体有所不同：一般常态流体的扩散系数随压强下降而增大，与黏度成反比，但超临界流体的扩散系数随压强增大而增大。

表面张力：超临界状态下各流体表面张力近似为零，这与一般液体都具有表面张力的现象不同。

## 二、超临界流体的应用

超临界流体所具有的特殊物理化学性质，使得超临界技术具有广阔应用前景，受到人们的广泛重视。目前，超临界技术在以下几个方面发挥了重要的作用。

### 1. 萃取分离

超临界流体的特点之一是：在临界点附近，温度和压强的微小变化会引起其密度的显著变化。而流体密度的变化会使超临界流体对物质的溶解能力发生显著变化，所以通过调节温度和压强，人们可以有选择性地将样品中的物质萃取出来。超临界萃取过程是通过温度和压强的调节来控制与溶质的亲和性而实现分离的。由于 $CO_2$ 具有大的临界密度（$0.448\ \mathrm{g \cdot cm^{-3}}$）、低的临界温度（31.06 ℃）、适中的临界压强，而且还有价廉无毒、化学惰性、易与产物分离的优点，因此是目前萃取分离中最常用、最有效的超临界流体。

与一般液体萃取技术相比，超临界流体萃取技术的主要优点是：可在较低温度或无氧环境下操作，因此可实现热敏性物质和易氧化物质的分离和精制；超临界流体具有良好的溶解性和渗透性，既具有液体对物质的高溶解特性，又具有气体易于扩散和流动的特性，能从固体或黏稠的原料中快速提取出有效成分；通过降低超临界流体的密度，容易使溶剂从产品中分离，无溶剂污染，且回收溶剂无相变过程，能耗低。

超临界流体萃取技术的优点使得它在医药、化工、食品等多个应用领域中得到了广泛的应用，尤其是在天然动植物中提取一些具有生物活性的物质上，优势明显，如中草药有效成分的提取。中草药是我国人民几千年来同疾病作斗争的宝贵遗产，是我国传统文化的瑰宝，它所含成分十分复杂，除了有效成分，还有无效成分和有毒成分。为了提高中草药的疗效，需要分离提取有效成分。目前提取分离中草药的常用方法有：溶剂提取法、水蒸气蒸馏法、升华法等。这些分离方法的缺点是：残留在药剂中的有机溶剂对药物的药性有影响，萃取率不高。这些缺点对我国的中草药走上国际市场极为不利。使用超临界 $CO_2$ 萃取技术提取中草药萃取率高，萃取时间短，不存在有机溶剂残留问题，操作温度低，有利于保持中草药有效成分的药性，对高热敏性物质以及贵重药材的有效成分显示出独特的优点。

除了中草药有效成分的提取外，在天然香料提取、食品功能成分提取等常规萃取不易进行的领域，超临界萃取法有着独特的优势。随着科学技术的发展，超临界萃取法的应用必然会越来越广。

### 2. 环境保护

超临界流体技术是一项新型的废水处理技术。由于超临界水性质稳定，无毒，无臭、无色、无腐蚀性，因此是环境保护中最常用的超临界流体。和普通水相比，超临界水具有极强的溶解能力，有机污染物可以以任意比例溶解在其中，并被空气或氧气氧化。在超临界水氧化过程中，能进行彻底的氧化反应，几乎所有的有机污染物都能在很短的时间内完全分解，分解率在 99.99%以上，几乎全部被转化成 $CO_2$、水、氮、无机盐等。排出的产物中，无机盐可被分离回收，其他排出物 $CO_2$、水、氮清洁无毒，无须进一步处理。一些使用常规方法难以处理的有机污染物如二噁英、多氯联苯、硝基苯、氰化物、联苯、酚类、硫化物等，使用超临界水氧化技术可以将它们完全氧化成无毒的气体、水和其他分子。目前，超临界水氧化技术已成为高效处理有机废水的新技术，在欧美一些发达国家，已经实现了工业化。超临界水氧化法处理废水在我国的研究起步较晚，尚处在实验室研究的阶段。

塑料具有质轻、价廉、强度高和容易加工等优良性能，在生产和生活中应用非常广泛。但同时废塑料造成的环境污染已成为全球性问题。例如：塑料垃圾被填埋后不易降解，造成土地板结，使农作物减产；塑料在紫外线作用下和燃烧时，排放出的有毒物污染水体和空气；含氯塑料焚烧释放二噁英等有害物质等。传统废旧塑料的处理方法不仅能耗高，而且不能彻底消除污染。超临界流体技术能把聚合物降解为单体和低分子物质，且可回收利用。例如：在超临界水中，在 400 ℃、40 MPa 条件下，聚对苯二甲酸乙二醇酯可降解成对苯二甲酸，在反应时间为 12.5 min 时，高纯度（97%）的对苯二甲酸的回收率在 91%左右。在超临界水中，聚苯乙烯 5～10 min 即可完全分解，生成苯乙烯、甲苯和二甲苯等物质。

3. 生物质能源转化

生物质能源是以生物质为载体的能量，它直接或间接地来源于绿色植物的光合作用，是太阳能以化学能形式贮存生物质中的能量形式。生物质能源可转化为常规的固态、液态和气态燃料，在能源紧缺，环境污染加重的今天，生物质能源作为一种取之不尽、用之不竭的环境友好型可再生能源，是替代石油为人类提供液体燃料和化工原料的一条途径。

超临界水气化是目前最具有潜力的生物质制备合成气技术之一。和通常的水相比，处于超临界状态时的水具有极强的溶解能力，很多有机物和气体可以溶解在超临界水中，这使得气化反应可以在单相体系中进行，克服了常规的多相气化中存在的传输阻力，具有生物质转化速度快，残留固体产物量低等优点。在超临界水中进行生物质催化气化，气化率高，气体产物中氢的体积分数可超过 50%，而且反应不生成焦油、木炭等副产品。

与传统制备生物柴油的方法相比，使用超临界法制备生物柴油不仅反应时间短，生物质转化率高，产物易分离，而且由于反应过程中无须加酸、碱或酶作催化剂，避免了酸性或碱性废液的产生，有利于环境保护。

以超临界水、甲醇、乙醇等制备包括合成气、生物柴油和液体燃料等生物质能源，能耗低、产率高、环境友好，是未来能源行业的发展方向。

4. 材料制备

超临界技术在材料领域中的应用主要集中在超微细颗粒的制备上，是制备和控制微细材料技术的一种有效手段，尤其适合于制备具有热敏性、氧化性、生物活性物质的超微粉体材料。

利用超临界流体制备材料的方法主要是超临界流体溶液快速膨胀结晶法（RESS）和超临界流体干燥技术。RESS 制备技术制备材料的基础是利用溶质的溶解度随超临界流体密度变化的关系。当从超临界状态迅速膨胀到低压、低温的气体状态，会引起溶质溶解度的急剧下降。溶质溶解度的下降会使溶质迅速成核和生长成为微粒而沉积。使用 RESS 制备技术可获得平均粒径很小的细微颗粒，而且还可控制其粒度尺寸的分布，在国外已用于制备细微颗粒的无机物和陶瓷材料。

相比一般纳米材料，纳米多孔材料由于具有较高的比表面积和丰富的孔结构，已经广泛用于有害气体吸附分离、环境污染处理、催化载体等。但在常规的蒸发干燥过程中，由于表面张力的作用，往往会引起纳米多孔材料多孔结构的坍塌。当流体达到超临界状态时，气液界面消失，表面张力为零，因此，采用超临界干燥技术可以消除干燥中在多孔材料孔洞内产生的毛细管压强，避免了物料在干燥过程中的收缩和破碎，从而保持材料原有的多孔结构状态。

# 第 2 章　化学反应的热效应、方向及限度

## 基本要求

1. 理解状态函数、热、功、内能、焓、熵及吉布斯自由能的概念。
2. 熟悉热化学方程式的书写，掌握盖斯定律的应用。
3. 掌握用物质的标准摩尔生成焓($\Delta_f H_m^{\ominus}$)、标准摩尔燃烧焓($\Delta_c H_m^{\ominus}$)计算化学反应的热效应($\Delta_r H_m^{\ominus}$)。
4. 掌握化学反应的标准摩尔熵变($\Delta_r S_m^{\ominus}$)、标准摩尔吉布斯自由能变($\Delta_r G_m^{\ominus}$)的计算，能用标准摩尔吉布斯自由能变判断反应自发进行的方向，估计反应自发进行的温度 $T$。
5. 掌握化学平衡的概念、平衡移动的规律及多重平衡规则。
6. 能用平衡常数进行有关计算。

## 重点知识剖析及例解

1. 体积功的计算

化学反应过程中，经常发生体积变化。系统反抗外压改变体积，产生体积功。体积功是在一定的环境压强下，系统的体积发生变化而与环境传递的能量。外压 $p$ 对系统的体积 $V$ 作图，得到的曲线叫 $p$–$V$ 线，$p$–$V$ 线下覆盖的面积可表示体积功的数值。外压 $p$ 不变，体积功 $W_{体}$ 为 $-p\Delta V$。

**例 1**　恒温下，压力为 $10^6$ Pa 的 2 m³ 理想气体，抵抗恒外压 $5\times10^5$ Pa 膨胀，直到平衡为止。在此变化中，该气体做功多少？

**解：**
$$\frac{p_1}{p_2}=\frac{V_2}{V_1}, \quad \frac{10^6\ \text{Pa}}{5\times10^5\ \text{Pa}}=\frac{V_2}{2\ \text{m}^3}$$

则
$$V_2=4\ \text{m}^3$$

故
$$W=-p_{外}\times(V_2-V_1)$$
$$=-5\times10^5\ \text{Pa}\times(4-2)\ \text{m}^3$$
$$=-10^6\ \text{Pa}\cdot\text{m}^3=-10^6\ \text{J}$$

2. $\Delta H(Q_p)$ 和 $\Delta U(Q_V)$ 的关系

$\Delta H(Q_p)$ 和 $\Delta U(Q_V)$ 的差值为 $p\Delta V$。如果反应物和产物都是固体（或液体），在反应过程中系统体积变化是很小的，$p\Delta V$ 可以忽略，恒压反应热基本上等于恒容反应热。如反应物和生成物中有气体，系统的体积变化可能很大，$p\Delta V$ 一般就不能忽略。

在计算 $p\Delta V$ 时，对于 $\Delta V$ 的求算一般是比较麻烦的。如果假设所有气体都近似是理想气

体，则 $Q_p = Q_V + \Delta nRT$，式中的 $\Delta n = \sum n_{生成物} - \sum n_{反应物}$。只要能列出反应的化学方程式，就能求得 $\Delta n$，从而计算出 $p\Delta V$。要注意的是，不要将反应物和生成物中的固体和液体的 $n$ 计算在内。

**例 2**    在 298.15 K 时，反应 $B_4C(s) + 4O_2(g) \Longequal 2B_2O_3(s) + CO_2(g)$ 的 $\Delta U = -2\,850$ kJ，试求此反应的 $\Delta H$。

**解：**
$$\Delta n(g) = (1-4)\text{mol} = -3 \text{ mol}$$

则
$$\begin{aligned}
\Delta H &= \Delta U + \Delta nRT \\
&= -2\,850 \text{ kJ} + (-3)\text{ mol} \times 8.314 \text{ J} \cdot \text{mol}^{-1} \cdot \text{K}^{-1} \times 298.15 \text{ K} \times 10^{-3} \\
&= -2\,857 \text{ kJ}
\end{aligned}$$

**3. 热化学方程式的书写**

表示化学反应和反应热关系的方程式称为热化学方程式。如

$$H_2(g) + \frac{1}{2}O_2(g) \longrightarrow H_2O(l), \quad \Delta_r H_m^\ominus (298.15 \text{ K}) = -285.83 \text{ kJ} \cdot \text{mol}^{-1}$$

曾经有把反应热和热化学方程式写在一起的写法，如 $H_2(g) + \frac{1}{2}O_2(g) \longrightarrow H_2O(l) - 285.83$ kJ $\cdot$ mol$^{-1}$，$C(s) + 2S(s) \longrightarrow CS_2(g) + 108.7$ kJ $\cdot$ mol$^{-1}$。因为热是能量单位，把它与反应物、生成物写在同一个方程式中不妥。

**4. 盖斯定律的应用**

利用盖斯定律可由各分步反应的反应热，求总反应的反应热；也可以从已知的 $(n-1)$ 个反应（$n$ 是总反应和所有分步反应数的总和）的反应热，求另一个未知反应的反应热。

**例 3**    已知下面两个反应的 $\Delta_r H_m^\ominus$ 分别如下：

（1）$4NH_3(g) + 5O_2(g) \Longequal 4NO(g) + 6H_2O(l)$，$\quad \Delta_r H_m^\ominus(1) = -1\,169.54$ kJ $\cdot$ mol$^{-1}$

（2）$4NH_3(g) + 3O_2(g) \Longequal 2N_2(g) + 6H_2O(l)$，$\quad \Delta_r H_m^\ominus(2) = -1\,530.54$ kJ $\cdot$ mol$^{-1}$

试求：$NO(g)$ 的标准摩尔生成焓 $\Delta_f H_m^\ominus$。

**解：**
$$\frac{1}{2}N_2(g) + \frac{1}{2}O_2(g) \Longequal NO(g) \qquad (3) \qquad \Delta_r H_m^\ominus(3)$$

反应(3)的 $\Delta_r H_m^\ominus(3)$ 等于 $NO(g)$ 的 $\Delta_f H_m^\ominus$。

$$(3) = \frac{(1)-(2)}{4}$$

$$\begin{aligned}
\Delta_f H_m^\ominus &= \frac{1}{4}[\Delta_r H_m^\ominus(1) - \Delta_r H_m^\ominus(2)] \\
&= \frac{1}{4} \times [(-1\,169.54) - (-1\,530.54)] \text{ kJ} \cdot \text{mol}^{-1} \\
&= 90.25 \text{ kJ} \cdot \text{mol}^{-1}
\end{aligned}$$

**例 4**    已知

（1）$C(石墨, s) + \frac{1}{2}O_2(g) \Longequal CO(g)$，$\quad \Delta_r H_m^\ominus(1) = -110.525$ kJ $\cdot$ mol$^{-1}$

（2）$C(石墨, s) + O_2(g) \Longequal CO_2(g)$，$\quad \Delta_r H_m^\ominus(2) = -393.51$ kJ $\cdot$ mol$^{-1}$

（3）$H_2(g) + \dfrac{1}{2} O_2(g) \Longrightarrow H_2O(l)$，$\Delta_r H_m^{\ominus}(3) = -285.830 \text{ kJ} \cdot \text{mol}^{-1}$

（4）$CH_3OH(l) + \dfrac{3}{2} O_2(g) \Longrightarrow CO_2(g) + 2H_2O(l)$，$\Delta_r H_m^{\ominus}(4) = -726.51 \text{ kJ} \cdot \text{mol}^{-1}$

试计算合成甲醇反应：$CO(g) + 2H_2(g) \Longrightarrow CH_3OH(l)$ 的 $\Delta_r H_m^{\ominus}(5)$。

**解：**
$$(5) = (3) \times 2 + (2) - (1) - (4)$$
$$\begin{aligned}
\Delta_r H_m^{\ominus}(5) &= 2 \times \Delta_r H_m^{\ominus}(3) + \Delta_r H_m^{\ominus}(2) - \Delta_r H_m^{\ominus}(1) - \Delta_r H_m^{\ominus}(4) \\
&= [2 \times (-285.830) + (-393.51) - (-110.525) - (-726.51)] \text{ kJ} \cdot \text{mol}^{-1} \\
&= -128.14 \text{ kJ} \cdot \text{mol}^{-1}
\end{aligned}$$

**5. 自发过程**

在一定条件下不需要环境供给功就能发生的热力学不可逆过程叫作自发过程。"自发"是指没有任何外力作用下能够"自己"进行。自发过程可以很快，但也不一定很快，只要有催化剂或引发剂，反应可以加速。"非自发"并不是绝对不发生，而是要对它做功后才能发生。

**6. 热力学第三定律及标准摩尔熵**

一个系统的熵值直接与物质的熵值有关。由于熵是混乱度的量度，在 100 kPa、25 ℃时，就不能认为单质的熵为零，因为在此条件下，不管什么物质都有一定的混乱度。这样必须有一个绝对无混乱度的标准——完全有序的标准。在绝对零度时，任何纯净的、完美晶体物质的熵等于零。这就是热力学第三定律。因为在这时只存在一种混乱度，即 $\Omega = 1$，故 $S = k\ln\Omega = 0$。$T = 0$ 时，所有分子的运动都停止了。所谓完美无缺的晶体是指晶体内部无缺陷，并且只有一种微观结构。如果是分子晶体，则分子的取向必须一致，有些分子晶体，如 CO、NO 等，在 0 K 时可能还会有两种以上的排列：NONONO… 或者 NOONNOON…。这些排列出现在同一晶体中，不能称为完美无缺的晶体，即 $S_0 \neq 0$。此定律最早是假设，以后用其他方法计算的熵值，与用此假设计算出来的熵值基本相符，则假设就变成了定律。有了热力学第三定律，我们就可以确定物质在标准状态下的绝对熵，即物质的标准摩尔熵。

注意：单质的标准摩尔熵不等于零；某一化合物的标准摩尔熵不等于由稳定单质形成 1 mol 化合物时的反应熵变，

因为 $\qquad\qquad\qquad \Delta_r S_m^{\ominus} = S_m^{\ominus}$（化合物）$- \sum S_m^{\ominus}$（单质）

所以 $\qquad\qquad\qquad S_m^{\ominus}$（化合物）$= \Delta_r S_m^{\ominus} + \sum S_m^{\ominus}$（单质）

正反应的 $\Delta_r S_m^{\ominus}$ 在数值上等于逆反应的 $\Delta_r S_m^{\ominus}$，但符号相反。

**7. 转变温度**

可以求化学反应的转变温度（$T_{转}$）。对于 $\Delta_r H_m^{\ominus}$ 和 $\Delta_r S_m^{\ominus}$ 符号相同的情况，当改变反应温度时，存在从自发到非自发（或从非自发到自发）的转变，这个转变的温度称为转变温度。

令 $\qquad\qquad\qquad\qquad \Delta_r G_m^{\ominus}(T) = 0$

即 $\qquad\qquad\qquad\qquad \Delta_r H_m^{\ominus} - T\Delta_r S_m^{\ominus} = 0$

$$\Delta_r H_m^{\ominus} = T\Delta_r S_m^{\ominus}$$

转变温度

$$T = \frac{\Delta_r H_m^\ominus}{\Delta_r S_m^\ominus}$$

**例 5**　已知反应：

| | SO$_3$(g) | + | CaO(s) | === | CaSO$_4$(s) |
|---|---|---|---|---|---|
| $\Delta_f H_m^\ominus$/(kJ·mol$^{-1}$) | $-395.72$ | | $-635.09$ | | $-1\ 434.11$ |
| $S_m^\ominus$/(J·mol$^{-1}$·K$^{-1}$) | 256.76 | | 39.75 | | 106.69 |

求该反应的转变温度。

**解：**

$$\Delta_r H_m^\ominus = \Delta_f H_m^\ominus (CaSO_4,s) - \Delta_f H_m^\ominus (CaO,s) - \Delta_f H_m^\ominus (SO_3,g)$$

$$= [(-1\ 434.11) - (-635.09) - (-395.72)]\ kJ·mol^{-1}$$

$$= -403.30\ kJ·mol^{-1}$$

$$\Delta_r S_m^\ominus = S_m^\ominus (CaSO_4,s) - S_m^\ominus (CaO,s) - S_m^\ominus (SO_3,g)$$

$$= (106.69 - 39.75 - 256.76)\ J·mol^{-1}·K^{-1}$$

$$= -189.82\ J·mol^{-1}·K^{-1}$$

转变温度

$$T_{转} = \frac{\Delta_r H_m^\ominus}{\Delta_r S_m^\ominus} = \frac{-403.30}{-189.82 \times 10^{-3}}\ K = 2\ 124.6\ K$$

由 $\Delta_r H_m^\ominus < 0$，$\Delta_r S_m^\ominus < 0$，则该反应是低温自发的，即在 2 124.6 K 以下，该反应是自发的。该反应可用于环境保护，即在煤中加入适当生石灰，它便与煤中的硫燃烧所得的 SO$_3$ 结合。硫燃烧先生成 SO$_2$，再经过进一步氧化才能变成 SO$_3$。在低于 2 124.6 K 时，自发生成 CaSO$_4$，从而把 SO$_3$ 固定在煤渣中，消除了 SO$_3$ 对空气的污染。

8. 一定条件下可以直接利用 $\Delta_r H_m^\ominus$ 来判断化学反应方向

若一个反应熵变化很小（指绝对值），而且反应又在常温下进行，则吉布斯方程中 $T\Delta_r S_m^\ominus$ 一项与 $\Delta_r H_m^\ominus$ 相比可以忽略，即 $\Delta_r G_m^\ominus \approx \Delta_r H_m^\ominus$。此时可以直接利用 $\Delta_r H_m^\ominus$ 来判断化学反应方向。许多反应都属于这种情况，因此这对判断化学反应朝哪个方向进行带来很大的方便。如：Zn(s)+CuSO$_4$(aq) === ZnSO$_4$(aq)+Cu(s)，　C(石墨, s)+O$_2$(g) === CO$_2$(g)。所以许多放热反应是自发的，其原因也在于此。

9. 标准平衡常数 $K^\ominus$

在热力学上进行讨论和计算时，用到标准平衡常数 $K^\ominus$ 的机会很多。

根据标准热力学函数算得的平衡常数，称为标准平衡常数，记作 $K^\ominus$，又称为热力学平衡常数。经验平衡常数又称为非标准平衡常数。标准平衡常数量纲为 1，非标准平衡常数是有单位的量，也可能量纲为 1。

10. 非标准状态下化学反应的摩尔吉布斯自由能变化 $\Delta_r G_m$

非标准状态下化学反应的摩尔吉布斯自由能变化 $\Delta_r G_m$ 可由范特霍夫等温式表示：$\Delta_r G_m = \Delta_r G_m^\ominus + 2.303RT \lg J$。式中 $J$ 称为反应商，它是各生成物相对分压（气体）或相对浓度（溶液）的相应次方的乘积与各反应物的相对分压（气体）或相对浓度（溶液）的相应次方的乘积之比。若反应中有纯固体或纯液体，则其浓度以 1 表示。如果反应系统各物质的相对分压（气体）或相对浓度（溶液）已知，就可以计算 $J$ 及 $\Delta_r G_m$，从而判断出反应自发的方向。

**例 6** 已知反应：$N_2(g) + 3H_2(g) = 2NH_3(g)$，$\Delta_f G_m^{\ominus}(NH_3,g) = -16.45 \text{ kJ} \cdot \text{mol}^{-1}$，试问：在 $p(N_2) = 100 \text{ kPa}$，$p(H_2) = p(NH_3) = 1 \text{ kPa}$，$T = 298.15 \text{ K}$ 时，合成氨反应是否自发？

**解：**
$$\Delta_r G_m^{\ominus} = 2 \times (-16.45) \text{ kJ} \cdot \text{mol}^{-1} = -32.90 \text{ kJ} \cdot \text{mol}^{-1}$$

由范特霍夫等温式可得

$$\Delta_r G_m = \Delta_r G_m^{\ominus} + 2.303 RT \lg J$$

$$= -32.90 \text{ kJ} \cdot \text{mol}^{-1} + 2.303 \times 8.314 \text{ J} \cdot \text{mol}^{-1} \cdot \text{K}^{-1} \times 298.15 \text{ K} \times \lg \frac{(1/100)^2}{(100/100)(1/100)^3}$$

$$= -21.48 \text{ kJ} \cdot \text{mol}^{-1} < 0$$

此时合成氨反应是自发的。

11. 关于化学反应的热效应 $\Delta_r H_m^{\ominus}$、化学反应的标准摩尔熵变 $\Delta_r S_m^{\ominus}$、化学反应的标准摩尔吉布斯自由能变 $\Delta_r G_m^{\ominus}$、反应自发进行的温度 $T$、标准平衡常数 $K^{\ominus}$ 的综合计算。

**例 7** 为了获得高纯氢气，一般需要将 $H_2$ 中含有的少量 $O_2$ 与 $H_2$ 发生反应而消除 $O_2$。半导体工业为了获得氧百分含量不大于 $1 \times 10^{-6}$ 的高纯氢，在 298.15 K，100 kPa 下，让电解水制得的氢气（99.5% $H_2$，0.5% $O_2$）通过催化剂，发生 $2H_2(g) + O_2(g) = 2H_2O(g)$ 的反应而消除氧。试问反应后氢气的纯度是否达到要求？

**解：** 从热力学数据表查得，气态 $H_2O$ 的标准摩尔生成吉布斯自由能 $\Delta_f G_m^{\ominus} = -228.572 \text{ kJ} \cdot \text{mol}^{-1}$，题中给的反应的标准摩尔吉布斯自由能变 $\Delta_r G_m^{\ominus} = 2\Delta_f G_m^{\ominus}(H_2O,g) = -457.144 \text{ kJ} \cdot \text{mol}^{-1}$。

$$\lg K^{\ominus} = \frac{-\Delta_r G_m^{\ominus}}{2.303 RT}$$

$$= \frac{-(-457.144 \times 10^3)}{2.303 \times 8.314 \times 298.15}$$

$$= 80.08$$

则
$$K^{\ominus} = 1.2 \times 10^{80}$$

假设每 100 mol 原料气中含 99.5 mol $H_2$、0.5 mol $O_2$，反应后达到平衡，$O_2$ 剩余 $n$ mol，则

|  | $2H_2(g)$ | $+$ | $O_2(g)$ | $=$ | $2H_2O(g)$ |
|---|---|---|---|---|---|
| 初态/mol | 99.5 | | 0.5 | | 0 |
| 反应完全/mol | $(99.5-1)$ | | 0 | | 1（$K^{\ominus} = 1.2 \times 10^{80}$，可看作反应完全） |
| 平衡态/mol | $(99.5-1)+2n$ | | $n$ | | $1-2n$ |

$n_{总} = 99.5 + n$

因为总压 $p = p^{\ominus}$，所以

$$K^{\ominus} = \frac{x_{H_2O}^2}{x_{H_2}^2 \cdot x_{O_2}} = \frac{[(1-2n)/(99.5+n)]^2}{\left(\frac{98.5+2n}{99.5+n}\right)^2 \left(\frac{n}{99.5+n}\right)} = \frac{(1-2n)^2(99.5+n)}{(98.5+2n)^2 n} \approx \frac{1}{100n} = 1.2 \times 10^{80}$$

$$n \approx 8.3 \times 10^{-83} \ll 1 \times 10^{-6}$$

由此可见，氢气纯度完全达到要求，催化去氢是成功的。

**例 8**　已知反应　　　　　$2CO(g) + 2NO(g) \rightleftharpoons 2CO_2(g) + N_2(g)$

$\Delta_f H_m^\ominus /(kJ \cdot mol^{-1})$　　　$-110.525$　$90.25$　　　　$-393.51$　$0$

$S_m^\ominus /(J \cdot mol^{-1} \cdot K^{-1})$　　　$197.674$　$210.761$　　　$213.74$　$191.61$

$\Delta_f G_m^\ominus /(kJ \cdot mol^{-1})$　　　$-137.17$　$86.55$　　　　$-394.36$　$0$

通过计算说明：

（1）298.15 K 时能否利用该反应除去汽车尾气中的 CO 和 NO；

（2）该反应在标准态能够自发进行的温度范围；

（3）在 800 K 下该反应的平衡常数 $K^\ominus$。

**解：**（1）$\Delta_r H_m^\ominus = [2\,\Delta_f H_m^\ominus (CO_2,g) + \Delta_f H_m^\ominus (N_2,g)] - [2\,\Delta_f H_m^\ominus (CO,g) + 2\,\Delta_f H_m^\ominus (NO,g)]$

$\qquad = [2 \times (-393.51) - 2 \times (-110.525 + 90.25)]\ kJ \cdot mol^{-1} = -746.47\ kJ \cdot mol^{-1}$

$\quad\ \Delta_r S_m^\ominus = [2\,S_m^\ominus (CO_2,g) + S_m^\ominus (N_2,g)] - [2\,S_m^\ominus (CO,g) + 2\,S_m^\ominus (NO,g)]$

$\qquad = [(2 \times 213.74 + 191.61) - 2 \times (197.674 + 210.761)]J \cdot mol^{-1} \cdot K^{-1}$

$\qquad = -197.78\ J \cdot mol^{-1} \cdot K^{-1}$

依式 $\Delta_r G_m^\ominus = \Delta_r H_m^\ominus - T\Delta_r S_m^\ominus$ 可得

$\qquad \Delta_r G_m^\ominus = [-746.47 - 298.15 \times (-197.78) \times 10^{-3}]\ kJ \cdot mol^{-1}$

$\qquad\qquad = -687.49\ kJ \cdot mol^{-1} < -46\ kJ \cdot mol^{-1}$

因此，298.15 K 时该反应可以正向进行，可以利用该反应除去汽车尾气中的 CO 和 NO。

（2）在标准状态下，若反应能自发进行，则必须是 $\Delta_r G_m^\ominus (T) < 0$。

由于　　　　　　　　　　　　　　$\Delta_r G_m^\ominus < 0$

则　　　　　　　$T < \dfrac{\Delta_r H_m^\ominus}{\Delta_r S_m^\ominus} = \dfrac{-746.46}{-197.77 \times 10^{-3}}\ K = 3\,774.4\ K$

（3）$\Delta_r G_m^\ominus (800\ K) \approx \Delta_r H_m^\ominus - T\Delta_r S_m^\ominus$

$\qquad = -746.46\ kJ \cdot mol^{-1} - 800 \times (-197.77) \times 10^{-3}\ kJ \cdot mol^{-1}$

$\qquad = -588.24\ kJ \cdot mol^{-1}$

$\qquad\qquad \lg K^\ominus = -\dfrac{\Delta_r G_m^\ominus}{2.303RT} = -\dfrac{-588.24 \times 10^3}{2.303 \times 8.314 \times 800} = 38.4$

$\qquad\qquad\qquad K^\ominus = 2.5 \times 10^{38}$

**例 9**　已知反应　　　$MgCO_3(s) \longrightarrow MgO(s)\ +\ CO_2(g)$

$\Delta_f H_m^\ominus /(kJ \cdot mol^{-1})$　　　$-1\,095.8$　　　$-601.7$　　　$-393.51$

$\Delta_f G_m^\ominus /(kJ \cdot mol^{-1})$　　　$-1\,012.11$　　　$-569.4$　　　$-394.359$

$S_m^\ominus /(J \cdot mol^{-1} \cdot K^{-1})$　　　$65.69$　　　$26.94$　　　$213.74$

（1）计算 298.15 K，标准状态下反应的 $\Delta_r H_m^\ominus$、$\Delta_r S_m^\ominus$、$\Delta_r G_m^\ominus$。

（2）计算 1 148 K 时反应的 $\Delta_r G_m^\ominus$ 和平衡常数 $K^\ominus$。

（3）估算 100 kPa 压力下 $MgCO_3$ 分解的最低温度。

（1）
$$\Delta_r H_m^{\ominus} = [-393.5 - 601.7 - (-1\,095.8)]\text{ kJ}\cdot\text{mol}^{-1} = 100.6\text{ kJ}\cdot\text{mol}^{-1}$$

$$\Delta_r S_m^{\ominus} = (213.74 + 26.94 - 65.69)\text{ J}\cdot\text{mol}^{-1}\cdot\text{K}^{-1} = 174.99\text{ J}\cdot\text{mol}^{-1}\cdot\text{K}^{-1}$$

$$\Delta_r G_m^{\ominus} = \Delta_r H_m^{\ominus} - T\Delta_r S_m^{\ominus}$$
$$= (100.6 - 298.15\times174.99\times10^{-3})\text{ kJ}\cdot\text{mol}^{-1}$$
$$= 48.4\text{ kJ}\cdot\text{mol}^{-1}$$

（2）
$$\Delta_r G_m^{\ominus}(1\,148\text{ K}) = \Delta_r H_m^{\ominus} - T\Delta_r S_m^{\ominus}$$
$$= (100.6 - 1\,148\times174.99\times10^{-3})\text{ kJ}\cdot\text{mol}^{-1}$$
$$= -100.3\text{ kJ}\cdot\text{mol}^{-1}$$

$$\lg K^{\ominus} = -\frac{\Delta_r G_m^{\ominus}}{2.303RT}$$
$$= -\frac{-100.3\times10^3}{2.303\times8.314\times1\,148} = 4.563$$

解得
$$K^{\ominus} = 3.66\times10^4$$

（3）
$$T = \frac{\Delta_r H_m^{\ominus}}{\Delta_r S_m^{\ominus}} = \frac{100.6}{174.99\times10^{-3}}\text{ K} = 574.9\text{ K}$$

## 思考题与习题

1. 状态函数具有哪些性质？下列哪些物理量是系统的状态函数：功（$W$）、焓（$H$）、热（$Q$）、体积（$V$）、内能（$U$）、密度（$\rho$）、熵（$S$）、温度（$T$）。

**答**：状态函数是指能够表征系统状态的各种宏观性质，状态函数的性质是：系统状态函数的改变量，只与系统的初始状态和最终状态有关，而与系统状态变化的具体途径无关。焓（$H$）、体积（$V$）、内能（$U$）、密度（$\rho$）、熵（$S$）、温度（$T$）是系统的状态函数。

2. 热化学方程式与一般方程式有何异同？书写热化学方程式时要注意些什么？

**答**：热化学方程式与一般方程式均是用化学式来表示化学反应的式子。不同点是，热化学方程式是表示化学反应和反应热关系的方程式，必须注明反应放出或吸收的热量、各物质的聚集状态、反应温度和压强条件（298.15 K 和 100 kPa 下反应时可不注明）。

书写热化学方程式时要注意：

（1）在热化学方程式中必须标出有关物质的聚集状态（包括晶形）。通常用 g，l 和 s 分别表示气、液和固态，cr 表示晶态，am 表示无定形固体，aq 表示水溶液。

（2）在热化学反应方程式中物质的化学计量数不同，虽为同一反应，其反应热的数值也不同。

（3）正、逆反应的反应热的绝对值相同，符号相反。

（4）书写时，应注明反应温度和压强条件，如果反应发生在 298.15 K 和 100 kPa 下，习惯上不注明。

3. 说明下列符号的意义：$Q_V$，$Q_p$，$H$，$\Delta_r H_m$，$\Delta_r H_m^{\ominus}$，$S$，$S_m^{\ominus}(O_2,\text{g})$，$\Delta_r S_m^{\ominus}$，$G$，$\Delta G$，

$\Delta_r G_m^\ominus$，$\Delta_f G_m^\ominus$。

**答**：$Q_V$ 表示等容反应热；$Q_p$ 表示等压反应热；$H$ 表示焓；$\Delta_r H_m$ 表示化学反应的摩尔焓变；$\Delta_r H_m^\ominus$ 表示 298.15 K 时，化学反应的标准摩尔焓变；$S$ 表示熵；$S_m^\ominus (O_2, g)$ 表示 298.15 K 时气态氧的标准摩尔熵；$\Delta_r S_m^\ominus$ 表示 298.15 K 时，化学反应的标准摩尔熵变；$G$ 表示吉布斯自由能；$\Delta G$ 表示吉布斯自由能变；$\Delta_r G_m^\ominus$ 表示 298.15 K 时，化学反应的标准摩尔吉布斯自由能变；$\Delta_f G_m^\ominus$ 表示 298.15 K 时，物质的标准摩尔生成吉布斯自由能。

4. 计算下列各系统的 $\Delta U$：

（1）系统吸热 60 kJ，并对环境做功 70 kJ；

（2）系统吸热 50 kJ，环境对系统做功 40 kJ；

（3）$Q = -75$ kJ，$W = -180$ kJ；

（4）$Q = 100$ kJ，$W = 100$ kJ。

**解**：（1）$\Delta U = (60 - 70)\text{kJ} = -10$ kJ

（2）$\Delta U = (50 + 40)\text{kJ} = 90$ kJ

（3）$\Delta U = (-75 - 180)\text{kJ} = -255$ kJ

（4）$\Delta U = (100 + 100)\text{kJ} = 200$ kJ

5. 在 100 kPa 和 298.15 K 时，反应 $2KClO_3(s) \longrightarrow 2KCl(s) + 3O_2(g)$ 的等压反应热 $Q_p = -78.034$ kJ，求反应系统的 $\Delta_r H_m$，$\Delta U$ 及体积功 $W$。

**解**：$\Delta_r H_m$ 在数值上等于 $Q_p$。

$$\Delta_r H_m = -78.034 \text{ kJ} \cdot \text{mol}^{-1}$$

$$W = -p\Delta V = -\Delta n R T$$
$$= -3 \text{ mol} \times 8.314 \text{ J} \cdot \text{mol}^{-1} \cdot \text{K}^{-1} \times 298.15 \text{ K} = -7\,437 \text{ J} = -7.437 \text{ kJ}$$

$$\Delta U = \Delta H - p\Delta V = \Delta H + W$$
$$= (-78.034 - 7.437)\text{kJ} = -85.471 \text{ kJ}$$

6. $CH_4$ 的燃烧反应 $CH_4(g) + 2O_2(g) \longrightarrow CO_2(g) + 2H_2O(l)$，在弹式量热计（等容）中进行，已测出 0.25 mol $CH_4(g)$ 燃烧放热 221.34 kJ，假定各种气体都是理想气体，试计算（假定反应温度为 298.15 K）：

（1）1 mol $CH_4(g)$ 的等容燃烧热；

（2）1 mol $CH_4(g)$ 的等压燃烧热；

（3）1 mol $CH_4(g)$ 燃烧时，系统的 $\Delta_r H_m$，$\Delta U$ 各是多少？

**解**：（1）
$$Q_V = \frac{-221.34 \text{ kJ}}{0.25 \text{ mol}} \times 1 \text{ mol} = -885.36 \text{ kJ}$$

（2）
$$Q_p = \Delta H = \Delta U + p\Delta V = Q_V + [n(CO_2) - n(CH_4) - n(O_2)]RT$$
$$= -885.36 \text{ kJ} + (1 - 1 - 2)\text{mol} \times 8.314 \text{ J} \cdot \text{mol}^{-1} \cdot \text{K}^{-1} \times 298.15 \text{ K}$$
$$= -890.32 \text{ kJ}$$

（3）$\Delta_r H_m$ 在数值上等于 $Q_p$。

$$\Delta_r H_m = -890.32 \text{ kJ} \cdot \text{mol}^{-1}$$

$$\Delta U = Q_V = -885.36 \text{ kJ}$$

7. 已知

$$Cu(s)+Cl_2(g)\longrightarrow CuCl_2(s)，\quad \Delta_r H_m^{\ominus}=-220.1\ kJ\cdot mol^{-1}$$

$$CuCl_2(s)+Cu(s)\longrightarrow 2CuCl(s)，\quad \Delta_r H_m^{\ominus}=-54.3\ kJ\cdot mol^{-1}$$

计算反应 $Cu(s)+\dfrac{1}{2}Cl_2(g)\longrightarrow CuCl(s)$ 的 $\Delta_r H_m^{\ominus}$。

**解:** 令 $Cu(s)+Cl_2(g)\longrightarrow CuCl_2(s)$ 为式(1)，其标准摩尔焓变为 $\Delta_r H_m^{\ominus}(1)$;

$CuCl_2(s)+Cu(s)\longrightarrow 2CuCl(s)$ 为式(2)，其标准摩尔焓变为 $\Delta_r H_m^{\ominus}(2)$;

$Cu(s)+\dfrac{1}{2}Cl_2(g)\longrightarrow CuCl(s)$ 为式(3)，其标准摩尔焓变为 $\Delta_r H_m^{\ominus}(3)$;

由于 $(1)+(2)=2\times(3)$，由盖斯定律可知:

$$\Delta_r H_m^{\ominus}(1)+\Delta_r H_m^{\ominus}(2)=2\Delta_r H_m^{\ominus}(3)$$

$$\Delta_r H_m^{\ominus}(3)=\frac{1}{2}[\Delta_r H_m^{\ominus}(1)+\Delta_r H_m^{\ominus}(2)]$$

$$=\frac{1}{2}\times(-220.1-54.3)\ kJ\cdot mol^{-1}=-137.2\ kJ\cdot mol^{-1}$$

8. 根据物质的标准摩尔生成焓数据（查附录 2 和附录 3），计算下列反应的 $\Delta_r H_m^{\ominus}$。

（1）$8Al(s)+3Fe_3O_4(s)\longrightarrow 4Al_2O_3(s)+9Fe(s)$

（2）完全燃烧 1 mol $C_2H_2$（乙炔）

（3）$4NH_3(g)+3O_2(g)\longrightarrow 2N_2(g)+6H_2O(l)$

（4）$Zn(s)+CuSO_4(aq)\longrightarrow ZnSO_4(aq)+Cu(s)$

**解:**（1）

| | $8Al(s)$ | $+3Fe_3O_4(s)$ | $\longrightarrow$ | $4Al_2O_3(s)$ | $+9Fe(s)$ |
|---|---|---|---|---|---|
| $\Delta_f H_m^{\ominus}/(kJ\cdot mol^{-1})$ | 0 | $-1\ 118.4$ | | $-1\ 675.7$ | 0 |

$$\Delta_r H_m^{\ominus}=[4\times(-1\ 675.7)-3\times(-1\ 118.4)]\ kJ\cdot mol^{-1}=-3\ 347.6\ kJ\cdot mol^{-1}$$

（2）

| | $C_2H_2(g)$ | $+\dfrac{5}{2}O_2(g)$ | $\longrightarrow$ | $2CO_2(g)$ | $+$ | $H_2O(l)$ |
|---|---|---|---|---|---|---|
| $\Delta_f H_m^{\ominus}/(kJ\cdot mol^{-1})$ | 226.73 | 0 | | $-393.51$ | | $-285.830$ |

$$\Delta_r H_m^{\ominus}=[-285.830+2\times(-393.51)]\ kJ\cdot mol^{-1}-(226.73+0)\ kJ\cdot mol^{-1}$$

$$=-1\ 299.58\ kJ\cdot mol^{-1}$$

（3）

| | $4NH_3(g)$ | $+3O_2(g)$ | $\longrightarrow$ | $2N_2(g)$ | $+6H_2O(l)$ |
|---|---|---|---|---|---|
| $\Delta_f H_m^{\ominus}/(kJ\cdot mol^{-1})$ | $-46.11$ | 0 | | 0 | $-285.830$ |

$$\Delta_r H_m^{\ominus}=6\times(-285.830)\ kJ\cdot mol^{-1}-4\times(-46.11)\ kJ\cdot mol^{-1}=-1\ 530.54\ kJ\cdot mol^{-1}$$

（4）

| | $Zn(s)$ | $+Cu^{2+}(aq)$ | $\longrightarrow$ | $Zn^{2+}(aq)$ | $+Cu(s)$ |
|---|---|---|---|---|---|
| $\Delta_f H_m^{\ominus}/(kJ\cdot mol^{-1})$ | 0 | 64.77 | | $-153.89$ | 0 |

$$\Delta_r H_m^{\ominus}=-153.89\ kJ\cdot mol^{-1}-64.77\ kJ\cdot mol^{-1}=-218.66\ kJ\cdot mol^{-1}$$

9. 已知 $Ag_2O(s)+2HCl(g)\longrightarrow 2AgCl(s)+H_2O(l)$，$\Delta_r H_m^{\ominus}=-324.30\ kJ\cdot mol^{-1}$，$\Delta_f H_m^{\ominus}(Ag_2O,s)=-31.05\ kJ\cdot mol^{-1}$，计算 $AgCl(s)$ 的标准摩尔生成焓。

**解**：设 AgCl(s) 的标准摩尔生成焓为 $x$ kJ·mol$^{-1}$，则：

$$Ag_2O(s) + 2HCl(g) \longrightarrow 2AgCl(s) + H_2O(l)$$

$\Delta_f H_m^{\ominus}$/(kJ·mol$^{-1}$)　　$-31.05$　　$-92.307$　　　　$x$　　　　$-285.830$

$\Delta_r H_m^{\ominus} = [2x + (-285.830)]$ kJ·mol$^{-1}$ $- [(-31.05) + 2 \times (-92.307)]$ kJ·mol$^{-1}$

　　　　$= -324.30$ kJ·mol$^{-1}$

解得　　　　　　　　　　　　　　$x = -127.07$

AgCl(s) 的标准摩尔生成焓为 $-127.07$ kJ·mol$^{-1}$。

10. 依据物质的标准摩尔燃烧焓数据（查附录 2 和附录 4）计算下列反应的 $\Delta_r H_m^{\ominus}$。

（1）$3C(石墨, s) + 4H_2(g) \longrightarrow C_3H_8(g)$

（2）$C_2H_5OH(l) + CH_3COOH(l) \longrightarrow CH_3COOC_2H_5(l) + H_2O(l)$

**解**：（1）　　　　　　$3C(石墨, s) + 4H_2(g) \longrightarrow C_3H_8(g)$

$\Delta_c H_m^{\ominus}$/(kJ·mol$^{-1}$)　　　　$-393.51$　　　$-285.830$　　$-2\,219.9$

$\Delta_r H_m^{\ominus} = [3 \times (-393.51) + 4 \times (-285.830)]$ kJ·mol$^{-1}$ $- (-2\,219.9)$ kJ·mol$^{-1}$

　　　　$= -103.9$ kJ·mol$^{-1}$

（2）　　　　　　　$C_2H_5OH(l) + CH_3COOH(l) \longrightarrow CH_3COOC_2H_5(l) + H_2O(l)$

$\Delta_c H_m^{\ominus}$/(kJ·mol$^{-1}$)　$-1\,366.8$　　$-874.54$　　　　$-2\,254.21$　　　　$0$

$\Delta_r H_m^{\ominus} = [(-1\,366.8) + (-874.54)]$ kJ·mol$^{-1}$ $- (-2\,254.21)$ kJ·mol$^{-1}$

　　　　$= 12.9$ kJ·mol$^{-1}$

11. 应用附录 2 和附录 3 的热力学数据，计算下列反应的 $\Delta_r S_m^{\ominus}$。

（1）$\frac{1}{2}H_2(g) + \frac{1}{2}Cl_2(g) \longrightarrow HCl(g)$

（2）$2NH_3(g) \longrightarrow N_2(g) + 3H_2(g)$

（3）$Zn(s) + 2H^+(aq) \longrightarrow H_2(g) + Zn^{2+}(aq)$

（4）$CaO(s) + H_2O(l) \longrightarrow Ca^{2+}(aq) + 2OH^-(aq)$

**解**：（1）　　　　　　　$\frac{1}{2}H_2(g) + \frac{1}{2}Cl_2(g) \longrightarrow HCl(g)$

$S_m^{\ominus}$/(J·mol$^{-1}$·K$^{-1}$)　　$130.684$　　$223.066$　　　　$186.908$

$\Delta_r S_m^{\ominus}$ $186.908$ J·mol$^{-1}$·K$^{-1}$ $- \left(\frac{1}{2} \times 130.684 + \frac{1}{2} \times 223.066\right)$ J·mol$^{-1}$·K$^{-1}$

　　　　$= 10.033$ J·mol$^{-1}$·K$^{-1}$

（2）　　　　　　　　$2NH_3(g) \longrightarrow N_2(g) + 3H_2(g)$

$S_m^{\ominus}$/(J·mol$^{-1}$·K$^{-1}$)　　　$192.45$　　　$191.61$　　$130.684$

$\Delta_r S_m^{\ominus} = (3 \times 130.684 + 191.61 - 2 \times 192.45)$ J·mol$^{-1}$·K$^{-1}$ $= 198.76$ J·mol$^{-1}$·K$^{-1}$

（3）　　　　　　　　$Zn(s) + 2H^+(aq) \longrightarrow H_2(g) + Zn^{2+}(aq)$

$S_m^{\ominus}$/(J·mol$^{-1}$·K$^{-1}$)　　$41.63$　　　$0$　　　　$130.684$　　　$-112.1$

$\Delta_r S_m^{\ominus} = [(-112.1) + 130.684]$ J·mol$^{-1}$·K$^{-1}$ $- 41.63$ J·mol$^{-1}$·K$^{-1}$ $= -23.0$ J·mol$^{-1}$·K$^{-1}$

（4）$$CaO(s) + H_2O(l) \longrightarrow Ca^{2+}(aq) + 2OH^-(aq)$$

$S_m^{\ominus}/(J \cdot mol^{-1} \cdot K^{-1})$　39.75　69.91　　　−53.1　　−10.75

$\Delta_r S_m^{\ominus} = [2 \times (-10.75) + (-53.1)] J \cdot mol^{-1} \cdot K^{-1} - (39.75 + 69.91) J \cdot mol^{-1} \cdot K^{-1}$

　　　$= -184.3 J \cdot mol^{-1} \cdot K^{-1}$

12. 由附录 2 查出石墨的 $S_m^{\ominus}$ 及金刚石的 $\Delta_f H_m^{\ominus}$ 和 $\Delta_f G_m^{\ominus}$，计算金刚石的 $S_m^{\ominus}$，并依据计算结果比较这两种同素异形体的有序程度。

**解：** 由附录 2 可查得

$$S_m^{\ominus}(石墨, s) = 5.74 J \cdot mol^{-1} \cdot K^{-1};$$

$\Delta_f H_m^{\ominus}(金刚石, s) = 1.897 kJ \cdot mol^{-1};$　$\Delta_f G_m^{\ominus}(金刚石, s) = 2.900 kJ \cdot mol^{-1};$

对反应　　　　　　　$$C(石墨, s) \longrightarrow C(金刚石, s)$$

$$\Delta_r H_m^{\ominus} = \Delta_f H_m^{\ominus}(金刚石, s) = 1.897 kJ \cdot mol^{-1}$$

$$\Delta_r G_m^{\ominus} = \Delta_f G_m^{\ominus}(金刚石, s) = 2.900 kJ \cdot mol^{-1}$$

$$\Delta_r S_m^{\ominus} = \frac{\Delta_r H_m^{\ominus} - \Delta_r G_m^{\ominus}}{T} = \frac{(1.897 - 2.900) kJ \cdot mol^{-1}}{298.15 K} = -3.364 J \cdot mol^{-1} \cdot K^{-1}$$

$$\Delta_r S_m^{\ominus} = S_m^{\ominus}(金刚石, s) - S_m^{\ominus}(石墨, s)$$

$$S_m^{\ominus}(金刚石, s) = \Delta_r S_m^{\ominus} + S_m^{\ominus}(石墨, s)$$

$$= -3.364 J \cdot mol^{-1} \cdot K^{-1} + 5.74 J \cdot mol^{-1} \cdot K^{-1}$$

$$= 2.38 J \cdot mol^{-1} \cdot K^{-1}$$

$S_m^{\ominus}(石墨, s) > S_m^{\ominus}(金刚石, s)$，所以金刚石的有序程度大于石墨。

13. 已知反应：

$$2Hg(l) + O_2(g) \longrightarrow 2HgO(s)$$

$\Delta_f H_m^{\ominus}/(kJ \cdot mol^{-1})$　　　0　　　　　0　　　　−90.83

$S_m^{\ominus}/(J \cdot mol^{-1} \cdot K^{-1})$　76.02　　205.138　　70.29

（1）通过计算说明在 298.15 K，标准态下反应能否自发进行？

（2）试估算反应自发进行的温度范围。

（3）试计算温度为 900 K 时反应的 $\Delta_r G_m^{\ominus}$（忽略反应的 $\Delta_r H_m^{\ominus}$ 和 $\Delta_r S_m^{\ominus}$ 随温度的变化），并判断 900 K 时反应能否自发进行。

**解：**（1）　　　$\Delta_r H_m^{\ominus} = 2 \times (-90.83 kJ \cdot mol^{-1}) = -181.66 kJ \cdot mol^{-1}$

$\Delta_r S_m^{\ominus} = (2 \times 70.29 - 205.138 - 2 \times 76.02) J \cdot mol^{-1} \cdot K^{-1} = -216.60 J \cdot mol^{-1} \cdot K^{-1}$

$\Delta_r G_m^{\ominus} = \Delta_r H_m^{\ominus} - T \cdot \Delta_r S_m^{\ominus}$

　　　$= -181.66 kJ \cdot mol^{-1} - 298.15 \times (-216.60 \times 10^{-3}) kJ \cdot mol^{-1}$

　　　$= -117.08 kJ \cdot mol^{-1} < 0$

所以在 298.15 K，标准态下反应能自发进行。

（2）因 $\Delta_r H_m^{\ominus} < 0$，$\Delta_r G_m^{\ominus} < 0$，则反应自发进行的温度范围应该为

$$T < \frac{\Delta_r H_m^{\ominus}}{\Delta_r S_m^{\ominus}} = \frac{-181.66 \text{ kJ} \cdot \text{mol}^{-1}}{-216.60 \times 10^{-3} \text{ kJ} \cdot \text{mol}^{-1} \cdot \text{K}^{-1}} = 838.69 \text{ K}$$

（3）$\Delta_r G_m^{\ominus}(900 \text{ K}) = -181.66 \text{ kJ} \cdot \text{mol}^{-1} - 900 \times (-216.60 \times 10^{-3}) \text{ kJ} \cdot \text{mol}^{-1}$

$$= 13.28 \text{ kJ} \cdot \text{mol}^{-1}$$

因为 $-46 \text{ kJ} \cdot \text{mol}^{-1} < \Delta_r G_m^{\ominus}(900 \text{ K}) < 46 \text{ kJ} \cdot \text{mol}^{-1}$，所以 900 K 时反应能否自发进行无法判断。

14. 不用查表，试比较下列物质 $S_m^{\ominus}$ 的大小：

（1）Ag(s)，AgCl(s)，$Ag_2SO_4$(s)；

（2）O(g)，$O_2$(g)，$O_3$(g)。

答：（1）Ag(s)＜AgCl(s)＜$Ag_2SO_4$(s)；

（2）O(g)＜$O_2$(g)＜$O_3$(g)

15. 下列说法是否正确？并说明理由：

（1）放热反应都是自发进行的；

（2）$\Delta_r S_m$ 为正值的反应都是自发进行的；

（3）如果 $\Delta_r S_m$ 和 $\Delta_r H_m$ 都是正值，当温度升高时，$\Delta_r G_m$ 将减小。

答：（1）错误。解析：在给定条件下，一个反应自发进行的推动力，除了反应的焓变外，还受系统混乱度和反应温度的影响。

（2）错误。解析：对于封闭系统不能仅用熵变作为反应自发性的判据，还应考虑系统焓变和反应温度的影响。

（3）正确。解析：温度变化不大时，$\Delta_r S_m$ 和 $\Delta_r H_m$ 的值变化不大，可以近似视为定值。根据 $\Delta_r G_m = \Delta_r H_m - T\Delta_r S_m$，当 $\Delta_r S_m$ 和 $\Delta_r H_m$ 都是正值，温度升高时，$\Delta_r G_m$ 将减小，即低温下反应不自发而高温下反应自发。

16. 对于可逆反应：

$$C(\text{石墨,s}) + H_2O(g) \rightleftharpoons CO(g) + H_2(g), \quad \Delta_r H_m^{\ominus} = 131.293 \text{ kJ} \cdot \text{mol}^{-1}$$

下列说法你认为是否正确？

（1）达到平衡时各反应物和生成物的浓度相等；

（2）达到平衡时各反应物和生成物的浓度不再随时间的变化而改变；

（3）加入催化剂可以缩短反应达到平衡的时间；

（4）增加压强对平衡无影响；

（5）升高温度，平衡向右移动。

答：（1）错误。解析：在一定温度，达到平衡时各生成物浓度幂的乘积与各反应物幂的乘积的比值是常数，但它们的浓度并不一定相等。

（2）正确。

（3）正确。

（4）错误。解析：增加压强，平衡向气体分子数减小的方向移动，即平衡向左移动。

（5）正确。

17. 选择填空（将所有正确答案的标号填入空格内）：

（1）在等温等压下，某反应的 $\Delta_r G_m^{\ominus} = 100\ \text{kJ} \cdot \text{mol}^{-1}$，这表明该反应_____。

（a）一定可以自发进行；（b）一定不可能自发进行；（c）是否可能自发进行，还需进行具体分析。

（2）某温度时，反应 $H_2(g) + Br_2(g) \rightleftharpoons 2HBr(g)$ 的 $K^{\ominus} = 4 \times 10^{-2}$，则反应 $HBr(g) \rightleftharpoons \frac{1}{2}H_2(g) + \frac{1}{2}Br_2(g)$ 的 $K^{\ominus} = $ _____。

（a）$\dfrac{1}{4 \times 10^{-2}}$　　（b）$\dfrac{1}{\sqrt{4 \times 10^{-2}}}$　　（c）$4 \times 10^{-2}$

**答：**（1）（c）　　（2）（b）

18. 写出下列反应标准平衡常数的表达式：

（1）$NO(g) + \dfrac{1}{2}O_2(g) \rightleftharpoons NO_2(g)$

（2）$2SO_2(g) + O_2(g) \rightleftharpoons 2SO_3(g)$

（3）$CaCO_3(s) \rightleftharpoons CaO(s) + CO_2(g)$

（4）$Fe_3O_4(s) + 4H_2(g) \rightleftharpoons 3Fe(s) + 4H_2O(g)$

**答：**（1）$K^{\ominus} = \dfrac{[p(NO_2)/p^{\ominus}]}{[p(NO)/p^{\ominus}] \cdot [p(O_2)/p^{\ominus}]^{\frac{1}{2}}}$

（2）$K^{\ominus} = \dfrac{[p(SO_3)/p^{\ominus}]^2}{[p(SO_2)/p^{\ominus}]^2 \cdot [p(O_2)/p^{\ominus}]}$

（3）$K^{\ominus} = \dfrac{p(CO_2)}{p^{\ominus}}$

（4）$K^{\ominus} = \dfrac{[p(H_2O)/p^{\ominus}]^4}{[p(H_2)/p^{\ominus}]^4}$

19. 298.15 K 时反应 $ICl(g) \rightleftharpoons \dfrac{1}{2}I_2(g) + \dfrac{1}{2}Cl_2(g)$ 的标准平衡常数 $K^{\ominus} = 2.2 \times 10^{-3}$，计算下列反应的 $K^{\ominus}$。

（1）$2ICl(g) \rightleftharpoons I_2(g) + Cl_2(g)$

（2）$I_2(g) + Cl_2(g) \rightleftharpoons 2ICl(g)$

**解：**（1）$K^{\ominus} = \dfrac{[p(I_2)/p^{\ominus}] \cdot [p(Cl_2)/p^{\ominus}]}{[p(ICl)/p^{\ominus}]^2} = (2.2 \times 10^{-3})^2 = 4.8 \times 10^{-6}$

（2）$K^{\ominus} = \dfrac{[p(ICl)/p^{\ominus}]^2}{[p(I_2)/p^{\ominus}] \cdot [p(Cl_2)/p^{\ominus}]} = \dfrac{1}{(2.2 \times 10^{-3})^2} = 2.1 \times 10^{5}$

20. 已知：

$H_2(g) + S(s) \rightleftharpoons H_2S(g)$ 　　$K^{\ominus} = 1.0 \times 10^{-3}$

$S(s) + O_2(g) \rightleftharpoons SO_2(g)$ 　　$K^{\ominus} = 5.0 \times 10^{6}$

求反应 $H_2(g) + SO_2(g) \rightleftharpoons H_2S(g) + O_2(g)$ 的 $K^{\ominus}$。

**解**：$H_2(g)+S(s)\rightleftharpoons H_2S(g)$　　　$K^{\ominus}=1.0\times10^{-3}$

$-)\ S(s)+O_2(g)\rightleftharpoons SO_2(g)$　　　$K^{\ominus}=5.0\times10^6$

$\overline{H_2(g)+SO_2(g)\rightleftharpoons H_2S(g)+O_2(g)}$

$$K^{\ominus}=\frac{[p(H_2S)/p^{\ominus}]\cdot[p(O_2)/p^{\ominus}]}{[p(H_2)/p^{\ominus}]\cdot[p(SO_2)/p^{\ominus}]}=1.0\times10^{-3}\times\frac{1}{5.0\times10^6}=2.0\times10^{-10}$$

21. 在 298.15 K，标准态下，对反应 $2SO_2(g)+O_2(g)\rightleftharpoons 2SO_3(g)$，通过计算回答下列问题：

（1）正反应是吸热还是放热？

（2）正反应是熵增加还是熵减少？

（3）正反应能否自发进行？

（4）计算 298.15 K 时该反应的 $K^{\ominus}$。

**解**：

| | $2SO_2(g)$ | $+$ $O_2(g)$ | $\rightleftharpoons 2SO_3(g)$ |
|---|---|---|---|
| $\Delta_f H_m^{\ominus}/(kJ\cdot mol^{-1})$ | $-296.830$ | $0$ | $-395.72$ |
| $S_m^{\ominus}/(J\cdot mol^{-1}\cdot K^{-1})$ | $248.22$ | $205.138$ | $256.76$ |
| $\Delta_f G_m^{\ominus}/(kJ\cdot mol^{-1})$ | $-300.194$ | $0$ | $-371.06$ |

（1）　　　$\Delta_r H_m^{\ominus}=2\times(-395.72)kJ\cdot mol^{-1}-2\times(-296.830)kJ\cdot mol^{-1}$

　　　　　　$=-197.78\ kJ\cdot mol^{-1}$

反应是放热的。

（2）$\Delta_r S_m^{\ominus}=2\times256.76\ J\cdot mol^{-1}\cdot K^{-1}-2\times248.22\ J\cdot mol^{-1}\cdot K^{-1}-205.138\ J\cdot mol^{-1}\cdot K^{-1}$

　　　　　　$=-188.06\ J\cdot mol^{-1}\cdot K^{-1}$

反应是熵减的。

（3）　　　$\Delta_r G_m^{\ominus}=2\times(-371.06)\ kJ\cdot mol^{-1}-2\times(-300.194)\ kJ\cdot mol^{-1}$

　　　　　　$=-141.73\ kJ\cdot mol^{-1}<0$

反应能自发进行。

（4）　　　$\lg K^{\ominus}=\dfrac{-\Delta_r G_m^{\ominus}}{2.303RT}=\dfrac{-(-141.73\times10^3\ J\cdot mol^{-1})}{2.303\times8.314\ J\cdot mol^{-1}\cdot K^{-1}\times298.15\ K}=24.83$

解得　　　　　　　　　$K^{\ominus}=6.8\times10^{24}$

22. 已知反应 $MgCO_3(s)\longrightarrow MgO(s)+CO_2(g)$：

（1）计算 298.15 K，标准态下反应的 $\Delta_r H_m^{\ominus}$，$\Delta_r S_m^{\ominus}$ 和 $\Delta_r G_m^{\ominus}$。

（2）计算 1 148 K 时反应的 $\Delta_r G_m^{\ominus}$ 和 $K^{\ominus}$。

（3）估算 100 kPa 压强下 $MgCO_3$ 分解的最低温度。

**解**：（1）

| | $MgCO_3(s)\longrightarrow$ | $MgO(s)$ | $+$ $CO_2(g)$ |
|---|---|---|---|
| $\Delta_f H_m^{\ominus}/(kJ\cdot mol^{-1})$ | $-1\ 095.8$ | $-601.7$ | $-393.51$ |
| $S_m^{\ominus}/(J\cdot mol^{-1}\cdot K^{-1})$ | $65.69$ | $26.94$ | $213.74$ |
| $\Delta_f G_m^{\ominus}/(kJ\cdot mol^{-1})$ | $-1\ 012.11$ | $-569.4$ | $-394.359$ |

$$\Delta_r H_m^{\ominus} = [(-393.51 \text{ kJ} \cdot \text{mol}^{-1}) + (-601.7 \text{ kJ} \cdot \text{mol}^{-1})] - (-1\,095.8 \text{ kJ} \cdot \text{mol}^{-1})$$
$$= 100.6 \text{ kJ} \cdot \text{mol}^{-1}$$

$$\Delta_r S_m^{\ominus} = 213.74 \text{ J} \cdot \text{mol}^{-1} \cdot \text{K}^{-1} + 26.94 \text{ J} \cdot \text{mol}^{-1} \cdot \text{K}^{-1} - 65.69 \text{ J} \cdot \text{mol}^{-1} \cdot \text{K}^{-1}$$
$$= 174.99 \text{ J} \cdot \text{mol}^{-1} \cdot \text{K}^{-1}$$

$$\Delta_r G_m^{\ominus} = [(-394.359 \text{ kJ} \cdot \text{mol}^{-1}) + (-569.4 \text{ kJ} \cdot \text{mol}^{-1})] - (-1\,012.11 \text{ kJ} \cdot \text{mol}^{-1})$$
$$= 48.4 \text{ kJ} \cdot \text{mol}^{-1}$$

（2）$\Delta_r G_m^{\ominus}(1\,148 \text{ K}) = 100.6 \text{ kJ} \cdot \text{mol}^{-1} - \dfrac{1\,148 \times 174.99}{1\,000} \text{ kJ} \cdot \text{mol}^{-1} = -100.3 \text{ kJ} \cdot \text{mol}^{-1}$

$$\lg K^{\ominus} = \frac{-\Delta_r G_m^{\ominus}}{2.303RT}$$
$$= \frac{-(-100.3 \times 10^3 \text{ J} \cdot \text{mol}^{-1})}{2.303 \times 8.314 \text{ J} \cdot \text{mol}^{-1} \cdot \text{K}^{-1} \times 1\,148 \text{ K}} = 4.563$$

解得
$$K^{\ominus} = 3.66 \times 10^4$$

（3）
$$T = \frac{\Delta_r H_m^{\ominus}}{\Delta_r S_m^{\ominus}}$$
$$= \frac{100.6 \times 10^3 \text{ J} \cdot \text{mol}^{-1}}{174.99 \text{ J} \cdot \text{mol}^{-1} \cdot \text{K}^{-1}} = 574.9 \text{ K}$$

23. 反应 $CO(g) + \dfrac{1}{2} O_2(g) \longrightarrow CO_2(g)$ 在某温度时 $K^{\ominus} = 1.0 \times 10^{45}$，不用计算，试回答下列问题：

（1）该反应在该温度时能否自发进行？为什么？

（2）该反应是熵增加还是熵减少？为什么？

（3）该反应的正向是吸热还是放热反应？为什么？

**答**：（1）能自发进行。因为 $K^{\ominus} \gg 10^8$，相应 $\Delta_r G_m^{\ominus} \ll -46 \text{ kJ} \cdot \text{mol}^{-1}$，所以该反应在该温度时可以自发进行。

（2）熵减小，因为反应后分子种类、气体分子数减少了。

（3）该反应的正向是放热反应。因为由 $\Delta_r G_m^{\ominus} = \Delta_r H_m^{\ominus} - T\Delta_r S_m^{\ominus}$ 可得 $\Delta_r H_m^{\ominus} = \Delta_r G_m^{\ominus} + T\Delta_r S_m^{\ominus}$，由（1），（2）可知，该反应的 $\Delta_r S_m^{\ominus} < 0$，$\Delta_r G_m^{\ominus} < 0$，所以 $\Delta_r H_m^{\ominus} < 0$，该反应的正向是放热反应。

# 自我检测

## 一、填空题

1. 在物理量 $U$, $H$, $S$, $G$, $Q$, $W$, $T$, $p$ 中，不是状态函数的是_____，属于强度性质的状态函数是_____，属于容量性质的状态函数是_____。

2. 在 298.15 K，$\Delta_c H_m^{\ominus}$ (石墨, s) $= -393.51 \text{ kJ} \cdot \text{mol}^{-1}$，$\Delta_c H_m^{\ominus}$ (金刚石, s) $= -395.41 \text{ kJ} \cdot \text{mol}^{-1}$，

则 298.15 K 时，反应 C(石墨, s)———→C(金刚石, s)的标准摩尔焓变为_____ kJ·mol$^{-1}$。

3. 如果系统在状态 A 时吸收 400 kJ 的热量，对外做功 200 kJ 达到状态 B，则系统的内能变化为_____。

4. 热力学第一定律的数学表达式为_____，它适用于_____系统。

5. 若反应 H$_2$(g)+I$_2$(g) $\rightleftharpoons$ 2HI(g) 的平衡常数为 $K_1^\ominus$，2HI(g) $\rightleftharpoons$ H$_2$(g)+I$_2$(g) 的平衡常数为 $K_2^\ominus$，则 $K_1^\ominus$ 与 $K_2^\ominus$ 的关系为_____。

6. 当系统状态发生改变时，状态函数的改变量_____。

7. 用 $\Delta_r G_m$ 判断反应进行的方向和限度的条件是_____。

8. 写出下列名词的符号表达式：标准摩尔生成焓_____，标准摩尔熵_____，标准摩尔反应焓变_____，反应的标准摩尔吉布斯自由能变_____，标准摩尔燃烧焓_____。

9. 有 Ⅰ，Ⅱ，Ⅲ，Ⅳ 四个反应，在 298.15 K 下的热力学数据如下：

| 反应 | Ⅰ | Ⅱ | Ⅲ | Ⅳ |
|---|---|---|---|---|
| $\Delta_r H_m^\ominus$/(kJ·mol$^{-1}$) | 19.8 | 304.8 | −21.2 | −412.6 |
| $\Delta_r S_m^\ominus$/(J·mol$^{-1}$·K$^{-1}$) | 34.7 | −198.7 | −100.8 | 112.5 |

在标准态下，任何温度都不能进行的反应为_____，任何温度下都能自发进行的反应为_____，在温度高于_____才能自发进行的反应是_____，在温度低于_____才能自发进行的反应是_____。

10. 碳化硅（SiC）化学性能稳定、耐高温、耐磨，在工业上应用很广。已知在 298.15 K，标准态下，反应 Si(s)+CO$_2$(g)———→SiC(s)+O$_2$(g) 的 $\Delta_r H_m^\ominus$ =328.2 kJ·mol$^{-1}$，$\Delta_f H_m^\ominus$(CO$_2$,g) = −393.51 kJ·mol$^{-1}$，则 $\Delta_f H_m^\ominus$(SiC) =_____kJ·mol$^{-1}$。

11. 已知 298.15 K 时氯化钠溶于水的反应 NaCl(s)+$n$H$_2$O———→Na$^+$(aq) + Cl$^-$(aq) 的标准摩尔焓变为 3.81 kJ·mol$^{-1}$，氯化钠溶于水是自发过程，这一反应的 $\Delta_r S_m^\ominus$ 的值_____零（填"大于""小于"或"等于"）。

## 二、选择题

1. 下列物质中标准摩尔生成焓不为零的是（    ）。
A. C(石墨, s)          B. Ag(s)          C. O$_3$(g)          D. Cl$_2$(g)

2. 已知 298.15 K 时，反应 C(石墨, s) + O$_2$(g) $\rightleftharpoons$ CO$_2$(g) 的标准摩尔焓变为 $\Delta_r H_m^\ominus$，下列说法中不正确的是（    ）。
A. CO$_2$(g)的标准摩尔生成焓等于 $\Delta_r H_m^\ominus$
B. C(石墨, s)的标准摩尔燃烧焓等于 $\Delta_r H_m^\ominus$
C. C(石墨, s)的标准摩尔生成焓等于 0
D. C(石墨, s)的标准摩尔燃烧焓等于 0

3. 下列反应的标准摩尔吉布斯自由能变 $\Delta_r G_m^\ominus$ 与反应产物的标准摩尔生成吉布斯自由能

$\Delta_f G_m^{\ominus}$ 相等的是（     ）。

    A. $H_2(g) + \frac{1}{2}O_2(g) \Longrightarrow H_2O(g)$        B. $C(金刚石, s) + O_2(g) \Longrightarrow CO_2(g)$

    C. $CO(g) + \frac{1}{2}O_2(g) \Longrightarrow CO_2(g)$        D. $2H_2(g) + O_2(g) \Longrightarrow 2H_2O(g)$

4. 下列叙述中正确的是（     ）。

    A. 虽然温度对 $\Delta_r H_m$ 和 $\Delta_r S_m$ 的影响较小，但温度对 $\Delta_r G_m$ 的影响却较大

    B. 化学反应放出的热量等于该反应的焓变

    C. 只要 $\Delta S > 0$，该反应就是个自发反应

    D. 盖斯定律认为化学反应的热效应与途径无关，是反应处在可逆条件下进行的缘故

5. 298.15 K 时，下列物质的标准摩尔燃烧焓 $\Delta_c H_m^{\ominus}$ 不等于零的是（     ）。

    A. $H_2(g)$        B. $N_2(g)$        C. $H_2O(l)$        D. $CO_2(g)$

6. 对于反应 $2SO_2(g) + O_2(g) \Longrightarrow 2SO_3(g)$，当反应进度为 1 mol 时，以下叙述正确的是（     ）。

    A. 消耗了 1 mol 的 $SO_2(g)$        B. 消耗了 2 mol 的 $SO_2(g)$ 和 1 mol 的 $O_2(g)$

    C. 消耗 $SO_2(g)$ 和 $O_2(g)$ 共 1 mol        D. 生成了 1 mol 的 $SO_3(g)$

7. 已知 298.15 K 时 $CH_4(g)$，$CO_2(g)$，$H_2O(l)$ 的标准摩尔生成焓 $\Delta_f H_m^{\ominus}$ 分别为 $-74.81 \ kJ \cdot mol^{-1}$，$-393.51 \ kJ \cdot mol^{-1}$，$-285.830 \ kJ \cdot mol^{-1}$。则 298.15 K 时 $CH_4(g)$ 的标准摩尔燃烧焓 $\Delta_c H_m^{\ominus}$ 为（     ）。

    A. $-890.36 \ kJ \cdot mol^{-1}$        B. $890.36 \ kJ \cdot mol^{-1}$

    C. $-604.53 \ kJ \cdot mol^{-1}$        D. $604.53 \ kJ \cdot mol^{-1}$

8. 某反应在等温、等压、不做非体积功的条件下，在任何温度下都能自发进行，则关于对该反应的摩尔焓变和摩尔熵变说法正确的是（     ）。

    A. $\Delta_r H_m > 0$，$\Delta_r S_m < 0$        B. $\Delta_r H_m < 0$，$\Delta_r S_m < 0$

    C. $\Delta_r H_m > 0$，$\Delta_r S_m > 0$        D. $\Delta_r H_m < 0$，$\Delta_r S_m > 0$

9. 在相同条件下，下列反应可有不同的表示方法，若：$H_2(g) + \frac{1}{2}O_2(g) \Longrightarrow H_2O(g)$ 的 $\Delta_r G_m^{\ominus}$ 表示为 $\Delta_r G_m^{\ominus}(1)$；$2H_2(g) + O_2(g) \Longrightarrow 2H_2O(g)$ 的 $\Delta_r G_m^{\ominus}$ 表示为 $\Delta_r G_m^{\ominus}(2)$，则 $\Delta_r G_m^{\ominus}(1)$ 和 $\Delta_r G_m^{\ominus}(2)$ 的关系为（     ）。

    A. $\Delta_r G_m^{\ominus}(1) = \Delta_r G_m^{\ominus}(2)$        B. $\Delta_r G_m^{\ominus}(2) = [\Delta_r G_m^{\ominus}(1)]^2$

    C. $\Delta_r G_m^{\ominus}(2) = 2\Delta_r G_m^{\ominus}(1)$        D. $\Delta_r G_m^{\ominus}(1) = 2\Delta_r G_m^{\ominus}(2)$

10. 下列反应从左到右，熵是减少的有（     ）。

    A. $H_2O(s) \longrightarrow H_2O(l)$        B. $KCl(s) \longrightarrow K^+(aq) + Cl^-(aq)$

    C. $2NH_3(g) \longrightarrow N_2(g) + 3H_2(g)$        D. $N_2(g, 100 \ kPa) \longrightarrow N_2(g, 200 \ kPa)$

11. 水在烧杯中进行蒸发，该系统属于（     ）。

    A. 封闭系统        B. 隔离系统        C. 敞开系统

12. 已知反应 $MgCO_3(s) \Longrightarrow MgO(s) + CO_2(g)$ 的 $\Delta_r H_m^{\ominus} = 100.6 \ kJ \cdot mol^{-1}$，$\Delta_r S_m^{\ominus} =$

$174.99\ J\cdot mol^{-1}\cdot K^{-1}$，该反应能自发进行的温度条件是（　　）。

　A. $T>574.9\ K$　　　　B. $T<574.9\ K$　　　　C. $T>0.574\ 9\ K$　　　D. 任何温度都可以

13. 以下系统含有两相的是（　　）。

　A. 氧气和氮气的混合气体　　　　　　　B. 锌粉和盐酸发生反应的系统

　C. 冰水混合物　　　　　　　　　　　　D. 葡萄糖水溶液

14. 下列各个物理量与变化途径有关的是（　　）。

　A. 内能　　　　　　　B. 功　　　　　　　C. 自由能　　　　　　D. 熵

15. 关于熵的叙述正确的是（　　）。

　A. 若反应能自发进行，则 $\Delta_r S_m^{\ominus}>0$　　　B. 298.15 K 时，稳定单质的标准摩尔熵为零

　C. 298.15 K 时，$S_m^{\ominus}(Br_2,g)<S_m^{\ominus}(Br_2,s)$　　D. 298.15 K 时，$S_m^{\ominus}(I_2,g)>S_m^{\ominus}(Cl_2,g)$

16. $CaCO_3(s)\Longrightarrow CaO(s)+CO_2(g)$ 的 $\Delta_r H_m^{\ominus}>0$，则标准态下该反应（　　）。

　A. 低温能自发　　　　　　　　　　　　B. 高温能自发

　C. 任何温度均能自发　　　　　　　　　D. 无法判断

17. 下面哪个反应表示 $\Delta_r H_m^{\ominus}=\Delta_f H_m^{\ominus}(CO_2,g)$ 的反应（　　）。

　A. $C(石墨, s) + O_2(g) \Longrightarrow CO_2(g)$　　　B. $C(石墨, s) + O_2(g) \Longrightarrow CO_2(l)$

　C. $C(金刚石, s) + O_2(g) \Longrightarrow CO_2(l)$　　D. $CO(g)+\dfrac{1}{2}O_2(g) \Longrightarrow CO_2(g)$

18. 已知 298.15 K 时，以下两个反应的 $\Delta_r H_m^{\ominus}$：

$$2NH_3(g)+\frac{3}{2}O_2 \Longrightarrow N_2(g)+3H_2O(l)，\quad \Delta_r H_m^{\ominus}(1)=-765.27\ kJ\cdot mol^{-1}；$$

$$2NH_3(g)+\frac{5}{2}O_2 \Longrightarrow 2NO(g)+3H_2O(l)，\quad \Delta_r H_m^{\ominus}(2)=-584.77\ kJ\cdot mol^{-1}，$$

则 $\Delta_f H_m^{\ominus}(NO,g)$ 的值为（　　）。

　A. $90.25\ kJ\cdot mol^{-1}$　　　　　　　　B. $-90.25\ kJ\cdot mol^{-1}$

　C. $180.50\ kJ\cdot mol^{-1}$　　　　　　　D. $-180.50\ kJ\cdot mol^{-1}$

## 三、判断题

1. 在任何情况下，化学反应的热效应只与化学反应的始态和终态有关，而与反应的途径无关。（　　）

2. 对隔离系统，只要 $\Delta S>0$，该反应就是自发反应。（　　）

3. 对于敞开系统，系统与环境间既有物质交换，又有能量交换。（　　）

4. 升高温度，化学反应的 $K^{\ominus}$ 增大。（　　）

5. 在等温、等压、不做非体积功的条件下，达到平衡时系统的吉布斯自由能最小。（　　）

6. 物质的标准态与气体的标准状况含义相同。（　　）

7. 反应 $H_2(g)+\dfrac{1}{2}O_2(g) \Longrightarrow H_2O(g)$ 与 $2H_2(g)+O_2(g) \Longrightarrow 2H_2O(g)$ 的 $\Delta_r H_m^{\ominus}$ 和 $\Delta_r S_m^{\ominus}$ 相同。（　　）

8. $\Delta_r S_m^{\ominus} < 0$ 的反应也有可能自发进行。（　　）

9. 在标准态下，温度 $T$ 时，由稳定单质生成 1 mol 某物质时的反应热称为该物质在温度 $T$ 时的标准摩尔生成焓。（　　）

10. 对反应 $H_2(g) + I_2(g) \rightleftharpoons 2HI(g)$，$Q_p \neq Q_V$。（　　）

11. 若一个反应的 $\Delta_r G_m^{\ominus} > 0$，该反应一定不能自发进行。（　　）

12. 反应 $A(g) + B(s) \rightleftharpoons C(l) + H_2O(g)$ 放出的热量比反应 $A(g) + B(s) \rightleftharpoons C(l) + H_2O(l)$ 放出的热量多。（　　）

13. 在理想气体的状态方程 $pV = nRT$ 中，除常数 $R$ 外，都是状态函数。（　　）

## 四、计算题

1. 工业上应用"氧炔焰"焊接金属的原理是基于乙炔在氧气中燃烧放出大量的热，已知 1 mol 乙炔完全燃烧放出的热量为 $-1\,299.6$ kJ·mol$^{-1}$，$\Delta_f H_m^{\ominus}(CO_2, g) = -393.51$ kJ·mol$^{-1}$，$\Delta_f H_m^{\ominus}(H_2O, l) = -285.830$ kJ·mol$^{-1}$，计算乙炔的标准摩尔生成焓。

2. 工业上生产水煤气的反应和相应的热力学数据如下：

$$C(石墨, s) + H_2O(g) \Longrightarrow CO(g) + H_2(g)$$

| | C(石墨, s) | H$_2$O(g) | CO(g) | H$_2$(g) |
|---|---|---|---|---|
| $\Delta_f H_m^{\ominus}$/(kJ·mol$^{-1}$) | 0 | $-241.818$ | $-110.525$ | 0 |
| $S_m^{\ominus}$/(J·mol$^{-1}$·K$^{-1}$) | 5.74 | 188.825 | 197.674 | 130.684 |

计算生产水煤气的反应在标准态下自发进行的最低温度是多少？

3. CO 和 NO 是汽车尾气排放出的两种有害成分，二者反应生成氮气和二氧化碳的反应及相关的热力学数据如下：

$$2CO(g) + 2NO(g) \Longrightarrow 2CO_2(g) + N_2(g)$$

| | 2CO(g) | 2NO(g) | 2CO$_2$(g) | N$_2$(g) |
|---|---|---|---|---|
| $\Delta_f H_m^{\ominus}$/(kJ·mol$^{-1}$) | $-110.525$ | 90.25 | $-393.51$ | 0 |
| $S_m^{\ominus}$/(J·mol$^{-1}$·K$^{-1}$) | 197.674 | 210.761 | 213.74 | 191.61 |

在 298.15 K 时，能否通过二者反应生成氮气和二氧化碳来减少这两种气体带来的环境污染？

4. $N_2H_4(l)$ 为高能燃料，用于火箭发射中，其化学反应的方程式为

$$2N_2H_4(l) + N_2O_4(g) \Longrightarrow 3N_2(g) + 4H_2O(l)$$

| | | | | |
|---|---|---|---|---|
| $\Delta_f H_m^{\ominus}$/(kJ·mol$^{-1}$) | 50.63 | 9.16 | 0 | $-285.830$ |

计算燃烧 10.0 kg $N_2H_4(l)$ 放出的热量。

5. 除了生物固氮，还可能通过下列反应实现固氮，从热力学的角度分析以下三种固氮方式的可行性。

（1）
$$N_2(g) + O_2(g) \Longrightarrow 2NO(g)$$

| | N$_2$(g) | O$_2$(g) | 2NO(g) |
|---|---|---|---|
| $\Delta_f H_m^{\ominus}$/(kJ·mol$^{-1}$) | 0 | 0 | 90.25 |
| $S_m^{\ominus}$/(J·mol$^{-1}$·K$^{-1}$) | 191.61 | 205.138 | 210.761 |

（2）

| | $N_2(g)$ | + | $3H_2(g)$ | $=$ | $2NH_3(g)$ |
|---|---|---|---|---|---|
| $\Delta_f H_m^{\ominus}/(kJ \cdot mol^{-1})$ | 0 | | 0 | | $-46.11$ |
| $S_m^{\ominus}/(J \cdot mol^{-1} \cdot K^{-1})$ | 191.61 | | 130.684 | | 192.45 |

（3）

| | $N_2(g)$ | + | $2O_2(g)$ | $=$ | $2NO_2(g)$ |
|---|---|---|---|---|---|
| $\Delta_f H_m^{\ominus}/(kJ \cdot mol^{-1})$ | 0 | | 0 | | 33.18 |
| $S_m^{\ominus}/(J \cdot mol^{-1} \cdot K^{-1})$ | 191.61 | | 205.138 | | 240.06 |

6. $AgNO_3$ 受光易分解，需避光保存。$AgNO_3$ 分解的化学反应式和相关的热力学数据如下：

$$2AgNO_3(s) == 2Ag(s) + 2NO_2(g) + O_2(g)$$

| | | | | |
|---|---|---|---|---|
| $\Delta_f H_m^{\ominus}/(kJ \cdot mol^{-1})$ | $-124.4$ | 0 | 33.18 | 0 |
| $S_m^{\ominus}/(J \cdot mol^{-1} \cdot K^{-1})$ | 140.9 | 42.55 | 240.06 | 205.138 |

（1）计算 $AgNO_3$ 在标准态下的分解温度范围；

（2）$AgNO_3$ 在 500 ℃时分解的平衡常数。

7. 葡萄糖是人类维持正常生理功能所需的最主要营养物质之一，已知葡萄糖的 $\Delta_c H_m^{\ominus} = -2\,804\ kJ \cdot mol^{-1}$，一个成年男性每天需要摄入约 $1.0 \times 10^4\ kJ$ 热量，折合成葡萄糖燃烧放出的热量，一个成年男性每天需摄入多少克葡萄糖才能满足需要？

8. 已知 $\Delta_f H_m^{\ominus}(CO_2,g) = -393.51\ kJ \cdot mol^{-1}$，$\Delta_f H_m^{\ominus}(H_2O,l) = -285.830\ kJ \cdot mol^{-1}$，$\Delta_c H_m^{\ominus}(CH_3OH,l) = -726.51\ kJ \cdot mol^{-1}$，$\Delta_f H_m^{\ominus}(CO,g) = -110.525\ kJ \cdot mol^{-1}$，回答以下问题：

（1）甲醇的生成反应式为 $C(石墨,s) + 2H_2(g) + \dfrac{1}{2}O_2(g) == CH_3OH(l)$，求 $\Delta_f H_m^{\ominus}(CH_3OH,l)$。

（2）工业上合成甲醇可通过 CO 催化氢化法合成，其反应式为 $CO(g) + 2H_2(g) \longrightarrow CH_3OH(l)$，该反应为吸热反应还是放热反应？

（3）从平衡移动的角度分析以下因素对甲醇生成的影响：① 升温；② 加压。

9. 已知反应 $A(g) + B(g) \rightleftharpoons 2C(g)$ 在 373 K 和 573 K 时的标准平衡常数分别为 51.6 和 187.3，计算：

（1）该温度范围内的 $\Delta_r H_m^{\ominus}$ 和 $\Delta_r S_m^{\ominus}$；

（2）473 K 的 $\Delta_r G_m^{\ominus}$ 及标准平衡常数。

10. 试计算 700 K 下时铁、铜氧化物和碳进行的还原反应的 $\Delta_r G_m^{\ominus}$ 值。已知木材燃烧大概产生 700 K 的高温，铁、铜氧化物中哪一种氧化物可在木材燃烧的火焰中被碳还原？你的结论能否解释历史上铜器时代和铁器时代出现的先后？$Fe_2O_3(s)$，$CuO(s)$ 和 $CO_2(g)$ 的相关热力学数据如下：

| | $2Fe_2O_3(s)$ | + | $3C(s)$ | $\rightleftharpoons$ | $4Fe(s)$ | + | $3CO_2(g)$ |
|---|---|---|---|---|---|---|---|
| $\Delta_f H_m^{\ominus}/(kJ \cdot mol^{-1})$ | $-824.2$ | | 0 | | 0 | | $-393.51$ |
| $S_m^{\ominus}/(J \cdot mol^{-1} \cdot K^{-1})$ | 87.40 | | 5.74 | | 27.28 | | 213.74 |

| | $2CuO(s)$ | + | $C(s)$ | $\rightleftharpoons$ | $2Cu(s)$ | + | $CO_2(g)$ |
|---|---|---|---|---|---|---|---|
| $\Delta_f H_m^{\ominus}/(kJ \cdot mol^{-1})$ | $-157.3$ | | 0 | | 0 | | $-393.51$ |
| $S_m^{\ominus}/(J \cdot mol^{-1} \cdot K^{-1})$ | 42.63 | | 5.74 | | 33.150 | | 213.74 |

# 自我检测答案

## 一、填空题

1. $Q$ $W$；$T$ $p$；$U$ $H$ $S$ $G$
2. 1.90
3. 200 kJ
4. $\Delta U = Q + W$；封闭
5. $K_2^{\ominus} = (K_1^{\ominus})^{-1}$
6. 只与系统的始态和终态有关，与路径无关
7. 等温等压不做非体积功
8. $\Delta_f H_m^{\ominus}$；$S_m^{\ominus}$；$\Delta_r H_m^{\ominus}$；$\Delta_r G_m^{\ominus}$；$\Delta_c H_m^{\ominus}$
9. Ⅱ；Ⅳ；571 K；Ⅰ；210 K；Ⅲ
10. −65.3
11. 大于

## 二、选择题

1. C  2. D  3. A  4. A  5. A  6. B  7. A  8. D  9. C  10. D  11. C
12. A  13. C  14. B  15. D  16. B  17. A  18. A

## 三、判断题

1. ×  解析：只有在等容或等压条件下，化学反应的热效应才与反应途径无关。
2. √
3. √
4. ×  解析：只有对于吸热反应，升高温度，化学反应的 $K^{\ominus}$ 增大。
5. √
6. ×  解析：气体的标准状况是研究气体定律时所规定的，是指气体在 101.325 kPa，温度为 273.15 K 下所处的状况。物质的标准态是指在化学热力学中为了计算 $U$, $H$, $S$, $G$ 等热力学函数而规定的特定状态，气态物质的标准态是标准压强（$p^{\ominus} = 100$ kPa）下表现出理想气体性质的纯气体；液体、固体物质的标准态是标准压强下的液体或固体最稳定的纯净物；溶液中溶质的标准态是指标准压强下浓度为 1 mol·L$^{-1}$ 时的状态，标准态时对温度并未作规定。
7. ×  解析：$\Delta_r H_m^{\ominus}$ 和 $\Delta_r S_m^{\ominus}$ 和化学反应式的书写方式有关。
8. √
9. √
10. ×  解析：$\Delta H = \Delta U + \Delta n R T$，$\Delta n$ 为反应前后气体的物质的量之差，反应 $H_2(g) + I_2(g) \rightleftharpoons 2HI(g)$ 的 $\Delta n = 0$，所以 $\Delta H = \Delta U$，即 $Q_p = Q_V$。

11. ×    解析：判断反应能否自发进行的判据为 $\Delta_r G_m < 0$，对 $\Delta_r G_m^{\ominus} > 0$ 的反应，其 $\Delta_r G_m$ 也可能小于零。

12. ×    解析：以液态水为产物的那个反应放出的热量大，因为其中包括了由气态水凝聚为液态水放出的那一部分热量。

13. √

## 四、计算题

1. 解：设乙炔的标准摩尔生成焓为 $x$ kJ·mol$^{-1}$

$$C_2H_2(g) + \frac{5}{2}O_2(g) \longrightarrow 2CO_2(g) + H_2O(l)$$

$\Delta_f H_m^{\ominus}/(\text{kJ·mol}^{-1})$        $x$            $0$            $-393.51$        $-285.830$

$$\Delta_r H_m^{\ominus} = [2 \times (-393.51) + (-285.830) - x] \text{ kJ·mol}^{-1} = -1\ 299.6 \text{ kJ·mol}^{-1}$$

解得                $x = 226.8$

2. 解：        $\Delta_r H_m^{\ominus} = [-110.525 - (-241.818)] \text{ kJ·mol}^{-1} = 131.293 \text{ kJ·mol}^{-1}$

$$\Delta_r S_m^{\ominus} = (130.684 + 197.674 - 5.74 - 188.825) \text{ J·mol}^{-1}\text{·K}^{-1}$$

$$= 133.79 \text{ J·mol}^{-1}\text{·K}^{-1}$$

$$T = \frac{\Delta_r H_m^{\ominus}}{\Delta_r S_m^{\ominus}} = \frac{131.293 \times 10^3 \text{ J·mol}^{-1}}{133.79 \text{ J·mol}^{-1}\text{·K}^{-1}} = 981.34 \text{ K}$$

该反应在标准态下自发进行的最低温度是 981.34 K。

3. 解：        $\Delta_r H_m^{\ominus} = [2 \times (-393.51) - 2 \times (-110.525) - 2 \times 90.25] \text{ kJ·mol}^{-1}$

$$= -746.47 \text{ kJ·mol}^{-1}$$

$$\Delta_r S_m^{\ominus} = (191.61 + 2 \times 213.74 - 2 \times 197.674 - 2 \times 210.761) \text{ J·mol}^{-1}\text{·K}^{-1}$$

$$= -197.78 \text{ J·mol}^{-1}\text{·K}^{-1}$$

$$\Delta_r G_m^{\ominus} = [-746.47 - 298.15 \times (-197.78 \times 10^{-3})] \text{ kJ·mol}^{-1}$$

$$= -687.50 \text{ kJ·mol}^{-1} < -46 \text{ kJ·mol}^{-1}$$

在 298.15 K 时，可以通过二者反应生成氮气和二氧化碳来减少汽车尾气的污染。

4. 解：$\Delta_r H_m^{\ominus} = [4 \times (-285.830) - 2 \times 50.63 - 9.16] \text{ kJ·mol}^{-1} = -1\ 253.74 \text{ kJ·mol}^{-1}$

每摩尔 N$_2$H$_4$(l)燃烧放出的热量为 $\dfrac{-1\ 253.74 \text{ kJ·mol}^{-1}}{2} = -626.87 \text{ kJ·mol}^{-1}$

N$_2$H$_4$(l)的摩尔质量为 32 g·mol$^{-1}$，10.0 kg N$_2$H$_4$(l)放出的热量为

$$\frac{10.0 \times 10^3 \text{ g}}{32 \text{ g·mol}^{-1}} \times (-626.87 \text{ kJ·mol}^{-1}) = -1.96 \times 10^5 \text{ kJ}$$

5. 解：（1）        $\Delta_r H_m^{\ominus} = 2 \times 90.25 \text{ kJ·mol}^{-1} = 180.50 \text{ kJ·mol}^{-1}$

$$\Delta_r S_m^{\ominus} = (2 \times 210.761 - 205.138 - 191.61) \text{ J·mol}^{-1}\text{·K}^{-1} = 24.77 \text{ J·mol}^{-1}\text{·K}^{-1}$$

$$T = \frac{\Delta_r H_m^\ominus}{\Delta_r S_m^\ominus} = \frac{180.5 \times 10^3 \text{ J} \cdot \text{mol}^{-1}}{24.77 \text{ J} \cdot \text{mol}^{-1} \cdot \text{K}^{-1}} = 7\,287 \text{ K}$$

在标准态下，温度高于 7 287 K 时该反应可自发进行。由于温度过高，直接通过加热由氮气和氧气反应生成一氧化氮气体的反应实际操作性差。

（2） $\Delta_r H_m^\ominus = 2 \times (-46.11 \text{ kJ} \cdot \text{mol}^{-1}) = -92.22 \text{ kJ} \cdot \text{mol}^{-1}$

$$\Delta_r S_m^\ominus = (2 \times 192.45 - 3 \times 130.684 - 191.61) \text{J} \cdot \text{mol}^{-1} \cdot \text{K}^{-1} = -198.76 \text{ J} \cdot \text{mol}^{-1} \cdot \text{K}^{-1}$$

$$T = \frac{\Delta_r H_m^\ominus}{\Delta_r S_m^\ominus} = \frac{-92.22 \times 10^3 \text{ J} \cdot \text{mol}^{-1}}{-198.76 \text{ J} \cdot \text{mol}^{-1} \cdot \text{K}^{-1}} = 464.0 \text{ K}$$

在标准态下，温度低于 464.0 K 时该反应可自发进行。

（3） $\Delta_r H_m^\ominus = 2 \times 33.18 \text{ kJ} \cdot \text{mol}^{-1} = 66.36 \text{ kJ} \cdot \text{mol}^{-1}$

$$\Delta_r S_m^\ominus = (2 \times 240.06 - 2 \times 205.138 - 191.61) \text{ J} \cdot \text{mol}^{-1} \cdot \text{K}^{-1} = -121.77 \text{ J} \cdot \text{mol}^{-1} \cdot \text{K}^{-1}$$

$$\Delta_r G_m^\ominus = [66.36 - 298.15 \times (-121.77 \times 10^{-3})] \text{ kJ} \cdot \text{mol}^{-1}$$
$$= 102.66 \text{ kJ} \cdot \text{mol}^{-1} > 46 \text{ kJ} \cdot \text{mol}^{-1}$$

该反应不能自发进行。

6. 解：（1） $\Delta_r H_m^\ominus = [2 \times 33.18 - 2 \times (-124.4)] \text{ kJ} \cdot \text{mol}^{-1} = 315.2 \text{ kJ} \cdot \text{mol}^{-1}$

$$\Delta_r S_m^\ominus = (205.138 + 2 \times 240.06 + 2 \times 42.55 - 2 \times 140.9) \text{ J} \cdot \text{mol}^{-1} \cdot \text{K}^{-1}$$
$$= 488.6 \text{ J} \cdot \text{mol}^{-1} \cdot \text{K}^{-1}$$

$$T = \frac{\Delta_r H_m^\ominus}{\Delta_r S_m^\ominus} = \frac{315.2 \times 10^3 \text{ J} \cdot \text{mol}^{-1}}{488.6 \text{ J} \cdot \text{mol}^{-1} \cdot \text{K}^{-1}} = 645.1 \text{ K}$$

$AgNO_3$ 在标准态下大于 645.1 K 即可分解。

（2）$AgNO_3$ 在 500 ℃时分解的平衡常数：

$$T = (273.15 + 500) \text{ K} = 773.15 \text{ K}$$

$$\Delta_r G_m^\ominus (773.15 \text{ K}) = \Delta_r H_m^\ominus - (773.15 \text{ K}) \times \Delta_r S_m^\ominus$$
$$= (315.2 - 773.15 \times 488.6 \times 10^{-3}) \text{ kJ} \cdot \text{mol}^{-1} = -62.6 \text{ kJ} \cdot \text{mol}^{-1}$$

$$\lg K^\ominus = -\frac{\Delta_r G_m^\ominus}{2.303 RT} = -\frac{-62.6 \times 10^3 \text{ J} \cdot \text{mol}^{-1}}{2.303 \times 8.314 \text{ J} \cdot \text{mol}^{-1} \cdot \text{K}^{-1} \times 773.15 \text{ K}} = 4.23$$

解得 $K^\ominus = 1.7 \times 10^4$

7. 解：葡萄糖的摩尔质量为 180 g · mol⁻¹，$\Delta_c H_m^\ominus = -2\,804 \text{ kJ} \cdot \text{mol}^{-1}$，则一个成年男性每天需摄入的葡萄糖的量为

$$\frac{1.0 \times 10^4 \text{ kJ}}{2\,804 \text{ kJ} \cdot \text{mol}^{-1}} \times 180 \text{ g} \cdot \text{mol}^{-1} = 642 \text{ g}$$

8. 解：（1） $\Delta_c H_m^\ominus (石墨,s) = \Delta_f H_m^\ominus (CO_2, g) = -393.51 \text{ kJ} \cdot \text{mol}^{-1}$

$$\Delta_c H_m^\ominus (H_2, g) = \Delta_f H_m^\ominus (H_2O, l) = -285.830 \text{ kJ} \cdot \text{mol}^{-1}$$

$$\Delta_f H_m^\ominus(CH_3OH,l) = \Delta_c H_m^\ominus(石墨,s) + 2\Delta_c H_m^\ominus(H_2,g) + \frac{1}{2}\Delta_c H_m^\ominus(O_2,g) - \Delta_c H_m^\ominus(CH_3OH,l)$$

$$= [-393.51 + 2\times(-285.830) + 0 - (-726.5l)] \text{ kJ} \cdot \text{mol}^{-1}$$

$$= -238.66 \text{ kJ} \cdot \text{mol}^{-1}$$

（2）
$$\Delta_r H_m^\ominus = \Delta_f H_m^\ominus(CH_3OH,l) - \Delta_f H_m^\ominus(CO,g) - 2\Delta_f H_m^\ominus(H_2,g)$$

$$= [-238.66 - (-110.525) - 0] \text{ kJ} \cdot \text{mol}^{-1} = -128.14 \text{ kJ} \cdot \text{mol}^{-1}$$

$\Delta_r H_m^\ominus < 0$，所以通过 CO 催化氢化法合成甲醇的反应为放热反应。

（3）① 生成甲醇的反应为放热反应，升高温度不利于甲醇的生成；② 生成甲醇的反应是气体分子数减少的反应，增加压强对正反应有利。

9. 解：（1）将已知条件代入公式

$$\lg\frac{K_2^\ominus}{K_1^\ominus} = \frac{\Delta_r H_m^\ominus}{2.303R}\left(\frac{1}{T_1} - \frac{1}{T_2}\right)$$

得
$$\lg\frac{187.3}{51.6} = \frac{\Delta_r H_m^\ominus}{2.303\times 8.314 \text{ J} \cdot \text{mol}^{-1} \cdot \text{K}^{-1}}\left(\frac{1}{373 \text{ K}} - \frac{1}{573 \text{ K}}\right)$$

解得
$$\Delta_r H_m^\ominus = 11.5 \text{ kJ} \cdot \text{mol}^{-1}$$

将 373 K 时的标准平衡常数代入公式 $\Delta_r G_m^\ominus = -2.303RT\lg K^\ominus$，可求得 373 K 时，

$$\Delta_r G_m^\ominus = -2.303\times(8.314\times 10^{-3} \text{ kJ} \cdot \text{mol}^{-1} \cdot \text{K}^{-1})\times(373 \text{ K})\times\lg 51.6$$

$$= -12.2 \text{ kJ} \cdot \text{mol}^{-1}$$

$$\Delta_r S_m^\ominus = \frac{\Delta_r H_m^\ominus - \Delta_r G_m^\ominus}{T} = \frac{[11.5 - (-12.2)]\times 10^3 \text{ J} \cdot \text{mol}^{-1}}{373 \text{ K}} = 63.5 \text{ J} \cdot \text{mol}^{-1} \cdot \text{K}^{-1}$$

（2）
$$\Delta_r G_m^\ominus(473 \text{ K}) = \Delta_r H_m^\ominus - (473 \text{ K})\times\Delta_r S_m^\ominus$$

$$= (11.5 - 473\times 63.5\times 10^{-3}) \text{ kJ} \cdot \text{mol}^{-1} = -18.5 \text{ kJ} \cdot \text{mol}^{-1}$$

$$\lg K^\ominus = -\frac{\Delta_r G_m^\ominus}{2.303RT} = -\frac{-18.5\times 10^3 \text{ J} \cdot \text{mol}^{-1}}{2.303\times 8.314 \text{ J} \cdot \text{mol}^{-1} \cdot \text{K}^{-1}\times 473 \text{ K}} = 2.04$$

解得
$$K^\ominus = 1.1\times 10^2$$

10. 解：
$$2Fe_2O_3(s) + 3C(s) \rightleftharpoons 4Fe(s) + 3CO_2(g)$$

| | | | | |
|---|---|---|---|---|
| $\Delta_f H_m^\ominus$/(kJ $\cdot$ mol$^{-1}$) | $-824.2$ | $0$ | $0$ | $-393.51$ |
| $S_m^\ominus$/(J $\cdot$ mol$^{-1}$ $\cdot$ K$^{-1}$) | $87.40$ | $5.74$ | $27.28$ | $213.74$ |

$$\Delta_r H_m^\ominus = [3\times(-393.51) - 2\times(-824.2)] \text{ kJ} \cdot \text{mol}^{-1} = 467.9 \text{ kJ} \cdot \text{mol}^{-1}$$

$$\Delta_r S_m^\ominus = (3\times 213.74 + 4\times 27.28 - 3\times 5.74 - 2\times 87.40) \text{ J} \cdot \text{mol}^{-1} \cdot \text{K}^{-1}$$

$$= 558.32 \text{ J} \cdot \text{mol}^{-1} \cdot \text{K}^{-1}$$

$$\Delta_r G_m^\ominus(700 \text{ K}) = (467.87 - 700\times 558.32\times 10^{-3}) \text{ kJ} \cdot \text{mol}^{-1}$$

$$= 77.05 \text{ kJ} \cdot \text{mol}^{-1} > 46 \text{ kJ} \cdot \text{mol}^{-1}$$

所以铁氧化物不能在木材燃烧的火焰中被碳还原。

$$2CuO(s) + C(s) \rightleftharpoons 2Cu(s) + CO_2(g)$$

| | | | | |
|---|---|---|---|---|
| $\Delta_f H_m^{\ominus}/(kJ \cdot mol^{-1})$ | $-157.3$ | $0$ | $0$ | $-393.51$ |
| $S_m^{\ominus}/(J \cdot mol^{-1} \cdot K^{-1})$ | $42.63$ | $5.74$ | $33.15$ | $213.74$ |

$$\Delta_r H_m^{\ominus} = [-393.51 - 2 \times (-157.3)] \ kJ \cdot mol^{-1} = -78.9 \ kJ \cdot mol^{-1}$$

$$\Delta_r S_m^{\ominus} = (213.74 + 2 \times 33.15 - 5.74 - 2 \times 42.63) \ J \cdot mol^{-1} \cdot K^{-1}$$

$$= 189.04 \ J \cdot mol^{-1} \cdot K^{-1}$$

$$\Delta_r G_m^{\ominus}(700 \ K) = (-78.9 - 700 \times 189.04 \times 10^{-3}) \ kJ \cdot mol^{-1}$$

$$= -211.2 \ kJ \cdot mol^{-1} < -46 \ kJ \cdot mol^{-1}$$

所以铜氧化物能在木材燃烧的火焰中被碳还原。

人类冶炼工艺水平很大程度上取决于当时可能获得的最高温度,由 CuO 炼铜所需的最高温度比用 $Fe_2O_3$ 炼铁所要求的温度要低得多,所以历史上铜器时代先于铁器时代。

# 拓展思考题

1. 低温是有极限的,高温有没有极限?

2. 温度在热力学中时常出现。中国现代物理开创者之一严济慈讲:"温度是一个极其特别的物理量。两个物体的温度不能相加。若说一温度为其他两个温度之和是毫无意义的。某温度的几倍,以某种单位来测量温度等等说法,也都无明确的意义",为什么?

3. 怎样理解"内能"?

4. 从形式上来看,热力学是由一群方程式和一些不等式构成的,并且牢固地以严格的代数为基础的领域,但为什么有人把化学热力学称为一门实验科学?

5. 薛定谔有句名言:"生物体是负熵流喂大的",怎样理解?

6. 无机物的稳定性,常用它的标准生成吉布斯自由能 $\Delta_f G_m^{\ominus}$ 数值来量度。一般说来,如果化合物的 $\Delta_f G_m^{\ominus} < 0$ 时,该化合物是稳定的,负值越大越稳定;反之,若 $\Delta_f G_m^{\ominus}$ 为正值时,则该化合物是不稳定的。这种对"无机物稳定性的描述"是否全面,为什么?

# 知识拓展

## 熵和热力学温度的来源

### 一、熵的来源

1. 熵概念的产生

热力学第二定律是关于过程进行方向的规律。在发现热力学第二定律后,人们期望寻求一个普适判据来判断实际过程的方向,用数学表述形式描述热力学第二定律。热力学的奠基人之一，德国物理学家克劳修斯经过十多年的艰辛探索，找到这个物理量——entropy（熵），用符号 $S$ 表示，并相应地把热力学第二定律表达为"熵增原理"：在隔离系统内实际发生的过程，总使整个系统熵的数值增大。熵的概念提出后，很快在热力学和统计力学领域占据了重要位置。当时我国的汉字库里还找不到与之对应的汉字。我国物理学家胡刚复于 1923 年根据热温商之意，在"商"字旁加了"火"字（表示与热有关），首次将 entropy 译为"熵"，从而在汉字库里多出了"熵"这个汉字。

克劳修斯在 1865 年发表的论文中提出，系统从温度为 $T$ 的热源中所吸收的热量 $\delta Q$，除以温度 $T$ 所得的商，就是该系统在可逆微变化过程中熵的增量 $dS$，在不可逆微变化过程中，熵的变化大于这个比，即 $dS \geqslant \delta Q/T$。这一关系式即为克劳修斯的熵增公式，它给出了系统宏观变量热量 $Q$、温度 $T$ 与熵 $S$ 之间的联系。

由于克劳修斯只是指出了"熵增现象"，并没有就系统熵的绝对值以及熵更为一般性的意义和价值进行明确的阐释，这就使得克劳修斯提出的熵具有某种神秘色彩，因此当时学术界也有把克劳修斯的熵比喻性地称为"克劳修斯妖"或"熵妖"。随着熵概念和熵理论的进一步发展，克劳修斯熵概念原来所具有的"妖气"已基本被清除，在这个清除过程中，奥地利物理学家玻耳兹曼功不可没。

1872 年，玻耳兹曼对克劳修斯的热力学熵理论进行了拓展，他首先引用统计方法，在概率论的基础上阐明了熵的微观意义和热力学第二定律的统计性质，使熵的物理意义从微观角度得到了深入的解释。1877 年，玻耳兹曼将熵与系统的热力学概率联系起来，建立了著名的玻耳兹曼关系式：$S = k\ln W$，式中 $k$ 是玻耳兹曼常数，$W$ 是热力学概率（与任一给定宏观状态相对应的微观状态的数目）。由玻耳兹曼关系式可知，热力学概率越大，系统的状态越混乱无序，熵是系统无序度或混乱度的量度，熵的增加意味着系统无序程度的增加。玻耳兹曼关系式中的熵称作统计熵，它是热力学熵的微观解释，使熵的物理含义更为深刻。

玻耳兹曼的重大贡献在于引入了概率方法，为如何计算系统熵的绝对值提供了一种途径，并揭示了熵概念更为普遍性的创造性意义和价值。

2. 熵概念的泛化和应用

从 1865 年克劳修斯确切提出熵的概念至今一百多年来，熵概念的推广及应用已远远超出热力学和统计物理学；熵理论不断在深化，已扩展到整个自然科学领域，在社会科学众多领域也得到了广泛应用，并成为一些新学科的理论基础，有力地推动了许多学科的飞速发展。它已从隔离系统发展到开放系统，由平衡态发展到非平衡态。爱因斯坦曾说："熵理论对于整个科学来说是第一法则。"比利时科学家普里高津认为："什么是熵？没有什么问题在科学史的进程中曾像熵那样被更为频繁地讨论过。"以下主要介绍熵和信息、生命、能源的关系。

（1）熵与信息 信息是信息论中的一个重要基本概念。信息与能量一样，在人类社会中占有非常重要的地位，是人类赖以生存、发展的基本要素。不确定性是一切客观事物的属性，信息的作用在于消除事物的不确定性，因此可用一个信息消除的不确定性的多少来衡量它包含信息量的大小。消除的不确定性越大，信息的质量就越高。获取信息的过程是一种从无序向有序转化的过程，1948 年，香农把玻耳兹曼熵的概念引入信息论中，用信息熵来描述事物的不确定程度，奠定了现代信息论的科学理论基础，促进了信息论的发展。信息熵越小，事物的不确定性越小；信息熵为零时，事物完全确定。信息熵概念的建立，使人们可以用一个统一的科学定量计量方法来测试信息的多少。

信息熵是一个独立于热力学熵的概念，与热力学过程和分子运动无关，但具有热力学熵的单值性、可加性等基本性质。

（2）熵和生命　"熵"概念的提出是 19 世纪科学思想的重大贡献，可以和达尔文的"进化论"媲美。作为 19 世纪的两大科学理论，热力学和生物进化论都同自然界的演化过程有关。由热力学第二定律可知，物质系统的演化是朝着熵增加的方向进行，即由有序向着无序或混乱的方向发展。而达尔文生物进化论则表明，生物进化路线的方向是由单细胞向多细胞、从简单到复杂、由低级向高级、由无功能到有功能演化，是朝着熵减少的有序方向发展。这两个演化规律看上去是相互矛盾的，似乎生物界与无生命的物质世界遵循着不同的演化方向。

其实热力学和生物进化论并不矛盾。经典热力学是以平衡态为基础的，是一种理想化的隔离和封闭系统，而生物体是不断与外界交换物质和能量的开放系统，需要不断进行新陈代谢来维持生命，是远离平衡态的高度有序结构。

比利时物理化学家和理论物理学家普里高津发展了热力学和统计物理学，把其研究范围从平衡态扩展到非平衡态和远离平衡态。1969 年，普里高津在他的论文《结构、耗散和生命》中首次提出了耗散结构理论，从理论上解释了生物进化系统从无序转向有序，因此获得了 1977 年诺贝尔化学奖。普里高津认为，由于开放系统在不断地与外界交换着物质和能量，所以它的熵变化 $dS$ 主要由两部分组成：一部分是系统内不可逆过程引起的熵变化，叫熵产生，用 $dS_i$ 表示，这一项永远是正的；另一部分是系统与外界交换物质和能量时引起的熵变化，叫熵流，用 $dS_e$ 表示，这一项的取值可正可负。整个系统熵的变化 $dS$ 为这两项之和，即 $dS = dS_i + dS_e$。

在隔离系统中，外界熵流 $dS_e$ 等于零，而熵产生 $dS_i$ 总是大于零的，于是系统就向熵增加的无序方向发展。在开放系统中，外界熵流 $dS_e$ 有可能大于零，也有可能小于零。如果外界流入的熵流 $dS_e$ 小于零，而且其绝对值大于 $dS_i$，这就使得 $dS$ 为负值，这样开放系统就由无序走向有序，形成并维持一个低熵的非平衡态的有序结构，即只要从环境引入的负熵（$dS_e$）大于系统的自发的熵增（$dS_i$），开放系统在远离平衡的条件下可以出现熵减少的过程。

玻耳兹曼在 1860 年就说过："生命为了生存而做的一般斗争，既不是为了物质，也不是为了能量，而是为了熵而斗争。"普里高津耗散理论的诞生是熵得到深化的标志。

（3）熵与能源　能源是人类社会和经济发展的基础。热力学第一定律表明，各种形式的能量在一定的条件下转化时能量守恒，反映了能量的等值性。热力学第二定律告诉我们，在一个封闭系统中，任何能量转化的过程总是伴随着熵的增加，反映了能量的不可逆性。熵增意味着系统的能量从数量上虽然守恒，但被用来做功的可能性越来越小，即能量的"品质"发生了变化。人们把熵值低、有序运动的能量视为高品质的能量，反之，则视为低品质的能量。例如，宏观机械能、电磁能属于高品质的能量，而平衡热力学系统所具有的分子热运动动能和分子间的相互作用势能，就属于较低品质的一类能量。

能源是储存在物质微观结构中的高品质能量。高品质能量向低品质能量的转化叫作能量的退化。能量越退化，说明这种能量的运动比转化前变得越无序，其转化能力就越低，转化中被充分利用的部分也就会越少。因此，能量的退化总是伴随着熵的增加。从能量使用上讲，熵是能量不可用程度的量度。

　　人类利用能源的过程，实质上是能量转化的过程。在这个过程中，总能量不变，但集中在能源中的有用能量在不断减少，而均匀分布在环境中的不可用能量在不断增加。从这个角度来讲，能源危机实质上是指能源消耗导致有用能量的大幅度减少，不可用能量的急剧增加。

　　从另一个角度来讲，人们通过能量转化利用能源的过程，也是物质转化的过程。在这个过程中，尽管物质的总量不变，但集中的能源数量不断减少，而均匀分布在环境中的无用物和污染物却不断增加。

　　能源的开发和利用，在给人们带来巨大经济效益的同时，也带来了能源枯竭和环境污染的负面效应，这也是熵增加原理的反映。

## 二、热力学温度的来源

### 1. 温度的定义

　　温度是热力学理论中的一个极为重要的概念，但温度这个概念的确立经历了长期的理论和实践探索。早期的热力学理论并没有对温度给出明确的定义，温度的概念仅凭经验直接引入到理论中。20 世纪 30 年代发现了热平衡定律：如果两个系统分别与第三个系统达到热平衡，那么这两个系统彼此之间也必定处于热平衡。虽然热平衡定律是在热力学第一定律和热力学第二定律建立之后确定的，但从学科的逻辑结构来讲，应该放在热力学第一定律和热力学第二定律之前，所以称为热力学第零定律。根据热力学第零定律，处于平衡状态下的热力学系统存在一个状态函数，当系统达到热平衡时，这个状态函数的数值相等，这个状态函数即为温度。温度是决定被导热壁隔开的系统之间是否达到热平衡的物理量，或者说温度是处于同一热平衡状态的所有热力学系统都具有的一个宏观性质。

### 2. 热力学温标的建立

　　温度的定量测定对热现象的研究非常重要。要测量温度，首先要确定温标，温标是温度的"标尺"，是定量描述温度的方法。建立温标首先需要选择测温物质，确定测温属性，例如对于水银温度计，测温物质是水银，测温属性是体积。还需要选择温度零点和分度方法。

　　温标的发展史中出现过摄氏温标、理想气体温标、热力学温标等多种温标。

　　摄氏温标是瑞典天文学家摄尔修斯在 1742 年首先提出的，它是一种经验温标。在摄氏温标中，温度的单位为摄氏度（℃），规定冰水共存的温度为 0 ℃，标准大气压下水沸腾时的温度为 100 ℃，把其间的温度 100 等分，每一份的大小即为 1 ℃。摄氏温标的确定依赖测温物质的某一特殊性质（如水银的热膨胀性）。因此测量同一对象的温度，所选的测温物质不同，除了水的冰点和沸点相同外，其他温度出现了差别。

　　后来人们通过研究发现，当气体的压强趋近于零时，其特性趋近于理想气体。由理想气体的状态方程可得出以下两个关系式：$p_1/p_2 = T_1/T_2$（体积不变时压强与温度成正比）及 $V_1/V_2 = T_1/T_2$（压强不变时体积与温度成正比）。由此可知，温度只与理想气体的压强或体积有关，而与测温物质无关。理想气体的等容和等压的延长线都交于一点，即在温度坐标轴 $-273.15$ ℃处，理想气体温标给出了绝对零度的概念。

　　理想气体温标以气体为测温物质，根据气体在极低压强下所遵从的普遍规律来确定的。但理想气体温标仍然同理想气体的共同属性有关，在极低的温度和高温下不适用（在这个温度范围内的气体已经不是理想气体了），可见理想气体温标的度量体系还是建立在气体特性的基础上。

由于温度是系统的状态函数，所以温度的确定也应该不依赖于任何物质的特殊性质。人们尝试建立起一种不依赖于测温物质性质的温标。1848 年，英国物理学家开尔文在热力学第二定律的基础上建立了热力学温标。根据热力学第二定律，工作于温度为 $T_1$ 和 $T_2$ 两个热源之间的理想可逆热机的效率，只取决于两个热源的温度，与热机中的工作物质无关。

热力学温标摆脱了以前各种经验温标的缺点，完全不依赖于任何测温物质及其物理属性，理论基础牢固，定义严谨。热力学温标的出现，才使温度测量真正具有了科学意义，因此国际上规定热力学温标为基本温标。由热力学温标所定义的温度称为热力学温度。为了纪念开尔文的贡献，规定用 K 作为热力学温度的单位，热力学温度的单位现在是国际单位制中七个基本单位之一。

# 第 3 章　化学反应速率

## 基本要求

1. 了解化学反应速率方程和反应级数的概念。
2. 能用活化分子、活化能的概念解释浓度、温度、催化剂对反应速率的影响。

## 重点知识剖析及例解

1. 浓度对反应速率的影响

（1）在一定温度下，对于任一基元反应：$aA + bB \longrightarrow pC + qD$，反应速率方程式为

$$v = k[c(A)]^a[c(B)]^b \tag{3-1}$$

式（3-1）为基元反应速率方程式、基元反应质量作用定律的数学表示式。式中 $v$ 表示反应速率，$k$ 称为速率常数。当 $c(A) = c(B) = 1\ mol \cdot L^{-1}$ 时，则有 $v = k$，即速率常数 $k$ 表示各有关反应物浓度均为单位浓度时的反应速率。在给定温度下，$k$ 的值与反应的本性有关。对于给定的化学反应，$k$ 的值与反应温度、催化剂等因素有关，而与反应物的浓度（或压力）无关。在相同温度下，比较几个反应的 $k$ 值，一般可以认为 $k$ 值越大，反应进行得越快。反应速率方程式中各反应物浓度项的指数之和（$a+b$）称为反应级数，简称反应级数；$a$ 和 $b$ 分别称为反应物 A 和反应物 B 的分级数，反应级数可以是零、正整数、分数，也可以是负数。必须强调，只有基元反应的级数才等于反应方程式中各反应物的系数之和。零级反应的反应物浓度不影响反应速率。反应级数不同会导致 $k$ 的单位的不同。对于零级反应，$k$ 的单位为 $mol \cdot L^{-1} \cdot s^{-1}$；对于一级反应，$k$ 的单位为 $s^{-1}$ 或 $min^{-1}$。

（2）由实验测定反应速率方程最简单的方法——初始速率法。在一定条件下，反应开始时的瞬时速率为初始速率，由于反应刚刚开始，逆反应和其他副反应的干扰小，能较真实地反映出反应物浓度对反应速率的影响。具体操作是将反应物按不同组成配制成一系列混合物。对某一系列不同组成的混合物来说，先只改变一种反应物 A 的浓度。保持其他反应物浓度不变。在某一温度下反应开始进行时，记录在一定时间间隔内 A 的浓度变化，作出 $c_A$-$t$ 图，确定 $t = 0$ 时的瞬时速率。

（3）对于一级反应，其反应物浓度与反应时间的关系为

$$\lg \frac{c_0}{c} = \frac{kt}{2.303}$$

2. 温度对反应速率的影响——Arrhenius 方程

（1）反应速率常数 $k$ 与温度 $T$ 的关系的经验公式：$k = Ae^{-\frac{E_a}{RT}}$

写成对数式为

$$\ln k = -\frac{E_a}{RT} + \ln A$$

或

$$\lg k = -\frac{E_a}{2.303RT} + \lg A$$

式中 $k$ 为反应速率常数；$T$ 为热力学温度；$E_a$ 为反应的活化能；$R$ 为摩尔气体常数（$8.314 \text{ J} \cdot \text{mol}^{-1} \cdot \text{K}^{-1}$）；$A$ 为指前因子或表观频率因子，是与反应有关的特性常数。可以看出，温度 $T$ 是在公式中的指数项里，因此它对反应速率常数 $k$ 的影响较大。$\lg k$ 对 $1/T$ 作图可得一直线，由直线的斜率 $-\dfrac{E_a}{2.303R}$ 可求反应活化能 $E_a$，再由直线的截距可以计算指前因子 $A$。

（2）对 Arrhenius 方程的进一步分析

在室温下，$E_a$ 每增加 $4 \text{ kJ} \cdot \text{mol}^{-1}$，将使 $k$ 值降低 80%。在温度相同或相近的情况下活化能 $E_a$ 大的反应，其速率常数 $k$ 则小，反应速率较小；$E_a$ 小的反应，$k$ 较大，反应速率较大。

对同一反应来说，温度升高，反应速率常数 $k$ 增大，一般每升高 10 ℃，$k$ 值将增大 2～10 倍。

对同一反应来说，升高一定温度，在高温区，$k$ 值增大倍数小；在低温区，$k$ 值增大倍数大。因此，对一些在较低温度下进行的反应，升高温度更有利于反应速率的提高。

对于不同的反应，升高相同温度，$E_a$ 大的反应 $k$ 值增大倍数大；$E_a$ 小的反应 $k$ 值增大倍数小。即升高温度对进行慢的反应将起到更明显的加速作用。

3. 反应速率理论与反应机理简介

（1）可逆反应的反应热 $(\Delta_r H)$ 与其正、逆反应的活化能的关系为

$$\Delta_r H = E_a - E_a'$$

（2）由普通分子转化为活化分子所需要的能量叫作活化能。

4. 催化剂与催化作用

（1）催化剂是指存在少量就能显著改变反应而本身最后并无损耗的物质。催化剂改变反应速率的作用称为催化作用。

（2）催化剂具有以下两点特征。① 催化剂只对热力学可能发生的反应起催化作用，热力学上不可能发生的反应，催化剂对它不起作用。② 催化剂只改变反应途径（又称反应机理），不能改变反应的始态和终态，它同时改变了正逆反应速率，改变了达到平衡所用的时间，并不能改变平衡状态。

（3）催化剂有选择性。不同的反应常采用不同的催化剂，即每个反应有它特有的催化剂。同种反应如果能生成多种不同的产物时，选用不同的催化剂会生成不同的产物。

（4）每种催化剂只有在特定条件下才能体现出它的活性，否则将失去活性或发生催化剂中毒。

**例 1** 下列说法正确的是（　　）。

A. 化学反应平衡常数越大，反应速率越快

B. 在一定温度下反应的活化能越大，反应速率越快

C. 对于可逆反应而言，升高温度能使吸热反应的速率加快，放热反应的速率减慢，所以升高温度可使反应向吸热反应方向移动

D. 催化剂对可逆反应的正、逆反应速率的影响程度相同

**答：D** 化学反应平衡常数越大，反应向右进行的趋势越强，反应物转化为产物的转化率越大，但是对化学反应速率没有影响，反应速率的快慢一方面受到反应活化能大小的影响，另一方面还与反应物浓度、反应温度以及是否使用催化剂有关。活化能是化学反应进行的能垒，一般而言，在一定温度下，反应活化能越大反应速率越慢，反应活化能越小反应速率越快。对于可逆反应而言，升高温度能同时加快正、逆反应的反应速率，只不过吸热反应的活化能大，而放热反应的活化能小，所以在升高相同温度的前提下，吸热反应的反应速率增大更多，所以反应向吸热反应的方向移动；而在降低相同温度的前提下，吸热反应的反应速率下降更多，所以反应向着放热反应的方向移动。催化剂的使用，只能改变反应到达平衡状态的时间，不能改变转化率，也不会改变平衡常数的大小，是因为催化剂对可逆反应的正、逆反应的反应速率影响程度相同。

**例 2** 下列说法正确的是（　　）。

A. 根据反应速率方程，反应级数越大，反应速率越快

B. 发生有效碰撞的条件之一就是分子具有足够的能量

C. 不同化学反应的反应速率常数的单位也不相同

D. 升高温度可以加快反应速率的根本原因是增加了反应物分子之间的碰撞频率

**答：B** A 中，对于化学反应 $aA + bB \Longrightarrow cC + dD$，若其化学反应速率方程为 $v = kc_A{}^m c_B{}^n$，从速率方程中可见，反应级数的大小确实对反应速率会产生影响，但是式中的反应速率常数以及反应物浓度的大小也会对反应速率的快慢产生重要的影响的，所以只强调反应级数是不全面的；C 中，应该说不同反应级数的化学反应的速率常数单位会不一样，因为即使是不相同的化学反应，它们的反应级数有可能是相等的；D 中，升高温度可以加快化学反应速率的根本原因是增加了反应系统中活化分子占据反应分子总数的比例，那么提高反应物浓度可以加快反应速率的原因是增加了反应系统中单位体积内活化分子的数目，而使用正催化剂可以加快反应速率的原因是催化剂参与了化学反应，改变了反应途径，降低了反应活化能。

发生有效碰撞的两个必要条件分别是：参与反应的分子具有足够的能量；同时反应物分子发生碰撞时有正确的碰撞方向。

**例 3** 已知反应 $A_2 + B_2 \longrightarrow 2AB$ 的速率方程为 $v = kc(A_2)c(B_2)$，那么该反应（　　）。

A. 是基元反应　　　　B. 是复杂反应　　　　C. 是双分子反应　　　　D. 是二级反应

**答：D** 在判断反应类别的时候，不能简单根据化学反应方程式中的计量系数和反应速率方程中浓度的指数是一致的，就得出该反应是基元反应。在没有明确一个化学反应是否为基元反应时，我们只能根据反应速率方程判断出其反应级数，但无法确定这是一个基元反应还是复杂反应。

**例 4** 某化学反应进行 30 min 时，反应完成 50%；进行 60 min 时，反应完成 100%。那么该反应为（　　）。

A. 二级反应　　　　　　　　　　　B. 一级反应

C. 零级反应　　　　　　　　　　　D. 无法确定其反应级数

答：C 根据题意可以看出，该反应满足当反应进度加倍的时候，反应时间也加倍，那么这说明这个反应的反应速率并没有随着反应物浓度的改变而发生变化，那么在我们所学过的三个简单级数的反应中，只有零级反应的反应速率是与反应物浓度无关的，因此判定该反应为零级反应。

**例 5** 已知各基元反应的活化能如下表：

| 序号 | A | B | C | D | E |
|---|---|---|---|---|---|
| 正反应的活化能/（kJ·mol⁻¹） | 70 | 16 | 40 | 20 | 20 |
| 逆反应的活化能/（kJ·mol⁻¹） | 20 | 35 | 45 | 80 | 30 |

其中在相同的反应条件下正反应速率最大的是（　　）。

答：B 在相同的反应条件下，影响化学反应速率的主要因素我们就可以考虑反应的活化能了，显然活化能越小的化学反应，反应速率越快，上述五个反应中正反应的活化能最小的是反应 B，所以选项为 B。

**例 6** 上题表格内各基元反应中，正反应的速率常数 $k$ 随温度变化最大的是（　　）。

答：A 由于在改变相同温度时，反应活化能越大的反应，反应速率或反应速率常数随温度的改变就越大，因此正反应中反应 A 的活化能最大，所以该反应的速率常数或者速率随温度的改变而变化最大。

**例 7** 放射性衰变过程为一级反应。已知某同位素的半衰期为 $1.0 \times 10^4$ 年，那么该同位素试样由 100 g 减少到 1 g 约需（　　）年。

A. 145　　　　B. $2.9 \times 10^4$　　　　C. $1.3 \times 10^4$　　　　D. $6.6 \times 10^4$

答：D 由于该反应为一级反应，所以根据一级反应半衰期的计算公式可以先求出该反应的反应速率常数。

由

$$t_{\frac{1}{2}} = \frac{\ln 2}{k}$$

故

$$k = \frac{\ln 2}{t_{\frac{1}{2}}} = \frac{\ln 2}{1.0 \times 10^4 \, \text{a}} = 6.93 \times 10^{-5} \, \text{a}^{-1}$$

再根据一级反应浓度与时间的关系式

$$\ln \frac{c_0}{c} = kt$$

代入数据得

$$\ln \frac{100}{1} = 6.93 \times 10^{-5} \, \text{a}^{-1} \cdot t$$

解得

$$t = 6.6 \times 10^4 \, \text{a}$$

**例 8** HI(g)的分解反应在 836 K 时的速率常数为 0.001 05 s⁻¹，在 943 K 时的速率常数为 0.002 68 s⁻¹，那么该反应的活化能为（　　）kJ·mol⁻¹。

A. 57.4　　　　B. $5.74 \times 10^4$　　　　C. 5.74　　　　D. 574

答：A 根据 Arrhenius 方程式 $\ln k = -\dfrac{E_a}{RT} + \ln A$，可得

$$\ln\frac{k_2}{k_1} = -\frac{E_a}{R}\left(\frac{1}{T_2} - \frac{1}{T_1}\right)$$

公式中特别要注意的是活化能 $E_a$ 的单位为 $J \cdot mol^{-1}$，温度 $T$ 必须以热力学温度（开尔文温度，单位为 K）代入。因此

$$\ln\frac{0.002\ 68\ s^{-1}}{0.001\ 05\ s^{-1}} = -\frac{E_a}{8.314\ J \cdot mol^{-1} \cdot K^{-1}}\left(\frac{1}{943\ K} - \frac{1}{836\ K}\right)$$

解得　　　　　　　　　　$E_a = 5.74 \times 10^4\ J \cdot mol^{-1} = 57.4\ kJ \cdot mol^{-1}$

**例 9**　已知 100 ℃下 3 min 可煮熟鸡蛋，在一高原上测得纯水沸点为 90 ℃，求在此高原上约（　　）min 可以煮熟鸡蛋？假定鸡蛋被煮熟（蛋白质变性）过程的活化能为 518 kJ·mol⁻¹。

A. 0.03　　　　　　B. 3　　　　　　C. 30　　　　　　D. 300

**答：D**　我们知道，当反应物浓度改变相同的前提下，反应速率越快的，消耗的时间就越短，反之亦然，因此反应速率与反应时间可以认为是成反比的，所以

$$\frac{k_2}{k_1} = \frac{v_2}{v_1} = \frac{t_1}{t_2}$$

根据 Arrhenius 方程，可知

$$\ln\frac{k_2}{k_1} = -\frac{E_a}{R}\left(\frac{1}{T_2} - \frac{1}{T_1}\right)$$

即

$$\ln\frac{t_1}{t_2} = -\frac{E_a}{R}\left(\frac{1}{T_2} - \frac{1}{T_1}\right)$$

代入数据得　$\ln\dfrac{3\ min}{t_2} = -\dfrac{518\ kJ \cdot mol^{-1}}{8.314\ J \cdot mol^{-1} \cdot K^{-1}} \times \left[\dfrac{1}{(90+273)\ K} - \dfrac{1}{(100+273)\ K}\right]$

解得　　　　　　　　　$t_2 = 298.9\ min \approx 300\ min$

## 思考题与习题

1. 何谓基元反应？如何书写基元反应的速率方程式？

**答**：分子进行化学反应时，反应物一步直接变成生成物的反应称为基元反应。在一定温度下，对于任一基元反应：$aA + bB \longrightarrow pC + qD$，反应速率方程式：$v = k[c(A)]^a[c(B)]^b$，式中 $v$ 表示反应速率，$k$ 称为速率常数。

2. 何谓反应级数？如何确定反应级数？

**答**：反应速率方程式中各反应物浓度项的指数之和称为总反应级数，简称反应级数。基元反应的级数才等于反应方程式中各反应物的系数之和。对非基元反应，首先通过实验测定速率与浓度的关系来确定反应速率方程式，然后通过计算反应速率方程式中各反应物浓度项的指数和来确定反应级数。

3. 判断下列说法是否正确：

（1）非基元反应是由多个基元反应组成的；

（2）非基元反应中，反应速率是由最慢的反应步骤控制的；

（3）升高温度，能加快正反应速率；

（4）升高温度，化学平衡向吸热方向移动。

**答**：（1）正确。

（2）正确。

（3）错误。升高温度，正反应和逆反应的反应速率均加快。

（4）正确。

4. 影响反应速率的主要因素有哪些？举例说明。

**答**：影响反应速率的主要因素有以下几点。

（1）反应物自身的性质（内因）。例如，由于锌比铁金属性活泼，当它们与等浓度的盐酸反应时，前者的反应速率快。

（2）反应物的浓度。反应物的浓度增大，反应速率越快。例如：物质在纯氧中燃烧比在空气中燃烧更剧烈，是由于纯氧中氧气的浓度比空气中氧气的浓度大。

（3）反应温度。对大多数化学反应，升高温度，反应速率增加。例如：氢气和氧气在室温下观察不到反应迹象，但在 873 K 二者可以迅速发生反应。

（4）催化剂。例如：$H_2O_2$ 在常温下缓慢分解产生氧气，而在少量催化剂 $MnO_2$ 的作用下，快速分解释放出氧气。

此外，光照、电磁波、超声波、溶剂的性质、反应物固体的颗粒大小等也会影响化学反应的速率。

5. 某反应在相同温度下，不同起始浓度的反应速率是否相同？速率常数是否相同？

**答**：在相同温度下，不同起始浓度的反应速率不同，速率常数相同。

6. 反应 $2NO + Cl_2 \longrightarrow 2NOCl$ 为基元反应。

（1）写出该反应的速率方程式。

（2）计算反应级数。

（3）其他条件不变，若将容器体积增加到原来的 2 倍，反应速率如何变化？

（4）如果容积不变，将 NO 的浓度增加到原来的 3 倍，反应速率如何变化？

**答**：（1）反应速率方程式为 $v = k[c(NO)]^2 \cdot [c(Cl_2)]$

（2）由于 $2NO + Cl_2 \longrightarrow 2NOCl$ 为基元反应，根据质量作用定律，反应级数为 $2 + 1 = 3$。

（3）将容器体积增加到原来的 2 倍后，反应物 NO 和 $Cl_2$ 的浓度变为原来的二分之一，根据反应速率方程式 $v = k[c(NO)]^2 \cdot [c(Cl_2)]$，反应速率将变为原来的八分之一。

（4）容积不变，将 NO 的浓度增加到原来的 3 倍后，由反应速率方程式 $v = k[c(NO)]^2 \cdot [c(Cl_2)]$ 知，反应速率将变为原来的 9 倍。

7. 某一级反应 $A \longrightarrow 2B$ 的初始速率 $v_0 = 1.0 \times 10^{-3} \ mol \cdot L^{-1} \cdot min^{-1}$，反应进行 60 min 后的速率为 $2.5 \times 10^{-4} \ mol \cdot L^{-1} \cdot min^{-1}$。试计算该反应的速率常数 $k$、半衰期 $t_{1/2}$ 及反应物 A 的初始浓度各是多少？

**解**：由于该反应为一级反应，反应速率方程式可以表示为 $v = kc(A)$，设反应物 A 的初始浓度和 60 min 后的浓度分别为 $c_0$ 和 $c$，根据反应速率方程式可得

$$1.0 \times 10^{-3} \ \mathrm{mol \cdot L^{-1} \cdot min^{-1}} = kc_0 \qquad (1)$$

$$2.5 \times 10^{-4} \ \mathrm{mol \cdot L^{-1} \cdot min^{-1}} = kc \qquad (2)$$

联立式（1）和式（2）可得 $\dfrac{c_0}{c} = 4$

对一级反应，反应物浓度与反应时间的关系为

$$\lg \frac{c_0}{c} = \frac{kt}{2.303} \qquad (3)$$

将 $\dfrac{c_0}{c} = 4$，$t = 60 \ \mathrm{min}$ 代入式（3），可求得 $k = 0.023 \ \mathrm{min^{-1}}$

则

$$t_{1/2} = \frac{2.303}{k} \lg 2 = \frac{2.303}{0.023 \ \mathrm{min^{-1}}} \lg 2 = 30 \ \mathrm{min}$$

由式（1）可知 $c_0 = \dfrac{v_0}{k} = \dfrac{1.0 \times 10^{-3} \ \mathrm{mol \cdot L^{-1} \cdot min^{-1}}}{0.023 \ \mathrm{min^{-1}}} = 0.043 \ \mathrm{mol \cdot L^{-1}}$

8. 在高温时焦炭与 $CO_2$ 的反应为 $C(s) + CO_2(g) \longrightarrow 2CO(g)$，实验测知该反应的活化能为 $167\,360 \ \mathrm{J \cdot mol^{-1}}$，计算温度由 900 K 升高到 1 000 K 时，反应速率之比。

**解**：设 900 K 和 1 000 K 时上述反应的反应速率常数分别为 $k_1$ 和 $k_2$，由 Arrhenius 公式 $k = A\mathrm{e}^{-\frac{E_a}{RT}}$ 可得

$$\ln \frac{k_2}{k_1} = \frac{E_a}{R} \left( \frac{1}{T_1} - \frac{1}{T_2} \right) = \frac{E_a}{R} \left( \frac{T_2 - T_1}{T_1 T_2} \right)$$

$$= \frac{167\,360 \ \mathrm{J \cdot mol^{-1}}}{8.314 \ \mathrm{J \cdot mol^{-1} \cdot K^{-1}}} \left( \frac{1\,000 \ \mathrm{K} - 900 \ \mathrm{K}}{1\,000 \ \mathrm{K} \times 900 \ \mathrm{K}} \right) = 2.24$$

故

$$\frac{k_2}{k_1} = \mathrm{e}^{2.24} = 9.39$$

1 000 K 和 9 00 K 的反应速率之比为 9.39。

9. 反应 $N_2 + 3H_2 \longrightarrow 2NH_3$，在温度为 773 K、不使用催化剂时反应的活化能为 $326.4 \ \mathrm{kJ \cdot mol^{-1}}$，相同温度下使用 Fe 作催化剂，反应的活化能降为 $176 \ \mathrm{kJ \cdot mol^{-1}}$。试计算此温度下两种反应速率之比。

**解**：设使用催化剂前后 $N_2 + 3H_2 \longrightarrow 2NH_3$ 的反应速率常数分别为 $k_1$ 和 $k_2$，活化能分别为 $E_{a1}$ 和 $E_{a2}$，由 Arrhenius 公式 $k = A\mathrm{e}^{-\frac{E_a}{RT}}$ 可得

$$\ln k_1 = -\frac{E_{a1}}{RT} + \ln A, \ln k_2 = -\frac{E_{a2}}{RT} + \ln A$$

则

$$\ln \frac{k_2}{k_1} = \frac{E_{a1} - E_{a2}}{RT} = \frac{(326.4 - 176) \ \mathrm{kJ \cdot mol^{-1}}}{8.314 \ \mathrm{J \cdot mol^{-1} \cdot K^{-1}} \times 773 \ \mathrm{K}} = 23.4$$

故

$$\frac{k_2}{k_1} = \mathrm{e}^{23.4} = 1.45 \times 10^{10}$$

加催化剂后的反应速率与加催化剂前的反应速率之比为$1.45 \times 10^{10}$。

10. 何谓反应的活化能？过渡态理论基本要点是什么？

**答**：反应的活化能是指活化分子具有的平均能量和反应物分子的平均能量之差，实质上是化学反应进行时所必须克服的势能垒。

过渡态理论基本要点是：化学反应的发生，是具有足够大能量的反应物分子在有效碰撞后首先形成活化配合物的过渡态，然后再分解为产物。

11. 催化剂的两个基本性质是什么？催化剂的使用能否改变反应的$\Delta_r H_m$，$\Delta_r S_m$和$\Delta_r G_m$？

**答**：催化剂的两个基本性质是① 催化剂能显著地改变反应速率，但不能改变化学平衡；② 催化剂具有特殊的选择性，不同类型的化学反应需要不同的催化剂，对于同样的化学反应，如选用不同的催化剂，可能得到不同的产物。

所以催化剂的使用不能改变反应的$\Delta_r H_m$，$\Delta_r S_m$和$\Delta_r G_m$。

12. 多相反应与均相反应的区别何在？影响多相反应速率的因素有哪些？

**答**：多相反应与均相反应的区别在于，均相反应的反应物都在一个相中，例如水溶液中离子的反应；多相反应的反应物不在同一个相中，例如固体和液体的反应。

由于在多相反应中，反应只能在相与相的界面上进行，因此其反应速率除了与反应物的性质、反应温度、反应物浓度和催化剂有关，固体反应物比表面大小、扩散速率等对多相反应速率也有影响。比表面越大，反应速率越快，扩散速率越大，例如锌粉与硫酸铜溶液的反应比锌粒和硫酸铜溶液的反应要快；扩散速率增大，反应物分子进入反应界面和生成物分子离开反应界面的速率加快，因而反应速率越快，例如搅拌可加快反应速率。

13. 光化学反应具有哪些不同于热化学反应的特点？

**答**：光化学反应不同于热化学反应的特点有以下三点。

（1）光化学反应的活化能靠吸收的光子提供，其反应的速率主要取决于光的强度，而受温度影响较小。热反应的活化能是由热运动的分子通过碰撞而提供的，因而受温度影响较大。

（2）对于一些热力学认为的自发反应，光的照射能加快反应速率。对于某些热力学上不能自发的反应，光化学反应也能得以进行。

（3）热化学反应主要由处于基态的反应物分子的热激发引起，很少具有选择性；而光化学反应主要由光激发引起，具有良好的选择性。

14. 为什么说摩擦化学反应与热化学、光化学反应一样属于物理化学的一个分支学科？

**答**：物理化学是以物理的原理和实验技术为基础，研究化学体系的性质和行为，发现并建立化学体系中特殊规律的学科。摩擦化学反应研究各种聚集态的物质在机械能作用下发生的化学和物理化学变化。不同形式的能量对化学过程的作用机制不同，人们曾认为机械能是先转化为热能再转化为化学能的。后来人们研究发现，有些摩擦化学反应的生成物与热化学反应的不同；有些由机械能激励而发生的反应，类似的热反应却不存在；有些摩擦化学反应不能用经典热力学的判据加以判断等。因此摩擦作用对化学反应的影响不能简单地归结于机械能的热激励，摩擦化学反应与热化学、光化学反应一样属于物理化学的分支学科。

# 自我检测

## 一、填空题

1. 反应速率常数和_____、_____和_____有关。

2. 某反应为一级反应，它的反应速率常数为 $8.7 \times 10^{-2}$ min$^{-1}$，该反应的半衰期为_____。

3. 升高温度能显著增加化学反应的反应速率，主要原因是_____。

4. 某反应正反应的活化能为 115.3 kJ·mol$^{-1}$，逆反应的活化能为 80.6 kJ·mol$^{-1}$，则该反应的 $\Delta_r H_m^{\ominus}$ 为_____kJ·mol$^{-1}$。

5. 已知 $2NO(g) + O_2(g) \longrightarrow 2NO_2(g)$ 是基元反应，其速率方程的表达式为_____，反应级数为_____，若其他条件不变，将反应器的体积减小到原来的一半，则反应速率是原来的_____倍。

6. 有效碰撞是指_____；活化能是指_____。

7. 某反应在温度由 20 ℃升至 30 ℃时，反应速率恰好增加 1 倍，则该反应的活化能为_____kJ·mol$^{-1}$。

8. 反应 $H_2(g) + I_2(g) \Longrightarrow 2HI(g)$ 的速率方程为 $v = kc(H_2)c(I_2)$，根据该速率方程，能否说它肯定是基元反应_____，能否说它肯定是双分子反应_____。

9. 在常温常压下，HCl(g)的生成热为 $-92.3$ kJ·mol$^{-1}$，生成反应的活化能为 113 kJ·mol$^{-1}$，则其逆反应的活化能为_____kJ·mol$^{-1}$。

10. 已知：

| 基元反应 | 正反应的活化能/（kJ·mol$^{-1}$） | 逆反应的活化能/（kJ·mol$^{-1}$） |
|---|---|---|
| A | 70 | 20 |
| B | 16 | 35 |
| C | 40 | 45 |
| D | 20 | 80 |
| E | 20 | 30 |

在相同温度时：

（1）正反应为吸热反应的是_____。

（2）放热最多的反应是_____。

（3）正反应速率常数最大的反应是_____。

（4）反应可逆性最大的反应是_____。

（5）正反应的速率常数 $k$ 随温度变化最大的是_____。

## 二、判断题

1. 质量作用定律适用于基元反应，也适用于非基元反应。（　　　）

2. 反应的反应级数可以根据该反应的反应速率常数的单位进行判断。（　　）

3. 某一反应在一定条件下的平衡转化率为 50%，加入催化剂可以使转化率大于 50%。（　　）

4. 某一可逆反应，正反应的活化能小于逆反应的活化能，则正反应为放热反应。（　　）

5. 增加反应物的浓度会增加反应速率常数。（　　）

6. 使用催化剂肯定使化学反应速率增大。（　　）

7. 一级反应的半衰期与起始浓度无关。（　　）

8. 反应速率常数是反应物浓度为单位浓度时的反应速率。（　　）

9. 化学反应的 $\Delta_r H_m^{\ominus}$ 越小，其反应速率越快。（　　）

10. 总反应速率等于组成总反应的各个基元反应速率的平均值。（　　）

## 三、选择题

1. 反应 $3A+B \longrightarrow 2C+3D$ 在 10 L 的密闭反应器中进行反应，当反应进行了 1 min 后，C 的物质的量增加了 0.6 mol，这个反应的平均速率表达正确的是（　　）。

A. $v(A) = 0.015 \ mol \cdot L^{-1} \cdot s^{-1}$ 　　　　　B. $v(B) = 0.005 \ mol \cdot L^{-1} \cdot s^{-1}$

C. $v(C) = 0.01 \ mol \cdot L^{-1} \cdot s^{-1}$ 　　　　　D. $v(D) = 0.001 \ 5 \ mol \cdot L^{-1} \cdot s^{-1}$

2. 某化学反应的反应速率常数的单位是 $mol \cdot L^{-1} \cdot s^{-1}$，该反应的级数是（　　）。

A. 1 　　　　　B. 0 　　　　　C. 2 　　　　　D. 无法判断

3. 反应 $A+2B \longrightarrow 2C$ 的速率方程为 $v=kc(A)c^2(B)$，则该反应为（　　）。

A. 三级反应 　　　B. 基元反应 　　　C. 双分子反应 　　　D. 不能确定

4. 某一化合物的分解反应为二级反应，当反应物的浓度为 1 $mol \cdot L^{-1}$ 时，反应速率为 0.2 $mol \cdot L^{-1} \cdot s^{-1}$，当反应物的浓度变为 2 $mol \cdot L^{-1}$ 时，反应速率为（　　）。

A. 0.4 $mol \cdot L^{-1} \cdot s^{-1}$ 　　　　　B. 0.8 $mol \cdot L^{-1} \cdot s^{-1}$

C. 0.2 $mol \cdot L^{-1} \cdot s^{-1}$ 　　　　　D. 0.6 $mol \cdot L^{-1} \cdot s^{-1}$

5. 关于活化能的叙述不正确的是（　　）。

A. 同一反应的活化能越大，其反应速率越大

B. 同一反应的活化能越小，其反应速率越大

C. 不同的反应具有不同的活化能

D. 催化剂能加快反应速率是因为其降低了反应的活化能

6. 关于催化剂下列反应不正确的是（　　）。

A. 催化剂可以改变化学反应速率

B. 催化剂可以改变反应的 $\Delta_r G_m^{\ominus}$

C. 催化剂可以改变化学反应进行的历程

D. 反应前后催化剂的组成、数量和化学性质不发生改变

7. 关于零级反应，下列叙述正确的是（　　）。

A. 零级反应的反应速率与起始浓度有关

B. 零级反应的反应速率为零

C. 对零级反应，其反应速率常数的单位与反应速率的单位相同

D. 零级反应的反应速率常数为零

8. 已知反应 $2A+B\longrightarrow 2C$ 为基元反应，其速率常数为 $k$，当 4 mol A 与 2 mol B 在 2 L 容器中混合时，反应速率是（　　）。

A. $8k$　　　　　　　　B. $1/4k$　　　　　　　　C. $1/8k$　　　　　　　　D. $4k$

9. 对于反应 $N_2(g)+3H_2(g)\Longleftrightarrow 2NH_3(g)$，298.15 K 时的 $\Delta_r H_m^\ominus = -92.2 \text{ kJ}\cdot\text{mol}^{-1}$，若温度升高到 100 ℃，对 $v_正$ 和 $v_逆$ 的影响是（　　）。

A. $v_正$减小，$v_逆$增大　　　　　　　　B. $v_正$增大，$v_逆$减小

C. $v_正$ 和 $v_逆$不同程度地增大　　　　　　D. $v_正$ 和 $v_逆$不同程度地减小

10. 某一化学反应正反应的活化能为 $120 \text{ kJ}\cdot\text{mol}^{-1}$，则逆反应的活化能为（　　）。

A. $-120 \text{ kJ}\cdot\text{mol}^{-1}$　　　　　　　　B. 小于 $120 \text{ kJ}\cdot\text{mol}^{-1}$

C. 大于 $120 \text{ kJ}\cdot\text{mol}^{-1}$　　　　　　　　D. 无法判断

## 四、计算题

1. 某一反应的活化能为 $120.5 \text{ kJ}\cdot\text{mol}^{-1}$，$T_1$ 时反应的速率常数为 $k_1$，300 K 时速率常数为 $k_2$，若 $k_1$ 是 $k_2$ 的 2 倍，求 $T_1$ 的值。

2. 反应 $N_2O_5\longrightarrow 2NO_2+\frac{1}{2}O_2$ 的速率常数在 298 K 时为 $3.46\times10^{-5} \text{ s}^{-1}$，在 318 K 时的速率常数为 $4.98\times10^{-4} \text{ s}^{-1}$，计算 308 K 时的反应速率常数。

3. 实验测得化学反应 $A+2B\longrightarrow 3C$ 在 298.15 K 时的速率和浓度的关系如下表所示：

| 序号 | $c(A)/(\text{mol}\cdot\text{L}^{-1})$ | $c(B)/(\text{mol}\cdot\text{L}^{-1})$ | $-\dfrac{dc(B)}{dt}/(\text{mol}\cdot\text{L}^{-1}\cdot\text{s}^{-1})$ |
|---|---|---|---|
| 1 | 0.2 | 0.1 | $1.0\times10^{-3}$ |
| 2 | 0.2 | 0.4 | $4.0\times10^{-3}$ |
| 3 | 0.4 | 0.1 | $2.0\times10^{-3}$ |

（1）写出反应的速率方程；

（2）求出反应级数；

（3）求反应的速率常数。

4. 反应 $2NO(g)+2H_2(g)\longrightarrow N_2(g)+2H_2O$ 的速率方程式是对 NO(g)是二次、对 $H_2$(g)是一次的方程。

（1）写出 $N_2$ 生成的速率方程式；

（2）如果浓度以 $\text{mol}\cdot\text{dm}^{-3}$ 表示，反应速率常数 $k$ 的单位是什么？

5. 设想有一反应 $aA+bB+cC\longrightarrow$ 产物，如果实验表明 A，B 和 C 的浓度分别增加 1 倍后，整个反应速率增为原反应速率的 64 倍；而若 $c(A)$ 与 $c(B)$ 保持不变，仅 $c(C)$ 增加 1 倍，则反应速率增为原来的 4 倍；而 $c(A)$、$c(B)$各单独大到 4 倍时，其对速率的影响相同，求反应级数，这个反应是否可能是基元反应？

6. 高温时 $NO_2$ 分解为 NO 和 $O_2$，其反应速率方程式为 $v(NO_2)=kc^2(NO_2)$，在 592 K 时，

速率常数是 $4.98 \times 10^{-1}\ dm^3 \cdot mol^{-1} \cdot s^{-1}$，在 656 K 时，其值变为 $4.74\ dm^3 \cdot mol^{-1} \cdot s^{-1}$，计算该反应的活化能。

7. 如果一反应的活化能为 $117.5\ kJ \cdot mol^{-1}$，问在什么温度时反应速率常数 $k_2$ 的值是 400 K 时反应速率常数的值的 2 倍。

8. 反应 $N_2O_5 \longrightarrow 2NO_2 + \dfrac{1}{2}O_2$，其温度与速率常数的数据列于下表，求反应的活化能。

| $T/K$ | $k/s^{-1}$ | $T/K$ | $k/s^{-1}$ |
|---|---|---|---|
| 338 | $4.87 \times 10^{-3}$ | 308 | $1.35 \times 10^{-4}$ |
| 328 | $1.50 \times 10^{-3}$ | 298 | $3.46 \times 10^{-5}$ |

9. 反应 $2NO(g) + 2H_2(g) \longrightarrow N_2(g) + 2H_2O(g)$ 的反应速率表达式为 $v = kc^2(NO_2) \cdot c(H_2)$，试讨论下列各种条件变化时对初速率有何影响。

（1）NO 的浓度增加一倍；

（2）有催化剂参加；

（3）将反应器的容积增大一倍；

（4）将反应器的容积增大一倍；

（5）向反应体系中加入一定量的 $N_2$。

# 自我检测答案

## 一、填空题

1. 反应本性；温度；催化剂

2. 7.97 min

3. 活化分子数增加

4. 34.7

5. $v = kc^2(NO) \cdot c(O_2)$；3；8

6. 能够导致反应物分子变成产物分子的碰撞；化学反应进行所必须克服的势能垒

7. 51

8. 不能；不能

9. 205.3

10.（1）A　（2）D　（3）B　（4）C　（5）A

## 二、判断题

1. ×　2. √　3. ×　4. √　5. ×　6. ×　7. √　8. √　9. ×　10. ×

## 三、选择题

1. D　2. B　3. A　4. B　5. A　6. B　7. C　8. D　9. C　10. D

## 四、计算题

1. 解：将已知条件代入公式 $\ln\dfrac{k_2}{k_1}=\dfrac{E_a}{R}\left(\dfrac{1}{T_1}-\dfrac{1}{T_2}\right)$ 得

$$\ln\frac{1}{2}=\frac{120.5\ \text{kJ}\cdot\text{mol}^{-1}}{8.314\ \text{J}\cdot\text{mol}^{-1}\cdot\text{K}^{-1}}\left(\frac{1}{T_1}-\frac{1}{300\ \text{K}}\right)$$

解得 $\qquad\qquad\qquad\qquad T_1=304.4\ \text{K}$

2. 解：先计算反应的活化能。

将已知条件代入公式 $\ln\dfrac{k_2}{k_1}=\dfrac{E_a}{R}\left(\dfrac{1}{T_1}-\dfrac{1}{T_2}\right)$ 得

$$\ln\frac{4.98\times10^{-4}\ \text{s}^{-1}}{3.46\times10^{-5}\ \text{s}^{-1}}=\frac{E_a}{8.314\ \text{J}\cdot\text{mol}^{-1}\cdot\text{K}^{-1}}\left(\frac{1}{298\ \text{K}}-\frac{1}{318\ \text{K}}\right)$$

解得 $E_a=105.1\ \text{kJ}\cdot\text{mol}^{-1}$

设 308 K 时的反应速率常数为 $k$，将 $E_a$ 的值代入以上公式：

$$\ln\frac{k}{3.46\times10^{-5}\ \text{s}^{-1}}=\frac{105.1\ \text{kJ}\cdot\text{mol}^{-1}}{8.314\ \text{J}\cdot\text{mol}^{-1}\cdot\text{K}^{-1}}\left(\frac{1}{298\ \text{K}}-\frac{1}{308\ \text{K}}\right)$$

计算得 $k=1.37\times10^{-4}\ \text{s}^{-1}$

3. 解：（1）设反应的速率方程为 $v=kc^x(\text{A})\cdot c^y(\text{B})$

$$\frac{v_1}{v_2}=\left(\frac{0.1}{0.4}\right)^y=\frac{1.0\times10^{-3}\ \text{mol}\cdot\text{L}^{-1}\cdot\text{s}^{-1}}{4.0\times10^{-3}\ \text{mol}\cdot\text{L}^{-1}\cdot\text{s}^{-1}}=\frac{1}{4},\ \ 得\ y=1$$

$$\frac{v_1}{v_3}=\left(\frac{0.2}{0.4}\right)^x=\frac{1.0\times10^{-3}\ \text{mol}\cdot\text{L}^{-1}\cdot\text{s}^{-1}}{2.0\times10^{-3}\ \text{mol}\cdot\text{L}^{-1}\cdot\text{s}^{-1}},\ \ 得\ x=1$$

即 $\qquad\qquad\qquad\qquad v=kc(\text{A})\cdot c(\text{B})$

（2）反应的级数为 2。

（3）$\qquad k=\dfrac{1.0\times10^{-3}\ \text{mol}\cdot\text{L}^{-1}\cdot\text{s}^{-1}}{0.2\ \text{mol}\cdot\text{L}^{-1}\times0.1\ \text{mol}\cdot\text{L}^{-1}}=0.05\ \text{L}\cdot\text{mol}^{-1}\cdot\text{s}^{-1}$

4. 解：（1）$v=k_1c^2(\text{NO})\cdot c(\text{H}_2)$

（2）三级反应，$k$ 的单位为 $\text{dm}^6\cdot\text{mol}^{-2}\cdot\text{s}^{-1}$。

5. 解：$v=kc^x(\text{A})\cdot c^y(\text{B})\cdot c^z(\text{C})$

由题意可得

$$\frac{v_1}{v_2}=\frac{1}{2^{x+y+z}}=\frac{1}{64}$$

则 $\qquad\qquad\qquad\qquad x+y+z=6$

又已知

$$\frac{v_1}{v_2'}=\frac{1}{2^z}=\frac{1}{4}$$

故 $z = 2$

又知 $x = y$

所以 $x = y = z = 2$

该反应的反应级数为 6，可能是基元反应，也可能是复杂反应。

6. 解：根据 Arrhenius 公式 $\ln \dfrac{k_2}{k_1} = \dfrac{E_a}{R}\left(\dfrac{1}{T_1} - \dfrac{1}{T_2}\right)$ 可得

$$\ln \frac{4.74 \text{ dm}^3 \cdot \text{mol}^{-1} \cdot \text{s}^{-1}}{0.498 \text{ dm}^3 \cdot \text{mol}^{-1} \cdot \text{s}^{-1}} = \frac{E_a}{8.314 \text{ J} \cdot \text{mol}^{-1} \cdot \text{K}^{-1}}\left(\frac{1}{592 \text{ K}} - \frac{1}{656 \text{ K}}\right)$$

$$E_a = 113.7 \text{ kJ} \cdot \text{mol}^{-1}$$

7. 解：根据 Arrhenius 公式 $\ln \dfrac{k_2}{k_1} = \dfrac{E_a}{R}\left(\dfrac{1}{T_1} - \dfrac{1}{T_2}\right)$ 可得

$$\ln 2 = \frac{117.5 \times 10^3 \text{ J} \cdot \text{mol}^{-1}}{8.314 \text{ J} \cdot \text{mol}^{-1} \cdot \text{K}^{-1}}\left(\frac{1}{400 \text{ K}} - \frac{1}{T}\right)$$

$$T = 408 \text{ K}$$

8. 解：根据 Arrhenius 公式 $\ln \dfrac{k_2}{k_1} = \dfrac{E_a}{R}\left(\dfrac{1}{T_1} - \dfrac{1}{T_2}\right)$ 可得

$$\ln \frac{4.87 \text{ s}^{-1}}{1.5 \text{ s}^{-1}} = \frac{E_a}{8.314 \text{ J} \cdot \text{mol}^{-1} \cdot \text{K}^{-1}}\left(\frac{1}{328 \text{ K}} - \frac{1}{338 \text{ K}}\right)$$

$$E_a = 108.54 \text{ kJ} \cdot \text{mol}^{-1}$$

9. 解：（1）反应速率变为原来的 4 倍；

（2）反应速率加快；

（3）反应速率减小；

（4）反应速率变为原来的 0.125 倍；

（5）无影响（恒容）；减小（恒压）。

# 拓展思考题

1. 1879 年，德贝格（C. M. Guldberg）和瓦特（P. Waage）在总结了大量实验的基础上提出了质量作用定律。为什么采用"质量作用"这类词？含义是什么？

2. 20 世纪因为化学动力学的研究获得诺贝尔化学奖的科学家有哪些？他们的主要贡献是什么？

3. 已知碳的放射性同位素 $^{14}C$ 的半衰期为 5 730 年，以一级反应速率递减。考古发现一古墓的木样中每克碳每分钟放射性 $^{14}C$ 的放射计数为 6.2 $\text{min}^{-1} \cdot (\text{g} \cdot \text{C})^{-1}$，活体动物组织每克碳每分钟放射性 $^{14}C$ 的放射计数为 12.6 $\text{min}^{-1} \cdot (\text{g} \cdot \text{C})^{-1}$，试计算该古墓的年龄。（宇宙线的辐射会使大气层中的部分碳原子变为放射性碳，并随着生物体的吸收代谢，经过食物链进入生物体中，$^{14}C$ 与 $^{12}C$ 的比例在动植物活体组织中保持恒定。生物死后，摄入 $^{14}C$ 的过程停止，

但生物体内 $^{14}C$ 则会不断衰变减少,这导致死亡生物体内 $^{14}C$ 和 $^{12}C$ 含量的相对比值不断减少,因此通过测定生物体中 $^{14}C$ 和 $^{12}C$ 含量,就可以准确算出生物体死亡的年代。美国科学家利比因发明放射性确定地质年代的方法获得了 1960 年的诺贝尔化学奖。)

4. 什么是化学反应的平均速率、瞬时速率?两种反应速率之间有何区别与联系?

5. 简述反应速率的过渡态理论的理论要点。

# 知识拓展

## 飞 秒 化 学

1999 年 10 月 12 日,瑞典皇家科学院宣布,1999 年诺贝尔化学奖授予 53 岁的具有双重国籍的埃及和美国科学家泽维尔(Ahmed H. Zewail)教授,以表彰他在应用飞秒光谱研究化学反应的过渡态中所做出的突出贡献。

化学反应是物质运动和变化的主要形式之一,人类对化学反应的认识经历了从宏观到微观的漫长过程。100 年前,阿伦尼乌斯(Arrhenius)提出了著名的阿伦尼乌斯公式,描述了化学反应速率与温度的关系,奠定了化学反应动力学的基础。阿伦尼乌斯因此获得了 1903 年的诺贝尔化学奖。这个简单的公式表述的是众多分子的总反应速率,即宏观反应动力学。直到 20 世纪 30 年代,艾林(H. Eyring)和波拉尼(M. Polanyi)在单分子反应行为的基础上,提出了化学反应的过渡态理论,把化学动力学的研究深入到微观过程。这种理论的一个基本假设是过渡态仅存在于分子振动周期的时间(皮秒量级)内,即当一个分子裂成碎片或与其他分子化合成新分子时,原子间的化学键将在不到 $10^{-12}$ s(即 1 ps)的时间内断裂或形成,研究这类分子反应动力学需要飞秒量级的时间分辨率。然而受到当时科学技术水平的限制,在此理论提出后的数十年时间内,直接观测化学反应的基本过程仅仅是化学家的一个梦想。

飞秒激光器的研制成功为过渡态的研究带来希望,飞秒激光器可以产生几十到几百飞秒($1$ fs $= 10^{-15}$ s)宽度的激光脉冲,这正是化学反应经历过渡态的时间尺度,泽维尔教授率先使用超短激光脉冲和分子束技术研究超快化学反应。目前,飞秒过渡态光谱能清晰地为我们提供化学反应的实时物理图像。

飞秒激光脉冲如同一个飞秒量级的探针,可以跟踪反应过程中的分子或原子的运动和变化。实验是在分子束条件下用泵浦和探测(pump and probe)方法实现的。一个飞秒泵浦激光脉冲先把分子激发到较高能态,然后用另一个选定波长的飞秒激光脉冲探测这个已经被激发的分子。泵浦激光脉冲同时也是反应的启动信号,类似于百米赛跑的起跑令,探测激光脉冲作为探针考察分子的变化。改变两束激光脉冲的时间间隔就可以看到原来被激发分子的演化,包括通过一个或几个过渡态。所记录的光谱就是演化分子的指纹,就好像用一台超高速摄像机把化学反应中分子的运动以卡通图像的形式拍摄下来。用光路延迟可以实现飞秒级的时间间隔控制,100 fs 的时间延迟相当于镜子移动 0.03 mm。光谱指纹随时间的演化需要和理论模拟进行比较才能对反应体系的演化过程有更好的了解。分子在各量子态上的光谱能量的量子化学理论计算近年来也已取得了重大进展。量子化学计算方法的发展,特别是势能面计算为动力学的研究奠定了坚实的理论基础。

　　飞秒化学就是研究以飞秒作为时间尺度的超快化学反应过程的一门新兴分支学科。它属于分子反应动力学和激光化学的范畴。飞秒化学的诞生与发展是学科发展的必要性和激光技术（特别是飞秒激光技术）的可能性完美结合的产物。

　　飞秒化学反应动力学的核心内容为分子体系的相干态，为此，需要对相干态和相干过程作简要的描述。相干过程是现代物理学研究的核心内容之一。所谓相干，简言之，就是体系中的粒子（或光子）以相同的相位运动和变化。相干的概念因不同的描述对象而具有不同的物理内涵，它可以用来描述相干光场、相干变化、相干传播、相干态和相干激发等物理、化学过程。

　　20 世纪 70 年代末至 80 年代初，分子的相干特性在化学界还是一个陌生的概念。那时候化学家还不清楚能否让体系中的所有分子的某一化学键同步振动，而这种分子运动与变化的相干是今天飞秒量级"摄像机"的工作基础。因为只有在分子体系相干同步运动与变化的基础上，才能实测到分子的运动。而当分子体系处于阿伦尼乌斯公式所描述的热平衡状态时，各分子的核运动相位处于杂乱无章的状态。即使"摄像机"能以飞秒尺度的快门速度拍摄，分子体系的统计平均仍然导致无法记录分子动力学过程。

　　由于飞秒脉冲为相干光，它可以对分子体系施加一个相干激光，从而诱导出分子运动的相干态。然而，在激光脉冲终止以后，分子体系的相干性会逐渐消失，最后回到热平衡态。分子体系相干性消失的过程被称为退相过程。然而，要能够实现实时观测分子反应动力学过程，还必须首先了解多原子分子的内振动相干与退相过程。因为化学反应的实质是具有多个自由度的分子的某一特定化学键断裂而形成新的分子。泽维尔惊喜地发现，光催化下单分子内振动能量的再分布分为相干和耗散两个不同的过程，据泽维尔称，观测到单分子内振动的相干运动过程大大激发他研究分子反应动力学的热情。

　　泽维尔及其小组用飞秒激光泵浦和探测方法，研究了若干不同类型的反应体系。碘化钠的分解反应是泽维尔的代表性实验之一。图 3-1 是 $Na^+I^-$ 的势能曲线。NaI 分子的基态是离子键，核的平衡距离为 0.27 nm；泵浦脉冲把离子对 $Na^+I^-$ 激发到一个活化态$[NaI]^*$，激发态分子

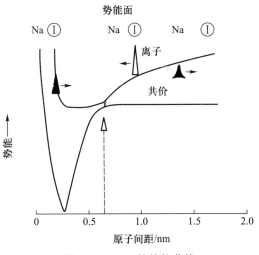

图 3-1　$Na^+I^-$ 的势能曲线

的化学键是共价键，其势能曲线在核间距 0.7 nm 处与基态势能曲线交叉。Na 和 I 的核间距逐步增大，转为离子键。利用一系列飞秒激光脉冲，可跟踪探测从过渡态直到最终产物 NaI 的历程。所用探测激光脉冲的频率相当于活化态[NaI]*或自由原子的共振吸收频率。

泽维尔还进一步研究了氢原子与二氧化碳的反应，这是燃烧过程中重要的自由基反应之一。此反应的过渡态中间产物是 HOCO，反应经过过渡态的时间长达 1 000 fs。

泽维尔用飞秒超速"摄像机"把反应的动态过程"拍照"下来，终于在艾林和波拉尼提出过渡态理论半个世纪之后，看到了这个假想的过渡态，打破了过渡态实验上不可能观测的预言。

化学家苦心钻研化学反应机理的目的之一是提高控制化学反应的能力。一个希望的化学反应往往伴随着一些不想要的竞争反应通道，导致生成一些副产物，需要分离、纯化。弄清反应的机制，选择和控制化学键的断裂，就能控制化学反应沿着希望的通道进行，避免那些不希望的反应发生，但这是一个非常艰难的问题。

随着反应过渡态这个"黑匣子"的门被打开，从反应物经过中间的过渡态到产物的全过程的图画就展现了出来。过渡态不再是个看不见的"谜"，化学反应的机理也就显而易见。用飞秒光谱研究化学反应正在世界范围内蓬勃发展，已经形成了物理化学的一个新领域——飞秒化学。目前飞秒化学已经应用到化学的各个领域和邻近的学科，不只是利用分子束研究气相反应，已经扩展到表面（了解和改善催化剂）、液相（了解物质的溶解和在溶液中的反应机理）和聚合物（发展新的电子材料）的化学过程，乃至当今世界最活跃的领域生命科学（光合作用、药物合成以及生物电子器件）。

泽维尔的卓越贡献是用飞秒光谱打开了研究化学反应过渡态的大门，给化学和相关学科带来了一场革命。他是开拓飞秒化学新领域的先行者。揭开过渡态的奥秘使人类向认识化学反应的本质和主动控制化学反应的目标又前进了一大步，例如对 Xe 和 $I_2$ 反应生成的控制。飞秒化学为化学键展现了一片广阔的新天地，这里还有许许多多未知的、重要的和有趣的新问题有待化学家们去深入研究。

# 第4章 溶液和离子平衡

## 基本要求

1. 了解稀溶液的通性。
2. 掌握一元、二元弱电解质与缓冲溶液 pH 的计算。
3. 掌握利用溶度积规则判断沉淀的生成与否。

## 重点知识剖析及例解

**例 1** 电解质溶液中的化学反应有哪些呢？

答:

| 类型 | 实例 |
|------|------|
| 弱电解质解离反应 | $CH_3COOH \rightleftharpoons H^+ + CH_3COO^-$ |
| 酸碱中和反应 | $NaOH + HCl == NaCl + H_2O$ |
| 盐类水解反应 | $NH_4Cl + H_2O \rightleftharpoons NH_3 \cdot H_2O + HCl$ |
| 沉淀反应 | $BaCl_2 + Na_2SO_4 == BaSO_4 \downarrow + 2\,NaCl$ |
| 氧化还原反应 | $Zn + CuSO_4 == Cu + ZnSO_4$ |

**例 2** 为什么 AgCl 在 $KNO_3$ 溶液中的溶解度比其在纯水中的溶解度大，而且 $KNO_3$ 溶液的浓度越大，AgCl 的溶解度越大？

**答**：AgCl 在 $KNO_3$ 溶液中的溶解度，比其在纯水中的溶解度大，并且 $KNO_3$ 的浓度越大，AgCl 溶解度也越大，这种现象是不能用 $KNO_3$ 与 AgCl 沉淀发生化学反应来解释的，更不能用同离子效应来解释。这是因为加入易溶的强电解质后，溶液中各种离子的总浓度增大了，增强了离子间的静电作用，在 $Ag^+$ 的周围，有更多的阴离子（主要是 $NO_3^-$），形成了所谓的"离子氛"，在 $Cl^-$ 的周围有更多的阳离子（主要是 $K^+$），也形成了"离子氛"。"离子氛"的生成使 $Ag^+$ 和 $Cl^-$ 受到了较强的牵制作用，降低了它们的有效浓度，所以单位时间内离子与沉淀表面碰撞次数减少，此时难溶电解质的溶解过程暂时超过了其沉淀过程，平衡向沉淀溶解的方向移动，当建立起新的平衡后，难溶电解质的溶解度就增大了。这种因为加入易溶强电解质，而使难溶电解质溶解度增大的效应，叫作"盐效应"。并不是只有加入盐类才会产生盐效应，如果加入的强电解质是强酸或强碱，在不发生其他化学反应的前提下，所加入的强酸或强碱同样能使溶液中各种离子的总浓度增大，同样也有利于"离子氛"的形成，也能使难溶电解质的溶解度增大，这也是盐效应。同时注意，加入具有相同离子的易溶强电解质，在产生同离子效应的同时，也能产生盐效应，所以在利用同离子效应降低难溶电解质溶解度时，如果沉淀试剂过量太多，同离子效应效果不明显，相反会引起盐效应，使沉淀的溶解度增大。一般来说，如果难溶电解质的溶度积很小，则盐效应的影响很小，可忽略不计；如果难溶电解质的溶度积较大，同时溶液中各种离子的总浓度也较大时，就应该考虑盐效应的影响。

**例 3**　溶度积表达式也适用于难溶弱电解质吗？

**答**：对于一般难溶电解质有

$$A_mB_n(s) \underset{沉淀}{\overset{溶解}{\rightleftharpoons}} mA^{n+} + nB^{m-}$$

溶度积常数（简称溶度积）为

$$K_{sp}^{\ominus}(A_mB_n) = [c(A^{n+})/c^{\ominus}]^m[c(B^{m-})/c^{\ominus}]^n$$

即在一定温度下，难溶电解质的饱和溶液中，各组分离子浓度幂的乘积是一个常数。那么这个溶度积表达式也适用于难溶弱电解质吗？

$$AB(s) \rightleftharpoons AB(aq) \qquad K_1^{\ominus} = c(AB)/c^{\ominus} \tag{1}$$

$$AB(aq) \rightleftharpoons A^+ + B^- \qquad K_2^{\ominus} = \frac{c(A^+) \cdot c(B^-)}{c(AB) \cdot c^{\ominus}} \tag{2}$$

由(1) + (2)　　　　　　　　　$$AB(s) \rightleftharpoons A^+ + B^-$$

$$K_1^{\ominus} \cdot K_2^{\ominus} = c(A^+) \cdot c(B^-)/(c^{\ominus})^2 = K_{sp}^{\ominus}(AB)$$

即　　　　　　　　　　　　　$$AB(s) \rightleftharpoons A^+ + B^-$$

$$K_{sp}^{\ominus}(AB) = c(A^+) \cdot c(B^-)/(c^{\ominus})^2$$

所以，溶度积表达式也适用于难溶弱电解质。

**例 4**　溶度积与溶解度换算关系适用范围是什么？

**答**：比如，求 $Ca_3(PO_4)_2$ 溶度积与溶解度换算关系，我们很容易求得

$$s = \sqrt[5]{\frac{K_{sp}^{\ominus}}{108}}$$

应用这个计算公式应注意：

（1）不适用于易水解的难溶电解质。

如 **ZnS** 在饱和溶液中

$$ZnS(s) \rightleftharpoons Zn^{2+} + S^{2-}$$

$$S^{2-} + H_2O \rightleftharpoons HS^- + OH^-$$

$$Zn^{2+} + H_2O \rightleftharpoons Zn(OH)^+ + H^+$$

则有

$$s(ZnS) \approx c(Zn^{2+}) + c[Zn(OH)^+]$$

$$s(ZnS) \approx c(S^{2-}) + c(HS^-)$$

且水解程度　$S^{2-} \gg Zn^{2+}$，使 $c(Zn^{2+}) > c(S^{2-})$。

仍按照溶度积与溶解度换算公式计算会产生较大误差。

（2）不适用于难溶弱电解质。

$$AB(s) \rightleftharpoons A^+ + B^-$$

$$s(AB) = c(AB) + c(A^+) = c(AB) + c(B^-)$$

$$s = c(AB) + \sqrt{K_{sp}^{\ominus}(AB) \times c^{\ominus}}$$

**例 5** 据说兰州牛肉面出了兰州就变味了，其主要原因是兰州地区水的沸点仅有 92 ℃，根据下列热力学数据（25 ℃），计算兰州的大气压力为多少？

| | $H_2O(l)$ | $H_2O(g)$ |
|---|---|---|
| $\Delta_f H_m^{\ominus} / (kJ \cdot mol^{-1})$ | $-285.8$ | $-241.8$ |
| $S_m^{\ominus} / (J \cdot mol^{-1} \cdot K^{-1})$ | 70 | 189 |
| $\Delta_f G_m^{\ominus} / (kJ \cdot mol^{-1})$ | $-237.1$ | $-228.6$ |

**解**：一种液体的蒸气压等于外压时，液体的气化在表面和内部同时发生，液体沸腾，此时的温度称为液体的沸点。也就是说，在这个温度下，外界大气压力等于液体的蒸气压。下面介绍一种利用热力学数据求算液体蒸气压的方法。

$$H_2O(l) \rightleftharpoons H_2O(g)$$

$$\Delta_r H_m^{\ominus}(298.15\ K) = [-241.8 - (-285.8)]\ kJ \cdot mol^{-1} = 44\ kJ \cdot mol^{-1}$$

$$\Delta_r S_m^{\ominus}(298.15\ K) = (189 - 70)\ J \cdot mol^{-1} \cdot K^{-1} = 119\ J \cdot mol^{-1} \cdot K^{-1}$$

$$\Delta_r G_m^{\ominus}(365.15\ K) = \Delta_r H_m^{\ominus}(298.15\ K) - T \times \Delta_r S_m^{\ominus}(298.15\ K)$$

$$= (44 \times 10^3 - 365.15 \times 119)\ J \cdot mol^{-1} = 547.15\ J \cdot mol^{-1}$$

根据 $\Delta_r G_m^{\ominus}(365.15\ K) = -RT\ln K^{\ominus}(365.15\ K)$，求出 $K^{\ominus}(365.15\ K) = 0.84$

因  $K^{\ominus}(365.15\ K) = p(H_2O)/p^{\ominus}$

则  $p(H_2O) = 84\ kPa$

因此兰州的大气压力为 83.5 kPa。

或者：

$$\Delta_r G_m^{\ominus}(298.15\ K) = 8.5\ kJ \cdot mol^{-1}$$

由 $\Delta_r G_m^{\ominus}(298.15\ K) = -RT\ln K^{\ominus}(298.15\ K)$，求出 $K^{\ominus}(298.15\ K) = 0.032\ 2$

根据

$$\ln\left[\frac{K^{\ominus}(365.15\ K)}{K^{\ominus}(298.15\ K)}\right] = \left[\frac{-\Delta_r H_m^{\ominus}(298.15\ K)}{R}\right]\left(\frac{1}{365.15} - \frac{1}{298.15}\right)$$

得出  $K^{\ominus}(365.15\ K) = 0.84$

因  $K^{\ominus}(365.15\ K) = p(H_2O)/p^{\ominus}$

则  $p(H_2O) = 84\ kPa$

**例 6** 现有 0.20 mol·L$^{-1}$ HCl 溶液与 0.20 mol·L$^{-1}$ 氨水，在下列各种情况下如何计算混合溶液的 pH？

（1）两种溶液等体积混合；

（2）两种溶液按 2:1 的体积混合；

（3）两种溶液按 1:2 的体积混合。

**解**：两种溶液混合后浓度发生变化。

（1）混合后：$c(HCl) = 0.10 \ mol \cdot L^{-1}$，$c(NH_3 \cdot H_2O) = 0.10 \ mol \cdot L^{-1}$

$$HCl + NH_3 \cdot H_2O \Longrightarrow NH_4Cl + H_2O$$

生成 $NH_4Cl$ 的浓度为 $0.10 \ mol \cdot L^{-1}$。设 $NH_4Cl$ 水解生成的 $NH_3 \cdot H_2O$ 的浓度为 $x \ mol \cdot L^{-1}$，则

$$NH_4^+ + H_2O \Longrightarrow NH_3 \cdot H_2O + H^+$$

平衡浓度/$(mol \cdot L^{-1})$      $0.10 - x$          $x$      $x$

$$K_h^\ominus = \frac{c(NH_3 \cdot H_2O) \cdot c(H^+)}{c(NH_4^+)} \times \frac{c(OH^-)}{c(OH^-)} = \frac{K_w^\ominus}{K_b^\ominus(NH_3 \cdot H_2O)}$$

$$= \frac{1.0 \times 10^{-14}}{1.8 \times 10^{-5}} = 5.6 \times 10^{-10}$$

所以                  $x^2 / (0.10 - x) = 5.6 \times 10^{-10}$

由                  $\left( \frac{c}{c^\ominus} \right) \Big/ K^\ominus = 0.10 / (5.6 \times 10^{-10}) > 500$

得                  $0.10 - x \approx 0.10$

故                  $\frac{x^2}{0.10} = 5.6 \times 10^{-10}$

解得                  $x = 7.5 \times 10^{-6}$

则                  $c(H^+) = 7.5 \times 10^{-6} \ mol \cdot L^{-1}$

那么                  $pH = -lg \ [ \ c(H^+)/c^\ominus \ ] = -lg(7.5 \times 10^{-6}) = 5.12$

（2）$0.20 \ mol \cdot L^{-1} HCl$ 溶液与 $0.20 \ mol \cdot L^{-1}$ 氨水按体积比 2:1 混合，反应后剩下 HCl，其浓度为 $0.067 \ mol \cdot L^{-1}$。

$$HCl \longrightarrow H^+ + Cl^-$$

$c/(mol \cdot L^{-1})$                  $0.067$      $0.067$

$$c(H^+) = 0.067 \ mol \cdot L^{-1}$$

那么                  $pH = -lg \ [ \ c(H^+)/c^\ominus \ ] = -lg \ 0.067 = 1.17$

（3）$0.20 \ mol \cdot L^{-1}$ HCl 溶液与 $0.20 \ mol \cdot L^{-1}$ 氨水按体积比 1:2 混合，反应后剩下的 $NH_3 \cdot H_2O$ 与形成的 $NH_4Cl$ 组成缓冲溶液体系，设其 $NH_3 \cdot H_2O$ 解离形成 $OH^-$ 的浓度为 $x \ mol \cdot L^{-1}$，则

$$NH_3 \cdot H_2O \Longrightarrow NH_4^+ + OH^-$$

平衡浓度/$(mol \cdot L^{-1})$      $0.067 - x$          $0.067 + x$    $x$

由                  $\frac{c(OH^-) \cdot c(NH_4^+)}{c(NH_3 \cdot H_2O)} = K_b^\ominus(NH_3 \cdot H_2O)$

则                  $\frac{x(0.067 + x)}{0.067 - x} = 1.8 \times 10^{-5}$

因为 $\left(\dfrac{c}{c^{\ominus}}\right)\Big/ K_b^{\ominus}(NH_3 \cdot H_2O) = 0.067/(1.8 \times 10^{-5}) > 500$，再加上同离子效应的作用，$NH_3 \cdot H_2O$ 的解离量更小，所以

$$0.067 - x \approx 0.067 \qquad 0.067 + x \approx 0.067$$

故上式可改写为

$$\dfrac{0.067x}{0.067} = 1.8 \times 10^{-5}$$

解得

$$x = 1.8 \times 10^{-5}$$

$$c(OH^-) = 1.8 \times 10^{-5} \text{ mol} \cdot L^{-1}$$

那么

$$pOH = -\lg[c(OH^-)/c^{\ominus}] = -\lg(1.8 \times 10^{-5}) = 4.75$$

$$pH = 14.00 - pOH = 14.00 - 4.75 = 9.25$$

**例 7** 试解答下列问题：

（1）能否将 $0.1 \text{ mol} \cdot L^{-1}$ NaOH 溶液稀释至 $c(OH^-) = 1.0 \times 10^{-8} \text{ mol} \cdot L^{-1}$？

（2）$CaCO_3$ 在下列哪种试剂中的溶解度最大？

纯水；$0.1 \text{ mol} \cdot L^{-1}$ $NaHCO_3$ 溶液；$0.1 \text{ mol} \cdot L^{-1}$ $Na_2CO_3$ 溶液；$0.1 \text{ mol} \cdot L^{-1}$ $CaCl_2$ 溶液；$0.5 \text{ mol} \cdot L^{-1}$ $KNO_3$ 溶液。

（3）洗涤 $BaSO_4$ 沉淀时，往往使用稀硫酸而不用蒸馏水。

（4）$Ag_2CrO_4$ 在 $0.01 \text{ mol} \cdot L^{-1}$ $AgNO_3$ 溶液中的溶解度小于在 $0.01 \text{ mol} \cdot L^{-1}$ $K_2CrO_4$ 溶液中的溶解度。

**解：**（1）不能。因纯水中的 $c(OH^-)$ 已为 $1.0 \times 10^{-7} \text{ mol} \cdot L^{-1}$。

（2）$CaCO_3$ 在 $0.5 \text{ mol} \cdot L^{-1}$ $KNO_3$ 溶液中溶解度最大。

（3）因为 $BaSO_4$ 在稀硫酸中的溶解度比在蒸馏水中溶解度小，用稀硫酸洗涤 $BaSO_4$，沉淀损失量小。

（4）设 $Ag_2CrO_4$ 在 $0.01 \text{ mol} \cdot L^{-1}$ $AgNO_3$ 溶液中的溶解度为 $x \text{ mol} \cdot L^{-1}$，在 $0.01 \text{ mol} \cdot L^{-1}$ $K_2CrO_4$ 溶液中为 $x' \text{ mol} \cdot L^{-1}$，则

$$Ag_2CrO_4(s) \Longrightarrow 2Ag^+ + CrO_4^{2-}$$

平衡浓度/$(mol \cdot L^{-1})$             $0.01 + 2x \qquad x$

因为 $K_{sp}^{\ominus}(Ag_2CrO_4)$ 很小，所以 $0.01 + 2x \approx 0.01$。

$$c^2(Ag) \cdot c(CrO_4^{2-}) = K_{sp}^{\ominus}(Ag_2CrO_4) \cdot (c^{\ominus})^3$$

$$(0.01)^2 x \approx 1.12 \times 10^{-12}$$

解得

$$x \approx 1 \times 10^{-8}$$

则 $Ag_2CrO_4$ 在 $0.01 \text{ mol} \cdot L^{-1}$ $AgNO_3$ 溶液中溶解度为 $1 \times 10^{-8} \text{ mol} \cdot L^{-1}$。

$$Ag_2CrO_4(s) \Longrightarrow 2Ag^+ + CrO_4^{2-}$$

平衡浓度/$(mol \cdot L^{-1})$             $2x' \qquad x' + 0.01$

因为 $K_{sp}^{\ominus}(Ag_2CrO_4)$ 很小，所以 $0.01 + x' \approx 0.01$。

$$(2x')^2(0.01) \approx 1.12 \times 10^{-12}$$

解得

$$x' \approx 5 \times 10^{-6}$$

则 $Ag_2CrO_4$ 在 0.01 mol·$L^{-1}$ $K_2CrO_4$ 溶液中溶解度为 $5 \times 10^{-6}$ mol·$L^{-1}$。

**例 8**　什么是缓冲作用，你了解其原理吗？

**答**：缓冲作用是指使溶液 pH 基本保持不变的作用。具有缓冲作用的溶液称为缓冲溶液。

下面以 HOAc + NaOAc 混合液为例简述缓冲作用原理。

$$HOAc \rightleftharpoons H^+ + OAc^-$$

$$\text{大量}\quad\quad \text{极小量}\quad \text{大量}$$

加入少量强碱：HOAc 抵消 $OH^-$，溶液中较大量的 HOAc 与外加的少量的 $OH^-$ 生成 $OAc^-$ 和 $H_2O$，当达到新平衡时，$c(OAc^-)$ 略有增加，$c(HOAc)$ 略有减少，$c(HOAc)/c(OAc^-)$ 变化不大，因此溶液的 $c(H^+)$ 或 pH 基本不变。

加入少量强酸：$OAc^-$ 抵消 $H^+$，溶液中大量的 $OAc^-$ 与外加的少量的 $H^+$ 结合成 HOAc，当达到新平衡时，$c(HOAc)$ 略有增加，$c(OAc^-)$ 略有减少，$c(HOAc)/c(OAc^-)$ 变化不大，因此溶液的 $c(H^+)$ 或 pH 基本不变。

缓冲作用原理例题（注意比较计算结果）：

（1）试计算含 0.10 mol·$L^{-1}$ HOAc、0.10 mol·$L^{-1}$ NaOAc 溶液的 pH。

**解**：
$$HOAc \rightleftharpoons H^+ + OAc^-$$

平衡浓度/(mol·$L^{-1}$)　　　　　$0.10 - x$　　　$x$　　　$0.10 + x$

$$K_a^\ominus = \frac{x(0.10 + x)}{0.10 - x} = 1.8 \times 10^{-5}$$

因为　　　　$(c / c^\ominus) / K_a^\ominus = 0.10 / (1.8 \times 10^{-5}) > 500$

所以　　　　$0.10 - x \approx 0.10$，$0.10 + x \approx 0.10$

$$\frac{0.10 x}{0.10} = 1.8 \times 10^{-5}$$

解得　　　　　　　　$x = 1.8 \times 10^{-5}$

故　　　　$c(H^+) = 1.8 \times 10^{-5}$ mol·$L^{-1}$，pH = 4.74

（2）在含 0.100 mol·$L^{-1}$ HOAc、0.100 mol·$L^{-1}$ NaOAc 溶液中加入 0.001 mol·$L^{-1}$ HCl 溶液，计算溶液的 pH。

**解**：
$$H^+ + OAc^- \rightleftharpoons HOAc$$

起始浓度/(mol·$L^{-1}$)　　　0.001　　0.001　　　0.001

$$HOAc \rightleftharpoons H^+ + OAc^-$$

平衡浓度/(mol·$L^{-1}$)　　　$0.101 - x$　　$x$　　　$0.099 + x$

$$K_a^\ominus = \frac{x(0.099 + x)}{0.101 - x} = 1.8 \times 10^{-5}$$

$$\frac{0.099 x}{0.101} = 1.8 \times 10^{-5}$$

解得　　　　　　　　$x = 1.8 \times 10^{-5}$

故　　　　$c(H^+) = 1.8 \times 10^{-5}$ mol·$L^{-1}$，pH = 4.74

（3）在含 0.100 mol·$L^{-1}$ HOAc、0.100 mol·$L^{-1}$ NaOAc 溶液中加入 0.001 mol·$L^{-1}$ NaOH 溶液，计算溶液的 pH。

**解:**
$$OH^- \ + \ HOAc^- \Longrightarrow OAc^- + H_2O$$

起始浓度/(mol · L$^{-1}$)　　　　0.001　　　0.001　　　　0.001

$$HOAc \Longrightarrow H^+ \ + \ OAc^-$$

平衡浓度/(mol · L$^{-1}$)　　　0.099 − $x$　　$x$　　　0.101 + $x$

$$K_a^{\ominus} = \frac{x(0.101 + x)}{0.099 - x} = 1.8 \times 10^{-5}$$

$$\frac{0.101x}{0.099} = 1.8 \times 10^{-5}$$

解得　　　　　　　　　　　　　$x = 1.8 \times 10^{-5}$

故　　　　　　　　　$c(H^+) = 1.8 \times 10^{-5}$ mol · L$^{-1}$，pH = 4.74

（4）在含 0.10 mol · L$^{-1}$ HOAc、0.10 mol · L$^{-1}$ NaOAc 溶液中加入 H$_2$O，使溶液稀释 10 倍，计算溶液的 pH。

$$HOAc \Longrightarrow H^+ \ + \ OAc^-$$

平衡浓度/(mol · L$^{-1}$)　　　0.010 − $x$　　$x$　　　0.010 + $x$

$$K_a^{\ominus} = \frac{x(0.010 + x)}{0.010 - x} = 1.8 \times 10^{-5}$$

$$\frac{0.010x}{0.010} = 1.8 \times 10^{-5}$$

解得　　　　　　　　　　　　　$x = 1.8 \times 10^{-5}$

故　　　　　　　　　$c(H^+) \approx 1.8 \times 10^{-5}$ mol · L$^{-1}$，pH = 4.74

# 思考题与习题

1. 为什么高山上可以烧开水却不能煮熟饭？

**答:** 一种液体的蒸气压等于外压时的温度称为液体的沸点。液体的液相与固相蒸气压相等时的温度称为液体的凝固点。外压为 101.3 kPa 时，液体的沸点称为正常沸点。一种液体的正常凝固点是在 101.3 kPa 外压下，该物质的液相与固相成平衡时的温度。高山上由于海拔高，气压低，导致液体的沸点降低，所以可以烧开水却不能煮熟饭。

2. 如何用渗透现象解释盐碱地难以生长农作物？

**答:** 由于半透膜的存在，两种不同浓度溶液间产生水的扩散现象，叫作渗透现象。渗透作用达到平衡时，半透膜两边的静压强差称为渗透压。盐碱地盐分多，土壤中离子浓度大，会导致农作物中的水分通过细胞壁渗透到土壤中，引起细胞萎缩、枯死，所以难以生长农作物。

3. 沸点上升、凝固点降低有何实际应用？

**答:** 在有机化合物合成中，可用测定沸点和熔点来检验化合物的纯度。含杂质的化合物可看作一种溶液，化合物本身是溶剂，杂质是溶质，所以含杂质的物质的熔点比纯化合物低，沸点比纯化合物高。

使用凝固点降低原理可以测定物质的相对分子质量、做制冷剂（例如将 $CaCl_2$ 和冰混合，可做成制冷剂，获得 $-55\ ℃$的低温）。道路融雪的时候在路面喷撒盐，建筑工人冬天在室外施工时，在砂浆中加入食盐防止砂浆结冰，冬季司机在散热水箱中加入乙二醇防止散热水箱结冰，也都是利用凝固点降低的原理。

4. 在青藏高原某山地测得水的沸点为 $93\ ℃$，估计该地大气压是多少？

**答**：$93\ ℃$时水的饱和蒸气压为 $78.494\ kPa$，所以该地大气压是 $78.494\ kPa$。

5. 人的体温是 $37\ ℃$，血液的渗透压是 $780.2\ kPa$，设血液内的溶质全是非电解质，估计血液的总浓度。

**解**：根据 $\pi = cRT$ 可得

$$c = \frac{\pi}{RT} = \frac{780.2}{8.314 \times (273.15 + 37)}\ mol \cdot L^{-1} = 0.302\ 6\ mol \cdot L^{-1}$$

6. 将下列水溶液按蒸气压增加的顺序排列：

（1）$1\ mol \cdot L^{-1}$ NaCl 溶液（2）$1\ mol \cdot L^{-1}$ $C_6H_{12}O_6$ 溶液（3）$1\ mol \cdot L^{-1}$ 硫酸（4）$0.1\ mol \cdot L^{-1}$ $CH_3COOH$ 溶液（5）$0.1\ mol \cdot L^{-1}$ NaCl 溶液（6）$0.1\ mol \cdot L^{-1}$ $CaCl_2$ 溶液（7）$0.1\ mol \cdot L^{-1}$ $C_6H_{12}O_6$ 溶液

**解**：蒸气压增加的顺序为

$1\ mol \cdot L^{-1}$ 硫酸 $<1\ mol \cdot L^{-1}$ NaCl 溶液 $<1\ mol \cdot L^{-1}$ $C_6H_{12}O_6$ 溶液 $<0.1\ mol \cdot L^{-1}$ $CaCl_2$ 溶液 $<0.1\ mol \cdot L^{-1}$ NaCl 溶液 $<0.1\ mol \cdot L^{-1}$ $CH_3COOH$ 溶液 $<0.1\ mol \cdot L^{-1}$ $C_6H_{12}O_6$ 溶液

7. 已知某水溶液的凝固点为 $-1.00\ ℃$，求：

（1）此溶液的沸点；

（2）$20\ ℃$时此溶液的蒸气压强（已知 $20\ ℃$时纯水的蒸气压为 $2.34\ kPa$）；

（3）$0\ ℃$时此溶液的渗透压（设 $c \approx b_B$）。

**解**：水溶液的凝固点为 $T_{溶液} = (-1.00 + 273.15)\ K = 272.15\ K$

根据 $\Delta T_{fp} = K_f \cdot b_B$，$\Delta T_{fp} = T_{溶剂} - T_{溶液} = (273.15 - 272.15)\ K = 1.00\ K$

查表知水的 $K_f = 1.86\ K \cdot kg \cdot mol^{-1}$

所以

$$b_B = \frac{\Delta T_f}{K_f} = \frac{1.00}{1.86}\ mol \cdot kg^{-1} = 0.538\ mol \cdot kg^{-1}$$

（1）查表知水的 $K_b = 0.52\ K \cdot kg \cdot mol^{-1}$

$$\Delta T_{bp} = K_b \cdot b_B = 0.52 \times 0.538\ K = 0.28\ K$$

$$\Delta T_{bp} = T_{溶液} - T_{溶剂}$$

所以 $\qquad T_{溶液} = (100 + 0.28)\ ℃ = 100.28\ ℃$

（2）$x_A = \dfrac{n_A}{n_A + n_B} = \dfrac{1\ 000 / 18}{1\ 000 / 18 + 0.538} = 0.990$

$$p = p_A \cdot x_A = 2.34 \times 0.990\ kPa = 2.32\ kPa$$

（3）$\pi = cRT \approx b_B RT = 0.538 \times 8.314 \times 273\ kPa = 1\ 221\ kPa$

8. 相同浓度的 HCl 溶液和 HOAc 溶液的 pH 是否相同？若用 NaOH 中和 pH 相同的 HCl

溶液和 HOAc 溶液，哪个用量大？为什么？

**答**：相同浓度的 HCl 溶液和 HOAc 溶液的 pH 不相同。设 HCl 溶液和 HOAc 溶液的浓度为 $c$，因为 HCl 为强电解质，完全解离，$c(H^+) = c$；HOAc 为弱电解质，部分解离，$c(H^+) = \sqrt{K_a^\ominus c}$。

若用 NaOH 中和 pH 相同的 HCl 和 HOAc 溶液，HOAc 溶液的用量大。因为 HCl 为强电解质，完全解离，而 HOAc 为弱电解质，仅部分解离，当 HCl 溶液和 HOAc 溶液 pH 相同时，HOAc 的浓度要远大于 HCl，存在着解离平衡：

$$HOAc \rightleftharpoons H^+ + OAc^-$$

当 HOAc 溶液 $H^+$ 被 NaOH 中和后，上述平衡向右移动，不断解离出 $H^+$，直到溶液中的 HOAc 解离完全。

9. 在 HOAc 溶液中加入下列物质时，HOAc 的解离平衡将向什么方向移动？

（1）NaOAc；（2）HCl；（3）NaOH。

**答**：在弱电解质溶液中，加入与弱电解质具有相同离子的强电解质时，可使弱电解质的解离度降低，这种现象叫作共同离子效应。

HOAc 溶液中存在以下解离平衡：$HOAc \rightleftharpoons H^+ + OAc^-$

（1）加入 NaOAc 后，体系中 $OAc^-$ 浓度加大，平衡向左边移动。

（2）加入 HCl 后，体系中 $H^+$ 浓度加大，平衡向左边移动。

（3）加入 NaOH 后，NaOH 解离出来的 $OH^-$ 和体系中 $H^+$ 反应生成 $H_2O$，降低了 $H^+$ 的浓度，平衡向右移动。

10. 将下列 pH 换算为 $H^+$ 浓度，或将 $H^+$ 浓度换算为 pH。

（1）pH：0.24，1.36，6.52，10.23；

（2）$c(H^+)/(mol \cdot L^{-1})$：$2.00 \times 10^{-1}$，$4.50 \times 10^{-5}$，$5.00 \times 10^{-10}$。

**解**：$pH = -\lg c(H^+)$

（1）$pH = 0.24$，$c(H^+) = 0.575 \ mol \cdot L^{-1}$

$pH = 1.36$，$c(H^+) = 4.37 \times 10^{-2} \ mol \cdot L^{-1}$

$pH = 6.52$，$c(H^+) = 3.02 \times 10^{-7} \ mol \cdot L^{-1}$

$pH = 10.23$，$c(H^+) = 5.89 \times 10^{-11} \ mol \cdot L^{-1}$

（2）$c(H^+) = 2.00 \times 10^{-1} \ mol \cdot L^{-1}$，$pH = 0.70$

$c(H^+) = 4.50 \times 10^{-5} \ mol \cdot L^{-1}$，$pH = 4.35$

$c(H^+) = 5.00 \times 10^{-10} \ mol \cdot L^{-1}$，$pH = 9.30$

11. 根据酸碱的解离常数，当下列溶液浓度皆为 $0.10 \ mol \cdot L^{-1}$ 时，确定它们 pH 由大到小的顺序。$H_2SO_4$，HOAc，HCN，$H_2CO_3$，$NH_3 \cdot H_2O$，NaOH。

**答**：NaOH 和 $NH_3 \cdot H_2O$ 是碱，NaOH 是强电解质，其 pH 最大，$NH_3 \cdot H_2O$ 的 $K_b^\ominus$ 为 $1.8 \times 10^{-5}$，为弱碱，pH 小于 NaOH。查表得 HOAc，HCN，$H_2CO_3$ 的解离平衡常数由小到大的次序为 $HCN(6.2 \times 10^{-10}) < H_2CO_3(4.5 \times 10^{-7}) < HOAc(1.8 \times 10^{-5})$，溶液浓度相同时，弱酸的解离常数越小，pH 越大。$H_2SO_4$ 为强电解质，其 pH 最小。所以 pH 由大到小的顺序为

$$NaOH > NH_3 \cdot H_2O > HCN > H_2CO_3 > HOAc > H_2SO_4$$

12. 在氢硫酸和盐酸混合溶液中，$c(H^+)$ 为 $0.30 \ mol \cdot L^{-1}$，已知 $c(H_2S)$ 为 $0.10 \ mol \cdot L^{-1}$，

求该溶液中的 $S^{2-}$ 浓度。

**解**：查表得 $H_2S$ 的 $K_{a1}^{\ominus}=1.1\times10^{-7}$，$K_{a2}^{\ominus}=1.3\times10^{-13}$。

根据多重平衡规则，$H_2S$ 的 $K_a^{\ominus}$ 值为

$$K_a^{\ominus}=\frac{c^2(H^+)\cdot c(S^{2-})}{c(H_2S)\cdot(c^{\ominus})^2}=K_{a1}^{\ominus}\cdot K_{a2}^{\ominus}=1.4\times10^{-20}$$

则 $c(S^{2-})=\dfrac{c(H_2S)\times1.4\times10^{-20}}{[c(H^+)]^2}\cdot(c^{\ominus})^2=\dfrac{0.10\times1.4\times10^{-20}}{0.30^2}$ mol·$L^{-1}=1.56\times10^{-20}$ mol·$L^{-1}$

13. 在含有 1.00 g NaOH 的溶液中通入 3.36 L（标准状况）HCl 气体，问所得溶液是酸性、中性还是碱性？如溶液体积为 1.00 L，计算溶液的 pH。

**解**：1.00 g NaOH 的物质的量 $n(NaOH)=1.00/40$ mol $=0.025$ mol

标准状况下 3.36 L HCl 气体的物质的量 $n(HCl)=(3.36/22.4)$ mol $=0.15$ mol

$n(HCl)-n(NaOH)=0.15$ mol $-0.025$ mol $=0.125$ mol，所以溶液呈酸性。

如溶液体积为 1.00 L，则 $c(H^+)=0.125$ mol·$L^{-1}$，pH $=-\lg0.125=0.90$

14. 配制 1.00 L pH = 5.00 的缓冲溶液，如此时溶液中 HOAc 浓度为 0.20 mol·$L^{-1}$，需 1.00 mol·$L^{-1}$ 的 HOAc 溶液和 1.00 mol·$L^{-1}$ 的 NaOAc 溶液各多少升？

**解**：已知 pH = 5.00，$pK_a^{\ominus}=4.75$，$c_{酸}=0.20$ mol·$L^{-1}$，

将已知条件代入缓冲溶液 pH 的计算公式：$pH=pK_a^{\ominus}-\lg\dfrac{c_{酸}}{c_{盐}}$，

得 $$5=4.75-\lg\frac{0.20}{c_{盐}}$$

则 $$c_{盐}=0.36 \text{ mol·}L^{-1}$$

需 1.00 mol·$L^{-1}$ 的 HOAc 溶液的体积 $V_1=\dfrac{0.20\times1.00}{1.00}$ L $=0.2$ L

需 1.00 mol·$L^{-1}$ 的 NaOAc 溶液的体积 $V_2=\dfrac{0.36\times1.00}{1.00}$ L $=0.36$ L

15. 下列哪两种溶液混合可以配制 pH = 3.50 的缓冲溶液？请说明理由并描述配制这种缓冲溶液 100 mL 的方法（假设混合时溶液的体积不变，设各溶液的浓度均为 0.10 mol·$L^{-1}$）。$HCOOH$，$HOAc$，$H_3PO_4$，$HCOONa$，$NaOAc$ 和 $NaH_2PO_4$。

**解**：$c_{酸}=c_{盐}$ 时，缓冲溶液的缓冲能力最大。$c_{酸}=c_{盐}$ 时，$pH=pK_a^{\ominus}-\lg\dfrac{c_{酸}}{c_{盐}}\approx pK_a^{\ominus}$，由于 $HCOOH$ 的 $pK_a^{\ominus}=3.75$，与所配 pH = 3.50 的缓冲溶液的 pH 接近，故选择 $HCOOH$ 和 $HCOONa$ 两种溶液。

将 pH = 3.50 和 $pK_a^{\ominus}=3.75$ 代入公式

$$pH=pK_a^{\ominus}-\lg\frac{c_{酸}}{c_{盐}}$$

得 $$3.50=3.75-\lg\frac{c_{酸}}{c_{盐}}$$

所以　　　　　　　　　$\lg \dfrac{c_{酸}}{c_{盐}} = 3.75 - 3.50 = 0.25$，　$\dfrac{c_{酸}}{c_{盐}} = 1.78$

已知缓冲溶液的体积 $V = 100$ mL，设所需 HCOOH 溶液和 HCOONa 溶液的体积分别为 $V_{酸}$ 和 $V_{盐}$，则

$$c_{酸} = \dfrac{n_{酸}}{V} = \dfrac{V_{酸} \times 0.10 \text{ mol} \cdot \text{L}^{-1}}{100 \times 10^{-3} \text{ L}}, \quad c_{盐} = \dfrac{n_{盐}}{V} = \dfrac{V_{盐} \times 0.10 \text{ mol} \cdot \text{L}^{-1}}{100 \times 10^{-3} \text{ L}}$$

即　　　　　　　　　　　　$\dfrac{V_{酸}}{V_{盐}} = \dfrac{c_{酸}}{c_{盐}} = 1.78$　　　　　　　　　　（1）

又　　　　　　　　　　　　$V_{酸} + V_{盐} = V = 100$ mL　　　　　　　　（2）

联立式（1）和式（2），解得 $V_{盐} = 36.0$ mL，$V_{酸} = 100$ mL $- 36.0$ mL $= 64.0$ mL

16. 根据酸碱质子理论，下列物质在水溶液中哪些是酸？哪些是碱？哪些是两性物质？

$H_2S$，$NH_3$，$HS^-$，$CO_3^{2-}$，$HCO_3^-$，$NO_3^-$，$OAc^-$，$OH^-$，$H_2O$

**解**：根据酸碱质子理论"凡能给出质子的分子或离子都是酸，凡能与质子结合的分子或离子都是碱"，上述物质中：

属于酸的物质有 $H_2S$；

属于碱的物质有 $NH_3$，$CO_3^{2-}$，$NO_3^-$，$OAc^-$，$OH^-$；

属于两性物质的有 $HS^-$，$HCO_3^-$，$H_2O$。

17. 试用溶度积规则解释下列事实：

（1）$CaCO_3$ 溶于稀 HCl 溶液中；

（2）$Mg(OH)_2$ 溶于 $NH_4Cl$ 溶液中；

（3）AgCl 溶于氨水，加入 $HNO_3$ 后沉淀又出现；

（4）往 $ZnSO_4$ 溶液中通入 $H_2S$ 气体，ZnS 往往沉淀不完全，甚至不沉淀，但若往 $ZnSO_4$ 溶液中先加入适量的 NaOAc，再通入 $H_2S$ 气体，ZnS 几乎完全沉淀。

**答**：（1）$CaCO_3$ 的解离平衡为

$$CaCO_3 \rightleftharpoons Ca^{2+} + CO_3^{2-}$$

在稀 HCl 溶液中，$CaCO_3$ 解离出来的 $CO_3^{2-}$ 和 HCl 解离出来的 $H^+$ 反应，生成 $H_2O$ 和 $CO_2$，使 $CO_3^{2-}$ 浓度降低，$CaCO_3$ 的解离平衡向右移动，$CaCO_3$ 沉淀溶解。

（2）$Mg(OH)_2$ 的解离平衡为

$$Mg(OH)_2 \rightleftharpoons Mg^{2+} + 2OH^-$$

在 $NH_4Cl$ 溶液中 $Mg(OH)_2$ 解离出来的 $OH^-$ 和 $NH_4Cl$ 解离出来的 $NH_4^+$ 反应生成了弱电解质 $NH_3 \cdot H_2O$，$OH^-$ 浓度降低，$Mg(OH)_2$ 解离平衡向右移动，$Mg(OH)_2$ 沉淀溶解。

（3）AgCl 溶于氨水是因为 AgCl 解离出的银离子和氨水反应生成了二氨合银配离子，即 $Ag^+ + 2NH_3 \cdot H_2O \rightleftharpoons [Ag(NH_3)_2]^+ + 2H_2O$，银离子浓度减小，所以 AgCl 沉淀溶解。

加入 $HNO_3$ 后，二氨合银配离子和 $H^+$ 发生下列反应：

$$[Ag(NH_3)_2]^+ + 2H^+ \rightleftharpoons Ag^+ + 2NH_4^+$$

解离出的银离子和氯离子反应生成 AgCl 沉淀。

（4）在 $ZnSO_4$ 溶液中通入 $H_2S$ 气体后，由于 $S^{2-}$ 来自 $H_2S$ 的解离，而 $H_2S$ 的解离平衡常数很小（$K_a^\ominus = 1.43 \times 10^{-20}$），所以溶液中 $S^{2-}$ 浓度很小。而发生沉淀时，$c(Zn^{2+}) = \dfrac{K_{sp}^\ominus}{c(S^{2-})}$，低的 $S^{2-}$ 浓度使得体系中 $Zn^{2+}$ 浓度较大，所以 ZnS 往往沉淀不完全，甚至不沉淀。

若往 $ZnSO_4$ 溶液中先加入适量的 NaOAc 后，由于 $OAc^-$ 和 $H_2S$ 解离出来的 $H^+$ 存在下列平衡：

$$OAc^- + H^+ \Longrightarrow HOAc$$

$H^+$ 浓度减小，$H_2S$ 的解离平衡 $H_2S \Longrightarrow 2H^+ + S^{2-}$ 向右移动，解离出更多的 $S^{2-}$，由于平衡时：$c(Zn^{2+}) = \dfrac{K_{sp}^\ominus}{c(S^{2-})}$，可知 $S^{2-}$ 浓度增加将降低体系中 $Zn^{2+}$ 浓度，所以 ZnS 几乎完全沉淀。

18. 在草酸（$H_2C_2O_4$）溶液中加入 $CaCl_2$ 溶液后得到 $CaC_2O_4 \cdot H_2O$ 沉淀，将沉淀过滤后，在滤液中加入氨水后又有 $CaC_2O_4 \cdot H_2O$ 沉淀产生。试从离子平衡的观点加以说明。

**答：**草酸存在以下解离平衡，即

$$H_2C_2O_4 \Longrightarrow H^+ + HC_2O_4^-, \quad HC_2O_4^- \Longrightarrow H^+ + C_2O_4^{2-}$$

加入 $CaCl_2$ 溶液后，$c(Ca^{2+}) \cdot c(C_2O_4^{2-}) > K_{sp}^\ominus(CaC_2O_4)$，所以产生沉淀。沉淀过滤后，溶液中仍存在以下平衡：

$$H_2C_2O_4 \Longrightarrow H^+ + HC_2O_4^-, \quad HC_2O_4^- \Longrightarrow H^+ + C_2O_4^{2-}$$

并且

$$c(Ca^{2+}) \cdot c(C_2O_4^{2-}) = K_{sp}^\ominus(CaC_2O_4)$$

加入氨水后，氨水和草酸解离出来的 $H^+$ 发生反应：

$$NH_3 \cdot H_2O + H^+ \Longrightarrow NH_4^+ + H_2O$$

$H^+$ 浓度降低，促使草酸的解离平衡向右移动，体系中 $C_2O_4^{2-}$ 浓度升高，于是 $c(Ca^{2+}) \cdot c(C_2O_4^{2-}) > K_{sp}^\ominus(CaC_2O_4)$，所以又产生 $CaC_2O_4 \cdot H_2O$ 沉淀。

19. 已知 298.15 K 时 $Mg(OH)_2$ 的溶度积为 $5.61 \times 10^{-12}$。计算：

（1）$Mg(OH)_2$ 在纯水中的溶解度（$mol \cdot L^{-1}$），$Mg^{2+}$ 及 $OH^-$ 的浓度；

（2）$Mg(OH)_2$ 在 $0.01\ mol \cdot L^{-1}$ NaOH 溶液中的溶解度；

（3）$Mg(OH)_2$ 在 $0.01\ mol \cdot L^{-1}$ $MgCl_2$ 溶液中的溶解度。

**解：**（1）设 $Mg(OH)_2$ 在水中的溶解度为 $x\ mol \cdot L^{-1}$，则平衡时有

$$Mg(OH)_2 \Longrightarrow Mg^{2+} + 2OH^-$$

平衡浓度/$(mol \cdot L^{-1})$ $\qquad\qquad\qquad\qquad\qquad x \qquad\quad 2x$

$$K_{sp}^\ominus = x(2x)^2 = 5.56 \times 10^{-12}$$

解得

$$x = 1.12 \times 10^{-4}$$

故 $c(Mg^{2+}) = 1.12 \times 10^{-4}\ mol \cdot L^{-1}$，$c(OH^-) = 2 \times 1.12 \times 10^{-4}\ mol \cdot L^{-1} = 2.24 \times 10^{-4}\ mol \cdot L^{-1}$

（2）设 $Mg(OH)_2$ 在 $0.01\ mol \cdot L^{-1}$ NaOH 溶液中的溶解度为 $x\ mol \cdot L^{-1}$，则平衡时有

$$Mg(OH)_2 \Longleftrightarrow Mg^{2+} + 2OH^-$$

平衡浓度/(mol·L$^{-1}$) $\qquad\qquad\qquad\qquad x \qquad 2x+0.01$

$K_{sp}^{\ominus} = x(2x+0.01)^2 = 5.56\times10^{-12}$，$2x+0.01\approx0.01$

解得 $\qquad\qquad\qquad\qquad x = 5.56\times10^{-8}$

则 $Mg(OH)_2$ 在 $0.01$ mol·L$^{-1}$ NaOH 溶液中的溶解度为 $5.56\times10^{-8}$ mol·L$^{-1}$。

（3）设 $Mg(OH)_2$ 在 $0.01$ mol·L$^{-1}$ $MgCl_2$ 溶液中的溶解度为 $x$ mol·L$^{-1}$，则平衡时有

$$Mg(OH)_2 \Longleftrightarrow Mg^{2+} + 2OH^-$$

平衡浓度/(mol·L$^{-1}$) $\qquad\qquad\qquad 0.01+x \qquad 2x$

$K_{sp}^{\ominus} = (0.01+x)(2x)^2 = 5.56\times10^{-12}$，又 $0.01+x\approx0.01$

解得 $\qquad\qquad\qquad\qquad x = 1.18\times10^{-5}$

则 $Mg(OH)_2$ 在 $0.01$ mol·L$^{-1}$ $MgCl_2$ 溶液中的溶解度为 $1.18\times10^{-5}$ mol·L$^{-1}$。

20. 某难溶电解质 $AB_2$（相对分子质量是 80）常温下在水中的溶解度为每 100 mL 溶液含 $2.4\times10^{-4}$ g $AB_2$，求 $AB_2$ 的溶度积。

**解**：将溶解度单位换算为 mol·L$^{-1}$

$$\frac{2.4\times10^{-4}/80}{0.1} \text{mol·L}^{-1} = 3\times10^{-5} \text{mol·L}^{-1}$$

难溶电解质 $AB_2$ 存在以下平衡：

$$AB_2 \Longleftrightarrow A^{2+} + 2B^-$$

在 $AB_2$ 的饱和溶液中，$c(A^{2+}) = 3\times10^{-5}$ mol·L$^{-1}$，$c(B^-) = 2\times3\times10^{-5}$ mol·L$^{-1} = 6\times10^{-5}$ mol·L$^{-1}$

故 $\qquad K_{sp}^{\ominus}(AB_2) = c(A^{2+})\cdot c^2(B^-) = 3\times10^{-5}(6\times10^{-5})^2 = 1.08\times10^{-13}$

21. 通过计算说明，下列条件下能否生成 $Mn(OH)_2$ 沉淀？

（1）在 10 mL 0.001 5 mol·L$^{-1}$ $MnSO_4$ 溶液中，加入 5 mL 0.15 mol·L$^{-1}$ 的氨水溶液；

（2）若在上述 10 mL 0.001 5 mol·L$^{-1}$ 的 $MnSO_4$ 溶液中，先加入 0.495 g 硫酸铵固体（设加入固体后，溶液体积不变），然后加入 5 mL 0.15 mol·L$^{-1}$ 的氨水溶液。

**解**：两种溶液混合后，则

$$c(Mn^{2+}) = \frac{0.001\,5\times10}{15} \text{mol·L}^{-1} = 0.001 \text{mol·L}^{-1}$$

$$c(NH_3\cdot H_2O) = \frac{0.15\times5}{15} \text{mol·L}^{-1} = 0.05 \text{mol·L}^{-1}$$

（1）设平衡时有 $x$ mol·L$^{-1}$ 的氨水解离，则

$$NH_3\cdot H_2O \Longleftrightarrow NH_4^+ + OH^-$$

平衡浓度/(mol·L$^{-1}$) $\qquad 0.05-x \qquad\qquad x \qquad x$

$\dfrac{x^2}{0.05-x} = K^{\ominus}(NH_3\cdot H_2O) = 1.79\times10^{-5}$，则有 $x^2 = 8.95\times10^{-7}$

故 $\qquad\qquad\qquad c^2(OH^-) = 8.95\times10^{-7} (\text{mol·L}^{-1})^2$

所以　　$c(Mn^{2+}) \cdot c^2(OH^-) \cdot (c^\ominus)^{-3} = 0.001 \times 8.95 \times 10^{-7} = 8.95 \times 10^{-10} > K_{sp}^\ominus[Mn(OH)_2]$

所以在此条件下有 $Mn(OH)_2$ 沉淀产生。

（2）$M[(NH_4)_2SO_4] = 132 \text{ g} \cdot mol^{-1}$，$c(NH_4^+) = \dfrac{2 \times \dfrac{0.495}{132}}{0.015} \text{ mol} \cdot L^{-1} = 0.5 \text{ mol} \cdot L^{-1}$，设平衡时

有 $y \text{ mol} \cdot L^{-1}$ 的氨水解离，则

$$NH_3 \cdot H_2O \Longleftrightarrow NH_4^+ + OH^-$$

平衡浓度/$(mol \cdot L^{-1})$　　　　$0.05 - y$　　　　$0.5 + y$　　$y$

$\dfrac{(0.05 + y)y}{0.05 - y} = K^\ominus(NH_3 \cdot H_2O) = 1.79 \times 10^{-5}$，则 $y = 1.79 \times 10^{-6}$

故　　　　　　　　　　$c(OH^-) = 1.79 \times 10^{-6} \text{ mol} \cdot L^{-1}$

所以　　$c(Mn^{2+}) \cdot c^2(OH^-) \cdot (c^\ominus)^{-3} = 0.001 \times (1.79 \times 10^{-6})^2 = 3.20 \times 10^{-15} < K_{sp}^\ominus[Mn(OH)_2]$

所以在此条件下无 $Mn(OH)_2$ 沉淀产生。

22. 某溶液中含有 $Pb^{2+}$ 和 $Ba^{2+}$，它们的浓度分别为 $0.10 \text{ mol} \cdot L^{-1}$ 和 $0.010 \text{ mol} \cdot L^{-1}$，逐滴加入 $K_2CrO_4$ 溶液，问哪种离子先沉淀？两者有无可能分离 $[K_{sp}^\ominus(PbCrO_4) = 2.8 \times 10^{-13}$，$K_{sp}^\ominus(BaCrO_4) = 1.17 \times 10^{-10}]$？

**解：** 首先计算沉淀 $0.10 \text{ mol} \cdot L^{-1}$ $Pb^{2+}$ 和 $0.010 \text{ mol} \cdot L^{-1}$ $Ba^{2+}$ 各需要 $CrO_4^{2-}$ 的最低浓度。

（1）　　　　　　　　$PbCrO_4 \Longleftrightarrow Pb^{2+} + CrO_4^{2-}$

$$c(Pb^{2+}) \cdot c(CrO_4^{2-}) = K_{sp}^\ominus(PbCrO_4)$$

$$c(CrO_4^{2-}) = \frac{K_{sp}^\ominus(PbCrO_4)}{c(Pb^{2+})} = \frac{2.8 \times 10^{-13}}{0.1} \text{ mol} \cdot L^{-1} = 2.8 \times 10^{-12} \text{ mol} \cdot L^{-1}$$

（2）　　　　　　　　$BaCrO_4 \Longleftrightarrow Ba^{2+} + CrO_4^{2-}$

$$c(Ba^{2+}) \cdot c(CrO_4^{2-}) = K_{sp}^\ominus(BaCrO_4)$$

$$c(CrO_4^{2-}) = \frac{K_{sp}^\ominus(BaCrO_4)}{c(Ba^{2+})} = \frac{1.17 \times 10^{-10}}{0.01} \text{ mol} \cdot L^{-1} = 1.17 \times 10^{-8} \text{ mol} \cdot L^{-1}$$

由计算可知，$PbCrO_4$ 先析出，$BaCrO_4$ 后析出，当 $BaCrO_4$ 刚开始沉淀时，溶液中 $c(CrO_4^{2-})$ 为 $1.17 \times 10^{-8} \text{ mol} \cdot L^{-1}$，此时

$$c(Pb^{2+}) = \frac{K_{sp}^\ominus(PbCrO_4)}{c(CrO_4^{2-})} = \frac{2.8 \times 10^{-13}}{1.17 \times 10^{-8}} \text{ mol} \cdot L^{-1} = 2.39 \times 10^{-5} \text{ mol} \cdot L^{-1}$$

可见 $BaCrO_4$ 开始沉淀时，溶液中 $c(Pb^{2+}) < 10^{-5} \text{ mol} \cdot L^{-1}$，可以认为 $Pb^{2+}$ 已沉淀完全，所以二者可以分离。

23. 某溶液中含有 $CrO_4^{2-}$，其浓度为 $0.010 \text{ mol} \cdot L^{-1}$，逐滴加入 $AgNO_3$ 溶液。如果溶液的 pH 较大，则有可能生成 $AgOH$ 沉淀，问溶液 pH 最大为多少时才不会生成 $AgOH$ 沉淀 $[K_{sp}^\ominus(AgOH) = 2.0 \times 10^{-8}]$？

**解：**　　　　　　　　$Ag_2CrO_4 \Longleftrightarrow 2Ag^+ + CrO_4^{2-}$

产生 $Ag_2CrO_4$ 沉淀所需的 $Ag^+$ 浓度：

$$c(Ag^+) = \sqrt{\frac{K_{sp}^{\ominus}(Ag_2CrO_4)}{c(CrO_4^{2-})}} = \sqrt{\frac{1.12 \times 10^{-12}}{0.01}}\ mol \cdot L^{-1} = 1.06 \times 10^{-5}\ mol \cdot L^{-1}$$

当 $c(Ag^+) = 1.06 \times 10^{-5}\ mol \cdot L^{-1}$ 时，要产生 $AgOH$ 沉淀，则 $OH^-$ 的浓度至少为

$$c(OH^-) = \frac{K_{sp}^{\ominus}(AgOH)}{c(Ag^+)} = \frac{2.0 \times 10^{-8}}{1.06 \times 10^{-5}}\ mol \cdot L^{-1} = 1.89 \times 10^{-3}\ mol \cdot L^{-1}$$

$$pH = 14 - pOH = 14 + \lg c(OH^-) = 14 + \lg 1.89 \times 10^{-3} = 11.3$$

即要不产生 $AgOH$ 沉淀，溶液 pH 最大可达 11.3。

24. 试综合比较化学平衡常数 $K^{\ominus}$ 与 $K_w^{\ominus}$，$K_a^{\ominus}$，$K_b^{\ominus}$ 和 $K_{sp}^{\ominus}$ 等各有何异同？

**答**：相同点。都是用平衡常数来表示反应或过程进行的程度大小，它们的值都可以通过热力学数据进行计算获得，都和温度有关。

不同点。化学平衡常数 $K^{\ominus}$ 与 $K_w^{\ominus}$，$K_a^{\ominus}$，$K_b^{\ominus}$ 和 $K_{sp}^{\ominus}$ 的名称、表示方法和含义不同。化学平衡常数 $K^{\ominus}$ 是生成物平衡浓度的幂之积与反应物平衡浓度的幂之积的比值，表示反应进行的最大程度；$K_w^{\ominus}$ 是水的离子积常数，表示水的解离程度大小；$K_a^{\ominus}$ 是酸的解离平衡常数，是衡量弱酸酸性强弱的标准；$K_b^{\ominus}$ 是碱的解离平衡常数，反映弱碱碱性强弱的标准；$K_{sp}^{\ominus}$ 表示沉淀溶解平衡常数，表示难溶电解质在水中溶解能力的大小。

25. 布朗运动对胶体体系的稳定性有什么影响？

**答**：胶体体系中胶粒颗粒很小，布朗运动能够克服重力影响不下沉，从而保持胶粒均匀分散，使其具有动力学稳定性。

26. 为什么说胶体溶液是动力学稳定又是聚结不稳定的体系？

**答**：因为胶体溶液是一多相分散系统，其中的溶胶胶粒呈高度分散状态，比表面能很大，有自动聚集成大颗粒降低表面能的趋势，所以是聚结不稳定体系。但由于胶粒存在剧烈的布朗运动，使其不易沉降，同时胶粒带有相同电荷，这一因素使胶粒之间存在静电斥力，阻碍胶粒互相碰撞而变大。布朗运动和胶粒的带电性使胶体溶液具有动力学稳定性。

27. 胶粒为何带电荷？何种情况下带正电荷？何种情况下带负电荷？为什么？

**答**：在溶胶溶液中胶核（许多分子聚集而成的固体颗粒）有很大的比表面积，因此在其表面上可以选择性地吸附溶液中的某种离子而带电荷，被吸附了的这些离子在胶核外面形成了吸附层，胶粒就是由胶核和吸附层构成的，因此胶粒带电荷。此外，胶粒也可以因为电离的原因而带电荷。

不同的胶粒吸附不同电荷的离子，当吸附了正离子时，胶粒带正电荷；吸附了负离子则带负电荷。胶粒容易吸附何种类型的离子，与被吸附离子的本性及胶体粒子表面结构有关。

28. 破坏溶胶的方法有哪些？其中哪些方法最有效？为什么？

**答**：布朗运动，胶体带电荷和溶剂化作用是胶体稳定的主要原因。常用的破坏溶胶的方法有下列几种：

（1）加入电解质。电解质加入后，增加了溶液中离子的总浓度，从而给带电荷的胶粒创造了吸引带相反电荷离子的有利条件，减少甚至中和了胶粒所带的电荷，使它们失去保持稳定的因素。当胶粒运动时，互相碰撞，就可以聚集起来，迅速沉降，从而达到破坏胶体的目的。

（2）溶胶的相互聚沉。将两种电性相反的溶胶以适当比例混合，则可以破坏溶胶。使用明矾净化水就是利用溶胶的相互聚沉作用以实现净化水的目的。

（3）加热。加热不仅可以增加胶粒的运动速度，使胶粒互相碰撞的机会增加，还可以降低胶核对离子的吸附作用，减少胶粒所带的电荷，因而有利于胶粒在碰撞时聚集起来。

破坏溶胶最有效的方法是加入足量带有与溶胶粒子相反电荷的高价离子电解质，这是因为破坏溶胶的关键在于减少胶体的带电量，增加电解质的浓度和价数，可以有效地压缩溶胶扩散层厚度，使扩散层变薄，降低胶粒所带的电荷，使斥力势能降低。此外，足量电解质还可使胶体离子脱水，失去水化外壳而聚沉。

29. 表面活性剂按其化学结构可分为哪几类？

**答**：表面活性剂是指具有一定性质、结构和界面吸附性能，能显著降低溶剂表面张力或液－液界面张力的一类化学物质。按其化学结构表面活性剂可分为阴离子型、阳离子型、两性型和非离子型。阴离子型表面活性剂在水中解离出简单的阳离子，其余部分则成为带负电荷的阴离子；阳离子型表面活性剂在水中解离出简单的阴离子，其余部分成为阳离子；两性表面活性剂的亲水基团既具有阴离子部分又具有阳离子部分，在碱性溶液中呈现阴离子型表面活性剂特性，在酸性溶液中则呈现阳离子型表面活性剂特性；非离子型表面活性剂溶于水后，不发生解离。它们的亲水基通过分子中所含的极性结构单元（最常见的是醇羟基—OH 和醚氧链—O—）与水分子间的相互吸引而产生亲水作用。

30. 表面活性剂油酸钠的化学式是什么？亲水基是什么？亲油基是什么？

**答**：油酸钠的化学式是 $CH_3(CH_2)_7CH \!=\! CH(CH_2)_7COONa$，亲水基是—COONa，亲油基是—$(CH_2)_7CH \!=\! CH(CH_2)_7CH_3$

31. W/O 表示的意义是什么？

**答**：W/O 表示油包水型乳状液，水为分散剂而油为分散质，油分散在水中。

# 自我检测

## 一、判断题

1. 因为 AgCl 的 $K_{sp}^{\ominus}$ 小于 $Ag_2CrO_4$，所以 AgCl 在水中的溶解度也小于 $Ag_2CrO_4$。（　　）

2. 298.15 K 时，$CaCO_3$ 的 $K_{sp}^{\ominus}$ 等于 $2.9 \times 10^{-9}$，其含义是在 298.15 K 下，所有含 $CaCO_3$ 的溶液中，$c(Ca^{2+}) \cdot c(CO_3^{2-}) = 2.9 \times 10^{-9}$，$c(Ca^{2+}) = c(CO_3^{2-})$。（　　）

3. 将相同质量的葡萄糖和蔗糖分别溶于 1 L 水中，所得两溶液的沸点不同。（　　）

4. 将乙酸溶液的浓度稀释一倍，溶液中氢离子的浓度减少到原来的一半。（　　）

5. $MgCO_3$ 的 $K_{sp}^{\ominus}$ 为 $6.82 \times 10^{-6}$，$PbBr_2$ 的 $K_{sp}^{\ominus}$ 为 $6.60 \times 10^{-6}$，二者的 $K_{sp}^{\ominus}$ 近似相等，所以二者的饱和溶液中 $Mg^{2+}$ 和 $Pb^{2+}$ 的浓度也近似相等。（　　）

6. 磷酸和磷酸二氢钠的混合溶液具有缓冲性能。（　　）

7. 在 25 ℃时，将适量的甲酸钠固体加入甲酸溶液中，甲酸的 $K_a^{\ominus}$ 不变。（　　）

8. 温度一定时，将乙酸水溶液稀释，乙酸的解离度减小。（　　）

9. 对于二元弱酸，其酸根的浓度近似等于该酸的二级解离常数。（　　）

10. 拉乌尔定律的适用条件是难挥发的非电解质的稀溶液。（     ）

11. 将过量的酸或碱加入缓冲溶液中，溶液的 pH 也会保持不变。（     ）

12. 溶液中如果 $c(\text{Ag}^+) \cdot c(\text{Cl}^-) > K_{sp}^{\ominus}(\text{AgCl})$，则该溶液是多相体系。（     ）

13. 当水中溶解了挥发性溶质，溶液蒸气压上升，凝固点仍然降低。（     ）

14. 由于胶体的粒子直径小、分散度大，所以胶体溶液能长期稳定而不发生沉降。（     ）

15. 稀溶液的通性与溶质的浓度有关，与溶质的本性无关。（     ）

## 二、选择题

1. 在 AgCl 沉淀中加入氨水，沉淀溶解的原因是（     ）。

A. 氧化还原作用      B. 生成配合物      C. 生成弱电解质      D. 同离子效应

2. 下列溶液的浓度均为 $0.2 \text{ mol} \cdot \text{kg}^{-1}$，蒸气压最低的是（     ）。

A. KCl 溶液      B. HCOOH 溶液      C. $\text{C}_6\text{H}_{12}\text{O}_6$ 溶液      D. $\text{CO(NH}_2)_2$ 溶液

3. 在 $\text{H}_2\text{CO}_3$ 的饱和溶液中，以下关系式错误的是（     ）。

A. $c(\text{CO}_3^{2-}) = K_{a2}^{\ominus}$                       B. $c(\text{HCO}_3^-) \approx c(\text{H}^+)$

C. $c(\text{H}^+) = 2c(\text{CO}_3^{2-})$                    D. $c(\text{H}^+) = \sqrt{K_{a1}^{\ominus} c_a}$

4. 为使 HCOOH 的解离度降低，可加入的物质为（     ）。

A. NaOH           B. $\text{H}_2\text{O}$           C. HCOONa           D. NaCl

5. 关于分步沉淀，下列叙述不正确的是（     ）。

A. $K_{sp}^{\ominus}$ 小的难溶电解质先沉淀，$K_{sp}^{\ominus}$ 大的难溶电解质后沉淀

B. 沉淀的次序与被沉淀离子浓度有关

C. 离子积首先达到溶度积的难溶电解质先沉淀出来

D. 所需沉淀剂的浓度最小的难溶电解质先沉淀出来

6. $\text{CaCO}_3$ 在下列试剂中溶解，$\text{CaCO}_3$ 的溶解度最小的是（     ）。

A. $0.1 \text{ mol} \cdot \text{kg}^{-1}$ 的 $\text{Na}_2\text{CO}_3$ 溶液       B. $0.01 \text{ mol} \cdot \text{kg}^{-1}$ 的 $\text{CaCl}_2$ 溶液

C. $0.1 \text{ mol} \cdot \text{kg}^{-1}$ 的 NaCl 溶液          D. 蒸馏水

7. 100 mL 的两个烧杯 A 和 B 分别盛有 50 mL 蒸馏水和 50 mL 葡萄糖水溶液，现在室温下将 A 和 B 两烧杯放入一抽真空的玻璃罩中，足够长时间后会发现（     ）。

A. 烧杯 A 的液面高于烧杯 B 的液面

B. 烧杯 A 和烧杯 B 的液面同等程度下降

C. 烧杯 B 中的水全跑到烧杯 A 中

D. 烧杯 A 中的水全跑到烧杯 B 中

8. 在 25 ℃，100 kPa 下，测得 $0.01 \text{ mol} \cdot \text{kg}^{-1}$ 的葡萄糖水溶液的渗透压为 $\pi_1$，$0.01 \text{ mol} \cdot \text{kg}^{-1}$ NaCl 水溶液的渗透压为 $\pi_2$，则 $\pi_1$ 和 $\pi_2$ 的关系式为（     ）。

A. $\pi_1 = \pi_2$       B. $\pi_1 < \pi_2$       C. $\pi_1 > \pi_2$       D. $2\pi_1 = \pi_2$

9. 在乙酸水溶液中加入一些乙酸钠固体，下列说法错误的是（     ）。

A. 乙酸水溶液的 pH 将升高

B. 乙酸水溶液的解离度将降低

C. 加入乙酸钠固体后的溶液具有抵抗少量外来酸碱的能力

D. 乙酸水溶液的 pH 将降低

10. 要配制 pH=5 的缓冲液，应选用的缓冲对是（　　　）。

A. HCOOH－HCOONa

B. HOAc－NaOAc

C. $H_3PO_4$－$NaH_2PO_4$

D. $NH_3 \cdot H_2O$－$NH_4Cl$

（HCOOH　$pK_a^\ominus=3.75$，HOAc　$pK_a^\ominus=4.75$，$H_3PO_4$　$pK_{a1}^\ominus=2.12$，$NH_3 \cdot H_2O$　$pK_b^\ominus=4.75$）

11. 在 AgCl 的饱和溶液中加入少量 NaCl 溶液，使产生 AgCl 沉淀，关于平衡后溶液中的有关离子说法正确的是（　　　）。

A. $c(Ag^+)=c(Cl^-)=\sqrt{K_{sp}^\ominus(AgCl)}$

B. $c(Ag^+) \cdot c(Cl^-)=K_{sp}^\ominus(AgCl)$，$c(Ag^+)<c(Cl^-)$

C. $c(Ag^+) \cdot c(Cl^-)>K_{sp}^\ominus(AgCl)$，$c(Ag^+)=c(Cl^-)$

D. $c(Ag^+) \cdot c(Cl^-) \neq K_{sp}^\ominus(AgCl)$，$c(Ag^+)>c(Cl^-)$

12. 实验测得体温为 37 ℃时，人体血液的渗透压为 780 kPa，则与人体血液具有相同渗透压的葡萄糖静脉注射液的浓度为（　　　）。

A. 85 g·$L^{-1}$

B. 54 g·$L^{-1}$

C. 8.5 g·$L^{-1}$

D. 5.4 g·$L^{-1}$

13. 当未饱和溶液达到凝固点时，随着固相的不断析出，溶液的凝固点应当（　　　）。

A. 升高

B. 不变

C. 降低

D. 无法判断

14. 在稀的葡萄糖水溶液中，当温度下降到该溶液的凝固点时，首先凝结出来的物质是（　　　）。

A. 葡萄糖

B. 水

C. 葡萄糖和水

D. 无法判断

## 三、填空题

1. 和纯溶剂相比，溶液的蒸气压_____，沸点_____，凝固点_____。

2. $Ag_2CrO_4$ 在 0.01 mol·$L^{-1}$ 的 $AgNO_3$ 溶液比在 0.01 mol·$L^{-1}$ 的 $K_2CrO_4$ 溶液中的溶解度_____[ $K_{sp}^\ominus(Ag_2CrO_4)=1.12 \times 10^{-12}$ ]。

3. 由溶度积规则可知，当 $J>K_{sp}^\ominus$，_____；当 $J<K_{sp}^\ominus$，_____。

4. 在乙酸水溶液中加入乙酸钠固体，乙酸的解离度_____，这种现象叫_____。

5. 向 $Cl^-$，$Br^-$ 和 $I^-$ 的混合溶液中滴加 $AgNO_3$ 溶液，若混合溶液 $Cl^-$，$Br^-$ 和 $I^-$ 的浓度相等，则最先出现的沉淀是_____，最后出现的沉淀是_____，这种现象叫_____ [ $K_{sp}^\ominus(AgCl)=1.77 \times 10^{-10}$，$K_{sp}^\ominus(AgBr)=5.35 \times 10^{-13}$，$K_{sp}^\ominus(AgI)=8.52 \times 10^{-17}$ ]。

6. 维持人体的血液 pH 保持恒定的主要缓冲组分是_____和_____。

7. 常温下，AgCl 在水中的溶解度_____AgCl 在 0.01 mol·$L^{-1}$ NaCl 溶液中的溶解度。

8. 若蔗糖溶液（A）的凝固点低于葡萄糖溶液（B）的凝固点，则 A 的沸点_____B 的沸点，A 的蒸气压_____B 的蒸气压，在渗透装置中，A 产生的渗透压_____B 产生的渗透压（填"高于"或"低于"）。

9. 在氨水溶液中加入 $NH_4Cl$ 时，溶液的 pH_____，氨水的解离常数_____（填升高、降低或不变）。

10. 缓冲溶液的缓冲能力最大时，缓冲溶液中酸的浓度和其共轭碱的浓度比为_____。

## 四、计算题

1. 乙二醇的水溶液可用作汽车防冻剂。若某防冻液中乙二醇的浓度是 $6.0\ \text{mol}\cdot\text{kg}^{-1}$，求：

（1）该防冻液的凝固点（水的 $K_f = 1.86\ \text{K}\cdot\text{kg}\cdot\text{mol}^{-1}$）。

（2）20 ℃时，该防冻剂的蒸气压（已知 20 ℃时水的蒸气压为 2.34 kPa）。

（3）若要保证汽车在 −25 ℃的天气里正常行驶，乙二醇的浓度至少为多少？

2. 已知 25 ℃时乙酸溶液的浓度为 $0.1\ \text{mol}\cdot\text{L}^{-1}$，乙酸的解离常数为 $1.8\times10^{-5}$，求：

（1）该溶液的 pH 和解离度。

（2）该溶液稀释一倍后的 pH 和解离度。

3. 在 200 mL $0.2\ \text{mol}\cdot\text{L}^{-1}$ 的甲酸溶液中加入 6.8 g 的甲酸钠固体，忽略固体的加入引起的体积变化，求：

（1）溶液的 pH。

（2）在该溶液中加入 2 mL $1.0\ \text{mol}\cdot\text{L}^{-1}$ 的 $H_2SO_4$ 时溶液的 pH 为多少？

4. 实验室现有 $1.0\ \text{mol}\cdot\text{L}^{-1}$ 的 $NH_3\cdot H_2O$ 溶液和 $NH_4Cl$ 固体，如何配制 500 mL pH = 9.5，$NH_3\cdot H_2O$ 浓度为 $0.1\ \text{mol}\cdot\text{L}^{-1}$ 的 $NH_3\cdot H_2O - NH_4Cl$ 缓冲溶液（$NH_3\cdot H_2O$ 的 $K_b^\ominus = 1.8\times10^{-5}$）？

5. 将 $0.4\ \text{mol}\cdot\text{L}^{-1}$ 的乙酸溶液 300 mL 与 $0.5\ \text{mol}\cdot\text{L}^{-1}$ 的乙酸钠溶液 200 mL 混合，溶液的 pH 是多少（乙酸的 $K_a^\ominus = 1.8\times10^{-5}$）？

6. 在 $Cl^-$ 和 $I^-$ 的混合溶液中，$c(Cl^-) = 0.1\ \text{mol}\cdot\text{L}^{-1}$，$c(I^-) = 0.001\ \text{mol}\cdot\text{L}^{-1}$，如果向混合溶液中慢慢滴加 $AgNO_3$ 溶液，先出现什么沉淀？能否通过分步沉淀将 $Cl^-$ 和 $I^-$ 分开？忽略由于加入 $AgNO_3$ 溶液而引起的体积变化，已知 $K_{sp}^\ominus(AgCl) = 1.77\times10^{-10}$，$K_{sp}^\ominus(AgI) = 8.52\times10^{-17}$。

7. 已知 25 ℃时，$Mn(OH)_2$ 的溶度积为 $1.9\times10^{-13}$，$NH_3\cdot H_2O$ 的 $K_b^\ominus = 1.8\times10^{-5}$，求：

（1）25 ℃时，$Mn(OH)_2$ 的溶解度。

（2）在 200 mL 的 $0.2\ \text{mol}\cdot\text{L}^{-1}$ $MnCl_2$ 溶液中加入 200 mL 的 $0.2\ \text{mol}\cdot\text{L}^{-1}$ 的 $NH_3\cdot H_2O$ 和 4.28 g $NH_4Cl$ 固体，有无沉淀生成？

8. 计算 AgCl 在下列溶液中的溶解度，已知 $K_{sp}^\ominus(AgCl) = 1.77\times10^{-10}$。

（1）$0.1\ \text{mol}\cdot\text{L}^{-1}$ 的 KCl 溶液中。

（2）$0.5\ \text{mol}\cdot\text{L}^{-1}$ 的 $AgNO_3$ 溶液中。

（3）蒸馏水中。

# 自我检测答案

## 一、判断题

1. ×　解析：只有对相同类型的难溶电解质，溶度积大小次序才和溶解度大小次序一致。由于 AgCl 和 $Ag_2CrO_4$ 分别是 AB 型和 $A_2B$ 型难溶电解质，二者类型不同，所以不能用溶度积大小次序来判断溶解度大小次序。

2. ×　解析：298.15 K，所有含 $CaCO_3$ 的溶液中有 $c(Ca^{2+}) \cdot c(CO_3^{2-}) = K_{sp}^{\ominus}(CaCO_3) = 2.9 \times 10^{-9}$，但 $c(Ca^{2+})$ 不一定等于 $c(CO_3^{2-})$，例如当 $CaCO_3$ 溶解在 $Na_2CO_3$ 溶液中时，$c(Ca^{2+})$ 小于 $c(CO_3^{2-})$。

3. √

4. ×　解析：由稀释定律可知，乙酸的浓度降低，解离度增加，因此溶液中氢离子的浓度不等于原来的一半。

5. ×　解析：由于 $MgCO_3$ 和 $PbBr_2$ 分别属于不同类型的沉淀，$MgCO_3$ 属于 AB 型，$c(Mg^{2+}) = \sqrt{K_{sp}^{\ominus}(MgCO_3)}$，$PbBr_2$ 属于 $AB_2$ 型沉淀，$c(Pb^{2+}) = \sqrt[3]{\dfrac{K_{sp}^{\ominus}(PbBr_2)}{4}}$，所以尽管二者的 $K_{sp}^{\ominus}$ 近似相等，但二者饱和溶液中 $Mg^{2+}$ 和 $Pb^{2+}$ 的浓度不相等。

6. √

7. √

8. ×　解析：根据稀释定律，将乙酸水溶液稀释，乙酸的解离度将增加。

9. ×　解析：只有对于单一的二元弱酸，其酸根的浓度才近似等于该酸的二级解离常数。

10. √

11. ×　解析：缓冲溶液的缓冲能力是有限的，加入过量的酸碱其缓冲能力将消失。

12. √

13. √

14. ×　解析：胶体稳定的主要原因是布朗运动，胶体带电荷和溶剂化作用。

15. √

## 二、选择题

1. B　　2. A　　3. C　　4. C　　5. A　　6. A　　7. D　　8. B　　9. D
10. B　　11. B　　12. B　　13. C　　14. B

## 三、填空题

1. 下降；升高；降低

2. 小

3. 沉淀生成；沉淀溶解

4. 降低；同离子效应

5. AgI；AgCl；分步沉淀

6. $H_2CO_3 - HCO_3^-$；$H_2PO_4^- - HPO_4^{2-}$

7. 大于

8. 高于；低于；高于

9. 降低；不变

10. 1:1

## 四、计算题

1. 解：（1）根据 $\Delta T_{fp} = K_f \cdot b_B = 1.86 \times 6 \, ℃ = 11.2 \, ℃$

该防冻液的凝固点为（$0 - 11.2$）$℃ = -11.2 \, ℃$

（2）根据 $b_B = 6.0 \, mol \cdot kg^{-1}$，可求得溶液中溶剂的摩尔分数为

$$x_A = \frac{n_A}{n_A + n_B} = \frac{1\,000/18}{1\,000/18 + 6.0} = 0.903$$

根据拉乌尔定律可求得溶液的蒸气压：

$$p_{液} = p_A^* \cdot x_A = 2.34 \times 0.903 \, kPa = 2.11 \, kPa$$

（3）若要保证汽车在 $-25 \, ℃$ 的天气里正常行驶，该防冻液的凝固点降低值 $\Delta T_{fp}$ 至少等于 $25 \, ℃$，根据 $\Delta T_{fp} = K_f \cdot b_B$，可知

$$b_B = \frac{\Delta T_{fp}}{K_f} = \frac{25}{1.86} \, mol \cdot kg^{-1} = 13.4 \, mol \cdot kg^{-1}$$

即防冻液中乙二醇的浓度至少为 $13.4 \, mol \cdot kg^{-1}$。

2. 解：（1）设平衡时有 $x \, mol \cdot L^{-1}$ 的乙酸解离，则

$$HOAc \rightleftharpoons H^+ + OAc^-$$

平衡浓度/($mol \cdot L^{-1}$)　　　　　 $0.1 - x$　　　 $x$　　　 $x$

由　　　　　　　　　　$K_a^{\ominus} = \frac{x^2}{0.1 - x}$，$0.1 - x \approx 0.1$

解得　　$x = \sqrt{K_a^{\ominus} \times 0.1} = \sqrt{1.8 \times 10^{-5} \times 0.1} \, mol \cdot L^{-1} = 1.34 \times 10^{-3} \, mol \cdot L^{-1}$

$$pH = -\lg[c(H^+)] = -\lg(1.34 \times 10^{-3}) = 2.9$$

解离度：

$$\alpha = \frac{1.34 \times 10^{-3}}{0.1} = 1.34\%$$

（2）溶液稀释一倍后，乙酸溶液的初始浓度变为 $0.05 \, mol \cdot L^{-1}$，设平衡时有 $y \, mol \cdot L^{-1}$ 的乙酸解离，则

$$HOAc \rightleftharpoons H^+ + OAc^-$$

平衡浓度/($mol \cdot L^{-1}$)　　　　　 $0.05 - y$　　　 $y$　　　 $y$

由　　　　　　　　　　$K_a^{\ominus} = \frac{y^2}{0.05 - y}$，$0.05 - y \approx 0.05$

解得　　　　$y = \sqrt{K_a^{\ominus} \times 0.05} = \sqrt{1.8 \times 10^{-5} \times 0.05} \, mol \cdot L^{-1} = 9.5 \times 10^{-4} \, mol \cdot L^{-1}$

$$pH = -\lg[c(H^+)] = -\lg(9.5 \times 10^{-4}) = 3.0$$

解离度：

$$\alpha = \frac{9.5 \times 10^{-4}}{0.05} = 1.9\%$$

3. 解：（1）溶液中酸的浓度 $c_a$ 和盐的浓度 $c_s$ 分别为

$$c_a = 0.2 \text{ mol} \cdot \text{L}^{-1}, \quad c_s = \frac{6.8 / 68}{200 \times 10^{-3}} \text{mol} \cdot \text{L}^{-1} = 0.5 \text{ mol} \cdot \text{L}^{-1}$$

$$\text{pH} = \text{p}K_a^{\ominus} - \lg \frac{c_a}{c_s} = 3.75 - \lg \frac{0.2}{0.5} = 4.15$$

（2）在该溶液中加入 2 mL 1 mol · $\text{L}^{-1}$ 硫酸时溶液的 pH 为多少？

解：加入硫酸后，混合溶液中 $\text{H}_2\text{SO}_4$ 的浓度为

$$c(\text{H}_2\text{SO}_4) = \frac{2 \times 10^{-3} \times 1.0}{(200 + 2) \times 10^{-3}} \text{mol} \cdot \text{L}^{-1} = 0.01 \text{ mol} \cdot \text{L}^{-1}$$

由于 $\text{H}_2\text{SO}_4$ 完全解离，加入的 $c(\text{H}^+)$ 为 0.02 mol · $\text{L}^{-1}$，加入的 $\text{H}^+$ 与缓冲溶液中的 $\text{HCOO}^-$ 结合成 HCOOH，$c(\text{HCOOH})$ 增加，$c(\text{HCOO}^-)$ 减少，此时 $c_a$ 和 $c_s$ 的浓度分别为

$$c_a = c(\text{HCOOH}) = \left[ \frac{0.2 \times 200 \times 10^{-3}}{(200 + 2) \times 10^{-3}} + 0.02 \right] \text{mol} \cdot \text{L}^{-1} = 0.22 \text{ mol} \cdot \text{L}^{-1}$$

$$c_s = c(\text{HCOO}^-) = \left[ \frac{0.5 \times 200 \times 10^{-3}}{(200 + 2) \times 10^{-3}} - 0.02 \right] \text{mol} \cdot \text{L}^{-1} = 0.48 \text{ mol} \cdot \text{L}^{-1}$$

$$\text{pH} = \text{p}K_a^{\ominus} - \lg \frac{c_a}{c_s} = 3.75 - \lg \frac{0.22}{0.48} = 4.09$$

4. 解：由题可知，pOH = 14 − pH = 14 − 9.5 = 4.5

$\text{NH}_3 \cdot \text{H}_2\text{O}$ 的浓度 $c_b = 0.1$ mol · $\text{L}^{-1}$，$\text{NH}_3 \cdot \text{H}_2\text{O}$ 的 $\text{p}K_b^{\ominus} = 4.75$

对缓冲溶液：$\text{pOH} = \text{p}K_b^{\ominus} - \lg \dfrac{c_b}{c_s}$，代入数据得 $4.5 = 4.75 - \lg \dfrac{0.1}{c_s}$

可求得缓冲溶液中 $\text{NH}_4\text{Cl}$ 的浓度：$c_s = 0.056$ mol · $\text{L}^{-1}$

所需 $\text{NH}_4\text{Cl}$ 的质量：$m = (53.5 \times 0.056 \times 500 \times 10^{-3})$ g = 1.5 g

所需 1.0 mol · $\text{L}^{-1}$ $\text{NH}_3 \cdot \text{H}_2\text{O}$ 溶液的体积：$V = \dfrac{0.1 \times 0.5}{1.0}$ L = 0.05 L = 50 mL

配制方法：取 50 mL 1.0 mol · $\text{L}^{-1}$ 的 $\text{NH}_3 \cdot \text{H}_2\text{O}$ 溶液，加入 1.5 g $\text{NH}_4\text{Cl}$ 固体，加水稀释至 500 mL。

5. 解：混合后溶液中乙酸的浓度为 $c_a = \dfrac{0.4 \times 0.3}{0.3 + 0.2} \text{mol} \cdot \text{L}^{-1} = 0.24 \text{ mol} \cdot \text{L}^{-1}$

混合后溶液中乙酸钠的浓度为 $c_s = \dfrac{0.5 \times 0.2}{0.3 + 0.2} \text{mol} \cdot \text{L}^{-1} = 0.2 \text{ mol} \cdot \text{L}^{-1}$

乙酸和乙酸钠混合后组成缓冲溶液，将以上数据代入缓冲溶液 pH 的计算公式可得

$$\text{pH} = \text{p}K_a^{\ominus} - \lg \frac{c_a}{c_s} = 4.75 - \lg \frac{0.24}{0.2} = 4.67$$

6. 解：析出 AgCl 沉淀所需的最低 $\text{Ag}^+$ 浓度为

$$c(\text{Ag}^+) = \frac{K_{sp}^{\ominus}(\text{AgCl})}{c(\text{Cl}^-)} = \frac{1.77 \times 10^{-10}}{0.10} \text{ mol} \cdot \text{L}^{-1} = 1.77 \times 10^{-9} \text{ mol} \cdot \text{L}^{-1}$$

析出 AgI 沉淀所需的最低 $Ag^+$ 浓度为

$$c(Ag^+) = \frac{K_{sp}^{\ominus}(AgI)}{c(I^-)} = \frac{8.52 \times 10^{-17}}{0.001} \text{ mol} \cdot L^{-1} = 8.52 \times 10^{-14} \text{ mol} \cdot L^{-1}$$

析出 AgI 沉淀所需的最低 $Ag^+$ 浓度小于析出 AgCl 沉淀所需的最低 $Ag^+$ 浓度，所以 AgI 先析出。

析出 AgCl 时，$c(Ag^+) = 1.77 \times 10^{-9} \text{ mol} \cdot L^{-1}$，此时 $I^-$ 的浓度为

$$c(I^-) = \frac{K_{sp}^{\ominus}(AgI)}{c(Ag^+)} = \frac{8.52 \times 10^{-17}}{1.77 \times 10^{-9}} \text{ mol} \cdot L^{-1} = 4.81 \times 10^{-8} \text{ mol} \cdot L^{-1} < 10^{-5} \text{ mol} \cdot L^{-1}$$

所以可以通过分步沉淀将该溶液中的 $Cl^-$ 和 $I^-$ 分开。

7. 解：（1）设 25 ℃时，$Mn(OH)_2$ 的溶解度为 $x$ mol $\cdot L^{-1}$。

$$Mn(OH)_2 \rightleftharpoons Mn^{2+} + 2OH^-$$

平衡浓度/(mol $\cdot L^{-1}$)      $x$      $2x$

由      $K_{sp}^{\ominus} = x(2x)^2 = 1.9 \times 10^{-13}$

解得      $x = 3.62 \times 10^{-5}$

故 $Mn(OH)_2$ 的溶解度为 $3.62 \times 10^{-5}$ mol $\cdot L^{-1}$。

（2）加入 $NH_3 \cdot H_2O$ 和 $NH_4Cl$ 后

$$c(Mn^{2+}) = \frac{0.2 \times 200 \times 10^{-3}}{(200 + 200) \times 10^{-3}} \text{ mol} \cdot L^{-1} = 0.1 \text{ mol} \cdot L^{-1}, \quad c(NH_3 \cdot H_2O) = \frac{0.2 \times 200 \times 10^{-3}}{(200 + 200) \times 10^{-3}} \text{ mol} \cdot L^{-1} =$$

$0.1 \text{ mol} \cdot L^{-1}$，$c(NH_4^+) = \frac{4.28 / 53.5}{(200 + 200) \times 10^{-3}} \text{ mol} \cdot L^{-1} = 0.2 \text{ mol} \cdot L^{-1}$

设平衡时有 $x$ mol $\cdot L^{-1}$ 的 $NH_3 \cdot H_2O$ 解离，则

$$NH_3 \cdot H_2O \rightleftharpoons NH_4^+ + OH^-$$

初始浓度/(mol $\cdot L^{-1}$)      0.1      0.2      0

平衡浓度/(mol $\cdot L^{-1}$)      $0.1 - x$      $0.2 + x$      $x$

由      $K_b^{\ominus} = \frac{x \cdot (0.2 + x)^2}{0.1 - x}$，$0.1 - x \approx 0.1$，$0.2 + x \approx 0.2$

解得      $x = 9 \times 10^{-6}$

$$c(OH^-) = 9 \times 10^{-6} \text{ mol} \cdot L^{-1}$$

$$c(Mn^{2+}) \cdot c^2(OH^-) = 0.01 \times (9 \times 10^{-6})^2 = 8.1 \times 10^{-12} > K_{sp}^{\ominus}[Mn(OH)_2]$$

所以有 $Mn(OH)_2$ 沉淀生成。

8. 解：（1）设 AgCl 在 0.1 mol $\cdot L^{-1}$ KCl 溶液中的溶解度为 $x$ mol $\cdot L^{-1}$，则平衡时

$$AgCl \rightleftharpoons Ag^+ + Cl^-$$

平衡浓度/(mol $\cdot L^{-1}$)      $x$      $x + 0.1$

由      $K_{sp}^{\ominus} = x(x + 0.1) = 1.77 \times 10^{-10}$，$x + 0.1 \approx 0.1$

解得      $x = 1.77 \times 10^{-9}$

所以在 0.1 mol $\cdot L^{-1}$ 的 KCl 溶液中 AgCl 的溶解度为 $1.77 \times 10^{-9}$ mol $\cdot L^{-1}$。

（2）设 AgCl 在 0.5 mol·L$^{-1}$ 的 AgNO$_3$ 溶液中的溶解度为 $x$ mol·L$^{-1}$，则平衡时

$$AgCl \rightleftharpoons Ag^+ + Cl^-$$

平衡浓度/(mol·L$^{-1}$)　　　　　　　　　　　　0.5 + $x$　　$x$

由　　　　　　　$K_{sp}^{\ominus} = (0.5 + x)x = 1.77 \times 10^{-10}$，$0.5 + x \approx 0.5$

解得　　　　　　　　　　　　　$x = 3.54 \times 10^{-10}$

所以在 0.5 mol·L$^{-1}$ 的 AgNO$_3$ 溶液中 AgCl 的溶解度为 $3.54 \times 10^{-10}$ mol·L$^{-1}$。

（3）设 AgCl 在水中的溶解度为 $x$ mol·L$^{-1}$，则平衡时

$$AgCl \rightleftharpoons Ag^+ + Cl^-$$

平衡浓度/(mol·L$^{-1}$)　　　　　　　　　　　　　　$x$　　$x$

由　　　　　　　　　　$K_{sp}^{\ominus} = x^2 = 1.77 \times 10^{-10}$

解得　　　　　　　　　　　　　$x = 1.33 \times 10^{-5}$

所以在蒸馏水中 AgCl 的溶解度为 $1.33 \times 10^{-5}$ mol·L$^{-1}$。

# 拓展思考题

1. 试解释下列实验现象：在 0 ℃气温的环境下，将一段两端系有重物的绳子跨放在一块冰上，绳子便会慢慢地嵌入到冰块中。

2. 大自然的鬼斧神工造就了各种奇形异状的溶洞，从化学的角度解释它们是如何形成的。

3. 唐代大诗人杜甫在诗《客从》中，记述了一件令他十分懊恼和迷惑不解的事："客从南溟来，遗我泉客珠。珠中有隐字，欲辨不成书。缄之箧笥久，以俟公家须。开视化为血，哀今征敛无。"诗的意思是：从南方来的客人送给诗人一颗珍珠，珍珠上好像有花纹字迹，诗人珍藏在箱中。过了好久，开箱寻看，珍珠却不翼而飞，只剩下一些红色液体。试从化学的角度加以解释。

4. 可以用稀溶液的依数性规律（如沸点升高，蒸气压下降，凝固点降低，具有渗透压）来测量物质的相对分子质量。高分子的相对分子质量用上述哪种方法好？为什么？

5. 氯化锂和碘化钾都是离子晶体，在水溶液中表现出强电解质的性质，而当溶解在乙酸或丙酮中时却变成了弱电解质。试问弱电解质与强电解质这样分类的意义在哪里？

6. 硫酸的产量已被用来表示一个国家的生产能力。据称还没有哪一样工业产品在它的某个生产阶段是不和硫酸发生关系的。建议你从所学专业角度分析一下这个说法。

# 知识拓展

## 盐 湖 化 学

1. 盐湖的定义和我国盐湖资源

水是生命的源泉，但纯净水在自然界是不存在的，地球上的天然水中都溶解有各种类型

的成盐元素化合物。按含盐量的多少，可将湖泊分为淡水湖、半咸水湖、咸水湖、盐湖四大类。湖水中盐分含量小于或等于 $1\ g\cdot L^{-1}$ 的湖泊叫淡水湖，淡水湖中的湖水可供人和牲畜正常饮用，也可用于农田灌溉；盐分含量大于 $1\ g\cdot L^{-1}$、小于 $35\ g\cdot L^{-1}$ 的湖泊叫半咸水湖，这样的水既不能供人和牲畜正常饮用，也不能用于农田灌溉；盐分含量大于或等于 $35\ g\cdot L^{-1}$、小于 $50\ g\cdot L^{-1}$ 的湖泊叫咸水湖。通常把湖水中含盐量不小于 $50\ g\cdot L^{-1}$ 的湖泊叫作盐湖，盐湖是湖泊中无机盐含量最高的一种类型，是湖泊发展的末期产物。按盐湖卤水化学组成的不同，可将盐湖分为氯化物类型、硫酸盐类型和碳酸盐类型。

盐湖的形成取决于地质、环境、气候等多种综合条件，通常在蒸发量大于降水量的干旱或半干旱封闭湖盆内容易形成。盐湖中蕴藏着碱金属和碱土金属的碳酸盐、硫酸盐、氯化物和硼酸盐等许多重要的含盐化合物，是无机盐类的巨大宝库，为化学、冶金等工业或农业发展提供了不可缺少的原料，并且在空间技术和原子能工业方面也起着重要的作用。

盐湖在世界各大洲都有分布，我国是世界上盐湖最多的国家之一，共有盐湖 1 000 多个，其中面积大于 $1\ km^2$ 的盐湖达 700 多个，总面积近 $2.8\times10^4\ km^2$，大部分集中分布在西藏、青海、新疆、内蒙古四个省区。其中西藏盐湖盛产硼酸盐，内蒙古盐湖天然碱储量丰富，新疆盐湖富产芒硝。我国盐湖资源具有储量大（锂盐和锶盐储量居世界第一，钾盐和镁盐居世界第二，硼酸盐居世界第三）、类型全、资源品位高、分布集中、稀有元素含量丰富的特点。

盐湖卤水的组成与海水相似，但比海水浓缩了十多倍甚至几十倍，更便于开发利用。在世界盐湖开采史上，我国人民从事盐湖采盐历史悠久。我国古人劳作活动早就与盐湖密切相关，盐的繁体字"鹽"由"臣""人""卤""皿"四个字组成，它是对殷周以前山西晋南解池（运城盐湖）采用盐田日晒卤水制取食盐的象形描述。北宋沈括在《梦溪笔谈》中则对山西运城盐湖做了详细的科学叙述。早在 2000 年前，藏族人民就把青藏高原上盐湖中析出的硼砂用于医药、羊毛的洗涤等方面，并沿古丝绸之路把它运往非洲的古埃及、欧洲的古希腊和古罗马帝国。

我国尽管是盐湖开发最早的国家之一，但现代的盐湖事业才刚刚起步，和某些国家还有较大的差距。国外目前大规模开发的盐湖有以色列和约旦共有的死海，美国犹他州的大盐湖，智利的阿塔卡玛盐湖等。我国目前已开发利用的盐湖有 30 多个，但生产规模和产品种类都较少，生产工艺落后，自动化程度低，综合利用程度低。

2. 成盐元素和盐湖化学

容易从岩石圈进入水圈的元素称为成盐元素。它包括周期表中ⅠA族中的氢、锂、钠、钾、铷和铯；ⅡA族中的镁、钙、锶和钡；ⅥA族中的氧和硫；ⅦA族中的氯、溴和碘，以及第二周期中的硼、碳和氮。人们把这 18 个主族元素叫作盐湖成盐元素。由于成盐元素在门捷列夫元素周期表中的分布呈现"门"字形分布，它们又被称为元素周期表中的"门"字形成盐元素。18 个成盐元素被分为三组：

第一组成盐元素是氢和氧。由氢和氧组成的水不仅是成盐元素化合物的重要溶剂和介质，也是许多含氧酸盐和水合盐中结晶水的组分，在盐湖形成过程中起着非常重要的作用。氢和氧在水溶液中主要以 $H^+$ 和 $OH^-$ 形式存在，氧还可以与其他非金属成盐元素结合以含氧酸根的形式存在（卤素除外）。

第二组成盐元素是金属成盐元素。包括ⅠA族中的碱金属元素锂、钠、钾、铷、铯和

ⅡA 族中碱土金属的镁、钙、锶和钡。它们的电离能不大，电极电势代数值小，在水中很容易失去电子形成离子。钠盐的种类多，含量巨大，铷、铯的盐矿物至今还没有发现。

第三组成盐元素是非金属成盐元素，包括ⅦA 族的卤素氯、溴、碘，ⅥA 族的硫以及第二周期中的硼、碳和氮。硼对氧的亲和力极大，在自然界中以含氧酸盐的形式存在；碳和硫在自然界能以单质形式存在；卤素的电离能比碱金属和碱土金属大很多，在溶液中容易得到一个电子形成阴离子。除了硼外，天然盐湖卤水中碳、氮和硫也都以含氧酸根形式存在。

盐湖化学是研究天然盐成盐元素的化学，是致力于盐湖开发应用的一门综合科学，主要包括盐湖地球化学、盐溶液化学、成盐元素化学、盐湖化学工程学等，涉及无机元素化学、相平衡和化学热力学、非平衡态热力学、浓电解质溶液理论、分析化学、化学工程等方面。

盐溶液化学是盐湖化学的重要组成部分，它的主要研究内容包括盐从溶液中的结晶析出，溶液的组成、结构与性质的关系，相平衡热力学等问题。盐湖中含有 $Li^+$, $Na^+$, $K^+$, $Ca^{2+}$, $Mg^{2+}$, $H^+$等阳离子和 $Cl^-$, $SO_4^{2-}$, $CO_3^{2-}$, $HCO_3^-$, $B_4O_7^{2-}$, $OH^-$等阴离子，是一个极其复杂的水盐多相体系。在盐湖进行的自然过程中，重要的有卤水蒸发浓缩、盐类的结晶沉积和溶解转化等，这些涉及多组分水盐体系的多相平衡问题。多相体系的相平衡研究是盐类相分离技术和盐类加工工艺过程的依据，在盐湖资源的开发利用过程中占极其重要的地位，是盐溶液化学的主要内容之一。相平衡的理论基础是电解质浓溶液理论。盐湖是高浓度的电解质溶液体系，而化学的许多理论模型与假设是建立在稀溶液的设定之上，溶液中离子浓度越高，与经典化学理论的偏差就越大。电解质浓溶液的基础理论研究是盐湖化学重要研究内容之一。

# 第5章 氧化还原反应与电化学

## 基本要求

1. 了解氧化数的概念。
2. 掌握氧化还原反应方程式的配平方法。
3. 了解原电池的概念，掌握原电池符号、电极反应、电池反应的书写。
4. 掌握电极电势的概念及其影响因素，并能利用能斯特方程式进行有关计算。
5. 掌握电极电势的应用。
6. 掌握电解原理，分解电压和超电势的概念，电极上放电反应的一般规律及电解的应用。
7. 了解金属的腐蚀与防护原理。

## 重点知识剖析及例解

1. 氧化还原基本概念及原电池的形成

氧化还原反应的基本特征是反应前后元素氧化数发生变化；氧化还原反应都可看作由两个"半反应"组成，一个半反应代表氧化，另一个代表还原。

配平氧化还原反应最常用的方法有电子法（高中阶段已讲）、氧化数法和离子-电子法。对于水溶液体系，利用离子-电子法配平反应式时，首先把氧化还原反应拆分成两个半反应。在分别配平两个半反应的原子数时，如果反应物和生成物所含原子数不等，则应根据酸碱介质的不同，用 $H_2O$ 和 $H^+$ 或 $OH^-$ 来调整，使反应式两边所含的原子数相等。即酸性溶液反应前后加 $H^+$ 或 $H_2O$，碱性溶液反应前后加 $OH^-$ 或 $H_2O$，中性溶液只能加 $H_2O$。

**例1** 用离子-电子法配平方程式：

$$MnO_4^- + H_2O_2 \longrightarrow Mn^{2+} + O_2（酸性介质中）$$

**解：**

$$
\begin{array}{r|l}
2 & MnO_4^- + 8H^+ + 5e^- \longrightarrow Mn^{2+} + 4H_2O \\
+)\ 5 & H_2O_2 - 2\,e^- \longrightarrow O_2 + 2H^+ \\
\hline
\end{array}
$$

$$2MnO_4^- + 5\,H_2O_2 + 6H^+ \longrightarrow 2Mn^{2+} + 5O_2 \uparrow + 8H_2O$$

**例2** 用氧化数法配平：

$$SnS + NO_3^- + H^+ \longrightarrow Sn^{4+} + S + NO（酸性介质中）$$

**解：**

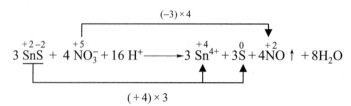

$$3\underset{+2\,-2}{SnS} + 4\underset{+5}{NO_3^-} + 16H^+ \longrightarrow 3\underset{+4}{Sn^{4+}} + 3\underset{0}{S} + 4\underset{+2}{NO}\uparrow + 8H_2O$$

任何自发的氧化还原反应都可设计成原电池。书写原电池符号时，负极半电池写在左边用"－"表示，正极半电池写在右边用"＋"表示；用"‖"表示盐桥，隔开两个半电池；半电池中两相界面用"｜"分开，含有同种元素不同氧化态的离子时，一般高氧化态离子靠近盐桥，低氧化态离子靠近电极，中间用"，"分开，必要时溶液或气体要标明浓度 $c_B$ 或压强 $p_B$。除金属和金属离子组成的电对外，在利用其他电对（如 $H^+/H_2$，$O_2/OH^-$，$Sn^{4+}/Sn^{2+}$，$Fe^{3+}/Fe^{2+}$ 等）构造相应的半电池时，需要外加惰性电极金属 Pt、石墨等。此外，书写电极符号时，纯液体、固体或气体应写在惰性电极一边，用"｜"分开。

**例 3**　在酸性介质中，反应式为 $Mn^{2+} + NaBiO_3 + H^+ \longrightarrow MnO_4^- + Bi^{3+} + H_2O + Na^+$ 中（注：$NaBiO_3$ 不溶于水），若用该反应设计组成原电池，写出正极和负极对应的反应式，配平以上的离子方程式，并写出原电池符号。

**解**：正极反应：$NaBiO_3 + 6H^+ + 2e^- \longrightarrow Na^+ + Bi^{3+} + 3H_2O$

负极反应：$Mn^{2+} + 4H_2O - 5e^- \longrightarrow MnO_4^- + 8H^+$

由两式得失电子数相等，配平离子方程式为

$$2Mn^{2+} + 5NaBiO_3 + 14H^+ === 2MnO_4^- + 5Bi^{3+} + 7H_2O + 5Na^+$$

原电池符号为

$$(-)Pt\,|\,Mn^{2+}(c_1),H^+(c_2),MnO_4^-(c_3)\,\|\,Bi^{3+}(c_4),H^+(c_5),Na^+(c_6)\,|\,NaBiO_3(s)\,|\,Pt(+)$$

**例 4**　为什么有的氧化反应配平系数不唯一，会出现多种情况？

**答**：引起有些氧化还原反应方程式可以配出多组系数的原因主要有两个方面。

（1）对反应机理不清楚。例如酸性高锰酸钾溶液氧化 $H_2O_2$ 的反应，反应方程式有两种写法：

$$2KMnO_4 + H_2O_2 + 3H_2SO_4 === K_2SO_4 + 2MnSO_4 + 3O_2\uparrow + 4H_2O \qquad (1)$$

$$2KMnO_4 + 5H_2O_2 + 3H_2SO_4 === K_2SO_4 + 2MnSO_4 + 5O_2\uparrow + 8H_2O \qquad (2)$$

显然，这两个方程式两边无论物质的量还是电荷量都是相等的，究竟哪个正确呢？借助 $^{18}O$ 的示踪同位素进行的研究证实，在用 $KMnO_4$ 滴定 $H_2O_2$ 时，释放出的 $O_2$ 全部来自 $H_2O_2$，没有一个来自 $MnO_4^-$，因此反应中被氧化的 $H_2O_2$ 的分子数必须等于释放出的 $O_2$ 的分子数，即说明（2）式是正确的。（1）式错在把反应机理误认为以下两个反应的加和：

$$H_2O_2 === H_2O + 1/2\,O_2\uparrow$$

$$2KMnO_4 + 3H_2SO_4 === K_2SO_4 + 2MnSO_4 + 5/2\,O_2\uparrow + 3H_2O$$

（2）把平行的氧化还原反应以任意比例组合，可以得到无限个配平的反应方程式。例如以下三个平行反应：

$$2HClO === 2HCl + O_2$$

$$2HClO === Cl_2O + H_2O$$

$$3HClO === HClO_3 + 2HCl$$

如果以任意比例组合，即可以得到下列反应方程式：

$$7HClO = Cl_2O + O_2 + HClO_3 + H_2O + 4HCl$$

$$9HClO = 2Cl_2O + O_2 + HClO_3 + 2H_2O + 4HCl$$

······

### 2. 电极电势的计算及应用

在掌握原电池、电对、电极电势等概念的基础上，熟悉影响电极电势的因素及能斯特方程式，理解电动势与标准平衡常数的关系。能熟练运用电极电势的知识解决以下实际问题：（1）判断原电池的正、负极，计算原电池的电动势；（2）运用能斯特方程或元素电势图计算不同条件下相关电对的电极电势；（3）判断氧化还原反应发生的可能性及合适氧化剂、还原剂的选择；（4）氧化还原反应标准平衡常数的计算。

**例 5** 根据给定条件判断下列反应自发进行的方向。

（1）标准态下根据 $E^{\ominus}$ 值（查附表）：$2Br^-(aq) + 2Fe^{3+}(aq) \rightleftharpoons Br_2(l) + 2Fe^{2+}(aq)$

（2）实验测知 Cu–Ag 原电池 $E$ 值为 0.48 V；$Cu^{2+} + 2Ag \rightleftharpoons Cu + 2Ag^+$

$$(-) \text{ Cu} \mid Cu^{2+}(0.052 \text{ mol} \cdot L^{-1}) \parallel Ag^+(0.50 \text{ mol} \cdot L^{-1}) \mid Ag(+)$$

（3）$H_2(g) + \dfrac{1}{2} O_2(g) \rightleftharpoons H_2O(l)$，$\Delta_r G_m^{\ominus} = -237.129 \text{ kJ} \cdot \text{mol}^{-1}$

**解：**（1） $E^{\ominus}(Fe^{3+}/Fe^{2+}) < E^{\ominus}(Br_2/Br^-)$，该反应能自发向左进行。

（2） $E = E(Ag^+/Ag) - E(Cu^{2+}/Cu) > 0$，该反应能自发向左进行。

（3） $\Delta_r G_m^{\ominus} < 0$，该反应能自发向右进行。

**例 6** 写出下列反应设计成的原电池符号，并计算各原电池的电动势 $E$。

（1）$Zn(s) + Ni^{2+}(0.080 \text{ mol} \cdot L^{-1}) \longrightarrow Zn^{2+}(0.020 \text{ mol} \cdot L^{-1}) + Ni(s)$

（2）$Cr_2O_7^{2-}(1.0 \text{ mol} \cdot L^{-1}) + 6Cl^-(10 \text{ mol} \cdot L^{-1}) + 14H^+(10 \text{ mol} \cdot L^{-1}) \longrightarrow 2Cr^{3+}(1.0 \text{ mol} \cdot L^{-1}) + 3Cl_2(100 \text{ kPa})\uparrow + 7H_2O(l)$

**解：**（1）原电池符号为

$$(-)Zn \mid Zn^{2+}(0.020 \text{ mol} \cdot L^{-1}) \parallel Ni^{2+}(0.080 \text{ mol} \cdot L^{-1}) \mid Ni(+)$$

$$E(Zn^{2+}/Zn) = E^{\ominus}(Zn^{2+}/Zn) + \frac{0.059\ 2 \text{ V}}{2} \lg[c(Zn^{2+})/c^{\ominus}]$$

$$= -0.762\ 6 \text{ V} + \frac{0.059\ 2 \text{ V}}{2} \lg 0.020 = -0.813 \text{ V}$$

$$E(Ni^{2+}/Ni) = E^{\ominus}(Ni^{2+}/Ni) + \frac{0.059\ 2 \text{ V}}{2} \lg[c(Ni^{2+})/c^{\ominus}]$$

$$= -0.257 \text{ V} + \frac{0.059\ 2 \text{ V}}{2} \lg 0.080 = -0.289 \text{ V}$$

$$E = E(Ni^{2+}/Ni) - E(Zn^{2+}/Zn) = [(-0.289) - (-0.813)]V = 0.524 \text{ V}$$

（2）原电池符号为

$$(-)Pt \mid Cl_2(100 \text{ kPa}) \mid Cl^-(10 \text{ mol} \cdot L^{-1}) \parallel Cr_2O_7^{2-}(1.0 \text{ mol} \cdot L^{-1}), H^+(10 \text{ mol} \cdot L^{-1}),$$
$$Cr^{3+}(1.0 \text{ mol} \cdot L^{-1}) \mid Pt(+)$$

$$E(\text{Cr}_2\text{O}_7^{2-}/\text{Cr}^{3+}) = E^\ominus(\text{Cr}_2\text{O}_7^{2-}/\text{Cr}^{3+}) + \frac{0.059\,2\ \text{V}}{6}\lg\frac{[c(\text{Cr}_2\text{O}_7^{2-})/c^\ominus]\cdot[c(\text{H}^+)/c^\ominus]^{14}}{[c(\text{Cr}^{3+})/c^\ominus]^2}$$

$$= 1.36\ \text{V} + \frac{0.059\,2\ \text{V}}{6}\lg 10^{14} = 1.50\ \text{V}$$

$$E(\text{Cl}_2/\text{Cl}^-) = E^\ominus(\text{Cl}_2/\text{Cl}^-) + \frac{0.059\,2\ \text{V}}{2}\lg\frac{p(\text{Cl}_2)/p^\ominus}{[c(\text{Cl}^-)/c^\ominus]^2}$$

$$= 1.358\,3\ \text{V} + \frac{0.059\,2\ \text{V}}{2}\lg[1/10^2] = 1.30\ \text{V}$$

$$E = E(\text{Cr}_2\text{O}_7^{2-}/\text{Cr}^{3+}) - E(\text{Cl}_2/\text{Cl}^-) = (1.50-1.30)\text{V} = 0.20\ \text{V}$$

**例 7**　298.15 K，求下列情况下相关电对的电极电势：

（1）金属铜放在 0.50 mol·L$^{-1}$ 的 Cu$^{2+}$ 溶液中，求 $E(\text{Cu}^{2+}/\text{Cu})$。

（2）在上述（1）的溶液中加入固体 Na$_2$S，使溶液中的 $c(\text{S}^{2-}) = 1.0$ mol·L$^{-1}$，求 $E(\text{Cu}^{2+}/\text{Cu})$。

（3）100 kPa 氢气通入 0.10 mol·L$^{-1}$ HCl 溶液中，求 $E(\text{H}^+/\text{H}_2)$。

（4）在 1.0 L 上述（3）的溶液中加入 0.10 mol 固体 NaOH，求 $E(\text{H}^+/\text{H}_2)$。

（5）在 1.0 L 上述（3）的溶液中加入 0.10 mol 固体 NaOAc，求 $E(\text{H}^+/\text{H}_2)$。

[其中（4）、（5）忽略加入固体时所引起的溶液体积变化。]

**解**：（1）
$$E(\text{Cu}^{2+}/\text{Cu}) = E^\ominus(\text{Cu}^{2+}/\text{Cu}) + \frac{0.059\,2\ \text{V}}{2}\lg[c(\text{Cu}^{2+})/c^\ominus]$$

$$= 0.340\ \text{V} + \frac{0.059\,2\ \text{V}}{2}\lg 0.50 = 0.33\ \text{V}$$

（2）$c(\text{Cu}^{2+}) = K_{\text{sp}}^\ominus(\text{CuS})\cdot(c^\ominus)^2/c(\text{S}^{2-}) = (6.3\times10^{-36}/1.0)\text{mol·L}^{-1} = 6.3\times10^{-36}$ mol·L$^{-1}$

$$E(\text{Cu}^{2+}/\text{Cu}) = 0.340\ \text{V} + \frac{0.059\,2\ \text{V}}{2}\lg(6.3\times10^{-36}) = -0.70\ \text{V}$$

（3）
$$E(\text{H}^+/\text{H}_2) = E^\ominus(\text{H}^+/\text{H}_2) + \frac{0.059\,2\ \text{V}}{2}\lg\frac{[c(\text{H}^+)/c^\ominus]^2}{p(\text{H}_2)/p^\ominus}$$

$$= 0.00\ \text{V} + \frac{0.059\,2\ \text{V}}{2}\lg[(0.10)^2/1] = -0.059\,2\ \text{V}$$

（4）
$$\text{OH}^- + \text{H}^+ \rightleftharpoons \text{H}_2\text{O}$$

起始浓度/(mol·L$^{-1}$)　　　　　　0.1　　　0.1

平衡浓度/(mol·L$^{-1}$)　　　$1.0\times10^{-7}$　$1.0\times10^{-7}$

刚好完全中和，所以 $c(\text{H}^+) = c(\text{OH}^-) = 1.0\times10^{-7}$ mol·L$^{-1}$

故 $E(\text{H}^+/\text{H}_2) = 0.00\ \text{V} + \dfrac{0.059\,2\ \text{V}}{2}\lg(1.0\times10^{-7})^2 = -0.41\ \text{V}$

（5）加入的 NaOAc 与 HCl 刚好完全反应生成 0.10 mol·L$^{-1}$ 的 HOAc，设达平衡时体系中 $c(\text{H}^+)$ 为 $x$ mol·L$^{-1}$。

$$\text{HOAc} \rightleftharpoons \text{H}^+ + \text{OAc}^-$$

平衡浓度/(mol·L$^{-1}$)　　　　$0.10-x$　　　$x$　　　$x$

由 $K_a^{\ominus}(\text{HOAc}) = x^2/(0.10 - x) = 1.8 \times 10^{-5}$

解得 $\qquad\qquad\qquad\qquad\qquad x = 0.001\ 3$

故 $E(\text{H}^+/\text{H}_2) = 0.00\ \text{V} + \dfrac{0.059\ 2\ \text{V}}{2}\lg(0.001\ 3)^2 = -0.17\ \text{V}$

**例 8** 已知反应：$2\text{Ag}^+ + \text{Zn} \rightleftharpoons 2\text{Ag} + \text{Zn}^{2+}$。

（1）开始时 $\text{Ag}^+$ 和 $\text{Zn}^{2+}$ 的浓度分别为 $0.10\ \text{mol} \cdot \text{L}^{-1}$ 和 $0.30\ \text{mol} \cdot \text{L}^{-1}$，求 $E(\text{Ag}^+/\text{Ag})$、$E(\text{Zn}^{2+}/\text{Zn})$ 及 $E$ 值；

（2）计算反应的 $K^{\ominus}$、$E^{\ominus}$ 及 $\Delta_r G_m^{\ominus}$ 值；

（3）求达平衡时溶液中剩余的 $\text{Ag}^+$ 浓度。

**解**：（1）$E(\text{Ag}^+/\text{Ag}) = E^{\ominus}(\text{Ag}^+/\text{Ag}) + 0.059\ 2\ \text{V} \times \lg[c(\text{Ag}^+)/c^{\ominus}]$

$\qquad\qquad\qquad = +0.799\ 1\ \text{V} + 0.059\ 2\ \text{V} \times \lg 0.10 = +0.74\ \text{V}$

$E(\text{Zn}^{2+}/\text{Zn}) = E^{\ominus}(\text{Zn}^{2+}/\text{Zn}) + \dfrac{0.059\ 2\ \text{V}}{2} \times \lg[c(\text{Zn}^{2+})/c^{\ominus}]$

$\qquad\qquad\qquad = -0.762\ 6\ \text{V} + \dfrac{0.059\ 2\ \text{V}}{2} \times \lg 0.30 = -0.78\ \text{V}$

$\qquad E = E(\text{Ag}^+/\text{Ag}) - E(\text{Zn}^{2+}/\text{Zn}) = +0.74\ \text{V} - (-0.78)\text{V} = +1.52\ \text{V}$

（2）$\lg K^{\ominus} = \dfrac{z'[E^{\ominus}(\text{Ag}^+/\text{Ag}) - E^{\ominus}(\text{Zn}^{2+}/\text{Zn})]}{0.059\ 2\ \text{V}}$

$\qquad\qquad = \dfrac{2 \times [0.799\ 1\ \text{V} - (-0.762\ 6\ \text{V})]}{0.059\ 2\ \text{V}}$

即 $K^{\ominus} = 5.76 \times 10^{52}$

$\qquad E^{\ominus} = E^{\ominus}(\text{Ag}^+/\text{Ag}) - E^{\ominus}(\text{Zn}^{2+}/\text{Zn})$

$\qquad\qquad = +0.799\ 1\ \text{V} - (-0.762\ 6\ \text{V}) = +1.561\ 7\ \text{V}$

$\qquad \Delta_r G_m^{\ominus} = -z'FE^{\ominus} = -2 \times 96.485\ \text{kJ} \cdot \text{mol}^{-1} \cdot \text{V}^{-1} \times 1.561\ 7\ \text{V} = -3.014 \times 10^2\ \text{kJ} \cdot \text{mol}^{-1}$

（3）设达平衡时，溶液中 $c(\text{Ag}^+) = x\ \text{mol} \cdot \text{L}^{-1}$。

$$2\text{Ag}^+ + \text{Zn} \rightleftharpoons 2\text{Ag} + \text{Zn}^{2+}$$

平衡浓度/$(\text{mol} \cdot \text{L}^{-1})$ $\qquad\qquad x \qquad\qquad\qquad 0.30 + (0.10-x)/2$

由 $\qquad\qquad\qquad\qquad K^{\ominus} = \dfrac{c(\text{Zn}^{2+})/c^{\ominus}}{[c(\text{Ag}^+)/c^{\ominus}]^2}$

则 $\qquad\qquad\qquad\qquad 5.76 \times 10^{52} = \dfrac{0.35 - 0.50x}{x^2}$

解得 $\qquad\qquad\qquad\qquad x = 2.5 \times 10^{-27}$

即 $\qquad\qquad\qquad\qquad c(\text{Ag}^+) = 2.5 \times 10^{-27}\ \text{mol} \cdot \text{L}^{-1}$

**例 9** 如何判断下列氧化还原电对的电极电势的相对大小？将下列电对按 $E^{\ominus}$ 值大小排序。
$\text{HCN}/\text{H}_2$，$\text{H}^+/\text{H}_2$，$\text{H}_2\text{O}/\text{H}_2$，$\text{HF}/\text{H}_2$，$\text{HOAc}/\text{H}_2$

**答**：主要考查对能斯特方程的灵活应用，已知 $E^{\ominus}(\text{H}^+/\text{H}_2) = 0\ \text{V}$，其余四个电对的标准电极电势均可通过 $\text{H}^+/\text{H}_2$ 在非标准态下的电极电势来计算求得。

电极反应 $\qquad$ $2HCN + 2e^- \rightleftharpoons H_2 + 2CN^-$

$$E^{\ominus}(HCN/H_2) = E(H^+/H_2) = E^{\ominus}(H^+/H_2) + \frac{0.059\ 2\ V}{2} \lg \frac{[c(H^+)/c^{\ominus}]^2}{p(H_2)/p^{\ominus}}$$

标准态下：$p(H_2) = 100\ kPa$，$c(HCN) = c(CN^-) = 1.0\ mol \cdot L^{-1}$

$$E^{\ominus}(HCN/H_2) = E^{\ominus}(H^+/H_2) + \frac{0.059\ 2\ V}{2} \lg \frac{[c(H^+)/c^{\ominus}]^2}{p(H_2)/p^{\ominus}}$$

$$= 0 + 0.059\ 2\ V \times \lg[c(H^+)/c^{\ominus}]$$

$$= 0.059\ 2\ V \times \lg \frac{K_a^{\ominus}(HCN) \cdot [c(HCN)/c^{\ominus}]}{c(CN^-)/c^{\ominus}}$$

$$= 0.059\ 2\ V \times \lg K_a^{\ominus}(HCN)$$

综上所述，只要判断出各电对中对应的氧化型物质的 $K^{\ominus}$ 大小关系就可以。因为 $K_a^{\ominus}(HF) > K_a^{\ominus}(HOAc) > K_a^{\ominus}(HCN) > K_a^{\ominus}(H_2O)$，故判断出四个电对中 $E^{\ominus}(H_2O/H_2)$ 为最小，$E^{\ominus}(HF/H_2)$ 为最大。故 $E^{\ominus}(H^+/H_2) > E^{\ominus}(HF/H_2) > E^{\ominus}(HOAc/H_2) > E^{\ominus}(HCN/H_2) > E^{\ominus}(H_2O/H_2)$。

**例 10** 理论上原电池反应会趋向平衡，说明最终正负极电势相等，原电池电压最终为 0。为什么在实际生活中，电池用完了，电池的电动势只发生很小的变化？（若用电压表测没有电的干电池，电动势接近 1.5 V。）

**答**：这里面涉及一个电化学动力学问题——极化。当有电流通过电极，电极的电极电势就会偏移其稳定电势。当极化时，负极的电极电势变高（相对负极的稳定电势），正极的电极电势就变低（相对正极的稳定电势），整体电池电压就降低。当电流一样的时候，活性物质越多，面积越大，极化程度就越小。当没有电流通过电池时，正负极不会被极化。举个例子，大的一号电池和小的七号电池都是 1.5 V，并不因为体积大、质量大，电池的电压就高，那么这个所谓没电的电池可以看成一个特别小的电池。大电池和小电池的区别在于供电能力，1 A 放电电流下，大电池正负极极化，电池电压降低，但是因为大电池活性物质多，所以极化程度小，正负极偏离其稳定电位程度就小，电池电压改变不大（略微降低），所以就可以正常使用；1 A 放电电流下，因为小电池的活性物质少，小电池正负极极化程度高，电池电压降低的就多，达不到需要的电压，所以就无法使用。认为电池用完了，实际上是它无法提供所需要的电压电流了，不是活性物质完全用完了。用电压表测量电池电压时，由于电压表内阻相当高，所以通过电池的电流特别小，导致电池正负极极化特别小，电池电压变化就很小，依然可以保持 1.5 V 左右。

**例 11** 根据电极电势能差值大小能否判断氧化还原反应进行的次序？

**答**：在中和反应、沉淀反应和氧化还原反应中，各自均有一个反应进行先后次序的问题。例如，强碱滴加到强酸与弱酸的混合溶液中，强碱总是先与强酸反应，后与弱酸反应。又如在相同浓度的 KCl、KBr、KI 的混合溶液中滴加 $AgNO_3$ 溶液，沉淀的先后次序是 $AgI \rightarrow AgBr \rightarrow AgCl$，此次序正好与溶度积常数计算出的沉淀反应所需 $Ag^+$ 浓度由小到大的次序相符合。这表明，在这两类反应中，热力学（酸、碱解离常数，溶度积常数均属热力学数据）的可能性和动力学（指反应速率）的现实性结果相一致。原因是这两类反应的反应速率较快，且反应产物不脱离反应体系。那么，氧化还原反应的趋势（按电极电势判断）与反应速率是否一致呢？亦即从宏观现象看，强氧化剂是否一定先与强还原剂反应呢？这可以通过下面的例子来说明。

在 KBr、KI 的混合溶液中先加入 $CCl_4$，然后慢慢通入 $Cl_2$。

$$I_2 + 2e^- \mathop{=\!=\!=} 2I^- \qquad\qquad E^\ominus = 0.535\ 5\ \text{V}$$

$$Br_2 + 2e^- \mathop{=\!=\!=} 2Br^- \qquad\qquad E^\ominus = 1.065\ \text{V}$$

$$2IO_3^- + 12H^+ + 10e^- \mathop{=\!=\!=} I_2 + 6H_2O \qquad E^\ominus = 1.19\ \text{V}$$

$$Cl_2 + 2e^- \mathop{=\!=\!=} 2Cl^- \qquad\qquad E^\ominus = 1.358\ 3\ \text{V}$$

根据标准电极电势可以预测：$Cl_2$ 氧化 $I^-$ 生成 $I_2$ 后，似应氧化 $Br^-$ 生成 $Br_2$，最后再把 $I_2$ 氧化成 $IO_3^-$。但实验现象却是：混合液中的 $CCl_4$ 层先变成紫红色（说明先有 $I_2$ 生成），再变为无色（$I_2$ 被氧化成 $IO_3^-$），最后变成橙黄色（$Br^-$ 被氧化成 $Br_2$）。这表明氧化还原反应的反应趋势与反应速率没有必然联系，即电极电势差值（即电动势）大的反应，其反应速率不一定快。例如，$KMnO_4$ 在酸性溶液中氧化 $H_2C_2O_4$ 的反应，尽管电动势 $E^\ominus = 2.0\ \text{V}$，但反应完成 99.9% 所需的时间非常长；而电极电势差值小的反应，其反应速率却不一定慢。例如，$KMnO_4$ 在酸性溶液中氧化 $FeSO_4$，反应只需 1 s 即可完成。归根到底，氧化还原反应不像中和反应与沉淀反应那样均能很快完成。因此，严格地说，仅从电极电势大小不能判断氧化还原反应进行的次序。

**例 12**　根据元素电势图，如何判断金属离子在空气中的稳定性？

**答**：根据以下元素电势图，在空气中（注意氧气的存在），可判断下列四种元素各自最稳定的离子。

$$E_A^\ominus / \text{V} \quad Cu^{2+} \xrightarrow{\ 0.159\ } Cu^+ \xrightarrow{\ 0.520\ } Cu$$

$$Ag^{2+} \xrightarrow{\ 1.980\ } Ag^+ \xrightarrow{\ 0.799\ 1\ } Ag$$

$$Fe^{3+} \xrightarrow{\ 0.771\ } Fe^{2+} \xrightarrow{\ -0.44\ } Fe$$

$$Au^{3+} \xrightarrow{\ 1.36\ } Au^+ \xrightarrow{\ 1.83\ } Au$$

判断元素离子是否稳定，首先考虑该离子是否发生歧化反应，即根据元素电势图，判断四个元素中间价态的离子是否发生歧化反应。中间价态离子右边的电极电势大于左边的电极电势，它容易发生歧化反应，所以 $Cu^+$ 和 $Au^+$ 易发生歧化反应，它们不可能是在空气中稳定存在。$Cu^{2+}$ 和 $Au^{3+}$ 是各自元素最稳定的离子。

其次还要考虑中间价态离子是否易被空气中的氧气氧化，在酸性介质中，电对 $O_2/H_2O$ 的标准电极电势为 1.229 V，大于电对 $Fe^{3+}/Fe^{2+}$ 的标准电极电势 0.771 V，但是小于电对 $Ag^{2+}/Ag^+$ 的标准电极电势 1.980 V。$Fe^{2+}$ 容易被氧气氧化成 $Fe^{3+}$，$Ag^+$ 不能被氧气氧化，所以 $Ag^+$ 和 $Fe^{3+}$ 是各自元素最稳定的离子。

**例 13**　已知酸性介质中 Mn 的元素电势图：

$$E_A^\ominus / \text{V} \quad MnO_4^- \xrightarrow{\ 0.56\ } MnO_4^{2-} \xrightarrow{\ ?\ } MnO_2 \xrightarrow{\ ?\ } Mn^{3+} \xrightarrow{\ 1.5\ } Mn^{2+} \xrightarrow{\ -1.18\ } Mn$$

$$\underset{1.70}{\underbrace{\qquad\qquad\qquad\qquad}} \qquad \underset{1.23}{\underbrace{\qquad\qquad\qquad\qquad}}$$

（1）求 $E^{\ominus}(MnO_4^{2-}/MnO_2)$ 和 $E^{\ominus}(MnO_2/Mn^{3+})$ 值。

（2）判断图中哪些物质能发生歧化反应。

（3）指出金属 Mn 溶于稀盐酸或稀硫酸中的产物是 $Mn^{2+}$还是 $Mn^{3+}$，为什么？

**解：**（1）$E^{\ominus}(MnO_4^{2-}/MnO_2) = [3\,E^{\ominus}(MnO_4^-/MnO_2) - E^{\ominus}(MnO_4^-/MnO_4^{2-})]/2$

$$= (3 \times 1.70 - 0.56)V/2 = +2.27\ V$$

$$E^{\ominus}(MnO_2/Mn^{3+}) = [2\,E^{\ominus}(MnO_2/Mn^{2+}) - E^{\ominus}(Mn^{3+}/Mn^{2+})]/1$$

$$= (2 \times 1.23 - 1.5)V = +0.96\ V$$

（2）$MnO_4^{2-}$，$Mn^{3+}$。

（3）是 $Mn^{2+}$。

因为 $E^{\ominus}(H^+/H_2) - E^{\ominus}(Mn^{2+}/Mn) \gg E^{\ominus}(H^+/H_2) - E^{\ominus}(Mn^{3+}/Mn)$

反应式为　　　　　　　　　　　$Mn + 2H^+ \longrightarrow Mn^{2+} + H_2 \uparrow$

**例 14**　化学试剂厂制备 $FeCl_2 \cdot 6H_2O$ 时，首先用盐酸与铁作用制取 $FeCl_2$ 溶液，然后考虑原料来源、成本、反应速率、产品纯度、设备安全条件等因素选择把 $Fe^{2+}$氧化成 $Fe^{3+}$的氧化剂。现有双氧水、氯气、硝酸三种候选氧化剂，请问采用哪种为宜？

**答：**从反应动力学即反应速率上考虑，$HNO_3 > H_2O_2 > Cl_2$；而从生产成本因素上考虑，$H_2O_2 > HNO_3 > Cl_2$；综合考虑，应选择 $H_2O_2$ 作为氧化剂。

**例 15**　已知 $E^{\ominus}(Cu^{2+}/Cu) = 0.340\ V$，$E^{\ominus}(Cu^{2+}/Cu^+) = 0.16\ V$，$K_{sp}^{\ominus}(CuCl) = 2.0 \times 10^{-6}$。通过计算判断反应 $Cu^{2+}(aq) + Cu(s) + 2Cl^-(aq) \Longleftrightarrow 2CuCl(s)$在 298.15K、标准态下能否自发进行，并计算反应的平衡常数 $K^{\ominus}$ 和标准吉布斯自由能变化 $\Delta_r G_m^{\ominus}$。

**解：**由铜的元素电势图，可计算得到

$$E^{\ominus}(Cu^+/Cu) = 2\,E^{\ominus}(Cu^{2+}/Cu) - E^{\ominus}(Cu^{2+}/Cu^+)$$

$$= 2 \times 0.340\ V - 0.16\ V = 0.52\ V$$

根据氧化–还原反应 $Cu^{2+}(aq) + Cu(s) + 2Cl^-(aq) \Longleftrightarrow 2CuCl(s)$可知

正极反应：$Cu^{2+}(aq) + Cl^-(aq) + e^- \Longrightarrow CuCl(s)$

负极反应：$Cu(s) + Cl^-(aq) - e^- \Longrightarrow CuCl(s)$

$$E^{\ominus}(Cu^{2+}/CuCl) = E^{\ominus}(Cu^{2+}/Cu^+) + 0.059\,2\ V \lg \frac{c(Cu^{2+})}{c(Cu^+)}$$

$$= E^{\ominus}(Cu^{2+}/Cu^+) + 0.059\,2\ V \lg \frac{1}{K_{sp}^{\ominus}(CuCl)}$$

$$= 0.16\ V - 0.059\,2\ V \lg(2.0 \times 10^{-6}) = 0.50\ V$$

$$E^{\ominus}(CuCl/Cu) = E^{\ominus}(Cu^+/Cu) + 0.059\,2\ V \lg[c(Cu^+)]$$

$$= E^{\ominus}(Cu^+/Cu) + 0.059\,2\ V \lg[K_{sp}^{\ominus}(CuCl)]$$

$$= 0.52\ V + 0.059\,2\ V \lg(2.0 \times 10^{-6}) = 0.18\ V$$

$$E^{\ominus} = E^{\ominus}(Cu^{2+}/CuCl) - E^{\ominus}(CuCl/Cu) = 0.50\ V - 0.18\ V = 0.32\ V > 0$$

反应向正反应方向自发进行。

$$\Delta_r G_m^\ominus = -zFE^\ominus$$
$$= -1 \times 96\,485 \text{ C} \cdot \text{mol}^{-1} \times 0.32 \text{ V}$$
$$= -30\,875 \text{ J} \cdot \text{mol}^{-1} = -30.875 \text{ kJ} \cdot \text{mol}^{-1}$$

由 $\lg K^\ominus = \dfrac{zE^\ominus}{0.059\,2 \text{ V}} = \dfrac{1 \times 0.32}{0.059\,2} = 5.4$

得 $K^\ominus = 2.5 \times 10^5$

**例 16** 卤素在水中的反应与溶液 pH 有何关系？

**答**：卤素单质较难溶于水，卤素与水可能发生以下两类反应：

歧化反应：$X_2 + H_2O \Longrightarrow HX + HXO$（X = Cl）

$$3X_2 + 3H_2O \Longrightarrow 5HX + HXO_3 \text{（X = Br、I）}$$

氧化反应：$2X_2 + 2H_2O \Longrightarrow 4HX + O_2$

由于 F 的电负性最大，一般不能形成正氧化数，因此 $F_2$ 只发生氧化反应，不发生歧化反应。$Cl_2$、$Br_2$、$I_2$ 的这两种反应是否都能发生，以及什么情况下发生？下面用电极电势 $E^\ominus - \text{pH}$ 图的绘制来说明。

为绘制电极电势 $E^\ominus - \text{pH}$ 图，首先需要查出或计算出有关电对在一定 pH 时的 $E^\ominus$ 值。

与溶液 pH 无关的电极反应及其 $E^\ominus$ 列于表 5-1 中。

**表 5-1　$X_2/X^-$ 电对的标准电极电势（X = Cl、Br、I）**

| 电极反应 | $E^\ominus$/V |
|---|---|
| $Cl_2(g) + 2e^- \Longrightarrow 2Cl^-(aq)$ | 1.36 |
| $Br_2(aq) + 2e^- \Longrightarrow 2Br^-(aq)$ | 1.08 |
| $I_2(s) + 2e^- \Longrightarrow 2I^-(aq)$ | 0.535 |

与溶液 pH 有关的电极反应及 $E^\ominus$ 列于表 5-2 中。

**表 5-2　有关电对在不同 pH 时的电极电势**

| 电极反应 | $E^\ominus$/V（氧化型、还原型均为标准态） | | |
|---|---|---|---|
| | pH = 0 | pH = 7 | pH = 14 |
| $2HClO(aq) + 2H^+(aq) + 2e^- \Longrightarrow Cl_2(g) + 2H_2O$ | 1.63 | 1.22 | 0.42 |
| $2BrO_3^-(aq) + 12H^+(aq) + 10e^- \Longrightarrow Br_2(aq) + 6H_2O$ | 1.5 | 1.0 | 0.51 |
| $2IO_3^-(aq) + 12H^+(aq) + 10e^- \Longrightarrow I_2(s) + 6H_2O$ | 1.19 | 0.69 | 0.20 |
| $O_2(g) + 4H^+(aq) + 4e^- \Longrightarrow 2H_2O$ | 1.23 | 0.82 | 0.40 |

根据以上数据作图（如图 5-1 所示）。需要说明，若考虑速率因素，只有当氧化剂对应电对的电极电势大于 $E^\ominus(O_2/H_2O)$ 约 0.5 V 时，才能氧化水而放出氧气，所以 $O_2/H_2O$ 线应向上平移 0.5 V，才能判断实际上氧化剂能否氧化水，如图 5-1 中的虚线所示。

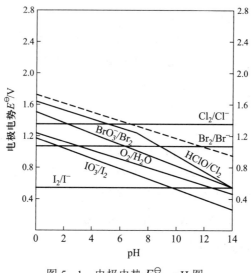

图 5-1　电极电势 $E^{\ominus}$ - pH 图

从图中可以粗略判断：

$Cl_2$：pH>5 时发生歧化反应；pH>6 时开始发生氧化水的反应，虽与歧化反应同时发生，但随 pH 的增大，歧化反应的趋势增大更多。

$Br_2$：pH>6 时发生歧化反应；pH>11 时才开始发生氧化水的反应，但趋势很小，因此 $Br_2$ 在水溶液中主要发生歧化反应。

$I_2$：pH>9 时发生歧化反应；$I_2$ 不能发生氧化水的反应，因此 $I_2$ 在水溶液中只发生歧化反应。

**例 17**　歧化反应与自身氧化还原反应有何不同？

**答**：歧化反应是指同一物质分子中同种元素的同一价态发生的氧化还原反应，反应过程中同种元素的化合价有些升高，有些降低，即发生了化合价变化上的分歧。自身氧化还原反应是指同一物质分子中元素的价态发生的氧化还原反应，反应过程中不同元素或相同元素间发生了电子的转移，因此，自身氧化还原反应包含有歧化反应，歧化反应是自身氧化还原反应的一种。例如：

$$\overset{\displaystyle e^-}{\text{Cl—Cl}} + H_2O \Longrightarrow HCl + HClO \tag{1}$$

$$\overset{\displaystyle 12e^-}{2\,KClO_3} \Longrightarrow 2KCl + 3\,O_2 \uparrow \tag{2}$$

（1）式是歧化反应，氧化作用和还原作用发生在同一分子内部处于同一氧化态的氯元素上，使氯元素的原子（或离子）一部分被氧化，另一部分被还原。发生歧化反应的元素生成其相应的高价态和低价态化合物，能发生歧化反应的元素通常是具有中间价态的那些元素。（1）式也是自身氧化还原反应，但（2）式不是歧化反应，只是自身氧化还原反应，因为电子的转移不是发生在同一价态的同种元素之间。由此可知：自身氧化还原反应与歧化反应均为同种物质间发生的氧化还原反应，歧化反应是自身氧化还原反应的一种，但自身氧化还原反应却不一定都是歧化反应，它的范围更广。另外，与歧化反应相反的反应，如 $SO_2 + 2H_2S \Longrightarrow 3S\downarrow + 2H_2O$，硫元素的化合价分别从高和低向中间价态变化，这类反应称为归中反应。

3. 电解的原理及应用

电化学最重要的应用之一是电解。电解是指电流通过电解质溶液或熔融态物质（又称电解液），在阴极和阳极上引起氧化还原反应的过程。电解是通过施加外加电压，将电能转化为化学能的过程，电镀、电解冶金、无机电合成等都是基于电解原理的工业过程。

**例 18** 用电解法精炼铜时，以硫酸铜溶液为电解液，粗铜作为阳极材料，则精铜在阴极析出。试说明通过电解法可以除去粗铜中所含的 Ag、Au、Pb、Ni、Fe、Zn 等杂质的原理（设电解液 pH＝6.0，其中硫酸铜浓度为 0.1 mol·L$^{-1}$）。

**解：** 电解池中判断电极产物的原则是电极电势代数值较大的氧化态物质首先在阴极被还原析出；电极电势代数值较小的还原态物质首先在阳极被氧化。本题电解液中各离子的电极反应和电极电势分别为

$$2H^+ + 2\,e^- \longrightarrow H_2 \qquad E^{\ominus}(H^+/H_2) = 0.00\ V$$

$$E(H^+/H_2) = E^{\ominus}(H^+/H_2) + \frac{0.059\,2\ V}{2}\lg[c(H^+)]^2$$

$$= 0.00\ V + \frac{0.059\,2\ V}{2}\lg(10^{-6})^2 = -0.36\ V$$

$$Cu^{2+} + 2\,e^- \longrightarrow Cu \qquad E^{\ominus}(Cu^{2+}/Cu) = 0.34\ V$$

$$E(Cu^{2+}/Cu) = E^{\ominus}(Cu^{2+}/Cu) + \frac{0.059\,2\ V}{2}\lg[c(Cu^{2+})]$$

$$= 0.34\ V + \frac{0.059\,2\ V}{2}\lg 0.1 = 0.31\ V$$

$$O_2 + 2\,H_2O + 4\,e^- \longrightarrow 4\,OH^- \qquad E^{\ominus}(O_2/OH^-) = 0.40\ V$$

$$E(O_2/OH^-) = E^{\ominus}(O_2/OH^-) + \frac{0.059\,2\ V}{4}\lg\frac{1}{[c(OH^-)]^4}$$

$$= 0.40\ V + \frac{0.059\,2\ V}{4}\lg\frac{1}{(10^{-8})^4} = 0.40\ V + \frac{0.059\,2\ V\times 32}{4} = 0.87\ V$$

$$S_2O_8^{2-} + 2e^- \longrightarrow 2\,SO_4^{2-} \qquad E^{\ominus}(S_2O_8^{2-}/SO_4^{2-}) = 2.0\ V$$

阴极：电解池中氧化态物质 $Cu^{2+}$、$H^+$ 均可能在阴极还原。但在电解条件下，$Cu^{2+}/Cu$ 电对的电极电势代数值大于 $H^+/H_2$ 电对的电极电势代数值，故在阴极 $Cu^{2+}$ 被还原而析出 Cu。

阳极：作为阳极材料的粗铜中含有一些金属杂质，这些金属都具有还原性。现将有关电对的标准电极电势列出进行分析：

| 电对 | Zn$^{2+}$/Zn | Fe$^{2+}$/Fe | Ni$^{2+}$/Ni | Cu$^{2+}$/Cu | Ag$^+$/Ag | Au$^+$/Au |
|---|---|---|---|---|---|---|
| $E^{\ominus}$/V | −0.76 | −0.44 | −0.257 | 0.34 | 0.799 1 | 1.70 |

从上述 $E^{\ominus}$ 可以看出，Zn$^{2+}$/Zn、Fe$^{2+}$/Fe、Ni$^{2+}$/Ni、Cu$^{2+}$/Cu 的电极电势值比 Ag$^+$/Ag、Au$^+$/Au 的要小得多，也比溶液中可能在阳极氧化的 OH$^-$ 和 SO$_4^{2-}$ 的电极电势值要小得多，在外加一定电压使 Cu 能够氧化的条件下，Zn、Fe、Ni 都能优先被氧化而溶解，而 Ag 和 Au 可以认为是

不溶解的。

当溶解生成的相应的金属阳离子迁移到阴极时，何者在阴极还原呢？$Zn^{2+}$、$Fe^{2+}$、$Ni^{2+}$ 等金属离子不仅金属的标准电极电势比 $Cu^{2+}$ 的要小，而且浓度也比 $Cu^{2+}$ 的要小得多，其电极电势值更小，因此，它们都留在电解液中而不会在阴极析出。所以适当的电压下，电解精炼铜时可以在阴极得到纯铜，纯度可达到 99.95%～99.98%，粗铜中的 Ag、Au 等金属活动性顺序在铜之后的不活泼金属杂质则以金属单质的形式沉积在电解池中，形成阳极泥（可利用阳极泥作为提炼金、银等贵重金属的原料）。

## 思考题与习题

1. 分别写出碳在下列各物质中的共价数和氧化数：$CH_4$，$CHCl_3$，$CCl_4$，$CH_2Cl_2$。
答：

| 化合物 | 碳的共价数 | 碳的氧化数 |
|:---:|:---:|:---:|
| $CH_4$ | 4 | $-4$ |
| $CHCl_3$ | 4 | $+2$ |
| $CCl_4$ | 4 | $+4$ |
| $CH_2Cl_2$ | 4 | 0 |

2. 分别写出下列各物质中指定元素的氧化数：
（1）$H_2S$，$S$，$SCl_2$，$SO_2$，$Na_2S_4O_6$ 中硫的氧化数；
（2）$NH_3$，$N_2O$，$NO$，$N_2O_4$，$HNO_3$，$N_2H_4$ 中氮的氧化数。
答：（1）

| 化合物 | $H_2S$ | $S$ | $SCl_2$ | $SO_2$ | $Na_2S_4O_6$ |
|:---:|:---:|:---:|:---:|:---:|:---:|
| 硫的氧化数 | $-2$ | 0 | $+2$ | $+4$ | $+2.5$ |

（2）

| 化合物 | $NH_3$ | $N_2O$ | $NO$ | $N_2O_4$ | $HNO_3$ | $N_2H_4$ |
|:---:|:---:|:---:|:---:|:---:|:---:|:---:|
| 氮的氧化数 | $-3$ | $+1$ | $+2$ | $+4$ | $+5$ | $-2$ |

3. 已知氢的氧化数为 $+1$，氧的氧化数为 $-2$，钾和钠的氧化数均为 $+1$，确定下列物质中其他元素的氧化数：$PH_3$，$K_4P_2O_7$，$NaNO_2$，$K_2MnO_4$，$KI$，$Na_2S_2O_3$。
答：

| 化合物 | $PH_3$ | $K_4P_2O_7$ | $NaNO_2$ | $K_2MnO_4$ | $KI$ | $Na_2S_2O_3$ |
|:---:|:---:|:---:|:---:|:---:|:---:|:---:|
| 氧化数 | $-3$(P) | $+5$(P) | $+3$(N) | $+6$(Mn) | $-1$(I) | $+2$(S) |

4. 用离子－电子法配平下列离子（或化学）方程式:

（1）$I^- + H_2O_2 + H^+ \longrightarrow I_2 + H_2O$

（2）$MnO_4^- + H_2O_2 + H^+ \longrightarrow Mn^{2+} + O_2 + H_2O$

（3）$Cr^{3+} + PbO_2 + H_2O \longrightarrow Cr_2O_7^{2-} + Pb^{2+} + H^+$

（4）$Cr_2O_7^{2-} + H_2S + H^+ \longrightarrow Cr^{3+} + S + H_2O$

（5）$KClO_3 + FeSO_4 + H_2SO_4 \longrightarrow KCl + Fe_2(SO_4)_3 + H_2O$

（6）$PbO_2 + Mn(NO_3)_2 + HNO_3 \longrightarrow Pb(NO_3)_2 + HMnO_4 + H_2O$

答:（1）

$$
\begin{array}{r|l}
1 & 2I^- - 2e^- \longrightarrow I_2 \\
+)\,1 & H_2O_2 + 2e^- + 2H^+ \longrightarrow 2H_2O \\
\hline
& 2I^- + H_2O_2 + 2H^+ \longrightarrow I_2 + 2H_2O
\end{array}
$$

（2）

$$
\begin{array}{r|l}
5 & H_2O_2 - 2e^- \longrightarrow O_2 + 2H^+ \\
+)\,2 & MnO_4^- + 8H^+ + 5e^- \longrightarrow Mn^{2+} + 4H_2O \\
\hline
& 2MnO_4^- + 5H_2O_2 + 6H^+ \longrightarrow 2Mn^{2+} + 5O_2 \uparrow + 8H_2O
\end{array}
$$

（3）

$$
\begin{array}{r|l}
1 & 2Cr^{3+} + 7H_2O - 6e^- \longrightarrow Cr_2O_7^{2-} + 14H^+ \\
+)\,3 & PbO_2 + 4H^+ + 2e^- \longrightarrow Pb^{2+} + 2H_2O \\
\hline
& 2Cr^{3+} + 3PbO_2 + H_2O \longrightarrow Cr_2O_7^{2-} + 3Pb^{2+} + 2H^+
\end{array}
$$

（4）

$$
\begin{array}{r|l}
3 & H_2S - 2e^- \longrightarrow S + 2H^+ \\
+)\,1 & Cr_2O_7^{2-} + 14H^+ + 6e^- \longrightarrow 2Cr^{3+} + 7H_2O \\
\hline
& Cr_2O_7^{2-} + 3H_2S + 8H^+ \longrightarrow 2Cr^{3+} + 3S \downarrow + 7H_2O
\end{array}
$$

（5）

$$
\begin{array}{r|l}
6 & Fe^{2+} - e^- \longrightarrow Fe^{3+} \\
+)\,1 & ClO_3^- + 6H^+ + 6e^- \longrightarrow Cl^- + 3H_2O \\
\hline
& ClO_3^- + 6Fe^{2+} + 6H^+ \longrightarrow Cl^- + 6Fe^{3+} + 3H_2O
\end{array}
$$

配平并整理为: $KClO_3 + 6FeSO_4 + 3H_2SO_4 =\!=\!= KCl + 3Fe_2(SO_4)_3 + 3H_2O$

（6）

$$
\begin{array}{r|l}
2 & Mn^{2+} + 4H_2O - 5e^- \longrightarrow MnO_4^- + 8H^+ \\
+)\,5 & PbO_2 + 4H^+ + 2e^- \longrightarrow Pb^{2+} + 2H_2O \\
\hline
& 2Mn^{2+} + 5PbO_2 + 4H^+ \longrightarrow 2MnO_4^- + 5Pb^{2+} + 2H_2O
\end{array}
$$

配平并整理为: $5PbO_2 + 2Mn(NO_3)_2 + 6HNO_3 =\!=\!= 5Pb(NO_3)_2 + 2HMnO_4 + 2H_2O$

5. 将下列氧化还原反应装配成原电池,并试以电池符号表示之。

（1）$Cl_2(g) + 2I^- \longrightarrow I_2(s) + 2Cl^-$

（2）$MnO_4^- + 5Fe^{2+} + 8H^+ \longrightarrow Mn^{2+} + 5Fe^{3+} + 4H_2O$

（3）$Zn + CdSO_4 \longrightarrow ZnSO_4 + Cd$

（4）$Pb + 2HI \longrightarrow PbI_2 + H_2(g)$

答：（1）$(-)Pt \mid I_2(s) \mid I^-(c_1) \parallel Cl^-(c_2) \mid Cl_2(p) \mid Pt(+)$

（2）$(-)Pt \mid Fe^{2+}(c_1), Fe^{3+}(c_2) \parallel MnO_4^-(c_3), H^+(c_4), Mn^{2+}(c_5) \mid Pt(+)$

（3）$(-)Zn \mid Zn^{2+}(c_1) \parallel Cd^{2+}(c_2) \mid Cd(+)$

（4）$(-)Pt \mid PbI_2(s) \mid I^-(c_1) \parallel H^+(c_2) \mid H_2(p) \mid Pt(+)$

6. 写出下列原电池的电极反应和电池反应：

（1）$(-)Ag \mid AgCl(s) \mid Cl^-(c_1) \parallel Fe^{3+}(c_2), Fe^{2+}(c_3) \mid Pt(+)$

（2）$(-)Pt \mid Fe^{2+}(c_1), Fe^{3+}(c_2) \parallel Cr_2O_7^{2-}(c_3), H^+(c_4), Cr^{3+}(c_5) \mid Pt(+)$

答：（1）

$$负极反应：Ag + Cl^- - e^- \longrightarrow AgCl$$
$$正极反应：Fe^{3+} + e^- \longrightarrow Fe^{2+}$$
$$电池反应：Ag + Cl^- + Fe^{3+} \longrightarrow AgCl\downarrow + Fe^{2+}$$

（2）

$$负极反应：Fe^{2+} - e^- \longrightarrow Fe^{3+}$$
$$正极反应：Cr_2O_7^{2-} + 14H^+ + 6e^- \longrightarrow 2Cr^{3+} + 7H_2O$$
$$电池反应：Cr_2O_7^{2-} + 6Fe^{2+} + 14H^+ \longrightarrow 2Cr^{3+} + 6Fe^{3+} + 7H_2O$$

7. 标准电极电势的正负号是怎么确定的？

**答**：用标准氢电极和待测电极在标准状态下组成电池，测得该电池的电动势，通过直流电压表确定电池的正负极，根据 $E = E_+ - E_-$，计算待测电极的标准电极电势。规定标准氢电极的电极电势为零，若某电极的标准电极电势比标准氢电极低，则其值为负，反之其值为正。

8. 电对中氧化态或还原态物质发生下列变化时，电极电势将发生怎样的变化？

（1）还原态物质生成沉淀；

（2）氧化态物质生成配离子；

（3）氧化态物质生成弱电解质；

（4）氧化态物质生成沉淀。

答：（1）电极电势将升高；

（2）电极电势将降低；

（3）电极电势将降低；

（4）电极电势将降低。

9. 由标准氢电极和镍电极组成原电池。当 $c(Ni^{2+}) = 0.01 \text{ mol} \cdot L^{-1}$ 时，电池电动势为 0.316 V。其中镍电极为负极，试计算镍电极的标准电极电势。

**解**：$E = 0.316 \text{ V}$，$E^{\ominus}(H^+/H_2) = 0.00 \text{ V}$

$$E = E_+ - E_-$$

则 $E_- = E_+ - E = 0.00 \text{ V} - 0.316 \text{ V} = -0.316 \text{ V}$

又 $-0.316\ \text{V} = E^{\ominus}(\text{Ni}^{2+}/\text{Ni}) + \dfrac{0.059\ 2\ \text{V}}{2}\lg c(\text{Ni}^{2+})$

所以 $E^{\ominus}(\text{Ni}^{2+}/\text{Ni}) = -0.316\ \text{V} - \dfrac{0.059\ 2\ \text{V}}{2}\lg 0.01 = -0.257\ \text{V}$

10. 由标准钴电极和标准氯电极组成原电池，测得其电动势为 1.635 3 V，此时钴电极为负极，已知 $E^{\ominus}(\text{Cl}_2/\text{Cl}^-) = 1.358\ 3\ \text{V}$，试问：

（1）此时电池反应方向如何？

（2）$E^{\ominus}(\text{Co}^{2+}/\text{Co})$是多少（不查表）？

（3）当氯气分压增大或减小时，电池电动势将怎样变化？

（4）当 $\text{Co}^{2+}$ 的浓度降低到 0.01 mol·L$^{-1}$ 时，原电池的电动势将如何变化？数值是多少？

**解：**（1）电池反应：$\text{Cl}_2 + \text{Co} \Longrightarrow 2\text{Cl}^- + \text{Co}^{2+}$，向右进行。

（2）$E^{\ominus}(\text{Co}^{2+}/\text{Co}) = E^{\ominus}(\text{Cl}_2/\text{Cl}^-) - E^{\ominus}$
$$= 1.358\ 3\ \text{V} - 1.635\ 3\ \text{V} = -0.277\ \text{V}$$

（3）由于 $\text{Cl}_2 + 2\text{e}^- \Longrightarrow 2\ \text{Cl}^-$

$$E(\text{Cl}_2/\text{Cl}^-) = E^{\ominus}(\text{Cl}_2/\text{Cl}^-) + \frac{0.059\ 2\ \text{V}}{2}\lg\frac{p(\text{Cl}_2)/p^{\ominus}}{[c(\text{Cl}^-)/c^{\ominus}]^2}$$

其他条件不变，当 $p(\text{Cl}_2)$ 增大，$E(\text{Cl}_2/\text{Cl}^-)$ 增大，则电池电动势 $E$ 增大；反之，当 $p(\text{Cl}_2)$ 减小，则电池电动势 $E$ 亦减小。

（4）当 $\text{Co}^{2+}$ 的浓度降低到 0.01 mol·L$^{-1}$ 时，$E(\text{Co}^{2+}/\text{Co})$ 将会降低，则原电池的电动势 $E$ 则会增大。

$$E = E^{\ominus}(\text{Cl}_2/\text{Cl}^-) - E(\text{Co}^{2+}/\text{Co})$$
$$= 1.358\ 3\ \text{V} - [(-0.277\ \text{V}) + \frac{0.059\ 2\ \text{V}}{2}\lg 0.01]$$
$$= 1.358\ 3\ \text{V} - (-0.336\ 2\ \text{V}) = 1.694\ 5\ \text{V}$$

11. 下列说法是否正确？

（1）电池正极所发生的反应是氧化反应；

（2）$E^{\ominus}$ 值越大，则电对中氧化态物质的氧化能力越强；

（3）$E^{\ominus}$ 值越小，则电对中还原态物质的还原能力越弱；

（4）电对中氧化态物质的氧化能力越强，则还原态物质的还原能力越强。

**答：**（1）错误，电池正极发生的反应是还原反应。

（2）正确。

（3）错误，$E^{\ominus}$ 值越小，则电对中还原态物质的还原能力越强。

（4）错误，电对中氧化态物质的氧化能力越强，则还原态物质的还原能力越弱。

12. 下列物质中，（1）通常作氧化剂，（2）通常作还原剂。试分别将（1）按它们的氧化能力，（2）按其还原能力大小排成顺序，并写出它们在酸性介质中的还原产物或氧化产物。

（1）$\text{FeCl}_3$，$\text{F}_2$，$\text{Cl}_2$，$\text{K}_2\text{Cr}_2\text{O}_7$，$\text{KMnO}_4$

（2）$\text{SnCl}_2$，$\text{H}_2$，$\text{FeCl}_2$，$\text{Mg}$，$\text{Al}$，$\text{KI}$

**答：**（1）查表得上述氧化剂所在电对的标准电极电势分别为

$E^{\ominus}(\mathrm{Fe^{3+}/Fe^{2+}}) = 0.771$ V，$E^{\ominus}(\mathrm{F_2/F^-}) = 2.87$ V，$E^{\ominus}(\mathrm{Cl_2/Cl^-}) = 1.358\,3$ V，$E^{\ominus}(\mathrm{Cr_2O_7^{2-}/Cr^{3+}}) = 1.36$ V，$E^{\ominus}(\mathrm{MnO_4^-/Mn^{2+}}) = 1.51$ V。

以上标准电极电势由小到大的次序为

$E^{\ominus}(\mathrm{Fe^{3+}/Fe^{2+}}) < E^{\ominus}(\mathrm{Cl_2/Cl^-}) \approx E^{\ominus}(\mathrm{Cr_2O_7^{2-}/Cr^{3+}}) < E^{\ominus}(\mathrm{MnO_4^-/Mn^{2+}}) < E^{\ominus}(\mathrm{F_2/F^-})$。

由于电对的电极电势值越大，该电对中氧化态物质的氧化能力越强，故以上氧化剂由弱到强的顺序为

$\mathrm{FeCl_3 < Cl_2 \approx K_2Cr_2O_7 < KMnO_4 < F_2}$。

相应的还原产物分别为 $\mathrm{Fe^{2+}}$，$\mathrm{Cl^-}$，$\mathrm{Cr^{3+}}$，$\mathrm{Mn^{2+}}$，$\mathrm{F^-}$。

（2）查表得上述还原剂所在电对标准电极电势分别为

$E^{\ominus}(\mathrm{Sn^{4+}/Sn^{2+}}) = 0.154$ V，$E^{\ominus}(\mathrm{H^+/H_2}) = 0.00$ V，$E^{\ominus}(\mathrm{Fe^{3+}/Fe^{2+}}) = 0.771$ V，

$E^{\ominus}(\mathrm{Mg^{2+}/Mg}) = -2.356$ V，$E^{\ominus}(\mathrm{Al^{3+}/Al}) = -1.676$ V，$E^{\ominus}(\mathrm{I_2/I^-}) = 0.535\,5$ V。

以上标准电极电势由小到大的次序为

$E^{\ominus}(\mathrm{Mg^{2+}/Mg}) < E^{\ominus}(\mathrm{Al^{3+}/Al}) < E^{\ominus}(\mathrm{H^+/H_2}) < E^{\ominus}(\mathrm{Sn^{4+}/Sn^{2+}}) < E^{\ominus}(\mathrm{I_2/I^-}) < E^{\ominus}(\mathrm{Fe^{3+}/Fe^{2+}})$。

根据电对的电极电势值越大，该电对中还原态物质的还原能力越弱，故以上还原剂由弱到强的顺序为

$\mathrm{FeCl_2 < KI < SnCl_2 < H_2 < Al < Mg}$。

相应的氧化产物分别为 $\mathrm{Fe^{3+}}$，$\mathrm{I_2}$，$\mathrm{Sn^{4+}}$，$\mathrm{H^+}$，$\mathrm{Al^{3+}}$，$\mathrm{Mg^{2+}}$。

13. 在下列氧化剂中，随着 $c(\mathrm{H^+})$ 增加，何者氧化能力增加，何者无变化？写出能斯特方程式，说明理由。

$$\mathrm{Fe^{3+}，\ H_2O_2，\ KMnO_4，\ K_2Cr_2O_7}$$

解：（1）$\mathrm{Fe^{3+} + e^- \longrightarrow Fe^{2+}}$

$$E(\mathrm{Fe^{3+}/Fe^{2+}}) = E^{\ominus}(\mathrm{Fe^{3+}/Fe^{2+}}) + 0.059\,2 \text{ V} \lg\frac{c(\mathrm{Fe^{3+}})}{c(\mathrm{Fe^{2+}})}$$

$E(\mathrm{Fe^{3+}/Fe^{2+}})$ 与 $c(\mathrm{H^+})$ 无关。

（2）$\mathrm{H_2O_2 + 2H^+ + 2e^- \longrightarrow 2H_2O}$

$$E(\mathrm{H_2O_2/H_2O}) = E^{\ominus}(\mathrm{H_2O_2/H_2O}) + \frac{0.059\,2 \text{ V}}{2} \lg\{c(\mathrm{H_2O_2}) \cdot [c(\mathrm{H^+})]^2\}$$

随着 $c(\mathrm{H^+})$ 的增加，$E(\mathrm{H_2O_2/H_2O})$ 会增大，$\mathrm{H_2O_2}$ 的氧化能力会增强。

（3）$\mathrm{MnO_4^- + 8H^+ + 5e^- \longrightarrow Mn^{2+} + 4H_2O}$

$$E(\mathrm{MnO_4^-/Mn^{2+}}) = E^{\ominus}(\mathrm{MnO_4^-/Mn^{2+}}) + \frac{0.059\,2 \text{ V}}{5} \lg\frac{c(\mathrm{MnO_4^-}) \cdot [c(\mathrm{H^+})]^8}{c(\mathrm{Mn^{2+}})}$$

随着 $c(\mathrm{H^+})$ 的增加，$E(\mathrm{MnO_4^-/Mn^{2+}})$ 会增大，$\mathrm{MnO_4^-}$ 的氧化能力会增强。

（4）$\mathrm{Cr_2O_7^{2-} + 14H^+ + 6e^- \longrightarrow 2Cr^{3+} + 7H_2O}$

$$E(\mathrm{Cr_2O_7^{2-}/Cr^{3+}}) = E^{\ominus}(\mathrm{Cr_2O_7^{2-}/Cr^{3+}}) + \frac{0.059\,2 \text{ V}}{6} \lg\frac{c(\mathrm{Cr_2O_7^{2-}}) \cdot [c(\mathrm{H^+})]^{14}}{[c(\mathrm{Cr^{3+}})]^2}$$

随着 $c(\mathrm{H^+})$ 的增加，$E(\mathrm{Cr_2O_7^{2-}/Cr^{3+}})$ 会增大，$\mathrm{Cr_2O_7^{2-}}$ 的氧化能力会增强。

14. 判断氧化还原反应进行方向的原则是什么？什么情况下必须用 $E$ 值？什么情况下可以用 $E^{\ominus}$ 值？

**答**：任何一个氧化还原反应，原则上都可以设计成原电池。等温等压下，氧化还原反应的吉布斯自由能变与原电池电动势的关系为

$$\Delta_r G_m = -zFE$$

式中电池反应中转移的电子数 $z$ 和法拉第常数 $F$ 皆为正值。若电动势 $E>0$，则 $\Delta_r G_m<0$，反应可以自发进行；若电动势 $E<0$，则 $\Delta_r G_m>0$，反应不能自发进行，因此原电池电动势 $E$ 值可以作为氧化还原反应自发进行的判据。又因为 $E=E_+ - E_-$，只有当氧化剂电对的电势大于还原剂电对的电势时，才能满足 $E>0$ 的条件，氧化还原反应才能自发地向正反应方向进行。

在标准状态下用 $E^\ominus$ 值判断氧化还原反应进行的方向。在非标准状态下，当两电对的标准电极电势相差较大，$E_+^\ominus - E_-^\ominus >0.2$ V 时，因浓度的变化对电极电势的影响一般不大，一般仍可用标准电极电势来判断反应进行的方向。但当氧化剂电对与还原剂电对的标准电极电势值相差较小，一般认为，$E_+^\ominus - E_-^\ominus <0.2$ V 时，各物质的浓度对反应方向起着决定性的作用，必须用 $E$ 值来判断氧化还原反应进行的方向。

15. 判断下列氧化还原反应进行的方向（设离子浓度均为 1 mol·L$^{-1}$）。

（1）$2Cr^{3+} + 3I_2 + 7H_2O \Longrightarrow Cr_2O_7^{2-} + 6I^- + 14H^+$

（2）$Cu + 2FeCl_3 \Longrightarrow CuCl_2 + 2FeCl_2$

**解**：（1）查表知 $E^\ominus(Cr_2O_7^{2-}/Cr^{3+}) = 1.36$ V， $E^\ominus(I_2/I^-) = 0.535\ 5$ V

反应 $2Cr^{3+} + 3I_2 + 7H_2O \Longrightarrow Cr_2O_7^{2-} + 6I^- + 14H^+$ 向左进行。

（2）查表知 $E^\ominus(Cu^{2+}/Cu) = 0.340$ V， $E^\ominus(Fe^{3+}/Fe^{2+}) = 0.771$ V

反应 $Cu + 2FeCl_3 \Longrightarrow CuCl_2 + 2FeCl_2$ 向右进行。

16. 在 pH = 4.0 时，下列反应能否自发进行？试通过计算说明（除 H$^+$，OH$^-$以外，其他各物质均处于标准态）。

（1）$Cr_2O_7^{2-} + Br^- + H^+ \longrightarrow Cr^{3+} + Br_2 + H_2O$

（2）$MnO_4^- + H^+ + Cl^- \longrightarrow Mn^{2+} + H_2O + Cl_2$

**解**：（1）查表知 $E^\ominus(Br_2/Br^-) = 1.065$ V

$$Cr_2O_7^{2-} + 14H^+ + 6e^- \longrightarrow 2\,Cr^{3+} + 7H_2O$$

$$E(Cr_2O_7^{2-}/Cr^{3+}) = E^\ominus(Cr_2O_7^{2-}/Cr^{3+}) + \frac{0.059\ 2\ V}{6}\lg\frac{c(Cr_2O_7^{2-})\cdot[c(H^+)]^{14}}{[c(Cr^{3+})]^2}$$

$$= 1.36\ V + \frac{0.059\ 2\ V}{6}\lg(10^{-4})^{14} = 0.81\ V$$

$E(Cr_2O_7^{2-}/Cr^{3+}) < E^\ominus(Br_2/Br^-)$，所以反应 $Cr_2O_7^{2-} + 6Br^- + 14H^+ \longrightarrow 2Cr^{3+} + 3Br_2 + 7H_2O$ 不能自发向右进行。

（2）查表知 $E^\ominus(Cl_2/Cl^-) = 1.358\ 3$ V

$$MnO_4^- + 8H^+ + 5e^- \longrightarrow Mn^{2+} + 4H_2O$$

$$E(MnO_4^-/Mn^{2+}) = E^\ominus(MnO_4^-/Mn^{2+}) + \frac{0.059\ 2\ V}{5}\lg\frac{c(MnO_4^-)\cdot[c(H^+)]^8}{c(Mn^{2+})}$$

$$= 1.51\ V + \frac{0.059\ 2\ V}{5}\lg(10^{-4})^8 = 1.13\ V$$

$$E(MnO_4^-/Mn^{2+}) < E^{\ominus}(Cl_2/Cl^-)$$

所以反应 $2MnO_4^- + 16H^+ + 10Cl^- \longrightarrow 2Mn^{2+} + 8H_2O + 5Cl_2 \uparrow$ 不能自发向右进行。

17. 已知下列反应均按正向进行（其中所有离子浓度均为 $1\ mol \cdot L^{-1}$）：

$$2Fe^{3+} + Sn^{2+} \longrightarrow 2Fe^{2+} + Sn^{4+}$$

$$5Fe^{2+} + MnO_4^- + 8H^+ \longrightarrow 5Fe^{3+} + Mn^{2+} + 4H_2O$$

不查表，比较 $Fe^{3+}/Fe^{2+}$，$Sn^{4+}/Sn^{2+}$，$MnO_4^-/Mn^{2+}$ 三个电对电极电势的大小，并指出哪个物质是最强的氧化剂？哪个物质是最强的还原剂？

**答：** $E^{\ominus}(MnO_4^-/Mn^{2+}) > E^{\ominus}(Fe^{3+}/Fe^{2+}) > E^{\ominus}(Sn^{4+}/Sn^{2+})$

故最强的氧化剂是 $MnO_4^-$，最强的还原剂是 $Sn^{2+}$。

18. 从标准电极电势值分析下列反应向哪一方向进行？

$$MnO_2(s) + 2Cl^- + 4H^+ \longrightarrow Mn^{2+} + Cl_2(g) + 2H_2O(l)$$

实验室中是根据什么原理，采取什么措施利用上述反应制备氯气的？

**答：** $E^{\ominus}(MnO_2/Mn^{2+}) = 1.23\ V$，$E^{\ominus}(Cl_2/Cl^-) = 1.358\ 3\ V$，由于 $E^{\ominus}(Cl_2/Cl^-) > E^{\ominus}(MnO_2/Mn^{2+})$，所以在标准状态下以上反应不能自发向右进行。实验室是根据能斯特方程中浓度对电极电势的影响规律，通过使用浓 HCl，即提高反应物 HCl 的浓度来升高 $E(MnO_2/Mn^{2+})$，同时降低 $E(Cl_2/Cl^-)$，使 $E(MnO_2/Mn^{2+}) > E(Cl_2/Cl^-)$，从而利用上述反应制备氯气的。

19. 试计算下列反应在标准状态下的吉布斯自由能变及平衡常数。

（1）$Br_2 + 2Cl^- \longrightarrow 2Br^- + Cl_2$

（2）$Fe^{2+} + Ag^+ \longrightarrow Ag + Fe^{3+}$

**解：**（1）查表知 $E^{\ominus}(Cl_2/Cl^-) = 1.358\ 3\ V$，$E^{\ominus}(Br_2/Br^-) = 1.065\ V$

$$\Delta_r G_m^{\ominus} = -zFE^{\ominus} = -2 \times 96.485 \times (1.065 - 1.358\ 3)kJ \cdot mol^{-1} = 56.60\ kJ \cdot mol^{-1}$$

$$\lg K^{\ominus} = \frac{zE^{\ominus}}{0.059\ 2\ V} = \frac{z(E_+^{\ominus} - E_-^{\ominus})}{0.059\ 2\ V} = \frac{2 \times (1.065 - 1.358\ 3)V}{0.059\ 2\ V} = -9.909$$

$$K^{\ominus} = 1.23 \times 10^{-10}$$

（2）查表知 $E^{\ominus}(Fe^{3+}/Fe^{2+}) = 0.771\ V$，$E^{\ominus}(Ag^+/Ag) = 0.799\ 1\ V$

$$\Delta_r G_m^{\ominus} = -zFE^{\ominus} = -1 \times 96.485 \times (0.799\ 1 - 0.771)kJ \cdot mol^{-1} = -2.71\ kJ \cdot mol^{-1}$$

$$\lg K^{\ominus} = \frac{zE^{\ominus}}{0.059\ 2\ V} = \frac{z(E_+^{\ominus} - E_-^{\ominus})}{0.059\ 2\ V} = \frac{1 \times (0.799\ 1 - 0.771)V}{0.059\ 2\ V} = 0.475$$

$$K^{\ominus} = 2.98$$

20. 计算下列反应在 298.15 K 的标准平衡常数和所组成的原电池的标准电动势。

$$Fe^{3+} + I^- \longrightarrow Fe^{2+} + \frac{1}{2}I_2(s)$$

当等体积的 $1\ mol \cdot L^{-1}\ Fe^{3+}$ 溶液和 $1\ mol \cdot L^{-1}\ I^-$ 溶液混合后，会产生什么现象？

**解：** 查表知 $E^{\ominus}(Fe^{3+}/Fe^{2+}) = 0.771\ V$，$E^{\ominus}(I_2/I^-) = 0.535\ 5\ V$

$$E^{\ominus} = 0.771\ V - 0.535\ 5\ V = 0.236\ V$$

$$\lg K^{\ominus} = \frac{zE^{\ominus}}{0.059\ 2\ V} = \frac{1 \times 0.236\ V}{0.059\ 2\ V} = 3.99$$

$$K^{\ominus} = 9.77 \times 10^3$$

当等体积的 $1\ mol \cdot L^{-1}\ Fe^{3+}$ 溶液和 $1\ mol \cdot L^{-1}\ I^-$ 溶液混合后，会有单质 $I_2$ 生成，水溶液呈棕黄色。

21. 用标准电极电势解释：

（1）将铁钉投入 $CuSO_4$ 溶液时，Fe 被氧化为 $Fe^{2+}$ 而不是 $Fe^{3+}$；

（2）铁与过量的氯气反应生成 $FeCl_3$ 而不是 $FeCl_2$。

**答**：（1）查表知 $E^{\ominus}(Fe^{3+}/Fe^{2+}) = 0.771\ V$，$E^{\ominus}(Fe^{2+}/Fe) = -0.44\ V$，$E^{\ominus}(Cu^{2+}/Cu) = 0.340\ V$。由于 $E^{\ominus}(Cu^{2+}/Cu) > E^{\ominus}(Fe^{2+}/Fe)$，所以 Fe 可被 $Cu^{2+}$ 氧化为 $Fe^{2+}$，但由于 $E^{\ominus}(Cu^{2+}/Cu) < E^{\ominus}(Fe^{3+}/Fe^{2+})$，所以 $Fe^{2+}$ 不会进一步被氧化成 $Fe^{3+}$。

（2）查表知 $E^{\ominus}(Fe^{3+}/Fe^{2+}) = 0.771\ V$，$E^{\ominus}(Fe^{2+}/Fe) = -0.44\ V$，$E^{\ominus}(Cl_2/Cl^-) = 1.358\ 3\ V$。由于 $E^{\ominus}(Cl_2/Cl^-) > E^{\ominus}(Fe^{2+}/Fe)$，铁与氯气反应可以生成 $FeCl_2$，又由于 $E^{\ominus}(Cl_2/Cl^-) > E^{\ominus}(Fe^{3+}/Fe^{2+})$，在过量氯气存在下，过量的 $Cl_2$ 又会和 $FeCl_2$ 反应生成 $FeCl_3$。

22. 由标准锌半电池和标准铜半电池组成原电池：

$$(-)Zn \mid ZnSO_4(1\ mol \cdot L^{-1}) \parallel CuSO_4(1\ mol \cdot L^{-1}) \mid Cu(+)$$

（1）改变下列条件对电池电动势有何影响？

（a）增加 $ZnSO_4$ 溶液的浓度；

（b）增加 $CuSO_4$ 溶液的浓度；

（c）在 $CuSO_4$ 溶液中通入 $H_2S$。

（2）当电池工作 10 min 后，其电动势是否发生变化？为什么？

（3）在电池的工作过程中，锌的溶解与铜的析出在质量上有什么关系？

**答**：（1）（a）增加 $ZnSO_4$ 溶液的浓度，$E(Zn^{2+}/Zn)$ 增加，而 $E(Cu^{2+}/Cu)$ 不变，根据 $E = E(Cu^{2+}/Cu) - E(Zn^{2+}/Zn)$，电池电动势将降低。

（b）增加 $CuSO_4$ 溶液的浓度，$E(Cu^{2+}/Cu)$ 增加，而 $E(Zn^{2+}/Zn)$ 不变，根据 $E = E(Cu^{2+}/Cu) - E(Zn^{2+}/Zn)$，电池电动势将升高。

（c）在 $CuSO_4$ 溶液中通入 $H_2S$ 后，$Cu^{2+}$ 和 $H_2S$ 反应生成 CuS 沉淀，$Cu^{2+}$ 浓度降低，$E(Cu^{2+}/Cu)$ 降低，电池电动势将降低。

（2）当电池工作 10 min 后，其电动势会发生变化。这是因为，随着电池反应的进行，Zn 不断被氧化生成 $Zn^{2+}$，$Zn^{2+}$ 浓度将增加，使得 $E(Zn^{2+}/Zn)$ 增加；$Cu^{2+}$ 不断被还原生成铜，$Cu^{2+}$ 浓度将降低，使得 $E(Cu^{2+}/Cu)$ 降低，根据 $E = E(Cu^{2+}/Cu) - E(Zn^{2+}/Zn)$，电池的电动势将降低。

（3）电池在工作的过程中，负极上失去的电子数等于正极上得到的电子数。在铜-锌原电池中，锌半电池失去的电子数和铜半电池得到的电子数的化学计量数均为 2，所以锌溶解的物质的量等于铜析出的物质的量，其质量比为

$$m(Zn):m(Cu) = 65.38:63.55$$

23. 试从电极名称、电极反应和电子流动方向等方面对原电池和电解池进行比较。

**答**：原电池与电解池的比较见下表：

|  | 原电池 | 电解池 |
|---|---|---|
| 结构 | 电极、导线、电解质溶液（无外加电源） | 直流电源、电极、导线、电解质溶液（有外加电源） |
| 原理 | 化学能转化为电能的装置 | 电能转化为化学能的装置 |
| 电极名称 | 由电极材料本身的相对活泼性决定<br>负极：较活泼的电极<br>正极：较不活泼的电极 | 由电源决定<br>阳极：与电源正极相连<br>阴极：与电源负极相连 |
| 电极反应 | 负极发生氧化反应<br>正极发生还原反应 | 阳极发生氧化反应<br>阴极发生还原反应 |
| 电子流动方向 | 电子由负极经导线流向正极 | 电子由电源负极流入阴极，然后通过电解质溶液由阳极流回电源正极 |
| 反应特性 | 自发的氧化还原反应 | 非自发的氧化还原反应 |
| 应用 | 实用电池 | 电镀、电抛光、电解加工 |

24. 什么是电极的极化？电极发生极化时，阴极电势与阳极电势将怎样变化？

**答**：电流通过电极时电极电势偏离平衡电极电势的现象，称为电极的极化。电极发生极化时，阴极极化的结果使电极电势变得更负，阳极极化的结果使电极电势变得更正。

25. 用两极反应表示下列物质的主要电解产物：

（1）电解 $NiSO_4$ 溶液，阳极用镍，阴极用铁；

（2）电解熔融 $MgCl_2$，阳极用石墨，阴极用铁；

（3）电解 KOH 溶液，两极都用铂。

**答**：（1）阳极：$Ni - 2e^- \longrightarrow Ni^{2+}$

　　　　阴极：$Ni^{2+} + 2e^- \longrightarrow Ni$

（2）阳极：$2Cl^- - 2e^- \longrightarrow Cl_2 \uparrow$

　　　阴极：$Mg^{2+} + 2e^- \longrightarrow Mg$

（3）阳极：$4OH^- - 4e^- \longrightarrow 2H_2O + O_2 \uparrow$

　　　阴极：$2H^+ + 2e^- \longrightarrow H_2 \uparrow$

26. 电解镍盐溶液，其中 $c(Ni^{2+}) = 0.1\ mol \cdot L^{-1}$。如果在阴极上只要 Ni 析出，而不析出氢气，计算溶液的最小 pH（设氢气在 Ni 上的超电势为 0.21 V）。

**解**：电解镍盐溶液时，阴极可能发生的反应为

$$Ni^{2+} + 2e^- \longrightarrow Ni$$

$$2H^+ + 2e^- \longrightarrow H_2$$

Ni 的析出电势：

$$E(Ni^{2+}/Ni) = E^{\ominus}(Ni^{2+}/Ni) + \frac{0.059\ 2\ V}{2} \lg[c(Ni^{2+})]$$

$$= -0.257\ V + \frac{0.059\ 2\ V}{2} \lg 0.1$$

$$=-0.287\ \mathrm{V}$$

$H_2$ 的析出电势：

$$E(\mathrm{H^+/H_2}) = E^{\ominus}(\mathrm{H^+/H_2}) + \frac{0.059\ 2\ \mathrm{V}}{2}\lg[c(\mathrm{H^+})]^2 - \eta_{阴}$$

$$= 0.059\ 2\ \mathrm{V}\ \lg[c(\mathrm{H^+})] - 0.21\ \mathrm{V}$$

$$= -0.059\ 2\ \mathrm{V}\ \mathrm{pH} - 0.21\ \mathrm{V}$$

为使 $H_2$ 不析出，需满足 $E(\mathrm{Ni^{2+}/Ni}) \geqslant E(\mathrm{H^+/H_2})$

即　　　　　　　　　　　$-0.287\ \mathrm{V} \geqslant -0.059\ 2\ \mathrm{V}\ \mathrm{pH} - 0.21\ \mathrm{V}$

解得　　　　　　　　　　　　　　$\mathrm{pH} \geqslant 1.30$

即溶液的 pH 最小为 1.30。

27. 镀层破裂后，为什么镀锌铁（白铁）比镀锡铁（马口铁）耐腐蚀？

**答**：查表得 $E^{\ominus}(\mathrm{Fe^{2+}/Fe}) = -0.44\ \mathrm{V}$，$E^{\ominus}(\mathrm{Zn^{2+}/Zn}) = -0.762\ 6\ \mathrm{V}$，$E^{\ominus}(\mathrm{Sn^{2+}/Sn}) = -0.136\ \mathrm{V}$。

在镀锌铁中，当镀层破裂后，锌和铁组成了腐蚀电池，由于 $E^{\ominus}(\mathrm{Zn^{2+}/Zn}) < E^{\ominus}(\mathrm{Fe^{2+}/Fe})$，锌作为腐蚀电池的阳极被腐蚀，铁作为腐蚀电池的阴极被保护；而在镀锡铁中，当镀层破裂后，锡和铁组成了腐蚀电池，由于 $E^{\ominus}(\mathrm{Fe^{2+}/Fe}) < E^{\ominus}(\mathrm{Sn^{2+}/Sn})$，铁作为腐蚀电池的阳极被腐蚀，锡作为腐蚀电池的阴极被保护。因此镀层破裂后，镀锌铁（白铁）比镀锡铁（马口铁）耐腐蚀。

28. 为什么铁制的工具沾上泥土处很容易生锈？

**答**：因为铁制工具中沾上泥土处和未沾泥土处氧气的浓度不同，形成了氧浓差腐蚀电池。沾上泥土处由于氧气的浓度低，作为腐蚀电池的阳极被腐蚀，未沾泥土处氧气的浓度高，作为腐蚀电池的阴极被保护。

# 自我检测

## 一、选择题

1. 关于电极电势，下列叙述正确的是（　　　）。

A. 电极反应中，增加氧化态物质的浓度，原电池的电动势降低

B. $E^{\ominus}$ 值较小的电对中的氧化态物质也有可能氧化 $E^{\ominus}$ 值较大的电对中的还原态物质

C. 原电池的电动势越大，电池反应的反应速率越快

D. 氧化还原反应进行的方向是氧化能力较强的氧化型物质氧化还原能力较弱的还原型物质

2. 下列物理量中，与化学反应方程式的写法无关的是（　　　）。

A. 反应的标准摩尔焓变　　　　　　　　B. 反应的标准摩尔熵变

C. 标准平衡常数　　　　　　　　　　　D. 电极电势

3. 将铜棒插在不同浓度的硫酸铜溶液中形成浓差电池，关于该电池的电动势，下列描述正确的是（　　　）。

A. $E^{\ominus}=0$，$E=0$　　　B. $E^{\ominus}\neq0$，$E=0$　　　C. $E^{\ominus}=0$，$E\neq0$　　　D. $E^{\ominus}\neq0$，$E\neq0$

4. 已知 $E^{\ominus}(Cl_2/Cl^-)=1.358\ 3\ V$，$E^{\ominus}(I_2/I^-)=0.535\ 5\ V$。在标准状态下能还原 $Cl_2$，但不能还原 $I_2$ 的还原剂，与其对应的氧化态组成电极的 $E^{\ominus}$ 值所在的范围是（    ）。

A. $0.535\ 5\ V<E^{\ominus}<1.358\ 3\ V$ 　　　　B. $1.358\ 3\ V\leqslant E^{\ominus}$

C. $0.535\ 5\ V\leqslant E^{\ominus}$ 　　　　　　D. $E^{\ominus}<1.358\ 3\ V$

5. 下列电对中标准电极电势最大的是（    ）。

A. $Ag^+/Ag$ 　　　B. $AgCl/Ag$ 　　　C. $AgBr/Ag$ 　　　D. $AgI/Ag$

6. 已知电极反应 $Cu^{2+}+2e^-\ {=\!=\!=}\ Cu$ 的标准电极电势为 $0.340\ V$，则电极反应 $2Cu-4e^-\ {=\!=\!=}\ 2Cu^{2+}$ 的标准电极电势为（    ）。

A. $0.680\ V$ 　　　B. $-0.680\ V$ 　　　C. $0.340\ V$ 　　　D. $-0.340\ V$

7. 已知以下三个反应：（1）$A+B^+\longrightarrow A^++B$，（2）$A+B^{2+}\longrightarrow A^{2+}+B$，（3）$A+B^{3+}\longrightarrow A^{3+}+B$ 的平衡常数数值相同，判断下列哪种说法正确（    ）。

A. 反应(1)的 $E^{\ominus}$ 值最大，反应(3)的 $E^{\ominus}$ 值最小

B. 反应(3)的 $E^{\ominus}$ 值最大，反应(1)的 $E^{\ominus}$ 值最小

C. 三个反应的 $E^{\ominus}$ 值相同

D. 无法判断

8. 罐头铁皮上镀有一层锡，当镀层损坏后，被腐蚀的金属是（    ）。

A. 铁 　　　　B. 锡 　　　　C. 铁和锡 　　　　D. 无法判断

9. 用锌做阴极，电解氯化锌水溶液，在阴极上首先被还原的离子是（    ）。

A. $H^+$ 　　　　B. $OH^-$ 　　　　C. $Cl^-$ 　　　　D. $Zn^{2+}$

10. 已知 $E^{\ominus}(Co^{2+}/Co)=-0.277\ V$，$E^{\ominus}(Ni^{2+}/Ni)=-0.257\ V$。在标准态下反应的方向为 $Ni^{2+}+Co\longrightarrow Ni+Co^{2+}$，若想使反应逆向进行，可以采取的措施为（    ）。

A. 增加 $Ni^{2+}$ 的浓度 　　　　　B. 增加 Ni 的用量

C. 增加 $Co^{2+}$ 的浓度 　　　　　D. 增加 Co 的用量

11. 欲使铜－锌原电池$(-)Zn|Zn^{2+}(c_1)\|Cu^{2+}(c_2)|Cu(+)$的电动势增加，可以采取的措施有（    ）。

A. 增加 $c(Zn^{2+})$ 　　　　　B. 增加 $c(Cu^{2+})$

C. 减少 $c(Cu^{2+})$ 　　　　　D. 增加电极的尺寸

12. 在标准态下将反应 $2Fe^{3+}+Cu\ {=\!=\!=}\ 2Fe^{2+}+Cu^{2+}$，改写成 $Fe^{3+}+\dfrac{1}{2}Cu\ {=\!=\!=}\ Fe^{2+}+\dfrac{1}{2}Cu^{2+}$ 后，下列说法中不正确的是（    ）。

A. 电子得失数不同 　　　　　B. 组成原电池后，电池的电动势相同

C. 反应的 $K^{\ominus}$ 不同 　　　　　D. 组成原电池后，铜做原电池的正极

## 二、判断题

1. 加酸可以使电极的电极电势升高。（    ）

2. 标准氢电极的电极电势是通过实验测得的。（    ）

3. 溶液中同时存在几种还原剂，它们都能和某一种氧化剂发生反应，通常情况下，电极

电势相差大的氧化还原反应优先进行。（　　　）

4. 过氧化氢既可以作氧化剂，又可以作还原剂。（　　　）

5. 在氧化还原反应中，凡是 $E^\ominus$ 值小的氧化态一定不能氧化 $E^\ominus$ 值大的还原态。（　　　）

6. 微小浓度的改变就很容易逆转的氧化还原反应是那些 $E^\ominus$ 值接近零的反应。（　　　）

7. 对于半电池反应 $H_2O_2 + 2OH^- \longrightarrow 2H_2O + O_2\uparrow + 2e^-$，过氧化氢是该电池反应的氧化态物质。（　　　）

8. 电解时，由于电化学极化，在阴极上产生的超电势使阳离子在阴极上的析出电势代数值降低。（　　　）

9. 氧化还原反应 $2Ag^+ + Cu \Longrightarrow Cu^{2+} + 2Ag$，改写成 $4Ag^+ + 2Cu \Longrightarrow 2Cu^{2+} + 4Ag$，在标准态下，原电池的电动势不变。（　　　）

10. 两个电对如果能组成原电池，$E^\ominus$ 值小的一定作负极。（　　　）

## 三、填空题

1. 电对 $Cl_2/Cl^-$，$H^+/H_2$，$MnO_4^-/Mn^{2+}$，随 $H^+$ 浓度的增加，电极电势增大的电对是_____，电极电势不变的是_____。

2. 对于氧化还原电对，当还原型物质生成沉淀时，电极电势将_____，氧化型物质生成弱电解质时，电极电势将_____。

3. 不能用铁制容器盛放硫酸铜溶液的原因是_____。

4. 由能斯特方程可知，影响电极电势的主要因素有_____，_____，_____，_____。

5. 原电池的_____极发生的是氧化反应，_____极发生的是还原反应。

6. 常用的参比电极是_____。

7. 已知 $E^\ominus(Zn^{2+}/Zn) = -0.7626$ V，$E^\ominus(H^+/H_2) = 0.00$ V，用两个电极组成原电池，电池符号为_____。在 298.15 K，原电池的电动势为 0.50 V，锌电极的电极电势为 $-0.80$ V，则锌电极中锌离子的浓度 $c_1 = $_____ $mol \cdot L^{-1}$，氢电极的电极电势 $E(H^+/H_2) = $_____ V，氢半电池中氢离子的浓度 $c_2 = $_____ $mol \cdot L^{-1}$，氢半电池中溶液的 pH = _____，该氧化还原反应达到平衡时，反应的 $\Delta_r G_m = $_____ $kJ \cdot mol^{-1}$。

## 四、计算题

1. 25 ℃，在一标准氢电极中加入醋酸钠溶液，生成醋酸，当平衡时保持 $p(H_2) = p^\ominus$，$c(HAc) = c(Ac^-) = 1.0$ $mol \cdot L^{-1}$。若将此电极与另一个浸入 0.10 $mol \cdot L^{-1}$ $FeCl_2$ 溶液中的铁棒连接，组装成原电池，求此电池的电动势，并写出电池符号。已知 $E^\ominus(Fe^{2+}/Fe) = -0.44$ V，$K_a^\ominus(HOAc) = 1.8 \times 10^{-5}$。

2. 在 $Cu^{2+}$，$Ag^+$ 的混合液中加入锌粉，若混合液中 $c(Cu^{2+}) = 0.1$ $mol \cdot L^{-1}$，$c(Ag^+) = 0.01$ $mol \cdot L^{-1}$，先被还原的是哪种金属离子？已知 $E^\ominus(Cu^{2+}/Cu) = 0.340$ V，$E^\ominus(Ag^+/Ag) = 0.799$ 1 V。

3. 25 ℃、标准态下，将 $Ag^+/Ag$ 与 $Zn^{2+}/Zn$ 组装成原电池，已知 $E^\ominus(Ag^+/Ag) = 0.799$ 1 V，$E^\ominus(Zn^{2+}/Zn) = -0.7626$ V，$K_{sp}^\ominus(AgI) = 8.52 \times 10^{-17}$。

（1）写出电池反应，计算反应的标准平衡常数。

（2）计算当 $c(Ag^+)=0.1\ mol \cdot L^{-1}$，$c(Zn^{2+})=0.01\ mol \cdot L^{-1}$ 时，电池的电动势。

（3）在 $Ag^+/Ag$ 电极中加入固体 KI，使 $c(I^-)=1.0\ mol \cdot L^{-1}$，$Zn^{2+}/Zn$ 电极处于标准态，原电池的电动势为多少？

4. 在 pH=2，其他有关离子浓度为 $1.0\ mol \cdot L^{-1}$ 时，将电对 $Cr_2O_7^{2-}/Cr^{3+}$，$Fe^{3+}/Fe^{2+}$ 组装成原电池，计算原电池的电动势，写出电极反应和电池反应。已知 $E^{\ominus}(Cr_2O_7^{2-}/Cr^{3+})=1.36\ V$，$E^{\ominus}(Fe^{3+}/Fe^{2+})=0.771\ V$。

## 五、问答题

1. 下列物质中硫的氧化数分别是多少？

$$SO_3,\ K_2S_2O_8,\ SO_2,\ H_2S,\ S$$

2. 用离子-电子法配平下列反应方程式：

（1）$Cl_2(g) + NaOH(aq) \xrightarrow{\Delta} NaCl(aq) + NaClO_3(aq)$

（2）$MnO_4^- + SO_3^{2-} \xrightarrow{OH^-} MnO_4^{2-} + SO_4^{2-}$

（3）$MnO_4^- + SO_3^{2-} \xrightarrow{中性} MnO_2 + SO_4^{2-}$

3. 已知 $E^{\ominus}(I_2/I^-)=0.535\ 5\ V$，$E^{\ominus}(H_2O_2/H_2O)=1.763\ V$，$E^{\ominus}(Cl_2/Cl^-)=1.358\ 3\ V$，$E^{\ominus}(Na^+/Na)=-2.714\ V$。

（1）写出最强的氧化剂和最强的还原剂；

（2）写出电极电势与氢离子浓度有关的电对；

（3）在上述电对中的哪些物质能把 $I^-$ 氧化成 $I_2$？

4. 要使 $I^-$、$Br^-$ 混合液中的 $I^-$ 氧化而 $Br^-$ 不被氧化，在 $K_2Cr_2O_7$、$KMnO_4$、$Fe_2(SO_4)_3$ 三种氧化剂中应选择哪种氧化剂进行氧化？已知 $E^{\ominus}(Br_2/Br^-)=1.065\ V$，$E^{\ominus}(I_2/I^-)=0.535\ 5\ V$，$E^{\ominus}(MnO_4^-/Mn^{2+})=1.51\ V$，$E^{\ominus}(Cr_2O_7^{2-}/Cr^{3+})=1.36\ V$，$E^{\ominus}(Fe^{3+}/Fe^{2+})=0.771\ V$。

5. 两根相同的铁管埋在地下，一根所处的土质环境比较均匀，另一根所处的不同土质环境不均匀，有的地方为黏质土，有的地方为沙质土。这两根铁管哪根腐蚀得快，为什么？

# 自我检测答案

## 一、选择题

1. B　　2. D　　3. C　　4. A　　5. A　　6. C　　7. D　　8. A　　9. D　　10. C
11. B　　12. D

## 二、判断题

1. ×　解析：只有 $H^+$ 或 $OH^-$ 参与电极反应时，加酸才可以使电极的电极电势升高，而对无 $H^+$ 或 $OH^-$ 参与电极反应的电极，加酸不改变电极的电极电势。

2. ×　解析：标准氢电极的电极电势为零是人为规定，不是通过实验测定的。

3. √

4. √

5. ×　解析：$E^{\ominus}$ 值小，$E$ 也有可能大，所以 $E^{\ominus}$ 值小的氧化态也有可能能氧化 $E^{\ominus}$ 大的还原态。

6. √

7. ×　解析：$O_2$ 是该电池反应的氧化态物质。

8. √

9. √

10. ×　解析：两个电对如果能组成原电池，$E$ 值小的作负极。$E^{\ominus}$ 值小，$E$ 也有可能大。

## 三、填空题

1. $MnO_4^-/Mn^{2+}$，$H^+/H_2$；$Cl_2/Cl^-$

2. 增大；减小

3. 铁和硫酸铜发生反应生成铜和硫酸亚铁

4. 电极本性；氧化态物质的浓度；还原态物质的浓度；温度

5. 负；正

6. 甘汞电极

7. $(-)Zn|Zn^{2+}(c_1)\|H^+(c_2)|H_2(p)|Pt(+)$；0.055；$-0.30$；$8.56\times10^{-6}$；5.07；0

## 四、计算题

1. 解：由 $K_a^{\ominus}(HOAc)=\dfrac{c(H^+)\cdot c(OAc^-)}{c(HOAc)}$ 可知

当 $c(HOAc)=c(OAc^-)=1.0\ mol\cdot L^{-1}$ 时，$c(H^+)=K_a^{\ominus}\ mol\cdot L^{-1}=1.8\times10^{-5}\ mol\cdot L^{-1}$

又因当平衡时保持 $p(H_2)=p^{\ominus}$

故
$$E(H^+/H_2)=E^{\ominus}(H^+/H_2)+\frac{0.059\,2\ V}{2}\lg[c(H^+)]^2$$

$$=0\ V+\frac{0.059\,2\ V}{2}\lg(1.8\times10^{-5})^2$$

$$=0.059\,2\ V\lg(1.8\times10^{-5})=-0.281\ V$$

$$Fe^{2+}+2\,e^-\longrightarrow Fe$$

$$E(Fe^{2+}/Fe)=E^{\ominus}(Fe^{2+}/Fe)+\frac{0.059\,2\ V}{2}\lg[c(Fe^{2+})]$$

$$=-0.44\ V+\frac{0.059\,2\ V}{2}\lg0.1$$

$$=-0.47\ V$$

电池的电动势：$E=E(H^+/H_2)-E(Fe^{2+}/Fe)=-0.281\ V-(-0.47\ V)=0.19\ V$

电池符号：$(-)Fe|Fe^{2+}(0.1\ mol\cdot L^{-1})\|H^+(1.8\times10^{-5}\ mol\cdot L^{-1})|H_2(p^{\ominus})\,|\,Pt(+)$

2. 解：$Cu^{2+}+2\,e^-\longrightarrow Cu$

$$E(\text{Cu}^{2+}/\text{Cu}) = E^{\ominus}(\text{Cu}^{2+}/\text{Cu}) + \frac{0.059\ 2\ \text{V}}{2}\lg[c(\text{Cu}^{2+})]$$

$$= 0.340\ \text{V} + \frac{0.059\ 2\ \text{V}}{2}\ \lg 0.1$$

$$= 0.310\ 4\ \text{V}$$

$$\text{Ag}^{+} + \text{e}^{-} \longrightarrow \text{Ag}$$

$$E(\text{Ag}^{+}/\text{Ag}) = E^{\ominus}(\text{Ag}^{+}/\text{Ag}) + 0.059\ 2\ \text{V}\lg[c(\text{Ag}^{+})]$$

$$= 0.799\ 1\ \text{V} + 0.059\ 2\ \text{V}\lg 0.01$$

$$= 0.680\ 7\ \text{V}$$

氧化还原反应优先发生在电极电势差值大的电对之间，所以当 Zn 粉加入 $\text{Cu}^{2+}$，$\text{Ag}^{+}$ 混合液中，先被还原的是 $\text{Ag}^{+}$。

3. 解：（1）电池反应：$2\text{Ag}^{+} + \text{Zn} \longrightarrow \text{Zn}^{2+} + 2\text{Ag}$

$$\lg K^{\ominus} = \frac{zE^{\ominus}}{0.059\ 2\ \text{V}} = \frac{z[E^{\ominus}_{+} - E^{\ominus}_{-}]}{0.059\ 2\ \text{V}}$$

$$= \frac{2 \times [0.799\ 1 - (-0.762\ 6)]\text{V}}{0.059\ 2\ \text{V}} = 52.76$$

则
$$K^{\ominus} = 5.75 \times 10^{52}$$

（2）当 $c(\text{Ag}^{+}) = 0.1\ \text{mol} \cdot \text{L}^{-1}$，$c(\text{Zn}^{2+}) = 0.01\ \text{mol} \cdot \text{L}^{-1}$ 时，

$$E(\text{Ag}^{+}/\text{Ag}) = E^{\ominus}(\text{Ag}^{+}/\text{Ag}) + 0.059\ 2\ \text{V}\lg[c(\text{Ag}^{+})]$$

$$= 0.799\ 1\ \text{V} + 0.059\ 2\ \text{V}\lg 0.1$$

$$= 0.739\ 9\ \text{V}$$

$$E(\text{Zn}^{2+}/\text{Zn}) = E^{\ominus}(\text{Zn}^{2+}/\text{Zn}) + \frac{0.059\ 2\ \text{V}}{2}\lg[c(\text{Zn}^{2+})]$$

$$= -0.762\ 6\ \text{V} + \frac{0.059\ 2\ \text{V}}{2}\lg 0.01$$

$$= -0.821\ 8\ \text{V}$$

$$E = E(\text{Ag}^{+}/\text{Ag}) - E(\text{Zn}^{2+}/\text{Zn})$$

$$= 0.739\ 9\ \text{V} - (-0.821\ 8\ \text{V}) = 1.561\ 7\ \text{V}$$

（3）加入 KI 溶液，可生成 AgI 沉淀，即 $\text{Ag}^{+} + \text{I}^{-} \longrightarrow \text{AgI} \downarrow$

又因 $K^{\ominus}_{\text{sp}}(\text{AgI}) = c(\text{Ag}^{+}) \cdot c(\text{I}^{-})$，其中使 $c(\text{I}^{-}) = 1.0\ \text{mol} \cdot \text{L}^{-1}$

则
$$c(\text{Ag}^{+}) = K^{\ominus}_{\text{sp}}(\text{AgI})\ \text{mol} \cdot \text{L}^{-1}$$

$$E(\text{Ag}^{+}/\text{Ag}) = E^{\ominus}(\text{Ag}^{+}/\text{Ag}) + 0.059\ 2\ \text{V}\lg[c(\text{Ag}^{+})]$$

$$= 0.799\ 1\ \text{V} + 0.059\ 2\ \text{V}\lg K^{\ominus}_{\text{sp}}(\text{AgI})$$

$$= 0.799\ 1\ \text{V} + 0.059\ 2\ \text{V}\lg(8.52 \times 10^{-17}) = -0.152\ \text{V}$$

$$E = E(\text{Ag}^+/\text{Ag}) - E^{\ominus}(\text{Zn}^{2+}/\text{Zn}) = -0.152\ \text{V} - (-0.762\ 6\ \text{V}) = 0.610\ 6\ \text{V}$$

4. 解：$\text{Cr}_2\text{O}_7^{2-} + 14\,\text{H}^+ + 6\,\text{e}^- \longrightarrow 2\,\text{Cr}^{3+} + 7\text{H}_2\text{O}$

$$E(\text{Cr}_2\text{O}_7^{2-}/\text{Cr}^{3+}) = E^{\ominus}(\text{Cr}_2\text{O}_7^{2-}/\text{Cr}^{3+}) + \frac{0.059\ 2\ \text{V}}{6} \lg \frac{c(\text{Cr}_2\text{O}_7^{2-}) \cdot [c(\text{H}^+)]^{14}}{[c(\text{Cr}^{3+})]^2}$$

$$= 1.36\ \text{V} + \frac{0.059\ 2\ \text{V}}{6} \lg(10^{-2})^{14} = 1.084\ \text{V}$$

$$E(\text{Fe}^{3+}/\text{Fe}^{2+}) = E^{\ominus}(\text{Fe}^{3+}/\text{Fe}^{2+}) = 0.771\ \text{V}$$

$$E = E(\text{Cr}_2\text{O}_7^{2-}/\text{Cr}^{3+}) - E(\text{Fe}^{3+}/\text{Fe}^{2+}) = 1.084\ \text{V} - 0.771\ \text{V} = 0.313\ \text{V}$$

负极反应：$\text{Fe}^{2+} - \text{e}^- \longrightarrow \text{Fe}^{3+}$

正极反应：$\text{Cr}_2\text{O}_7^{2-} + 14\text{H}^+ + 6\text{e}^- \longrightarrow 2\text{Cr}^{3+} + 7\text{H}_2\text{O}$

电池反应：$\text{Cr}_2\text{O}_7^{2-} + 14\text{H}^+ + 6\text{Fe}^{2+} \longrightarrow 2\text{Cr}^{3+} + 7\text{H}_2\text{O} + 6\text{Fe}^{3+}$

电池符号：$(-)\text{Pt} \mid \text{Fe}^{3+}(1\ \text{mol} \cdot \text{L}^{-1})$，$\text{Fe}^{2+}(1\ \text{mol} \cdot \text{L}^{-1}) \parallel \text{Cr}_2\text{O}_7^{2-}\ (1\ \text{mol} \cdot \text{L}^{-1})$，$\text{H}^+(10^{-2}\ \text{mol} \cdot \text{L}^{-1})$，$\text{Cr}^{3+}(1\ \text{mol} \cdot \text{L}^{-1}) \mid \text{Pt}(+)$

也可简写为$(-)\text{Pt} \mid \text{Fe}^{3+}$，$\text{Fe}^{2+} \parallel \text{Cr}_2\text{O}_7^{2-}$，$\text{H}^+(10^{-2}\ \text{mol} \cdot \text{L}^{-1})$，$\text{Cr}^{3+} \mid \text{Pt}(+)$

## 五、问答题

1. 答：上述物质中硫的氧化数分别为 $+6$，$+6$，$+4$，$-2$，$0$。

2. 解：（1）

$$5 \left| \begin{array}{l} \text{Cl}_2 + 2\text{e}^- \longrightarrow 2\text{Cl}^- \\ \text{Cl}_2 + 12\text{OH}^- - 10\text{e}^- \longrightarrow 2\text{ClO}_3^- + 6\text{H}_2\text{O} \end{array} \right.$$
$$+)\ 1$$
$$\overline{\qquad 6\text{Cl}_2 + 12\text{OH}^- \longrightarrow 10\text{Cl}^- + 2\text{ClO}_3^- + 6\text{H}_2\text{O} \qquad}$$

化简得 $\qquad 3\text{Cl}_2 + 6\text{OH}^- === 5\text{Cl}^- + \text{ClO}_3^- + 3\text{H}_2\text{O}$

配平后的方程式为 $\quad 3\text{Cl}_2 + 6\text{NaOH} === 5\text{NaCl} + \text{NaClO}_3 + 3\text{H}_2\text{O}$

（2）

$$1 \left| \begin{array}{l} \text{SO}_3^{2-} + 2\text{OH}^- - 2\text{e}^- \longrightarrow \text{SO}_4^{2-} + \text{H}_2\text{O} \\ \text{MnO}_4^- + \text{e}^- \longrightarrow \text{MnO}_4^{2-} \end{array} \right.$$
$$+)\ 2$$
$$\overline{\qquad 2\text{MnO}_4^- + \text{SO}_3^{2-} + 2\text{OH}^- \longrightarrow \text{SO}_4^{2-} + 2\text{MnO}_4^{2-} + \text{H}_2\text{O} \qquad}$$

（3）

$$3 \left| \begin{array}{l} \text{SO}_3^{2-} + \text{H}_2\text{O} - 2\text{e}^- \longrightarrow \text{SO}_4^{2-} + 2\text{H}^+ \\ \text{MnO}_4^- + 2\text{H}_2\text{O} + 3\text{e}^- \longrightarrow \text{MnO}_2 + 4\text{OH}^- \end{array} \right.$$
$$+)\ 2$$

$$2\text{MnO}_4^- + 3\text{SO}_3^{2-} + \text{H}_2\text{O} \xrightarrow{\text{中性}} 2\text{MnO}_2 \downarrow + 3\text{SO}_4^{2-} + 2\text{OH}^-$$

3. 答：（1）在题中所述的电对中，$E^{\ominus}(\text{H}_2\text{O}_2/\text{H}_2\text{O})$ 的值最大，$E^{\ominus}(\text{Na}^+/\text{Na})$ 的值最小，所以最强的氧化剂是 $\text{H}_2\text{O}_2$，最强的还原剂是 $\text{Na}$。

（2）电极电势与氢离子浓度有关的电对是 $H_2O_2/H_2O$，因为氢离子参与该电对的电极反应。

（3）上述电对中，能把 $I^-$ 氧化成 $I_2$ 的物质有 $H_2O_2$ 和 $Cl_2$。

4. 答：欲使 $I^-$、$Br^-$ 混合液中的 $I^-$ 氧化而 $Br^-$ 不被氧化，所选氧化剂所在电对的电极电势应大于 $E^{\ominus}(I_2/I^-)$，小于 $E^{\ominus}(Br_2/Br^-)$，所以应该选择 $Fe_2(SO_4)_3$。

5. 答：埋在土质环境不均匀的地方埋的铁管腐蚀得快，因为土质环境不均匀的地方，铁管周围氧气的浓度不同，其中埋在黏质土下的部分氧气浓度小，而埋在沙质土下的部分氧气浓度大，形成了氧浓差腐蚀电池，腐蚀速度快。而铁管埋在土质环境均匀的地下，氧气浓度差别不大，腐蚀速度慢。

## 拓展思考题

1. 1936 年德国考古学家在巴格达发现了 Parthian 时代称为巴格达电池的发掘物。这个电池是将铜制圆筒埋在壶中，在它的中心插入铁棒，灌入醋或葡萄酒即可得到电流。试利用电池的固定表示方法，写出该电池的正、负极反应及电池总反应。

2. 伏特（A.Volta，1745—1827），意大利物理学家，巴黎科学院外籍院士。1745 年 2 月 18 日出生于科莫。1774 年，伏特担任科莫大学预科物理教授。同年，发明起电盘，这是靠静电感应原理提供电的装置。1779 年担任帕维亚大学实验物理学教授。1782 年成为法国科学学会的成员，1791 年英国皇家学会聘请他为国外会员，1794 年又因创立伽伐尼电的接触学说被授予科普利奖章。1801 年，拿破仑召他到巴黎表演电堆实验并授予他金质奖章和伯爵称号。

伏特的主要成就是在 1800 年发现了伏打电堆。在伽伐尼实验的基础上，将两种金属相互接触，中间隔一张湿润的纸，就会有电效应产生，而且发现当金属浸入某些溶液时，也会有同样的效应。他曾用几只碗盛了盐水，把几对黄铜和锌做成的电极连接起来，构成所谓的电堆，就会有电流产生。伏打电堆的发现，使科学家可以用比较大的持续电流来进行各种电学研究，对化学研究也产生了巨大的推进作用。为了纪念他，科学界用他的姓氏命名电压的单位，即"伏特"。伏特于 1827 年 3 月 5 日逝世。

伏打电池（如图 5-2 所示）作为利用化学能转化为电能的装置，为什么在现有的电池装置中没有得到广泛应用？

3. 戴维（S.H.Davy，1778—1829），英国化学家、发明家，电化学的开拓者之一。1778 年出生于英国彭赞斯贫民家庭。17 岁开始自修化学，1799 年他因发现笑气（$N_2O$）的麻醉作用开始引起关注。在化学领域，他的最大贡献是开辟了用电解法制取金属元素的新途径，即用伏打电池来研究电的化学效应。

1800 年，意大利物理学家伏特宣布发明了伏打电池，使人类第一次获得了可供实用的持续电流。同年，英国的尼科尔逊和卡里斯尔采用伏打电池电解水获得成功，使人们认识到电可应用于化学研究。对此，戴维也陷入思考之中。电既

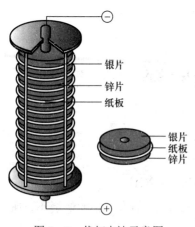

图 5-2 伏打电池示意图

银片
锌片
纸板

银片
纸板
锌片

－

＋

然能电解水，那么对于盐溶液、固体化合物会产生什么作用呢？他开始研究各种电解质的电解作用，电解了苛性碱，发现了钾、钠等碱金属，又制取了镁、锶、钡等碱土金属。电化学实验之花在戴维手中结出了丰硕的果实。他被认为是发现元素最多的科学家，于1820年当选英国皇家化学会主席。

通过查阅文献，简述碱金属 Li、Na、K，碱土金属 Mg、Ca、Sr，以及 Al 等是如何通过电解的方法来制取的。

4. 氧气在自然界中含量是非常丰富的，而且其反应后的副产物是水，因此，从经济和环保两个方面来讲，氧气是最理想的氧化剂。但为什么大多数的有机化合物能在自然界中稳定存在，而不被氧化？

5. 金属活泼性是指金属单质在水溶液中失去电子生成金属阳离子的倾向。而金属的还原性只与金属失电子能力有关，其判定依据是标准电极电势，属于热力学范畴。一般来说，标准电极电势越小，金属的还原性越强，其金属的活泼性也应该越强。但也有例外。例如，锂是碱金属中还原性最强的元素，$E^{\ominus}(\text{Li}^+/\text{Li}) = -3.040\ \text{V}$，远远小于 $E^{\ominus}(\text{Cs}^+/\text{Cs}) = -2.923\ \text{V}$。然而，锂与水的反应不如铯与水的反应剧烈，可较缓和地进行，这是为什么呢？

6. 维生素 C，又名 L-抗坏血酸，分子式为 $C_6H_8O_6$，分子中有多个羟基，是一种水溶性的维生素，有酸味。存在于新鲜蔬菜和水果中，尤其是柑橘类水果中维生素 C 含量丰富。在临床上治疗缺铁性贫血时，硫酸亚铁等铁剂是常用的药物，试用氧化还原反应的原理解释为什么治疗缺铁性贫血时，患者需要补充维生素 C。

# 知识拓展

## 新能源汽车电池

化学电池是将氧化还原反应过程中的化学能转化为电能的装置。但是，要把化学电池作为实用的电源，设计时必须考虑到实用上的要求，如电压比较高，电容量比较大，电极反应容易控制，体积小便于携带以及适当的价格等。化学电池的种类很多，按其使用特点大体可分为一次性电池、蓄电池和燃料电池三大类。一次性电池放电之后不能再使用，如通常使用的锌锰电池、氧化银电池等；蓄电池放电之后可充电反复使用，又称为二次电池；燃料电池又称为连续电池，通过不断地向正、负极输送反应物质实现连续放电。

由于燃油汽车造成的环境污染日益严重，在石油资源逐步耗竭、环境污染日益严重的今天，汽车保有量的急剧增加给资源和环境带来了更大的压力。为了应对汽车尾气造成的环境污染，目前世界各国都加紧了对电动汽车的研究，电动汽车中最关键的是电源，下面介绍几种在新能源汽车上应用较广的二次电池。

1. 铅酸蓄电池

1859年，法国人普兰特发明了铅酸蓄电池。它是一种最常用的蓄电池，电极是铅锑合金制成的栅状极片，分别填塞 $PbO_2$ 和海绵状金属铅作为正极和负极，并以稀硫酸（质量密度

为 $1.25\sim1.30\ kg\cdot L^{-1}$）作为电解质溶液。

解释铅酸蓄电池工作原理的理论是"双极硫酸盐理论"。放电时，负极铅转化为硫酸铅，正极二氧化铅转化为硫酸铅。放电时两极反应为

负极（Pb 极）：$Pb(s) + SO_4^{2-}(aq) - 2e^- \Longrightarrow PbSO_4(s)$　$E_-^{\ominus} = -0.356\ V$

正极（$PbO_2$ 极）：$PbO_2(s) + SO_4^{2-}(aq) + 4H^+(aq) + 2e^- \Longrightarrow PbSO_4(s) + 2\ H_2O(l)$

$$E_+^{\ominus} = 1.69\ V$$

电池总反应：$Pb(s) + PbO_2(s) + 2H_2SO_4(aq) \Longrightarrow 2PbSO_4(s) + 2\ H_2O(l)$

$$E^{\ominus} = 2.05\ V$$

在放电时，随着 $PbSO_4$ 沉淀的析出和 $H_2O$ 的生成，硫酸的浓度降低、密度减小，因而可用密度计测量硫酸的密度，以检查蓄电池的情况。当质量密度低于 $1.20\ kg\cdot L^{-1}$ 时，需充电才能使用。

充电时，电源正极与蓄电池进行氧化反应的阳极相接，负极与进行还原反应的阴极相接。与放电过程相反，硫酸铅转化为二氧化铅和纯铅。其充电反应为

阳极反应：$PbSO_4(s) + 2H_2O(l) \Longrightarrow PbO_2(s) + 4H^+(aq) + SO_4^{2-}(aq) + 2e^-$

阴极反应：$PbSO_4(s) + 2e^- \Longrightarrow Pb(s) + SO_4^{2-}(aq)$

总充电反应：$2PbSO_4(s) + 2H_2O(l) \Longrightarrow PbO_2(s) + Pb(s) + 2H_2SO_4(aq)$

随着不断充电，电池的电动势和硫酸的浓度不断升高。经充电后，蓄电池又恢复原状，即可再次使用。但充电放电的循环周期并非无限，因此，它有一定的使用寿命。

由于铅酸电池性能可靠、价格低廉、工作温度范围广，以及高倍率放电等优点，目前仍被广泛用作内燃机汽车的起动动力源。但它的比功率和能量密度都很低，使用寿命短，以它做电池的电动车车速及续航里程较差。此外，铅酸蓄电池含有对环境危害大的铅和硫酸，随着环境污染的加剧，它的应用受到一定的限制，需寻找新的环境友好型的电池来代替铅酸电池。

2. 镍氢电池

镍氢电池是一种发展迅速的新型高能绿色电池，它的诞生应该归功于储氢合金的发现。有些储氢合金具有在强碱性电解质溶液中反复充放电并长期稳定存在的性能，这为人们提供了一种优良的电池负极材料。镍氢电池的负极材料就采用了贮氢合金，正极材料为 $Ni(OH)_2$，电解液为 KOH 溶液。

和铅酸蓄电池相比，镍氢电池在电池性能和环境友好型方面优势显著。它具有较高的比容量和比能量、无记忆效应、可快速充放电、循环寿命长、环境友好等优点，被广泛地用作新能源汽车动力电池使用，现在主要应用于混合电动车。

镍氢电池的电极反应为

正极：$Ni(OH)_2 + OH^- \xrightarrow[\text{放电}]{\text{充电}} NiOOH + H_2O + e^-$

负极：$M + H_2O + e^- \xrightarrow[\text{放电}]{\text{充电}} MH + OH^-$

电池总反应：$M + Ni(OH)_2 \xrightarrow[\text{放电}]{\text{充电}} NiOOH + MH$

上式中 M 为贮氢合金，MH 为吸附了氢原子的贮氢合金。

电池充电时，水电解生成的 $H_2$ 被贮氢合金所吸收， $Ni(OH)_2$ 氧化成 $NiOOH$。

电池放电时，金属氢化物中的氢被氧化成 $H_2O$，电子释放到电路中，$NiOOH$ 还原成 $Ni(OH)_2$。

### 3. 锂离子电池

锂是元素周期表中相对原子质量最小（6.941），密度最低（20 ℃为 $0.534 \ g \cdot cm^{-3}$）和电极电势最低（$-3.040 \ V$）的金属。锂电池分为锂金属电池和锂离子电池两类。在锂离子电池出现以前，人们最早研究的是锂金属电池。但由于金属锂化学活性高，加工和保存困难，充放电过程中沉积在负极上的锂会造成充放电效率低，还会引起电池内部短路。这些缺点限制了锂金属电池的发展。

1982 年，美国伊利诺伊理工大学的科研人员发现锂离子可以快速嵌入石墨，并且这个过程是可逆的。这一发现激起了人们以锂离子代替锂金属制备电池的研究。1990 年日本索尼公司发明了以石油焦炭为负极，以含锂的化合物 $LiCoO_2$ 作正极的锂离子电池。锂离子电池在安全性、比容量、自放电率等方面均优于锂金属电池，与其他二次电池相比，锂离子电池具有比能量高、循环寿命长、工作电压高、工作温度范围宽、无记忆效应、无污染等显著优势。

（1）工作原理　锂离子电池的充放电过程实质上就是锂离子的嵌入和脱嵌过程，在这个过程中，同时伴随着与锂离子等当量电子的插入和脱插。

当对电池进行充电时，锂离子在电池的正极上生成，经过电解液运动到负极，然后嵌入到负极碳材料的碳层中，在电池内形成锂碳层间化合物，嵌入的锂离子越多，充电容量越高。电池在使用过程中放电时，嵌在负极碳层中的锂离子脱出，又返回正极，回到正极的锂离子越多，放电容量越高。在充放电过程中，锂离子在正负极间嵌入脱出往复运动，犹如来回摆动的摇椅，因此锂离子电池又被称为"摇椅"电池。

以石墨/磷酸亚铁锂为例，电池的电极反应和电池反应分别为

正极反应：

充电时　$LiFePO_4 \longrightarrow Li_{1-x}FePO_4 + xLi^+ + xe^-$　（锂离子脱嵌）

放电时　$Li_{1-x}FePO_4 + xLi^+ + xe^- \longrightarrow LiFePO_4$　（锂离子嵌入）

负极反应：

充电时　$xLi^+ + xe^- + 6C \longrightarrow Li_xC_6$　（锂离子插入）

放电时　$Li_xC_6 \longrightarrow xLi^+ + xe^- + 6C$　（锂离子脱插）

（2）电极材料　锂离子电池由正极、负极和电解质三个部分组成。锂离子电池的性能很大程度上取决于电极材料的性能和制备工艺。锂离子电池电极材料的特点是锂离子可以嵌入或脱嵌。

负极材料：锂离子电极负极材料目前主要以碳基材料为主，包括如石墨、热解碳、碳纤维、焦炭等，石墨负极材料已成功商品化。正在探索的负极材料有氮化物、锡基氧化物、锡合金、纳米负极材料等。

正极材料：锂离子电池的正极材料是锂离子的贮存库，主要是锂的过渡金属氧化物。和

负极材料相比，正极材料能量密度和功率密度低，是制约锂离子电池大规模推广应用的关键，寻求高能量密度、高功率密度、环境友好和价格便宜的正极材料，是世界各国科研人员的研究热点。

最早用于商品化的锂离子电池中的正极材料为锂钴氧化物 $LiCoO_2$，它是目前小型锂离子电池普遍采用的正极材料。由于钴材料成本较高，资源缺乏，其发展空间受到限制，世界各国都在积极研究取代 $LiCoO_2$ 的材料。含有镍钴锰三元过渡金属的层状氧化物（简称三元材料），由于在层状结构中以 Ni 和 Mn 取代部分钴，减少了钴用量，降低了成本，提高了安全性和晶体结构稳定性。尖晶石锰酸锂（$LiMn_2O_4$）导电、导锂性能优良、安全性好，还具有原料资源丰富、成本低廉的优点，是优良的正极材料，一度成为动力锂离子电池正极材料的希望，缺点是循环性能差（尤其在高温下），比能量低。

和传统的正极材料相比，橄榄石型磷酸亚铁锂，具有安全性高，耐高温，循环性能优良、环境友好等突出特点，成为当前主流的动力锂离子电池的安全正极材料。

电解液：电解液是影响锂离子电池功率和安全性能的重要因素。锂离子电池充放电电位较高，而且它的阳极材料嵌有化学活性较高的锂，所以锂离子电池的电解质不能含有水，必须采用有机化合物。为了提高有机物的离子导电率，要在有机溶剂中加入可溶解的导电盐。根据所用电解质材料的不同，锂离子电池分为液态锂离子电池和聚合物锂离子电池。

液态锂离子电池使用的电解液是溶解于混合有机溶剂中的锂盐，在常温下为液态，常用的是溶解在碳酸酯类溶剂中的六氟磷酸锂电解液。聚合物锂离子电池（也称塑料锂离子电池）采用的是固体聚合物电解质，目前大部分采用聚合物胶体电解质。和液态锂离子电池相比，聚合物锂离子电池的安全性高，避免了液态锂离子电池很有可能存在的漏液问题；可做到薄形化（最薄可达 0.5 mm）、面积和形状的任意化，大大提高了电池造型设计的灵活性；它的单位能量比目前的一般锂离子电池高。聚合物锂离子电池被誉为 "21 世纪的电池"，将逐步取代液态锂离子电池，是锂离子电池的主流。

锂离子电池是一种新型的高级电源，目前在移动电话、笔记本电脑、照相机等小型便携式电子设备领域占据了主导地位。在空间技术领域，锂离子电池将是继镍氢电池后的第二代空间电池。

和镍氢蓄电池相比，锂离子电池具有比能量高、循环性能好的独特优点，是未来电动汽车用轻型高能动力电池的首选电源，镍氢电池逐步被动力锂电池取代。

4. 锌空气电池

锌空气电池是金属空气电池的一种，是以空气中的氧气为正极活性物质，金属锌为负极活性物质，碱性溶液为电解液，将化学能转变为电能的装置。因为锌是自然界中资源分布较广的金属元素，所以其在电极材料的成本上要远低于锂离子电池。此外，锌空气电池储存更多的能量，理论上其储电量是锂离子电池的 5 倍。更重要的是，锌空气电池相对于锂离子电池更安全、更环保。虽然锂离子电池很轻便，供电效率高，但其含有增压的、可燃的材料，一旦内部发生短路，就会产生非常严重的后果。

迄今为止，可充电的锌空气电池所用的都是昂贵的贵金属催化剂，如铂和氧化铱制成的催化剂。澳大利亚悉尼大学和新加坡南洋理工大学的科研团队制作了包含常见的铁、钴、镍等元素的金属氧化物。通过同时控制氧化物的组成、尺寸和结晶度，研制出了无定形双金属氧化物-石墨烯复合物，其可作为可充电锌空气电池的双功能氧化电化学催化剂。

锌空气电池因原材料常见和能量密度高，有着诱人的应用前景，但充电困难一直限制着其发展。上述成果研制出的高性能、低成本催化剂，将这一困难打破，使锌空气电池具有了优异的充电性能，扩大了其应用范围。

### 5. 燃料电池

燃料电池被美国《时代周刊》列为 21 世纪的高科技之首。燃料电池利用氢气等燃料与氧气分别在电池两极发生的氧化-还原反应，连续不断地对环境提供直流电。与前面介绍的电池不同，燃料电池不是把还原剂、氧化剂物质全部储藏在电池内，而是在工作时不断从外界输入氧化剂和还原剂，是一个连续式的发电装置，不是能源储存装置。燃料电池的最大优点是效率高，无污染，可实现连续供电。

在众多的燃料电池当中，以氢气为燃料的氢燃料电池作为新能源汽车的动力源最被人们看好。镍氢电池、锂离子电池等蓄电池的容量有限，充电都需要一定时间，这大大限制了它们在纯电动汽车中的应用。氢燃料电池汽车产业化后，可以建成如加油站一样的加氢站，能量补给可以像加油一样快捷，可以解决纯电动汽车续航里程短的问题。氢燃料电池作为汽车动力源的终极目标，已经得到了人们的认可，但由于技术难度大，成本高，它的产业化还有较长的路要走。

### 6. 像加油一样给电动车充电

电动汽车行业发展到现在已经颇具规模，并且仍在不断发展。然而人们对电动汽车抱怨最多的问题仍然是续航和充电时间，即使是特斯拉的超级充电站（Supercharger）也需要 1 h 才能为汽车充满电，因此车主必须预留出足够的时间来进行充电，如果忘记充电又赶着出门，这或许就是一场噩梦了。为了解决这样的问题，美国普渡大学（Purdue University）J.Cushman 教授发明了一种可以用类似加油方式充电的电动车电池。2017 年在荷兰举办的国际多孔介质学会第九届会议中，J.Cushman 就报告了这个新型流体电池 IF-battery。该电池利用了非混合性流体进行氧化还原反应，也就是说只要将车内的电解液抽出，然后像加油一样加入新的电解液就可以马上完成充电。并且，回收的电解液可以利用太阳能或风、电等清洁能源充电，进而重复使用。这套系统的运行比传统的充电系统更划算，因为可以将电解液分配到现有的各个加油站，以此来提供相应的服务。IF-battery 并没有使用发电膜，所以就算是保存在家里也没有任何风险，而传统的电池却不具备这样的优势。另外，在成本方面，IF-battery 要比其他流体电池更低，电池寿命也更长。

### 7. 新技术实现电池快速充电

美国麻省理工学院两名材料专家近期在 Nature 杂志上发表报告称，他们开发出了制造充电电池的新技术，可以大幅缩短手机和汽车的充电时间。利用这种新技术制造的手机电池可以在 10 s 内完成充电，汽车电池可在 5 min 内充好电。

现阶段广为应用的磷酸锂电池可以储存大量电能并平稳释放电能，但是不能在瞬间大量释放或获取电能。研究人员通常认为，这种情况源自带电锂离子和电子共处时，在电池材料中活动太缓慢。

这两名专家提出，问题根源其实在于如何使这些带电锂离子进入能够将它们与电子分离的极微细通道。他们的解决方案是利用一个磷酸锂涂层，这个涂层像一个"专用车道"，可以将带电锂离子导入极微细通道，使它们迅速到达终端。

麻省理工学院指出，由于这项技术不需要新材料，只是改变制造电池的方法，所以用两三年时间就可以将这项技术市场化。

# 第6章 结构化学基础

## 基本要求

1. 了解核外电子的运动特征。

2. 初步了解原子轨道、电子云、原子轨道的角度分布图、电子云的角度分布图等基本概念。

3. 掌握四个量子数的物理意义、取值范围及合理组合。

4. 能根据核外电子排布原则写出常见元素原子或离子的核外电子排布式与外层电子排布式，并能判断该元素在周期表中的位置。

5. 掌握杂化轨道类型与分子空间构型的关系，并能判断常见共价小分子的结构与性质。

6. 初步熟悉分子轨道理论及应用。

7. 掌握不同类型晶体的结构特征及其与物理性质的关系。

## 重点知识剖析及例解

1. 原子的量子力学模型

（1）核外电子的运动特征

能量量子化：电子的能量量子化由氢原子线状光谱证实。

波粒二象性：波动性和粒子性通过普朗克常量关联 $P = \dfrac{h}{\lambda}$，电子衍射实验是电子波动性存在的实验证据，光电效应是电子粒子性存在的实验证明。

统计规律：统计规律的表现是波动性，海森堡的不确定原理说明微观粒子的运动规律不同于宏观物体，不能同时确定它的位置和动量。

由于核外电子不同于宏观物体的运动特征，导致了微观粒子和宏观物体在处理方法上的根本不同。

**例1** 判断正误：原子中的电子由高能级跃迁至低能级时，两能级之间的能量相差越大，辐射出的电磁波的波长越长。

**答**：根据量子力学原理，原子中的电子在不同能级之间跃迁时，两能级之间的能量差和辐射的电磁波的频率存在着以下关系：

$$h\nu = E_2 - E_1$$

辐射的频率越大，波长越小，因此本题答案为错误。

（2）薛定谔方程、波函数和量子数　描述电子运动的薛定谔方程是一个二阶偏微分方程。

解薛定谔方程使用的方法是"分离变量法"。先把直角坐标$(x, y, z)$转换成球坐标$(r, \theta, \phi)$，然后把方程变成三个各含有一个变量的常微分方程$R(r)$、$\Theta(\theta)$、$\Phi(\phi)$求解。薛定谔方程的解称为波函数$\Psi$，$\Psi$不是一个数值，而是$\Psi(r, \theta, \phi)$的函数。为了使$\Psi$符合核外电子的运动特征，求解$R(r)$、$\Theta(\theta)$、$\Phi(\phi)$时分别引入了主量子数$n$、角量子数$l$、磁量子数$m$，它们的取值有着相互制约的关系。$n$的取值为$1,2,3,\cdots$，$l$的取值为 0 到 $n-1$ 之间的正整数，$m$的取值为$-l$到$+l$之间的整数。

使用$n,l,m$可以描述原子轨道，而描述核外电子的运动状态需用四个量子数来描述：$n$, $l$, $m$和自旋量子数$m_s$。$m_s$的取值为$+1/2$或$-1/2$。$\Psi$无明确的物理意义，而$|\Psi|^2$具有明确的物理意义，表示电子在核外空间某点出现的概率密度。

**例 2**　原子轨道有多少种？

**答**：从理论上讲，根据角量子数的不同，原子轨道可以分为 s 轨道，p 轨道，d 轨道，f 轨道，g 轨道等。f 轨道在第六周期才开始出现，g 轨道之后的轨道目前尚未观测到，但根据计算结果是有可能存在的。

**例 3**　氢原子的 1s 电子离核越近，电子出现的概率密度越大，为什么电子出现的概率最大处在离氢原子核 53 pm 处？

**答**：电子在核外空间某处出现的概率是指电子在离核半径为 $r$，厚度为 d$r$ 的薄球壳内出现的总概率，该概率等于概率密度乘以薄球壳的体积 $4\pi r^2 \mathrm{d}r$。尽管氢原子的 1s 电子离核越近，电子出现的概率密度越大，但由于离核越近，薄球壳的体积越小，因此电子出现的概率最大处不在原子核附近。在离氢原子核 53 pm 处，概率密度和薄球壳体积的乘积出现最大值，因此概率最大。

**2. 多电子原子结构与元素周期表**

（1）多电子原子的轨道能级　对于氢原子和类氢离子，核外只有一个电子，原子轨道的能级仅仅取决于主量子数。多电子原子中由于存在着电子之间的相互作用，产生了能级分裂和能级交错现象。原子轨道的能级除了和主量子数有关外，还和角量子数有关。原子轨道的能级高低常用鲍林的近似能级图描述。但鲍林的近似能级图假定所有元素原子的能级高低次序都是相同的。实际上，随着原子序数的增加，原子核对核外电子的吸引力增大，能级的能量是逐渐减小的。能级分裂和能级交错现象可以用屏蔽效应和钻穿效应进行解释。

（2）核外电子排布和元素周期性　核外电子排布原则包括能量最低原理、泡利（Pauli）不相容原理和洪德（Hund）规则。根据以上规则，可以写出元素周期表中绝大多数元素原子的核外电子排布式。根据元素原子的核外电子排布式可以确定其在元素周期表中属于哪个周期、族和区，进而大致推断它们的性质。元素周期表在指导新元素的发现、指导寻找稀有矿产、指导寻找新材料等多方面发挥了重要作用。

（3）元素性质的周期性　由于原子核外电子层结构的周期性，元素的原子半径、电离能、电子亲和能和电负性呈现出周期性变化。

原子半径可分为共价半径、金属半径和范德华半径三种。同一主族，从上到下，原子半径逐渐增大。同一周期从左到右，原子半径减小，但副族元素的减小幅度小于主族元素。

电离能用来衡量原子失去电子的难易程度。第一电离能是指基态的气体原子失去一个电子成为气态基态离子所需的能量，依次有第二电离能，第三电离能。同一周期主族元素，从左至右电离能随原子序数的增加逐渐增大，由于电子构型的影响，ⅡA族、ⅤA族和ⅡB族元素在电离能曲线上出现的小高峰。同一主族元素，从上至下原子的电离能随原子序数的增加而逐渐减小，副族元素电离能的变化不十分规律。

电子亲和能是指基态的气态原子获得电子成为气态负离子时所放出的能量，用来衡量原子获得电子的难易程度。一般而言，主族电子亲和能的代数值随着原子半径的减小而减小。

电负性是原子的重要参数，反映的是分子中元素原子吸引电子的能力，电负性越大，表示该元素的原子在分子中吸引成键电子的能力越强。同一周期从左至右电负性一般逐渐增大，同一族从上到下电负性逐渐减小。主族元素间变化明显，副族元素之间变化幅度小些，且不太规律。

电子亲和能和电负性虽然都表示元素原子吸引电子的能力强弱。但电子亲和能表示的是孤立的气态原子得到电子的能力，而电负性表示的是分子中的原子吸引电子的能力，更能反映元素的性质。

**例 4** 填充合理的量子数。

（1）$n=2$, $l=?$, $m=1$, $m_s=+1/2$　　　　（2）$n=?$, $l=2$, $m=1$, $m_s=+1/2$

（3）$n=3$, $l=0$, $m=?$, $m_s=-1/2$　　　　（4）$n=4$, $l=3$, $m=2$, $m_s=?$

**答**：（1）$l=1$。原因：$n=2$ 时，$l$ 只能取 0，1。由于 $m$ 的取值受 $l$ 的限制，$l$ 确定后，$m$ 可取 0，$\pm1$，…，$\pm l$ 之间的任一整数，题中已知 $m=1$，因此 $l$ 只能取 1。

（2）$n$ 为大于等于 3 的正整数。原因：$l$ 的取值受 $n$ 的限制，$n$ 值一定时，$l$ 可取 0,1,2,3,…,$(n-1)$ 之间的正整数。题中已知 $l=2$，因此 $n$ 的取值为大于等于 3 的正整数。

（3）$m=0$。原因：$l=0$ 时，$m$ 只能取 0。

（4）$m_s=+1/2$ 或 $-1/2$。

**例 5** 在 $3s$, $3p_x$, $3p_y$, $3p_z$ 轨道中，对于多电子原子，哪些是简并轨道？对于氢原子哪些是简并轨道？

**答**：简并轨道是原子中能量相同的一组轨道。对于多电子原子，原子轨道的能量取决于主量子数 $n$ 和角量子数 $l$，当 $n$ 和 $l$ 相同时，原子轨道的能量相同，$3p_x$, $3p_y$, $3p_z$ 的主量子数和角量子数相同，因此是简并轨道。氢原子核外只有一个电子，不存在电子之间的相互作用，原子轨道的能量只取决于主量子数 $n$，因此对于氢原子而言，$3s$, $3p_x$, $3p_y$, $3p_z$ 是一组简并轨道。

**例 6** 为何碳原子的外层电子构型是 $2s^2 2p^2$，不是 $2s^1 2p^3$，而 $Cr$ 的外层电子构型是 $3d^5 4s^1$，而不是 $3d^4 4s^2$？

**答**：在核外电子排布的规则中，首先考虑能量最低原理，然后再考虑洪德规则。根据能量最低原理，电子应先填充 $2s$ 轨道，然后才是 $2p$ 轨道。由于 $2s$ 轨道和 $2p$ 轨道之间的能量差比较大，把 $2s$ 轨道上的电子激发到 $2p$ 轨道上需要较多的能量，而将 $2p$ 轨道上的电子增加到半满时降低的能量小于该激发能，所以碳原子的外层电子构型是 $2s^2 2p^2$。$Cr$ 的外层电子构型是 $3d^5 4s^1$，原因是：$3d$ 轨道和 $4s$ 轨道能量相近，将电子由 $4s$ 轨道激发到 $3d$ 轨道所需的能量较少，$3d$ 轨道上的电子增加到半满时降低的能量比该激发能要大，补偿结果使能量降低，故 $Cr$ 采用 $3d^5 4s^1$ 的外层电子构型使能量降低，更稳定。

**例 7** ⅤB 族元素的钒（V）、铌（Nb）、钽（Ta）分别位于第四、五、六周期，它们在矿物中常有共生现象。实验发现从共生矿物中分离 V 和 Nb 容易，但分离 Nb 和 Ta 较难，原因是什么？

**答**：原子半径是原子的重要参数，决定了元素和化合物的许多性质。原子半径相近的原子，其性质通常也相似。V、Nb、Ta 属于同族元素，从 V 到 Nb，随着周期数的增加，原子半径增加，V 和 Nb 的半径相差较大，性质差别较大，因此容易分离。但从第五周期的 Nb 到第六周期的 Ta，由于镧系收缩，二者的原子半径接近，物理和化学性质差别不大，因此较难分离。

**例 8**  下列原子的基态电子分布中，未成对电子数最多的是（      ）。

A. Ag              B. Co              C. Cr              D. Mn

E. Zn

**答**：

| 元素符号 | Ag | Co | Cr | Mn | Zn |
|---|---|---|---|---|---|
| 原子序数 | 47 | 27 | 24 | 25 | 30 |
| 外层电子构型 | $4d^{10}5s^1$ | $3d^74s^2$ | $3d^54s^1$ | $3d^54s^2$ | $3d^{10}4s^2$ |
| 未成对电子数 | 1 | 3 | 6 | 5 | 0 |

**答案**：C。

3. 化学键和分子间作用力

化学键是分子和晶体内相邻原子（或离子）间剧烈的相互吸引作用。可以分为离子键、共价键和金属键三类。

（1）离子键和共价键   离子键是正、负离子间由于静电引力而形成的化学键，本质上是静电引力，其特征是没有方向性和饱和性。

共价键是原子间由于成键电子的原子轨道重叠形成的化学键，具有方向性和饱和性。按原子轨道重叠方式可以分为 σ 键（头碰头重叠）和 π 键（肩并肩重叠）。σ 键可以单独存在，π 键不能单独存在。共价双键中有一个 σ 键和一个 π 键，共价三键中有一个 σ 键和两个 π 键。常用键能、键长、键角等键参数表征共价键。

（2）杂化轨道理论   杂化轨道理论是价键理论的重要组成部分。参与杂化的原子轨道的能量应当相近，杂化前后轨道的数目不变，杂化轨道的成键能力比原来轨道的强，常见的杂化轨道类型有 sp、$sp^2$、$sp^3$、不等性 $sp^3$ 等。分子的形状与中心原子的杂化类型有关。

（3）分子轨道理论   分子轨道理论可近似地由能量相近的原子轨道适当组合而成，所形成的分子轨道的数目等于参加组合的原子轨道数。分子轨道理论是共价键理论的一个分支，它把分子看成一个整体，可以描述分子结构的稳定性和预测分子的存在，如预言分子的顺磁性和反磁性等。

（4）分子的极性   分子的极性可以用偶极矩来定量描述。偶极矩 $\mu = q \cdot d$，其中 $q$ 为分子中正、负电荷中心上的电荷量，$d$ 为正、负电荷中心间的距离。偶极矩是一个矢量，规定方向从正到负。双原子分子的极性与键的极性一致，键的极性用两原子间电负性的差值表征，电负性的差值越大，键的极性越强。对于多原子分子来说，除考虑键的极性外，还必须考虑分子的空间构型是否对称。

（5）分子间作用力和氢键　分子间作用力是一种比化学键弱得多的作用力，又称范德华力，其本质是一种静电力。分子间作用力分为取向力、诱导力和色散力。在这三种作用力中，除了极性很强的分子间作用力是以取向力为主以外，一般分子之间主要是色散力。分子间作用力没有方向性和饱和性。分子间作用力对物质的熔点、沸点、溶解度等物理性质有较大的影响。

氢键是一种介于共价键和范德华力之间的一种特殊相互作用，具有方向性和饱和性。氢键的通式为 X—H···Y。式中 X，Y 均是电负性大、半径小的原子，可以相同也可以不同。最常见的有 F，O，N 原子。分子与分子间可以形成氢键，分子内也可以形成氢键。分子间有氢键的物质气化时，其熔点、沸点比同系列氢化物的要高。氢键的存在使溶质在水中的溶解度增大。氢键对生命体很重要，是构筑有序高级结构中最广泛的分子间相互作用。

**例 9**　为什么 $BCl_3$ 分子的空间构型是平面正三角形，而 $NCl_3$ 分子的空间构型是三角锥形？

**答：** $BCl_3$ 分子的中心原子是 B，B 的外层电子排布式为 $2s^2 2p^1$，$NCl_3$ 分子的中心原子为 N，N 的外层电子排布式为 $2s^2 2p^3$。当它们与 Cl 原子化合时，B 采取 $sp^2$ 杂化，形成的 3 条 $sp^2$ 杂化轨道分别与三个 Cl 原子成键，键角 $120^o$，空间构型为平面正三角形；N 采取不等性 $sp^3$ 杂化，N 的一对孤对电子占有 1 个 $sp^3$ 杂化轨道，另外 3 个 $sp^3$ 杂化轨道分别与 3 个 Cl 原子的 p 轨道成键，因此空间构型为三角锥形。

**例 10**　下列各组分子中，化学键具有极性，但分子偶极矩均为 0 的是（　　　）。

A. $CCl_4$，$PCl_3$，$CH_4$　　　　　　　　B. $NH_3$，$BF_3$，$H_2O$

C. $N_2$，$CS_2$，$NCl_3$　　　　　　　　　D. $CS_2$，$BCl_3$，$SiH_4$

**答：** 键的极性取决于形成化学键的两原子间的电负性差值，两原子之间的电负性差值越大，所形成的化学键极性越强。分子的极性则取决于键的极性和分子的空间构型，可用偶极矩表征。偶极矩均为 0 的分子为非极性分子。$PCl_3$、$NH_3$、$H_2O$ 和 $NCl_3$ 中心原子的杂化方式是不等性 $sp^3$ 杂化，分子的空间结构不对称，偶极矩不等于零，因此选项 A、B、C 均不正确。选项 D 中，$CS_2$、$BCl_3$、$SiH_4$ 中心原子的杂化方式分别为 sp、$sp^2$、$sp^3$ 杂化，相应的空间构型分别为直线形、平面正三角形和正四面体形，尽管 $CS_2$、$BCl_3$、$SiH_4$ 分子中的化学键均为极性键，但由于空间结构的对称，偶极矩相互抵消，因此偶极矩为 0，因此答案为 D。

**例 11**　第二周期的同核双原子分子中，哪些分子可以稳定存在？哪些分子具有顺磁性？

**答：** 根据分子轨道式可以计算出第二周期的同核双原子分子键级和未成对电子数，键级不为零的分子可以稳定存在，有未成对电子的分子具有顺磁性。结果见表 6-1。

表 6-1　第二周期的同核双原子分子的分子轨道式、键级、稳定性和磁性

| 分子轨道式 | 键级 | 稳定性和磁性 |
|---|---|---|
| $Li_2[KK(\sigma_{2s})^2]$ | 1 | 稳定，反磁性 |
| $Be_2[KK(\sigma_{2s})^2(\sigma_{2s}^*)^2]$ | 0 | 不能存在 |
| $B_2[KK(\sigma_{2s})^2(\sigma_{2s}^*)^2(\pi_{2p_y})^1(\pi_{2p_z})^1]$ | 1 | 稳定，顺磁性 |
| $C_2[KK(\sigma_{2s})^2(\sigma_{2s}^*)^2(\pi_{2p_y})^2(\pi_{2p_z})^2]$ | 2 | 稳定，反磁性 |

续表

| 分子轨道式 | 键级 | 稳定性和磁性 |
|---|---|---|
| $N_2[KK(\sigma_{2s})^2(\sigma_{2s}^*)^2(\pi_{2p_y})^2(\pi_{2p_z})^2(\sigma_{2p_x})^2]$ | 3 | 稳定，反磁性 |
| $O_2[KK(\sigma_{2s})^2(\sigma_{2s}^*)^2(\sigma_{2p_x})^2(\pi_{2p_y})^2(\pi_{2p_z})^2(\pi_{2p_y}^*)^1(\pi_{2p_z}^*)^1]$ | 2 | 稳定，顺磁性 |
| $F_2[KK(\sigma_{2s})^2(\sigma_{2s}^*)^2(\sigma_{2p_x})^2(\pi_{2p_y})^2(\pi_{2p_z})^2(\pi_{2p_y}^*)^2(\sigma_{2p_z}^*)^2]$ | 1 | 稳定，反磁性 |
| $Ne_2[KK(\sigma_{2s})^2(\sigma_{2s}^*)^2(\pi_{2p_y})^2(\pi_{2p_z})^2(\sigma_{2p_x})^2(\pi_{2p_y}^*)^2(\pi_{2p_z}^*)^2(\sigma_{2p_x}^*)^2]$ | 0 | 不能存在 |

**例 12**　稳定的 π 键（p–p）为什么只在第二周期元素的原子之间形成？

**解：**p 轨道和 p 轨道之间形成的 π 键多见于第二周期的元素之间，如 C＝C、C≡C、N≡N 中的 π 键。只有少量 2p 轨道和 3p 轨道之间形成的 π 键存在于第二周期和第三周期之间，如 S＝O，C＝S 等。这是因为第二周期元素的原子内层只有 2 个电子（$1s^2$），相互间排斥力小，二个原子能充分靠近，使 p 轨道可以在垂直于 σ 键键轴的方向上发生重叠形成 π 键。在大于第二周期的元素原子中，内层电子数较多，至少有 10 个电子（$1s^2 2s^2 2p^6$），电子之间的排斥力大，使得两原子之间不能充分靠近，因此，难以形成稳定的 π 键（p–p）。

**例 13**　比较大小

（1）$NH_3$ 和 $PH_3$ 的沸点　　　　　　　　（2）$S_2(g)$ 和 $O_2$ 的沸点

（3）N—H…N 和 N—H…O 的氢键强弱

**解：**（1）$NH_3$ 和 $PH_3$ 相比，$NH_3$ 分子间可以形成氢键，因此沸点 $NH_3 > PH_3$。

（2）结构相似的同系物，同系物的相对分子质量越大，色散力就越大。$S_2$ 的相对分子质量大于 $O_2$，因此沸点高低次序 $S_2(g) > O_2$。

（3）氢键 X—H…Y 的强弱与 X 和 Y 的电负性和原子半径有关。X 和 Y 电负性越大，半径越小，氢键的键能越大。由于 O 的电负性大于 N，且 O 的半径小于 N，因此氢键强弱次序为 N—H…O > N—H…N。

4. 晶体结构

固体物质分为晶体和非晶体。晶体具有一定几何外形、固定的熔点和各向异性。晶体中晶胞的大小、形状和组成决定了整个晶体的结构和性质。根据晶格结点上粒子种类和粒子间作用力的不同，晶体分为离子晶体、原子（共价）晶体、分子晶体和金属晶体。

金属晶体的金属原子或金属正离子，将尽可能采取最紧密的堆积方式以形成最稳定的结构，最紧密的堆积方式有体心立方、面心立方和密排六方。离子键没有方向性和饱和性，离子晶体中的离子将与尽可能多的异号离子相互吸引而形成稳定的结构。离子晶体的晶格能影响其熔点、硬度。离子电荷数越多、离子半径越小时，晶格能就越大，离子晶体的熔点就越高，硬度也越大。共价键有方向性和饱和性，原子（共价）晶体中原子间以共价键相互结合，所以原子（共价）晶体不以紧密堆积为特征。分子晶体结点上分子之间的作用力是分子间力（有的还有氢键），熔点低、硬度小，分子晶体一般不如离子晶体堆积紧密。

实际晶体中存在着缺陷，按缺陷区的几何尺度不同，缺陷可以分为点缺陷、线缺陷、面缺陷和体缺陷。缺陷会降低材料强度，但缺陷对材料性能的影响并不总是有害的，在材料物质中有计划地引入缺陷，是材料设计中可研究的问题。

**例 14** 比较下列晶体中的熔点高低。

（1）MgO 和 NaF （2）SiC 和 $SiCl_4$

**答**：（1）MgO 和 NaF 都为离子晶体，其熔点的高低和晶格能大小有关。晶格能与离子电荷成正比，与正负离子间的距离成反比。MgO 的离子电荷高，正负离子半径小，晶格能大，所以 MgO 的熔点高于 NaF 的熔点。

（2）SiC 是原子晶体，$SiCl_4$ 是分子晶体，所以 SiC 的熔点高于 $SiCl_4$ 的熔点。

5. 离子极化

离子极化现象普遍存在于离子晶体之中，离子的极化力和变形性是决定离子极化强弱的两个因素。离子极化会引起键型的转变、晶型的转变以及物质的溶解度的变化。

**例 15** 从离子极化的角度比较 $PbF_2$，$PbCl_2$，$PbI_2$ 在水中的溶解度大小。

**答**：$PbF_2$，$PbCl_2$，$PbI_2$ 中阳离子相同，但由于 $F^-$、$Cl^-$、$I^-$ 的离子半径依次增加，变形性越来越强，与 $Pb^{2+}$ 之间的极化作用依次增强，共价键成分依次增加，因此溶解度由 $PbF_2$ 到 $PbI_2$ 依次减少。

**例 16** $FeCl_2$ 的熔点为 672 ℃，$FeCl_3$ 的熔点为 304 ℃，解释这两种物质熔点差别的原因。

**答**：铁离子的极化能力比亚铁离子强，$FeCl_3$ 有明显的共价成分，所以和 $FeCl_2$ 相比，熔点明显下降。

# 思考题与习题

1. 微观粒子运动规律的主要特点是什么？

**答**：微观粒子运动规律的主要特点是能量量子化，波粒二象性和统计性。

2. 量子力学中的原子轨道与玻尔理论中的原子轨道有何区别？每个 p 原子轨道或 d 原子轨道角度分布图上的"＋""－"号表示什么意义？

**答**：量子力学中的原子轨道是波函数的同义词，是解薛定谔方程得到的，指的是电子的一种运动状态，电子运动服从统计规律，并没有确定的轨道。

玻尔理论中的原子轨道是指具有固定半径的圆形轨道，沿用的是经典轨道的概念，在其中运行的电子有确定的轨道。

每个 p 原子轨道或 d 原子轨道角度分布图上的"＋""－"号表示原子轨道角度分布函数 $Y(\theta,\phi)$ 值的正负，对化学键的成键方向有重要的意义。

3. 原子轨道角度分布图与电子云角度分布图有何异同点？为什么 2p, 3p, 4p, …… 的原子轨道角度分布图完全相同？

**答**：原子轨道角度分布图与电子云角度分布图的相同点是二者形状类似。不同点在于：（1）原子轨道的角度分布图有正负之分，电子云的角度分布图均为正值。（2）由于 $Y<1$，$|Y|^2$ 值更小，所以电子云的角度分布图比原子轨道的角度分布图"瘦"些。

由于原子轨道的角度分布图与主量子数无关。例如：2p, 3p, 4p, …… 原子轨道的角量子数相同，只是主量子数不同，所以它们的角度分布图完全相同。

4. 说明四个量子数的物理意义、取值要求和相互关系。描述一个电子的运动状态要用哪几个量子数？描述一个原子轨道要用哪几个量子数？

**答**：主量子数 $n$ 表示原子轨道离核的远近，是描述原子轨道能最高低的主要因素，$n$ 值越大，表示电子离核的距离越远，所处状态的能量越高。$n$ 可取 $1, 2, 3, 4, \cdots\cdots$。

角量子数 $l$ 表征电子角动量的大小，决定电子在空间的角度分布，因而可以确定原子轨道的形状。在多电子原子中，$l$ 值的大小还影响原子轨道的总能量。$l$ 的取值受 $n$ 值的限制，对于一定的 $n$ 值，$l$ 可取 $0, 1, 2, 3, \cdots, (n-1)$ 中的正整数。

磁量子数 $m$ 表征了每个亚层中原子轨道的数目及原子轨道在空间的不同取向。$m$ 的允许值由 $l$ 决定，即可以取 $0, \pm 1, \cdots, \pm l$ 中的任一整数，共 $(2l+1)$ 个值，意味着亚层中的原子轨道有 $(2l+1)$ 个取向。

自旋量子数 $m_s$ 表示电子的两种不同状态，这两种状态有不同的"自旋"角动量，其值可取 $+\dfrac{1}{2}$ 或 $-\dfrac{1}{2}$，常用正、反箭头 ↑↓ 表示。

描述一个电子的运动状态要用 $n$，$l$，$m$，$m_s$ 四个量子数来确定。描述一个原子轨道要用 $n$，$l$，$m$ 三个量子数。

5. 试区别下列各术语：

（1）基态原子与激发态原子。

（2）概率与概率密度。

（3）原子轨道与电子云。

（4）$\Psi$ 与 $|\Psi|^2$。

**答**：（1）原子内的电子可以处于不同的定态，能量最低的定态称为基态，除了基态以外的所有定态称为激发态。原子核外电子处于基态时，能量最低，称为基态原子；基态原子的电子吸收能量后，电子会跃迁到激发态，变成激发态原子。

（2）概率是统计规律中最基本的概念，是指一随机事件发生的可能性有多大，概率越大，表示随机事件的可能性越大；概率密度是指事件发生的概率分布。

（3）原子轨道是指波函数的空间图形，是特定能量的某一电子在核外空间出现机会最多的那个区域；电子云是波函数振幅的平方，反映了电子在核外空间出现的概率。

（4）$\Psi$ 是指波函数，用来描述核外电子的运动状态；$|\Psi|^2$ 表示电子出现的概率密度。

6. 下列说法是否正确，为什么？

（1）p 轨道是"哑铃形"的，所以 p 电子是沿着"哑铃形"轨道运动的。

（2）电子云图中小黑点越密之处，表示那里的电子越多。

（3）氢原子中原了轨道的能量由主量子数来决定。

（4）磁量子数为零的轨道都是 s 轨道。

**答**：（1）错误。原子轨道的角度分布图反映的是波函数在空间不同方向上的变化情况，并不是电子运动的具体轨迹。

（2）错误。电子云图中小黑点越密之处，表示电子出现的概率密度越大。

（3）正确。因为氢原子核外只有一个电子，它只受到核的吸引作用，不受其他电子的排斥，不存在屏蔽效应和钻穿效应。

（4）错误。磁量子数决定原子轨道的伸展方向，角量子数决定原子轨道的形状，角量子数为零的轨道是 s 轨道。

7. 核外电子排布应遵循哪些原则？试举例说明。

答：核外电子排布遵循三个规则。

（1）能量最低原理。电子的排布总是尽先占据能量最低的轨道，使整个电子的能量处于最低状态。例如：Be 的电子排布式应为 $1s^22s^2$，而不是 $1s^22p^2$，因为 2s 比 2p 能量低，电子应先排 2s 轨道。

（2）泡利不相容原理。是指每一个原子轨道中只能容纳两个自旋方向相反的电子。例如：1s 轨道只能容纳 2 个电子。

（3）洪德规则。洪德规则包含两个内容：

（a）在同一亚层的等价轨道上，电子的排布将尽可能分别占据不同的轨道，而且自旋方向平行，可使体系能量最低。例如：N 原子的电子排布式为 $1s^22s^22p^3$，2p 轨道包含 $2p_x$，$2p_y$，$2p_z$ 三条等价轨道，3 个电子排入 2p 轨道中时，分别在 $2p_x$，$2p_y$，$2p_z$ 轨道中各填充一个电子，并且自旋方向相同。

（b）在等价轨道上排布的电子处于全满（$p^6$, $d^{10}$, $f^{14}$）、半满（$p^3$, $d^5$, $f^7$）或全空（$p^0$, $d^0$, $f^0$）状态时，原子具有较低的能量和较大的稳定性。例如：按照能量最低原理，Cr 原子的电子排布式应该为 $1s^22s^22p^63s^23p^63d^44s^2$，但实际上 Cr 原子的电子排布式是 $1s^22s^22p^63s^23p^63d^54s^1$，因为 3d 轨道处于半满（$3d^5$）时具有较低的能量。

8. 原子中电子的能级由哪几个量子数决定？当 $n=4$ 时，有几个能级？各能级有几个轨道？最多能容纳多少个电子？

答：对单电子原子（氢原子和类氢离子），原子轨道的能级由主量子数决定。对多电子原子，原子轨道的能级由主量子数和角量子数决定。

当 $n=4$ 时，有 4s，4p，4d，4f 四个能级。4s 有 1 条轨道，最多容纳 2 个电子；4p 有 3 条轨道，最多容纳 6 个电子；4d 有 5 条轨道，最多容纳 10 个电子；4f 有 7 条轨道，最多容纳 14 个电子。

9. 下面的轨道那些是不可能存在的，为什么？

$$4f, 8s, 2d, 1f, 3f$$

答：不存在的轨道有 2d、1f、3f。

（1）2d   2d 轨道的主量子数为 2，主量子数为 2 时，角量子数只能取 0 或 1，而 d 轨道对应的角量子数为 2，所以 2d 轨道不存在。

（2）1f   1f 轨道的主量子数为 1，主量子数为 1 时，角量子数只能取 0，而 f 轨道对应的角量子数为 3，所以 1f 轨道不存在。

（3）3f   3f 轨道的主量子数为 3，主量子数为 3 时，角量子数只能取 0，1，2，而 f 轨道对应的角量子数为 3，所以 3f 轨道不存在。

10. 试指出下列基态原子的电子分布中，哪些是错误的？加以改正。

（1）$1s^22s^32p^1$   错误，违背了泡利不相容原理，应该为 $1s^22s^22p^2$。

（2）$1s^22p^2$   错误，违背了能量最低原理，应该为 $1s^22s^2$。

（3）$1s^22s^2$   正确。

（4）$1s^22s^22p^63s^14d^1$   错误，违背了能量最低原理，应该为 $1s^22s^22p^63s^2$。

（5）$1s^22s^22p^1$   正确。

（6）$1s^2 2s^2 2p^6 3s^1$　正确。

11. 解释同一周期元素从左到右第一电离能有曲折变化的现象。

**答**：同一周期元素从左到右第一电离能在ⅡA族元素（例如 Be 和 Mg），ⅤA族元素（例如 N 和 P），ⅡB族元素 Zn，Cd 和 Hg 在电离能曲线上出现小高峰，呈现曲折变化。这是因为电子构型对电离能的影响很大，ⅡA 和ⅡB 族的核外电子构型为全满状态，ⅤA 族元素的核外电子处于半满状态，电子不易失去，因而第一电离能较大。

12. 什么是镧系收缩？镧系收缩造成的后果是什么？

**答**：镧系收缩是镧系 15 个元素的原子半径随着原子序数的递增，原子半径逐渐减小的现象。从镧到镥 15 个元素的原子半径总共减小 11 pm，致使镧系以后的第六周期和第五周期同族元素的原子半径非常接近，性质相似，在自然界共生且难以分离。例如第六周期的 Hf、Ta、W 分别与第五周期的 Zr、Nb、Mo 在自然界共生且难以分离。

13. 离子键是怎样形成的？它的特征和本质是什么？

**答**：电负性较小的金属原子和电负性较大的非金属原子在一定条件下相遇时，前者易失去电子形成正离子，后者易获得电子形成负离子。正、负离子以静电引力形成的化学键是离子键。离子键的本质是静电引力，由于离子的电荷可在空间任何方向作用，同时吸引多个带相反电荷的离子，所以它的特征是没有方向性和饱和性。

14. 共价键的本质是什么？为什么说共价键具有饱和性和方向性？

**答**：共价键的本质是原子间由于成键电子的原子轨道重叠而形成的化学键。

两原子接近时，自旋方向相反的未成对电子可以配对形成共价键，且一个原子有几个未成对电子，一般就只能和几个自旋方向相反的单电子配对成键。说明一个原子形成共价键的能力是有限的，这决定了共价键的饱和性。

原子轨道重叠时，只有对称性相同（同号）的原子轨道才能实现有效的重叠，而且成键电子的原子轨道重叠越多，所形成的共价键就越牢固。为了形成稳定的共价键，各原子轨道只有沿着一定的方向进行重叠才能实现最大限度的重叠，因此共价键有方向性。

15. 杂化轨道理论的内容是什么？原子为什么要以杂化轨道成键？

**答**：杂化轨道理论的主要内容如下。

（1）某原子成键时，在键合原子的作用下，价层中若干个能级相近的原子轨道有可能改变原有的状态，"混杂"起来并重新组合成一组利于成键的新轨道（称杂化轨道），这一过程称为原子轨道的杂化。

（2）同一原子中能级相近的 $n$ 个原子轨道，组合后只能得到 $n$ 个杂化轨道。和原来未杂化的轨道相比，杂化轨道的成键能力强，所形成化学键的键能大，生成的分子更稳定，所以原子要以杂化轨道成键。

16. sp 轨道杂化有哪几种类型？相应分子的几何构型如何？

**答**：sp 轨道杂化有 sp，$sp^2$，$sp^3$，不等性 $sp^3$ 四种类型。相应分子的几何构型分别为直线形，平面正三角形，正四面体形，三角锥形或 V 形。

17. 分子轨道理论的基本要点是什么？为什么氧分子具有顺磁性？

**答**：分子轨道理论把分子看成一个整体，基本要点如下。

（1）原子形成分子后，电子不再局限于个别原子的原子轨道，而是从属于整个分子的分子轨道（描述分子中电子运动状态的波函数）。

（2）分子轨道可由能量相近的原子轨道适当组合而成，所形成的分子轨道的数目等于参加组合的原子轨道数，所形成的分子轨道的能量发生改变：能量低于原子轨道的分子轨道为成键轨道（原子轨道以同号部分叠加），能量高于原子轨道的分子轨道为反键轨道（原子轨道异号部分相叠加）。

（3）为了有效地组成分子轨道，参与组合的原子轨道必须满足能量相近原则（只有能量相近的原子轨道才能有效地组成分子轨道）、最大轨道重叠原则（2个原子轨道必须尽可能多地重叠，以使成键轨道的能量尽可能降低）和对称性匹配原则（原子轨道的波函数必须是同号区域相重叠，才能形成成键轨道）。

（4）电子在分子轨道中的排布与原子中电子的排布一样，遵守泡利不相容原理、能量最低原理和洪德规则。

$O_2$ 分子共有 16 个电子，其中 12 个为外层电子，其分子轨道的排布式为

$$O_2[KK(\sigma_{2s})^2(\sigma_{2s}^*)^2(\sigma_{2p_x})^2(\pi_{2p_y})^2(\pi_{2p_z})^2(\pi_{2p_y}^*)^1(\pi_{2p_z}^*)^1]$$

根据洪德规则，最后 2 个电子分占 2 个能级相同的 $\pi_{2p}^*$ 轨道，且自旋平行。所以 $O_2$ 分子中存在 2 个成单电子，为顺磁性物质。

18. 物质 $H_2^+$ 及 $He_2^+$ 已经测得，用分子轨道理论说明它们的存在。

**答**：在分子轨道中，常用键级来衡量分子的稳定性。键级越大，键的强度越大，分子就越稳定。键级为零，分子不可能存在。

$$键级 = \frac{外层成键电子数 - 外层反键电子数}{2}$$

$H_2^+$ 共有 1 个电子，它的分子轨道排布式为

$H_2^+[(\sigma_{1s})^1]$，成键电子 1，反键电子 0，键级 $= \dfrac{1-0}{2} = 0.5 > 0$，所以存在。

$He_2^+$ 共有 3 个电子，它的分子轨道排布式为

$He_2^+[(\sigma_{1s})^2(\sigma_{1s}^*)^1]$，成键电子 2，反键电子 1，键级 $= \dfrac{2-1}{2} = 0.5 > 0$，所以存在。

19. 用什么物理量衡量分子的极性？分子的极性与哪些因素有关？

**答**：分子的极性常用分子的偶极矩 $\mu$ 来衡量。其中 $\mu = q \cdot d$，$q$ 为分子中正、负电荷中心上的电荷量，$d$ 为正、负电荷中心间的距离。

对于双原子分子，分子的极性与键的极性一致。例如 $N_2$ 分子由非极性共价键组成，分子是非极性的；HCl 分子由极性共价键组成，为极性分子。对于多原子分子，分子的极性则与键的极性和分子的空间构型是否对称有关。例如，$BF_3$ 分子中的 B—F 键虽然是极性键，但其分子的空间构型为平面正三角形，偶极矩相互抵消，所以是非极性分子。

20. 分子间作用力有哪几种？分子间作用力大小对物质的物理性质有何影响？

**答**：分子间作用力包括取向力、诱导力、色散力和氢键。在非极性分子之间只有色散力；在非极性分子和极性分子之间存在着色散力和诱导力；在极性分子之间同时存在着取向力、诱导力和色散力。色散力是分子间作用力中最普遍的一种力，氢键是一种特殊的分子间作用力。

分子间作用力主要影响物质的熔点、沸点、溶解度、硬度等物理性质。例如：同族元素单质及同类型化合物，其熔点、沸点一般随分子量的增大而升高，主要原因是随着分子量的增大，分子的变形程度增大，分子间色散力增大；物质的溶解性遵循"相似相溶"的经验规则。

21. 什么是氢键？形成氢键的两个基本条件是什么？

**答**：H 原子与电负性大的 X 原子以共价键结合成分子时，还可以和另一个分子中电负性大的 Y 原子相吸引形成弱键，称为氢键。

形成氢键的条件：X，Y 均是电负性大、半径小的原子，Y 还应有孤对电子，最常见的有 F，O，N 原子。

22. 下列说法是否正确？为什么？

（1）s 电子与 s 电子间形成的键是 σ 键，p 电子与 p 电子间形成的键是 π 键。

（2）直线形分子都是非极性分子，非直线形分子都是极性分子。

（3）相同原子间双键的键能是单键键能的两倍。

（4）用 1s 轨道与 3p 轨道混合形成 4 个 $sp^3$ 杂化轨道。

（5）$BF_3$ 与 $NF_3$ 都是 $AB_3$ 型分子，所以它们都是 $sp^2$ 杂化，形成平面正三角形分子。

（6）HCl 是离子型化合物，因为它溶于水产生 $H^+$ 和 $Cl^-$。

（7）一个具有极性键的分子，其偶极矩一定不等于零。

（8）色散力只存在于非极性分子之间。

（9）极性分子的分子间作用力最大，所以极性分子熔点、沸点比非极性分子都高。

（10）凡是含氢的化合物，其分子间都能产生氢键。

**答**：（1）不正确。s 电子与 s 电子间形成的键是 σ 键，但按照 p 轨道的重叠方式不同，p 电子与 p 电子间既可以形成 σ 键（p 轨道头碰头重叠），又可以形成 π 键（p 轨道肩并肩重叠）。

（2）不正确。对双原子分子，分子的极性取决于键的极性，对多原子分子，分子的极性则取决于键的极性和分子的几何构型。对直线形分子，如果是极性键，分子则是极性分子，例如 HCN。对非直线形分子，如果分子的几何构型对称，偶极矩相互抵消，则为非极性分子，例如 $CH_4$。

（3）不正确。双键是由一个 σ 键和一个 π 键组成，单键是由一个 σ 键组成，而 σ 键和 π 键的键能不相等，所以相同原子间双键的键能不等于单键键能的两倍。

（4）不正确。杂化轨道只能在能量相近的原子轨道间形成，由于 1s 轨道与 3p 轨道能量相差较远，所以不能形成 4 个 $sp^3$ 杂化轨道。

（5）不正确。尽管 $BF_3$ 与 $NF_3$ 都是 $AB_3$ 型分子，但 $BF_3$ 是 $sp^2$ 杂化，形成平面正三角形分子，而 $NF_3$ 是不等性 $sp^3$ 杂化，形成的是三角锥形分子。

（6）不正确。离子型化合物是通过得失电子达到稳定状态，它在电负性相差大的原子间形成。而 HCl 中 H 原子和 Cl 原子的电负性相差不大，属于共价化合物。

（7）不正确。一个具有极性键的分子，如果分子的几何构型对称，偶极矩相互抵消，可以等于零。例如：$BF_3$ 分子含有极性 B—F 键，但由于其几何构型为平面正三角形，偶极矩相互抵消，等于零。

（8）不正确。色散力是分子间力中最普遍的一种力，它不仅存在于非极性分子之间，还存在于极性分子和极性分子之间，极性分子和非极性分子之间。

（9）不正确。分子间作用力的大小除了与极性有关外，还取决于分子的相对分子质量，只有在相对分子质量相同的前提下，极性分子的分子间作用力才大于非极性分子的分子间作用力，其熔点、沸点才高于非极性分子。

（10）不正确。例如：$CH_4$ 含有氢，但不能形成氢键。氢键是与电负性大的 X 原子以共价键相连的 H 原子，和另一个分子中电负性大的 Y 原子之间形成的，即形成氢键时，与氢原子相连的原子需满足电负性大、半径小的条件。

23. 元素在周期表中所属族数就是它的最外层电子数，这种说法对吗？为什么？

**答**：上述说法不正确。除了主族元素以及ⅠB，ⅡB 族元素的族数等于最外层电子数外，其他族数和其对应的最外层电子数并不相等。ⅢB 至ⅦB 族元素的族数等于最外层电子数与次外层 d 电子数之和，Ⅷ族元素最外层和次外层 d 电子数之和为 8～10，0 族元素最外层电子数为 8（He 为 2），f 区元素均属ⅢB 族。

24. 周期表元素分区的主要依据是什么？分区讨论元素及其化合物性质有什么优点？

**答**：元素周期表元素分区的主要依据是根据核外电子填充的亚层不同进行划分的，元素原子的最后一个电子填入哪个亚层，该元素就属于哪个区（He 除外）。其中ⅠB，ⅡB 族元素由于它们的次外层 d 亚层已全部充满，称为 ds 区。元素的最外层电子对元素的化学性质影响很大，元素原子的最后一个电子如果填充在相同电子亚层，它们具有一些共同性质，例如 s 区元素的共同点是价电子少，半径大，具有密度小、硬度低的性质。反之，不同电子亚层的元素在性质上的差异较大。分区讨论元素及其化合物性质有利于人们从本质上理解元素及其化合物性质的差异。

25. 试述原子半径变化趋势与金属性变化趋势的关系。

**答**：原子失去电子的能力越强，金属性越强；反之，原子吸引电子的能力越强，金属性越弱。原子半径变化趋势与金属性的关系：原子半径越大，原子核对外层电子的引力越弱，原子就越容易失去电子，金属性越强；相反，原子半径越小，原子核对外层电子的引力越强，金属性越弱。同一周期元素原子半径从左至右逐渐缩小，元素的金属性逐渐减弱；同一主族元素，原子半径从上到下增大，元素的金属性逐渐增加。

26. 电负性的数值与元素的金属性、非金属性有何联系？元素的电负性在周期表中有何递变规律？

**答**：元素的电负性越大，表示该元素吸引电子的能力越强，即非金属性越强，金属性越弱；元素的电负性越小，表示该元素失去电子的能力越强，即金属性越强，非金属性越弱。一般来说，金属元素的电负性小于 2.0，非金属元素的电负性在 2.0 以上（Si 例外）。

同一周期从左至右电负性一般逐渐增大，元素的非金属性逐渐增强。同一族从上到下电负性逐渐减小，元素的金属性逐渐增强。主族元素间变化明显，副族元素之间变化幅度小些，且不太规律。

27. 指出下列原子轨道相应的主量子数 $n$，角量子数 $l$ 的数值。每一种轨道所包含的轨道数各是多少？

6s, 3p, 4d, 5f

答：

| 原子轨道 | $n$ | $l$ | 轨道数 |
|---|---|---|---|
| 6s | 6 | 0 | 1 |
| 3p | 3 | 1 | 3 |
| 4d | 4 | 2 | 5 |
| 5f | 5 | 3 | 7 |

28. 写出硼原子中各电子的 4 个量子数。为什么描写 2p 电子的 4 个量子数不是唯一的？

答：B 的核外电子排布式为 $1s^2 2s^2 2p^1$，以下各个电子的 4 个量子数为（其中 1 个 2p 电子其量子数存在 6 种不同情况）

| | $1s^2$ | $2s^2$ | $2p^1$ | | |
|---|---|---|---|---|---|
| $n$ | 1 | 2 | 2 | 2 | 2 |
| $l$ | 0 | 0 | 1 | 1 | 1 |
| $m$ | 0 | 0 | 0 | 1 | $-1$ |
| $m_s$ | $\pm\frac{1}{2}$ | $\pm\frac{1}{2}$ | $\pm\frac{1}{2}$ | $\pm\frac{1}{2}$ | $\pm\frac{1}{2}$ |

29. 指出下列各组量子数哪些是不合理的？加以改正。

（1）$n=3$　$l=2$　$m=2$　$m_s=\frac{1}{2}$　　　　（2）$n=3$　$l=0$　$m=-1$　$m_s=\frac{1}{2}$

（3）$n=2$　$l=2$　$m=2$　$m_s=2$　　　　（4）$n=2$　$l=-1$　$m=0$　$m_s=\frac{1}{2}$

（5）$n=2$　$l=3$　$m=2$　$m_s=0$

答：（1）合理。

　　（2）不合理，应改为 $n=3$　$l=0$　$m=0$　$m_s=\frac{1}{2}$ 或 $n=3$　$l=1$　$m=-1$　$m_s=\frac{1}{2}$。

　　（3）不合理，应改为 $n=3$　$l=2$　$m=2$　$m_s=\frac{1}{2}$ 或 $n=3$　$l=2$　$m=2$　$m_s=-\frac{1}{2}$。

　　（4）不合理，应改为 $n=2$　$l=1$　$m=0$　$m_s=\frac{1}{2}$。

　　（5）不合理，应改为 $n=4$　$l=3$　$m=2$　$m_s=\frac{1}{2}$ 或 $n=4$　$l=3$　$m=2$　$m_s=-\frac{1}{2}$。

30. 下列基态原子的电子分布各违背了什么原理？写出正确的电子构型。

（1）$1s^2 2s^2 2p^6 3s^3$　（2）$1s^2 2s^2 2p_x^3$　（3）$1s^2 2p^2$　（4）$1s^2 2s^2 2p^6 3s^3 3p^6 3d^3$

答：（1）违背了泡利不相容原理，应改为 $1s^2 2s^2 2p^6 3s^2 3p^1$。

　　（2）违背了泡利不相容原理和洪德定则，应改为 $1s^2 2s^2 2p_x^1 2p_y^1 2p_z^1$。

（3）违背了能量最低原理，应改为 $1s^2 2s^2$。

（4）违背了能量最低原理，应该为 $1s^2 2s^2 2p^6 3s^2 3p^6 3d^1 4s^2$。

31. 写出下列元素的核外电子分布式、原子序数及元素符号。

（1）在 4p 轨道上有一个电子的元素。

（2）开始填 4d 轨道的元素。

（3）在 $n=3$，$l=2$ 的轨道上有五个电子，在 $n=4$，$l=0$ 的轨道上有一个电子的元素。

答：（1）$^{31}$Ga $1s^2 2s^2 2p^6 3s^2 3p^6 3d^{10} 4s^2 4p^1$

（2）$^{39}$Y $1s^2 2s^2 2p^6 3s^2 3p^6 3d^{10} 4s^2 4p^6 4d^1 5s^2$

（3）$^{24}$Cr $1s^2 2s^2 2p^6 3s^2 3p^6 3d^5 4s^1$

32. 写出下列各种离子的外层电子分布式，并指出它们各属何种外层电子构型。

（1）$Mn^{2+}$ （2）$Cd^{2+}$ （3）$Fe^{2+}$ （4）$Ag^+$ （5）$Se^{2-}$ （6）$Cu^{2+}$ （7）$Ti^{4+}$

答：

| 离子 | 离子的外层电子分布式 | 外层电子构型 |
| --- | --- | --- |
| $Mn^{2+}$ | $3s^2 3p^6 3d^5$ | 9～17 |
| $Cd^{2+}$ | $4s^2 4p^6 4d^{10}$ | 18 |
| $Fe^{2+}$ | $3s^2 3p^6 3d^6$ | 9～17 |
| $Ag^+$ | $4s^2 4p^6 4d^{10}$ | 18 |
| $Se^{2-}$ | $4s^2 4p^6$ | 8 |
| $Cu^{2+}$ | $3s^2 3p^6 3d^9$ | 9～17 |
| $Ti^{4+}$ | $3s^2 3p^6$ | 8 |

33. 根据价键理论写出下列分子的结构式（可用一短线表示一对共用电子）。

$HClO$，$Hg_2Cl_2$，$HCN$，$SiH_4$，$BCl_3$，$OF_2$，$N_2H_4$，$CS_2$，$N_2$

答：H—O—Cl，Cl—Hg—Hg—Cl，H—C≡N，

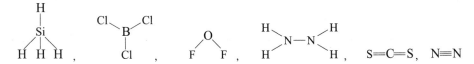

34. 按键能增加的顺序排列下列各组共价键（不查表）。

（1）C＝C　C≡C　C—C

（2）O—H　Se—H　S—H　Te—H

答：（1）$E_{C-C} < E_{C=C} < E_{C≡C}$

（2）$E_{Te-H} < E_{Se-H} < E_{S-H} < E_{O-H}$

35. 试用杂化轨道理论预测下列分子的几何构型。

$$OF_2, BBr_3, SiH_4, PCl_3, BeCl_2, HCN$$

答：

| OF$_2$ | BBr$_3$ | SiH$_4$ | PCl$_3$ | BeCl$_2$ | HCN |
|---|---|---|---|---|---|
| 不等性 sp$^3$ | sp$^2$ | sp$^3$ | 不等性 sp$^3$ | sp | sp |
| V 形 | 平面正三角形 | 正四面体形 | 三角锥形 | 直线形 | 直线形 |

36. 排出下列各组物质中键的极性大小的次序，并说明理由。

（1）NaCl，AlCl$_3$，PCl$_3$　（2）CCl$_4$，SiCl$_4$　（3）ScCl$_3$，SbCl$_3$，PCl$_3$

答：（1）Na—Cl　　　Al—Cl　　　P—Cl

$\Delta\chi$　　　　　2.1　　　　1.5　　　　0.9

键的极性————————————→减小

（2）　　　C—Cl　　Si—Cl

$\Delta\chi$　　　　　0.5　　　　1.2

键的极性————————————→增大

（3）　　　Sc—Cl　　Sb—Cl　　P—Cl

$\Delta\chi$　　　　　1.7　　　　1.1　　　　0.9

键的极性————————————→减小

37. 判断下列各组中两种物质的熔点高低。

（1）NaF　MgO　（2）BaO　CaO　（3）Cl$_2$　Br$_2$　（4）SiC　SiCl$_4$

（5）NH$_3$　PH$_3$　（6）NaCl　ICl

答：（1）NaF＜MgO　（2）CaO＞BaO　（3）Cl$_2$＜Br$_2$　（4）SiC＞SiCl$_4$

（5）NH$_3$＞PH$_3$　（6）NaCl＞ICl

38. 填充下表。

| 原子序数 | 元素符号 | 周期 | 族 | 区 | 核外电子排布 | 价层电子构型 |
|---|---|---|---|---|---|---|
|  | K |  |  |  |  |  |
|  |  |  |  |  | [Ar]3d$^{10}$4s$^2$4p$^1$ |  |
|  |  | 四 | ⅦB |  |  |  |
|  |  |  |  |  |  | 4d$^2$5s$^2$ |
|  |  |  | ⅡB |  |  | 5d$^{10}$6s$^2$ |

答：

| 原子序数 | 元素符号 | 周期 | 族 | 区 | 核外电子排布 | 价层电子构型 |
|---|---|---|---|---|---|---|
| 19 | K | 四 | ⅠA | s | [Ar]4s$^1$ | 4s$^1$ |
| 31 | Ga | 四 | ⅢA | p | [Ar]3d$^{10}$4s$^2$4p$^1$ | 4s$^2$4p$^1$ |
| 25 | Mn | 四 | ⅦB | d | [Ar]3d$^5$4s$^2$ | 3d$^5$4s$^2$ |
| 40 | Zr | 五 | ⅣB | d | [Kr]4d$^2$5s$^2$ | 4d$^2$5s$^2$ |
| 80 | Hg | 六 | ⅡB | ds | [Xe]4f$^{14}$5d$^{10}$6s$^2$ | 5d$^{10}$6s$^2$ |

39. $M^{2+}$ 在 $n=3$，$l=2$ 的轨道内有 6 个电子。试指出：

（1）M 原子的价层电子构型及所属的周期、族、区。

（2）写出 +3 价离子的外层电子分布式。

（3）此元素 +2、+3 价气态离子的稳定性哪个大？为什么？

（4）此原子中的未成对电子数有几个？

答：（1）M 原子的价层电子构型为 $3d^6 4s^2$，为第四周期，Ⅷ族，d 区元素。

（2）$M^{3+}$ 离子的外层电子分布式为 $3s^2 3p^6 3d^5$。

（3）$M^{3+}$ 比 $M^{2+}$ 气态离子的稳定性大。因为 $M^{3+}$ 的外层 d 亚层电子分布为半充满结构。

（4）M 原子的未成对电子数为 4 个。

40. 下列各对分子中，哪个分子的极性较强？为什么？

（1）HCl 与 HI　（2）$CH_4$ 与 $SiH_4$　（3）HCN 与 $CS_2$　（4）$BF_3$ 与 $NF_3$

答：（1）HCl 与 HI 的极性比较。

| | HCl | HI |
|---|---|---|
| $\Delta\chi$ | 0.9 | 0.4 |
| 键的极性 | 大 | 小 |
| 分子的极性 | 大 | 小 |

（2）$CH_4$ 与 $SiH_4$ 都是非极性分子，因为它们的分子构型是对称的四面体，分子的正、负电荷中心是重合的。

（3）HCN 的极性强于 $CS_2$。在 H—C≡N 直线形分子中，由于 H 和 N 的电负性不同，分子中的正、负电荷中心不相重合，所以 HCN 为极性分子。而在 S＝C＝S 直线形分子中，它的正、负电荷中心是重合的，所以 $CS_2$ 是非极性分子。

（4）$NF_3$ 的极性强于 $BF_3$，因为 $BF_3$ 为平面三角形的非极性分子，而 $NF_3$ 为三角锥形的极性分子。

41. 判断下列各组分子之间存在哪些分子间作用力？

（1）$Br_2$ 与 $CCl_4$　（2）He 与 $H_2O$　（3）HBr 与 HI　（4）$H_2O$ 与 $NH_3$

答：（1）$Br_2$ 与 $CCl_4$ 均为非极性分子，二者之间存在色散力。

（2）He 为非极性分子，$H_2O$ 为极性分子，二者之间存在色散力和诱导力。

（3）HBr 与 HI 均为极性分子，二者之间存在色散力、诱导力和取向力。

（4）$H_2O$ 与 $NH_3$ 均为极性分子，二者之间存在色散力、诱导力、取向力和氢键（N 和 O 的电负性大，原子半径较小）。

42. 判断下列各组物质熔点的高低顺序，简要说明之。

（1）$SiF_4$　$SiCl_4$　$SiBr_4$　$SiI_4$

（2）$PI_3$　$PCl_3$　$PF_3$　$PBr_3$

答：（1）熔点顺序为 $SiF_4 < SiCl_4 < SiBr_4 < SiI_4$。

由于相对分子质量按 $SiF_4$，$SiCl_4$，$SiBr_4$，$SiI_4$ 的次序依次增大，色散力按相同的次序增大，所以熔点依次增加。

（2）熔点顺序为 $PF_3 < PCl_3 < PBr_3 < PI_3$。

由于相对分子质量按 $PF_3$，$PCl_3$，$PBr_3$，$PI_3$ 的次序依次增大，色散力按相同的次序增大，所以熔点依次增加。

43. 根据元素周期表找出：

（1）H，Ar，Ag，Ba，Te，Au 中最大的原子。

（2）As，Ca，O，P，Ga，Sc，Sn 中电负性最大的原子。

答：（1）最大的原子为 Ba。

（2）电负性最大的原子为 O。

44. 填充下表。

| 化合物 | $CO_2$ | $BF_3$ | $NH_3$ | $SiCl_4$ | $H_2S$ |
|---|---|---|---|---|---|
| 中心原子的杂化轨道类型 | | | | | |
| 分子的几何构型 | | | | | |
| 分子的偶极矩是否为零 | | | | | |
| 在水中的溶解性（难、易） | | | | | |

答：

| 化合物 | $CO_2$ | $BF_3$ | $NH_3$ | $SiCl_4$ | $H_2S$ |
|---|---|---|---|---|---|
| 中心原子的杂化轨道类型 | sp | $sp^2$ | 不等性 $sp^3$ | $sp^3$ | 不等性 $sp^3$ |
| 分子的几何构型 | 直线形 | 平面正三角形 | 三角锥形 | 正四面体形 | V 形 |
| 分子的偶极矩是否为零 | 是 | 是 | 否 | 是 | 否 |
| 在水中的溶解性（难、易） | 难 | 难 | 易 | 难 | 较易 |

# 自我检测

## 一、选择题

1. 下列分子中只存在色散力的是（　　　）。

A. $H_2O$ B. $CH_4$ C. $NH_3$ D. $H_2S$

2. 下列四组量子数对应某多电子原子中的四条原子轨道，其中能量最高的是（　　　）。

A. $n=4, l=1, m=1$ B. $n=4, l=0, m=0$

C. $n=3, l=2, m=2$ D. $n=4, l=2, m=1$

3. 下列各组量子数合理的是（　　　）。

A. $n=3, l=3, m=1, m_s=+\dfrac{1}{2}$ B. $n=3, l=1, m=1, m_s=-\dfrac{1}{2}$

C. $n=3, l=4, m=2, m_s=+\dfrac{1}{2}$ D. $n=4, l=0, m=1, m_s=-\dfrac{1}{2}$

4. 以下是四种元素的价电子构型，第一电离能最大的元素是（　　　）。

A. $3s^2$　　　　　　B. $3s^23p^1$　　　　　　C. $3s^23p^2$　　　　　　D. $3s^23p^3$

5. 下列分子中存在氢键的是（　　　）。

A. $H_2S$　　　　　　B. HCl　　　　　　C. HF　　　　　　D. HBr

6. 以下物质中，属于极性分子的是（　　　）。

A. $CH_4$　　　　　　B. $BF_3$　　　　　　C. $SiCl_4$　　　　　　D. $CH_3Cl$

7. 已知某元素 +2 价离子的外层电子分布式为 $3s^23p^63d^{10}$，该元素位于元素周期表中的（　　　）。

A. s 区　　　　　　B. p 区　　　　　　C. d 区　　　　　　D. ds 区

8. 下列元素中，电负性最大的是（　　　）。

A. K　　　　　　B. Cl　　　　　　C. Na　　　　　　D. P

9. 下列卤化物中，色散力最大的是（　　　）。

A. HF　　　　　　B. HCl　　　　　　C. HBr　　　　　　D. HI

10. 乙炔分子中，碳原子之间的化学键为（　　　）。

A. 一条 $p-p\,\sigma$ 键，两条 $p-p\,\pi$ 键

B. 一条 $sp-sp\,\sigma$ 键，两条 $p-p\,\pi$ 键

C. 一条 $sp^2-sp^2\,\sigma$ 键，两条 $p-p\,\pi$ 键

D. 一条 $p-p\,\sigma$ 键，两条 $sp-sp\,\pi$ 键

11. 下列物质的熔点由高到低的顺序为（　　　）。

A. 金刚石＞NaCl＞$NH_3$＞$PH_3$　　　　　　B. 金刚石＞NaCl＞$PH_3$＞$NH_3$

C. NaCl＞金刚石＞$NH_3$＞$PH_3$　　　　　　D. NaCl＞金刚石＞$PH_3$＞$NH_3$

12. 以下是四种元素的核外电子构型，未成对电子数最多的元素为（　　　）。

A. $1s^22s^22p^6\,3s^23p^6\,3d^64s^2$　　　　　　B. $1s^22s^22p^6\,3s^23p^6\,3d^54s^2$

C. $1s^22s^22p^6\,3s^23p^6\,3d^34s^2$　　　　　　D. $1s^22s^22p^6\,3s^23p^6\,3d^54s^1$

13. 下面哪个量子数决定波函数在空间的伸展方向（　　　）。

A. $n$　　　　　　B. $m$　　　　　　C. $l$　　　　　　D. $l$ 和 $m$

14. 基态 $^{20}$Ca 原子最外层电子的四个量子数可能是（　　　）。

A. $\left(4, 0, 0, +\dfrac{1}{2}\right)$　　　　　　B. $\left(4, 0, 1, +\dfrac{1}{2}\right)$

C. $\left(4, 1, 0, +\dfrac{1}{2}\right)$　　　　　　D. $\left(4, 1, -1, +\dfrac{1}{2}\right)$

15. 关于杂化轨道，下列说法错误的是（　　　）。

A. 杂化轨道只能形成 $\sigma$ 键

B. 有几个原子轨道参加杂化，就形成几条杂化轨道

C. 杂化轨道的成键能力比未杂化的原子轨道强

D. $sp^2$ 杂化是由 1s 轨道和 2p 轨道混合形成的

16. 下面分子中，键角最小的是（　　　）。

A. $CH_4$　　　　　　B. $H_2O$　　　　　　C. $BF_3$　　　　　　D. $NH_3$

17. 下列电子构型中，属于原子激发态的是（ ）。

A. $1s^2 2s^2 2p^6$      B. $1s^2 2p^1$      C. $1s^2 2s^2 2p^3$      D. $1s^2 2s^2 2p^6 3s^3$

18. 氮化硅（$Si_3N_4$）具有优异的耐高温、耐磨性能，在工业上应用广泛，它属于（ ）。

A. 离子晶体                              B. 分子晶体

C. 金属晶体                              D. 原子晶体

19. 有关电子的波动性说法正确的是（ ）。

A. 电子波是一种电磁波

B. 电子波是一种机械波

C. 电子的波动性是指电子运动时以波浪式前进

D. 电子波是一种概率波

## 二、填空题

1. 氢原子中 5s 轨道电子的能量_____ 4d 轨道，钾原子 5s 电子的能量_____ 4d 轨道电子的能量（填"高于"或"低于"）。

2. 乙烯分子中含有_____条 σ 键，_____条 π 键。

3. 将下列化合物按键的极性由大到小的顺序填在下列相应空格中。

（1）ZnO，ZnS_____

（2）HI，HCl，HF，HBr_____

（3）$OF_2$，$H_2O$_____

（4）$NH_3$，$NF_3$_____

4. 简并轨道是指_____，在多电子原子中，主量子数为 $n$，角量子数为 $l$ 的亚层的简并轨道的数目为_____。

5. 微观粒子的运动特征为_____。

6. 过氧离子 $O_2^{2-}$ 的分子轨道表达式为_____，它是_____磁性（填"顺"或"反"）。

7. 波函数的空间图形是_____，电子云是用_____表示电子在核外空间_____分布的图像。

8. 电子衍射实验和不确定原理说明电子具有_____性。

9. 已知某元素的基态原子 3d 轨道上有 8 个电子，则该元素的中文名称为_____，其基态原子的核外电子排布式是_____，该元素在元素周期表中属于第_____周期，_____族，_____区。

10. 键的极性用_____来判断；分子的极性用_____来判断；根据分子轨道理论，分子的稳定性用_____来判断。

11. 共价键具有_____性和_____性，按照原子轨道的重叠方式不同，共价键分为_____键和_____键。

12. s 区、p 区、d 区和 ds 区元素的价层电子构型分别为_____、_____、_____、_____。

## 三、判断题

1. 由于 $CH_4$，$CH_3Cl$，$CH_2Cl_2$ 分子中的 C 原子都采用 $sp^3$ 杂化，因此这些分子的空间构型都是正四面体。（　　）

2. 对大多数分子而言，分子间作用力以色散力为主。（　　）

3. 含有极性键的分子一定是极性分子。（　　）

4. 当电子在两能级之间发生跃迁时，两能级间的能量差越大，所发出的光的频率越低。（　　）

5. 丙烯（$CH_3{-}CH{=}CH_2$）分子中含有 8 个 σ 键，1 个 π 键。（　　）

6. 氢键仅存在于 H 原子与电负性大的原子 F、O、N 直接键合形成的分子之间或分子内。（　　）

7. 角量子数为零的轨道都是 s 轨道。（　　）

8. 偶极矩等于零的分子必定是非极性分子。（　　）

9. 凡是同种元素组成的分子都是非极性分子。（　　）

10. 沿 $x$ 轴成键原子之间只有 $p_y$ 与 $p_y$ 轨道可以形成 π 键。（　　）

11. 凡是以 $sp^3$ 形式杂化的分子，必定是正四面体结构。（　　）

## 四、问答题

1. 区分下列概念：

（1）顺磁性和反磁性；

（2）电子云径向分布曲线和电子云径向密度分布曲线；

（3）核电荷和有效核电荷；

（4）σ 键和 π 键；

（5）成键分子轨道和反键分子轨道。

2. 用分子轨道理论比较 $O_2^+$ 与 $O_2^-$ 的稳定性。

3. 什么是不等性杂化？

4. 解释卤化氢的沸点次序：$HF > HBr > HCl$。

5. 为什么钠的卤化物的熔点变化趋势和硅的卤化物的熔点变化趋势相反？

6. 为什么常温下 $I_2$ 是固体，$Br_2$ 为液体，而 $Cl_2$ 为气体？

7. 不查表，写出下列原子的电子排布式：

P(15), Cr(24), Cu(29), Zn(30), Pd(46), Ag(47), Au(79)。

8. 不查表，按要求排列顺序并解释理由：

（1）Mg，Mn，Br，Ca 按原子半径从大到小的次序排列；

（2）H，C，O，F，Na 按电负性增加的次序排列；

（3）C，N，Ne，O 按电离能从小到大的次序排列。

9. 试求基态 $^{19}K$ 原子各电子层上的电子所受到的有效核电荷：

（1）2s 上的一个电子；

（2）3p 上的一个电子；

（3）4s 上的一个电子。

10. 写出下列离子的电子排布式：

$$Al^{3+}(13), Fe^{3+}(26), Co^{3+}(27), Ni^{2+}(28)$$

11. 写出下列元素的核外电子排布，并指出该元素属于哪个区。

（1）3p 电子填满的元素；

（2）4f 电子填充一半的元素；

（3）4s 轨道填充有 1 个电子的元素。

12. 写出下列原子或离子的电子构型，并指出哪些具有顺磁性。

$$Mn(25), As(33), Rb(37), Fe^{2+}(26), V^{2+}(23), La^{3+}(57)$$

## 五、填表题

根据鲍林的近似能级图，完成下列表格。

| 编号 | $n$ | $l$ | $m$ | $m_s$ | 轨道符号 | 氢原子的能级高低次序 | 多电子原子的能级高低次序 |
|------|-----|-----|-----|-------|----------|----------------------|--------------------------|
| Ⅰ | 5 | 0 | 0 | $+\dfrac{1}{2}$ | | | |
| Ⅱ | 4 | 0 | 0 | $-\dfrac{1}{2}$ | | | |
| Ⅲ | 3 | 2 | 0 | $+\dfrac{1}{2}$ | | | |
| Ⅳ | 3 | 2 | $-2$ | $-\dfrac{1}{2}$ | | | |
| Ⅴ | 3 | 1 | $-1$ | $+\dfrac{1}{2}$ | | | |

# 自我检测答案

## 一、选择题

1. B　　2. D　　3. B　　4. D　　5. C　　6. D　　7. D　　8. B　　9. D　　10. B

11. A　　12. D　　13. B　　14. A　　15. D　　16. B　　17. B　　18. D　　19. D

## 二、填空题

1. 高于；低于

2. 5；1

3. （1）$ZnO > ZnS$　　　　（2）$HF > HCl > HBr > HI$

　　（3）$OF_2 < H_2O$　　　　（4）$NF_3 > NH_3$

4. 主量子数和角量子数都相同的轨道；$2l + 1$

5. 能量量子化，波粒二象性，运动服从统计规律

6. $[KK(\sigma_{2s})^2(\sigma_{2s}^*)^2(\sigma_{2p_x})^2(\pi_{2p_y})^2(\pi_{2p_z})^2(\pi_{2p_y}^*)^2(\pi_{2p_z}^*)^2]$；反

7. 原子轨道；小黑点的疏密；概率密度

8. 波动

9. 镍；$1s^2 2s^2 2p^6 3s^2 3p^6 3d^8 4s^2$；四；Ⅷ；d

10. 成键原子电负性的差值；偶极矩；键级

11. 饱和；方向；$\sigma$；$\pi$

12. $ns^{1\sim2}$；$ns^2 np^{1\sim6}$；$(n-1)d^{1\sim10}ns^{1\sim2}$；$(n-1)d^{10}ns^{1\sim2}$

## 三、判断题

1. × 解析：只有 $CH_4$ 呈正四面体；$CH_3Cl$，$CH_2Cl_2$ 由于 C 原子连接的四个原子不完全相等，空间构型是四面体。

2. √

3. × 解析：对双原子分子是正确的，对多原子分子而言，分子的极性除了和键的极性有关外，还取决于分子的空间构型是否对称。例如 $CO_2$ 尽管含有极性键，但由于其空间构型为直线形，分子结构对称，偶极矩抵消，所以为非极性分子。

4. × 解析：根据玻尔理论，当电子在两能级之间发生跃迁时，所发出或吸收的光的频率（$\nu$）和二者能级间的差（$\Delta E$）的关系式为 $h\nu = \Delta E$，二者能级差越大，所发出的光的频率应越高。

5. √

6. √

7. √

8. √

9. × 解析：分子的极性取决于键的极性和分子的空间构型，同种元素组成的分子，如果分子的空间构型不对称，也可能是极性分子。

10. × 解析：沿 $x$ 轴成键原子之间除了 $p_y$ 与 $p_y$ 轨道可以形成 $\pi$ 键外，$p_z$ 与 $p_z$ 轨道之间也可以形成 $\pi$ 键。

11. × 解析：等性 $sp^3$ 杂化是正四面体结构，不等性 $sp^3$ 杂化则是三角锥形或 V 形。

## 四、问答题

1. 答：（1）顺磁性和反磁性。

顺磁性和反磁性是物质在外磁场中表现出来的性质。在外磁场中，受吸引的性质叫顺磁性，这类物质中含有未成对电子；在外磁场中受排斥的性质叫反磁性，这类物质中不含未成对电子。

（2）电子云径向分布曲线和电子云径向密度分布曲线。

二者都是对电子云径向分布的描述，都是以半径作为横坐标，不同点在于纵坐标。电子云径向分布曲线的纵坐标是 $4\pi r^2 R^2$，电子云径向密度分布曲线的纵坐标是 $R^2$，二者图上曲线峰值所在的横坐标位置不同。

（3）核电荷和有效核电荷。

核电荷数是原子核所具有的正电荷数，用符号 $Z$ 表示；有效核电荷数是原子中某一电子所感受到的实际核电荷数，符号为 $Z^*$。二者之间通过屏蔽常数 $\sigma$ 联系起来，关系式为 $Z^* = Z - \sigma$。

（4）$\sigma$ 键和 $\pi$ 键。

$\sigma$ 键和 $\pi$ 键是共价键理论中的一对概念。$\sigma$ 键中原子轨道重叠部分绕键轴对称，即绕键轴旋转任何角度后，重叠部分的符号和形状都不改变，$\pi$ 键中原子轨道重叠部分对包括键轴在内的某一平面具有反对称性。$\sigma$ 键比 $\pi$ 键稳定。

（5）成键分子轨道和反键分子轨道。

成键分子轨道和反键分子轨道是分子轨道理论中的概念。前者的能级低于成键原子原子轨道的能级，而后者的能级高于成键原子原子轨道的能级。

2. 答：$O_2^+$ 与 $O_2^-$ 的分子轨道式为

$$O_2^+[KK(\sigma_{2s})^2(\sigma_{2s}^*)^2(\sigma_{2p_x})^2(\pi_{2p_y})^2(\pi_{2p_z})^2(\pi_{2p_y}^*)^1]$$

$$O_2^-[KK(\sigma_{2s})^2(\sigma_{2s}^*)^2(\sigma_{2p_x})^2(\pi_{2p_z})^2(\pi_{2p_y})^2(\pi_{2p_z}^*)^2(\pi_{2p_y}^*)^1]$$

$O_2^+$ 的键级 $= \dfrac{8-3}{2} = 2.5$，　$O_2^-$ 的键级 $= \dfrac{8-5}{2} = 1.5$，所以 $O_2^+$ 更稳定。

3. 答：不等性杂化是指每个杂化轨道所含成分不完全相同的杂化，所形成的杂化轨道的形状、成键能力和成键的键参数可能不完全相同。

4. 答：由于 HF 分子间可以形成氢键，分子间作用力最大，所以沸点最高；HCl 和 HBr 的分子间力以色散力为主，随着相对分子质量的增加，分子的变形性增大，色散力增大，由于 HCl 相对分子质量小于 HBr，分子间作用力最小，所以沸点最低。故它们的沸点次序：HF＞HBr＞HCl。

5. 答：因为钠的卤化物是离子晶体，离子晶体的熔点取决于晶格能，NaF、NaCl、NaBr、NaI 的阴离子半径依次增加，晶格能依次减小，所以熔点依次降低。硅的卤化物是分子晶体。而分子晶体的熔点取决于分子间作用力。$SiF_4$、$SiCl_4$、$SiBr_4$、$SiI_4$ 的相对分子质量依次增加，分子间作用力依次增大，所以熔点按 $SiF_4$、$SiCl_4$、$SiBr_4$、$SiI_4$ 的顺序增加，变化趋势与钠的卤化物的熔点变化趋势相反。

6. 答：非极性分子的分子间作用力是色散力，分子的相对分子质量越大，分子的变形性越大，色散力越大，分子间作用力越大。$I_2$、$Br_2$、$Cl_2$ 均为非极性分子，三者的相对分子质量按 $I_2$、$Br_2$、$Cl_2$ 的次序依次减小，分子间作用力也按 $I_2$、$Br_2$、$Cl_2$ 的次序依次减小，所以常温下 $I_2$ 是固体，$Br_2$ 为液体，而 $Cl_2$ 为气体。

7. 答：P(15)，Cr(24)，Cu(29)，Zn(30)，Pd(46)，Ag(47)，Au(79)的电子排布式分别为

$^{15}$P　$1s^2 2s^2 2p^6 3s^2 3p^3$

$^{24}$Cr　$1s^2 2s^2 2p^6 3s^2 3p^6 3d^5 4s^1$

$^{29}$Cu　$1s^2 2s^2 2p^6 3s^2 3p^6 3d^{10} 4s^1$

$^{30}$Zn　$1s^2 2s^2 2p^6 3s^2 3p^6 3d^{10} 4s^2$

$^{46}$Pd　$1s^2 2s^2 2p^6 3s^2 3p^6 3d^{10} 4s^2 4p^6 4d^{10}$

$^{47}$Ag　$1s^2 2s^2 2p^6 3s^2 3p^6 3d^{10} 4s^2 4p^6 4d^{10} 5s^1$

$^{79}$Au　$1s^2 2s^2 2p^6 3s^2 3p^6 3d^{10} 4s^2 4p^6 4d^{10} 4f^{14} 5s^2 5p^6 5d^{10} 6s^1$

8. 答：（1）原子半径从大到小的次序为 Ca，Mg，Mn，Br。

（2）电负性增加的次序为 Na，H，C，O，F。

（3）电离能从小到大的次序为 C，O，N，Ne。

9. 答：$^{19}$K 的核外电子排布式为 $1s^2 2s^2 2p^6 3s^2 3p^6 4s^1$。

（1）2s 上的一个电子所受到的有效核电荷数：$19-(2 \times 0.85 + 7 \times 0.35) = 14.85$；

（2）3p 上的一个电子所受到的有效核电荷数：$19-(2 \times 1 + 8 \times 0.85 + 7 \times 0.35) = 7.75$；

（3）4s 上的一个电子所受到的有效核电荷数：$19-(10 \times 1 + 8 \times 0.85) = 2.2$。

10. 答：$Al^{3+}(13)$，$Fe^{3+}(26)$，$Co^{3+}(27)$，$Ni^{2+}(28)$ 的电子排布式分别为

$Al^{3+}$    $1s^2 2s^2 2p^6$

$Fe^{3+}$    $1s^2 2s^2 2p^6 3s^2 3p^6 3d^5$

$Co^{3+}$    $1s^2 2s^2 2p^6 3s^2 3p^6 3d^6$

$Ni^{2+}$    $1s^2 2s^2 2p^6 3s^2 3p^6 3d^8$

11. 答：（1）3p 电子填满的元素的核外电子排布式为：$1s^2 2s^2 2p^6 3s^2 3p^6$，属于 p 区。

（2）4f 电子填充一半的元素的核外电子排布式为：$1s^2 2s^2 2p^6 3s^2 3p^6 3d^{10} 4s^2 4p^6 4d^{10} 4f^7 5s^2 5p^6 6s^2$，属于 f 区。

（3）4s 轨道填充有 1 个电子的元素有三个，分别为 K、Cr、Cu。它们的核外电子排布式分别为

K    $1s^2 2s^2 2p^6 3s^2 3p^6 4s^1$，属于 s 区；

Cr    $1s^2 2s^2 2p^6 3s^2 3p^6 3d^5 4s^1$，属于 d 区；

Cu    $1s^2 2s^2 2p^6 3s^2 3p^6 3d^{10} 4s^1$，属于 ds 区。

12. 答：写出下列原子或离子的电子构型，并指出哪些具有顺磁性。

$Mn(25)$，$As(33)$，$Rb(37)$，$Fe^{2+}(26)$，$V^{2+}(23)$，$La^{3+}(57)$

Mn    $1s^2 2s^2 2p^6 3s^2 3p^6 3d^5 4s^2$，顺磁性；

As    $1s^2 2s^2 2p^6 3s^2 3p^6 3d^{10} 4s^2 4p^3$，顺磁性；

Rb    $1s^2 2s^2 2p^6 3s^2 3p^6 3d^{10} 4s^2 4p^6 5s^1$，顺磁性；

$Fe^{2+}$    $1s^2 2s^2 2p^6 3s^2 3p^6 3d^6$，顺磁性；

$V^{2+}$    $1s^2 2s^2 2p^6 3s^2 3p^6 3d^3$，顺磁性；

$La^{3+}$    $[Kr]5s^2 5p^6$，顺磁性。

## 五、填表题

| 编号 | $n$ | $l$ | $m$ | $m_s$ | 轨道符号 | 氢原子的能级高低次序 | 多电子原子的能级高低次序 |
|---|---|---|---|---|---|---|---|
| I | 5 | 0 | 0 | $+\dfrac{1}{2}$ | 5s | 1 | 1 |
| II | 4 | 0 | 0 | $-\dfrac{1}{2}$ | 4s | 2 | 3 |
| III | 3 | 2 | 0 | $+\dfrac{1}{2}$ | 3d | 3 | 2 |

续表

| 编号 | $n$ | $l$ | $m$ | $m_s$ | 轨道符号 | 氢原子的能级高低次序 | 多电子原子的能级高低次序 |
|---|---|---|---|---|---|---|---|
| IV | 3 | 2 | -2 | $-\dfrac{1}{2}$ | 3d | 3 | 2 |
| V | 3 | 1 | -1 | $+\dfrac{1}{2}$ | 3p | 3 | 4 |

# 拓展思考题

1. 用一支因摩擦而带有静电的塑料笔靠近从自来水龙头缓缓流出的水流，会看到水流朝笔尖方向偏转。试解释此实验现象？

2. 根据原子结构理论预测第八周期可能包括多少元素？

3. 为什么所有阴离子的半径大于母体原子，所有阳离子的半径小于（有时远远小于）母体原子？

4. 元素周期表中，碳是一个极为普通的元素，算不上活泼，但是这个"脾气随和"，"老实巴交"的碳却成为元素周期表里的"国中之王"。请分析其原因。

5. 为什么原子中的杂化轨道形成的是 σ 键，而不利于形成 π 键？

# 知识拓展

## 非整比化合物和缺陷化学

1. 非整比化合物的定义

道尔顿在建立原子学说的基础上指出：以分子形式存在的化合物中，分子内各元素原子是以正整数的比例关系进行化合的，并且不会改变，化合物的组成服从定比定律。例如，不论用何种方法制取或收集的二氧化碳，其碳和氧的质量比总是 3:8，这是因为二氧化碳中碳原子和氧原子的比例为 1:2，是固定的。道尔顿提出的定比定律圆满解释了有机化学中分子晶体的许多现象，加快了有机化学及分子化合物的无机化学的发展进程。

但在 1930 年，人们发现许多固态化合物分子不服从定比定律，它们的组成在一定范围内是可变的，组成分子的各元素的原子或离子比例，不能用整数来表示，只能用小数描述。这类化合物就是非整比化合物。例如：我们最熟悉的氯化钠晶体是由 $Na^+$ 与 $Cl^-$ 通过离子键组成的，它在一定条件下会产生氯的空位，形成非整比化合物，化学式表示为 $NaCl_{1-x}$，由于氯的空位能捕捉电子，引起晶体对光的吸收而呈黄色。

随着理论研究的发展和实验手段的进步，人们发现非整比化合物是普遍存在的，许多金属元素都有形成非整比化合物的倾向，在它们的各种化合物中常有非整比现象，其中以氧化物最为常见。由于非整比化合物可能比整比化合物更具有普遍性，因此对这一化合物的研究越来越重视。

2. 非整比化合物和缺陷化学

由于道尔顿的定比定律不能解释非整比化合物，因此无机固体化学的一个分支，一门与道尔顿概念大相径庭的化学——缺陷化学就应运而生。缺陷化学研究的主要内容包括固态晶体中缺陷的产生，缺陷的存在对材料物理化学性质的影响，如何对材料中缺陷的种类和浓度进行控制等问题，它是固体化学的一个重要分支。非整比化合物是建立在缺陷化学理论基础上的，是固体化学的核心。

人们通常讨论晶体时，认为组成晶体的原子、离子或分子是按照一定的规律，在零维、一维、二维和三维空间作有序的排列从而形成了一个完整的晶体。但实际上，理想完整的晶体和理想气体一样是被抽象化的，只有理论上的意义，不仅在自然界不存在，也很难通过人工手段制得。实际晶体由于生长条件的波动和外界环境的干扰，总是有缺陷的。晶体的缺陷主要有点缺陷、线缺陷、面缺陷和体缺陷。它的表现形式为空穴、电子"空穴"、间隙原子、杂质原子。由于缺陷的存在，使得许多固态化合物的分子组成不服从正整数的比例关系，其中点缺陷是形成非整比化合物的重要原因。

根据缺陷形成的类型不同，可以把非整比化合物分为以下几种类型：

（1）由于金属过量而形成的非整比化合物。包括负离子缺位型和正离子过剩型。例如：$TiO_2$ 会产生负离子缺位型缺陷，分子式可以写为 $TiO_{2-x}$，晶体中出现氧空位，在氧空位上捕获两个电子，它们能吸收一定波长的光，使氧化钛从黄色变为蓝色直至灰黑色。氧化锌会产生正离子过剩型缺陷，化学式为 $Zn_{1+x}O$。将氧化锌晶体放在 $600 \sim 1\,200\ ℃$ 锌蒸气中加热，由于过量锌原子进入晶体的间隙位置，形成了非整比化合物，晶体转变为红色，它在室温下的电导要比整比化合物 $ZnO$ 晶体的电导增大很多。

（2）金属短缺产生非整比化合物。包括正离子缺位型和负离子过剩型。

（3）由于杂质缺陷产生的非整比化合物。

3. 非整比化合物的应用

非整比化合物的组成元素主要是周期表中的短周期元素（第一周期至第三周期）和过渡金属元素。这是由于短周期元素的原子半径（尤其是第二周期）和过渡金属的原子半径比较接近，容易进入金属晶体的点阵间隙中形成非整比化合物。

由于晶体结构中的缺陷而形成的非整比化合物，具有不同于整比化合物的光、电、声、磁、热、力学等性质，是现代高科技的基础材料，在半导体、发光材料、超导体、磁性材料、催化等领域具有巨大的科技价值。

（1）光功能材料　在非整比化合物中，有时被负离子占据的点阵会被一些自由电子填充。由于这些自由电子从基态到激发态的能级差，恰好在可见光能级范围内，所以可以吸收相应波长的光，使物体显示出相应的颜色，利用这一原理，可以制备出各种类型显色物质。例如：用非整比化合物 $GaAs_{1-x}P_x$ 制成的发光二极管，可发出从红光到绿光的各种颜色。

（2）电功能材料　在相关理论的指导下，通过严格控制制备条件，在非整比化合物内部嵌入某些特定的杂质，可以使电子在其中的流动不可逆，使材料具备定向导电的特性。利用此项技术，可制备不同规格的半导体材料。例如：常见的 N 型半导体 $SnO_2$ 是一非整比化合物，它在吸附一些还原性、可燃性气体（如 $H_2$、$CO$、$CH_4$）时电导会发生明显变化，利用此特点可制作气敏电阻；P 型半导体 $PbO_2$ 也是一非整比化合物，可用作铅蓄电池电极。

大多数超导体也是非整比化合物，如钙钛矿型钇钡铜氧化物 $YBa_2Cu_3O_{7-x}$，是氧缺陷非整比化合物，具有超导性，它的出现使得高温超导材料得到了迅速发展。

（3）磁性材料    软磁材料是在较弱磁场下，易磁化也易退磁的材料。软磁铁氧体是一种非整比化合物，它自身不显磁性，在外加磁场的作用下可被磁化，具有磁导率高、饱和磁通密度高、磁功率损耗低以及稳定性高的特点，可用于制造变压器的磁芯、发电机和电动机的定子和转子等，是用量大的一种磁性材料。

某些非整比化合物如砷化镓晶体，在外界的辐射刺激下可以发射出微波，这类微波可以用来进行卫星通信。稀土石榴石是一种非整比化合物，具有良好光、电、声、磁等能量转化功能，是一种新型的光信息功能材料，广泛用于电子计算机等领域。

（4）复合功能材料    在复合功能材料中，非整比化合物常用在压电陶瓷上。压电陶瓷是受到压力作用时会在两端面间出现电压的陶瓷材料，具有将机械能转变为电能的特性。压电陶瓷可以将极其微弱的机械振动转换成电信号，可用于声呐系统、气象探测、遥测环境保护等。使用压电陶瓷可以制造出压电点火器。例如尖晶石结构的氧化物 $PbZr_{1-x}Ti_xO_3$，是由 $Ti^{2+}$ 取代部分 $Zr^{2+}$ 的位置而产生的非整比化合物，只要轻轻撞击一下，就会产生高压电，放出电火花，起到点火作用。

非整比化合物为具有特殊性能的新材料的发展提供了无限的可能性。随着现代科学技术的不断发展，非整比化合物的理论及应用研究必将有更大的发展空间。

# 第7章　过渡金属元素

## 基本要求

1. 了解过渡元素的通性。
2. 了解钛单质及重要化合物的性质。
3. 掌握铬、锰、铁、钴、镍重要化合物的性质。
4. 了解镧系元素、锕系元素及重要化合物。
5. 了解稀土资源及应用。

## 重点知识剖析及例解

1. 过渡金属元素的通性

过渡元素原子结构的特点是：随着核电荷数的递增，电子依次填充在次外层的 d 轨道上，最外层只有 1~2 个电子；其价电子构型为$(n-1)d^{1\sim10}ns^{1\sim2}$(Pd 为 $4d^{10}5s^0$)。由于过渡元素原子结构的共同特点，故有许多通性。

（1）物理性质　过渡元素的单质显示典型的金属性质，有金属光泽、延展性，是热和电的良导体等。

① 熔点、沸点及硬度　过渡金属大多熔点、沸点高，硬度大，强度高，密度也大（如锇、铱），属于重金属。熔点、沸点高的金属主要集中在 d 区，尤其是ⅣB，ⅤB，ⅥB，ⅦB 族的金属，其中钨（W）的熔点、沸点最高。过渡元素熔点、沸点的递变规律是从左至右先逐步升高，然后又缓慢下降。ⅥB 族金属的熔点、沸点最高，ⅧB 族以后逐渐降低，ⅡB 族是低熔点金属，汞的熔点最低。ⅥB 族的铬硬度最大。ⅥB~ⅧB 族元素的单质具有高熔点、高沸点和高硬度的原因，主要是它们的原子半径较小，有效核电荷数较大，价电子层有较多的未成对 d 电子（铬有 5 个），这些 d 电子也参与成键，因而增强了金属键的强度和晶格的能量。

② 水合离子的颜色　过渡金属的水合离子、含氧酸根离子和配离子常是有颜色的，与此相反，主族金属的相应离子是无色的。过渡元素的离子通常在 d 轨道上有未成对电子，这些电子的基态和激发态的能量比较接近，一般只要是可见光中的某些波长的光就可使电子激发，这些离子大都具有颜色。一般地说，基态和激发态的能量差越小，电子吸收光的波长越长；反之，电子吸收光的波长越短。如果离子中的电子都已配对，如 $d^0$，$d^{10}$ 等就比较稳定，不易激发，这些离子一般无色，如 $Sc^{3+}$，$Ag^+$，$Zn^{2+}$等。

（2）化学性质

① 金属活泼性　同一过渡系金属的活泼性从左至右逐渐减弱（ⅡB 族除外）。第一过渡

系金属从左至右金属的还原性有所减弱。第二、第三过渡系金属都不活泼。在同一周期内，副族元素最后填充的电子是在次外层 d 轨道上。该电子对核的屏蔽作用比外层电子的屏蔽作用要大得多，因此从左至右随核电荷数的增加原子半径缓慢地减小，因而副族元素在化学性质上的变化比较缓慢。

ⅢB 族是过渡元素中最活泼的金属。同一族的过渡元素，除ⅢB 族外其他各族活泼性都是从上而下降低。一般认为，由于同族元素从上而下原子半径增加不大，核电荷数却增加较多，故对电子吸引增强；第二、第三过渡系元素的活泼性急剧下降。

② 多种氧化数　由于过渡元素外层 s 电子与次外层 d 电子能级接近，因此这些 d 电子可以部分或全部参与成键，形成多种氧化数。同周期从左至右，随着核电荷数的增加，最高氧化数先是逐渐升高，经过ⅦB 族和ⅧB 族，随后氧化数又逐渐降低，最后与Ⅰ B 铜族元素的低氧化态衔接。原因可能是第一过渡系元素随着核电荷数的增加，未配对的 d 亚层电子数目也依次增加（洪德定则），所以最高氧化数先是逐渐升高；当 3d 亚层中电子数达到 5（半充满）或超过 5 时，未成对的 d 亚层电子数又逐渐减少（半充满后电子逐个配对），同时核电荷数又依次增加，而原子半径则逐渐减小，d 亚层电子更难于失去，因此最高氧化数逐渐降低。

③ 易形成配合物　过渡元素的原子或离子容易形成配合物，因为过渡元素的原子或离子具有能级相近的外电子轨道$(n-1)$d，$n$s，$n$p。可以利用 d，s，p 组成的杂化轨道和配体孤对电子成键形成配合物，其中最常见的杂化轨道为 $sp^3$，$dsp^2$ 及 $d^2sp^3$ 等。同时由于过渡元素的离子半径较小，最外电子层一般为未填满的$(n-1)d^x$结构，此 d 电子对核的屏蔽作用较小，因而有效核电荷数较大，对配体有较强的吸引力，所以它们有很强的形成配合物的倾向。这是过渡金属最重要的性质之一。虽然金是很不活泼的金属，也不溶于普通酸中，但它可溶解在王水中，正是因为形成配位离子$[AuCl_4]^-$。

2. 铬及其重要化合物的性质

（1）单质铬　铬是银白色的金属，熔点高（熔点 1 800 ℃），相对密度为 7.1，和铁差不多。铬是最硬的金属。

铬的化学性质很稳定，在常温下，放在空气中或浸在水里，不会生锈。铬的希腊文原意便是"颜色"。金属铬是雪白银亮的，硫酸铬是绿色的，铬酸镁是黄色的，重铬酸钾是橙红色的，铬酸是猩红色的，氧化铬是绿色的（常见的绿色颜料"铬绿"），铬矾（含水硫酸铬）是蓝紫色的，铬酸铅是黄色的（常见的黄色颜料"铬黄"）。

铬是不活泼金属，在常温下对氧和湿气都是稳定的，但和氟反应生成 $CrF_3$。金属铬在酸中一般以表面钝化为其特征。一旦去钝化后，极易溶解于几乎所有的无机酸中，但不溶于硝酸。在高温下，铬与氮起反应并被碱所侵蚀。可溶于强碱溶液。铬具有很高的耐腐蚀性，在空气中，即便是在赤热的状态下，氧化也很慢。不溶于水。镀在金属上可起保护作用。

温度高于 600 ℃时，铬和水、氮、碳、硫反应生成相应的 $Cr_2O_3$，$Cr_2N$ 和 $CrN$，$Cr_7C_3$ 和 $Cr_3C_2$，$Cr_2S_3$。铬和氧反应时开始速率较快，当表面生成氧化薄膜之后速率急剧减慢；加热到 1 200 ℃时，氧化薄膜被破坏后，氧化速率重新加快，到 2 000 ℃时铬在氧中燃烧生成 $Cr_2O_3$。铬很容易和稀盐酸或稀硫酸反应，生成氯化物或硫酸盐，同时放出氢气。相关化学方程式如下：

$$Cr + 2HCl \longrightarrow CrCl_2 + H_2 \uparrow$$
$$Cr + H_2SO_4 \longrightarrow CrSO_4 + H_2 \uparrow$$

（2）铬的重要化合物　Cr 价电子构型：$3d^5 4s^1$，ⅥB 族，常见的氧化态为 $+6$，$+3$，$+2$，电势图为

$$E_A^\ominus / V \qquad Cr_2O_7^{2-} \xrightarrow{1.33} Cr^{3+} \xrightarrow{-0.41} Cr^{2+} \xrightarrow{-0.91} Cr$$
$$\underset{-0.74}{\underline{\qquad\qquad\qquad\qquad\qquad}}$$

$$E_B^\ominus / V \qquad CrO_4^{2-} \xrightarrow{-0.13} Cr(OH)_3 \xrightarrow{-1.1} Cr(OH)_2 \xrightarrow{-1.4} Cr$$

① Cr(Ⅲ)的性质　$Cr_2O_3$ 是绿色颜料，俗称"铬绿"，它是一种两性氧化物，能与酸或浓碱溶液反应。可由 $(NH_4)_2Cr_2O_7$ 晶体受热分解制得。

酸性介质中，$Cr^{3+}$ 的还原性较弱，只有用强氧化剂才能将它氧化为 $Cr_2O_7^{2-}$，比如酸性高锰酸钾溶液氧化成重铬酸根离子。在碱性介质中 $[Cr(OH)_4]^-$ 可被 $H_2O_2$ 溶液氧化，溶液由亮绿色变为黄色：

$$2[Cr(OH)_4]^- + 2OH^- + 3H_2O_2 \longrightarrow 2CrO_4^{2-} + 8H_2O$$
$$\text{（亮绿色）} \qquad\qquad\qquad \text{（黄色）}$$

$Cr_2O_3$ 和 $Cr(OH)_3$ 显两性。

$$Cr^{3+} \underset{H^+}{\overset{OH^-}{\rightleftharpoons}} Cr(OH)_3 \underset{H^+}{\overset{OH^-}{\rightleftharpoons}} [Cr(OH)_4]^-$$
$$\text{（紫色）} \qquad \text{（灰蓝色）} \qquad \text{（绿色）}$$

Cr(Ⅲ)最常见的配离子为 $[Cr(H_2O)_6]^{3+}$。它存在于水溶液中，也存在于许多盐的水合晶体中。Cr(Ⅲ)还可与 $Cl^-$，$NH_3$，$CN^-$，$SCN^-$ 等形成单配体配离子，如 $[Cr(NH_3)_6]^{3+}$，$[Cr(CN)_6]^{3-}$ 等。此外，还能形成两种或两种以上配体的配合物，如 $[Cr(H_2O)_3F_3]$ 等。

② Cr(Ⅵ)的性质　铬酸盐和重铬酸盐是铬最重要的 Cr(Ⅵ)盐，$K_2CrO_4$ 为黄色晶体，$K_2Cr_2O_7$ 为橙红色晶体（俗称红矾钾）。向铬酸盐溶液中加入酸，溶液由黄色变为橙红色，表明 $CrO_4^{2-}$ 转变为 $Cr_2O_7^{2-}$；当向重铬酸盐溶液中加入碱，溶液由橙红色变为黄色，表明 $Cr_2O_7^{2-}$ 又转变为 $CrO_4^{2-}$。在铬酸盐或重铬酸盐溶液中存在如下平衡：

$$2CrO_4^{2-} + 2H^+ \underset{OH^-}{\overset{H^+}{\rightleftharpoons}} Cr_2O_7^{2-} + H_2O$$
$$\text{（黄色）} \qquad\qquad \text{（橙红色）}$$

实验证明，当 pH$=11$ 时，Cr(Ⅵ)全部以 $CrO_4^{2-}$ 形式存在，而当 pH$=1.2$ 时，则全部以 $Cr_2O_7^{2-}$ 形式存在，故上述平衡存在于 pH 为 $1\sim11$ 的范围。

重铬酸盐在酸性溶液中有强氧化性，是实验室常用的氧化剂，能氧化 $H_2S$，$H_2SO_3$，$FeSO_4$ 等许多物质，本身被还原为 $Cr^{3+}$，反应式为

$$Cr_2O_7^{2-} + 8H^+ + 3SO_3^{2-} =\!=\!= 2Cr^{3+} + 3SO_4^{2-} + 4H_2O$$
$$\text{（绿色）}$$

$$Cr_2O_7^{2-} + 14H^+ + 6Fe^{2+} =\!=\!= 2Cr^{3+} + 6Fe^{3+} + 7H_2O$$

在分析化学中，常用后一个反应测定溶液中 $Fe^{2+}$ 的含量。实验室用 $K_2Cr_2O_7$ 的饱和溶液与浓硫酸混合的液体作为洗液，用以洗涤玻璃器皿。洗液中常呈现暗红色的针状晶体，因为生成了铬酐($CrO_3$)：

$$K_2Cr_2O_7 + H_2SO_4(浓) = 2CrO_3\downarrow + K_2SO_4 + H_2O$$

洗液使用后，会由暗红色变为绿色，因为 Cr(Ⅵ) 已转变为 Cr(Ⅲ)，洗液失效。

$K_2Cr_2O_7$ 及 $Na_2Cr_2O_7\cdot 2H_2O$ 作为氧化剂广泛应用于许多有机化合物的生产中，以及制革工业、火柴工业和纺织工业中。

3. 锰及其重要化合物的性质

（1）Mn 的性质　Mn 为银白色金属，在空气中易氧化生成褐色氧化物覆盖层。燃烧时生成 $Mn_3O_4$。红热时与水反应生成 $Mn_3O_4$ 和氢。溶于稀盐酸、稀硫酸生成二价锰盐。高温时跟卤素、硫、磷、碳、氮直接化合。

（2）Mn(Ⅱ) 的性质

① 溶解性：Mn(Ⅱ) 强酸盐易溶，弱酸盐［$MnCO_3$（锰晶石）、磷酸锰、硫化锰等］、氧化物、氢氧化物为难溶物（但可溶于稀酸）。

② $Mn(H_2O)_6^{2+}$ 离子颜色——肉红色。

③ Mn(Ⅱ) 的还原性：酸性介质中稳定，碱性介质中不稳定，易被氧化。

**例**：在 $Mn^{2+}$ 盐溶液中加 $OH^-$，生成 $Mn(OH)_2$ 白色沉淀，而后在空气中迅速被氧化生成 $MnO(OH)_2$ 的棕褐色沉淀。

$$Mn^{2+} + 2OH^- \longrightarrow Mn(OH)_2\downarrow（白色）$$

$$2Mn(OH)_2 + O_2 \longrightarrow 2MnO(OH)_2\downarrow（棕褐色）$$

④ 化学性质：酸性介质中，能被一些强氧化剂所氧化。

$$2Mn^{2+} + 5S_2O_8^{2-} + 8H_2O \longrightarrow 2MnO_4^- + 10SO_4^{2-} + 16H^+$$

$$2Mn^{2+} + 5NaBiO_3 + 14H^+ \longrightarrow 2MnO_4^- + 5Na^+ + 5Bi^{3+} + 7H_2O$$

$$2Mn^{2+} + 5PbO_2 + 4H^+ \longrightarrow 2MnO_4^- + 5Pb^{2+} + 2H_2O$$

其中 $Mn^{2+}$ 的鉴定常用 $NaBiO_3$ 为氧化剂，在 $HNO_3$ 介质下反应。

（3）Mn(Ⅳ) 的性质

Mn(Ⅳ) 最重要的化合物是 $MnO_2$，它大量用于生产锌-锰干电池。$MnO_2$ 性状为黑色粉状固体，难溶于水，在自然界中以软锰矿 $(MnO_2\cdot xH_2O)$ 形式存在。

① 强氧化性：

$$MnO_2(s) + 4HCl(浓) \longrightarrow MnCl_2 + Cl_2\uparrow + 2H_2O$$

$$2MnO_2(s) + 2H_2SO_4(浓) \longrightarrow 2MnSO_4 + O_2\uparrow + 2H_2O$$

② 碱熔条件下可被强氧化剂氧化为 $MnO_4^{2-}$：

$$2MnO_2 + 4KOH + O_2 \longrightarrow 2K_2MnO_4 + 2H_2O$$

$$3MnO_2 + 6KOH + KClO_3 \longrightarrow 3K_2MnO_4 + KCl + 3H_2O$$

（4）Mn(Ⅵ) 的性质　Mn(Ⅵ) 的存在形式：$MnO_4^{2-}$——绿色，最重要的化合物是 $Na_2MnO_4$ 和 $K_2MnO_4$。在酸性、中性或弱碱性条件下 $MnO_4^{2-}$ 均会发生歧化反应：

$$3MnO_4^{2-} + 2H_2O \rightleftharpoons MnO_2\downarrow + 2MnO_4^- + 4OH^-$$

$$3MnO_4^{2-} + 4H^+ \rightleftharpoons MnO_2 + 2MnO_4^- + 2H_2O$$

（5）Mn(Ⅶ) 的性质　Mn(Ⅶ) 的主要形式：$MnO_4^-$——紫色；最重要的化合物是 $KMnO_4$。

① 受热或光照会分解:

$$2KMnO_4 \longrightarrow K_2MnO_4 + MnO_2 \downarrow + O_2 \uparrow$$

$$4MnO_4^- + 4H^+ \longrightarrow 3O_2 \uparrow + 2H_2O + 4MnO_2 \downarrow$$

$KMnO_4$ 应置于阴凉避光处保存,常用棕色瓶存放。

② 强氧化性:

酸性介质:$KMnO_4$ 氧化性很强,还原产物为 $Mn^{2+}$。

$$2MnO_4^- + 5SO_3^{2-} + 6H^+ \longrightarrow 2Mn^{2+} + 5SO_4^{2-} + 3H_2O$$

$$MnO_4^- + 5Fe^{2+} + 8H^+ \longrightarrow Mn^{2+} + 5Fe^{3+} + 4H_2O（用于定量测定铁含量）$$

$$2MnO_4^- + 5H_2C_2O_4 + 6H^+ \longrightarrow 2Mn^{2+} + 10CO_2 + 8H_2O（用于 KMnO_4 浓度标定）$$

中性、弱碱性介质:还原产物为 $MnO_2$。

$$2MnO_4^- + I^- + H_2O \longrightarrow 2MnO_2 \downarrow + IO_3^- + 2OH^-$$

碱性介质:还原产物为 $MnO_4^{2-}$。

$$2MnO_4^- + SO_3^{2-} + 2OH^- \longrightarrow 2MnO_4^{2-} + SO_4^{2-} + H_2O$$

$KMnO_4$ 与浓硫酸反应可生成 $Mn_2O_7$,$Mn_2O_7$ 具有极强的氧化性,若受热会迅速分解产生爆炸,与有机物剧烈反应而着火,溶于 $CCl_4$ 中能较为稳定。

$$2KMnO_4 + 2H_2SO_4(浓) \longrightarrow Mn_2O_7 + 2KHSO_4 + H_2O$$

# 思考题与习题

1. 试述过渡金属电子层结构的特点。

**答**:过渡元素电子层结构的特点是:随着核电荷数的递增,电子依次填充在次外层的 d 轨道上,最外层只有 1～2 个电子;其价电子构型为 $(n-1)d^{1\sim10}ns^{1\sim2}$(Pd 为 $4d^{10}5s^0$)。

2. 试根据过渡金属电子层结构讨论其通性。

**答**:过渡元素原子结构的特点是:随着核电荷数的递增,电子依次填充在次外层的 d 轨道上,最外层只有 1～2 个电子;其价电子构型为 $(n-1)d^{1\sim10}ns^{1\sim2}$(Pd 为 $4d^{10}5s^0$)。由于过渡元素原子结构的共同特点,故有许多通性。

(1) 物理性质  过渡元素的单质显示典型的金属性质,有金属光泽、延展性,是热和电的良导体等。

① 熔点、沸点及硬度  过渡金属大多熔点高、沸点高、硬度大、强度高、密度也大(如锇、铱),属于重金属。熔点、沸点高的金属主要集中在 d 区,尤其是ⅥB、ⅤB、ⅥB、ⅦB族的金属,其中钨(W)的熔点、沸点最高。过渡元素熔点、沸点的递变规律是从左至右先逐步升高,然后又缓慢下降。ⅥB 族金属的熔点、沸点最高,ⅦB 族以后逐渐降低,ⅡB 族已是低熔点金属,汞的熔点最低。ⅥB 族的铬硬度最大。ⅥB～ⅦB 族元素的单质具有高熔点、高沸点和高硬度的原因,主要是它们的原子半径较小,有效核电荷数较大,价电子层有较多的未成对 d 电子(铬有 5 个),这些 d 电子也参与成键,因而增强了金属键的强度和晶格的能量。

② 水合离子的颜色  过渡金属的水合离子、含氧酸根离子和配离子通常是有颜色的,过

渡元素的离子通常在 d 轨道上有未成对电子,这些电子的基态和激发态的能量比较接近,一般只要是可见光中的某些波长的光就可使电子激发,这些离子大都具有颜色。如果离子中的电子都已配对,如 $d^0$,$d^{10}$ 等就比较稳定,不易激发,这些离子一般无色,如 $Sc^{3+}$,$Ag^+$,$Zn^{2+}$ 等。

（2）化学性质

① 金属活泼性　同一过渡系金属的活泼性从左至右逐渐减弱（ⅡB 族除外）。第一过渡系金属从左至右金属的还原性有所减弱。第二、第三过渡系金属都不活泼。在同一周期内,副族元素最后填充的电子是在次外层 d 轨道上。该电子对核的屏蔽作用比外层电子的屏蔽作用要大得多,因此从左至右随核电荷数的增加原子半径缓慢地减小,因而副族元素在化学性质上的变化比较缓慢。

ⅢB 族是过渡元素中最活泼的金属。同一族的过渡元素,除ⅢB 族外其他各族活泼性都是自上而下降低。一般认为,由于同族元素自上而下原子半径增加不大,核电荷数却增加较多,故对电子吸引增强;第二、第三过渡系元素的活泼性急剧下降。

② 多种氧化数　由于过渡元素外层 s 电子与次外层 d 电子能级接近,因此这些 d 电子可以部分或全部参与成键,形成多种氧化数。同周期从左至右,随着核电荷数的增加,最高氧化数先是逐渐升高,经过ⅦB 族和Ⅷ族,随后氧化数又逐渐变低,最后与ⅠB 铜族元素的低氧化态衔接。原因可能是第一过渡系元素随着核电荷数的增加,未配对的 d 亚层电子数目也依次增加（洪德规则）,所以最高氧化数先是逐渐升高;当 3d 亚层中电子数达到 5（半充满）或超过 5 时,未成对的 d 亚层电子数又逐渐减少（半充满后电子逐个配对）,同时核电荷数又依次增加,而原子半径则逐渐减小,d 亚层电子更难于失去,因此最高氧化数逐渐降低。

③ 易形成配合物　过渡元素的原子或离子容易形成配合物,因为过渡元素的原子或离子具有能级相近的外电子轨道$(n-1)d$,$ns$,$np$。可以利用 d,s,p 组成的杂化轨道和配体孤对电子成键形成配合物,其中最常见的杂化轨道为 $sp^3$,$dsp^2$ 及 $d^2sp^3$ 等。同时由于过渡元素的离子半径较小,最外电子层一般为未填满的$(n-1)d^x$ 结构,此 d 电子对核的屏蔽作用较小,因而有效核电荷数较大,对配体有较强的吸引力,所以它们有很强的形成配合物的倾向。这是过渡金属最重要的性质之一。虽然金是很不活泼的金属,也不溶于普通酸中,但它可溶解在王水中,正是因为形成配位离子$[AuCl_4]^-$。

3. 结合钛的性质讨论钛的应用。

**答**：（1）钛合金硬度大,在航空、航天及汽车工业中,钛合金作为发动机和机体结构材料。

（2）钛有很强的还原性,由于钛表面形成致密的氧化膜,使其呈钝态而且具有对某些介质尤其是对海水的抗蚀能力,用于制造轮船及潜水艇的耐蚀、耐压部件;制造各种化工设备,如热交换器、反应器、塔、管道及海水淡化系统的设备。

（3）由于钛的耐蚀性很好、密度小,且表面与生物体组织相容性好,并和生物体组织界面结合牢固,因此是理想的植入材料,医疗上用钛来制作人造骨骼。

（4）镍钛记忆合金是一类新出现的金属功能材料,具有形状记忆功能。记忆效应是基于合金的晶体结构会在复杂的菱形结构（马氏体）和较简单的立方体结构（奥氏体）之间转变。例如 Ti-Ni 合金,在冷却时从立方结构转变成菱形结构,如果此时使之弯曲,它一直保持着这种形状。但温度一旦升高,晶体结构又从菱形转变成立方体,Ti-Ni 合金则恢复原来的形状，同时伴随着很大的恢复力而完成较大的机械功。形状记忆合金可用于温度控制装置、管道连接及航天技术等方面。

4. 结合铬、钼、钨的电子层结构讨论它们的性质及应用。

答：铬、钼、钨的原子半径较小、有效核电荷数较大及价电子层有较多未成对的 $(n-1)d$ 电子，这些 d 电子也参与成键，因而增强了金属键的强度。铬、钼、钨都是高熔点、高硬度的金属。钨的熔点最高，铬的硬度最大。

在通常条件下，它们对空气和水都相当稳定。铬可溶于非氧化性稀酸中，而在硝酸中钝化。钼、钨的化学性质较稳定。钨溶于 HF、$HNO_3$ 的混合酸；钼能溶于硝酸、热浓硫酸和王水。

铬具有高熔点、高硬度的优良性能，常用作耐热、耐蚀合金元素。铬钢、不锈钢在工业上均有重要的应用。铬常作为金属表面的镀层，以增加金属光泽及抗蚀性。

钼、钨主要用来制造合金钢。钢中含有微量的钼，其韧性及强度均大大提高。钨能制造极硬的合金。钼钢、钨钢可制造高速工具、切削工具等。在兵器工业及航天工业中，钼、钨合金也占有重要地位。

钨的另一用途是制造灯丝，也是各种电子管的重要组成材料。

5. 将 $K_2Cr_2O_7$ 溶液加入以下各溶液中会发生什么变化？写出反应方程式。

（1）$H_2S$ （2）$OH^-$ （3）$NO_2^-$ （4）$H_2O_2$

答：

（1）$Cr_2O_7^{2-} + 8H^+ + 3H_2S \longrightarrow 2Cr^{3+} + 3S\downarrow + 7H_2O$
　　（橙红色）　　　　　　　　（绿色）

（2）$Cr_2O_7^{2-} + 2OH^- \longrightarrow 2CrO_4^{2-} + H_2O$
　　（橙红色）　　　　　（黄色）

（3）$Cr_2O_7^{2-} + 3NO_2^- + 8H^+ \longrightarrow 2Cr^{3+} + 3NO_3^- + 4H_2O$
　　（橙红色）　　　　　　　　（绿色）

（4）$Cr_2O_7^{2-} + 3H_2O_2 + 8H^+ \longrightarrow 2Cr^{3+} + 3O_2\uparrow + 7H_2O$
　　（橙红色）　　　　　　　　（绿色）

6. 写出下列各物质间的相互转变的反应：

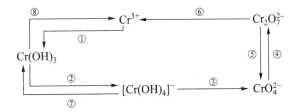

答：① $Cr^{3+} + 3NH_3 \cdot H_2O \longrightarrow Cr(OH)_3 + 3NH_4^+$

② $Cr(OH)_3 + OH^- \longrightarrow [Cr(OH)_4]^-$

③ $2[Cr(OH)_4]^- + 3H_2O_2 + 2OH^- \longrightarrow 2CrO_4^{2-} + 8H_2O$

④ $2CrO_4^{2-} + 2H^+ \longrightarrow Cr_2O_7^{2-} + H_2O$

⑤ $Cr_2O_7^{2-} + 2OH^- \longrightarrow 2CrO_4^{2-} + H_2O$

⑥ $Cr_2O_7^{2-} + 3H_2S + 8H^+ \longrightarrow 2Cr^{3+} + 3S\downarrow + 7H_2O$

⑦ $[Cr(OH)_4]^- + NH_4^+ \longrightarrow Cr(OH)_3 + NH_3 \cdot H_2O$

⑧ $Cr(OH)_3 + 3H^+ \longrightarrow Cr^{3+} + 3H_2O$

7. 硬质合金为何具有高熔点和高硬度？金属陶瓷有哪些优良性能？

**答：**这些元素的原子有较多成对的 d 电子参加金属键的形成，又具有较小的原子半径，所以金属键很强，根据以上特性，它们之中很多都是硬质合金的主要组成元素。

金属陶瓷兼有金属和陶瓷的优点，它密度小、硬度高、耐磨、导热性好，不会因为骤冷或骤热而脆裂。另外，在金属表面涂一层气密性好、熔点高、传热性能很差的陶瓷涂层，也能防止金属或合金在高温下氧化或腐蚀。金属陶瓷既具有金属的韧性、高导热性和良好的热稳定性，又具有陶瓷的耐高温、耐腐蚀和耐磨损等特性。金属陶瓷广泛地应用于火箭、导弹、超音速飞机的外壳、燃烧室的火焰喷口等地方。

8. 写出下列物质间相互转变的反应：

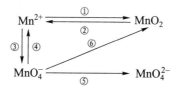

**答：** ① $2Mn^{2+} + 4OH^- + O_2 \longrightarrow 2MnO_2 + 2H_2O$

② $MnO_2 + 4HCl \longrightarrow Mn^{2+} + 2Cl^- + 2H_2O + Cl_2$

③ $2Mn^{2+} + 4HCl + 5NaBiO_3(s) \longrightarrow 2MnO_4^- + 5Na^+ + 7H_2O + 5Bi^{3+}$

④ $2MnO_4^- + 6H^+ + 5SO_3^{2-} \longrightarrow 2Mn^{2+} + 5SO_4^{2-} + 3H_2O$

⑤ $2MnO_4^- + SO_3^{2-} + 2OH^- \longrightarrow 2MnO_4^{2-} + SO_4^{2-} + H_2O$

⑥ $2MnO_4^- + H_2O + 3SO_3^{2-} \longrightarrow 2MnO_2 + 3SO_4^{2-} + 2OH^-$

9. 试述铁系元素的性质与用途。

**答：**（1）性质：铁、钴、镍的单质都是有光泽的银白色金属。它们本身具有磁性，在外磁场的作用下物质的磁性很强，而且在外磁场被移走后物质仍保持很强的磁性，称为铁磁性物质。常用的铁磁性材料有纯铁、硅铁、Fe−Si−Al 合金、Fe−Co−Ni 合金等。

铁磁性物质由于结构上的特点，这类物质中存在一种含有排列一致的顺磁性原子的磁域，称为磁畴。这些磁畴在外加磁场的作用下，沿磁场取向显示强的磁性，当外加磁场取消时，仍保留较强的残留磁矩。

（2）用途：铁最主要的用途是制造钢和合金钢。通常钢和铸铁都称为铁碳合金，因为钢和铸铁的成分虽然复杂，但基本上是由铁和碳两种元素组成的。一般含碳 0.02%～2.0% 的称为钢，含碳大于 2% 的称为铸铁。为了改善碳钢的性能，常加入一定量其他元素，以满足应用的要求，这种钢叫合金钢。我国钢的年产量已超过 $1 \times 10^8$ t，成为世界第一钢铁大国，但由于我国钢铁产品性能、质量和品种不足，每年仍需耗巨资进口一千万到数千万吨钢材。铁是人体中含量最多的必须微量元素（一个 70 kg 体重的成人体内含铁 4～6 g），其最重要的生理功能是充当电子的传递体，运输和储存氧。

钴是一种重要的战略金属，钴及其合金广泛应用于电机、机械、化工、航空和航天等领域。钴基耐高温合金可用作各种高负荷耐热部件，是喷气发动机、火箭发动机、导弹部件，化工设备中和原子能工业等领域的重要金属材料。钴是永磁性合金的重要组成部分，铁钴磁性合金的磁力线密度高。钴也是人体不可缺少的微量元素之一，维生素 $B_{12}$ 是一重要的含钴配合物，主要功能是促使红细胞成熟，可以防止人的恶性贫血病。钴的化合物使玻璃呈蓝色，研磨成细粉后可作蓝色颜料，可用作护目镜。$^{60}$Co 发射出γ射线，可用于科学研究和医疗。

镍是一种十分重要的有色金属原料。镍的主要用途是制造不锈钢、高镍合金钢和合金结构钢。在钢中加入镍，可以提高机械强度，常用来制造机器中承受较大压力和往复负荷部分的零件，如涡轮叶片、连杆等。极细的镍粉，在化学工业上用作氢化催化剂。镍钴合金是一种永磁材料，广泛用于电子遥控、原子能工业和超声工艺等领域。镍与铝、钴制成的合金后，磁性明显增强，可以用来制造电磁起重机。由于镍在常温下对空气和水有很好的耐腐蚀性，故常用作电镀保护层。

铁、钴、镍均为中等活泼金属，都能溶于稀酸，但钴、镍溶解速度较慢。冷浓硫酸可使铁钝化，冷浓硝酸也可使铁、钴、镍变成钝态。铁、钴、镍均能形成金属氢化物，例如 $FeH_2$，$CoH_2$，这类氢化物的体积比原金属的体积有显著增加。钢铁与氢（例如稀酸清洗钢铁制件产生的氢气）作用生成氢化物时会使钢铁的延展性和韧性下降，有时还使钢铁形成裂纹，也就是"氢脆"。

10. 镧系收缩的原因是什么？镧系收缩对第五、第六周期各副族的性质有何影响？

**答**：对镧系元素，随着原子序数的递增，新增加的电子填充到$(n-2)$f 亚层，$(n-2)$电子对最外层 $n$ 层电子的屏蔽作用更大，原子半径从左到右的收缩的幅度更小。镧系收缩是镧系 15 种元素的原子半径随着原子序数的递增，原子半径收缩的总效果，从镧到镥 15 种元素的原子半径总共减小 11 pm，致使镧系以后的第六周期和第五周期同族元素的原子半径非常接近，如第六周期的 Hf，Ta，W 分别与第五周期的 Zr、Nb、Mo 的原子半径十分接近，性质相似，在自然界共生且难以分离。

在过渡元素中受镧系收缩的影响，第五、第六周期同一副族元素的原子、离子半径几乎相等。这就决定了它们的化学性质彼此极为相似，但配合物的性质有较大差异。例如，元素铌（Nb）、钽（Ta）在天然矿物中共生在一起，性质相似，分离困难。通过形成配位氟化物 $K_2TaF_7$ 和 $K_2NbF_7$，可以分离 Nb，Ta。因为 $K_2NbF_7$ 较易水解，形成溶解度较大的 $K_2NbOF_5$，而 $K_2TaF_7$ 却不易水解，且溶解度较小。

11. 在镧系元素原子半径的变化中，为什么铕和镱的原子半径出现反常？

**答**：铕和镱的 4f 轨道处于半满（4f$^7$）和全满（4f$^{14}$），无 5d 电子，形成金属键时只有两个 6s 电子参与成键（其他镧系元素 3 个价电子参与成键），形成金属键时，外层电子云在相邻原子之间的重叠少，所以原子半径明显增加。

12. 稀土金属有哪些应用？

**答：**① 稀土金属在冶金工业中的应用；② 稀土合金作贮氢材料；③ 稀土金属作催化剂；④ 稀土金属在医疗领域中的应用；⑤ 稀土金属的其他应用。

# 自我检测

## 一、判断题

1. 多数过渡元素都可以形成多种氧化数的化合物。（　　　）

2. 第一过渡系元素的第一电离能随原子序数的增大而依次减小。（　　　）

3. 过渡元素的许多水合离子和配合物呈现颜色。（　　　）

4. ds 区元素原子的次外层都有 10 个 d 电子。（　　　）

5. 在 d 区元素中以 ⅢB 族元素最活泼。（　　　）

6. 许多过渡元素的化合物因具有未成对电子而呈现顺磁性。（　　　）

7. 许多过渡金属及其化合物具有催化性能。（　　　）

8. 第一过渡系元素比相应的第二、三过渡系元素活泼。（　　　）

9. 第一过渡系元素中，从 Sc 到 Mn，元素的最高氧化数等于其族序数。（　　　）

10. 铬的最高氧化数等于其族序数。（　　　）

## 二、填空题

1. 钒是一种重要的战略金属，其最主要的用途是生产特种钢，其氧化数有 +5、+4、+3、+2 等，工业上从炼钢获得的富钒炉渣中（内含 $V_2O_5$）提取钒的过程如下。

富钒炉渣 $\xrightarrow[\text{水浸}]{\text{①NaCl、空气、焙烧}}$ NaVO$_3$ $\xrightarrow{\text{酸处理}}$ $V_2O_5 \cdot H_2O$ $\xrightarrow{\text{脱水、干燥}}$ $V_2O_5$ $\xrightarrow{\text{②Ca}}$ V

基态钒原子的电子排布式为_____，上述钒的几种价态中，最稳定的是_____氧化数；写出①、②反应的化学方程式：_____、_____。

2. 基态 $Cu^{2+}$ 的核外电子排布式为_____，在高温下 CuO 能分解生成 $Cu_2O$，试从原子结构角度解释其原因：_____。根据元素原子的外围电子排布特征，可将元素周期表分成五个区域，元素 Cu 属于_____区。

3. 稀土元素是指元素周期表中原子序数为 57 到 71 的 15 种镧系元素，以及与镧系元素化学性质相似的钪（Sc）和钇（Y）共 17 种元素。回答下列问题：

（1）钪（Sc）元素的原子核外电子排布式为_____；镝（Dy）的基态原子电子排布式为 [Xe]$4f^{10}6s^2$，一个基态镝原子所含的未成对电子数为_____。

（2）稀土元素最常见的氧化数为 +3，但也有少数还有 +4 氧化数。请根据下表中的电离能数据判断表中最有可能有 +4 氧化数的元素是_____。

**A、B 两种稀土元素的电离能（单位：kJ·mol⁻¹）**

| 电离能 | A 元素 | B 元素 |
|--------|--------|--------|
| $I_1$ | 578 | 738 |
| $I_2$ | 1 817 | 1 451 |
| $I_3$ | 2 745 | 7 733 |
| $I_4$ | 11 578 | 10 540 |

4. $[Zn(CN)_4]^{2-}$ 在水溶液中与 HCHO 发生如下反应：

$$4HCHO + [Zn(CN)_4]^{2-} + 4H^+ + 4H_2O === [Zn(H_2O)_4]^{2+} + 4HOCH_2CN$$

（1）基态 $Zn^{2+}$ 核外电子排布式为_____。

（2）1 mol HCHO 分子中含有 σ 键的为_____mol。

（3）$HOCH_2CN$ 分子中氰基碳原子的杂化轨道类型是_____。

## 三、简答题

1. 在含有大量 $NH_4F$ 的 $1 mol·L^{-1}$ $CuSO_4$ 和 $1 mol·L^{-1}$ $Fe_2(SO_4)_3$ 的混合溶液中加入 $1 mol·L^{-1}$ KI 溶液。有何现象发生？说明原因。

2.（1）对比 $Cu^{2+}$、$Ag^+$、$Hg^{2+}$、$Hg_2^{2+}$ 与 KI 溶液反应的情况，并用反应式表示；（2）对比 $Cu^{2+}$、$Zn^{2+}$、$Hg^{2+}$、$Hg_2^{2+}$ 分别与 NaOH、$NH_3·H_2O$ 溶液反应情况，并用反应式表示。

3. 向 $K_2Cr_2O_7$ 溶液中加入下列试剂，填下表。

| 加入试剂 | $NaNO_2$ | $H_2O_2$ | $FeSO_4$ | NaOH | $Ba(NO_3)_2$ |
|----------|----------|----------|----------|------|--------------|
| 现象 | | | | | |
| 主要产物 | | | | | |

# 自我检测答案

## 一、判断题

1. √　　2. ×　　3. √　　4. √　　5. √　　6. √　　7. √　　8. ×　　9. √

10. √

## 二、填空题

1. $1s^2 2s^2 2p^6 3s^2 3p^6 3d^3 4s^2$ 或 $[Ar]3d^3 4s^2$；+5；

$$2V_2O_5 + 4NaCl + O_2 === 4NaVO_3 + 2Cl_2, \quad V_2O_5 + 5Ca === 2V + 5CaO$$

2. $1s^2 2s^2 2p^6 3s^2 3p^6 3d^9$；结构上 $Cu^{2+}$ 为 $3d^9$，而 $Cu^+$ 为 $3d^{10}$ 全充满更稳定；ds

3.（1）$1s^2 2s^2 2p^6 3s^2 3p^6 3d^1 4s^2$；4

（2）B

4.（1）$1s^2 2s^2 2p^6 3s^2 3p^6 3d^{10}$　（2）3　（3）sp

## 三、简答题

1. 答：因混合液中含有大量 $F^-$，它可与 $Fe^{3+}$ 配合，使 $c(Fe^{3+})$ 降低，导致 $Fe^{3+}$ 的氧化能力下降，所以加入 KI 溶液时，$Cu^{2+}$ 可氧化 $I^-$ 而生成白色 CuI 沉淀和单质 $I_2$。反应式如下：

$$Fe^{3+} + 6F^- \longrightarrow [FeF_6]^{3-}$$

$$2Cu^{2+} + 4I^- \longrightarrow 2CuI \downarrow + I_2$$

这可用电极电势值说明。

已知：

$$Fe^{3+} + e^- \rightleftharpoons Fe^{2+}, E^{\ominus} = 0.771 \text{ V}$$

$$[FeF_6]^{3-} + e^- \rightleftharpoons Fe^{2+} + 6F^-$$

将两电极组成原电池，电动势为零（$E = 0$）时，则

$$E(Fe^{3+} / Fe^{2+}) = E([FeF_6]^{3-} / Fe^{2+})$$

而

$$E(Fe^{3+} / Fe^{2+}) = E^{\ominus}(Fe^{3+} / Fe^{2+}) + 0.059\,2 \text{ V} \times \lg \frac{c(Fe^{3+})}{c(Fe^{2+})}$$

$$E([FeF_6]^{3-} / Fe^{2+}) = E^{\ominus}([FeF_6]^{3-} / Fe^{2+}) + 0.059\,2 \text{ V} \times \lg \frac{c([FeF_6]^{3-})}{[c(Fe^{2+})][c(F^-)]^6}$$

所以可得

$$E^{\ominus}([FeF_6]^{3-} / Fe^{2+}) = E^{\ominus}(Fe^{3+} / Fe^{2+}) + 0.059\,2 \text{ V} \times \lg \frac{1}{K_f^{\ominus}([FeF_6]^{3-})}$$

$$= 0.771 \text{ V} + 0.059\,2 \text{ V} \times \lg \frac{1}{2.04 \times 10^{14}}$$

$$= -0.076 \text{ V} \ll E^{\ominus}(I_2 / I^-) = 0.535\,5 \text{ V}$$

查表：$E^{\ominus}(Cu^{2+} / CuI) = 0.86 \text{ V} > E^{\ominus}(I_2 / I^-)$

故有 $Cu^{2+}$ 氧化 $I^-$ 的反应发生，而无 $[FeF_6]^{3-}$ 氧化 $I^-$ 的反应发生。

2. 答：（1）$2Cu^{2+} + 4I^- \longrightarrow 2CuI \downarrow + I_2$

$$Ag^+ + I^- \longrightarrow AgI \downarrow$$

$$Hg^{2+} + 2I^- \longrightarrow HgI_2 \downarrow \qquad HgI_2 + 2I^- \longrightarrow [HgI_4]^{2-}$$

$$Hg_2^{2+} + 2I^- \longrightarrow Hg_2I_2 \downarrow \qquad Hg_2I_2 + 2I^- \longrightarrow [HgI_4]^{2-} + Hg \downarrow$$

（2）$Cu^{2+} + 2OH^- \longrightarrow Cu(OH)_2 \downarrow$

$$Cu(OH)_2 + 2OH^- \longrightarrow [Cu(OH)_4]^{2-}$$

$$Cu^{2+} + 4NH_3 \cdot H_2O \longrightarrow [Cu(NH_3)_4]^{2+} + 4H_2O$$

$$Zn^{2+} + 2OH^- \longrightarrow Zn(OH)_2 \downarrow$$

$$Zn(OH)_2 + 2OH^- \longrightarrow [Zn(OH)_4]^{2-}$$

$$Zn^{2+} + 2NH_3 \cdot H_2O \longrightarrow Zn(OH)_2 \downarrow + 2NH_4^+$$

$$Zn^{2+} + 4NH_3 \cdot H_2O(过量) \longrightarrow [Zn(NH_3)_4]^{2+} + 4H_2O$$

$$Hg^{2+} + 2OH^- \longrightarrow HgO\downarrow + H_2O$$

$$2Hg^{2+} + 4NH_3 + NO_3^- + H_2O \longrightarrow HgO \cdot NH_2HgNO_3\downarrow + 3NH_4^+$$

$$Hg_2^{2+} + 2OH^- \longrightarrow HgO\downarrow + Hg\downarrow + H_2O$$

$$2Hg_2^{2+} + 4NH_3 + NO_3^- + H_2O \longrightarrow 3NH_4^+ + 2Hg\downarrow + HgO \cdot NH_2HgNO_3\downarrow$$

3. 答:

| 加入试剂 | $NaNO_2$ | $H_2O_2$ | $FeSO_4$ | NaOH | $Ba(NO_3)_2$ |
|---|---|---|---|---|---|
| 现象 | 橙红→蓝紫色 | 橙红→蓝紫色 有气泡生成 | 橙红→绿色 | 橙红→黄色 | 黄色沉淀 |
| 主要产物 | $Cr^{3+}$，$NO_3^-$ | $Cr^{3+}$，$O_2$ | $Cr^{3+}$，$Fe^{3+}$ | $CrO_4^{2-}$ | $BaCrO_4\downarrow$ |

# 拓展思考题

1. 在水的介质中，三价铁离子应为浅紫色，为什么在实验室看到的不是这个颜色？

2. 为什么戴有黄金首饰的人，在使用碘酒时要特别注意？

3. 氧气不是惰性分子，为什么放在空气中的亚铁离子被氧化得很慢？

4. 20 世纪中期，人们为了实现原子核分裂，必须分离出铀的同位素，此时才切实认识到需要大量的氟（$F_2$），为什么？

# 知识拓展

## 铀的提炼与浓缩

铀矿的主要产地有加拿大、澳大利亚、俄罗斯等。我国主要矿种有方铀矿、沥青铀矿、铌钛铀矿、晶质铀矿等。从铀矿提取铀化合物或金属铀，需要经过复杂的化学工艺过程，简单介绍如下。

1. 铀与杂质的分离

铀矿先经破碎和磨细，后用溶剂将铀选择性地溶解–浸取。浸取方法一般有酸法和碱法。

（1）酸浸取法　酸浸取法一般用稀硫酸作浸取剂，若矿粉中铀处于或部分处于 U(Ⅳ)氧化态，浸取时可加入氧化剂（常用 $MnO_2$），将 U(Ⅳ)氧化成 U(Ⅵ)，并向浸取液中加入氨水调节酸度，即可得到黄色的重铀酸铵沉淀，过滤后得到的滤饼称为"黄饼"（加工精制的 $UO_2$）。反应式如下：

$$UO_2 + MnO_2 + 2H_2SO_4 \longrightarrow UO_2SO_4 + 2H_2O + MnSO_4$$

$$UO_2SO_4 + 2SO_4^{2-} \longrightarrow [UO_2(SO_4)_3]^{4-}$$

$$[UO_2(SO_4)_3]^{4-} + 3SO_4^{2-} + 4H^+ \longrightarrow [U(SO_4)_6]^{6-} + 2H_2O$$

$$2UO_2SO_4 + 6NH_3 + 3H_2O \longrightarrow (NH_4)_2U_2O_7 + 2(NH_4)_2SO_4$$

（2）碱浸取法　含碳酸盐的铀矿石主要用碱法浸取，常用浸取剂为碳酸钠和碳酸氢钠的水溶液，在鼓入空气的条件下，矿石中铀生成碳酸钠铀酰 $Na_4[UO_2(CO_3)_3]$，溶于浸取液，向溶液中加入 NaOH，即可得到 $Na_2U_2O_7$ 沉淀：

$$UO_2 + Na_2CO_3 + H_2O + \frac{1}{2}O_2 \longrightarrow UO_2CO_3 + 2NaOH$$

$$UO_2CO_3 + 2Na_2CO_3 \longrightarrow Na_4[UO_2(CO_3)_3]$$

$$Na_4[UO_2(CO_3)_3] + 3Na_2CO_3 + 2H_2O \longrightarrow Na_6[U(CO_3)_6] + 4NaOH$$

$$2Na_6[U(CO_3)_6] + 14NaOH \longrightarrow Na_2U_2O_7 + 12Na_2CO_3 + 7H_2O$$

浸取液可进行固液分离，常采用螺旋分离机、水力旋流器等。

2. 铀的纯化精制

上述分离方法制得的物料含杂质较多，为制得核燃料级的铀产品，仍需要进一步精制。精制工艺为离子交换法和溶剂萃取法。

（1）离子交换法　对于含铀浓度低的浸取液采用离子交换法提取铀较为合适。离子交换法一般采用强碱性阴离子交换树脂吸附铀。当树脂吸附饱和后，经水洗，再用淋洗液（硝酸或盐酸）将铀以硝酸铀酰 $UO_2(NO_3)_2$ 的形式淋洗下来，此时溶液中铀化合物浓度较大，便于进行重铀酸铵沉淀的制备。

（2）溶剂萃取法　常用有机膦与烷基胺类萃取剂，如磷酸三丁酯（TBP）、二（2–乙基己基）磷酸酯、三辛胺等。如在较浓硝酸铀酰溶液中萃取：

$$UO_2(NO_3)_2（水相）+ 2TBP（有机相）\longrightarrow UO_2(NO_3)_2 \cdot 2TBP（有机相）$$

用水溶液反复洗涤有机相，以便除去杂质，再用碳酸铵结晶对有机相反萃取，可得核燃料级的三碳酸铀酰：

$$UO_2(NO_3)_2 \cdot 2TBP（有机相）+ 3CO_3^{2-}（水相）\longrightarrow$$

$$2TBP（有机相）+ [UO_2(CO_3)_3]^{4-}（水相）+ 2NO_3^-（水相）$$

此流程中淋洗与萃取结合，使萃取所处理的液量减少，铀的回收率高，节省试剂，产品纯度也高。

3. 铀的浓缩

前面的精制过程能制得纯铀化合物，但一般反应堆的燃料棒要求 $^{235}U$ 达 3%~4%的金属铀或二氧化铀；用于武器和舰船推进则要求 $^{235}U$ 高达 93%，而 $^{235}U$ 在天然铀的 3 种同位素中仅占 0.718%（而其他 $^{234}U$ 占 0.006%，$^{238}U$ 占 99.276%），所以必须进行 $^{235}U$ 的浓缩，即通过 $^{235}U$ 的浓缩，将 $^{235}U$ 与 $^{238}U$ 分离。

在 $^{235}U$ 与 $^{238}U$ 的分离中，通常利用它们的六氟化铀 $UF_6$ 蒸气性质的差异进行同位素的分离，所以 $UF_6$ 的制备是重要步骤。首先将"黄饼"焙烧制备 $UO_3$：

$$(NH_4)_2U_2O_7(s) \xrightarrow{300\ ℃} 2UO_3(s) + 2NH_3(g) + H_2O(g)$$

经过制备活性很高的 $UO_2$：

$$UO_3(s) + H_2(g) \xrightarrow{700\ ℃} UO_2(s) + H_2O(g)$$

再先后制取 $UF_4$ 和 $UF_6$：

$$UO_2(s) + 4HF(aq) \longrightarrow UF_4(s) + 2H_2O(l)$$

$$UF_4(s) + F_2(g) \longrightarrow UF_6(s)$$

目前浓缩 $^{235}U$ 有气体扩散法、气体离心法、气体动力学分离法、激光浓缩法、同位素电磁分离法、化学分离法、等离子体分离法七项技术，例如：

（1）气体扩散法 其原理是基于不同质量同位素在转化为气态时，运动速度的差异进行分离。$UF_6$ 在 101.3 kPa、56.4 ℃或 13.17 kPa、25 ℃时均可变为气体，由于 $^{235}UF_6$ 比 $^{238}UF_6$ 的相对分子质量小，在减压下 $^{235}UF_6$ 热扩散速率比 $^{238}UF_6$ 快，可将它们分离、浓缩。

（2）气体离心法 将 $UF_6(g)$ 压缩通过系列高速旋转的圆筒或离心机，$^{235}UF_6$ 比 $^{238}UF_6$ 易在圆筒近壁处相对富集而被导出，进入下一级离心机做进一步分离，经过逐级分离后，$^{235}UF_6$ 将逐渐得到富集。该法比气体扩散法耗电少，已被多国采用。

（3）化学分离法 由于同位素质量不同，它们将以不同速率穿过化学"膜"，从而进行分离。

4. 金属铀的制备

将浓缩得到的 $^{235}UF_6$ 先转化成 $UF_4$，然后在高于 700 ℃温度下用金属镁还原，等熔融的金属铀凝固后，将氟化物熔渣分离掉，即可得块状金属铀，产率可达 97%。

$$UF_4 + 2Mg \xrightarrow{>700\ ℃} U + 2MgF_2$$

# 第 8 章　配合物

## 基本要求

1. 掌握配合物基本概念、配合物的组成及命名方法。

2. 掌握配合物的价键理论，能用杂化轨道理论解释配离子或配合物的空间构型；掌握内轨配键、外轨配键的基本概念、影响因素，能用内轨、外轨配键解释配离子的稳定性、磁性。

3. 掌握配合物的稳定常数概念，能够利用配合物的稳定常数进行溶液中有关的离子浓度计算、判断配离子与沉淀之间的转化、判断配离子之间的转化。

4. 了解配合物在医疗、金属纯化、金属缓蚀、电镀方面的应用。

## 重点知识剖析及例解

1. 配位化合物的组成、结构和命名

应熟练掌握配合物的组成、结构和命名方法，了解螯合物的结构特点及其特殊的稳定性。由配离子形成的配位化合物由内界和外界两部分组成，内界由中心离子（或原子）和配体结合而成（用方括号标出）；对配合物而言，（中心离子电荷＋配体总电荷）＋外界离子总电荷＝0；命名时，—OH 为羟基；—$NO_2$（N 为配位原子）为硝基；—ONO（O 为配位原子）为亚硝酸根；—CO 为羰基；—SCN（S 为配位原子）为硫氰酸根；—NCS（N 为配位原子）为异硫氰酸根。配位数是指与中心离子（或原子）直接结合的配位原子的总数，不一定等于配体数目。

**例 1**　下列物质中，不可能作为配合物中配体的为（　　）。

A. $C_2H_6$　　　　　　B. CO　　　　　　C. $NO_2^-$　　　　　　D. $CH_3COO^-$

**答**：A。配体中，配位原子外层必须含有孤对电子，故答案为 A。

**例 2**　$Ni^{2+}$ 形成的八面体配合物（　　）。

A. 只可能是外轨型　　　　　　　　　B. 只可能是内轨型

C. 可能是外轨型，也可能内轨型　　　D. 是反磁性物质

**答**：A。八面体配合物，中心原子轨道只可能是 $d^2sp^3$ 或 $sp^3d^2$。$Ni^{2+}$ 的电子构型为 $3d^8$，不可能提供 2 条空的 3d 轨道，形成的八面体配合物只可能是外轨型，故选项 B、C 不正确；形成配合物后，中心原子上有 2 个自旋相同的未成对电子，是顺磁性物质，故选项 D 不正确。选项 A 正确。

**例 3**　配合物$[CrBr_2(H_2O)_4]Br$ 的中文命名为_____，中心离子是_____，中心离子的配位数为_____；配合物二氯化二乙二胺合铜（Ⅱ）的化学式_____，中心离子的配位数为_____。

**答**：一溴化二溴·四水合铬（Ⅲ）；$Cr^{3+}$；6；$[Cu(en)_2]Cl_2$；4。

**例4** 有下列三种铂的配合物，用实验方法确定它们的结构，其结果如下：

| 物质 | Ⅰ | Ⅱ | Ⅲ |
|---|---|---|---|
| 化学组成 | $PtCl_4·6NH_3$ | $PtCl_4·4NH_3$ | $PtCl_4·2NH_3$ |
| 溶液的导电性 | 导电 | 导电 | 不导电 |
| 可被 $AgNO_3$ 沉淀的 $Cl^-$ 数 | 4 | 2 | 不发生 |
| 配合物化学式 | | | |

根据上述结果，写出上列三种配合物的化学式。

**答**：三种配合物的化学式分别为

（Ⅰ）$[Pt(NH_3)_6]Cl_4$；（Ⅱ）$[PtCl_2(NH_3)_4]Cl_2$；（Ⅲ）$[PtCl_4(NH_3)_2]$。

2. 配位化合物的价键理论、几何构型

理解配合物价键理论的要点，外轨型配合物和内轨型配合物的特点，能结合杂化形式和磁性大小解释一些配合物的空间结构和性质（稳定性）。基于配合物价键理论，中心离子 M 提供空轨道，配体 L 提供孤对电子或 π 键电子，以 σ 配位键（M←L）的方式相结合；中心离子的价层电子结构与配体的种类、数目共同决定杂化轨道类型；杂化轨道类型决定配合物的空间构型、磁矩及相对稳定性。

| 类型 | 杂化类型 | 配位数 | 空间构型 | 实例 |
|---|---|---|---|---|
| 外轨型 | sp | 2 | 直线形 | $[Cu(NH_3)_2]^+$、$[Ag(NH_3)_2]^+$ |
| | $sp^3$ | 4 | 正四面体形 | $[Ni(NH_3)_4]^{2+}$、$[Zn(NH_3)_4]^{2+}$ |
| | $sp^3d^2$ | 6 | 正八面体形 | $[FeF_6]^{3-}$、$[Co(NH_3)_6]^{2+}$ |
| 内轨型 | $dsp^2$ | 4 | 正方形 | $[Ni(CN)_4]^{2-}$、$[Cu(NH_3)_4]^{2+}$ |
| | $d^2sp^3$ | 6 | 正八面体形 | $[Fe(CN)_6]^{3-}$、$[Co(NH_3)_6]^{3+}$ |

根据杂化形式不同，配合物分为外轨型和内轨型配合物；同时，可根据磁矩大小来推断配合物是内轨型的还是外轨型的，已知配合物的磁矩（$\mu$）大小，根据公式 $\mu = \sqrt{n(n+2)}$，可推知中心离子的未成对电子数 $n$，进而推知其杂化类型。通常情况下，内轨型配合物的稳定性大于外轨型配合物。

**例5** 配合物 $PtCl_4·2NH_3$ 的水溶液不导电，加入硝酸银不产生沉淀，滴加强碱也无氨放出，所以该配合物化学式应写成_____，中心离子的配位数为_____，中文命名为_____，配合物为顺磁性物质，则中心原子采用的杂化类型为_____，其分子空间构型为_____。

**答**：$[PtCl_4(NH_3)_2]$；6；四氯·二氨合铂（Ⅳ）；$sp^3d^2$；正八面体形。

**例6** 运用价键理论说明配离子 $[CoF_6]^{3-}$ 和 $[Co(CN)_6]^{3-}$ 的类型、空间构型和磁性。

**答**：$F^-$ 为弱场配体，与 $Co^{3+}$ 形成外轨型配离子，$Co^{3+}$ 采取 $sp^3d^2$ 杂化，$[CoF_6]^{3-}$ 的空间构

型为正八面体形，$Co^{3+}$ 的 6 个 d 电子中有 4 个未成对电子，为顺磁性物质。

CN⁻ 为强场配体，与 $Co^{3+}$ 形成内轨型配离子，$Co^{3+}$ 采取 $d^2sp^3$ 杂化，$[Co(CN)_6]^{3-}$ 的空间构型为正八面体形，$Co^{3+}$ 没有未成对电子，为反磁性物质。

**例 7**　根据下列配离子中心离子未成对电子数及杂化类型，试绘制中心离子价层 d 电子分布示意图。

| 配离子 | 未成对电子数 | 杂化类型 |
|--------|:------------:|:--------:|
| $[Cu(NH_3)_4]^{2+}$ | 1 | $dsp^2$ |
| $[CoF_6]^{3-}$ | 4 | $sp^3d^2$ |
| $[Ru(CN)_6]^{4-}$ | 0 | $d^2sp^3$ |
| $[Co(NCS)_4]^{2-}$ | 3 | $sp^3$ |

答：$[Cu(NH_3)_4]^{2+}$

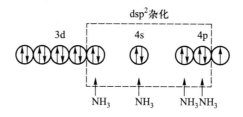

$[CoF_6]^{3-}$

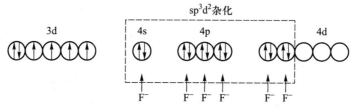

$[Ru(CN)_6]^{4-}$

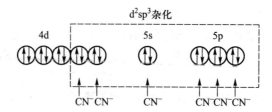

$[Co(NCS)_4]^{2-}$

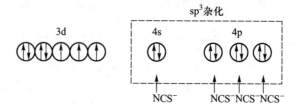

**例 8** 已知[MnBr₄]²⁻和[Mn(CN)₆]³⁻的磁矩分别为 5.9 B.M.[①]和 2.8 B.M.，试根据价键理论推测这两种配离子价层 d 电子分布情况及它们的几何构型。

**答**：已知

$$[MnBr_4]^{2-} \quad \mu = 5.9 \text{ B.M.}, \quad [Mn(CN)_6]^{3-} \quad \mu = 2.8 \text{ B.M.}$$

由式 $\mu = \sqrt{n(n+2)}$ 求得

$$\begin{cases} [MnBr_4]^{2-} \text{中} \quad n=5 \\ [Mn(CN)_6]^{3-} \text{中} \quad n=2 \end{cases}, \quad \text{与} \begin{cases} Mn^{2+}(n=5) \\ Mn^{3+}(n=4) \end{cases} \text{相比较，可推测：}$$

[MnBr₄]²⁻价层电子分布为

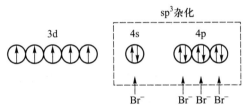

[MnBr₄]²⁻几何构型为正四面体形。

　[Mn(CN)₆]³⁻价层电子分布为

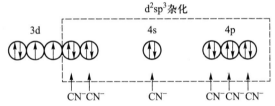

[Mn(CN)₆]³⁻几何构型为正八面体形。

**例 9** 配离子[NiCl₄]²⁻含有 2 个未成对电子，但[Ni(CN)₄]²⁻是反磁性的，指出两种配离子的空间构型，并估算它们的磁矩。

**答**：[NiCl₄]²⁻的空间构型为正四面体形，[Ni(CN)₄]²⁻的空间构型为平面正方形。

Ni²⁺的电子构型为3d⁸，在[NiCl₄]²⁻中，中心离子 Ni²⁺采用 sp³ 杂化，其未成对电子数为2，$\mu = \sqrt{n(n+2)} = \sqrt{2(2+2)} = 2.83$ B.M.。

在[Ni(CN)₄]²⁻中，中心离子 Ni²⁺采用 dsp² 杂化，其未成对电子数为0，故[Ni(CN)₄]²⁻是反磁性的，$\mu = 0$。

**例 10** CO 和 N₂ 是等电子体，它们有类似的熔点、沸点和液体密度，为什么一氧化碳和金属容易形成配合物？C 和 O 电负性相差很大，但 CO 分子偶极矩却很小，为什么？

**答**：由于氧原子提供一对孤对电子与碳原子成键，使得碳原子上负电荷略多，氧原子上正电荷略多，因此 CO 能较容易向金属原子或离子配位。配位时，碳原子上的孤对电子进入金属原子或离子的 σ 轨道成键。当中心体为过渡金属原子或离子时，金属原子或离子的 d 电子对也可以反馈进入 CO 的反键 2π 轨道，从而使过渡金属的羰基配合物具有较高的稳定性。

---

① 1 B.M.= 9.274 02×10⁻²⁴ J · T⁻¹。

如羰基化合物 $Fe(CO)_5$，$Ni(CO)_4$ 等。$N_2$ 的孤对电子配位能力却很差，故难以形成配合物。由于 CO 的结构可表示为

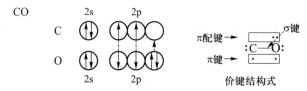

分子中电子云重心不再明显偏向电负性较大的 O 的一方，而移向 C 的一端，使 C 端反而略带负电荷，即配位键的形成削弱了 C 与 O 电负性差别，使偶极矩变小。

由于 π 配键是碳提供空轨道，氧提供孤对电子，降低了碳上的正电荷，减小了氧上的负电荷，导致 CO 分子偶极矩减小。

**例 11**　为什么 $[Cu(NH_3)_4]^{2+}$ 的空间构型为平面四边形，而不是正四面体形？

**答**：在回答这个问题前，需要了解一下姜-泰勒效应。电子在简并轨道中的不对称占据会导致分子的几何构型发生畸变，从而降低分子的对称性和轨道的简并度，使体系的能量进一步下降，这种效应称为姜-泰勒效应。按照姜-泰勒效应，当遇到简并态时，配位化合物会发生变形，使一个轨道能级降低，消除简并态。

当 $Cu^{2+}$ 的配合物是正八面体构型时，d 轨道就要分裂成 $t_{2g}$ 和 $e_g$ 轨道，其基态的电子构型为 $(t_{2g})^6(e_g)^3$，那么三个 $e_g$ 电子就有两种排列方式：

（1）（$d_{z^2}$）2e（$d_{x^2-y^2}$）1e，由于 $d_{x^2-y^2}$ 轨道上电子比 $d_{z^2}$ 轨道上的电子少一个，则在 $xy$ 平面上 d 电子对中心离子核电荷的屏蔽作用就比在 $z$ 轴上的屏蔽作用小，中心离子对 $xy$ 平面上的四个配体的吸引就大于对 $z$ 轴上的两个配体的吸引，从而使 $xy$ 平面上的四个键缩短，$z$ 轴方向上的两个键伸长，成为拉长的八面体。

（2）（$d_{z^2}$）1e（$d_{x^2-y^2}$）2e，由于 $d_{z^2}$ 轨道上缺少一个电子，在 $z$ 轴上 d 电子对中心离子的核电荷的屏蔽效应比 $xy$ 平面的小，中心离子对 $z$ 轴方向上的两个配体的吸引就大于对 $xy$ 平面上的四个配体的吸引，从而使 $z$ 轴方向上两个键缩短，$xy$ 面上的四条键伸长，成为压扁的八面体。无论采用哪一种，都会引起能级的进一步分裂，消除简并，其中一个能级降低，从而获得额外的稳定化能。

实验证明，$Cu^{2+}$ 的六配位配合物几乎都是拉长的八面体，这是因为在无其他能量因素影响时，形成两条长键、四条短键比形成两条短键、四条长键的总键能要大。

$[Cu(NH_3)_4]^{2+}$ 配离子实际上真正的化学式为 $[Cu(NH_3)_4(H_2O)_2]^{2+}$。但由于姜-泰勒效应，$[Cu(NH_3)_4(H_2O)_2]^{2+}$ 会发生晶体场形变（拉长），四边形平面上连接 $NH_3$ 的四个键较短，垂直于四边形平面 $H_2O$ 的两个键较长。因为配体 $H_2O$ 与中心离子的键长较长，键能相对较小，所以经常被忽略。$[Cu(NH_3)_4(H_2O)_2]^{2+}$ 被写为 $[Cu(NH_3)_4]^{2+}$，称为四配位平面四边形构型。

3. 配位化合物的配位解离平衡

理解配位化合物的配位解离平衡，掌握配位平衡常数的表示形式及意义，能利用与配位平衡有关的多重平衡进行相关计算。

配位平衡的平衡常数有多种形式，包括稳定常数 $K_f^{\ominus}$、不稳定常数 $K_d^{\ominus}$、逐级稳定常数 $K_{fi}^{\ominus}$ 等。其中稳定常数 $K_f^{\ominus}$ 为逐级稳定常数的乘积：

$$K_f^{\ominus} = K_{f1}^{\ominus} \cdot K_{f2}^{\ominus} \cdot K_{f3}^{\ominus} \cdot K_{f4}^{\ominus} \cdots\cdots$$

稳定常数 $K_f^{\ominus}$ 与不稳定常数 $K_d^{\ominus}$ 互为倒数：

$$K_f^{\ominus} = \frac{1}{K_d^{\ominus}}$$

计算配位平衡体系中有关物质的浓度时要根据平衡表达式采用相应的平衡常数形式。

**例 12**　将 KSCN 加入 $NH_4Fe(SO_4)_2 \cdot 12H_2O$ 溶液中出现血红色，但加入 $K_3[Fe(CN)_6]$ 溶液并不出现红色，这是为什么？

**答**：$NH_4Fe(SO_4)_2 \cdot 12H_2O$ 为复盐，其溶液中存在着大量的游离 $Fe^{3+}$，$Fe^{3+}$ 与 $SCN^-$ 结合生成 $[Fe(NCS)_n]^{3-n}$ 配离子，呈现血红色。而在 $K_3[Fe(CN)_6]$ 溶液中，由于 $[Fe(CN)_6]^{3-}$ 的稳定常数非常大，解离出来的游离的 $Fe^{3+}$ 浓度很小，不能转化生成 $[Fe(NCS)_n]^{3-n}$ 配离子，故不呈现红色。

**例 13**　判断下列反应的方向（用箭头 $\longleftarrow$ 或 $\longrightarrow$ 表示），并通过计算说明理由。

$$[Ag(NH_3)_2]^+ (1 \text{ mol} \cdot L^{-1}) + Br^- (1 \text{ mol} \cdot L^{-1})(\quad) AgBr \downarrow + 2NH_3 (1 \text{ mol} \cdot L^{-1})$$

已知：$K_{sp}^{\ominus}(AgBr) = 7.7 \times 10^{-13}$，$K_f^{\ominus}([Ag(NH_3)_2]^+) = 1.12 \times 10^7$。

**解**：该反应的反应商为 $J = [c(NH_3)]^2 / \{c([Ag(NH_3)_2]^+) \cdot c(Br^-)\} = 1$

该反应的平衡常数为

$$\begin{aligned} K^{\ominus} &= [c(NH_3)]^2 / \{c([Ag(NH_3)_2]^+) \cdot c(Br^-)\} \\ &= [c(NH_3)]^2 \cdot c(Ag^+) / \{c([Ag(NH_3)_2]^+) \cdot c(Br^-) \cdot c(Ag^+)\} \\ &= 1 / \{K_{sp}^{\ominus}(AgBr) \cdot K_f^{\ominus}([Ag(NH_3)_2]^+)\} \\ &= 1 / (7.7 \times 10^{-13} \times 1.12 \times 10^7) = 1.16 \times 10^5 \end{aligned}$$

$J < K^{\ominus}$，则反应向右自发进行。

则 $[Ag(NH_3)_2]^+ (1 \text{ mol} \cdot L^{-1}) + Br^- (1 \text{ mol} \cdot L^{-1})(\longrightarrow) AgBr \downarrow + 2NH_3 (1 \text{ mol} \cdot L^{-1})$

**例 14**　10 mL 0.10 mol $\cdot L^{-1}$ $CuSO_4$ 溶液与 10 mL 6.0 mol $\cdot L^{-1}$ 氨水混合并达平衡，计算溶液中 $Cu^{2+}$、$NH_3 \cdot H_2O$ 及 $[Cu(NH_3)_4]^{2+}$ 的浓度各是多少？若向此混合溶液中加入 0.010 mol NaOH 固体，问是否有 $Cu(OH)_2$ 沉淀生成？

**解**：混合后未反应前，有

$$c(Cu^{2+}) = 0.050 \text{ mol} \cdot L^{-1}$$

$$c(NH_3) = 3.0 \text{ mol} \cdot L^{-1}$$

达平衡时：　　　　$Cu^{2+} + 4NH_3 \cdot H_2O \rightleftharpoons [Cu(NH_3)_4]^{2+} + 4H_2O$

平衡浓度/$(mol \cdot L^{-1})$　　$x$　　$3.0 - 4 \times 0.050 + 4x$　　$0.050 - x$

$$K_f^{\ominus} = \frac{c([Cu(NH_3)_4]^{2+}) / c^{\ominus}}{[c(Cu^{2+}) / c^{\ominus}][c(NH_3 \cdot H_2O) / c^{\ominus}]^4}$$

$$\frac{0.050 - x}{x(2.8 + 4x)^4} = 2.09 \times 10^{13}$$

$x$ 很小，故 $2.8 + 4x \approx 2.8$，$0.050 - x \approx 0.050$

则 $\dfrac{0.050}{x(2.8)^4} = 2.09 \times 10^{13}$

解得 $\qquad\qquad\qquad\qquad\qquad x = 3.9 \times 10^{-17}$

即 $\qquad\qquad\qquad\qquad c(Cu^{2+}) = 3.9 \times 10^{-17}\ mol \cdot L^{-1}$

$$c([Cu(NH_3)_4]^{2+}) \approx 0.050\ mol \cdot L^{-1}$$

$$c(NH_3 \cdot H_2O) \approx 2.8\ mol \cdot L^{-1}$$

若在此溶液中加入 0.010 mol NaOH(s)，即

$$c(OH^-) = (0.010 \times 1\,000/20)\ mol \cdot L^{-1} = 0.50\ mol \cdot L^{-1}$$

$$J = \dfrac{c(Cu^{2+})}{c^{\ominus}} \times \dfrac{[c(OH^-)]^2}{(c^{\ominus})^2}$$

$$= 3.9 \times 10^{-17} \times (0.50)^2 = 9.8 \times 10^{-18} > K_{sp}^{\ominus}[Cu(OH)_2]$$

故有 $Cu(OH)_2$ 沉淀生成。

**例 15**　通过计算说明 $1.0\ L\ 6.0\ mol \cdot L^{-1}$ 氨水可溶解多少克 AgCl？

**解**：设 $1.0\ L\ 6.0\ mol \cdot L^{-1}$ 氨水溶解 $x$ mol AgCl，则 $c([Ag(NH_3)_2]^+) = x\ mol \cdot L^{-1}$（实际上应略小于 $x\ mol \cdot L^{-1}$），$c(Cl^-) = x\ mol \cdot L^{-1}$。

达平衡时：$\qquad\quad AgCl(s) + 2NH_3 \cdot H_2O \rightleftharpoons [Ag(NH_3)_2]^+ + Cl^- + 2H_2O$

平衡浓度/$(mol \cdot L^{-1})$ $\qquad\qquad 6.0 - 2x \qquad\qquad\qquad x \qquad\qquad x$

$$K^{\ominus} = \dfrac{\{c([Ag(NH_3)_2]^+)/c^{\ominus}\}[c(Cl^-)/c^{\ominus}]}{[c(NH_3 \cdot H_2O)/c^{\ominus}]^2} \times \dfrac{[c(Ag^+)/c^{\ominus}]}{[c(Ag^+)/c^{\ominus}]}$$

$$= K_f^{\ominus}([Ag(NH_3)_2]^+) \cdot K_{sp}^{\ominus}(AgCl)$$

$$= 1.12 \times 10^7 \times 1.77 \times 10^{-10} = 1.98 \times 10^{-3}$$

$$\dfrac{x^2}{(6.0 - 2x)^2} = 1.98 \times 10^{-3}$$

$$\dfrac{x}{6.0 - 2x} = 4.45 \times 10^{-2}$$

$$x = 0.245$$

即 $1.0\ L\ 6.0\ mol \cdot L^{-1}$ 氨水可溶解 AgCl 的质量为

$$0.245\ mol \times 143.4\ g\ \cdot mol^{-1} = 35.1\ g$$

**例 16**　0.10 g AgBr 固体能否完全溶解于 100 mL $1.0\ mol \cdot L^{-1}$ 氨水中？

**解**：本题有多种方法求解，现仅介绍两种。

**方法 1**：设 $1.0\ L\ 1.0\ mol \cdot L^{-1}$ 氨水可溶解 $x$ mol AgBr，并设溶解达平衡时 $c([Ag(NH_3)_2]^+) = x\ mol \cdot L^{-1}$（严格讲应略小于 $x\ mol \cdot L^{-1}$），$c(Br^-) = x\ mol \cdot L^{-1}$。

$$AgBr(s) + 2NH_3 \cdot H_2O \rightleftharpoons [Ag(NH_3)_2]^+ + Br^- + 2H_2O$$

平衡浓度/$(mol \cdot L^{-1})$ $\qquad\qquad 1.0 - 2x \qquad\qquad\qquad x \qquad\qquad x$

$$K^{\ominus} = K_f^{\ominus}([Ag(NH_3)_2]^+) \cdot K_{sp}^{\ominus}(AgBr)$$

$$= 1.12 \times 10^7 \times 5.35 \times 10^{-13} = 5.99 \times 10^{-6}$$

$$\frac{x^2}{(1.0-2x)^2} = 5.99 \times 10^{-6}$$

$$x = 2.4 \times 10^{-3}$$

故 1.0 L 1.0 mol·L$^{-1}$ 氨水可溶解 $2.4 \times 10^{-3}$ mol AgBr。

则 100 mL 1.0 mol·L$^{-1}$ 氨水只能溶解 AgBr 的质量为

$$2.4 \times 10^{-3} \text{ mol} \cdot \text{L}^{-1} \times 0.10 \text{ L} \times 187.77 \text{ g} \cdot \text{mol}^{-1} = 0.045 \text{ g} < 0.10 \text{ g}$$

即 0.10 g AgBr 不能完全溶解于 100 mL 1.0 mol·L$^{-1}$ 氨水中。

**方法 2**：求完全溶解 0.10 g AgBr 所需 $NH_3 \cdot H_2O$ 的最低浓度。

0.10 g AgBr 的物质的量：

$$n = 0.10 \text{ g} \div 187.77 \text{ g} \cdot \text{mol}^{-1} = 5.3 \times 10^{-4} \text{ mol}$$

设 $5.3 \times 10^{-4}$ mol AgBr 溶解在 100 mL 的氨水中：

$$AgBr(s) + 2NH_3 \cdot H_2O \rightleftharpoons [Ag(NH_3)_2]^+ + Br^- + 2H_2O$$

设 AgBr 溶解达平衡后，

$$c([Ag(NH_3)_2]^+) = c(Br^-)$$

$$= 5.3 \times 10^{-4} \text{ mol} \div 0.10 \text{ L}$$

$$= 5.3 \times 10^{-3} \text{ mol} \cdot \text{L}^{-1}$$

由上知 $\quad K^{\ominus} = 5.99 \times 10^{-6}$

可求得

$$c(NH_3 \cdot H_2O)_{\text{平}} = \sqrt{c([Ag(NH_3)_2]^+) \cdot c(Br^-)/[K^{\ominus} \cdot (c^{\ominus})^2] \times c^{\ominus}}$$

$$= \sqrt{\frac{(5.3 \times 10^{-3})^2}{5.99 \times 10^{-6}}} c^{\ominus} = 2.2 \text{ mol} \cdot \text{L}^{-1}$$

溶解 AgBr 时消耗 $NH_3 \cdot H_2O$ 的浓度为

$$c(NH_3 \cdot H_2O)_{\text{消}} = 2 \times 5.3 \times 10^{-3} \text{ mol} \cdot \text{L}^{-1} = 1.1 \times 10^{-2} \text{ mol} \cdot \text{L}^{-1}$$

故溶解 0.10 g（或 $5.3 \times 10^{-4}$ mol）AgBr 所需 100 mL 氨水的浓度至少为

$$2.2 \text{ mol} \cdot \text{L}^{-1} + 1.1 \times 10^{-2} \text{ mol} \cdot \text{L}^{-1} \approx 2.2 \text{ mol} \cdot \text{L}^{-1} (>1.0 \text{ mol} \cdot \text{L}^{-1})$$

故 0.10 g AgBr 不能完全溶解于 100 mL 1.0 mol·L$^{-1}$ 氨水中。

**例 17** 计算下列反应的平衡常数，并判断反应进行的方向。

（1）$[Cu(CN)_2]^- + 2NH_3 \cdot H_2O \rightleftharpoons [Cu(NH_3)_2]^+ + 2CN^- + 2H_2O$

已知：$K_f^{\ominus}([Cu(CN)_2]^-) = 1.0 \times 10^{24}$，$K_f^{\ominus}([Cu(NH_3)_2]^+) = 7.24 \times 10^{10}$。

（2）$[Fe(NCS)_2]^+ + 6F^- \rightleftharpoons [FeF_6]^{3-} + 2SCN^-$

已知：$K_f^{\ominus}([Fe(NCS)_2]^+) = 2.29 \times 10^3$，$K_f^{\ominus}([FeF_6]^{3-}) = 2.04 \times 10^{14}$。

**解**：（1）$[Cu(CN)_2]^- + 2NH_3 \cdot H_2O \rightleftharpoons [Cu(NH_3)_2]^+ + 2CN^- + 2H_2O$

$$K^\ominus = \frac{K_f^\ominus([Cu(NH_3)_2]^+)}{K_f^\ominus([Cu(CN)_2]^-)}$$

$$= \frac{7.24\times10^{10}}{1.0\times10^{24}} = 7.24\times10^{-14}$$

$K^\ominus$ 很小，故反应向左进行。

（2） $[Fe(NCS)_2]^+ + 6F^- \rightleftharpoons [FeF_6]^{3-} + 2SCN^-$

$$K^\ominus = \frac{K_f^\ominus([FeF_6]^{3-})}{K_f^\ominus([Fe(NCS)_2]^+)}$$

$$= \frac{2.04\times10^{14}}{2.29\times10^3} = 8.91\times10^{10}$$

$K^\ominus$ 很大，故反应向右进行。

**例 18**  已知：$E^\ominus(Ni^{2+}/Ni) = -0.257\ V$，计算下列电极反应的 $E^\ominus$ 值。

$$[Ni(CN)_4]^{2-} + 2e^- \rightleftharpoons Ni + 4CN^-$$

**解：**  $\qquad [Ni(CN)_4]^{2-} + 2e^- \rightleftharpoons Ni + 4CN^-$

已知 $E^\ominus(Ni^{2+}/Ni) = -0.257\ V$，$K_f^\ominus([Ni(CN)_4]^{2-}) = 1.99\times10^{31}$。

对于电极反应：$Ni^{2+} + 2e^- \rightleftharpoons Ni$

$$E(Ni^{2+}/Ni) = E^\ominus(Ni^{2+}/Ni) + \frac{0.059\,2\ V}{2}\lg[c(Ni^{2+})/c^\ominus]$$

$$Ni^{2+} + 4CN^- \rightleftharpoons [Ni(CN)_4]^{2-}$$

$$K_f^\ominus = \frac{c([Ni(CN)_4]^{2-})/c^\ominus}{\left\{\dfrac{c(Ni^{2+})}{c^\ominus}\right\}\left\{\dfrac{c(CN^-)}{c^\ominus}\right\}^4} = 1.99\times10^{31}$$

据题意：配离子和配体的浓度均为 $1.0\ mol\cdot L^{-1}$，则 $c(Ni^{2+}) = c^\ominus/K_f^\ominus([Ni(CN)_4]^{2-}) = 5.03\times10^{-32}\ mol\cdot L^{-1}$。

因此 $\quad E^\ominus\{[Ni(CN)_4]^{2-}/Ni\} = E(Ni^{2+}/Ni)$

$$= E^\ominus(Ni^{2+}/Ni) + \frac{0.059\,2\ V}{2}\lg[c(Ni^{2+})/c^\ominus]$$

$$= -0.257\ V + \frac{0.059\,2\ V}{2}\lg(5.03\times10^{-32})$$

$$= -1.183V$$

**例 19**  已知：$E^\ominus(Cu^{2+}/Cu) = 0.340\ V$，计算出电对$[Cu(NH_3)_4]^{2+}/Cu$ 的 $E^\ominus$ 值。并根据有关数据说明：在空气存在下，能否用铜制容器储存 $1.0\ mol\cdot L^{-1}$ 氨水？〔假设 $p(O_2) = 100\ kPa$ 且 $E^\ominus(O_2/OH^-) = 0.401\ V$。〕

**解：** $[Cu(NH_3)_4]^{2+} + 2e^- \rightleftharpoons Cu + 4NH_3$

已知 $E^\ominus(Cu^{2+}/Cu) = 0.340\ V$，$K_f^\ominus([Cu(NH_3)_4]^{2+}) = 2.09\times10^{13}$。

对于电极反应：$Cu^{2+} + 2e^- \rightleftharpoons Cu$

$$E(Cu^{2+}/Cu) = E^{\ominus}(Cu^{2+}/Cu) + \frac{0.059\,2\ V}{2}\lg[c(Cu^{2+})/c^{\ominus}]$$

其中 $Cu^{2+}$ 浓度可由下列平衡求得

$$Cu^{2+} + 4\,NH_3 \cdot H_2O \rightleftharpoons [Cu(NH_3)_4]^{2+} + 4H_2O$$

据题意：配离子和配体的浓度均为 $1.0\ mol \cdot L^{-1}$，则 $c(Cu^{2+}) = c^{\ominus}/K_f^{\ominus}([Cu(NH_3)_4]^{2+}) = 4.8 \times 10^{-14}\ mol \cdot L^{-1}$。

$$E^{\ominus}([Cu(NH_3)_4]^{2+}/Cu) = E(Cu^{2+}/Cu)$$

$$= E^{\ominus}(Cu^{2+}/Cu) + \frac{0.059\,2\ V}{2}\lg[c(Cu^{2+})/c^{\ominus}]$$

$$= 0.34\ V + \frac{0.059\,2\ V}{2}\lg(4.08 \times 10^{-14})$$

$$= -0.056\ V$$

在 $c(NH_3 \cdot H_2O) = 1.0\ mol \cdot L^{-1}$ 的溶液中：

$$NH_3 \cdot H_2O \rightleftharpoons NH_4^+ + OH^-$$

平衡浓度/$(mol \cdot L^{-1})$ $\quad\quad\quad 1.0 - x \quad\quad\quad x \quad\quad x$

$$K^{\ominus}(NH_3 \cdot H_2O) = \frac{x^2}{1.0 - x} = 1.8 \times 10^{-5}$$

解得 $\quad\quad\quad\quad\quad\quad\quad\quad x = 4.2 \times 10^{-3}$

即 $\quad\quad\quad\quad\quad\quad\quad c(OH^-) = 4.2 \times 10^{-3}\ mol \cdot L^{-1}$

对于电极反应：$O_2 + 2H_2O + 4e^- \rightleftharpoons 4OH^-$

$$E^{\ominus}(O_2/OH^-) = 0.401\ V$$

$$E(O_2/OH^-) = E^{\ominus}(O_2/OH^-) + \frac{0.059\,2\ V}{4}\lg\frac{p(O_2)/p^{\ominus}}{[c(OH^-)/c^{\ominus}]^4}$$

$$= 0.401\ V + \frac{0.059\,2\ V}{4}\lg\frac{1}{(4.2 \times 10^{-3})^4} = 0.542\ V$$

所以 $\quad\quad\quad\quad E(O_2/OH^-) \gg E^{\ominus}([Cu(NH_3)_4]^{2+}/Cu)$

故不能用铜制容器储存 $1.0\ mol \cdot L^{-1}$ 氨水。

# 思考题与习题

1. 列举说明下列成对术语的区别：

（1）内界与外界　　　　　　　　（2）配体与配位原子

（3）单齿配体与双齿配体　　　　（4）配合物与螯合物

**答**：（1）由配离子形成的配合物的组成可划分为内界和外界两部分。中心离子与配体构成了内界。内界以外的其他离子称为外界或外配位层。

（2）在中心离子（或中心原子）周围与中心离子结合的中性分子或简单负离子，称为配体。在配体中与中心离子或原子直接结合的原子叫配位原子。

（3）单齿配体为只有一个配位原子的配体，如 $NH_3$，$H_2O$ 等；双齿配体为含有两个配位原子的配体，如 $C_2O_4^{2-}$，en（乙二胺）等。

（4）含有配位个体的化合物称为配位化合物。螯合物是由中心离子和多齿配体结合而成的具有环状结构的配合物。

2. 以下配合物中心离子的配位数是 6，假定它们的浓度都是 $0.001\ mol \cdot L^{-1}$，指出溶液导电能力的顺序并把配离子写在方括号内。

（1）$Pt(NH_3)_6Cl_4$　　　　　　　（2）$Cr(NH_3)_4Cl_3$

（3）$Co(NH_3)_6Cl_3$　　　　　　　（4）$K_2PtCl_6$

**答**：（1）4 个 $Cl^-$ 没有参与配位，配合物为 $[Pt(NH_3)_6]Cl_4$，溶液中含有 $Cl^-$ 浓度是 $0.004\ mol \cdot L^{-1}$；

（2）2 个 $Cl^-$ 参与配位，1 个 $Cl^-$ 没有参与配位，配合物为 $[PtCl_2(NH_3)_4]Cl$，溶液中含有 $Cl^-$ 浓度是 $0.001\ mol \cdot L^{-1}$；

（3）3 个 $Cl^-$ 没有参与配位，配合物为 $[Co(NH_3)_6]Cl_3$，溶液中含有 $Cl^-$ 浓度是 $0.003\ mol \cdot L^{-1}$；

（4）6 个 $Cl^-$ 都参与配位，配合物为 $K_2[PtCl_6]$，溶液中含有 $Cl^-$ 浓度是 $0\ mol \cdot L^{-1}$，但是 $K^+$ 浓度为 $0.002\ mol \cdot L^{-1}$。

四种溶液导电能力的顺序为（1）＞（3）＞（4）＞（2）。

3. 形成配位键的条件是什么？配位数为 2，4，6 的配离子的杂化轨道类型各有哪些？描述其相应的空间结构。

**答**：中心离子（或原子）的某些能量相近的空轨道在配体作用下进行杂化。形成数目相同的等性杂化轨道，接受配体的配位原子提供的孤对电子，形成 σ 配位键。

配位数为 2 的配离子的杂化轨道类型 sp 杂化，空间结构为直线形。

配位数为 4 的配离子的杂化轨道类型 $sp^3$ 杂化或 $dsp^2$，空间结构为正四面体形或平面正方形。

配位数为 6 的配离子的杂化轨道类型 $sp^3d^2$ 或 $d^2sp^3$ 杂化，空间结构为正八面体形。

4. 什么叫配离子的不稳定常数、稳定常数？两者的关系如何？举例说明配离子解离平衡的移动。

**答**：配离子的解离是分步进行的，$K_d^{\ominus}$ 值越大，表示该配离子在水溶液中越不稳定。因此，解离常数也叫不稳定常数，它与生成常数 $K_f^{\ominus}$（也叫稳定常数）有如下关系：

$$K_d^{\ominus} = \frac{1}{K_f^{\ominus}}$$

配离子的解离过程与多元弱酸解离过程相似，也是分步进行的，多元弱酸有分步解离常数，配离子相应有逐级解离常数。例如：

$$[Cu(NH_3)_4]^{2+} \longrightarrow [Cu(NH_3)_3]^{2+} + NH_3$$

$$K_{d1}^{\ominus} = \frac{c([Cu(NH_3)_3]^{2+}) \cdot c(NH_3)}{c([Cu(NH_3)_4]^{2+})} = 5.0 \times 10^{-3}$$

$$[\text{Cu(NH}_3)_3]^{2+} \longrightarrow [\text{Cu(NH}_3)_2]^{2+} + \text{NH}_3$$

$$K_{d2}^{\ominus} = \frac{c([\text{Cu(NH}_3)_2]^{2+}) \cdot c(\text{NH}_3)}{c([\text{Cu(NH}_3)_3]^{2+})} = 9.1 \times 10^{-4}$$

$$[\text{Cu(NH}_3)_2]^{2+} \longrightarrow [\text{Cu(NH}_3)]^{2+} + \text{NH}_3$$

$$K_{d3}^{\ominus} = \frac{c([\text{Cu(NH}_3)]^{2+}) \cdot c(\text{NH}_3)}{c([\text{Cu(NH}_3)_2]^{2+})} = 2.14 \times 10^{-4}$$

$$[\text{Cu(NH}_3)]^{2+} \longrightarrow \text{Cu}^{2+} + \text{NH}_3$$

$$K_{d4}^{\ominus} = \frac{c(\text{Cu}^{2+}) \cdot c(\text{NH}_3)}{c([\text{Cu(NH}_3)]^{2+})} = 4.90 \times 10^{-5}$$

逐级解离常数的乘积等于配离子的总解离常数：

$$\frac{c(\text{Cu}^{2+})[c(\text{NH}_3)]^4}{c([\text{Cu(NH}_3)_4]^{2+})} = K_{d1}^{\ominus} \cdot K_{d2}^{\ominus} \cdot K_{d3}^{\ominus} \cdot K_{d4}^{\ominus} = K_d^{\ominus} = 4.77 \times 10^{-14}$$

5. 什么叫内轨型配合物、外轨型配合物？它们在性质上有何差异？试比较$[\text{FeF}_6]^{3-}$及$[\text{Fe(CN)}_6]^{3-}$的$K_f^{\ominus}$、磁性及键型。

**答**：若中心离子以最外层的 $ns$，$np$ 轨道或 $ns$，$np$，$nd$ 轨道组成杂化轨道（如 sp，$sp^3$，$sp^3d^2$）和配位原子形成的配位键称为外轨配键，其对应的配合物称为外轨型配合物。若中心离子以$(n-1)d$，$ns$，$np$ 轨道组成杂化轨道（如 $dsp^2$，$d^2sp^3$）与配位原子形成的配位键称为内轨配键，其对应的配合物称为内轨型配合物。一般内轨型配合物比外轨型配合物稳定；而且内轨型配合物的配位键具有共价键性质，而外轨型配合物的配位键更具有离子键性质。

当 $\text{Fe}^{3+}$ 与 $\text{F}^-$ 结合时，6 个空轨道（1 个 4s、3 个 4p 及 2 个 4d）进行杂化，组成 6 个 $sp^3d^2$ 杂化轨道，接受 6 个 $\text{F}^-$ 提供的 6 对孤对电子，形成正八面体构型的$[\text{FeF}_6]^{3-}$配离子。其电子分布为

当 $\text{Fe}^{3+}$ 与 $\text{CN}^-$ 结合时，$\text{Fe}^{3+}$ 在配体的影响下，3d 电子重新排布，空出 2 个 3d 轨道与 1 个 4s 轨道，3 个 4p 轨道组成 6 个 $d^2sp^3$ 杂化轨道，接受 6 个 $\text{CN}^-$ 中的 C 原子所提供的 6 对孤对电子，形成空间构型为正八面体的$[\text{Fe(CN)}_6]^{3-}$配离子。其电子分布为

$[\text{FeF}_6]^{3-}$有 5 个未成对电子，磁矩$\mu$为 5.92 B.M.；$[\text{Fe(CN)}_6]^{3-}$只有 1 个未成对电子，磁矩$\mu$为 1.73 B.M.。$[\text{FeF}_6]^{3-}$为外轨型，$K_f^{\ominus}$ 为 $2.04 \times 10^{14}$；$[\text{Fe(CN)}_6]^{3-}$为内轨型，$K_f^{\ominus}$ 为 $1.0 \times 10^{38}$，更稳定。

6. 判断下列配位反应进行的方向：

（1）$[\text{HgCl}_4]^{2-} + 4\text{I}^- \longrightarrow [\text{HgI}_4]^{2-} + 4\text{Cl}^-$

（2）$[Ag(CN)_2]^- + 2NH_3 \longrightarrow [Ag(NH_3)_2]^+ + 2CN^-$

（3）$[Zn(NH_3)_4]^{2+} + 2en \longrightarrow [Zn(en)_2]^{2+} + 4NH_3$

**答**：（1）$K_f^\ominus ([HgI_4]^{2-}) = 6.76 \times 10^{20}$，$K_f^\ominus ([HgCl_4]^{2-}) = 1.17 \times 10^{15}$，$K^\ominus = 5.78 \times 10^5$，向右进行；

（2）$K_f^\ominus ([Ag(NH_3)_2]^+) = 1.12 \times 10^7$，$K_f^\ominus ([Ag(CN)_2]^-) = 1.26 \times 10^{21}$，$K^\ominus = 1.13 \times 10^{-14}$，向左进行；

（3）$K_f^\ominus ([Zn(NH_3)_4]^{2+}) = 2.88 \times 10^9$，$K_f^\ominus ([Zn(en)_2]^{2+}) = 6.76 \times 10^{10}$，$K^\ominus = 23.5$，向右进行。

7. 试从难溶物质的溶度积和配离子的稳定常数解释下列现象：

$AgNO_3 \xrightarrow{NaCl} AgCl（白色）\xrightarrow{NH_3} [Ag(NH_3)_2]^+ \xrightarrow{KBr} AgBr（淡黄色）$

$\xrightarrow{Na_2S_2O_3} [Ag(S_2O_3)_2]^{3-} \xrightarrow{KI} AgI \downarrow （黄色）\xrightarrow{KCN} [Ag(CN)_2]^- \xrightarrow{Na_2S}$

$Ag_2S \downarrow （黑色）$

**答**：

| 难溶物或配离子 | 难溶物的溶度积常数 $K_{sp}^\ominus$ | 稳定常数 $K_f^\ominus$（括号内数据为 $\dfrac{1}{K_{sp}^\ominus}$） | 转化平衡常数 $K^\ominus = K_{产物}^\ominus / K_{反应物}^\ominus$ |
|---|---|---|---|
| AgCl | $1.77 \times 10^{-10}$ | $(5.6 \times 10^9)$ | |
| | | | $2 \times 10^{-3}$ |
| $[Ag(NH_3)_2]^+$ | — | $1.12 \times 10^7$ | |
| | | | $1.67 \times 10^5$ |
| AgBr | $5.35 \times 10^{-13}$ | $(1.87 \times 10^{12})$ | |
| | | | $15.4$ |
| $[Ag(S_2O_3)_2]^{3-}$ | — | $2.88 \times 10^{13}$ | |
| | | | $406$ |
| AgI | $8.52 \times 10^{-17}$ | $(1.17 \times 10^{16})$ | |
| | | | $1.08 \times 10^5$ |
| $[Ag(CN)_2]^-$ | — | $1.26 \times 10^{21}$ | |
| | | | $1.26 \times 10^{28}$ |
| $Ag_2S$ | $6.3 \times 10^{-50}$ | $(1.59 \times 10^{49})$ | |
| | | | — |

从表中列出的转化平衡常数可以看出都远远大于 1，都有生成更稳定产物的倾向。虽然 AgCl 转化 $[Ag(NH_3)_2]^+$ 平衡常数只有 0.002，但可通过加大 $NH_3$ 的浓度，也可以实现 AgCl 向 $[Ag(NH_3)_2]^+$ 的转化。

8. 向含有 $[Ag(NH_3)_2]^+$ 配离子的溶液中分别加入下列物质：

（1）稀 $HNO_3$　　　　（2）$NH_3 \cdot H_2O$　　　　（3）$Na_2S$ 溶液

试问此平衡 $[Ag(NH_3)_2]^+ \longrightarrow Ag^+ + 2NH_3$ 的移动方向？

**答**：（1）平衡将向右移动。

（2）平衡将向左移动。

（3）平衡将向右移动。

9. 什么是螯合效应？形成稳定的螯合物需要哪些条件？

**答**：螯合物的环称为螯环。螯环的形成使螯合物具有特殊的稳定性，这种效应称为螯合效应。

螯合物由中心离子和多齿配体结合而成；螯合物的稳定性还与螯环的大小和多少有关，一般五元环或六元环最稳定，而且一个多齿配体与中心离子形成的螯环数越多，螯合物也越稳定。螯合物比结构相似而且配位原子相同的非螯合物配合物稳定，在形成螯合物过程中，$\Delta S$ 的正值有利于 $\Delta G$ 变为负值。

10. 已知两种钴的配合物有相同的分子式，$Co(NH_3)_5BrSO_4$。它们的区别在于：第一种配合物的溶液中加入 $BaCl_2$ 溶液时，生成 $BaSO_4$ 沉淀，但加入 $AgNO_3$ 溶液不产生沉淀；第二种配合物的溶液中加入 $BaCl_2$ 溶液不产生 $BaSO_4$ 沉淀，但加入 $AgNO_3$ 溶液有沉淀生成。写出两种配合物的化学式及名称。

**答**：第一种配合物中 $Br^-$ 为配体，$SO_4^{2-}$ 为外界，化学式 $[CoBr(NH_3)_5]SO_4$，名称为硫酸一溴·五氨合钴（Ⅲ）。

第二种配合物中 $SO_4^{2-}$ 为配体，$Br^-$ 为外界，化学式 $[CoSO_4(NH_3)_5]Br$，名称：一溴化一硫酸根·五氨合钴（Ⅲ）。

11. $[PdCl_4]^{2-}$，$[Ni(CN)_4]^{2-}$ 都是平面正方形结构，$[HgI_4]^{2-}$、$[Cd(CN)_4]^{2-}$ 为正四面体形结构。写出它们的中心离子的价层电子排布式，它们各自采用哪种杂化轨道成键？

**答**：$Pd^{2+}$：$4s^24p^64d^8$　　采用 $dsp^2$ 杂化轨道成键；

$Ni^{2+}$：$3s^23p^63d^8$　　采用 $dsp^2$ 杂化轨道成键；

$Hg^{2+}$：$5s^25p^65d^{10}$　　采用 $sp^3$ 杂化轨道成键；

$Cd^{2+}$：$4s^24p^64d^{10}$　　采用 $sp^3$ 杂化轨道成键。

12. 写出 $[Pt(NH_3)_4]^{2+}$、$[Mn(CN)_6]^{4-}$、$[Co(NCS)_4]^{2-}$、$[Fe(en)_3]^{2+}$、$[Ag(NH_3)_2]^+$ 的未成对电子数、中心离子杂化类型、配离子类型（内、外轨类型）、空间构型及磁性。

**答**：

| 配离子 | 未成对电子数 | 中心离子杂化类型 | 配离子类型（内、外轨类型） | 空间构型 | 磁性 |
|---|---|---|---|---|---|
| $[Pt(NH_3)_4]^{2+}$ | 0 | $dsp^2$ | 内轨型 | 平面正方形 | 0 |
| $[Mn(CN)_6]^{4-}$ | 1 | $d^2sp^3$ | 内轨型 | 正八面体形 | 1.73 |
| $[Co(NCS)_4]^{2-}$ | 3 | $sp^3$ | 外轨型 | 正四面体形 | 3.87 |
| $[Fe(en)_3]^{2+}$ | 4 | $sp^3d^2$ | 外轨型 | 正八面体形 | 4.90 |
| $[Ag(NH_3)_2]^+$ | 0 | $sp$ | 外轨型 | 直线形 | 0 |

13. 命名下列化合物并指出配离子、配离子电荷数、中心离子的氧化数、配位数，写出

配离子的稳定常数 $K_f^{\ominus}$ 表达式。

$$[CoCl(NH_3)_5]Cl_2、[PtCl_2(NH_3)_2]、Na_2[SiF_6]、K_2[Zn(OH)_4]、K_2[Co(NCS)_4]$$

**答：**

| 配合物分子式 | 名称 | 配离子 |
|---|---|---|
| $[CoCl(NH_3)_5]Cl_2$ | 二氯化一氯·五氨合钴（Ⅲ） | $[CoCl(NH_3)_5]^{2+}$ |
| $[PtCl_2(NH_3)_2]$ | 二氯·二氨合铂（Ⅱ） | $[PtCl_2(NH_3)_2]$ |
| $Na_2[SiF_6]$ | 六氟合硅（Ⅳ）酸钠 | $[SiF_6]^{2-}$ |
| $K_2[Zn(OH)_4]$ | 四羟基合锌（Ⅱ）酸钾 | $[Zn(OH)_4]^{2-}$ |
| $K_2[Co(NCS)_4]$ | 四（异硫氰酸根）合钴（Ⅱ）酸钾 | $[Co(NCS)_4]^{2-}$ |

| 配合物分子式 | 配离子电荷数 | 中心离子氧化数 | 配位数 | $K_f^{\ominus}$ 表达式 |
|---|---|---|---|---|
| $[CoCl(NH_3)_5]Cl_2$ | +2 | +3 | 6 | $K_f^{\ominus} = \dfrac{c([CoCl(NH_3)_5]^{2+})}{c(Co^{2+})c(Cl^-)[c(NH_3)]^5}$ |
| $[PtCl_2(NH_3)_2]$ | 0 | +2 | 4 | $K_f^{\ominus} = \dfrac{c[PtCl_2(NH_3)_2]}{c(Pt^{2+})[c(Cl^-)]^2[c(NH_3)]^2}$ |
| $Na_2[SiF_6]$ | −2 | +4 | 6 | $K_f^{\ominus} = \dfrac{c([SiF_6]^{2-})}{c(Si^{4+})[c(F^-)]^6}$ |
| $K_2[Zn(OH)_4]$ | −2 | +2 | 4 | $K_f^{\ominus} = \dfrac{c([Zn(OH)_4]^{2-})}{c(Zn^{2+})[c(OH^-)]^4}$ |
| $K_2[Co(NCS)_4]$ | −2 | +2 | 4 | $K_f^{\ominus} = \dfrac{c([Co(NCS)_4]^{2-})}{c(Co^{2+})[c(NCS^-)]^4}$ |

14. 在下列化合物中，哪些可能作为有效的螯合剂？

（1）$H_2O$ 　　　　　　　　　　（2）过氧化氢 $H_2O_2$

（3）$H_2N—CH_2—CH_2—CH_2—NH_2$ 　　　（4）$(CH_3)_2N—NH_2$

**答：** 螯合物是由中心离子和多齿配体结合而成的具有环状结构的配合物。

（1）$H_2O$ 为单齿配体，不可以。（2）过氧化氢中两个氧原子可以配位，但是形成三元环不稳定。（3）为双齿配体，可形成稳定的六元环。（4）两个氮原子可以配位，但两个甲基的空间位阻，影响环的形成，而且可能形成稳定性差的三元环。

15. 计算 AgBr 在 0.10 mol·L$^{-1}$ Na$_2$S$_2$O$_3$ 溶液中的溶解度。

**答：** 设 AgBr 溶解度为 $s$ mol·L$^{-1}$。

$$AgBr + 2S_2O_3^{2-} \longrightarrow [Ag(S_2O_3)_2]^{3-} + Br^-$$

平衡浓度/(mol·L$^{-1}$) 　　　　　0.1−2s 　　　　　 s 　　　　 s

$$K^{\ominus} = \frac{c([Ag(S_2O_3)_2]^{3-})c(Br^-)}{c(S_2O_3^{2-})^2} \times \frac{c(Ag^+)}{c(Ag^+)}$$

$$K^{\ominus} = K_f^{\ominus}([Ag(S_2O_3)_2]^{3-}) \times K_{sp}^{\ominus}(AgCl) = 2.88 \times 10^{13} \times 5.35 \times 10^{-13} = 15.41$$

$$K^{\ominus} = \frac{s^2}{0.1 - 2s} = 15.41$$

解得 $\qquad\qquad\qquad\qquad s = 0.05$

即 AgBr 在 $0.10\ mol \cdot L^{-1} Na_2S_2O_3$ 溶液中的溶解度为 $0.05\ mol \cdot L^{-1}$。

# 自我检测

## 一、填空题

1. 命名下列配合物，并指出中心离子、配体、配位原子和配位数。

| 配合物 | 名称 | 中心离子 | 配体 | 配位原子 | 配位数 |
|---|---|---|---|---|---|
| $Cu[SiF_6]$ | | | | | |
| $K_3[Fe(CN)_6]$ | | | | | |
| $[Zn(OH)(H_2O)_3]NO_3$ | | | | | |
| $[CoCl_2(NH_3)_3(H_2O)]Cl$ | | | | | |
| $[Cu(NH_3)_4][PtCl_4]$ | | | | | |

2. KCN 为剧毒物质，而 $K_4[Fe(CN)_6]$ 则无毒，这是因为_____。

3. 在 Ag–Zn 原电池（标准态）中，银为_____极，锌为_____极。若在 $Ag^+$ 溶液中加入 $NH_3 \cdot H_2O$，则电池电动势将_____；若在 $Zn^{2+}$ 溶液中加入 NaOH 溶液，则电池电动势将_____。

4. 配合物 $K_2[HgI_4]$ 在溶液中可能解离出来的阳离子有_____；阴离子有_____。

5. 已知 $[MnBr_4]^{2-}$ 和 $[Mn(CN)_6]^{3-}$ 的磁矩分别为 5.9 B.M. 和 2.8 B.M.，试根据价键理论推测这两种配离子中 d 电子的分布情况，中心离子的杂化类型以及它们的空间构型。

| 配离子 | $\mu$/B.M. | 配离子中 d 电子的单电子数 | 杂化类型 | 空间构型 | 内、外轨类型 |
|---|---|---|---|---|---|
| $[MnBr_4]^{2-}$ | 5.9 | | | | |
| $[Mn(CN)_6]^{3-}$ | 2.8 | | | | |

## 二、选择题

1. 分子中既存在离子键、共价键，还存在配位键的是（　　）。
A. $Na_2S$　　　　　　B. $AlCl_3$　　　　　　C. KCN　　　　　　D. $[Co(NH_3)_6]Cl_3$

2. 下列各组配合物中，中心离子或原子的氧化数相同的是（　　　）。

A. $K[Al(OH)_4]$，$K_2[Co(NCS)_4]$　　　　　　　B. $[Ni(CO)_4]$，$[Mn_2(CO)_{10}]$

C. $H_2[PtCl_6]$，$[Pt(NH_3)_4]Cl_2$　　　　　　　D. $K_2[Zn(OH)_4]$，$K_3[Co(C_2O_4)_3]$

3. 已知反应 $[Ag(NH_3)_2]^+ + 2CN^- \rightleftharpoons [Ag(CN)_2]^- + 2NH_3$ 的标准平衡常数为 $K^\ominus$，$[Ag(NH_3)_2]^+$ 的稳定常数为 $K_1^\ominus$，则 $[Ag(CN)_2]^-$ 的稳定常数 $K_2^\ominus$ 为（　　　）。

A. $K^\ominus / K_1^\ominus$　　　　B. $K_1^\ominus / K^\ominus$　　　　C. $K_1^\ominus \cdot K^\ominus$　　　　D. $1/(K^\ominus \cdot K_1^\ominus)$

4. 向 $[Ag(NH_3)_2]^+$ 水溶液中通入氨水，则（　　　）。

A. $K_f^\ominus([Ag(NH_3)_2]^+)$ 增大　　　　　　　B. $K_f^\ominus([Ag(NH_3)_2]^+)$ 减小

C. $c(Ag^+)$ 减小　　　　　　　　　　　　　　D. $c(Ag^+)$ 增大

5. 下列粒子中可作为多齿配体的是（　　　）。

A. $S_2O_3^{2-}$　　　　B. $C_2O_4^{2-}$　　　　C. $SCN^-$　　　　D. $NH_3$

6. 在 $[Co(ox)_2(en)]^-$ 中，中心离子和配位数分别为（　　　）。

A. $Co^{3+}$，6　　　　B. $Co^{3+}$，3　　　　C. $Co^{2+}$，3　　　　D. $Co^{2+}$，6

7. $[Ni(CN)_4]^{2-}(\mu = 0\ \text{B.M.})$ 的中心离子杂化轨道类型和其空间构型为（　　　）。

A. $dsp^2$，正四面体形　　　　　　　　　　B. $dsp^2$，平面正方形

C. $sp^3$，正四面体形　　　　　　　　　　　D. $sp^3$，平面正方形

8. 在溶液中 $[Co(NH_3)_6]^{3+}$ 比 $[Co(NH_3)_6]^{2+}$ 稳定，则 $[Co(NH_3)_6]^{3+}$ 的（　　　）。

A. 稳定常数较大　　　　　　　　　　　　B. 不稳定常数较大

C. 酸性较强　　　　　　　　　　　　　　D. 解离平衡常数较大

9. 下列配离子中，具有平面正方形构型的是（　　　）。

A. $[Zn(NH_3)_4]^{2+}(\mu = 0\ \text{B.M.})$　　　　　　　B. $[Ni(CN)_4]^{2-}(\mu = 0\ \text{B.M.})$

C. $[Ni(NH_3)_4]^{2+}(\mu = 3.2\ \text{B.M.})$　　　　　　D. $[CuCl_4]^{2-}(\mu = 2.0\ \text{B.M.})$

10. 已知相同浓度的 $[Zn(NH_3)_4]^{2+}$ 溶液和 $[Zn(CN)_4]^{2-}$ 溶液中，前者的 $c(Zn^{2+})$ 大于后者的 $c(Zn^{2+})$。则 $K_f^\ominus([Zn(NH_3)_4]^{2+})$ 比 $K_f^\ominus([Zn(CN)_4]^{2-})$（　　　）。

A. 大　　　　　　　B. 小　　　　　　　C. 相等　　　　　　　D. 不能确定

## 三、判断题

1. 在 $[Cu(en)_2]^{2+}$ 配合物中，$Cu^{2+}$ 的配位数是 2。（　　　）

2. 配位键是稳定的化学键，配位键越稳定，配合物的稳定常数越大。（　　　）

3. 对于任何两种配离子，$K_f^\ominus$ 值较大的配离子在水溶液中更稳定。（　　　）

4. 只有金属离子才能作为配合物的形成体。（　　　）

5. 配合物中，配位数就是与中心离子结合的配体的个数。（　　　）

6. 在羰基配合物中，配体 CO 的配位原子是碳。（　　　）

7. 配离子的几何构型取决于中心离子的杂化轨道类型。（　　　）

8. 所有配合物都由内界和外界两部分组成。（　　　）

9. 外轨型配合物的磁矩不为 0；内轨型配合物的磁矩为 0。（　　　）

10. 在多数配合物中，内界的中心离子与配体之间的结合力总是比内界与外界之间的结合力强。因此，配合物溶于水时较容易解离的为内界和外界，而较难解离的为中心离子和配体。（　　　）

## 四、计算题

1. 在 50 mL 0.20 $mol \cdot L^{-1}$ $AgNO_3$ 溶液中加入等体积的 1.0 $mol \cdot L^{-1}$ 氨水，计算达到平衡时溶液中 $Ag^+$、$[Ag(NH_3)_2]^+$ 和 $NH_3 \cdot H_2O$ 各自的浓度。

2. 计算在 1 L 氨水中溶解 0.010 mol AgCl，起始 $NH_3 \cdot H_2O$ 的浓度是多少？

3. 向 $[Ag(NH_3)_2]^+$ 溶液中加入 KCN，通过计算判断 $[Ag(NH_3)_2]^+$ 能否转化为 $[Ag(CN)_2]^-$？

4. 已知 $E^\ominus(Ag^+/Ag) = 0.799\ 1$ V，$E^\ominus(AgBr/Ag) = 0.071$ V，$E^\ominus([Ag(S_2O_3)_2]^{3-}/Ag) = 0.017$ V。若使 0.10 mol AgBr(s) 完全溶解在 1.0 L $Na_2S_2O_3$ 溶液中，则 $Na_2S_2O_3$ 溶液的最初浓度应为多少？

5. 已知 $E^\ominus(Au^+/Au) = 1.83$ V，$K_f^\ominus([Au(CN)_2]^-) = 1.99 \times 10^{38}$，计算 $E^\ominus([Au(CN)_2]^-/Au)$。

6. 已知 $E^\ominus(Co^{3+}/Co^{2+}) = 1.92$ V，$K_f^\ominus([Co(NH_3)_6]^{3+}) = 1.58 \times 10^{35}$，$K_f^\ominus([Co(NH_3)_6]^{2+}) = 1.29 \times 10^5$，计算 $E^\ominus([Co(NH_3)_6]^{3+}/[Co(NH_3)_6]^{2+})$。

7. 已知下列原电池：

$(-)Zn|\ Zn^{2+}(1.00\ mol \cdot L^{-1})||\ Cu^{2+}(1.00\ mol \cdot L^{-1})|\ Cu(+)$

（1）先向右半电池通入过量 $NH_3$ 气，使游离 $NH_3$ 的浓度达到 1.00 $mol \cdot L^{-1}$，此时测得电动势 $E_1 = 0.708\ 3$ V，求 $K_f^\ominus([Cu(NH_3)_4]^{2+})$（假定溶液体积不变）。

（2）在（1）的基础上再向左半电池通入过量 $Na_2S$，使 $c(S^{2-}) = 1.00$ $mol \cdot L^{-1}$，求算原电池的电动势 $E_2$（已知 $K_{sp}^\ominus(ZnS) = 1.6 \times 10^{-24}$，假定溶液体积不变）。

（3）用原电池符号表示经过（1）（2）处理后的新原电池。

（4）写出新原电池的电极反应和电池反应。

（5）计算新原电池反应的标准平衡常数。

# 自我检测答案

## 一、填空题

1.

| 配合物 | 名称 | 中心离子 | 配体 | 配位原子 | 配位数 |
|---|---|---|---|---|---|
| $Cu[SiF_6]$ | 六氟合硅（Ⅳ）酸铜 | $Si^{4+}$ | $F^-$ | F | 6 |
| $K_3[Fe(CN)_6]$ | 六氰合铁（Ⅲ）酸钾 | $Fe^{3+}$ | $CN^-$ | C | 6 |
| $[Zn(OH)(H_2O)_3]NO_3$ | 硝酸一羟基·三水合锌（Ⅱ） | $Zn^{2+}$ | $OH^-$，$H_2O$ | O，O | 4 |
| $[CoCl_2(NH_3)_3(H_2O)]Cl$ | 一氯化二氯·三氨·一水合钴（Ⅲ） | $Co^{3+}$ | $Cl^-$，$NH_3$，$H_2O$ | Cl，N，O | 6 |
| $[Cu(NH_3)_4][PtCl_4]$ | 四氯合铂（Ⅱ）酸四氨合铜（Ⅱ） | $Cu^{2+}$，$Pt^{2+}$ | $NH_3$，$Cl^-$ | N，Cl | 4，4 |

2. $K_4[Fe(CN)_6]$的稳定常数大，解离出的 $CN^-$少

3. 正；负；降低；升高

4. $K^+$, $[HgI]^+$, $Hg^{2+}$；$[HgI_4]^{2-}$, $[HgI_3]^-$, $I^-$

5.

| 配离子 | $\mu/B.M.$ | 配离子中 d 电子的单电子数 | 杂化类型 | 空间构型 | 内、外轨类型 |
|---|---|---|---|---|---|
| $[MnBr_4]^{2-}$ | 5.9 | 5 | $sp^3$ | 正四面体形 | 外轨型 |
| $[Mn(CN)_6]^{3-}$ | 2.8 | 2 | $d^2sp^3$ | 正八面体形 | 内轨型 |

## 二、选择题

1. D　2. B　3. C　4. C　5. B　6. A　7. B　8. A　9. B　10. B

## 三、判断题

1. ×　2. √　3. ×　4. ×　5. ×　6. √　7. √　8. ×　9. ×　10. √

## 四、计算题

1. 解：混合后尚未反应前，有

$$c(Ag^+) = 0.10 \text{ mol} \cdot L^{-1}$$

$$c(NH_3 \cdot H_2O) = 0.50 \text{ mol} \cdot L^{-1}$$

又因 $K_f^{\ominus}$ ($[Ag(NH_3)_2]^+$)较大，可以认为 $Ag^+$基本上转化为$[Ag(NH_3)_2]^+$，达平衡时溶液中 $c(Ag^+)$、$c(NH_3 \cdot H_2O)$、$c([Ag(NH_3)_2]^+)$由下列平衡计算，设 $Ag^+$浓度为 $x$ mol $\cdot L^{-1}$：

$$Ag^+ + 2NH_3 \cdot H_2O \rightleftharpoons [Ag(NH_3)_2]^+ + 2H_2O$$

起始浓度/(mol $\cdot L^{-1}$)　　　　　　$0.50 - 2 \times 0.10$　　　$0.10$

平衡浓度/(mol $\cdot L^{-1}$)　　$x$　　$0.30 + 2x$　　　$0.10 - x$

$$K_f^{\ominus} = \frac{c([Ag(NH_3)_2]^+)}{[c(Ag^+)][c(NH_3 \cdot H_2O)]^2} = 1.12 \times 10^7$$

$$\frac{0.10 - x}{x(0.30 + 2x)^2} = 1.12 \times 10^7$$

解得　　　　　　　　　　$x = 9.9 \times 10^{-8}$

即　　　　　　　　$c(Ag^+) = 9.9 \times 10^{-8} \text{ mol} \cdot L^{-1}$

$$c([Ag(NH_3)_2]^+) = (0.10 - x) \text{ mol} \cdot L^{-1} \approx 0.10 \text{ mol} \cdot L^{-1}$$

$$c(NH_3 \cdot H_2O) = (0.30 + 2x) \text{ mol} \cdot L^{-1} \approx 0.30 \text{ mol} \cdot L^{-1}$$

2. 解：设体系中 $NH_3 \cdot H_2O$ 的浓度为 $x$ mol $\cdot L^{-1}$。

$$AgCl(s) + 2NH_3 \cdot H_2O \rightleftharpoons [Ag(NH_3)_2]^+ + Cl^- + 2H_2O$$

平衡浓度/$(mol \cdot L^{-1})$       $x$           0.010      0.010

$$K^\ominus = \frac{\{c([Ag(NH_3)_2]^+) \cdot c(Cl^-)\}/\{c^\ominus\}^2}{\{c(NH_3 \cdot H_2O)/c^\ominus\}^2} \times \frac{[c(Ag^+)/c^\ominus]}{[c(Ag^+)/c^\ominus]}$$

$$= K_f^\ominus \cdot K_{sp}^\ominus = 1.12 \times 10^7 \times 1.8 \times 10^{-10} = 2.0 \times 10^{-3}$$

$$\frac{0.010 \times 0.010}{x^2} = 2.0 \times 10^{-3}$$

解得            $x = 0.22$

起始 $c(NH_3 \cdot H_2O) = (0.22 + 0.02) \, mol \cdot L^{-1} = 0.24 \, mol \cdot L^{-1}$

3. 解: 
$$[Ag(NH_3)_2]^+ + 2CN^- \rightleftharpoons [Ag(CN)_2]^- + 2NH_3$$

$$K^\ominus = \frac{c([Ag(CN)_2]^-) \cdot [c(NH_3)]^2}{c([Ag(NH_3)_2]^+) \cdot [c(CN^-)]^2} \times \frac{c(Ag^+)}{c(Ag^+)}$$

$$= \frac{K_f^\ominus([Ag(CN)_2]^-)}{K_f^\ominus([Ag(NH_3)_2]^+)} = \frac{1.26 \times 10^{21}}{1.12 \times 10^7} = 1.13 \times 10^{14}$$

$[Ag(NH_3)_2]^+$ 能转化为 $[Ag(CN)_2]^-$，并转化完全，反应向着生成更稳定的配离子方向进行。

4. 解: (1) 相应的电极反应为    $Ag^+ + e^- \longrightarrow Ag$

$$AgBr + e^- \longrightarrow Ag + Br^-$$

$$[Ag(S_2O_3)_2]^{3-} + e^- \longrightarrow Ag + 2S_2O_3^{2-}$$

当两电极电势达平衡，则 $E(Ag^+/Ag) = E([Ag(S_2O_3)_2]^{3-}/Ag)$，利用能斯特方程展开为

$$E^\ominus(Ag^+/Ag) + 0.059\,2 \, V \, lg\{c(Ag^+)\} =$$

$$E^\ominus([Ag(S_2O_3)_2]^{3-}/Ag) + 0.059\,2 \, V \, lg\{c([Ag(S_2O_3)_2]^{3-})/c(S_2O_3^{2-})^2\}$$

移项，整理为

$$E^\ominus([Ag(S_2O_3)_2]^{3-}/Ag) = E^\ominus(Ag^+/Ag) + 0.059\,2 \, V \, lg\{1/K_f^\ominus([Ag(S_2O_3)_2]^{3-})\}$$

$$lg\,K_f^\ominus([Ag(S_2O_3)_2]^{3-}) = \{E^\ominus(Ag^+/Ag) - E^\ominus([Ag(S_2O_3)_2]^{3-}/Ag)\}/0.059\,2 \, V$$

$$K_f^\ominus([Ag(S_2O_3)_2]^{3-}) = 1.62 \times 10^{13}$$

(2) 同理，$E(Ag^+/Ag) = E(AgBr/Ag)$

可推导出 $lg\,K_{sp}^\ominus(AgBr) = \{E^\ominus(AgBr/Ag) - E^\ominus(Ag^+/Ag)\}/0.059\,2 \, V$

$$K_{sp}^\ominus(AgBr) = 5.0 \times 10^{-13}$$

(3) 设 $Na_2S_2O_3$ 溶液的最初浓度为 $x \, mol \cdot L^{-1}$。

$$AgBr + 2S_2O_3^{2-} \rightleftharpoons [Ag(S_2O_3)_2]^{3-} + Br^-$$

起始浓度/$(mol \cdot L^{-1})$        $x$

平衡浓度/$(mol \cdot L^{-1})$        $x - 0.2$      0.1      0.1

$$(0.1)^2/(x-0.2)^2 = K_{sp}^\ominus(AgBr) \times K_f^\ominus([Ag(S_2O_3)_2]^{3-}) = 5.0 \times 10^{-13} \times 1.62 \times 10^{13}$$

解得            $x = 0.235$

$Na_2S_2O_3$ 溶液的最初浓度应为 $0.235\ mol \cdot L^{-1}$。

5. 解：
$$Au^+ + 2CN^- \rightleftharpoons [Au(CN)_2]^-$$

$$K_f^{\ominus}([Au(CN)_2]^-) = \frac{c([Au(CN)_2]^-)}{c(Au^+) \cdot c^2(CN^-)}$$

$$c\{[Au(CN)_2]^-\} = c(CN^-) = 1.0\ mol \cdot L^{-1}$$

$$c(Au^+) = \frac{c^{\ominus}}{K_f^{\ominus}([Au(CN)_2]^-)} = \frac{1}{1.99 \times 10^{38}}\ mol \cdot L^{-1} = 5.02 \times 10^{-39}\ mol \cdot L^{-1}$$

$$[Au(CN)_2]^- + e^- \rightleftharpoons Au + 2CN^-$$

标准态时 $c\{[Au(CN)_2]^-\} = c(CN^-) = 1.0\ mol \cdot L^{-1}$；$c(Au^+) = 5.02 \times 10^{-39}\ mol \cdot L^{-1}$

$E^{\ominus}([Au(CN)_2]^-/Au)$ 等于 $c(Au^+) = 5.02 \times 10^{-39}\ mol \cdot L^{-1}$ 时 $E(Au^+/Au)$ 的电极电势，则

$$E^{\ominus}([Au(CN)_2]^-/Au) = E^{\ominus}(Au^+/Au) + 0.059\,2\ lg[c(Au^+)/c^{\ominus}] = -0.44\ V$$

即生成配合物 $[Au(CN)_2]^-$，使 Au 的还原能力增强。

6. 解：设计一原电池

$$(-)Pt|[Co(NH_3)_6]^{2+}(c_1),\ NH_3(l),\ [Co(NH_3)_6]^{3+}(c_2)\| Co^{3+}(c_3),\ Co^{2+}(c_4)| Pt(+)$$

电池反应 
$$Co^{3+} + [Co(NH_3)_6]^{2+} \rightleftharpoons Co^{2+} + [Co(NH_3)_6]^{3+}$$

$$K^{\ominus} = \frac{c([Co(NH_3)_6]^{3+}) \cdot c(Co^{2+})}{c([Co(NH_3)_6]^{2+}) \cdot c(Co^{3+})} \times \frac{[c(NH_3)]^6}{[c(NH_3)]^6}$$

$$= \frac{K_f^{\ominus}([Co(NH_3)_6]^{3+})}{K_f^{\ominus}([Co(NH_3)_6]^{2+})} = 1.22 \times 10^{30}$$

由于
$$lg K^{\ominus} = \frac{z'[E_+^{\ominus} - E_-^{\ominus}]}{0.059\,2\ V}$$

则
$$lg(1.22 \times 10^{30}) = \frac{1 \times [E^{\ominus}(Co^{3+}/Co^{2+}) - E^{\ominus}([Co(NH_3)_6]^{3+}/[Co(NH_3)_6]^{2+})]}{0.059\,2\ V}$$

$$E^{\ominus}([Co(NH_3)_6]^{3+}/[Co(NH_3)_6]^{2+}) = 1.92\ V - 0.059\,2\ V\ lg(1.22 \times 10^{30}) = 0.139\ V$$

即 $[Co(NH_3)_6]^{2+}$ 的还原性比 $Co^{2+}$ 强；$Co^{3+}$ 的氧化性比 $[Co(NH_3)_6]^{3+}$ 强。

7. 解：（1）由题意知：$E_1 = E^{\ominus}([Cu(NH_3)_4]^{2+}/Cu) - E^{\ominus}(Zn^{2+}/Zn) = 0.708\,3\ V$，

$E^{\ominus}(Cu^{2+}/Cu) = 0.340\ V$，$E^{\ominus}(Zn^{2+}/Zn) = -0.762\,6\ V$，$E^{\ominus}([Cu(NH_3)_4]^{2+}/Cu) = -0.054\,3\ V$

而 $E^{\ominus}([Cu(NH_3)_4]^{2+}/Cu) = E^{\ominus}(Cu^{2+}/Cu) + \dfrac{0.059\,2\ V}{2} \times lg\dfrac{c(Cu^{2+})}{c^{\ominus}} = -0.054\,3\ V$

$$0.340\ V + \frac{0.059\,2\ V}{2} \times lg\frac{c(Cu^{2+})}{c^{\ominus}} = -0.054\,3\ V$$

得
$$c(Cu^{2+}) = 4.78 \times 10^{-14}\ mol \cdot L^{-1}$$

由题意知：
$$Cu^{2+} + 4\,NH_3 \cdot H_2O \rightleftharpoons [Cu(NH_3)_4]^{2+} + 4\,H_2O$$

$$K_f^{\ominus}([Cu(NH_3)_4]^{2+}) = \frac{c([Cu(NH_3)_4]^{2+})/c^{\ominus}}{\{c(NH_3 \cdot H_2O)/c^{\ominus}\}^4[c(Cu^{2+})/c^{\ominus}]} = \frac{c^{\ominus}}{c(Cu^{2+})} = 2.09 \times 10^{13}$$

（2）向左半电池中加入 $Na_2S$，达平衡时：

$$c(Zn^{2+}) = \frac{K_{sp}^{\ominus}(ZnS)}{c(S^{2-})/c^{\ominus}} \cdot c^{\ominus} = 1.6 \times 10^{-24} \text{ mol} \cdot L^{-1}$$

$$ZnS + 2e^- \rightleftharpoons Zn + S^{2-}$$

$$E^{\ominus}(ZnS/Zn) = E^{\ominus}(Zn^{2+}/Zn) + \frac{0.059\,2 \text{ V}}{2} \times lg\frac{c(Zn^{2+})}{c^{\ominus}} = -1.467\,0 \text{ V}$$

故　　　　　　　$E_2 = E^{\ominus}([Cu(NH_3)_4]^{2+}/Cu) - E^{\ominus}(ZnS/Zn) = 1.412\,7 \text{ V}$

（3）$(-)Zn\,|ZnS(s)|S^{2-}(1.00 \text{ mol} \cdot L^{-1})\,||\,NH_3 \cdot H_2O(1.00 \text{ mol} \cdot L^{-1}), [Cu(NH_3)_4]^{2+}(1.00 \text{ mol} \cdot L^{-1})|$ $Cu(+)$

（4）电极反应：（−）　　　　$Zn + S^{2-} - 2e^- \rightleftharpoons ZnS(s)$

　　　　　　　　　（+）　　　$[Cu(NH_3)_4]^{2+} + 2e^- \rightleftharpoons Cu + 4NH_3$

电池反应：　　　　$Zn + [Cu(NH_3)_4]^{2+} + S^{2-} \rightleftharpoons ZnS\downarrow + Cu + 4NH_3$

（5）　　　　　$lg K^{\ominus} = \frac{2 \times [-0.054\,3 \text{ V} - (-1.467\,0 \text{ V})]}{0.059\,2 \text{ V}} = 47.73$

故　　　　　　　　　　　$K^{\ominus} = 5.37 \times 10^{47}$

# 拓展思考题

1. 维尔纳（A.Werner，1866—1919），瑞士籍无机化学家。1866 年 12 月 12 日出生于法国米卢斯的一个铁匠家庭，1878—1885 年在德国卡尔斯鲁厄高等技术学校攻读化学，在这里，他逐渐对分类体系和异构关系产生了兴趣。1887 年进入瑞士苏黎世大学深造，师从化工教授吉龙，维尔纳虽数学和几何总是不及格，但几何的空间概念和丰富想象力在他的化学学习中发挥了巨大作用。1890 年，他以论文《氮分子中氮原子的立体排列》获苏黎世大学博士学位。

1891 年，维尔纳回到巴黎与贝特罗合作，在法兰西学院研究热化学和配位化合物。1893 年，维尔纳根据大量实验事实，在无机化学的基础上提出了配位化合物的配位学说。他认为在配位化合物的结构中，存在两种类型的原子价：一种是主价；一种是副价。1905 年，维尔纳在其著作《无机化学领域的新见解》中，系统地阐述了自己的配位理论，并且列举了他通过实验得来的诸多成果作为该理论的证明。维尔纳提出的配位理论具有划时代的意义，是近代化学键理论的重大发展。他大胆地提出了新的化学键——配位键，并用它来解释配合物的形成，其重要意义在于结束了当时无机化学界对配合物的模糊认识，而且为后来电子理论在化学上的应用及配位化学的形成开创了先河。维尔纳的配位理论使无机化学中复杂化合物的结构问题得以很好地解释，大力推动了无机化学的发展。

维尔纳后来担任苏黎世大学教授，还曾任苏黎世化学研究所所长。1913 年，维尔纳因在配位理论上的杰出贡献荣获诺贝尔化学奖，成为第一位获得诺贝尔奖的瑞士籍人。维尔纳开始从事有机化学，后转向无机化学，最后全神贯注于配位化学。他一生共发表论文 170 多篇，主要著作有《立体化学手册》《论无机化合物的结构》和《无机化学领域的新见解》等。1919 年 11 月 15 日，维尔纳因动脉硬化于苏黎世逝世，年仅 53 岁。

维尔纳不迷信权威，勇于探索，百折不挠，用铁一般的事实证实自己的理论。他的配位学说首先就是以同传统的原子价学说决裂而著称的。其次，配位学说是他运用假说思维方法，对诸多实验事实归纳整理，发现实验现象背后的本质而提出来的，这是通向科学发现的一种创造性思维方法。

结合维尔纳生平及对化学，特别是配位化学的巨大贡献，谈谈自己的体会。简单配合物又称维尔纳配合物，随着化学学科发展，涌现出许多新型配合物。结合文献，熟悉新型配合物，如螯合物、羰基配合物（羰合物）、夹心配合物、原子簇化合物（簇合物）、多核金属配合物及金属冠状配合物（大环聚醚配合物）等，了解这些新型配合物的组成、结构，以及在材料、医学、化学、化工等领域的广泛应用。

2. 配合物的空间构型是指配体围绕中心离子（或原子）排布的几何构型。当配体与中心离子（或原子）配位时，为了减少配体之间的静电斥力，配体之间尽可能远离在中心离子（或原子）周围采取对称分布的状态。配合物常见的空间构型有直线形、平面三角形、四面体形、平面四边形、四方锥形、三角双锥形及八面体形等。配合物的空间构型不仅与配位数有关，而且与中心离子（或原子）的杂化方式密切相关。配合物组成相同但结构与性质不同的现象，称为配合物的异构现象。

配合物的异构现象较为普遍，可分为空间异构、结构异构及旋光异构等几种类型。其中空间异构（立体异构）包括顺式与反式异构、面式与经式异构两大类；结构异构（构造异构）包括解离异构、配位异构和键合异构等；旋光异构（镜像异构）则是互为旋光异构体的两种物质对偏振光的旋转方向不同，它们的关系好像实物与镜像，或左手与右手之间的关系一样。

了解配合物的同分异构现象。结合文献，以"反应停"（沙利度胺片）药物的历史事件为例，了解许多药物都存在着旋光异构现象，但往往只有其中一种异构体是有效的，而另一种异构体无效，甚至有害。目前发现和分离药物中的旋光异构体，减少用药量，降低毒副作用，提高药效，成为药物研发领域的重要内容之一。

3. 科顿（F.A.Cotton，1930—2007），美国无机化学家，1930 年出生费城，美国得克萨斯农业与机械大学化学系教授。科顿 1951 年毕业于费城天普大学，1955 年获哈佛大学博士学位，1961 年至 1971 年担任美国麻省理工学院教授。他是美国国家科学院院士、美国艺术与科学院院士，同时也是中国科学院外籍院士。

科顿是金属原子簇化合物体系的发现者，过渡金属原子簇化学的奠基人，也是酶结构化学研究的先驱者。其最为人所知的工作之一是于 1964 年发现了 $[Re_2Cl_8]^{2-}$ 中的 Re 原子之间存在的金属－金属多重键，并综合大量实验结果建立了相关成键理论，证明了金属－金属键比金属－配体键在决定过渡金属簇化合物的物理化学性质上更为重要，由此开拓了一类全新的配合物——过渡金属原子簇化合物及其研究领域。科顿还将核磁共振技术引入对原子簇化学动力学的研究，并发展了一系列合成特定结构的方法学。

科顿教授在金属有机化学、金属羟基化学、电子结构和化学键理论及结构化学等多个化学研究领域均有杰出贡献。他曾发表研究论文 1 470 多篇，专著 30 余部。2007 年 2 月 20 日不幸去世，享年 77 岁。

结合科顿的生平及对金属有机化学方面的突出贡献，了解原子簇化合物是具有两个或两个以上的金属原子以金属－金属键（M－M）直接结合而形成的化合物。特别是过渡金属原子簇合物的种类很多，按金属原子数分类有双核簇、三核簇、四核簇等；按配体分子种类则有羰基簇、卤基簇等。结合文献，了解原子簇化合物的成键结构特点，以及在催化化学、材料科学和生物医药等领域的广泛应用。

4. 金属配合物在医药方面的应用最典型的就是用作抗癌药物。金属及金属化合物用于癌症治疗始于 19 世纪，直到 20 世纪 60 年代发现了金属配合物顺铂（$cis-[PtCl_2(NH_3)_2]$）具有抗癌活性，这一领域的研究才得以迅速发展。它对生殖系统癌和头颈癌等非常有效，但毒副作用大，易产生耐药性等缺陷严重制约了其疗效和长期使用。

顺铂抗癌药物的发现大大鼓舞了人类寻找疗效更好、毒性更低的特效抗癌药物。目前在临床上应用较多的铂配合物抗癌药物主要有四种，即顺铂（cisplatin）、卡铂（carboplatin）、奥沙利铂（oxaliplatin）和奈达铂（nedaplatin）。卡铂、奥沙利铂和奈达铂在结构上与顺铂相似，被称为继顺铂之后的第二代铂类抗癌药物。第二代铂类抗癌药物的毒性小于顺铂，但是它们基本上都存在与顺铂交叉耐药的缺点，在总的治疗水平上并没有超过顺铂。

近十几年以来，为寻找抗癌广谱、能克服顺铂耐药性的新型铂类抗癌药物，科学家们在对肿瘤细胞产生耐药性的机理深入了解的基础上，突破顺铂、卡铂的经典结构模式，设计合成了大量不同于原来构效关系的非经典铂类抗癌试剂，如多核铂配合物、Pt（Ⅳ）配合物和反式铂配合物等。除了以上这些铂类抗癌金属配合物之外，科学家们还研究了许多其他的具有抗肿瘤活性的金属配合物，如 Au、Rh、Fe、Bi、V、Ga 等。随着人类对抗癌机理的研究越来越深入，将会有更多的金属配合物作为抗癌药物应用于临床。

如果你对金属配合物用于抗癌药物的研发领域感兴趣，不妨自己查阅相关文献，了解药品研发的最新进展和临床应用的最新研究成果。

5. 超氧化物歧化酶（superoxide dismutase，SOD）是 1938 年首次从牛红细胞中获得的一种蓝色的含铜蛋白，能催化超氧阴离子自由基（$O_2^-$）的歧化。过量的 $O_2^-$ 积累会引起细胞膜、DNA、多糖、蛋白质、脂质体等的破坏，导致炎症、溃疡、糖尿病、心血管病等。但 $O_2^-$ 经 SOD 催化可以转化为 $H_2O_2$，并进一步由过氧化氢酶介导分解为无害的 $H_2O$ 和 $O_2$。

$$2O_2^- + 2H^+ \xrightarrow{\text{SOD}} H_2O_2 + O_2$$

SOD 属于金属酶，根据所含金属辅基的不同，SOD 主要可分为 3 种类型：Cu/Zn－SOD、Mn－SOD 和 Fe－SOD。近来，人们还发现了一些新型的 SOD，如 Ni－SOD、Fe/Zn－SOD 和 Co/Zn－SOD 等。

金属酶的活性中心通常都是多肽链上一些氨基酸残基与金属离子形成的配合物结构，如 Cu/Zn－SOD 的活性中心是一个杂双核铜锌配合物，铜、锌离子周围的配位构型分别为变形四方锥和畸变四面体。

SOD 是生物体内的一种重要的氧自由基清除剂，能够平衡机体的氧自由基，从而避免当机体内超氧阴离子自由基浓度过高时引起的不良反应，在防辐射、抗老、消炎、抑制肿瘤和癌症、自身免疫治疗等方面显示出独特的功能，其研究领域已涉及化学、生物学，医学、食品科学和畜牧医学等多个学科。

如果你对生物体内的氧自由基清除剂感兴趣的话，请结合文献，了解生物体内自由基的产生机理和来源，自由基对机体活动的影响，推荐几种新型的氧自由基清除剂，并简述各自的自由基清除作用机理。

6. 以 CO 为配体的羰基配合物，其熔点、沸点都不高，说明其在工业上的应用。

# 知识拓展

## 配合物发展前景

配位化学是在无机化学基础上发展起来的一门边缘学科。它所研究的主要对象为配位化合物（简称配合物）。早期的配位化学集中在研究以金属阳离子受体为中心（作为酸）和以含 N、O、S、P 等给体原子的配体（作为碱）而形成的所谓"维尔纳配合物"。1951 年对二茂铁的研究打破了传统无机物和有机化合物的界限，从而开始了无机化学的复兴。

当代的配位化学沿着深度、广度和应用三个方向发展。在深度上表现在有众多与配位化学有关的学者获得了诺贝尔奖，在以他们为代表的开创性成就的基础上，配位化学在其合成、结构、性质和理论的研究方面取得了一系列进展。配位化合物还以其花样繁多的价键形式和空间结构促进了化学基础理论的发展。在广度上表现在自维尔纳创立配位化学以来，配位化学处于无机化学研究的主流，在与其他学科的相互渗透中，而成为众多学科的交叉点。在应用方面，结合生产实践，配合物的传统应用继续得到发展，例如，金属簇合物作为均相催化剂，在能源开发中 $C_1$ 化学和烯烃等小分子的活化，螯合物稳定性差异在湿法冶金和元素分析、分离中的应用等。随着高新技术的日益发展，具有特殊物理、化学和生物化学功能的所谓功能配合物得到蓬勃的发展。

我国配位化学的研究在中华人民共和国成立前几乎属于空白。1949 年后随着国家经济建设的发展，仅在个别重点高等院校及科研单位开展了这方面的教学和科研工作。20 世纪 60 年代中期以前，主要工作集中在简单配合物的稳定性、取代动力学、过渡金属配位催化及稀土 W、Mo 等我国丰产元素的分离提纯和配位场理论的研究。除了个别方面的研究外，总体来说与国际水平差距还较大。

20 世纪 80 年代后，我国的配位化学取得了突飞猛进的发展。我国无机化学工作者在追踪了国际上的最新进展后，除了对传统的配合物体系继续发展之外，还填补了一些诸如生物无机、有机金属、大环配位化学等原属空白的分支学科。从此我国配位化学研究步入国际先进行列，研究水平大为提高。20 世纪末以来，国家优先发展如下领域：① 新型大环、大分子配体配合物及特异结构性能模型配合物；② 主族元素和过渡元素金属有机化合物、簇合物及多核配合物；③ 具有光、电、热、磁等特性的新型配合物及其功能的微观机理；④ 配合物的光化学、电化学和固体与界面配位化学；⑤ 超分子配位化学和分子识别与组装。在研究对象上日益重视与材料科学和生命科学相结合。在从分子到材料合成的研究中更加重视功能分子的设计。

配位化学日益和其他相关学科相互渗透和交叉。超分子化学可以看作广义的配位化学，另一方面，配位化学又包含在超分子化学概念之中。配位化学的原理和规律，无疑将在分子水平上，对未来复杂的分子层次以上聚集态体系的研究起着重要作用，其概念及方法也将超越传统学科的界限。我国化学家在进一步促进配位化学和有机化学、物理化学、分析化学、高分子化学、环境化学、材料化学、生物化学，以及凝聚态物理、分子电子学等学科的结合方面有了很好的开端，一些薄弱领域如配位光化学、界面配位化学、纳米配位化学、新型功能配合物及配位超分子化合物、金属配合物等的研究有明显的应用价值，进一步的发展必将给配位化学带来新的发展前景。

# 第9章　材料化学基础

## 基本要求

1. 掌握各区元素原子的结构特征，并能从原子的电子层结构了解常用工程材料在元素周期系中的分布。

2. 了解近年来的新型材料（高分子材料、陶瓷材料、纳米材料、复合材料、液晶材料等）的组成与性能。

## 重点知识剖析及例解

1. 材料的分类

按照化学成分的不同，材料可分为金属材料、无机非金属材料、高分子材料及复合材料四大类；根据使用性能的不同，材料可分为结构材料和功能材料；根据所应用的技术领域的不同，材料可分为信息材料、航空航天材料、能源材料、生物医用材料等；根据材料的结晶状态可分为单晶材料、多晶材料、非晶态材料、准晶材料；按材料出现的时间次序可分为传统材料和新材料。

**例1**　下面材料哪些是结构材料？哪些是功能材料？

形状记忆合金，硬质合金，玻璃纤维，导电高分子，钛合金

**答**：结构材料和功能材料的不同之处在于：前者是指利用材料所具有的力学性质，而后者则是利用材料的某种声、光、电、磁和热等物理性能的材料。形状记忆合金的主要性能是形状记忆性能，导电高分子的主要性能是其导电性能，故二者都属于功能材料；硬质合金、玻璃纤维和钛合金主要利用其力学性质，这三者属于结构材料。

2. 常用工程材料在周期系中的分布与应用

元素周期律及反映这一规律的元素周期表对新材料的开发具有重要的指导作用。s 区金属元素的未成对电子数少、原子半径大，所以密度小，属于轻金属。ⅠA 族元素最外层只有一个电子，易从金属表面逸出，具有优良的光电性能，常用来制造各种光电管的光电阴极材料，广泛用于过程的自动控制等技术领域。

p 区及ⅡB 族金属：长周期元素次外层 d 电子已填满，不能参与成键，所以其长周期元素单质 Bi、Sn、Pb、Hg 等是常用的硬度较小的低熔点金属。

d 区元素的原子有较多未成对的 d 电子，可参加金属键的形成，原子半径又较小，金属键很强。d 区金属大多数熔点高、密度大，是高温合金、硬质合金的主要组成元素。d 区过渡金属的离子有很强的形成配合物的倾向，具有独特的催化性能。

p区非金属：p区的碳元素是有机高分子材料的重要组成元素，石墨烯是继 $C_{60}$ 和碳纳米管之后又发现的一种新的碳单质的形式，使碳的晶体结构拥有了从零维、一维、二维到三维的完整体系。p区的对角线斜线上的硼、硅、锗、砷、锑、硒、碲等都是半导体元素，其中硅和锗被认为是最好的半导体材料。

**例2** p区及ⅡB族的金属元素大多数是低熔点金属，s区的大部分金属也具有低熔点的特性（例如，金属铯的熔点为 28 ℃，仅次于汞）。s区和p区及ⅡB族的金属元素具有低熔点的原因一样吗？

**答**：p区及ⅡB族的金属元素具有低熔点的原因是因为其次外层 d 电子已填满，不参与金属键的形成。s区的金属具有低熔点的原因是原子半径大，价电子少，金属键相对较弱，所需的熔化热小，故熔点较低。

**3. 新型金属材料**

储氢材料：储氢材料是一种在温和条件下，能反复可逆地吸入和放出氢的材料。目前所研发的储氢材料主要包括：储氢合金、纳米储氢材料及配位氢化物。储氢合金是目前应用最为广泛的储氢材料，包括镁系储氢合金、稀土系列储氢合金和钛系储氢合金。碳纳米管是目前人们研究最多的碳质储氢材料，具有储氢量大、释氢速度快、常温下释氢等优点。$NaAlH_4$ 是目前研究最多的一种储氢的配位氢化物，在吸氢和放氢上，具有较好的热力学性质和循环性质。

形状记忆合金：形状记忆合金的典型代表是镍钛合金，其形状记忆原理是因为具有结构改变型的马氏体相变，其马氏体相比奥氏体相要软很多。当在较低温度下成为马氏体并受到外力时，易改变形状。但经加热又转变为奥氏体结构而恢复原来的形状。形状记忆合金作为智能材料，广泛应用于航空航天、机械、医疗等领域。

**例3** 目前形状记忆效应最佳的合金是哪一类？形状记忆合金的形状记忆机理是什么？

**答**：目前形状记忆效果最佳的记忆合金是镍钛合金。形状记忆现象目前的解释是马氏体相变机理。马氏体相变与人们熟知的钢的淬火有着密切关系。钢通过淬火处理（把烧红的钢迅速浸到水中急冷的热处理操作），原来面心立方的奥氏体结构转变为体心立方结构的马氏体。钢由奥氏体转变为马氏体的相变称为马氏体相变。在形状记忆合金中，马氏体相远比奥氏体相软得多，在受到外力作用时，能够很容易地通过马氏体内部晶面或相面的移动而改变其形状，而加热恢复为原来的奥氏体结构时，这种形状的改变便会全部消失。

**4. 无机非金属材料**

光导纤维：光导纤维一般都是由折射率较大的内芯和折射率较小的包层组成。由于两者之间折射率的差别，进入内芯的光由折射率大的内芯透过折射率小的包层时，会在两者间交界面上产生全反射，从而保证进入内芯的光始终在内芯中进行传输。和电波通信相比，光纤通信可提供更多的通信通路，可满足大容量通信系统的需要。光纤通信与数字技术结合，可以用于传送电话、图像、数据，控制电子设备和智能终端等。对光损耗大的光导纤维可在短距离使用，适合制作各种人体内窥镜，用于诊断各种疾病。

超导材料：在一定温度下具有超导电性的物体称为超导体。超导体中电阻突然消失时的温度称为转变温度或临界温度。低温超导材料要用液氦做制冷剂才能呈现超导态，在应用上受到限制。高温超导材料主要有铜氧化物超导材料和铁基超导体。有机超导体的代表是

$A_xC_{60}$（A 为碱金属），是三维超导体。金属硼化物超导材料加工性能好，将来有可能具有室温超导性。超导材料主要应用在超导输电、超导发电机、磁力悬浮高速列车和可控热核聚变等领域。

纳米陶瓷：纳米陶瓷是将纳米级陶瓷粉体、晶须、纤维等加入陶瓷基体中所制造的陶瓷材料，提高了材料的室温力学性能，改善了高温性能，并使其具有可切削加工性和超塑性，是陶瓷材料发展史上的第三次飞跃。其中纳米陶瓷粉体具有小尺寸效应、表面效应、量子尺寸效应和宏观量子隧道效应等特性，这些效应使得纳米粒子相对于大颗粒尺寸的同种物质而言则具有很多奇特的性能。

**例 4**    超导体的基本特征是什么？低温超导材料和高温超导材料的特点与区别是什么？

**答**：超导体的基本特征是零电阻现象和完全抗磁性。低温超导材料是具有低临界转变温度（$T_c < 30$ K），需在液氦温度条件下工作的超导材料。低温超导材料分为金属、合金和化合物。低温超导材料已得到广泛应用，其典型代表为铌、铌钛合金、$Nb_3Sn$ 等，但低温超导材料由于 $T_c$ 低，必须在液氦温度条件下使用，运转费用昂贵，故其应用受到限制。高温超导材料是具有高临界转变温度（$T_c$），能在液氮温度条件下工作的超导材料。铜氧化物和二硼化镁是具有实用价值的高温超导材料。铜氧化物主要有如镧钡铜氧体系、钇钡铜氧体系、铋锶钙铜氧体系和铊钡钙铜氧体系等。高温超导材料的 $T_c$ 高，运转费用低，应用潜力大。

5. 有机高分子材料

（1）基本概念和分类    用于合成高分子化合物的低分子化合物称为单体；高分子化合物重复的结构单元称为链节；链节的数量称为聚合度。按性能与用途分类，高聚物可分为塑料、纤维与橡胶三大类；根据主链结构不同，高聚物可分为碳链聚合物、杂链聚合物、元素聚合物；按热性能不同，高聚物可分为热塑性聚合物和热固性聚合物两大类。共聚是改善已有聚合物性能和增加聚合物品种的重要途径。按单体的序列分布不同，共聚物可分为无规共聚物、交替共聚物、嵌段共聚物和接枝共聚物等。

（2）高分子的结构形态和柔顺性    高分子常见的结构形态有线型、支化和交联。线型高分子和支化高分子在适当的溶剂中可以溶解，加热可以熔融，但支化高分子的密度、结晶度、熔点、硬度等都比相同组成的线型高聚物低。线型和支化高分子是热塑性聚合物。交联高分子在溶剂中只能溶胀，不能溶解，热固性聚合物是交联高分子。树型聚合物是一类三维高度有序的新型高分子，具有多支化中心和高度支化的结构。

高分子链由于内旋转而表现出不同程度卷曲的特性称为高分子链的柔顺性。柔顺性是高分子不同于小分子的独有特性，对高分子化合物的性能有重要的影响。主链上原子的取代基数目越少、体积越小，柔顺性越好。主链上柔顺性次序：Si—O 键＞C—O 键＞C—C 键；主链上有孤立双键的聚合物柔顺性好；主链上含有芳杂环结构和共轭双键的高分子链柔顺性较差。

（3）线型非晶态聚合物的力学状态    随着温度的升高，线型非晶态高分子化合物会出现玻璃态、高弹态和黏流态三种力学状态。玻璃态的特点是形变量小，常温下处于玻璃态的聚合物是塑料。高弹态的特点是在较小的外力作用下，可产生较大的形变，除去外力后又能逐渐恢复原状。常温下处于高弹态的聚合物是橡胶。从玻璃态向高弹态转变温度叫玻璃化温度，用 $T_g$ 表示。$T_g$ 是塑料的最高使用温度，橡胶的最低使用温度；从高弹态向黏流态转变温度为黏流化温度，用 $T_f$ 表示，$T_f$ 是橡胶的最高使用温度，也是聚合物的加工温度。

**例 5** 比较下列聚合物柔顺性的好坏。

A. $+\!\!\!\!-\!\!\!\!\bigcirc\!\!\!\!-\!\!\!\!O+_n$    B. $+\!\!\!\!-\!\!\!\!\bigcirc\!\!\!\!-\!\!\!\!+_n$    C. $+\!\!\!\!CH_2\!\!\!\!-\!\!\!\!O+_n$

**答**：高分子链的柔顺性是指高分子链由于内旋转而表现出不同程度卷曲的特性。单键的内旋转越容易，分子链的柔顺性就越好。柔顺性次序为：C（聚甲醛）＞A（聚苯醚）＞B（聚苯）。对比 A、B、C 三种聚合物可以看出，A 和 B 的分子主链上都含有刚性基团苯环，因此二者的柔顺性比 C 差。和 B 相比，A 的主链上含有氧原子，氧原子周围没有取代基，单键内旋转比 B 容易，柔顺性好于 B。

**例 6** 热固性聚合物和热塑性聚合物在溶解性能和熔融性能上有什么区别？

**答**：热固性聚合物具有交联结构，大分子链之间由化学键所连接，在溶剂中只能溶胀，不能溶解；加热不能熔融。酚醛树脂、交联聚乙烯、硫化橡胶、离子交换树脂等都是热固性聚合物。热塑性聚合物通常具有线型或支化结构，选择适当的溶剂可以溶解，加热可以熔融，可以用热成型的方法进行加工。高密度聚乙烯、低密度聚乙烯、聚苯乙烯、聚氯乙烯等都是热塑性聚合物。

**例 7** 下列聚合物中玻璃化温度小于室温的是（     ）。

A. 丁苯橡胶                    B. 聚氯乙烯

C. 聚苯乙烯                    D. 顺丁橡胶

E. 聚乙烯

**答**：橡胶的玻璃化温度低于室温，塑料的玻璃化温度高于室温。聚氯乙烯、聚苯乙烯和聚乙烯都是塑料，玻璃化温度高于室温。丁苯橡胶和顺丁橡胶都是橡胶的主要品种，二者的玻璃化温度低于室温。因此答案为 A 和 D。

6. 复合材料

复合材料是由以连续相存在的基体材料与分散于其中的增强材料两部分组成。按基体可分为金属基复合材料、树脂基复合材料和陶瓷基复合材料三大类；按增强相可分为颗粒增强复合材料、夹层增强复合材料和纤维增强复合材料。纳米复合材料是指分散相尺度至少有一维小于 100 nm 的复合材料。与常规的复合材料相比，纳米复合材料具有大的比表面积和强的界面相互作用，从而表现出不同于宏观复合材料的力学、热学、光、电等效应。

**例 8** 纳米复合材料和常规复合材料在性能上的主要区别？

**答**：纳米复合材料由于存在纳米尺寸效应，明显表现出优于常规复合材料的力学、热学、光、电等性能。例如，对于无机－高分子纳米复合材料，由于分散相的纳米尺寸效应、大的比表面积和强的界面相互作用，使连续相和分散相界面之间存在着强的化学结合力，可解决高分子与无机材料的热膨胀系数不匹配的问题，在力学性能和耐热性方面明显优于常规复合材料。

7. 液晶、光子晶体和准晶

（1）液晶　液晶既具有液体的流动性，又具有晶体的各向异性。液晶具有双熔点现象，液晶中从晶态变为液态的温度范围称为相变温度范围，只有在该温度范围内，物质才处于液晶态。在液晶分子结构中，能促使分子形成液晶态的结构单元称为液晶基元，液晶基元通常是棒状、盘状或双亲性分子。按形成条件和组成，液晶可分为热致液晶和溶致液晶。按结构和分子排列可分为向列型液晶、胆甾型液晶和近晶型液晶。影响液晶性质的结构因素主要有中心团、取代基和末端基。中心团在保持液晶分子直线性方面具有重要作用，其结构多为共轭性原子团连接两个苯环组成；中心团中苯环上取代基的尺寸影响液晶的热稳定性；液晶分子末端烷基链的长短影响液晶的结构和分子排列。电光效应是液晶最有用的性质之一，是绝大多数液晶显示器件的工作基础。除液晶显示外，液晶还用于温度检测、应力检测、无损检测、医疗诊断、色谱和各种波谱分析等。

（2）光子晶体和准晶　光子晶体是由周期性排列的不同折射率的介质制造的规则光学结构。其主要特点之一是具有带隙结构，光子晶体的另一个特点是光子局域。如果在光子晶体中引入某种缺陷，会引起它原有周期性的破坏，则在其光子禁带中就有可能出现频率极窄的缺陷态，和缺陷态频率吻合的光子可能被局域在缺陷位置。用带有缺陷的光子晶体作为光纤，能够极大地减少能量的损失，传输特性优于传统光纤。光子晶体光纤的导光机制有光子带隙型光纤和折射率引导型光纤两种。光子晶体体积非常小，在纳米技术、光计算机、芯片等领域有着广泛的应用前景。准晶具有长程有序结构，具有晶体所不允许的宏观对称性，但不具有晶体所应有的平移对称性。晶体的旋转对称只能有 1、2、3、4、6 共 5 种旋转轴，准晶的对称要素包含与晶体空间格子不相容的对称，具有 5 次、8 次、10 次和 12 次对称。准晶材料是一种新兴材料，具有不粘性、耐热、耐磨、耐蚀及特殊的光学性能，在表面改性材料、结构材料增强相、太阳能薄膜材料等领域中得到了广泛的应用。

**例 9**　向列型、近晶型和胆甾型液晶的结构有什么区别？

**答**：向列型液晶中长棒状分子沿一个方向排列；近晶型液晶分子的长轴方向一致，且分子排列成层状结构；胆甾型液晶分子的排列具有向列型的有序性，并在二维相层中向左或右以相同的螺旋角，自上而下呈螺旋状的重叠，其在螺旋轴的方向上存在着规律性（见图 9-1）。

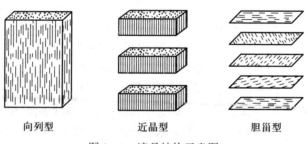

向列型　　　　　近晶型　　　　　胆甾型

图 9-1　液晶结构示意图

**例 10**　液晶显示器的工作基础是基于液晶的哪种效应？

**答**：液晶显示器的工作基础是基于液晶的电光效应。液晶的电光效应是指，在液晶上施加电场时，由于电场的作用和液晶自身电导率的各向异性，会发生液晶分子轴排列的变化和分子的流动，从而导致液晶光学性质的变化。

# 思考题与习题

1. 什么是材料？材料与一般物质或化学品的根本区别在哪里？

**答：** 材料是指人类社会可接受、可经济地用来制造有用的构件、器件或物品的物质。材料与一般物质或化学品的根本区别在于，材料具有自然属性和社会属性双重属性，材料融合了人的作为、人的思想，是以人的意志为转移的一类特殊物质。

2. 简述材料的发展过程。

**答：** 在遥远的古代，人类的祖先以石器为主要工具，选取玉石类之一的石英晶体作为武器和工具，这也是人类和晶体材料打交道的起源。他们在寻找石器的过程中认识了矿石，并在烧陶生产中发展了冶铜术，开创了冶金技术。公元前 5000 年，人类进入青铜时代。公元前1200 年左右，人类进入了铁器时代，开始使用铸铁，之后钢铁工业迅速发展，成为 18 世纪产业革命的重要内容和物质基础。人类社会发展到 20 世纪中叶以来，科学技术突飞猛进，作为发明之母和产业粮食的新材料研制更是异常活跃，出现了称为聚合物时代、半导体时代、先进陶瓷时代和复合材料时代的新时代。

3. 简述材料的分类方法。

**答：** 按照材料的化学成分，材料可以分为金属材料、无机非金属材料、高分子材料及复合材料四大类；根据材料所应用的技术领域，材料可分为信息材料、航空航天材料、能源材料、生物医用材料等；根据材料的使用性能，材料可分为结构材料和功能材料。结构材料是指具有力学性能，广泛应用于机械制造、工程建设、交通运输及能源等部门的材料。功能材料是指具有声、光、电、磁和热等物理性能，应用于微电子、激光、通信、能源和生物工程等许多高新技术领域的材料。

4. 何谓单体、聚合物和链节？它们相互之间有什么关系？请写出以下高分子链节的结构式：①聚乙烯；②聚氯乙烯；③聚丙烯；④聚苯乙烯；⑤聚四氟乙烯。

**答：** 形成高分子化合物的低分子化合物叫作单体。聚合物一般是由一种或几种低分子化合物聚合而成的高分子化合物，其相对分子质量一般为 $10^4 \sim 10^6$。高分子中重复的结构单元称为链节。

聚乙烯：　$\left[ CH_2{-}CH_2 \right]_n$　　　　聚氯乙烯：　$\left[ CH_2{-}\underset{\underset{Cl}{|}}{CH} \right]_n$

聚丙烯：　$\left[ CH_2{-}\underset{\underset{CH_3}{|}}{CH} \right]_n$　　　　聚苯乙烯：　$\left[ CH_2{-}\underset{|}{CH} \right]_n$

聚四氟乙烯：　$\left[ CF_2{-}CF_2 \right]_n$

5. 举例说明加聚反应和缩聚反应的区别。

**答：** 一种或多种具有不饱和键的单体在一定条件下（光照、加热或化学试剂的作用等）聚合，直接得到高分子化合物的反应称为加聚反应。原则上，所有活泼的不饱和结构都可以发生加聚反应。由于在加聚反应中没有其他低分子化合物生成，故高聚物的化学组成与单体相同。具有两个或两个以上官能团的一种或多种单体之间缩合，失去低分子化合物（一般是 $H_2O$、$NH_3$、醇、卤化氢等）而变为高聚物的过程叫作缩聚反应。缩聚反应中有低分子化合物生成，所形成的高聚物的化学组成与单体的不同。

6. 非晶态高分子化合物在不同温度下存在哪三种状态？它的 $T_g$ 与 $T_f$ 值与哪些性质有关？

**答**：非晶态高分子化合物从固态到液态会出现玻璃态、高弹态和黏流态三种力学状态。高聚物由高弹态返回到玻璃态的转变温度叫作玻璃化温度，通常用 $T_g$ 表示；$T_g$ 是塑料的最高使用温度，橡胶的最低使用温度；而从高弹态向黏流态转变温度为黏流化温度，用 $T_f$ 表示，$T_f$ 是橡胶的最高使用温度，也是塑料以注塑方式加工制件时的最低加工温度。

7. 什么是大分子链的柔顺性？影响大分子链柔顺性的主要因素有哪些？

**答**：大分子链的柔顺性是指大分子链可以改变其构象的特性。影响大分子链柔顺性的主要因素有：

（1）主链结构：主链上含有芳杂环结构的高分子链的柔顺性较差，带有共轭双键的高分子链不能内旋转，分子链呈刚性，柔顺性较差。高分子链含有孤立双键时，柔顺性好。

（2）侧基：侧基体积大，柔顺性较差。

8. 怎样理解晶态高聚物的结构？

**答**：晶态高聚物由晶区和非晶区两部分组成。晶区中，分子链排列规则；非晶区中，分子链的排列是无序的。结晶部分在高聚物中所占质量分数（或体积分数）称为结晶度。高聚物的结晶度随聚合物的种类和结晶条件的不同而变化。结晶度的大小是影响高分子材料力学强度、密度、耐热、耐溶剂等性能的重要因素。

9. 非晶态高聚物在不同温度下的力学状态有何特点？

**答**：随着温度的变化，线型非晶态高聚物会出现玻璃态、高弹态和黏流态三种不同的力学状态，如图 9-2 所示：

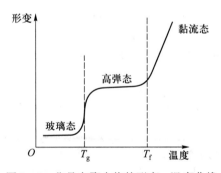

图 9-2　非晶态聚合物的形变-温度曲线

非晶态聚合物在温度较低时处于玻璃态，其特点是在外力作用下形变量小，是常温下的塑料所处的状态；升高温度到一定程度时，聚合物进入高弹态，其特点是在较小的外力作用下，聚合物可以产生较大的形变，除去外力后又能逐渐恢复原状；对线型聚合物，继续升高温度，高聚物呈现流动状态，这种状态称为黏流态，在黏流态，整个高分子链开始运动。黏流态的特点是形变量很大，外力除去时形变不可回复，它是聚合物成型加工时所处的状态。

高聚物由高弹态返回到玻璃态的转变温度叫作玻璃化温度，通常用 $T_g$ 表示；由高弹态向黏流态转变的温度叫作黏流化温度，通常用 $T_f$ 来表示。交联聚合物由于高分子链被化学键所束缚，因此没有黏流态。

10. 导电高分子一般具有何种结构？它有什么特点？

**答**：导电高分子是由具有共轭 π 键的高分子经化学或电化学"掺杂"使其由绝缘体转变为导体的一类高分子材料。导电高分子的主链上一般具有共轭双键，如聚乙炔、聚苯等。导电高分子的特点是：通过掺杂等手段，使其电导率处在半导体和导体范围内，导电高分子既具有金属和无机半导体优良的电学和光学特性，又具有聚合物易于加工的性能，其电导率可在绝缘体–半导体–金属态的范围里变化，是金属材料和无机导电材料的优良替代品，广泛应用于电子工业、航空航天工业、新型生物材料等领域。

11. 什么是增塑剂？在许多高聚物加工过程中为什么要加入增塑剂？增塑剂对人的健康有何危害？

**答**：为了改善聚合物的加工性能，常加入增塑剂以降低 $T_f$。增塑剂又称塑化剂，是一类高沸点，低挥发性的小分子液体或低熔点的固体，一般增塑剂分子与高分子具有较强的亲和力，会使链分子间作用减弱，因此流动温度 $T_f$ 降低，同时 $T_g$ 也会下降，因而加入增塑剂后可以降低成型温度，并可改善制品的耐寒性。增塑剂的品种繁多，最常用的增塑剂是邻苯二甲酸酯类的化合物。

增塑剂的分子结构类似荷尔蒙，被称为"环境荷尔蒙"，若长期食用可能引起生殖系统异常，甚至造成畸胎、癌症的危险。（1）幼儿长期食用可能会造成性别错乱，包括生殖器发育不良、性征不明显。（2）目前虽无法证实对人类是否致癌，但会引起动物致癌。（3）邻苯二甲酸酯可能影响胎儿和婴幼儿体内荷尔蒙分泌，引发激素失调，有可能导致儿童性早熟。

增塑剂作为广泛使用的高分子材料助剂，在塑料加工中通过添加该物质可使制品柔韧性增强，便于加工。但是，增塑剂并不属于食品香料的原料，不能被添加在食物中，甚至不允许使用在食品包装上。

12. 复合材料中的基体材料和增强材料分别在其中起何作用？

**答**：以独立的形态分布在整个连续相中的分散相，能显著增强材料的性能，故常称为增强材料。基体材料在与增强材料固结后，基体在复合材料中就成为包裹增强相的连续体。基体材料具有支撑和保护增强相的作用，在复合材料承受外加载荷时，基体相主要以剪切变形的方式起到向增强相分配和传递载荷的作用。

13. 液晶的分子结构有什么特点？影响液晶性质的结构因素主要有哪些？

**答**：液晶的分子结构中包含能够促使分子形成液晶态的液晶基元。液晶基元通常是棒状、盘状或双亲性分子。影响液晶性质的结构因素主要有：中心团、取代基和末端基。

（1）中心团：中心团在保持液晶分子直线性方面具有重要作用，其结构多为共轭性原子团连接两个苯环组成。增加中心团的极性，有助于液晶的热稳定性增加。

（2）取代基：增加中心团中苯环上取代基的尺寸，会增大分子间距离而引起分子间作用力下降，从而降低液晶的热稳定性。极性取代基的引入会增加分子间作用力，提高液晶的热稳定性。

（3）末端基：液晶分子的末端基通常是直链式烷基。在液晶分子中当烷基的链较短时一般只能得到向列相，中等长度时可得到近晶相和向列相，更长时则只能得到近晶相。

14. 简述液晶的特性与用途。

**答**：液晶是一类取向有序流体。一方面它是流体，另一方面又像晶体，具有双折射等各向异性，并且其结构会随外场（电、磁、热、力等）的变化而变化，从而导致其各向异性性质的变化。

电光效应是液晶最有用的性质之一。所谓电光效应是指在电场作用下，液晶分子的排列方式发生改变，从而使液晶光学性质发生变化的效应。绝大多数液晶显示器件的工作原理都是基于这种效应。除液晶显示外，液晶还用于温度检测、应力检测、无损检测、医疗诊断、色谱和各种波谱分析等。

15. 光子晶体的主要特点是什么？折射率引导型光纤和光子带隙型光纤有何不同？

**答**：光子晶体是一种由介电常数不同的介质在空间按照一定的周期排列而形成的长程有序结构，其排列周期与光的波长处于同一数量级。光子晶体的特点是：

（1）具有带隙结构。由于光子带隙的存在，产生了许多崭新的物理性质。通过对带隙的设计可实现对各种波长光的调控，获得各种各样的新型光学器件。

（2）光子局域。如果在光子晶体中引入某种缺陷，会引起它原有周期性的破坏，则在其光子禁带中就有可能出现频率极窄的缺陷态，和缺陷态频率吻合的光子可能被局域在缺陷位置（或只能沿缺陷位置传播）。

利用光子不能在禁带中传播的性质可以制成光子晶体光波导，在光子晶体中引入线缺陷，由于光子带隙的存在，光线将只能允许从线缺陷中传播，形成波导。用带有线缺陷的光子晶体作为光纤，能够极大地减少能量的损失。光子晶体光纤的导光机制有两种，一种是光子带隙型光纤，另一种是折射率引导型光纤。二者的不同见表 9-1。

表 9-1　折射率引导型光纤和光子带隙型光纤的不同

| 类型 | 组成 | 导光机制 |
|---|---|---|
| 折射率引导型光纤 | 纤芯为纯石英，包层由石英－空气周期介质构成。包层中由于空气孔的加入，包层的有效折射率低于纤芯 | 依靠全内反射的机制导光 |
| 光子带隙型光纤 | 纤芯为空气缺陷，包层由石英－空气二维光子晶体构成。纤芯的有效折射率低于包层 | 通过包层光子晶体的布拉格衍射来限制光在纤芯中传播。包层中周期性排列的点阵结构形成了光栅，满足布拉格条件时出现光子带隙，对应波长的光不能在包层中传播，而只能限制在纤芯中传播 |

16. 简述光子晶体的应用前景。

**答**：光子晶体是由周期性排列的不同折射率的介质制造的规则光学结构。这种材料因为具有光子带隙而能够阻断特定频率的光子，从而影响光子运动。光子晶体体积非常小，在新的纳米技术、光计算机、芯片等领域有广泛的应用前景。使用光子晶体制造的光子晶体光纤，也有比传统光纤更好的传输特性，可以进而应用到通信、生物等诸多前沿和交叉领域。

17. 简述准晶材料的定义。

**答**：准晶具有长程有序结构，但不具有晶体所应有的平移对称性，即：准晶中的原子常呈定向有序排列，但不做周期性平移重复。准晶具有晶体所不允许的宏观对称性。晶体的旋转对称只能有 1、2、3、4、6 共 5 种旋转轴，准晶的对称要素包含与晶体空间格子不相容的对称，具有 5 次、8 次、10 次和 12 次对称。

# 自我检测

## 一、填空题

1. 材料按维数可以分为_____、_____、_____和_____。

2. 具有光子禁带的周期性电介质结构称为_____。

3. 根据结构和分子排列，液晶可分为_____型、_____型和_____型液晶。

4. 合成 ABS 树脂的单体是_____、_____和_____。

5. 按主链结构划分，高分子化合物可以分为_____、_____和_____。

6. 陶瓷材料的第一次飞跃是_____，第二次飞跃是_____，第三次飞跃是_____。

## 二、选择题

1. 热固性塑料分子链的结构是（　　　）。

A. 线型　　　　　　　　B. 支化　　　　　　　　C. 交联　　　　　　　　D. 树枝型

2. 下列合金中，具有储氢性能的是（　　　）。

A. 铝合金　　　　　　　B. 镧镍合金　　　　　　C. 镍钛合金　　　　　　D. 锆合金

3. 下列金属中硬度最大的是（　　　）。

A. Cr　　　　　　　　　B. Ag　　　　　　　　　C. Zn　　　　　　　　　D. Ca

4. 熔点最低的金属位于元素周期表的（　　　）。

A. s 区　　　　　　　　B. p 区　　　　　　　　C. d 区　　　　　　　　D. ds 区

5. 下列聚合物中柔顺性最好的是（　　　）。

A. $-\left[CH_2-CH_2\right]_n$

B. $-\left[CH_2-CH\right]_n$ ($Cl$)

C. $-\left[CH_2-CH\right]_n$ ($CH_3$)

D. $-\left[CH_2-CH\right]_n$ (苯环)

6. 关于石墨烯，下列说法错误的是（　　　）。

A. 石墨烯是二维材料

B. 石墨烯中的每个碳原子采用 sp 杂化与其他碳原子相连

C. 石墨烯具有优异的导电性

D. 石墨烯是人工制得的最薄物质

7. 关于液晶，下列说法错误的是（　　　）。

A. 液晶具有双熔点现象

B. 液晶具有液体的流动性和晶体的有序性

C. 液晶基元作为能促使分子形成液晶态的结构单元，其形态只能是棒状结构

D. 高分子也可以形成液晶态

8. 高温超导材料一般是指（　　　）。

A. 在液氮温度以上，电阻可接近零的超导材料

B. 在液氮温度以上，电阻可接近零的超导材料

C. 在室温下，电阻可接近零的超导材料

D. 在高于室温下，电阻可接近零的超导材料

## 三、判断题

1. 复合材料由连续相和分散相两部分组成，玻璃钢是一种复合材料，其中的分散相为玻璃纤维。（　　　）

2. 橡胶的最高使用温度是玻璃化温度。（　　　）

3. 增塑剂不仅可以降低黏流温度，还可以降低玻璃化温度。（　　　）

4. 金刚石是零维材料，碳纳米管是一维材料。（　　　）

5. 铁基超导材料是一类高温超导材料。（　　　）

# 自我检测答案

## 一、填空题

1. 零维材料；一维材料；二维材料；三维材料

2. 光子晶体

3. 近晶；向列；胆甾

4. 丙烯腈；丁二烯；苯乙烯

5. 碳链高分子；杂链高分子；元素高分子

6. 陶器到瓷器；传统陶瓷到精细陶瓷；精细陶瓷到纳米陶瓷

## 二、选择题

1. C　2. B　3. A　4. D　5. A　6. B　7. C　8. A

## 三、判断题

1. √　2. ×　3. √　4. ×　5. √

# 拓展思考题

1. 在化学结构中，怎样区分"构造""构型"和"构象"？
2. 灯谜：一个化学反应。
千锤万凿出深山，
烈火焚烧若等闲。
粉身碎骨浑不怕，
要留清白在人间。
3. 为什么有机化学反应和合成化学中，有机化学家最关注的是碳－碳键的断裂和碳－氢键的转化？
4. 信口雌黄中的"雌黄"指的是什么？有什么用途？
5. 世界有机化学权威杂志，为什么命名为四面体（Tetrahedron）？
6. 在超导研究领域获得诺贝尔奖的科学家主要有谁？其主要贡献是什么？

# 知识拓展

## 软 物 质

凝聚现象是众所熟知的。气体可凝结成液体和固体。液体不同于固体主要在于它具有流动性，就宏观而言，其切变弹性模量为零，就微观而言，液体中的原子是离域的，可在体内漫游。而液体区别于气体在于它具有明确的表面，可分开密度较高的液体和密度较低的气体。在临界点，两者趋同而界面消失。有时对有机物划分固体或液体会遇到困难，存在大量介乎其间的中介相，如液晶、高分子体系、胶体、微乳液、生命物质和流变体等。这些物质包括人脑称为软物质（soft matter），软物质是指其某种物理性质在小的外力作用下能产生很大变化的凝聚态物质。我们以一个非常熟悉的例子来说明软物质的概念，电子手表的液晶显示器，液晶分子在非常小的电场驱动下（由纽扣电池提供）每秒钟都在翻转，或抽象地说，分子系统对很小的扰动给出很大的变化。这里以电扰动为例给出了软物质的概念，实际上扰动的类型是完全随机的，可以有磁扰动、热扰动、机械扰动、化学扰动及掺杂等。软物质的特征在于系统性质在小的扰动下产生强的变化。我们以简单的弹簧为例体会"软"和"硬"的含义，硬弹簧的弹性模量大，很大的外部应力只能使系统产生很小的形变。而弹簧"软"意味着弹性模量小，很小的外力就能使系统产生很大的变形，而且这种变形比较复杂，通常表现出明显的非线性特征（胡克定律的线性特征只是在微小形变时才得以体现）。

软物质又被称为复杂流体。这是由于软物质在较长的时间尺度（小时，天）上表现出可流动性。所谓复杂，是指它不同于一般的流体系统，不满足牛顿流体的规律，在宏观上或小的时间尺度上表现出一些固态物质才具有的特征，是一种兼有液态和固态特性的特殊系统。液体可以分为简单液体和复杂液体两类。前者指一般液体和溶液。在这些体系中，原子和分子基本上是均匀地、无序地分布，呈现典型的液体特征。而复杂液体（complex fluid）则是指混合液、悬浮液、胶体、聚合物、液晶、泡沫等。典型特征是组成的分子大，因而具有与简单液体不同的结构和特性。

　　大多数软物质系统都包含有机大分子，下面通过一个典型的例子予以说明。大约在 2500 年前，生活在亚马孙河流域的印第安人用一种称为巴西三叶胶的橡胶树的汁液涂抹在脚上。大约 20 min 后，这种奇怪的液体就凝结成了固体，成了一双靴子。这种有趣的相变现象在现代生活中也经常可以看到，用以美容的面膜天天在脸上发生着类似的"液–固"相变。发生这种相变的原因现在已经比较清楚，这些液体中含有大量的链状有机分子，由于这些链状分子之间的相互作用非常小，它们各自流动的行为几乎是完全独立的。当这些物质暴露在空气中时，就会有少量的氧进入这些物质。氧原子所特有的化学活性使其在长链分子的某些位置和碳原子发生了化学反应，其结果是将两条长链分子在反应位置打了结，从而使这些长链交联成了网，成了固体（见图 9–3）。

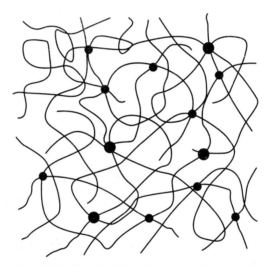

图 9–3　橡胶分子通过氧化发生固化示意图（黑点表示经氧化而交联的点）

　　显然这种固体和一般意义上的固体有很大的不同，由于进入系统的氧的含量很少，从微观上看，大部分地方的分子行为与处在液态时没有大的区别。从任一局部的范围（若干个原子的尺度）观察，系统仍然处于液态。因此这是一种微观上的液体，宏观上的固体。

　　印第安人的"橡胶靴子"很不耐用。由于氧原子的高度活性，它会继续在结点处和橡胶分子反应，最终又使结点断开，使靴子成为一些碎片。1839 年，化学家固特异（Goodyear）将胶液放在硫中煮沸，制成了硫化橡胶。硫和氧在元素周期表中处于同一族，它也像氧一样能有选择地和橡胶分子中的某些碳原子反应，并将长链连接起来形成柔软有弹性的固体。但硫的活性比氧低，它将链分子连接以后就终止了反应，从而使耐久性得到了极大的提高。硫化橡胶是一种典型的软物质，微量的化学掺杂（硫原子和碳原子之比为 1:200）就使系统的特性发生了极大的改变，由液体转变成了交联状的固体。

　　我们知道，一个热力学系统的平衡态由系统吉布斯自由能

$$G = H - TS = U + pV - TS$$

的极小值决定，其中 $U$ 为系统的热力学能（内能），主要是相互作用能，$T$ 是热力学温度，反映了系统中粒子热运动的猛烈程度，而 $S$ 为熵，它是一个很有意思的物理量，用来度量系统中混乱的程度，即无序度。物质的平衡态就取决于能量和熵相互竞争的结果。简单说来，能量是有序结构的支柱；而熵则是无序结构的靠山。晶体、高分子、液晶、活物质、人脑，一个比一个对称性降低，组织程度增加、复杂性增加、熵降低、信息增加。

在硬物质材料中，热力学能对吉布斯自由能的贡献远远超过熵，因此在这类系统中，物质的结构和性能主要由相互作用能，即热力学能决定，而热涨落只是起着微扰作用。但对于软物质系统而言，构成物质的分子间的相互作用通常比较弱（对应于软弹簧的较小的弹性模量），或者在系统位形（结构）发生变化时，内能几乎不发生变化。这不仅意味着系统在外部的微小扰动下容易产生复杂的变形和流动，还意味着热涨落对系统的结构和行为有着很大的甚至是决定性的影响，即系统的特性不像硬物质那样基本由基态及激发态所决定，而是在很大程度上取决于系统的熵。在硬物质中，粒子间的相互作用决定了系统偏离能量极小时的恢复力的特性，而在软物质中，是熵的变化产生系统偏离熵极大状态时的恢复力。软物质系统对外界扰动的响应基本上由这种"熵力"所驱动。

软物质系统长期以来都是化学家、生物学家的研究对象。以法国著名物理学家 P.G.de Gennes 于 1991 年获得诺贝尔物理学奖为标志，软物质研究成为物理学的一个重要研究方向得到广泛的认可。20 世纪，人类创造了灿烂的文明，在科学技术上取得的成就就是史无前例的。但是人类在激光、超导、航天、通信、计算机等技术方面的开拓和应用大都建立在我们对硬物质世界的深刻认识和理解的基础上。现在我们已经越来越感受到软物质时代急切的步伐。生物医药、分子生物、遗传工程在 20 世纪已经获得了相当的成就，但更重大的突破和进展依赖于我们在软物质领域更深层次的认识。对软物质运动的理论和规律的进一步研究，必将极大地促进人类对自然和对人类自身的认识。

# 第 10 章　化学与新能源

## 基本要求

1. 掌握能源的分类及各类能源的特点。
2. 了解核能、太阳能、氢能、生物质能等的有效利用与开发。

## 重点知识剖析及例解

**例 1**　用天然气或焦炭与水蒸气作用制得水煤气（CO 与 $H_2$ 混合气）的化学反应方程式，并说明这两种方法的缺点。

用天然气或焦炭与水蒸气作用制得水煤气（CO 与 $H_2$ 混合气）：

$$C(s) + H_2O(g) \longrightarrow CO(g) + H_2(g)$$

$$CH_4(g) + H_2O(g) \longrightarrow CO(g) + 3H_2(g)$$

再将水煤气与水蒸气混合，在铁铬催化剂存在下进行 CO→$CO_2$ 的转换反应，制得 $CO_2$ 与 $H_2$ 混合气：

$$CO(g) + H_2O(g) \longrightarrow CO_2(g) + H_2(g)$$

除去混合气中的 $CO_2$，即得到较纯的氢气。

工业制氢的两种方法，前者要消耗大量电能，除非使用核电站的电作为电源，才使该方法具有应用的可能；后者离不开化石燃料，仍然存在环境污染问题。

**例 2**　以氢氧燃料电池为例，描述燃料电池的原理。

氢氧燃料电池原理：

当纯氢被送到负极通道，由于负极催化剂的作用，氢分子（$H_2$）发生氧化反应，失去电子，生成带正电荷的氢离子（$H^+$，即质子），电子（$e^-$）则通过外电路流向正极，产生电流。氢离子则被允许穿过质子交换膜，与正极区的氧气，同时还有电子，发生还原反应而生成水（$H_2O$）。

负极（燃料电极）：$H_2 - 2e^- \longrightarrow 2H^+$（氧化半反应）

正极（氧化剂电极）：$2H^+ + \dfrac{1}{2}O_2 + 2e^- \longrightarrow H_2O$（还原半反应）

总反应：$H_2 + \dfrac{1}{2}O_2 \longrightarrow H_2O(l)$

# 思考题与习题

1. 什么是能源？能源有哪几种分类方法？

**答**：能源是指能够向人类提供能量的各种资源，它是发展农业、工业、国防科学技术和提高人民生活水平的重要物质基础。

通常根据其来源、使用特征、循环方式、使用程度、使用性质、是否污染环境等进行分类。

2. 试根据不同的能源分类方法，对下列能源分类：

（1）石油（2）氢气（3）乙醇（4）沼气（5）锂离子电池

（6）煤（7）核能（8）电力（9）风能（10）潮汐能

**答**：

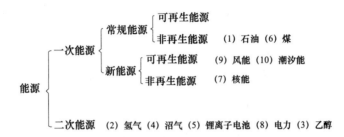

3. 下列说法是否正确？如不正确，请说明原因。

（1）煤的气化是指在隔绝空气条件下加强热，使煤中有机物转化成焦炭和可燃性气体的过程。

（2）煤炭在燃烧过程中产生的主要污染物为 CO 和 $SO_2$，石油（汽油）在燃烧过程中产生的主要污染物为 CO，因此石油产生的污染比煤炭轻。

（3）汽油的辛烷值分布在 0～100 之间；并对应于汽油的标号，80 号的汽油表示汽油中含有 80%的辛烷和 20%的其他烃类。

（4）为了避免含铅汽油对大气的污染，近年来世界各国普遍采用了甲基叔丁基醚（MTBE）取代四乙基铅作汽油添加剂。

**答**：（1）不正确，煤的气化是指煤在氧气不足的情况下进行部分氧化，是使煤中的有机物转化为含有 $H_2$，CO 等可燃性气体的过程。

（2）不正确，煤在燃烧过程中反应速率慢、利用效率低，同时释放出大量烟尘、$SO_2$，$NO_x$ 等有害物质，已成为大气的主要污染源。

（3）不正确，汽油的辛烷值为 80，表示该汽油的抗震性相当于 80%的异辛烷和 20%的正庚烷混合物的抗震性。

（4）不正确，甲基叔丁基醚（MTBE）、二茂铁[$(C_5H_5)_2Fe$]、五羰基铁[$Fe(CO)_5$]等代替四乙基铅作为汽油的抗爆剂。

4. 填空题：

（1）化石燃料包括_____，我国是以_____消费为主的国家。

（2）煤是由古代植物转化而来的，煤的煤化过程主要包括了_____阶段。根据煤化的程度不同可将煤分为_____四类。

（3）煤的综合利用方法主要包括_____。

（4）为了提高汽油的辛烷值，可采取两种途径，一是_____，二是_____。

（5）发展核电被认为是解决电力缺口的重要选择。但有两个问题必须引起高度重视：一是_____，二是_____。

（6）核聚变反应比核裂变反应作为能源更有发展前途，但要实现核聚变反应发电，应攻克的主要问题是_____。

**答**：（1）石油、煤、天然气；煤炭

（2）植物残骸——→真腐殖质——→泥煤——→褐煤——→烟煤——→无烟煤；泥煤、褐煤、烟煤和无烟煤

（3）煤的气化、液化和焦化

（4）提高汽油辛烷值的调和剂；通过改进炼油技术，发展能产生高辛烷值汽油组分的炼油新工艺

（5）电站的运行安全；核废料的处理

（6）实现核聚变反应需要异常高的温度（约 $10^9$ ℃），以便克服两个荷正电氘核之间的巨大库仑斥力

5. 你知道哪些清洁能源？分别简述之。

**答**：太阳能、氢能、生物质能等属于清洁能源。它们的共同特点是资源丰富，可以再生，对环境无污染或有较小污染。

（1）太阳能是地球上取之不尽、用之不竭而且无污染的可再生能源。据估计，每年地球接受来自太阳辐射的能量约为 $5 \times 10^{21}$ kJ，只需利用其万分之一，即可满足目前全世界对能量的需求。太阳能利用的方式目前有三种：光 – 热转换、光 – 电转换和光 – 化学能转换。

（2）氢是自然界普遍存在的元素，它的单质——氢气的燃烧热值很高，为 –143 kJ·$g^{-1}$，是汽油热值的三倍，煤热值的四倍多。氢的燃烧产物是水，不会造成污染，是最理想的清洁能源。然而要使氢气成为广泛应用的能源，关键问题有两个：其一是如何寻求一条有效、经济的途径制取氢气，其二是由于氢气的密度小（0.089 9 g·$L^{-1}$），又难液化（沸点为 –258.2 ℃），制出的氢气如何存储。

（3）生物质能是以化学能形或储存于生物体内的一类能量，作为石化燃料的一种替代能源，生物质能具有广泛的实用价值，可就地取能，操作性比较强，同时可再生性好，资源丰富。地球上每年通过植物光合作用转化和储存的能量，约为当前世界每年总能耗的十倍。因此，开发与利用"绿色能源"，对调整人与自然关系，促进自然界的生态环境向着良性循环发展，具有极大的意义。

# 自我检测

1. 生物质能是以_____形式或储存于_____体内的一类能量，作为_____的一种替代能源，生物质能具有广泛的实用价值，同时_____，资源丰富。地球上每年通过植物

_____作用转化和储存的能量，约为当前世界每年总能耗的十倍。因此，开发与利用"绿色能源"，对调整_____关系，促进自然界的生态环境向着良性循环发展，具有极大的意义。

2. 纤维素是一种复杂的_____糖，在酸的作用下可以_____，经过一系列中间产物，最后能形成_____。

3. 天然气水合物（又可称为气体水合物或_____水合物）是一种_____化合物。它是一种白色、似冰的固体化合物。由水分子通过_____构成的刚性_____晶格中，每个笼型空间含一个天然气分子（主要是_____）。在天然气水合物中水结晶是按____结构构成笼型框架而不同于正常冰的_____晶系，足以容纳_____、_____及与其分子直径相同的气体，比如 $CO$、$H_2S$ 等。甲烷水合物可视为一类_____化合物，在甲烷水合物中大体上是每_____个水分子包含_____个甲烷分子。

## 自我检测答案

1. 化学能；生物；石化燃料；可再生性好；光合；人与自然
2. 多；水解；葡萄糖
3. 甲烷；气体笼型；氢键；笼型；甲烷；立方；六方；甲烷；乙烷；主－客体；6；1

## 拓展思考题

1. 为什么说"植物是自然界的第一生产力"？
2. 纯电动汽车属于节能环保类型产品吗？
3. 页岩气和可燃冰的开发对环境可能的负面影响是什么？

## 知识拓展

# 页 岩 气

页岩气是从页岩层中开采出来的天然气，成分以甲烷为主，是一种非常规天然气资源。随着社会对清洁能源需求扩大，天然气价格上涨，人们对页岩气的开发热情迅速提高。相应的开发技术，特别是水平井与压裂技术水平不断进步，人类对页岩气的勘探开发引发页岩气革命。

我国蕴藏着丰富的页岩气资源，页岩气可采资源量约 21.8 亿立方米，居世界第一。而随着绿色低碳发展的深入人心，我国对天然气的需求不断增加，有近一半的天然气需要从国外进口。世界第一的储量和巨大的市场缺口推动了我国页岩气的开发利用。2011 年，国务院批准页岩气为我国第 172 种矿产，国土资源部将页岩气按独立矿种进行管理，支持页岩气开发利用补贴政策随后推出。经过多年勘探开发实践，我国页岩气勘探开发取得重大突破。从 2014 年 9 月到 2018 年 4 月，我国在四川盆地探明涪陵、威远、长宁、威荣四个整装页岩气田，页岩气累计新增探明地质储量突破万亿立方米，产能达 135 亿立方米，累计产气 225.80 亿立方米。作为我国首个商业开发的大型页岩气田，涪陵页岩气田自 2012 年至今累计产气突破 445 亿立方米，累计探明储量近 9 000 亿立方米，占我国页岩气探明储量的 34%。我国已成为继美国、加拿大之后又一个实现大规模商业化开发页岩气田的国家。通过技术引进、消化吸收和技术攻关，我国已掌握页岩气地球物理、钻完井、压裂改造等技术，具备 3 500 m 以浅（部分地区已达 4 000 m）水平井钻井及分段压裂能力，初步形成适合我国地质条件的页岩气勘探开发技术体系。国家能源局在《页岩气发展规划》中提出，我国将力争在 2030 年实现页岩气年产量 800 亿～1 000 亿立方米。

# 第 11 章　化学与环境保护

## 基本要求

1. 了解大气中主要污染现象以及大气污染的防治。
2. 了解水体的主要污染物及治理方法。
3. 了解"绿色化学"概念。

## 重点知识剖析及例解

**例 1**　请列举含砷废水的处理方法。

含砷废水可用下述方法处理。

石灰法：

$$As_2O_3 + Ca(OH)_2 \longrightarrow Ca(AsO_2)_2 \downarrow + H_2O$$

硫化法：用 $H_2S$ 或 NaHS 作为硫化剂

$$NaHS + H_2SO_4 \longrightarrow NaHSO_4 + H_2S$$

$$2As^{3+} + 3H_2S \longrightarrow As_2S_3 \downarrow + 6H^+$$

许多重金属的氢氧化物、硫化物溶解度都很小，所以一般常用沉淀法除去废水中的重金属离子。

**例 2**　请简述二氧化碳超临界流体的特点。

二氧化碳在适度的温度、压力下（31.06 ℃，7.38 MPa）达到临界点，$CO_2$ 超临界流体兼有气液两相的双重特点，既具有与气体相当的高扩散系数和低黏度，又具有与液体相近的密度和良好的物质溶解能力。另一方面，其密度对温度和压力变化十分敏感，在一定压力范围内，可以通过控制温度和压力以改变其对物质的溶解度。早在 20 世纪 80 年代，人们就知道超临界二氧化碳（SCCO₂）可作为性质像烷烃类的介质，可在化学化工上替代多种有机溶剂。

## 思考题与习题

1. 何谓大气污染？主要污染源有哪几方面？主要污染物有哪些？

**答**：大气污染通常是指由于人类活动和自然过程引起某种物质进入大气中，呈现出足够的浓度和达到足够的时间，并因此危害了人体的舒适和健康或危害了环境的现象。

大气污染源有自然源和人为源两大类。

大气污染物中对人类和环境威胁较大的主要污染物有颗粒物，$SO_x$，$NO_x$，CO，碳氢化合物，$H_2S$，HF 及光化学氧化剂等。

2. 一次污染物、二次污染物如何区别？

**答**：一次污染物是直接从各种排放源进入大气中的各种气体和颗粒物。二次污染物是进入大气中的一次污染物相互作用或与大气中组分发生化学反应而产生的一系列新的污染物。

3. 光化学烟雾是由什么物质造成的？有何特征？有何危害性？

**答**：当大气中有烃类物质时，$O_3$ 和 O 能氧化烃类成醛类、酮类、过氧乙酰硝酸酯（PAN）及过氧苯酰硝酸酯（PBN）等刺激性很强的物质。光化学烟雾就是上述各成分的混合物造成的污染。

氮氧化物与碳氢化合物混合在一起，受到太阳光紫外线照射时能产生一种二次污染物——浅蓝色的有毒烟雾，这种烟雾就是光化学烟雾。

$NO_2$，$O_3$，PAN 等总称为光化学氧化剂，这些物质具有强烈的刺激性，轻者使人眼睛红肿、喉咙疼痛；重者使人呼吸困难、手足抽搐，甚至死亡。近来报道，PAN 和 PBN 还有致癌作用。

4. 已知 $CO_2$ 在大气中的浓度为 330 mL·$m^{-3}$，计算 $CO_2 + H_2O \longrightarrow HCO_3^- + H^+$ 体系的 pH，说明什么是酸雨？酸雨对环境产生哪些危害？我国酸雨有何特点？

**答**：在未被污染的大气中，可溶于水且含量比较大的酸性气体是 $CO_2$，如果只把 $CO_2$ 作为影响天然降水 pH 的因素，根据 $CO_2$ 在全球大气浓度 330 mL·$m^{-3}$ 与纯水的平衡，可以求得降水的 pH 背景值。

$$CO_2(g) + H_2O \underset{}{\overset{K_H}{\rightleftharpoons}} H_2CO_3 \quad K_H 为 CO_2 的水合平衡常数，即亨利常数$$

$$H_2CO_3 \underset{}{\overset{K_1}{\rightleftharpoons}} H^+ + HCO_3^- \quad K_1 是碳酸的一级解离平衡常数$$

$$HCO_3^- \underset{}{\overset{K_2}{\rightleftharpoons}} H^+ + CO_3^{2-} \quad K_2 是碳酸的二级解离平衡常数$$

$$K_H = \frac{c(H_2CO_3)}{p_{(CO_2)}} \qquad c(H_2CO_3) = K_H p_{(CO_2)}$$

$$K_1 = \frac{c(H^+)c(HCO_3^-)}{c(H_2CO_3)} \qquad c(HCO_3^-) = \frac{K_1 c(H_2CO_3)}{c(H^+)} = \frac{K_H K_1 p_{(CO_2)}}{c(H^+)}$$

$$K_2 = \frac{c(H^+)c(CO_3^{2-})}{c(HCO_3^-)} \qquad c(CO_3^{2-}) = \frac{K_2 c(HCO_3^-)}{c(H^+)} = \frac{K_H K_1 K_2 p_{(CO_2)}}{c(H^+)^2}$$

电中性原理：

$$c(H^+) = \frac{K_w}{c(H^+)} + \frac{K_H K_1 p_{(CO_2)}}{c(H^+)} + \frac{2K_H K_1 K_2 p_{(CO_2)}}{c(H^+)^2}$$

解这个方程，得 pH = 5.6。多年来，国际上一直将此值看作未受污染的大气水的 pH 背景值。实际上，影响降水 pH 的因素很多，近年来，倾向于将 pH = 5.0 作为酸雨的界限。

大气中不同来源的酸性物质转移到地面的过程，称为酸沉降，即通常所说的酸雨。

酸雨可使土壤、湖油酸化、影响植物生长和腐蚀建筑物等，危害极大。它使陆地、水域、植被发生缓慢的物理和化学变化及不可逆的生态破坏，已成为当今环境方面举世瞩目的三大潜在危害之一。

我国酸雨属硫酸型，降水中的离子浓度很高，较突出的是硫酸根和钙离子，其浓度比美国酸雨浓度分别约高 3 倍和 10 倍。这与我国大气污染特点有关。我国能源结构以燃煤为主，$SO_2$ 的排放以民用和工业低烟囱排放为主，因此在我国大城市附近的近地层大气中 $SO_2$ 浓度很高，平均比欧美国家的高 2～4 倍。

5. 何谓温室效应？哪些污染物可使温室效应加剧？有何危害性？

**答**：由于大气吸收的热辐射多于散失的，最终导致地球保持相对稳定的气温，这种现象称为温室效应。

大气中吸收长波辐射的分子，大部分是多原子分子，如 $CO_2$，$H_2O$，$CH_4$，$N_2O$ 和氯氟烃等，所以这些气体又称为温室气体。清洁的大气都有一个恒定的化学组成，所以能保持相对稳定的气温。但是由于人口数量激增、人类活动频繁、化石燃料的燃烧量剧增，加之绿色面积急剧减少，致使主要的温室气体 $CO_2$ 在大气中的含量不断增加。据估计，$CO_2$ 浓度年增长率为 0.5%，$CH_4$ 和 $N_2O$ 的年增长率分别为 0.9% 和 0.25%。

这些温室气体浓度的增加，造成温室效应加剧，气候变暖，将使中纬度地面平均温度升高 2～3 ℃；极地温度升高 6～10 ℃。大气温室效应的加剧对气候、生态环境和人类活动产生重大影响。

6. 造成臭氧层破坏的原因是什么？为什么臭氧层对生命有机体有保护作用？

**答**：臭氧层的破坏主要由于以下原因。

（1）氮氧化物对臭氧层的破坏　由氮肥分解及自然界中微生物产生的 $N_2O$，约有 10% 可进入平流层，并发生反应生成 NO：

$$N_2O + O \longrightarrow 2NO$$

由于人类活动，如超音速飞机在平流层飞行、汽车尾气、宇航飞行器等产生 NO，核爆炸特别是核聚变产生的高温，足以使空气中的 $N_2$ 和 $O_2$，反应生成 NO。进入臭氧层的 NO 与 $O_3$ 反应使 $O_3$ 分解：

$$NO + O_3 \longrightarrow NO_2 + O_2$$
$$NO_2 + O \longrightarrow NO + O_2$$

净反应为

$$O + O_3 \longrightarrow 2O_2$$

据研究可知，一个 $NO_2$ 分子产生的 NO 可破坏 $10^5$ 个臭氧分子。

（2）HO·自由基对臭氧层的破坏　喷气机排放废气中的水气是平流层中 HO· 的来源。HO· 与 $O_3$ 的反应为

$$HO· + O_3 \longrightarrow O_2 + HO_2·$$
$$HO_2· + O \longrightarrow O_2 + HO·$$

实质为

$$O + O_3 \longrightarrow 2O_2$$

由于 HO· 自由基反复产生，使大量 $O_3$ 分子遭到破坏，它的破坏作用仅次于 NO。

（3）氯氟烃类对臭氧层的破坏　人为释放的氯氟烃类（简称 CFCs）化合物，如常用的氟利昂 $CCl_2F_2$，在对流层中被认为是无害的（近年发现了它的"温室效应"），但当它扩散到平流层中，则成为破坏臭氧层的主要污染物。CFCs 吸收紫外线后分解，释放出氯自由基，氯自

由基可以引发破坏臭氧的链式反应，例如：

$$CFCl_3 \longrightarrow CFCl_2 \cdot + Cl \cdot$$
$$Cl \cdot + O_3 \longrightarrow ClO \cdot + O_2$$
$$ClO \cdot + O \longrightarrow Cl \cdot + O_2$$

实质为

$$O + O_3 \longrightarrow 2O_2$$

CFCs 在平流层中非常稳定，寿命长达 100 年左右，所以一个氯原子可以破坏 10 万个臭氧分子。另外，含溴的特定卤代烃，如哈龙 1 301($CF_3Br$)是高效灭火剂。但 C—Br 键能比 C—Cl 键能要小，更易释放出 Br · ，所以它对臭氧层的破坏更大，是 Cl · 的 16 倍。

臭氧层对于地球上的生命极其重要，它能够阻断超高能紫外线，保护地球表面免受过量的紫外线照射。过量紫外线对生物具有破坏性，会严重阻碍各种农作物和树林的正常生长；强烈的紫外线也会阻碍各种鱼、虾和其他水生生物的正常生存，甚至造成某些生物灭绝；此外，对人的皮肤、眼睛乃至免疫系统都会造成伤害。据测算，当臭氧的体积分数下降 1%，到达地面的紫外线将增加 2%，皮肤癌的发病率将上升 4%。因此，臭氧的减少对动植物，尤其是对人类生存的危害已是公认的事实。

7. 什么是耗氧污染物？说明 COD，BOD，TOD，TOC 等的意义。

**答**：含有大量糖类、蛋白质、脂肪和木质素等有机化合物的污水如不经处理排入水体中，可被水中微生物分解为二氧化碳和水等。但在分解过程中要消耗大量氧气，使水中溶解氧（DO）降低，所以称之为耗氧污染物。

化学需氧量（COD）、生物化学需氧量（BOD）、总需氧量（TOD）、总有机碳（TOC）等各种指标来反映水体在分解有机污染物所需要的氧量。

8. 简述水体中的主要污染物的类型及危害。

**答**：水中主要污染物大体可区分为无机污染物、有机污染物、植物营养物、放射性物质和生物污染物等。

（1）无机污染物　无机污染物又分为无机无毒物和无机有毒物。无机无毒物主要是指排入水体中的酸、碱、一般无机盐类及无机悬浮物质。酸、碱等污染物使水体 pH 大幅度改变，破坏了水体的缓冲作用，消灭或抑制了细菌等微生物的生长，阻碍了水体的自净，且具有很强的腐蚀性。水中无机盐的增加，使水的渗透压加大、硬度提高，对生物、土壤都极为不利。

无机有毒物主要是重金属及其化合物，还有氰化物等。这些污染物在水中不会被微生物降解，非常稳定，常通过食物链在生物体中富集起来或者被悬浮物吸附而沉入水底淤泥中。若通过食物或饮水进入人体，就会在身体的某一部位或特定器官蓄积。

（2）有机污染物　有机污染物中有不少是有毒物质，如酚类化合物是一种原生质毒物，可使蛋白质凝固，主要作用于神经系统。不易分解而残留毒性大的农药（包括杀虫剂、杀菌剂、除草剂），从化学结构上分为有机氯、有机磷、有机汞三大类。此外，还有芳香族氨基化合物，如苯胺，联苯胺、氯硝基苯等。它们的生物化学性质在一定条件下比较稳定，又能在生物体内不断富集，对人类和其他生物危害很大。

生活污水和某些工厂废水中，含有大量碳水化合物、蛋白质、脂肪和木质素等有机化合物。这些物质如不经处理排入水中，可被水中微生物分解为二氧化碳和水等。在分解过程中要消耗大量氧气，使水中溶解氧（DO）降低。若水中溶解氧被耗尽，有机物又被厌氧微生物分解，放出甲烷、硫化氢、氨等气体，则使水质进一步恶化。

另外，若有机化合物中含有氮、硫等元素时，也会在水体中被氧化为相应的氧化物，如含氮有机物在硝化细菌作用下被水体中的氧硝化分解为亚硝酸盐、硝酸盐。因此，水中氨氮、亚硝酸盐氨、硝酸盐等氮的含量也是用来评价水质的指标。

（3）水体的富营养化　若向水流缓慢的湖泊、内海、河口等水域排入过多的 N、P、K 等植物营养物，将导致水生植物的迅速繁殖。这种由于营养物质过多积累而引起的水质污染现象，称为富营养化。富营养化是水体衰老的一种表现。随着水生生物，主要是各种藻类的大量繁殖，使水体严重缺氧，鱼类大量死亡。水体外观呈现出不同色泽，浑浊度增加。进而在厌氧菌作用下，水质更加恶化甚至老化，演变成沼泽、干地。

（4）放射性污染和热污染　随着原子能工业的发展，辐射性核素在医学、工业、科研领域中的应用，放射性污染水显著地增加。由于一些核素半衰期长（$^{14}C$ 的半衰期为 5 730 年，$^{137}Cs$ 的半衰期为 30 年），从水和食物进入人体后，蓄积在某些器官内，引起白血病、骨癌、肺癌及甲状腺癌等。

热污染指天然水体接受"热流出物"而使水温升高的现象。由于热污染引起水温升高，使水中溶解氧降低，还将加速有机污染物的分解，增大耗氧作用。

9. 水的净化按作用原理区分为哪几种？按处理深度又可分为哪几级？各级的主要目的是什么？

**答**：一般按作用原理归纳为物理法、化学法、物理化学法和生物法 4 种类型。按污水处理的深度划分为一级、二级、三级处理。

一级处理（预处理或初级处理）去除废水中的大颗粒悬浮物或胶态物质，初步中和酸碱度。

二级处理目的是去除污水中呈胶体和溶解状态的固体悬浮状的能被生物降解的有机污染物。

三级处理（深度处理）目的是去除可溶性无机物、不能生化降解的有机物、氮和磷的化合物、病毒、病菌及其他物质，最后达到地面水、工业用水、生活用水的水质标准。

10. 试解释"绿色化学"这个概念。

**答**：绿色化学又称环境友好化学、环境无害化学或清洁化学，绿色化学是利用化学的原理、方法来防止化学产品设计、合成、加工、应用等全过程中使用和产生有毒有害物质，使所设计的化学产品或生产过程更加环境友好的一门科学。

11. 离子液体作为溶剂的主要优点？

**答**：（1）它们对无机和有机材料表现出良好的溶解能力，并可通过阴阳离子的设计来调节其对无机物、水、有机物及聚合物的溶解性，甚至其酸度可调至超强酸；（2）离子液体具有非挥发性特性，因此它们可以用在真空体系中；（3）具有较大的稳定温度范围和较好的化学稳定性。

12. 你的家乡和周围是否存在环境污染问题？你认为应该如何治理。

**答**：略。

# 自我检测

1. 原子经济的概念是指_____分子中_____转换到产物中的_____百分数。理想的原子经济反应是原料分子中的原子_____地转变成产物，不产生副产物、废物和污染物，实现污染物的_____。

2. _____就是完全由离子组成的液体，是低温（＜100 ℃）呈液态的离子化合物，它一般由_____阳离子和_____阴离子所组成。这类物质之所以熔点很低是由于其中的阴、阳离子体积都很大，而且阳离子通常为_____结构的_____离子，难以进行密堆积，以致其相应晶体的_____很小。

3. 离子液体中常见的阳离子类型有_____阳离子、_____阳离子、_____阳离子和_____阳离子等，其中常见的为_____阳离子。

# 自我检测答案

1. 原料；原子；原子；百分之百；零排放
2. 离子液体；有机；无机；不对称非球；有机；晶格能
3. 烷基季铵；烷基锍；$N$–烷基吡啶；$N,N'$–二烷基咪唑；$N,N'$–二烷基咪唑

# 拓展思考题

1. 就污染危害而言，为什么土壤污染比较大气污染、水体污染更持久，其影响更深远？

2. 为什么说，"从物质科学的观点看，所有环境问题都源于包含物质和能量转化的经济过程"？

3. 一些有机化学家自豪地讲："大自然也并不是万能的，有相当一部分有机分子在自然界的自身演变过程中却很少出现或形成。"含氟有机化合物就是这类"被大自然遗忘"的物质。人类发现南极臭氧后，又会产生什么感想？

4. 谈"臭氧层变薄和出现空洞"这一命题时，为什么总着眼于南极上空？

5. 环境科学、环境化学中所涉及的"环境"与热力学中所谈的环境是否属于同一概念？简述原因？

6. "在上无天，下无地的混沌时代，唯有淡水和咸水存在，两水汇合即成大地"，这种极朴素的巴比伦人的创世说，指的是幼发拉底河水与波斯湾海水汇合，形成了南部的美索不达米亚平原。试用现代知识来解释这种创世说。

7. 利用水的相图来解释冰川为什么会流动。

8. 什么因素使土壤溶液的 pH 经常保持在 5～8 之间；河水、地下水的 pH 常保持在 6～7 之间；而海水的 pH 保持在 7.8～8.3 之间？

# 知识拓展

## 环境质量监测

环境质量监测是一种环境监测内容，主要监测环境中污染物的分布和浓度，以确定环境质量状况，定时、定点的环境质量监测历史数据，可以为环境质量评价和环境影响评价提供必不可少的依据；为对污染物迁移转化规律的科学研究也提供了基础数据。

我国各地区新型复合污染压缩性集中爆发，灰霾天气频繁出现后，国内公众每天都能接触到的空气质量评价体系（AQI）是空气质量指数（Air Quality Index）的英文缩写。空气质量新标准——《环境空气质量标准》（GB 3095—2012）在 2012 年初出台，对应的空气质量评价体系也变成了 AQI。灰霾的形成主要与 $PM_{2.5}$（直径小于等于 2.5 μm 的细颗粒物）有关，臭氧指标反映机动车尾气造成的光化学污染，新标准在原有污染物（二氧化硫，二氧化氮）基础上增加了细颗粒物（$PM_{2.5}$）、臭氧（$O_3$）、一氧化碳（CO）3 种污染物指标，发布频次也从每天一次变成每小时一次。

AQI 指数只表征污染程度，并非具体污染物的浓度值。由于 AQI 评价的几种污染物浓度限值各有不同，在评价时各污染物都会根据不同的目标浓度限值折算成空气质量分指数 IAQI。IAQI 范围从 0 到 500，大于 100 的污染物为超标污染物。例如 $PM_{2.5}$ 日均浓度 35 μm·$m^{-3}$ 对应的分指数为 50，75 μm·$m^{-3}$（就是通常所说的限值）折算为分指数是 100。$PM_{2.5}$ 折算成 IAQI 为 500 的浓度限值刚好是 500 μm·$m^{-3}$。也就是说，$PM_{2.5}$ 的日均浓度超过 500 μm·$m^{-3}$，即 AQI 达到 500；浓度再高，AQI 还是 500，也就是"爆表"了。

空气质量指数是一种评价大气环境质量状况简单而直观的指标，可用于大气环境质量评价及污染控制和管理。通过报告每日空气质量的参数，描述了空气清洁或者污染的程度，以及对健康的影响。AQI 的数值越大、级别和类别越高、表征颜色越深，说明空气污染状况越严重，对人体的健康危害也就越大。当类别为优或良、颜色为绿色或黄色时，一般人群都可以正常活动；当类别为轻度污染以上，颜色为橙色、红色、紫色或褐红色时，各类人群就需要关注建议采取的措施，在安排自己的生活与出行时作为参考。

在《环境空气质量指数 AQI 技术规定（试行）》中，也对 AQI 指数不同级别的影响和建议给出了指引：

"轻度污染"时，易感人群症状有轻度加剧，健康人群出现刺激症状。儿童、老年人以及心脏病、呼吸系统疾病患者应减少长时间、高强度的户外锻炼。

"中度污染"时，将进一步加剧易感人群症状，可能对健康人群心脏、呼吸系统有影响。儿童、老年人及心脏病、呼吸系统疾病患者避免长时间、高强度的户外锻炼，一般人群适量减少户外运动。

"重度污染"时，心脏病和肺病患者症状显著加剧，运动耐受力降低，健康人群普遍出现症状。儿童、老年人和心脏病、肺病患者应停留在室内，停止户外运动，一般人群减少户外运动。

"严重污染"时，健康人群运动耐受力降低，有明显强烈症状，提前出现某些疾病。儿童、老年人和患者应当留在室内，避免体力消耗，一般人群应避免户外活动。

## 生物降解塑料

塑料是改变人类生活的 100 项重大发明中特别重要的一项。1996 年世界塑料产量按体积计算已超过钢产量的 130%。塑料已渗透到国民经济各部门以及人类生活的多方面，它和钢铁、木材、水泥并列为材料领域的四大支柱。同时塑料也是发展中国家和地区经济发展的重要突破口之一。2001 年我国塑料制品产量已达 $2 \times 10^7$ t，在世界排名第二位，出口逐年增加，且出口远大于进口。塑料给人们带来文明，同时也带来了环境危害，每年塑料废弃物总量高达 $5 \times 10^7$ t。塑料地膜、垃圾袋、购物袋、餐具、食品包装和工业包装材料等一次性塑料废弃物污染农田、旅游胜地、海岸港口、生物误食，越来越受人们的关注。

自 20 世纪 90 年代开始，我国塑料废弃物污染环境的问题也日趋严重。由此引发的环境问题日益严重，引起了全社会的极大关注和强烈反响。开发可降解塑料是解决"白色污染"的重要途径，这是符合"绿色产品"的发展方向，是我国 21 世纪的战略选择。

进入 21 世纪，社会的可持续发展及其所涉及的生态环境、资源、经济等方面的问题愈来愈成为国际社会关注的焦点，被提到发展战略的高度。更为严厉的环境保护法规不断出台，促使化工界把注意力集中到从本源上杜绝或减少废弃物的产生，即原始污染的预防，而并非污染后的治理。在这种历史背景下"绿色化学"应运而生。绿色化学（green chemistry）又称环境无害化学（environmentally benign chemistry）、环境友好化学（environmentally friendly chemistry）、清洁化学（clean chemistry），在其基础上发展的技术称为环境友好技术（environmentally friendly technology）或洁净技术（clean technology）。绿色化学的科学定义是用化学的原理、技术和方法去消除那些对人类健康、社会安全、生态环境有害的原料、催化剂、溶剂和试剂的产物、副产物的使用和生产。它所研究的中心问题是使化学反应及产物具有以下特点：（1）采用无毒无害的原料；（2）在无毒无害的反应条件（催化剂、溶剂）下进行；（3）化学反应本身为无毒型，如原子经济性、高效、高选择性等，极少副产品，甚至实现"零排放"；（4）产品应是环境友好的。

绿色化学的范畴之一是环境友好产品，环境可降塑料是其中的重要组成部分，开发环境可降解塑料是保护环境、实现绿色化学的重要任务之一。美国、德国、意大利、丹麦、瑞士、瑞典、法国、奥地利、日本和我国都先后立法限用或禁用短期使用的非降解塑料，并致力于生物降解塑料的研究，以及促进降解塑料的使用和推广。

生物降解的一般性定义：细菌、真菌、酵母及它们的酶消耗某一物质作为其食物来源，使物质的初始形式消失，这一过程称为生物降解。在适当的温度、湿度、氧气的条件下，生物降解是相对快速的过程。在限定时间内生物降解是一合理的目标，它使物品在一定时期内完全同化并消失，只留下无毒的和环境无害的残留物。

根据降解机理，可将生物降解塑料分为如下几类：

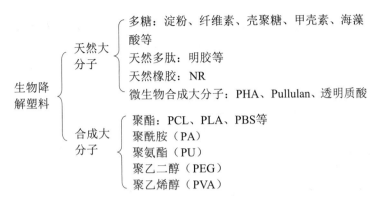

传统塑料主要来源于石油这种不可再生资源，作为主要能源，全球对石油的需求逐年递增。为了解决环境与资源危机，寻找替代品的方向转向生物高分子。生物高分子是自然界中生物生长周期中形成的聚合物，因此也被称为天然高分子聚合物。它们的合成通常包含酶催化、活性单体的链增长的聚合反应，它通常是在细胞中通过复杂的新陈代谢过程完成的。通常这种聚合物是资源可更新、环境可降解的材料。其中，淀粉被认为是最具发展前景的生物降解材料之一，原因是淀粉的来源广泛，价格低廉、资源可再生且再生周期短。因此淀粉基生物降解材料的研究与开发备受关注。

淀粉是广泛存在于植物（如小麦、玉米、大米、土豆、马铃薯等）中的可生物降解和再生的高分子聚合物。通常淀粉由线型大分子（直链淀粉）和支状大分子（支链淀粉）构成。直链淀粉相当于一个链状分子，其中包含数百个 $\alpha-1,4$ 连接的 D-吡喃葡萄糖单元；支链淀粉是一种高度支化的分子，由短链多糖（10～50 残基）通过 1～6 个支化点（总链段的 5%～6%）连接到一起，是一种树型结构。

颗粒状的淀粉在高温、高压和小分子塑化剂（如多元醇）的条件下进行挤出、注塑或压模，得到完全生物降解的热塑性材料，即热塑性淀粉。尽管加入小分子塑化剂改善了淀粉的加工性能和使用性能，但是耐水性仍然很差，应用范围有限，主要用在特殊环境（低相对湿度）的泡沫产品中，如松散填充材料、泡沫盘、形状模型零件、泡沫层等，来替代膨胀型聚苯乙烯。

热塑性淀粉与其他可生物降解材料共混，提高了淀粉的耐水性和力学强度，扩大了淀粉的应用范围。

以脂肪族聚酯为主的聚合物具有良好的生物降解性。尽管很多脂肪族聚酯本身可以作为材料应用，但是普遍价格昂贵，是通用塑料（聚乙烯、聚丙烯）的数倍，严重影响了这类生物降解材料的应用。在脂肪族聚酯中，聚乳酸（PLA）、聚（$\varepsilon-$己内酯）（PCL）及其单体与其他单体的共聚物被认为是最具潜力的聚合物，多数聚酯的低玻璃化温度和低熔点是吸引力所在。这些聚酯在适当的塑化剂或增容剂存在下与淀粉共混，关键是解决淀粉和聚酯的相容性问题，这也是学术界的主要研究目标。

纤维素是地球上最丰富的天然聚合物，是由 $\beta-1,4$ 键连接的脱水葡萄糖线型大分子，是一种便宜的原料。纤维素也是很早用于生物降解材料中的多糖，它是高度结晶纤维化的，有良好的力学性能。葡萄糖重复单元的自由羟基间的分子内和分子间氢键造成的这种结构不能因升温而被破坏，使纤维素没有热塑性，加工时多采用溶于溶剂后流延成型技术，但是制品的湿强度较差。因此，纤维素需要改性，包括物理改性和化学改性。为提高加工性能，破坏氢键是必要的。在溶解状态下，通过对骨架上独立羟基醚化或酯化得到系列纤维素衍生物，有些已经商品化，如醋酸纤维素、乙基纤维素、羟乙基纤维素、羟丙基纤维素、硝化纤维素等。取代度提高，纤维素的生物降解性下降明显。通常纤维素与淀粉共混，出于简单和降低成本的角度考虑，直接将天然纤维素加入热塑性淀粉中，纤维素起增强作用。少量纤维素加入淀粉中，拉伸性能提高，耐水性变好。用醋酸纤维素、甲基纤维素、微晶纤维素分别与多种淀粉共混，提高拉伸应力，目前商品化的淀粉纤维素共混体系用于硬质和尺寸稳定的注模物件，如钢笔、盒、花瓶、高尔夫基座等。

蛋白质主要用于黏合剂、可食用薄膜、流延膜；作为可降解、可更新聚合物膜，目前用作可缓慢降解的包装膜。尽管不完全疏水，多数蛋白质膜是耐水的，而且有好的阻气性能。它们有多样的化学官能团及分子多样性。与挤出应用相关的植物蛋白有谷蛋白和种子蛋白；动物蛋白有酪蛋白、骨胶原、角蛋白等。酪蛋白酸钠与可溶性淀粉共混制备甘油塑化的可食用包装膜；将多元醇或水塑化的羟丙基淀粉和明胶的水性溶液用流延法制备可食用膜。

如今，由于价格和性能原因，生物降解塑料并不能完全替代合成聚合物材料，涉及生物降解材料的基础和应用研究，仍有许多领域有待开发。随着人们环保意识的增强和各国环保法规的制定，在一次性塑料制品领域，生物降解新材料行业必将迎来巨大的发展机遇。

# 第 12 章　生命化学基础

## 基本要求

1. 了解人体中的重要有机化合物。
2. 熟悉人体中的重要组成元素。
3. 熟悉微量元素与人体健康的关系。

## 重点知识剖析及例解

1. 氨基酸与蛋白质

蛋白质是由$\alpha$-氨基酸缩合而成的。氨基酸是羧酸分子中烃基上的氢原子被氨基（—$NH_2$）取代后的衍生物。参与蛋白质组成的氨基酸常见的有 20 种，除脯氨酸（$\alpha$-亚氨基酸）外，其他 19 种氨基酸均是氨基连在与羧基相邻的$\alpha$-碳原子上，称为$\alpha$-氨基酸。

在人体内不能自行合成或合成速率还不能满足人体的需要，必须由食物供给的氨基酸称为必需氨基酸，人体内可以自行合成或可由其他氨基酸转化而成的氨基酸称为非必需氨基酸。

$\alpha$-氨基酸分子中，与$\alpha$-碳原子相连的四个基团—H，—COOH，—$NH_2$ 和—R 位于以 C 原子为中心的四面体的 4 个顶点上。除甘氨酸外，$\alpha$-氨基酸分子均为不对称分子，都含有手性碳原子，有旋光性。

同一氨基酸分子中含有碱性的氨基（—$NH_2$）和酸性的羧基（—COOH）。羧基释放出 $H^+$，变成带负电荷的—$COO^-$，$H^+$转移给氨基，使其变为带正电荷的—$NH_3^+$，这样氨基酸分子就成为同时带有正、负两种电荷的两性离子。两性离子又称偶极离子或兼性离子。

当将氨基酸溶液的 pH 调节到一个适当的值时，氨基酸分子中的—$NH_2$ 接受 $H^+$成—$NH_3^+$的数量等于—COOH 解离成—$COO^-$的数量，氨基酸所带的净电荷为零，在电场中既不向正极移动，也不向负极移动，此时溶液的 pH 称为该氨基酸的等电点，以符号 pI 表示。等电点时，氨基酸处于两性离子状态，少数解离成阳离子和阴离子，但解离成阳离子和阴离子的数目和趋势相等。在氨基酸的等电点时，两性离子的浓度最大，且氨基酸的溶解度也最小。

蛋白质的种类繁多，功能迥异，各种特殊功能是由蛋白质里氨基酸顺序决定的。蛋白质分子中氨基酸连接的基本方法是肽键。一分子氨基酸的羧基和另一分子氨基酸的氨基通过脱水（缩合反应）形成一个酰胺键—CO—NH—，新形成的化合物称为肽。肽分子中的酰胺键亦称肽键。最简单的肽由两个氨基酸组成，称为二肽。由三个氨基酸缩合而成的叫三肽，由较多的氨基酸缩合而成的叫多肽。

多肽链中的氨基酸残基有着非常严格的排列顺序。蛋白质的一级结构指的是构成蛋白质分子的氨基酸在多肽链共价主链的排列顺序和连接方式。蛋白质分子的一级结构中肽键（—CO—NH—）是主要的连接键，而多肽链则是一级结构的主体。不同的蛋白质，一级结构不同。蛋白质的一级结构是由基因上的遗传密码的排列顺序决定的。一级结构最为重要，它包含着决定蛋白质空间结构的基本因素，也是蛋白质生物功能的多样性和种属特异性的结构基础。

蛋白质的空间结构又叫蛋白质的构象、高级结构、立体结构、三维结构等，指的是蛋白质分子中所有原子在三维空间中的排布。蛋白质分子的空间结构通常用二级结构、三级结构和四级结构的概念来描述。

蛋白质分子的二级结构指的是其分子中多肽链本身的折叠方式，主要是 $\alpha$-螺旋结构，其次是 $\beta$-折叠结构，还有 $\beta$-转角和无规卷曲等结构。$\alpha$-螺旋和 $\beta$-折叠结构都是借肽链之间形成的氢键而成为稳定构象的。在 $\alpha$-螺旋结构中，多肽链中各肽键平面通过 $\alpha$-碳原子的旋转，围绕中心轴形成一种紧密螺旋盘曲构象。$\beta$-折叠一般由两条以上的肽链或一条肽链内的若干肽段共同参与形成，它们平行排列，并在两条肽链或一条肽链内的两个肽段之间以氢键维系而成。

蛋白质分子的三级结构指的是螺旋肽链结构进一步盘绕、折叠成复杂的具有一定规律性的空间结构。由两个或两个以上独立存在并具有三级结构的多肽链缔合的蛋白质分子的空间构型，称为蛋白质的四级结构。

只有具有三级以上结构的蛋白质才有生物活性。

维系蛋白质分子结构稳定性的化学键有共价键（如肽键、二硫键、酯键等）和非共价键（又称次级键，如氢键、离子键、疏水键、范德华力等）。肽键是肽链的基本连接键，蛋白质分子二级结构的构象要靠氢键维持，而三、四级结构的构象主要由次级键来维系固定。

**例 1**　名词解释：$\alpha$-氨基酸、两性离子、等电点、肽键、肽键平面、N 端和 C 端、二硫键、疏水键、蛋白质的二级结构。

**答**：$\alpha$-氨基酸　羧酸分子中的 $\alpha$-碳原子上的氢被氨基取代而成的化合物，它是蛋白质分子的基本组成单位。

两性离子　同一分子上含有等量的正、负两种电荷的化合物。

等电点　两性电解质以两性离子形式存在时溶液中的 pH，用"pI"表示。

肽键　一分子氨基酸的 $\alpha$-碳原子上的羧基与另一分子的 $\alpha$-碳原子上的氨基脱水缩合而成的共价键，它是多肽链的主要连接方式。

肽键平面　多肽链上肽键的四个原子及与肽键相连的两个 $\alpha$-碳原子处在同一个平面上的结构。它是多肽链上重复出现的结构，故又称肽单位。

N 端和 C 端　多肽链上的两个游离的末端。其中含有自由（游离）氨基的末端叫 N 端；含有自由（游离）羧基的末端叫 C 端。

二硫键　两个半胱氨酸的巯基脱氢连接而成的共价键，它是多肽链链间或链内的主要桥键。

疏水键　疏水性氨基酸的侧链基团避开水相自相黏附聚集在一起而成的疏水区，对维持蛋白质的三级结构起重要作用。

蛋白质的二级结构　主要是指蛋白质多肽链本身的折叠和盘绕方式，包括 $\alpha$-螺旋、$\beta$-折叠、$\beta$-转角和无规卷曲等结构。

**例 2** 填空

（1）唯一无光学活性的氨基酸是_____。含有 S 的氨基酸有_____和_____。

（2）氨基酸在等电点时，主要以_____离子形式存在；在 pH<pI 的溶液中，主要以_____离子形式存在；在 pH>pI 的溶液中，主要以_____离子形式存在。

（3）组成蛋白质的元素主要有_____五种，有些蛋白质还含有_____。

（4）在蛋白质分子中，一个氨基酸的 $\alpha$-碳原子上的_____与另一个氨基酸 $\alpha$-碳原子上的_____脱去一分子水形成的键叫_____，它是蛋白质分子中的基本结构键。

（5）维系蛋白质一级结构的化学键是_____；维系蛋白质空间结构的次级键有_____、_____、_____、_____、_____等。

**答：**（1）甘氨酸；Met；Cys

（2）两性；阳；阴

（3）C，H，O，N，S；P，Fe，I，Zn，Mn，Cu

（4）氨基；羧基；肽键

（5）肽键；氢键；疏水键；盐键；酯键；范德华力

**例 3** 判断

（1）构成蛋白质的氨基酸主要的仅有 20 种，但可因氨基酸的种类数量、排列次序及空间结构不同形成许许多多的蛋白质。（　　）

（2）一切蛋白质都有相同的大小和空间结构。（　　）

**答：**（1）√　（2）×

**例 4** 单项选择

（1）蛋白质分子中 $\alpha$-螺旋构象的特征之一是（　　）。

A. 肽键平面充分伸展　　　　　　　　B. 多为左手螺旋

C. 靠盐键维持其稳定性　　　　　　　D. 氢键的取向几乎与中心轴平行

（2）每个蛋白质分子必定有（　　）。

A. $\alpha$-螺旋结构　　B. $\beta$-折叠结构　　C. 三级结构　　　　D. 四级结构

（3）关于蛋白质分子三级结构的描述，其中错误的是（　　）。

A. 天然蛋白质分子均有的这种结构　　B. 具有三级结构的多肽链都具有生物学活性

C. 三级结构的稳定性主要是次级键维系　D. 亲水基团聚集在三级结构的表面

（4）具有四级结构的蛋白质特征是（　　）。

A. 由两条或两条以上具有三级结构的多肽链组成

B. 在两条或两条以上具有三级结构多肽链的基础上，肽链进一步折叠，盘曲形成

C. 每条多肽链都具有独立的生物学活性

D. 依赖肽键维系四级结构的稳定性

**答：**（1）D　（2）C　（3）B　（4）A

2. 酶与生物催化

酶（enzyme）是一类由生物细胞产生的、以蛋白质为主要成分的、具有催化活性的生物

催化剂。酶要产生活性，必须有辅酶的参加。

因绝大多数酶的本质是蛋白质，可以根据其组成分为简单蛋白质和结合蛋白质两类。有些酶的活性仅仅由它的蛋白质结构所决定，这类酶属于简单蛋白质；另一些酶在结合非蛋白组分后才表现出酶的活性，这类酶属于结合蛋白质，其酶蛋白与辅助因子结合后所形成的复合物称为"全酶"。

在催化反应中，酶蛋白与辅助因子所起的作用不同，酶反应的专一性取决于酶蛋白本身，而辅助因子则直接对电子、原子或某些化学基团起传递作用。酶的辅助因子按其与酶蛋白结合的紧密程度与作用特点不同又可分为辅酶或辅基。

酶催化效率高，是自然界中催化活性最高的一类催化剂。酶的作用具有高度的专一性，一种酶只作用于一种或一类底物。酶的主要成分是蛋白质，因此对环境的变化比较敏感，如受到高温、强酸、强碱、重金属离子或紫外线等因素的影响，则易失去催化活性。

酶催化作用机理也是降低反应的活化能。酶催化作用可看作介于均相与非均相催化之间，既可以看成底物（反应物）与酶形成了中间化合物，也可以看成在酶的表面上吸附了底物，而后再进行反应。

对酶催化机理，中间化合物学说认为酶在催化化学反应时，酶（E）与底物（S）首先生成中间化合物（ES），然后中间化合物再进一步分解为生成物（P），并释放出酶。诱导契合学说认为，当酶分子与底物分子接触时，酶分子能被底物分子诱导改变构象，使酶分子活性中心上的氨基酸残基或其他基团形成特定的空间构象，与底物分子相匹配且密切结合。这种相互契合的形式是酶与底物的复合物，这个过程称为诱导契合。契合的结果引发了酶促反应的进行。

**例 5**　名词解释：酶的最适温度、竞争性抑制作用。

**答**：酶的最适温度　既不过低以减缓反应的进行，也不过高以使酶变性，从而使酶表现出最大活力时的温度。

竞争性抑制作用　抑制剂结构与底物结构相似，从而竞争性地与酶的结合基团结合，减少了底物与酶的作用机会，降低了酶的反应速率的抑制作用。

**例 6**　填空

（1）结合蛋白酶类必须由＿＿＿＿＿＿＿和＿＿＿＿＿＿＿相结合后才具有活性，前者的作用是＿＿＿＿＿＿＿＿＿＿＿＿＿＿，后者的作用是＿＿＿＿＿＿＿＿＿＿＿＿＿＿＿＿。

（2）酶所催化的反应称＿＿＿＿＿＿＿＿＿，酶所具有的催化能力称＿＿＿＿＿＿＿＿＿。

（3）酶如何使反应的活化能降低，可用＿＿＿＿＿＿＿学说来解释，酶作用物专一性可用＿＿＿＿＿＿＿学说来解释。

**答**：（1）酶蛋白；辅酶（辅基）；决定酶促反应的专一性（特异性）；传递电子、原子或基团即具体参加反应

（2）酶促反应；酶的活性

（3）中间化合物；诱导契合

**例 7**　单项选择

关于酶的叙述哪项是正确的？（　　　　）

A. 所有的酶都含有辅基或辅酶　　　　　　B. 只能在体内起催化作用

C. 大多数酶的化学本质是蛋白质　　　　　D. 能改变化学反应的平衡点加速反应的进行

**答**：C

3. 核酸

核酸是一类多聚核苷酸，它的基本结构单元是核苷酸。

核酸水解首先生成核苷酸，核苷酸进一步水解生成磷酸和核苷，核苷再进一步水解生成戊糖和嘧啶、嘌呤等有机碱化合物（称为碱基）。根据核酸中所含戊糖种类的不同，核酸分为两种。一种是脱氧核糖核酸（DNA），它是细胞中染色体的主要成分，是遗传的物质基础。另一种是核糖核酸（RNA），它主要存在于细胞质中，线粒体含量最多，参与蛋白质的生物合成。

核苷酸是核苷中戊糖的 3′位或 5′位羟基与磷酸脱水而形成的核苷磷酸酯，它是核酸的基本组成单位。存在于核苷酸中的碱基都是嘧啶或嘌呤类有机碱，尿嘧啶主要存在于 RNA 中，胸腺嘧啶存在于 DNA 中，而胞嘧啶、腺嘌呤和鸟嘌呤在两种核酸中都存在。

DNA 的一级结构是数量极其庞大的 4 种脱氧核糖核苷酸，即脱氧腺嘌呤核苷酸、脱氧鸟嘌呤核苷酸、脱氧胞嘧啶核苷酸及脱氧胸腺嘧啶核苷酸的排列顺序。生物的遗传信息储存于 DNA 的核苷酸序列中，生物界物种的多样性即寓于 DNA 分子 4 种核苷酸千变万化的排列之中。

沃森和克里克提出的著名的生物遗传物质 DNA 双螺旋结构模型为：DNA 分子由两条多核苷酸链组成，每条链都有一个连着一个的核苷酸，两条链并排彼此盘绕成螺旋状。不同生物体中的核苷酸数量是不同的，但每一种生物的 DNA 中碱基的胞嘧啶（C）的含量一定与鸟嘌呤（G）相同，腺嘌呤（A）的含量与胸腺嘧啶（T）相等。C 和 G 配成一对，A 与 T 配成一对。DNA 这种严格的碱基配对的特点，才使它具备了携带遗传信息的能力。

DNA 分子的双螺旋结构在生理状态下是很稳定的。维持这种稳定性的力量主要是碱基对之间的堆积力，此外，碱基对之间的氢键也起着重要作用。

RNA 的二级结构不像 DNA 分子那样呈极有规律的双螺旋状态。RNA 是单链分子，分子中并不严格遵守碱基配对规律。

细胞进行有丝分裂的过程中，DNA 是生物的主要遗传物质。有一定结构的 DNA，才能产生一定结构的蛋白质，有一定结构的蛋白质，才能有生物的形态结构和生理特征。在遗传过程中 DNA 的具体作用表现在两个方面：（1）DNA 按照自己的结构精确复制并在细胞分裂时传给子代，新合成的 DNA 分子的两条多核苷酸链中有一条是来自亲代 DNA，即半保留复制。（2）DNA 传递遗传信息。DNA 分子中所储存的遗传信息是由其分子中的 4 种碱基以特定顺序排列成三个一组的三联体代表的。这种代表遗传信息的三联体称为遗传密码子。在遗传信息传递过程中，DNA 首先把自己以密码方式储存的遗传信息（遗传密码）转录给 mRNA（信使RNA），再由 tRNA（转移 RNA）将遗传密码翻译成蛋白质的氨基酸信息。蛋白质合成后，由蛋白质来表现各种遗传信息。

**例 8**  名词解释：翻译、遗传密码、3′,5′－磷酸二酯键、$N_9, C_1′$－糖苷键。

**答**：翻译  根据 mRNA 分子上每三个相毗邻的核苷酸决定一个氨基酸的规则，生物体内合成具有特定氨基酸序列的肽链的过程。

遗传密码  指 mRNA 中核苷酸序列与蛋白质中氨基酸序列的关系。

3′,5′－磷酸二酯键  一分子核苷酸 3′位碳原子上的羟基与另一分子核苷酸 5′位碳原子上的磷酸脱水缩合连接而成的键，它是核酸分子的主要连接方式。

$N_9, C_1'$ – 糖苷键　嘌呤碱基 9 位 N 原子与戊糖 1′位 C 原子脱水连接而成的键，它是嘌呤核苷的连接键。

**例 9**　填空

（1）核酸的基本成分是_____、_____和_____；基本结构单位是_____。_____是 RNA 中存在的戊糖；_____是只在 DNA 中存在的含氮碱基。

（2）DNA 和 RNA 中都有的两种嘌呤碱基是_____和_____。

（3）_____是 RNA 中才有而 DNA 中没有的含氮碱基。

（4）DNA 中_____与胞嘧啶以 1∶1 的比例存在。

（5）嘌呤环上的_____位氮原子与戊糖的_____位碳原子相连形成_____键，通过这种键相连而成的化合物叫_____。

（6）构成核酸的核苷酸种类不多，但因_____的不同而构成许许多多不同的核酸分子。

（7）核酸分子中的碱基配对是有_____的，A 一定与_____配对，_____一定与_____配对。

（8）_____是生物遗传的主要物质基础。维持 DNA 双螺旋结构的稳定因素有_____、_____和_____。其中_____为主要稳定因素。

（9）遗传密码由_____组成的三联体构成。

（10）RNA 的二级结构大多数以单股_____的形式存在。

（11）_____在蛋白质生物合成中起重要作用。细胞中蛋白质合成的场所是_____。蛋白质合成所需的模板是_____。

（12）DNA 的生物合成主要通过_____方式进行。

**答**：（1）磷酸；戊糖；碱基；单核苷酸；$\beta$–D–2–脱氧核糖；胸腺嘧啶

（2）腺嘌呤；鸟嘌呤

（3）尿嘧啶

（4）鸟嘌呤

（5）9；1′；糖苷；嘌呤核苷

（6）核苷酸的数目、比例和排列顺序

（7）一定规律；T；G；C

（8）DNA；碱基堆积力；氢键；离子键；碱基堆积力

（9）mRNA 上相邻的三个核苷酸

（10）多核苷酸链

（11）RNA；核糖体；mRNA

（12）半保留复制

**例 10**　单项选择

（1）核苷酸分子内含有（　　　）。

A. 糖苷键和 3′,5′–磷酸二酯键　　　　　　　B. 糖苷键和单酯键

C. 单酯键和 3′,5′–磷酸二酯键

（2）DNA 双螺旋结构的稳定因素主要是（　　　）。

A. 氢键和糖苷键        B. 氢键和碱基对堆积力

C. 氢键和离子键

（3）构成核酸分子的单核苷酸共有（   ）。

A. 4 种      B. 5 种      C. 8 种

（4）自然界游离核苷酸中，磷酸最常见是位于（   ）。

A. 戊糖的 $C-5'$ 上        B. 戊糖的 $C-2'$ 上

C. 戊糖的 $C-3'$ 上        D. 戊糖的 $C-2'$ 和 $C-5'$ 上

（5）核酸中核苷酸之间的连接方式是（   ）。

A. $2',3'-$磷酸二酯键        B. 糖苷键

C. $3',5'-$磷酸二酯键        D. 肽键

（6）遗传信息传递的中心法则是（   ）。

A. DNA→RNA→蛋白质      B. RNA→DNA→蛋白质

C. 蛋白质→DNA→RNA      D. DNA→蛋白质→RNA

**答**：（1）B  （2）B  （3）C  （4）A  （5）C  （6）A

**例 11** 判断

（1）ATP 是生物体内能量的主要储藏形式。（   ）

（2）互补链是指碱基相同的两条链。（   ）

（3）所有核酸的复制都是以碱基配对为原则的。（   ）

（4）所有的 DNA 均为线状双螺旋结构。（   ）

**答**：（1）×  （2）×  （3）√  （4）×

**例 12** 简答

（1）简述 Watson – Crick 双螺旋结构的要点。

（2）三种主要类型的 RNA，在蛋白质生物合成中各起什么作用？

**答**：（1）DNA 分子由两条链组成，相互平行，方向相反，呈右手双螺旋结构；磷酸和核糖交替排列于双螺旋外侧，形成 DNA 分子的骨架与螺旋的纵轴平行，碱基位于内侧，A–T、G–C 配对，碱基对平面与纵轴垂直；双螺旋的平均直径为 2 nm；每一圈螺旋的螺距为 3.54 nm，包括 10 对碱基；双螺旋表面有 1 条大沟和 1 条小沟。

（2）三种主要类型的 RNA 是 mRNA、tRNA、rRNA。在蛋白质生物合成中所起的作用分别是：mRNA 是蛋白质生物合成的模板；tRNA 在蛋白质合成中过程中作为氨基酸的载体，起转移氨基酸的作用；rRNA 参与构成核糖体，而核糖体是蛋白质合成的场所。

**4. 糖类**

糖类主要由 C、H 和 O 元素组成，化学式通常以 $C_m(H_2O)_n$ 表示，有碳水化合物之称。糖类是有机体重要的能源和碳源，分为单糖、低聚糖和多糖三大类。

单糖是由 C、H 和 O 元素组成的不能被水解的多羟基醛或多羟基酮，分子中 H 与 O 的比为 2:1。葡萄糖就是单糖。单糖不仅有链状结构，还有环状结构。

凡能水解成少数（2~10 个）单糖分子的糖称为低聚糖（又称寡糖），其中以双糖最为广泛，人们食用的蔗糖就是葡萄糖和果糖形成的双糖。

多糖是由多个单糖（10 个以上）分子缩合、失水而成的。与生物体关系最密切的多糖是

淀粉、糖原和纤维素。淀粉存在于植物中，主要存在于植物的种子或块根中，是食物的主要成分。糖原存在于动物的骨骼肌和肝中。纤维素是一种稳定的多糖，它形成的细胞壁是植物的结构要素。

**例 13**　填空

（1）糖类可依据其结构的繁简分为_____、_____和_____三类。最常见的单糖有_____，大米中含量最多的糖是_____，糖原可以在_____和_____组织中找到。

（2）糖原和支链淀粉都以_____形成分支。

（3）自然界中最多的有机化合物是_____，其组成单位是_____。

**答**：（1）单糖；低聚糖（又称寡糖）；多糖；葡萄糖，果糖，半乳糖和核糖；淀粉；肝；肌肉

（2）$\alpha-1$，6-糖苷键

（3）纤维素；$\beta-D-$吡喃葡萄糖

5. 脂类

油脂和类脂两大类物质总称为脂类。油脂是油和脂肪的总称，习惯上把常温下为液体的叫作油，为固体的叫作脂肪。油脂是甘油与脂肪酸所组成的中性酯。类脂主要包括磷脂、糖脂、蜡及甾醇类、甾体激素、强心苷等。

不饱和脂肪酸含量较高的油脂，熔点往往较低，室温下常为液体；含饱和脂肪酸较多的油脂在室温下往往呈固态或半固态。

一切油脂都能在酸、碱、酶（如胰脂酶）的作用下发生水解反应，生成一分子甘油和三分子脂肪酸。如果用碱使油脂进行水解，所得到的生成物不是脂肪酸而是脂肪酸盐，这些盐叫作肥皂。因此，油脂在碱性溶液中的水解反应叫作皂化反应。

磷脂是一种含磷的类似脂肪的化合物，它也是一种复杂的甘油酯，水解后可以得到醇类、脂肪酸、磷酸和含氮有机碱 4 种不同物质。根据不同的成分，磷脂又可分为卵磷脂、脑磷脂及神经鞘磷脂。

糖脂常与磷脂共同存在，在脑中含量最多，所以又叫作脑苷脂，水解后产生神经氨基醇、半乳糖和脂肪酸各一分子。

**例 14**　填空

饱和脂肪酸的碳原子之间的键都是_____；不饱和脂肪酸碳原子之间则含有_____。

**答**：单键；双键

**例 15**　选择

有关天然产物水解的叙述不正确的是（　　　）。

A. 油脂水解可得到丙三醇

B. 可用碘检验淀粉水解是否完全

C. 蛋白质水解的最终产物均为氨基酸

D. 纤维素水解与淀粉水解得到的最终产物不同

**答**：D

**例 16** 名词解释：酯、脂、脂肪酸、必需脂肪酸。

**答**：酯　酸和醇的缩合物。

脂　丙三醇和高级脂肪酸的缩合物及其衍生物。

脂肪酸　烃链末端连有羧基的化合物。

必需脂肪酸　人和动物体自身不能合成，但又非常需要，因而必须从食物中获取的不饱和脂肪酸，包括亚油酸、亚麻酸和花生四烯酸。

6. 微量元素与人体健康

占人体总质量万分之一以上的元素，即 C，O，H，N，P，S，K，Na，Cl，Mg，Ca 共 11 种称为人体必需的常量元素（宏量元素），其总量约占人体质量的 99.95%；占人体总质量万分之一以下的元素称为微量元素。其中 Fe，F，Cu，Zn，Mn，V，Br，Mo，Se，Cr，Co，I，Sn，Si，Ni 共 15 种，称为人体必需的微量元素；Ge，Li 等称为人体可能必需的微量元素；B，Al，Sr 等称为人体非必需的微量元素；而 Pb，Hg，Cd，Tl，As 称为有害的微量元素。必需微量元素具有人体需要的特殊生理功能，而非必需微量元素对人体无明显的特异作用，有害微量元素则被认为对人体有毒害作用。人体内必需微量元素过量时，也会造成危害。

锌、锰、铜、硒、铁等这些微量元素对机体有重要作用。碘、钴、镍、硅、钒等也和健康密切相关。如体内缺碘，可引起甲状腺肿大；缺钴可使红细胞的生长发育受到干扰，出现巨细胞贫血；硅对于治疗心脏病、动脉硬化有效；氟、锡等对骨骼、牙齿的形成很重要。

**例 17** 简答

（1）人体常量元素共多少种？都有哪些元素？

（2）目前公认的人体必需微量元素共多少种？都有哪些元素？

（3）为什么说人体必需微量元素的种类可能发生变化？

（4）为什么说必需微量元素具有生物学效应双重性？

（5）微量元素可分为哪几类？

**答**：（1）共 11 种，是 C，O，H，N，P，S，K，Na，Cl，Mg，Ca。

（2）公认的人体必需微量元素有 15 种，是 Fe，F，Cu，Zn，Mn，V，Br，Mo，Se，Cr，Co，I，Sn，Si，Ni。

（3）有些元素的生物学作用或许尚未被人们认识，另外，对有的元素作用还存在不同的看法。所以，必需与非必需、有益与有害元素的划分是我们目前得到的相对结论，随着对微量元素研究的深入，元素所归类别可能会发生变化，必需微量元素的数目也可能发生变化。

（4）当必需微量元素缺乏时，人体的生理、生化反应不能正常进行，导致人体出现相应的疾病。随着微量元素摄入量的增加，与微量元素有关的人体各种功能得以正常发挥，机体处于健康状态；当摄入量超出最佳剂量范围时，机体的正常功能又会受到不良影响，严重时机体会出现中毒反应甚至死亡。所以必需微量元素既有最低摄入量，同时对最高摄入量也有限制。因此，必需微量元素具有生物学效应双重性。

（5）必需微量元素，这类微量元素每日需要量很少，但是维持机体生命活动不可缺少，如 Fe，F，Cu，Zn，Mn，V，Br，Mo，Se，Cr，Co，I，Sn，Si，Ni 等；可能必需微量元素，Ge，Li 等；非必需微量元素，B，Al，Sr 等；有害的微量元素，Pb，Hg，Cd，Tl，As。

**例 18**　名词解释：常量元素、微量元素、必需微量元素、非必需微量元素。

**答：常量元素**　含量大于人体总质量万分之一的元素。

**微量元素**　含量占人体总质量的万分之一以下，人体中常量元素以外的其他各种元素。

**必需微量元素**　人体中具有明显营养作用及生理功能，维持正常生命活动不可缺少的微量元素。

**非必需微量元素**　无明显生理功能的微量元素。

**例 19**　单项选择

（1）人体中的常量元素是（　　）。

A. 锌　　　　　　　　B. 铁　　　　　　　　C. 铅　　　　　　　　D. 磷

（2）必需微量元素是具有明显营养作用及生理功能，维持正常生命活动不可缺少的微量元素。下面说法错误的是（　　）。

A. 必需微量元素机体自身不能合成，必须从外界摄入

B. 必需微量元素的最佳摄入剂量有一定的范围

C. 必需微量元素摄入过多时，人会出现中毒反应甚至死亡

D. 人体中某种必需微量元素缺乏时，其他元素可以替代它的作用

**答：**（1）D；（2）D

# 思考题与习题

1. 氨基酸与有机化学中的有机酸有何关系？其化学结构有何特点？

**答：**有机酸是指一些具有酸性的有机化合物。最常见的有机酸是羧酸，其酸性源于羧基（—COOH）。磺酸（—$SO_3H$）、亚磺酸（—SOOH）、硫羧酸（—COSH）等也属于有机酸。氨基酸是含有氨基和羧基的一类有机化合物的统称。氨基酸分子中 R 基团中含有—COOH 的氨基酸属于酸性氨基酸；R 基团中在 $\varepsilon$ 位置上有—$NH_2$ 或含有胍基、咪唑基的氨基酸属于碱性氨基酸，其他则属于中性氨基酸。酸性氨基酸属于有机酸。

除脯氨酸外，其他 19 种氨基酸结构上的共同特点是氨基连在与羧基相邻的 $\alpha$– 碳原子上，故称为 $\alpha$– 氨基酸。$\alpha$– 氨基酸的结构通式为

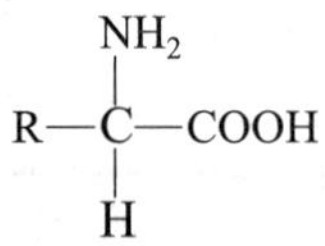

$$R-\underset{\underset{H}{|}}{\overset{\overset{NH_2}{|}}{C}}-COOH$$

2. 肽链的基本化学键是什么键？维系蛋白质空间结构的重要化学键有哪些？

**答：**肽链的基本化学键是酰胺键—CO—NH—，亦称肽键。

维系蛋白质分子结构稳定性的化学键有共价键（如肽键、二硫键、酯键等）和非共价键（又称次级键，如氢键、离子键、疏水键、范德华力等）。

3. 何为酶？酶与无机催化剂有哪些区别？

**答：**酶是一类由生物细胞产生的、以蛋白质为主要成分的、具有催化活性的生物催化剂。作为生物催化剂，与无机催化剂相比具有以下主要特性。

（1）催化效率高。以分子比表示，酶催化反应的反应速率比非催化反应高 $10^8 \sim 10^{20}$ 倍，比其他催化反应高 $10^7 \sim 10^{13}$ 倍。

（2）酶的作用具有高度的专一性。一种酶只能作用于某一类或某一特定的物质，这就是酶作用的专一性。

（3）酶易失活。

4. 细胞的核酸分为哪两种？DNA 和 RNA 的基本化学组成如何？

**答**：核酸分为两种。一种是脱氧核糖核酸（deoxyribonucleic acid，DNA），它是细胞中染色体的主要成分，是遗传的物质基础。另一种是核糖核酸（ribonucleic acid，RNA），它主要存在于细胞质中，参与蛋白质的生物合成。

核酸水解首先生成核苷酸，核苷酸进一步水解生成磷酸和核苷，核苷再进一步水解生成戊糖和嘧啶、嘌呤等有机碱化合物（称为碱基）。两种核酸分别由两种戊糖分子组成，两种戊糖分子的结构是

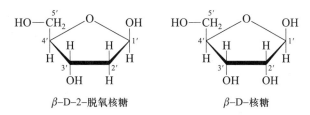

$\beta$-D-2-脱氧核糖      $\beta$-D-核糖

5. 在遗传过程中 DNA 的具体作用是什么？

**答**：在遗传过程中 DNA 的具体作用表现在下述两个方面：（1）DNA 按照自己的结构精确复制并在细胞分裂时传给子代。（2）DNA 传递遗传信息。

6. 糖类是如何分类的？

**答**：糖类分为单糖、低聚糖和多糖三大类。

单糖是由 C，H 和 O 元素组成的不能被水解的多羟基醛或多羟基酮，分子中 H 与 O 的比为 2:1。凡能水解成少数（2～10 个）单糖分子的糖称为低聚糖（又称寡糖）。多糖是由多个（10 个以上）单糖分子缩合、失水而成的。

7. 单甘油酯和混甘油酯在结构上有何区别？

**答**：三高级脂肪酸的甘油酯在医学上常称为甘油三酯。如果三分子脂肪酸是相同的，所生成的油脂叫作单甘油酯；如果是不同的，生成的油脂叫作混甘油酯。它们的结构式如下（式中 $R'$，$R''$，$R'''$ 代表不同的脂肪烃基）：

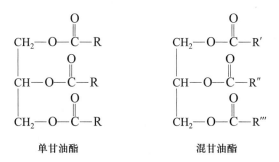

单甘油酯      混甘油酯

8. 人体必需的微量元素有哪些？举例说明它们与人体健康的关系。

**答**：（1）铁　红细胞的功能是输送氧，每个红细胞大约含 2.8 亿个血红蛋白，每个血红蛋白又含有 4 个 $Fe^{2+}$，正是这些亚铁血红素中的 $Fe^{2+}$，才使红细胞具有携带和输送氧的功能。肌红蛋白是肌肉储存氧的地方。每个肌红蛋白的分子含有一个亚铁血红素，当肌肉运动时它可以提供和补充血液输氧的不足。血红蛋白和肌红蛋白的载氧体功能，是由于血红素中的 $Fe^{2+}$ 与氧分子的可逆配位作用。但两者的氧合能力不同，在较低氧分压下，血红蛋白比肌红蛋白的氧合程度低，这有利于氧从血红蛋白转移到肌红蛋白中，即将氧输送到肌肉组织细胞中。

当生理性铁需要的增加（如生长旺盛的婴幼儿、青少年）、慢性出血（如月经）和铁摄入不足、吸收利用不良时，将使人体出现缺铁性或营养性贫血。轻度贫血患者症状一般不明显；较重患者，表现为面色苍白，稍微活动就心跳加快、气急，还伴随头晕、眼花、耳鸣、记忆力减退、四肢无力、食欲减退、免疫功能下降、容易感冒；缺铁严重者，还能造成贫血性心脏病，检查时发现心脏增大等体征。

（2）碘　碘在人体内的生理作用是通过甲状腺素而实现。甲状腺素的主要生理作用有维持机体能量代谢和产热、促进生长发育和蛋白质代谢。孕妇缺碘会导致胎儿发育不良，造成流产、死胎、畸形，影响胎儿大脑和神经系统发育，出现不同程度的智力伤残。儿童期或青春期缺碘，导致甲状腺功能低下、智力和体格发育迟滞。成人期缺碘，甲状腺素合成量减少，引起脑垂体促甲状腺激素分泌增加，不断地刺激甲状腺而造成甲状腺肿大，甲状腺功能低下，易患疾病等。其中最大的危害是智力伤残，在我国因碘供应不足而造成智力低下的患儿达 800 余万人，据调查，缺碘地区的孩子与正常孩子相比智商低 10%～15%，弱智率可达 5%～15%，同时他们身材矮小，呆板，呈傻相或傻笑，头大颈短，头发稀疏干枯，颜面水肿，眼距宽，眼裂呈水平状，塌鼻梁、朝天鼻孔，唇厚舌大，耳大且软，称为"呆小症"。

（3）锌　锌是所有必需微量元素中研究最为详尽的一个元素，它有以下几方面的作用。① 锌与酶的关系极为密切，已发现大约超过 200 种的含锌酶。与人体有关的含锌酶大约有 100 种。锌主要参与这些酶活性中心的构成，起结构作用、催化作用或调节作用，参与多种代谢过程。② 锌与生长发育密切相关，直接参与核酸及蛋白质合成，以及细胞的分裂生长及再生、创伤修复等。③ 锌在维持性器官和性功能的正常发育中至关重要。④ 锌影响人的味觉和食欲。⑤ 锌与某些维生素，如维生素 A 的代谢和转运有关。⑥ 锌是维护机体正常免疫功能和防御功能所必需的元素。儿童缺锌可导致生长发育不良，严重时可导致性腺发育不全；孕妇缺锌可导致胎儿中枢神经畸形，婴儿脑发育不全、智力低下，出生后补锌也于事无补；老年人缺锌常引起免疫功能不良，抵抗力低下，食欲不振，但补锌后可得以改善。⑦ 锌诱导金属硫蛋白合成，具有解毒作用。

（4）铜　铜对人体的生理功能主要体现在以下几方面。① 铜与人体的造血功能密切相关。铜作为血浆铜蓝蛋白的主要成分，在氧存在下，经铜蓝蛋白的催化作用，$Fe^{2+}$ 很容易变成 $Fe^{3+}$，后者很容易与 $\beta_1$–球蛋白结合，形成铁传递蛋白，从而使铁不可能形成其他复合物而阻碍铁的转运。这种铜参与造血过程，更有利于铁的吸收、运输和利用。缺了铜会造成血色素下降，这就是缺铜性贫血。② 铜与人体内的抗氧化作用有关。人体内的铜蛋白如金属硫蛋白可清除羟自由基，铜锌超氧化物歧化酶有很强的清除过氧化氢的作用。③ 其他含铜酶如赖氨酰氧化酶、酪氨酸酶在人体有较大的生理功能。缺铜可引起赖氨酰氧化酶活性降低，导致结缔组织弹性蛋白和胶原纤维交联障碍，成熟迟缓，血管、骨骼等组织脆性增加，容易引起出血。缺铜可引起酪氨酸形成困难，无法催化酪氨酸转变为多巴胺，多巴胺亦不能转变为黑色素，则发生毛发脱色症（少白头），严重则引起白化病。④ 铜对人体骨架的形成有十分重要的作用，铜摄入不足会造成身材矮小。⑤ 铜元素可抑制机体组织发生癌变，预防心血管病并且有消炎抗风湿等作用。

（5）锰　锰是精氨酸酶、丙酮酸羧化酶、超氧化物歧化酶的组成成分，还能激活羧化酶、磷酸化酶、醛缩酶、磷酸葡萄糖变位酶、异柠檬酸脱氢酶、胆碱酯酶及 DNA 和 RNA 聚合酶等。锰缺乏可导致超氧化物歧化酶等活性减弱，加速衰老的进程。锰与细胞合成硫酸软骨素所必需的多糖聚合酶和半乳糖转移酶活性有关，而硫酸软骨素又是组成骨骼、软骨、皮肤、肌腱及角膜的重要物质。老年人易发生伤筋损骨、骨质疏松、角膜生翳、牙齿脱落，这与食物中缺锰有密切关系。锰能改善动脉粥样硬化患者脂类代谢，防止实验性动脉粥样硬化的发生。锰能够保持正常的脑功能，是与精神科关系最密切的微量元素，能够稳定更年期妇女情绪波动。锰也有抗癌作用。在缺锰地区，癌症的发病率高。

（6）铬　铬由于价态的不同，对生物有着迥然不同的影响，三价铬为人体所必需，而六价铬的化合物是公认的致癌物。

铬是琥珀酸脱氢酶、细胞色素氧化酶、葡萄糖磷酸变位酶的必需元素，可参与糖、脂肪代谢，促进糖碳链及醋酸根掺入脂肪中，并加速脂肪氧化。铬有助于动脉壁中脂质的运输和清除，保护动脉内膜不受外来因子的损伤。无机铬吸收率低，为非活性形式，经吸收转变成有机铬——葡萄糖耐量因子（glucose tolerance factor，GTF）才能发挥作用。GTF 通过调节胰岛素与细胞膜上的胰岛素受体的巯基形成二硫键，促使胰岛素发挥其最大的生物学效应。人体缺铬可导致糖尿病、高血脂、动脉粥样病变的发生。铬可维护视力健康，缺铬易患白内障。近视的发生也与缺铬有关。人体内铬的含量是随着年龄增长而变化的，出生时体内铬浓度高，10～30 岁时铬含量突然降低，如果这一时期不注意铬的补充和视力保健，最容易发生近视。

（7）钼　钼是人体黄嘌呤氧化酶、醛氧化酶、亚硫酸氧化酶等的重要成分。钼对心血管疾病，如动脉粥样硬化的发生和形成具有一定的影响。病因学调查表明，缺钼地区食管癌、肝癌、直肠癌、宫颈癌，乳腺癌等多种癌症及儿童龋齿的发病率很高。另外，钼缺乏还会引起心跳加速、呼吸加快、头痛、夜盲、贫血、神经混乱和恶心、呕吐等症状。

（8）硒　硒是谷胱甘肽过氧化物酶（GSH-Px）的必需组成成分。它能特异催化还原型谷胱甘肽过氧化物酶（GSH）与过氧化物的氧化还原反应，清除对机体有害的过氧化物，保护机体免受氧化损害。硒调节维生素 A、维生素 C、维生素 E、维生素 K 的吸收与利用，并与维生素 E 有抗氧化协同作用。硒能有效地提高机体免疫功能，促进免疫球蛋白 M 和 G 的生成，激活巨噬细胞的功能。硒具有维持心血管系统正常结构和功能的作用，对冠心病和动脉粥样硬化有一定的抑制作用。缺硒与克山病、大骨节病两种地方性疾病的发病原因有关，在流行区进行大规模口服亚硒酸钠可起到防治作用。区域性硒的生物利用率与当地居民癌症死亡率间存在明显的负相关关系，土壤及谷物中的硒水平越高，癌症的死亡率越低。硒对肿瘤有抑制作用，我国两个天然富硒区之一的陕西省紫阳县（另一个是湖北省恩施州）癌症的发病率只有 0.58‰，大大低于世界 1.2‰和我国 1‰的癌症发病率标准。在西方，硒的抗癌、防癌作用已经被肿瘤患者普遍接受，并被誉为"抗癌之王"。硒促进糖分代谢，降低血糖和尿糖，改善糖尿病症状。硒是唯一与病毒感染有直接关系的元素，具有良好的抗病毒功能。缺硒会增加感染 RNA 病毒的机会，如肝炎病毒和流感病毒。补硒对治疗甲、乙型肝炎有确切疗效。

（9）氟　氟参与牙釉质的形成，使牙釉质中的羟基磷灰石$[(Ca_3P_2O_8) \cdot Ca(OH)_2]$的羟基被氟取代而变成氟磷灰石$[(Ca_3P_2O_8)_3 \cdot CaF_2]$，从而提高牙齿的强度，增强牙釉质对龋齿的抵抗作用。在整个身体中，骨骼内氟磷灰石的形成可增强骨骼的强度。

适当剂量的氟为人体所必需，但稍超过安全剂量（特别是大剂量）时就会对人体造成种种损害及病变。家兔实验已表明，氟化物可抑制淋巴细胞形成抗体及减少淋巴细胞的总数而降低家兔的免疫能力。氟可抑制 ATP 酶的活性，使体内 ATP 含量增多。氟又是烯醇化酶的高效抑制剂，使糖酵解作用在各种组织中不能进行。氟乙酸在代谢过程中可转变成氟柠檬酸，后者是三羧酸循环的强烈抑制剂。氟的浓度过高，会使乌头酸酶、胆碱酯酶被抑制。氟在大剂量时，可干扰胸腺嘧啶和腺嘌呤碱基对之间的氢键，从而引起染色体畸变。体内进入过多的氟后，影响人体内氟、钙及磷的正常比例关系，形成大量氟化钙。氟化钙较易沉积，因而引起骨质密度增加、骨质变硬、骨膜增厚等改变。由于钙随氟化物沉于骨骼，血钙降低，影响磷的沉积，血磷增多，尿磷排泄量增多，从而诱发甲状旁腺功能亢进，引起骨骼的脱钙作用。长期饮用含氟量在 105 μmol·L$^{-1}$ 以上的水，则可能导致牙釉损伤呈斑纹，即所谓的斑纹齿。

（10）硅　硅固定钙在骨骼上，与骨骼的生长及结构有关，影响骨骼生长发育，保持头发、指甲、骨骼健康。硅维持结缔组织结构的完整性，增加其弹性和强度。硅维持血管正常弹性，具有抗动脉粥样硬化作用。水中含硅量与心血管疾病发病率呈负相关。硅可以增加铝的排泄，因此具有抵抗铝毒性的作用。国外有报道指出，缺硅可使龋齿发病率升高。在水氟含量相近的两个地区，一地区硅含量比另一地区低 2/3，龋齿发病率达 93.8%，后一地区发病率却很低。含硅粉尘（如石英微粒）可致硅肺，易患硅肺的常见工种有金、铜、铁、铅、锰矿矿工及耐火材料厂工人、石工等。石棉是一种纤维状的硅酸盐矿物，目前已被认为是致癌物。我国对 669 名石棉工人 24 年追踪观察发现，其死因构成中恶性肿瘤居第一位，而恶性肿瘤构成中肺癌居第一位。

（11）钴　钴是维生素 $B_{12}$ 组成部分，反刍动物可以在肠道内将摄入的钴合成为维生素$B_{12}$，而人类与单胃动物不能将钴在体内合成维生素 $B_{12}$。体内的钴仅有约 10% 是维生素的形式，还不能确定钴的其他功能。已观察到无机钴对红细胞生成有重要的刺激作用。有种贫血用叶酸、铁、维生素 $B_{12}$ 治疗皆无效，人剂量的氯化钴可治疗这种贫血，然而，这么大剂量钴反复应用可引起中毒。还观察到供给钴可使血管扩张和脸色发红，这是由于肾释放舒缓肌肽。钴对甲状腺的功能可能有作用，动物实验结果显示，甲状腺素的合成可能需要钴，钴能拮抗碘缺乏产生的影响。钴刺激造血的机制为：

① 通过产生红细胞生成素刺激造血。钴元素可抑制细胞内呼吸酶，使组织细胞缺氧，反馈刺激红细胞生成素产生，进而促进骨髓造血。

② 对铁代谢的作用。钴元素可促进肠黏膜对铁的吸收，加速贮存铁进入骨髓。

③ 通过维生素 $B_{12}$ 参与核糖核酸及造血物质的代谢，作用于造血过程。

④ 钴元素可促进脾脏释放红细胞（血红蛋白含量增多，网状细胞、红细胞增生活跃，周

围血中红细胞增多），从而促进造血功能。

（12）镍　体外实验显示了镍与硫胺素焦磷酸（辅羧酶）、磷酸吡哆醛、卟啉、蛋白质和肽的亲和力，并证明镍也与 RNA 和 DNA 结合。镍缺乏时肝内 6 种脱氢酶减少，包括葡萄糖 – 6 – 磷酸脱氢酶、乳酸脱氢酶、异柠檬酸脱氢酶、苹果酸脱氢酶和谷氨酸脱氢酶。这些酶参与生成 NADH、无氧糖酵解、三羧酸循环和由氨基酸释放氮。而且镍缺乏时显示肝细胞和线粒体结构有变化，特别是内网质不规整，线粒体氧化功能降低。贫血病人血镍含量减少，而且铁吸收减少。镍有刺激造血功能的作用，人和动物补充镍后红细胞、血红素及白细胞增加。动物实验显示缺乏镍可出现生长缓慢，生殖力减弱的现象。

镍是最常见的致敏性金属，约有 20% 的人对镍离子过敏，女性患者的人数要高于男性患者，在与人体接触时，镍离子可以通过毛孔和皮脂腺渗透到皮肤里面去，从而引起皮肤过敏发炎，其临床表现为皮炎和湿疹。一旦出现致敏现象，镍过敏能常无限期持续。患者所受的压力、汗液、大气与皮肤的湿度和摩擦会加重镍过敏的症状。镍过敏性皮炎临床表现为瘙痒、丘疹性或丘疹水疱性的皮炎，伴有苔藓化。

（13）钒　在体液 pH 为 4～8 条件下，钒的主要形式为 $VO_3^-$，另一为 $VO_4^{3-}$。$VO_3^-$ 经离子转运系统或可自由进入细胞，在胞内被还原型谷胱甘肽还原成 $VO^{2+}$。由于磷酸和 $Mg^{2+}$ 在细胞内广泛存在，$VO_3^-$ 与磷酸结构相似，$VO^{2+}$ 与 $Mg^{2+}$ 大小相当（离子半径分别为 160 pm 和 165 pm），因而二者就有可能通过与磷酸和 $Mg^{2+}$ 竞争结合配体干扰细胞的生化反应过程，例如抑制 ATP 磷酸水解酶、核糖核酸酶、磷酸果糖激酶、磷酸甘油醛激酶、6 – 磷酸葡萄糖酶、磷酸酪氨酸蛋白激酶，所以钒进入细胞后具有广泛的生物学效应。钒对骨和牙齿正常发育及钙化有关，能增强牙对龋牙的抵抗力。钒还可以促进糖代谢，刺激钒酸盐依赖性 NADPH 氧化反应，增强脂蛋白脂酶活性，加快腺苷酸环化酶活化和氨基酸转化及促进红细胞生长等。因此钒缺乏时可出现牙齿、骨和软骨发育受阻和肝内磷脂含量少、营养不良性水肿及甲状腺代谢异常等症状。

（14）锡　直到 20 世纪 70 年代人们才发现锡也是人体不可缺少的微量元素之一，它对人们进行各种生理活动和维护人体的健康有重要影响。锡主要的生理功能表现在抗肿瘤方面，因为锡在人体的胸腺中能够产生抗肿瘤的锡化合物，抑制癌细胞的生成。有专家发现乳腺癌、肺肿瘤、结肠癌等疾病患者的肿瘤组织中锡含量比较少，低于其他正常的组织。此外，锡还促进蛋白质和核酸的合成，有利于身体的生长发育；并且组成多种酶及参与黄素酶的生物反应，能够增强体内环境的稳定性等。

（15）溴　溴在动物体内以 $Br^-$ 的形式存在。此前，人们并不知道生物体内的溴有什么重要的作用。然而，2014 年发表在 *Cell* 上的一项研究显示，溴对于人类和其他动物而言都是一种必不可少的元素。在动物体内，广泛存在着一种名为基底膜的组织。基底膜是位于上皮组织下的一层结缔组织结构，它不仅是一道机械屏障，也有许多重要的生理功能。由 Ⅳ 型胶原蛋白组成的骨架在基底膜中起了重要的作用，如果胶原骨架出现异常，基底膜的功能也会受到影响，并带来疾病。而这种胶原骨架的形成要经历复杂的装配过程，其中重要的一步是在酶的催化作用下使分子之间形成硫亚胺交联。而研究者们发现，在这个酶催化反应的过程中，溴离子发挥着不可替代的作用。研究者们在不含溴离子的溶液与含溴离子的溶液中进行了酶催化反应的对比实验，结果发现在有溴离子的环境中，这个酶催化反应的效率远远高于不含溴离子的情况。研究者们还发现,饮食中缺乏溴元素的果蝇也出现了基底膜组织结构的改变,并存在发育异常、死亡等情况;若再次给果蝇补充溴元素则能够使它们的异常得以恢复。由此显示,溴离子是形成正常的基底膜组织所必需的要素,在动物体内它确实有着不可或缺的生理作用。论文作者哈德森(B. Hudson)认为"如果没有溴,也就没有了动物,这就是我们的发现"。

# 自我检测

1. 生物体内特有的大而复杂的分子叫_____,包括_____等。

2. _____是蛋白质的基本组成单位,可用"_____"通式来表示。

3. 氨基酸具有两性电离性质,大多数在酸性溶液中带_____电荷,在碱性溶液中带_____电荷。当氨基酸处在某一 pH 溶液中时,它所带的正负电荷数相等,此时的氨基酸大部分为_____,该溶液的 pH 称为氨基酸的_____。

4. 蛋白质分子中氨基酸连接的基本方法是_____。一分子氨基酸的_____和另一分子氨基酸的氨基通过脱水(缩合反应)形成一个_____,新形成的化合物称为_____。肽分子中的_____亦称肽键。

5. 维系蛋白质一级结构的作用力是_____键,维系蛋白质二级结构的作用力是_____键。

6. 蛋白质的二级结构包括_____等内容。

7. 由于酶本身也是一种_____,其质点的直径范围在 10～100 nm 之间,因此,酶催化作用可看作介于均相与非均相催化之间,既可以看成_____与酶形成了中间化合物,也可以看成_____,而后再进行反应。对酶催化机理,人们提出了两种学说,即_____学说和_____学说。

8. 根据核酸中所含_____种类的不同,核酸分为两种。一种是_____,它是细胞中_____的主要成分,是遗传的物质基础。另一种是_____,它主要存在于细胞质中,参与_____的生物合成。

9. 体内的嘌呤主要有_____和_____;嘧啶碱主要有_____、_____和_____。

10. DNA 分子中碱基配对规律是_____配对,_____配对;RNA 的双螺旋区中的碱基配对规律是_____配对,_____配对。

11. 淀粉是_____糖(填"单"或"多")。

12. 人体常量元素有_____种,公认的人体必需微量元素有_____种。

13. 微量元素是维持正常生命活动不可缺少的_____,机体自身_____,必须从外界摄入。

14. 化学元素与人的生命息息相关,人体中化学元素含量多少直接影响人体的健康,人体缺_____元素引起甲状腺肿,缺_____元素形成侏儒,_____元素是氧载体血红蛋白的活动中心,_____元素是人体内的白色"钢筋混凝土"。

# 自我检测答案

1. 生物大分子；糖，脂肪，蛋白质，酶，核酸
2. 氨基酸；R—CH(NH$_2$)—COOH
3. 正；负；两性离子（兼性离子）；等电点
4. 肽键；羧基；酰胺键（—CO—NH—）；肽；酰胺键
5. 肽；氢
6. $\alpha$–螺旋，$\beta$–折叠，$\beta$–转角，自由回转
7. 蛋白质；底物（反应物）；酶的表面上吸附了底物；中间化合物；诱导契合
8. 戊糖；脱氧核糖核酸（DNA）；染色体；核糖核酸（RNA）；蛋白质
9. 腺嘌呤；鸟嘌呤；胞嘧啶；尿嘧啶；胸腺嘧啶
10. G，C；A，T；G，C；A，U
11. 多
12. 11；15
13. 微量营养物质；不能合成
14. 碘；锌；铁；钙

# 拓展思考题

1. 大气中的氮非常丰富。人们把对它的吸取称为"固氮"。固氮是地球上极为重要的化学活动。有人说："如果没有这一表面上看似荒芜的领地——氮，不仅生命将终止，而且一切活动都将停止了。"你怎样理解这句话？

2. 碳基有机物利用硫酸提取磷肥，从而使蛋白质更加具有活力。在元素周期表中砷位于磷的下面，磷可以赋予生命，而砷却是传统的毒药源。中医非常看重砷的毒性，怎样认识砷的杀伤性可以生产某些抑制传染病的药物？（请牢记：剂量决定毒性。）

# 知识拓展

## 生物活性分子——一氧化氮

人们很早知道，NO 是植物从根部吸收硝酸盐或亚硝酸盐后，在硝酸还原酶、亚硝酸还原酶作用下生成的中间产物。它可以进一步经过同化型还原形成氨、氨基酸及有机氮化物被植物所利用，如果进行异化型还原则产生氮气，进入氮的循环。自然界氮的循环是人类生存和生物圈平衡的基石。

但是，NO 在哺乳动物细胞中的存在，却一直到 20 世纪 80 年代后期才逐渐被人们所认识，并相继知道它在人体内诸多方面起着重要的生理作用。这一重大发现，使 NO 成为美国 *Science*

杂志 1992 年度的明星分子（Molecule of The Year）；1994 年美国的 *Life Science* 杂志列出了 20 世纪生命科学的主要成就，其中最新的一项就是 NO 被发现可能是一种新型的神经递质。1998 年 10 月，R. F. Furchgott、L. J. Ignarro 和 F. Murad 因在 NO 研究方面的杰出工作，共同获得生理学和医学领域的最高奖项——诺贝尔奖，奖励他们发现以一氧化氮为基础的医学进展，他们的研究开始了一个新领域，涉及心血管系统的疾病、炎症、感染、肿瘤等。

NO 是一种结构简单的气体，因为它的分子结构中具有不成对电子，所以它也是一种自由基。自从 1935 年 H. Davy 在研究笑气（$N_2O$）时发现 NO 以来，NO 一直被看作一种有毒的气体分子，如汽车排出的尾气及吸烟者的烟雾中均含有 NO，它能污染空气，且能损害大气层中的臭氧层，对人类有毒害作用。很长时间未曾有人想过把这种结构简单、毒性高的小分子化合物与体内的生物功能联系起来。1979 年，人们在研究硝普钠的降压作用机理时发现，NO 以及能释放 NO 的药物如硝普钠和硝酸甘油均有松弛血管平滑肌的作用，提出 NO 可能与血管平滑肌松弛有关。1980 年，Furchgott 经过一系列研究认为乙酰胆碱（Ach）与缓激肽（BK）有血管松弛的作用，推测其机理可能是它刺激血管内皮细胞，使后者分泌一种"血管内皮衍化舒张因子（EDRF）"所起的作用。1986 年，人们提出 EDRF 可能是一种不稳定的自由基，Ach 与 BK 松弛血管平滑肌可能均通过刺激 EDRF 释放发挥作用。稍晚一些，Ignarro 等人证实了被称为血管内皮衍化舒张因子（EDRF）的物质就是 NO，它是从血管内皮细胞释放出的，能松弛血管的物质。近年来更发现，NO 除能调节血管平滑肌张力外，更在动脉粥样硬化、高血压、内毒素休克等疾病的发生、发展中起作用。

1988 年，Garthwaite 等首次认识到 NO 可能作为神经递质在神经系统中具有重要作用，从此揭开了研究 NO 在神经系统中作用的序幕。他们首先发现 NO 存在于脑中。现在已经知道，脑中制造 NO 的酶——一氧化氮合成酶比肌体其他地方多。NO 是一个小分子，容易在细胞内外进行扩散。它是"反馈信使"（retrograde messenger），即当脑中的受体细胞受到刺激时它们会将 NO 分子传送回去以表明它们已经接到信息。这使得发送信息的细胞程序化，它们会"记得"下次传递更强的信息。对于 NO 在脑中的知识现在已经开辟了研究理解阿尔茨海默病、帕金森症及中风的康庄大道。这些病症导致的脑损伤可能是由于过量的 NO 引起的。

从表面上看，NO 是氮和氧的简单化合物，但其在生物体内的合成确是一个复杂的过程。目前至少已知生物体内有两种途径产生 NO。

体内 NO 的前体为左旋精氨酸，NO 是通过一氧化氮合成酶（NOS）作用于左旋精氨酸而生成的。NOS 为一种双加氧酶。还原型烟酰胺腺嘌呤二核苷酸磷酸（NADPH），黄素单核苷酸（FMN），黄素腺嘌呤二核苷酸（FDA）和四氢生物蝶呤作为此酶的辅助因子传递电子，最终作用于左旋精氨酸胍基末端的氮原子，使之氧化生成 NO。

以上产生 NO 的途径，称为左旋精氨酸–一氧化氮通路。这一通路不仅是生成 NO 的途径，也是细胞排泄过量氮的一种方式。

已知一些药物进入体内后，通过代谢可以释放 NO，发挥药理作用。以硝酸甘油即甘油三硝酸酯为代表的抗心绞痛和血管扩张剂就是这样一类药物。它们在临床上的应用虽然已有百余年历史，但其作用机理直到近期才被人们发现，是在体内代谢后释放出的 NO 所起的作用。属于这类药物的还有硝酸戊四醇酯、二硝酸或硝酸异山梨醇酯（消心痛）等。

上述硝酸酯类（$RONO_2$）药物进入体内后，当和半胱氨酸或 *N*–乙酰基半胱氨酸分子中的—SH 反应时，能按如下方式放出 NO：

$$RONO_2 + R'SH \longrightarrow R'SNO_2 + ROH$$

$$R'SNO_2 \longrightarrow R'SONO \longrightarrow R'S(=O)NO \longrightarrow R'SO + NO$$

亚硝酸酯类（RONO）药物，如作为治疗心绞痛的吸入剂——亚硝酸异戊酯等同样经由如下反应放出 NO：

$$RONO + R'SH \longrightarrow R'SNO + ROH$$

$$2R'SNO \longrightarrow R'SSR' + 2NO$$

作为生物活性分子的 NO，从一个偶尔观察到的实验现象开始，所导出科学上的重大发现，已经成为生理、生化、病理、毒理、免疫、药物等众多学科的一个崭新领域。从这里我们可能意识到，广泛的生命物质其重要性并不与其结构上的复杂性始终有关。在人类开始满怀信心地宣布向基因寻求答案的今天，我们才刚刚认识这样一个在生物体内无处不在的简单分子，这自然而然给我们带来了 NO 以外的另一些思考：

从公认的"毒气"到重要的"生命信使"，这不仅要求我们告别某些昨天的记忆，也要求我们重新审视某些传统概念与原则，重新认识我们以为已熟知的某些东西。

NO 研究的兴起与迅猛发展得益于众多物理学、化学、生物学与医学界理论与技术的综合运用。对于 NO 广泛而独特的活性，对于一氧化氮合成酶（NOS）独特的酶学特征，我们都应勇于且乐于了解、承认和接受。对于任何科学探索和进步，我们都应无选择地奋起直追，审慎选择新的、更高的起点积极参与。

# 模 拟 试 卷

## 模拟试卷（一）

### 一、单项选择题（每小题 1 分，共 35 分）

1. 下列说法错误的是（　　）。
A. 298.15 K 时稳定单质的标准摩尔生成焓等于零
B. 298.15 K 时稳定单质的标准摩尔熵等于零
C. 298.15 K 时稳定单质的标准摩尔生成吉布斯自由能等于零
D. 298.15 K 时单质 $H_2(g)$ 的标准摩尔燃烧焓不等于零

2. 下列各组物理量，（　　）组都是系统的状态函数。
A. $Q, U, p$　　　　　B. $U, H, S$　　　　　C. $Q_p, W, T$　　　　　D. $W, p, G$

3. 下列物质中 $\Delta_f G_m^{\ominus}$ 为零的是（　　）。
A. C（金刚石）　　　B. NO(g)　　　　C. $CO_2(g)$　　　　D. $O_2(g)$

4. 下列各方程式的热效应 $\Delta_f H_m^{\ominus}$，符合物质标准摩尔生成焓定义的是（　　）。

A. $2S(g) + 3O_2(g) \longrightarrow 2SO_3(g)$　　　　B. $\frac{1}{2}H_2(g) + \frac{1}{2}I_2(g) \longrightarrow HI(g)$

C. $C(石墨, s) + \frac{1}{2}O_2(g) \longrightarrow CO(g)$　　　　D. $CO(g) + \frac{1}{2}O_2(g) \longrightarrow CO_2(g)$

5. 某系统在状态变化过程中吸热 50 kJ，系统内能的改变量为 10 kJ，则系统与环境之间传递的功 $W$ 为（　　）kJ。
A. −60　　　　　　B. 40　　　　　　C. 60　　　　　　D. −40

6. 当一个化学反应处于平衡时，则（　　）。
A. 平衡混合物中各种物质的浓度都相等　　B. 正反应和逆反应速率都是零
C. 反应混合物的组成不随时间而改变　　　D. 反应的焓变是零

7. 已知下列反应的标准平衡常数：

$N_2(g) + O_2(g) \Longleftrightarrow 2NO(g)$　　　　$K_1^{\ominus}$

$H_2(g) + \frac{1}{2}O_2(g) \Longleftrightarrow H_2O(g)$　　　　$K_2^{\ominus}$

$2NH_3(g) + \frac{5}{2}O_2(g) \Longleftrightarrow 2NO(g) + 3H_2O(g)$　　　　$K_3^{\ominus}$

$N_2(g) + 3H_2(g) \Longleftrightarrow 2NH_3(g)$　　　　$K_4^{\ominus}$

则 $K_4^\ominus = ($ 　　$)$。

A. $K_1^\ominus \cdot K_2^\ominus \cdot K_3^\ominus$ 　　B. $\dfrac{K_1^\ominus \cdot K_3^\ominus}{K_2^\ominus}$ 　　C. $\dfrac{K_1^\ominus \cdot (K_2^\ominus)^3}{K_3^\ominus}$ 　　D. $\dfrac{K_1^\ominus \cdot (K_2^\ominus)^2}{K_3^\ominus}$

8. 对于一定质量的理想气体，下述四个论述中正确的是（　　）。

A. 当分子热运动变剧烈时，压强必变大

B. 当分子热运动变剧烈时，压强可以不变

C. 当分子间的平均距离变大时，压强必变小

D. 当分子间的平均距离变大时，压强必变大

9. 实验测得反应 $2A+2B \longrightarrow$ 产物的反应速率方程式为 $v = k \cdot c(A) \cdot c^2(B)$，则该反应的总反应级数是（　　）。

A. 四级 　　　　B. 二级 　　　　C. 三级 　　　　D. 一级

10. 在一容器中，反应 $2NO_2(g) \rightleftharpoons 2NO(g) + O_2(g)$，恒温条件下达到平衡，加一定量 Ar 气体保持总压力不变，平衡将会（　　）。

A. 向正方向移动 　　B. 向逆方向移动 　　C. 无明显变化 　　D. 不能判断

11. 正催化剂能提高反应速率是由于（　　）。

A. 增大反应物之间的碰撞频率 　　　　　　B. 降低了反应的活化能

C. 提高了正反应的活化能 　　　　　　　　D. 增大了平衡常数值

12. 对于一个化学反应来说，下列说法正确的是（　　）。

A. $\Delta_r G_m^\ominus$ 越负，反应速率越快 　　　　　　B. $\Delta_r H_m^\ominus$ 越负，反应速率越快

C. 活化能越大，反应速率越快 　　　　　　D. 活化能越小，反应速率越快

13. 已知 $\Delta_c H_m^\ominus$（石墨，s）$= -393.5\ \text{kJ} \cdot \text{mol}^{-1}$，$\Delta_c H_m^\ominus$（金刚石，s）$= -395.4\ \text{kJ} \cdot \text{mol}^{-1}$，则反应 C（石墨）$\longrightarrow$ C（金刚石）的 $\Delta_r H_m^\ominus = ($ 　　$)\ \text{kJ} \cdot \text{mol}^{-1}$。

A. $-788.9$ 　　　B. $1.9$ 　　　C. $788.9$ 　　　D. $-1.9$

14. 已知 $K_{sp}^\ominus$（AgCl）$= 1.77 \times 10^{-10}$，$K_{sp}^\ominus$（$Ag_2C_2O_4$）$= 5.4 \times 10^{-12}$，$K_{sp}^\ominus$（$Ag_2CrO_4$）$= 1.12 \times 10^{-12}$，$K_{sp}^\ominus$（AgBr）$= 5.35 \times 10^{-13}$。在下列难溶银盐的饱和溶液中，$c(Ag^+)$ 最大的是（　　）。

A. AgCl 　　　B. AgBr 　　　C. $Ag_2CrO_4$ 　　　D. $Ag_2C_2O_4$

15. 已知 $K_{sp}^\ominus$（$BaSO_4$）$= 1.08 \times 10^{-10}$，$K_{sp}^\ominus$（$BaCO_3$）$= 2.58 \times 10^{-9}$，下列判断正确的是（　　）。

A. 因为 $K_{sp}^\ominus$（$BaSO_4$）$< K_{sp}^\ominus$（$BaCO_3$），所以不能把 $BaSO_4$ 转化为 $BaCO_3$

B. 因为 $BaSO_4 + CO_3^{2-} \rightleftharpoons BaCO_3 + SO_4^{2-}$ 的标准平衡常数很小，所以实际上 $BaSO_4$ 沉淀不能转化为 $BaCO_3$ 沉淀

C. 改变 $CO_3^{2-}$ 浓度，能使溶解度较小的 $BaSO_4$ 沉淀转化为溶解度较大的 $BaCO_3$ 沉淀

D. 改变 $CO_3^{2-}$ 浓度，不能使溶解度较小的 $BaSO_4$ 沉淀转化为溶解度较大的 $BaCO_3$ 沉淀

16. 如果已知 $Ca_3(PO_4)_2$ 的 $K_{sp}^\ominus$，则在饱和溶液中 $c(Ca^{2+}) = ($ 　　$)$。

A. $(K_{sp}^\ominus)^{1/5}\ \text{mol} \cdot \text{L}^{-1}$ 　　　　　　　　B. $(9K_{sp}^\ominus/4)^{1/5}\ \text{mol} \cdot \text{L}^{-1}$

C. $(K_{sp}^\ominus/108)^{1/5}\ \text{mol} \cdot \text{L}^{-1}$ 　　　　　　D. $(2K_{sp}^\ominus/3)^{1/5}\ \text{mol} \cdot \text{L}^{-1}$

17. 根据酸碱质子理论，下列叙述中错误的是（　　）。

A. 既可作为酸又可作为碱的同一种物质为两性物质

B. 质子理论适用于水溶液和一切非水溶液

C. 化合物中没有盐的概念

D. 酸可以是中性分子和阴离子、阳离子

18. 反应 $Zn^{2+}+H_2S \rightleftharpoons ZnS+2H^+$ 的 $K^{\ominus}$ 为（　　　）。

A. $K_{a1}^{\ominus}(H_2S) \cdot K_{a2}^{\ominus}(H_2S) + K_{sp}^{\ominus}(ZnS)$　　　　B. $K_{a1}^{\ominus}(H_2S) \cdot K_{a2}^{\ominus}(H_2S)$

C. $[K_{a1}^{\ominus}(H_2S) \cdot K_{a2}^{\ominus}(H_2S)]/K_{sp}^{\ominus}(ZnS)$　　　　D. $K_{a1}^{\ominus}(H_2S)/K_{a2}^{\ominus}(H_2S)$

19. 降低下列溶液的 pH，而物质的溶解度保持不变的是（　　　）。

A. $Al(OH)_3$　　　　B. $PbCl_2$　　　　C. $Ag_3PO_4$　　　　D. $ZnCO_3$

20. pH＝2.00 的溶液与 pH＝5.00 的溶液，$c(H^+)$ 之比为（　　　）。

A. 10　　　　B. 1 000　　　　C. 2　　　　D. 0.5

21. 已知 $0.200\ mol \cdot L^{-1}$ 甲酸溶液中有 3.20% 甲酸已解离，其 $K_a^{\ominus}$ 为（　　　）。

A. $9.60 \times 10^{-3}$　　　　B. $2.05 \times 10^{-4}$　　　　C. $1.25 \times 10^{-6}$　　　　D. $4.80 \times 10^{-5}$

22. 已知电极反应 $Cu^{2+}+2e^- \longrightarrow Cu$ 的标准电极电势为 0.340 V，则电极反应 $2Cu-4e^- \longrightarrow 2Cu^{2+}$ 的标准电极电势为（　　　）。

A. 0.680 V　　　　B. $-0.680$ V　　　　C. 0.340 V　　　　D. $-0.340$ V

23. 已知 $E^{\ominus}(Pb^{2+}/Pb)=-0.126$ V，$E^{\ominus}(Sn^{2+}/Sn)=-0.136$ V，因此在组成原电池时，则（　　　）。

A. Pb 只能作正极　　　　　　　　　　B. Pb 只能作负极

C. Sn 只能作正极　　　　　　　　　　D. Pb 和 Sn 均可作正极（或负极）

24. 已知 $E^{\ominus}(Cu^{2+}/Cu)=0.340$ V，$E^{\ominus}(Ag^+/Ag)=0.799\ 1$ V，计算反应 $Cu+2Ag^+ \longrightarrow Cu^{2+}+2Ag$ 的 $lg\ K^{\ominus} =$（　　　）。

A. 15.51　　　　B. $-15.51$　　　　C. $-7.75$　　　　D. 7.75

25. 已知 $E^{\ominus}(Fe^{3+}/Fe^{2+})=0.771$ V，$E^{\ominus}(MnO_4^-/Mn^{2+})=1.51$ V，$E^{\ominus}(I_2/I^-)=0.535\ 5$ V，则氧化剂氧化性由强到弱的顺序是（　　　）。

A. $Fe^{3+}$，$MnO_4^-$，$I_2$　　　　　　B. $MnO_4^-$，$I_2$，$Fe^{3+}$

C. $I_2$，$Fe^{3+}$，$MnO_4^-$　　　　　　D. $MnO_4^-$，$Fe^{3+}$，$I_2$

26. 电极电势产生的原因是（　　　）。

A. 金属与溶液的界面上存在双电层结构　　　B. 金属表面存在自由电子

C. 溶液中存在金属离子　　　　　　　　　　D. 以上说法都不正确

27. 若 $K_f^{\ominus}([M(NH_3)_2]^+)=a$，$K_f^{\ominus}([M(CN)_2]^-)=b$，则反应 $[M(NH_3)_2]^+ + 2CN^- \rightleftharpoons [M(CN)_2]^- + 2NH_3$ 的平衡常数 $K^{\ominus}$ 是（　　　）。

A. $a/b$　　　　B. $b/a$　　　　C. $a+b$　　　　D. $ab$

28. 在物质结构研究的历史中，首先提出物质波概念的是（　　　）。

A. 玻尔　　　　B. 德布罗意　　　　C. 薛定谔　　　　D. 爱因斯坦

29. 原子轨道角度分布图为球形的是（　　　）。

A. s 轨道　　　　B. p 轨道　　　　C. d 轨道　　　　D. f 轨道

30. 按照鲍林轨道近似能级图，下列各能级中，能量由低到高顺序正确的是（　　）。

　　A. 3d，4s，4p，5s

　　B. 6s，4f，5d，6p

　　C. 4f，5d，6s，6p

　　D. 7s，7p，5f，6d

31. 氢原子 2s 和 2p 能级的能量高低是（　　）。

　　A. 2s＞2p

　　B. 2s＜2p

　　C. 2s＝2p

　　D. 无 2s 和 2p 轨道，无所谓能量高低

32. 下列原子的电子排布式错误的是（　　）。

　　A. $1s^2 2s^2 2p^1$

　　B. $1s^2 2s^2 2p^6 3s^2 3p^6$

　　C. $1s^2 2s^2 2p^6 3s^1$

　　D. $1s^2 2s^2 2p^6 3s^3$

33. $Fe^{3+}$(Fe，$Z=26$)属于（　　）电子构型。

　　A. 8　　　　　　　　B. 9～17　　　　　　　　C. 18　　　　　　　　D. 18＋2

34. 下列几种元素中电负性最大的是（　　）。

　　A. Na　　　　　　　B. H　　　　　　　C. S　　　　　　　D. Cl

35. 分子间作用力的本质是（　　）。

　　A. 化学键　　　　B. 原子轨道重叠　　　　C. 磁性作用　　　　D. 电性作用

## 二、判断题（每小题 1 分，共 20 分）

1. 温度升高，反应的 $K^\ominus$ 增大，则说明该反应必为吸热反应。（　　）

2. 所谓内过渡元素指的是 d 区元素。（　　）

3. 理想气体客观上是不存在的，它只是实际气体在一定程度上的近似。（　　）

4. 温度不太低（和室温比较）和压强不太大（和大气压比较）条件下的实际气体可以近似看成理想气体。（　　）

5. 第二过渡系元素是指第五周期的过渡元素。（　　）

6. 许多过渡元素的化合物因具有未成对电子而呈现顺磁性。（　　）

7. 一般说来，同一族过渡元素的原子半径随原子序数的增加而增大。（　　）

8. 已知 $K_{sp}^\ominus (AgBrO_3) = 5.5 \times 10^{-5}$，$K_{sp}^\ominus (Ag_2SO_4) = 1.2 \times 10^{-5}$。$AgBrO_3$ 的溶解度(单位为 $mol \cdot L^{-1}$)比 $Ag_2SO_4$ 的小。（　　）

9. $MnS(s) + 2HOAc \rightleftharpoons Mn^{2+} + 2OAc^- + H_2S$ 反应的标准平衡常数为 $K^\ominus = \dfrac{K_{sp}^\ominus (MnS) \cdot [K_a^\ominus (HOAc)]^2}{K_{a1}^\ominus (H_2S) \cdot K_{a2}^\ominus (H_2S)}$ （　　）

10. 钢铁发生氧浓差腐蚀时，在氧浓度大的部位发生 $Fe - 2e^- \longrightarrow Fe^{2+}$。（　　）

11. 所有配合物都可分为内界和外界两部分，配合物中心原子的配位数不小于配体数。（　　）

12. 波函数 $\Psi$ 可描述微观粒子的运动，其值可大于零，也可小于零；$|\Psi|^2$ 可表示电子在原子核外空间出现的概率密度。（　　）

13. 原子轨道的角度分布图和电子云的角度分布图相比，要"瘦"一些。（　　）

14. 基态原子的核外电子排布式 $1s^2 2s^2 2p_x^2$ 违背了能量最低原理。（　　）

15. 镧系收缩导致 Zr、Hf 原子半径及离子半径相似，分离困难。（　　）

16. 共价单键可以是 π 键。（　　　）

17. 中心原子的几个原子轨道杂化时，形成数目相同的杂化轨道。（　　　）

18. 对双原子分子来说，偶极矩可衡量其分子的极性大小和键的极性大小。（　　　）

19. 有机高分子化合物都是非电解质，因此都有很好的电绝缘性。（　　　）

20. 液晶具有各向异性，其分子一般具有棒状结构。（　　　）

## 三、填空题（每小题 1 分，共 15 分）

1. 蛋白质的一级结构是指＿＿＿＿在蛋白质多肽链中的＿＿＿＿。

2. 在同温同压下，相同质量的 $N_2$ 和 CO 的体积比为＿＿＿＿。

3. 铬绿的分子式为＿＿＿＿；铬黄的分子式为＿＿＿＿。

4. $2Mn^{2+} + 5NaBiO_3 + 14H^+ \longrightarrow 2MnO_4^- + 5Bi^{3+} + 7H_2O + 5Na^+$ 中，若用该反应设计组成原电池，原电池符号为＿＿＿＿＿＿＿＿＿＿，负极反应为＿＿＿＿＿＿＿＿＿＿。

5. 配合物 $[Co(NH_3)_5(ONO)]SO_4$ 的中文名＿＿＿＿＿＿＿＿。形成体为＿＿＿＿，配位数为＿＿＿＿。

6. Mn 原子外层电子排布式为 $3d^5 4s^2$，$Mn^{2+}$ 外层电子排布式为＿＿＿＿＿＿＿＿＿＿。

7.

| 物质 | $SiCl_4$ | $NH_3$ |
|---|---|---|
| 中心原子杂化类型 | | |
| 分子的空间结构 | | |

## 四、计算题（每小题 10 分，共 30 分）

1. 碘钨灯可提高白炽灯的发光效率并延长其使用寿命，其原理是灯管内所含少量碘发生了如下可逆反应，即

$$W(s) + I_2(g) \rightleftharpoons WI_2(g)$$

当生成的 $WI_2(g)$ 扩散到灯丝附近的高温区时，又会立即分解出 W(s) 而重新沉积至灯管上。已知 298.15 K 时：

| | W(s) | $WI_2(g)$ | $I_2(g)$ |
|---|---|---|---|
| $\Delta_f H_m^\ominus$/(kJ·mol⁻¹) | 0 | −8.37 | 62.438 |
| $S_m^\ominus$/(J·mol⁻¹·K⁻¹) | 33.5 | 251 | 260.69 |

（1）若灯管壁温度为 623 K，计算上式反应的 $\Delta_r G_m^\ominus(623\,K)$；

（2）求 $WI_2(g)$ 在灯丝上发生分解所需的最低温度。

2. 现有一瓶含有 $Fe^{3+}$ 杂质的 0.10 mol·L⁻¹ $MgCl_2$ 溶液，欲使 $Fe^{3+}$ 以 $Fe(OH)_3$ 沉淀形式除去，溶液的 pH 应控制在什么范围？（已知：$K_{sp}^\ominus[Fe(OH)_3] = 2.79 \times 10^{-39}$，$K_{sp}^\ominus[Mg(OH)_2] = 5.61 \times 10^{-12}$）

3. 在 100 mL 含 0.10 mol·L$^{-1}$ 硫酸铜和 0.10 mol·L$^{-1}$ H$^+$ 的溶液中，通入 H$_2$S 至饱和，求此时溶液中 $E(Cu^{2+}/Cu)$ 的大小。[ 已知 $E^{\ominus}(Cu^{2+}/Cu) = 0.340$ V，H$_2$S 的 $K_{a1}^{\ominus} = 1.1 \times 10^{-7}$，$K_{a1}^{\ominus} = 1.3 \times 10^{-13}$，H$_2$S 饱和溶液浓度为 0.10 mol·L$^{-1}$，$K_{sp}^{\ominus}(CuS) = 6.3 \times 10^{-36}$ ]

# 模拟试卷（一）答案

## 一、单项选择题（每小题 1 分，共 35 分）

| 题号 | 1 | 2 | 3 | 4 | 5 | 6 | 7 | 8 | 9 | 10 |
|------|---|---|---|---|---|---|---|---|---|----|
| 答案 | B | B | D | C | D | C | C | B | C | A |
| 题号 | 11 | 12 | 13 | 14 | 15 | 16 | 17 | 18 | 19 | 20 |
| 答案 | B | D | B | D | C | B | B | C | B | B |
| 题号 | 21 | 22 | 23 | 24 | 25 | 26 | 27 | 28 | 29 | 30 |
| 答案 | B | C | D | A | D | A | B | B | A | B |
| 题号 | 31 | 32 | 33 | 34 | 35 | | | | | |
| 答案 | C | D | B | D | D | | | | | |

## 二、判断题（每小题 1 分，共 20 分）

1. √　2. ×　3. √　4. √　5. √　6. √　7. ×　8. √　9. √　10. ×　11. ×
12. √　13. ×　14. ×　15. √　16. ×　17. √　18. √　19. ×　20. √

## 三、填空题（每小题 1 分，共 15 分）

1. 氨基酸；排列顺序

2. 1:1

3. Cr$_2$O$_3$；PbCrO$_4$

4. $(-)$Pt$|$Mn$^{2+}(c_1)$,H$^+(c_2)$,MnO$_4^-(c_3)$‖Bi$^{3+}(c_4)$,H$^+(c_5)$,Na$^+(c_6)$$|$NaBiO$_3$(s)$|$Pt$(+)$；

   Mn$^{2+}$ + 4H$_2$O $-$ 5e$^-$ $\longrightarrow$ MnO$_4^-$ + 8H$^+$

5. 硫酸五氨·一亚硝酸根合钴（Ⅲ）；Co$^{3+}$；6

6. 3s$^2$3p$^6$3d$^5$

7.

| 物质 | SiCl$_4$ | NH$_3$ |
|------|----------|--------|
| 中心原子杂化类型 | sp$^3$ | 不等性 sp$^3$ |
| 分子的空间结构 | 正四面体形 | 三角锥形 |

## 四、计算题（每小题 10 分，共 30 分）

1. 解：（1）$\Delta_r H_m^{\ominus} = \Delta_f H_m^{\ominus}(WI_2,g) - \Delta_f H_m^{\ominus}(W,s) - \Delta_f H_m^{\ominus}(I_2,g)$

$$= [(-8.37) - 0 - 62.438] kJ \cdot mol = -70.81 \ kJ \cdot mol^{-1}$$

$\Delta_r S_m^{\ominus} = S_m^{\ominus}(WI_2,g) - S_m^{\ominus}(W,s) - S_m^{\ominus}(I_2,g)$

$$= (251 - 33.5 - 260.69) J \cdot mol^{-1} \cdot K^{-1} = -43 \ J \cdot mol^{-1} \cdot K^{-1}$$

$\Delta_r G_m^{\ominus}(623 \ K) \approx \Delta_r H_m^{\ominus} - T \Delta_r S_m^{\ominus}$

$$= [-70.81 - 623 \times (-43 \times 10^{-3})] kJ \cdot mol^{-1} = -44 \ kJ \cdot mol^{-1}$$

（2）$WI_2(g)$在灯丝上发生分解反应为上述反应的逆反应，则分解反应的状态函数变化值为

$$\Delta_r H_m^{\ominus} = 70.81 \ kJ \cdot mol^{-1}; \quad \Delta_r S_m^{\ominus} = 43 \ J \cdot mol^{-1} \cdot K^{-1}$$

分解反应发生的话，则 $\Delta_r G_m^{\ominus} = \Delta_r H_m^{\ominus} - T \cdot \Delta_r S_m^{\ominus} \leqslant 0$

$$T \geqslant \frac{\Delta_r H_m^{\ominus}}{\Delta_r S_m^{\ominus}} = \frac{70.81 \ kJ \cdot mol^{-1}}{43 \times 10^{-3} \ kJ \cdot mol^{-1} \cdot K^{-1}} = 1.6 \times 10^3 \ K$$

2. 解：$Fe^{3+}$ 沉淀完全时 $c(OH^-)$ 的最小值为

$$c(OH^-) = \sqrt[3]{\frac{K_{sp}^{\ominus}[Fe(OH)_3]}{c(Fe^{3+})}} = \sqrt[3]{\frac{2.79 \times 10^{-39}}{1.0 \times 10^{-5}}} \ mol \cdot L^{-1}$$

$$= 6.5 \times 10^{-12} \ mol \cdot L^{-1}$$

$$pOH = -\lg(6.5 \times 10^{-12}) = 11.19，pH = 14.00 - 11.19 = 2.81$$

若使 $0.10 \ mol \cdot L^{-1} MgCl_2$ 溶液不生成 $Mg(OH)_2$ 沉淀，此时 $c(OH^-)$ 最大值为

$$c(OH^-) = \sqrt{\frac{K_{sp}^{\ominus}[Mg(OH)_2]}{c(Mg^{2+})}} = \sqrt{\frac{5.61 \times 10^{-12}}{0.10}} \ mol \cdot L^{-1} = 7.5 \times 10^{-6} \ mol \cdot L^{-1}$$

$$pOH = -\lg(7.5 \times 10^{-6}) = 5.12，pH = 14.00 - 5.12 = 8.88$$

所以若达到上述目的，应控制 $2.81 < pH < 8.88$。

3. 解：设体系达平衡时 $Cu^{2+}$ 的浓度为 $x \ mol \cdot L^{-1}$。

|  | $Cu^{2+}$ | + | $H_2S$ | $\longrightarrow$ | $CuS\downarrow$ | + | $2H^+$ |
|---|---|---|---|---|---|---|---|
| 起始浓度/$(mol \cdot L^{-1})$ | 0.1 | | | | | | 0.1 |
| 平衡浓度/$(mol \cdot L^{-1})$ | $x$ | | 0.1 | | | | $2(0.1-x)+0.1$ |

上述反应的平衡常数为

$$K^{\ominus} = \frac{[c(H^+)]^2}{[c(Cu^{2+})][c(H_2S)]}$$

$$= \frac{[c(H^+)]^2}{[c(Cu^{2+})][c(H_2S)]} \cdot \frac{[c(S^{2-})]}{[c(S^{2-})]}$$

$$= K_{a1}^{\ominus} \cdot K_{a2}^{\ominus} / K_{sp}^{\ominus}(CuS) = 2.27 \times 10^{15}$$

$$K^{\ominus} = \frac{[2 \times (0.1 - x) + 0.1]^2}{x \times 0.1} = 2.27 \times 10^{15}$$

解得
$$x = 3.96 \times 10^{-16}$$

$$E(\text{Cu}^{2+}/\text{Cu}) = E^{\ominus}(\text{Cu}^{2+}/\text{Cu}) + \frac{0.059\,2\ \text{V}}{2}\ \lg\frac{c(\text{Cu}^{2+})}{c^{\ominus}}$$

$$= 0.340\ \text{V} + \frac{0.059\,2\ \text{V}}{2}\lg(3.96 \times 10^{-16}) = -0.116\ \text{V}$$

答：此时溶液中的 $E(\text{Cu}^{2+}/\text{Cu}) = -0.116\ \text{V}$。

# 模拟试卷（二）

## 一、判断题（每小题 1 分，共 20 分）

1. 在放热反应中，升高温度，逆反应速率增大，正反应速率减小，结果使平衡向逆反应方向移动。（　　）

2. 理想气体是一种理想化的物理模型。（　　）

3. 第一过渡系元素是指第四周期的过渡元素。（　　）

4. 多数过渡元素都可以形成多种氧化数的化合物。（　　）

5. 不管是放热反应还是吸热反应，只要是升高温度，反应速率都必然增加。（　　）

6. 对于一个确定的化学反应来说，$\Delta_r G_m^{\ominus}$ 越负，反应速率就越快。（　　）

7. 已知 298 K 时，$K_{sp}^{\ominus}(BaSO_4)=1.08\times10^{-10}$，其相对分子质量为 233.3。若将 $1.0\times10^{-3}$ mol $BaSO_4$ 溶于 10 L 水中形成饱和溶液，则未溶解的 $BaSO_4$ 的质量约为 0.21 g。（　　）

8. 0.010 mol·$L^{-1}$ 甲酸溶液，在常温下 pH＝4.30，则甲酸解离度为 0.50%。（　　）

9. 无论中心离子杂化方式是 $d^2sp^3$ 还是 $sp^3d^2$，其配合物的空间构型均为正八面体。（　　）

10. 将 $Ag^+$/Ag 和 AgCl/Ag 两电对组成原电池时，AgCl 发生还原反应。（　　）

11. 电子衍射实验可证明电子运动具有波动性。（　　）

12. 高分子除了线型分子外，还可以形成支化、交联、星型、梯型、树枝型等形状。（　　）

13. 原子轨道的角度分布图无正负号，电子云的角度分布图有正负号。（　　）

14. $n=3$，$l=2$ 的原子轨道上最多能容纳 6 个电子。（　　）

15. Zr 为第五周期元素，Hf 为第六周期元素，二者均为ⅣB族元素，所以 Hf 的原子半径大于 Zr 的原子半径。（　　）

16. σ键可单独存在，但π键不能单独存在。（　　）

17. C 和 H 形成 $CH_4$ 时，是 H 原子的 1 s 轨道和 C 原子的 3 个 2 p 轨道杂化形成 4 个 $sp^3$ 杂化轨道成键的。（　　）

18. 由于 $BF_3$ 为非极性分子，所以 $BF_3$ 分子中无极性键。（　　）

19. 按照的化学成分，材料可以分为结构材料和功能材料。（　　）

20. 可逆反应 $2A(g)+B(g)\rightleftharpoons2C(g)$，$\Delta_r H_m^{\ominus}<0$，反应达到平衡时，升高温度，则平衡常数 $K^{\ominus}$ 减小。（　　）

## 二、单项选择题（每小题 1 分，共 25 分）

1. 在一容器中，反应 $2NO_2(g)\rightleftharpoons2NO(g)+O_2(g)$，恒温条件下达到平衡，加一定量 Ar 气体保持总压强不变，平衡将会（　　）。

A. 向正方向移动　　B. 向逆方向移动　　C. 无明显变化　　D. 不能判断

2. 下列碱基（　　）只存在于 RNA 而不存在于 DNA。

A. 尿嘧啶　　　　B. 腺嘌呤　　　　C. 胞嘧啶　　　　D. 鸟嘌呤

3. 下列说法正确的是（　　）。

A. 质量作用定律适用于任何反应     B. 体系的焓变等于等压反应热

C. 反应的活化能越大，反应速率也越大     D. 热是状态函数

4. 关于正催化剂描述正确的是（    ）。

A. 对同一可逆反应来说，正催化剂等倍降低了正、逆反应的活化能

B. 正催化剂使 $K^{\ominus}$ 增大，从而促进了反应的进行

C. 加入正催化剂后，可以加快正反应速率，降低逆反应速率

D. 正催化剂能改变反应途径从而加快反应速率

5. 化学反应 $H_2(g) + I_2(g) \rightleftharpoons 2HI(g)$，$\Delta_r H_m^{\ominus} = 52.96 \text{ kJ} \cdot \text{mol}^{-1}$，下列说法正确的是（    ）。

A. 温度升高，正逆反应速率都不变

B. 温度升高，正反应速率加快，逆反应速率变慢

C. 温度升高，该反应的平衡常数变大

D. 温度升高，该反应的平衡常数不变

6. 在 1.0 L 含有 $Sr^{2+}$、$Pb^{2+}$、$Ag^+$ 等离子的溶液中，其浓度均为 0.001 0 $\text{mol} \cdot \text{L}^{-1}$，加入 0.010 mol $Na_2SO_4$ 固体，生成沉淀的是（    ）。已知：$K_{sp}^{\ominus}(SrSO_4) = 3.44 \times 10^{-7}$，$K_{sp}^{\ominus}(PbSO_4) = 2.53 \times 10^{-8}$，$K_{sp}^{\ominus}(Ag_2SO_4) = 1.2 \times 10^{-5}$。

A. $SrSO_4$，$PbSO_4$，$Ag_2SO_4$        B. $SrSO_4$，$PbSO_4$

C. $SrSO_4$，$Ag_2SO_4$             D. $PbSO_4$，$Ag_2SO_4$

7. 已知：$Ag_2CrO_4$ 固体在 298.15 K 时溶解度为 $6.5 \times 10^{-5} \text{ mol} \cdot \text{L}^{-1}$，则其标准溶度积常数为（    ）。

A. $2.7 \times 10^{-12}$      B. $6.9 \times 10^{-8}$      C. $1.1 \times 10^{-12}$      D. $8.5 \times 10^{-12}$

8. 难溶电解质 $K_2X$ 的标准溶度积常数为 $K_{sp}^{\ominus}$，则其溶解度等于（    ）。

A. $K_{sp}^{\ominus} \text{ mol} \cdot \text{L}^{-1}$           B. $(K_{sp}^{\ominus}/2)^{1/2} \text{ mol} \cdot \text{L}^{-1}$

C. $(K_{sp}^{\ominus})^{1/2} \text{ mol} \cdot \text{L}^{-1}$        D. $(K_{sp}^{\ominus}/4)^{1/3} \text{ mol} \cdot \text{L}^{-1}$

9. 根据酸碱质子理论，对于反应 $NaHSO_4 + Na_2HPO_4 \rightleftharpoons Na_2SO_4 + NaH_2PO_4$ 来说，下列各组物质都是碱的是（    ）。

A. $NaHSO_4$，$Na_2HPO_4$        B. $Na_2SO_4$，$NaH_2PO_4$

C. $NaHSO_4$，$NaH_2PO_4$        D. $Na_2SO_4$，$Na_2HPO_4$

10. 将浓度均为 0.1 $\text{mol} \cdot \text{L}^{-1}$ 的下述溶液稀释一倍，其 pH 基本不变的是（    ）。

A. $NH_4Cl$      B. $NaF$      C. $NH_4OAc$      D. $(NH_4)_2SO_4$

11. 298.15 K 浓度为 0.10 $\text{mol} \cdot \text{L}^{-1}$ 的一元弱酸，当解离度为 1.0% 时，溶液中 $OH^-$ 浓度为（    ）。

A. $1.0 \times 10^{-3} \text{ mol} \cdot \text{L}^{-1}$        B. $1.0 \times 10^{-11} \text{ mol} \cdot \text{L}^{-1}$

C. $1.0 \times 10^{-12} \text{ mol} \cdot \text{L}^{-1}$        D. $1.0 \times 10^{-13} \text{ mol} \cdot \text{L}^{-1}$

12. 已知 $CaCO_3$ 的相对分子质量为 100，若将 50 mL 0.80 $\text{mol} \cdot \text{L}^{-1}$ $Na_2CO_3$ 溶液和 50 mL 0.40 $\text{mol} \cdot \text{L}^{-1}$ $CaCl_2$ 溶液混合，所生成 $CaCO_3$ 沉淀的质量为（    ）。

A. 1.0 g      B. 4.0 g      C. 2.0 g      D. 8.0 g

13. 0.10 $\text{mol} \cdot \text{L}^{-1}$ MOH 溶液 pH = 10.0，则该碱的 $K_b^{\ominus}$ 为（    ）。

A. $1.0 \times 10^{-3}$      B. $1.0 \times 10^{-19}$      C. $1.0 \times 10^{-13}$      D. $1.0 \times 10^{-7}$

14. 下列电对中标准电极电势值最小的是（　　）。

A. $E^{\ominus}$ (H$^+$/H$_2$)　　B. $E^{\ominus}$ (HCN/H$_2$)　　C. $E^{\ominus}$ (H$_2$O/H$_2$)　　D. $E^{\ominus}$ (HAc/H$_2$)

15. 已知 $E^{\ominus}$ ( MnO$_4^-$/Mn$^{2+}$) = 1.51 V，$E^{\ominus}$ (Cl$_2$/Cl$^-$) = 1.358 3 V，则反应 2 MnO$_4^-$ + 10 Cl$^-$ + 16 H$^+$ ——→ 2 Mn$^{2+}$ + 5 Cl$_2$ + 8 H$_2$O 的标准电动势 $E^{\ominus}$ 和反应平衡常数 $K^{\ominus}$ 分别为（　　）。

A. 0.151 7 V，$4.22 \times 10^{25}$　　　　　　B. 0.151 7 V，$5.72 \times 10^{30}$

C. −0.151 7 V，$6.42 \times 10^{12}$　　　　　　D. −0.151 7 V，$7.82 \times 10^{17}$

16. 将氢电极[$p$(H$_2$) = 100 kPa]插入纯水中与标准氢电极组成原电池，则电池的标准电动势 $E^{\ominus}$ 为（　　）。

A. 0.414 V　　　　B. −0.414 V　　　　C. 0 V　　　　D. 0.828 V

17. 已知[Co(NO$_2$)$_6$]$^{3-}$的磁矩为零，按照价键理论，形成该配合物的配键类型和中心离子的轨道杂化方式分别为（　　）。

A. 外轨型配键，d$^2$sp$^3$ 杂化　　　　　　B. 内轨型配键，d$^2$sp$^3$ 杂化

C. 外轨型配键，sp$^3$d$^2$ 杂化　　　　　　D. 内轨型配键，sp$^3$d$^2$ 杂化

18. 向 Fe$^{3+}$ + 3ox$^{2-}$ ⇌ [Fe(ox)$_3$]$^{3-}$(ox 为草酸根)平衡系统中加入少量 HCl，平衡移动的方向是（　　）。

A. 向左　　　　B. 向右　　　　C. 不移动　　　　D. 无法确定

19. 对多电子原子来说，决定原子轨道能级的量子数是（　　）。

A. $n,l$　　　　B. $n,m$　　　　C. $m,l$　　　　D. $n,m_s$

20. 下列基态原子的电子排布式错误的是（　　）。

A. 1s$^2$2s$^2$2p$^1$　　　　　　　　　　　B. 1s$^2$2s$^2$2p$^6$3s$^2$3p$^6$

C. 1s$^2$2s$^2$2p$^6$3s$^2$3p$^6$3d$^5$4s$^2$　　　　D. 1s$^2$2s$^2$2p$^6$3s$^2$3p$^6$3d$^9$4s$^2$

21. 已知某元素 +3 价的离子的电子排布式为 1s$^2$2s$^2$2p$^6$3s$^2$3p$^6$3d$^5$，该元素在元素周期表中的位置为（　　）。

A. 第三周期Ⅷ族　　　　　　　　　B. 第三周期ⅤB 族

C. 第四周期Ⅷ族　　　　　　　　　D. 第四周期ⅤB 族

22. 下列物质中沸点最低的是（　　）。

A. NH$_3$　　　　B. PH$_3$　　　　C. AsH$_3$　　　　D. SbH$_3$

23. 下列各组分子，化学键有极性，但分子偶极矩均为 0 的是（　　）。

A. CO$_2$，PCl$_3$，CH$_4$　　　　　　B. NH$_3$，BF$_3$，H$_2$O

C. N$_2$，H$_2$S，BCl$_3$　　　　　　　D. CO$_2$，BCl$_3$，SiH$_4$

24. 可以用作低熔点合金的金属元素一般位于元素周期表的（　　）。

A. s 区和 d 区　　　　　　　　　　B. d 区和 ds 区

C. p 区金属和ⅡB 族金属　　　　　D. p 区金属和ⅠB 族金属

25. 欲配制 pH 为 9.0 的缓冲溶液，应选下列（　　）缓冲对。

A. CH$_3$COOH(p$K_a^{\ominus}$ = 4.75)与 CH$_3$COONa

B. HF(p$K_a^{\ominus}$ = 3.20)与 NH$_4$F

C. NaHCO$_3$(H$_2$CO$_3$ 的 p$K_{a2}^{\ominus}$ = 10.33)与 Na$_2$CO$_3$

D. NH$_3$ · H$_2$O(p$K_b^{\ominus}$ = 4.75)与 NH$_4$Cl

## 三、填空题（每小题 1 分，共 25 分）

1. 可逆反应 $2A(g)+B(g) \rightleftharpoons 2C(g)$，$\Delta_r H_m^{\ominus} < 0$，反应达到平衡时，容器体积不变，增加 B 的分压，则 C 的分压_____，A 的分压_____。

2. 已知反应 $2NH_3(g) \rightleftharpoons N_2(g)+3H_2(g)$，在 298.15 K 时，$\Delta_r H_m^{\ominus} = 92.22 \text{ kJ} \cdot \text{mol}^{-1}$，$\Delta_r S_m^{\ominus} = 198.76 \text{ J} \cdot \text{mol}^{-1} \cdot \text{K}^{-1}$，则在标准态下，$NH_3(g)$ 自发发生分解的温度范围是_____。

3. _____称为必需氨基酸。

4. 在同温同压下，相同质量的 $CH_4$ 和 $H_2$ 的体积比为_____。

5. 等离子体是固体、液体和气体三种常见的物质状态之外的第_____种物态。

6. 实际气体在_____条件下，可近似看成理想气体。

7. 由于实际气体分子之间存在相互吸引力，因此实际气体的压强比同温同压下理想气体的压强要_____。

8. 根据反应速率的"过渡态理论"，"反应的活化能"是指_____，反应的焓变与正、逆反应活化能的关系是_____。

9. 已知 $E^{\ominus}(MnO_4^-/Mn^{2+}) = 1.51 \text{ V}$，$E^{\ominus}(Cl_2/Cl^-) = 1.358\,3 \text{ V}$，用电对 $MnO_4^-/Mn^{2+}$，$Cl_2/Cl^-$ 设计成原电池，其正极反应为_____，负极反应为_____，电池符号_____。

10. 写出配合物四（异硫氰酸根）·二氨合铬（Ⅲ）酸钾的化学式_____。

11. 第一电离能最大的元素是_____。

12.

| | $AsH_3$ | $CH_3Br$ | $CS_2$ |
|---|---|---|---|
| 中心原子杂化轨道（注明等性或不等性） | | | |
| 分子几何构型 | | | |

13.

| 物质 | 晶体类型 | 晶格结点上的粒子 | 粒子间作用力 |
|---|---|---|---|
| AlN | | | |
| Cu | | | |

## 四、计算题（每小题 10 分，共 30 分）

1. 已知 $\Delta_f H_m^{\ominus}(NO,g) = 90.25 \text{ kJ} \cdot \text{mol}^{-1}$，$\Delta_f H_m^{\ominus}(NOF,g) = -66.5 \text{ kJ} \cdot \text{mol}^{-1}$，$S_m^{\ominus}(NO,g) = 210.761 \text{ J} \cdot \text{mol}^{-1} \cdot \text{K}^{-1}$，$S_m^{\ominus}(NOF, g) = 248 \text{ J} \cdot \text{mol}^{-1} \cdot \text{K}^{-1}$，$S_m^{\ominus}(F_2, g) = 202.78 \text{ J} \cdot \text{mol}^{-1} \cdot \text{K}^{-1}$。试求：

（1）反应 $2NO(g)+F_2(g) \rightleftharpoons 2NOF(g)$ 在 298.15 K 时的平衡常数 $K^{\ominus}$；

（2）上述反应在 500 K 时的 $\Delta_r G_m^{\ominus}$ 和 $K^{\ominus}$。

2. 在 1.0 L 0.1 $\text{mol} \cdot \text{L}^{-1}$ 氨水中，应加入多少克 $NH_4Cl$ 固体才能使溶液的 pH = 9.00（忽略溶液体积的变化）[$K_b^{\ominus}(NH_3 \cdot H_2O) = 1.8 \times 10^{-5}$]。

3. 已知 $H_2S$ 的 $K_{a1}^{\ominus} = 1.1 \times 10^{-7}$, $K_{a2}^{\ominus} = 1.3 \times 10^{-13}$, 饱和 $H_2S$ 溶液中的 $H_2S$ 浓度为 $0.10 \, mol \cdot L^{-1}$; $E^{\ominus}(Ag^+/Ag) = 0.799 \, 1 \, V$, 电极 $E^{\ominus}(Ag_2S/Ag) = 0.120 \, V$, 试求在 pH = 3.00 的硝酸银溶液中通入 $H_2S$ 至饱和, 此时溶液中的 $E(Ag^+/Ag)$ 为多少?

# 模拟试卷（二）答案

## 一、判断题（每小题 1 分，共 20 分）

1. ×  2. √  3. √  4. √  5. ×  6. ×  7. √  8. √  9. √  10. ×  11. √
12. √  13. ×  14. ×  15. ×  16. √  17. ×  18. ×  19. ×  20. √

## 二、单项选择题（每小题 1 分，共 25 分）

| 题号 | 1 | 2 | 3 | 4 | 5 | 6 | 7 | 8 | 9 | 10 |
|------|---|---|---|---|---|---|---|---|---|----|
| 答案 | A | A | B | D | C | B | C | D | D | C |
| 题号 | 11 | 12 | 13 | 14 | 15 | 16 | 17 | 18 | 19 | 20 |
| 答案 | B | C | D | C | A | A | B | A | A | D |
| 题号 | 21 | 22 | 23 | 24 | 25 | | | | | |
| 答案 | C | B | D | C | D | | | | | |

## 三、填空题（每小题 1 分，共 25 分）

1. 增大；减小

2. 高于 464.0 K

3. 人体不能合成或合成量不能满足人体的需要，必须从食物获取的氨基酸

4. 1:8

5. 4

6. 高温低压

7. 小

8. 活化分子平均能量和总分子平均能量之差；焓变 = 正反应活化能 − 逆反应活化能

9. $MnO_4^- + 8 \, H^+ + 5 \, e^- \longrightarrow Mn^{2+} + 4 \, H_2O$; $2 \, Cl^- - 2 \, e^- \longrightarrow Cl_2$;
   $(-)Pt \mid Cl_2(p) \mid Cl^-(c_1) \parallel MnO_4^-(c_2), H^+(c_3), Mn^{2+}(c_4) \mid Pt(+)$

10. $K[Cr(NCS)_4(NH_3)_2]$

11. He

12.

| | $AsH_3$ | $CH_3Br$ | $CS_2$ |
|---|---|---|---|
| 中心原子杂化轨道<br>（注明等性或不等性） | 不等性 $sp^3$ | 等性 $sp^3$ | $sp$ |
| 分子几何构型 | 三角锥形 | 四面体形 | 直线形 |

13.

| 物质 | 晶体类型 | 晶格结点上的粒子 | 粒子间作用力 |
|------|----------|------------------|--------------|
| AlN | 原子晶体 | Al 原子、N 原子 | 共价键 |
| Cu | 金属晶体 | Cu 原子、离子 | 金属键 |

## 四、计算题（每小题 10 分，共 30 分）

1. 解：（1）

$$2NO(g) + F_2(g) \Longrightarrow 2NOF(g)$$

$\Delta_f H_m^{\ominus}/(kJ \cdot mol^{-1})$    90.25    0    $-66.5$

$S_m^{\ominus}/(J \cdot mol^{-1} \cdot K^{-1})$    210.76    202.78    248

$\Delta_f H_m^{\ominus} = 2 \Delta_f H_m^{\ominus}(NOF,g) - 2 \Delta_f H_m^{\ominus}(NO,g) - \Delta_f H_m^{\ominus}(F_2,g)$

$$= [2 \times (-66.5) - 2 \times 90.25 - 0]kJ \cdot mol^{-1} = -313.5 \ kJ \cdot mol^{-1}$$

$\Delta_r S_m^{\ominus} = 2 S_m^{\ominus}(NOF,g) - 2 S_m^{\ominus}(NO,g) - S_m^{\ominus}(F_2,g)$

$$= (2 \times 248 - 2 \times 210.761 - 202.78)J \cdot mol^{-1} \cdot K^{-1} = -128 \ J \cdot mol^{-1} \cdot K^{-1}$$

$\Delta_r G_m^{\ominus} = \Delta_r H_m^{\ominus} - T \Delta_r S_m^{\ominus}$

$$= (-313.5 + 298.15 \times 128 \times 10^{-3})kJ \cdot mol^{-1} = -275.3 \ kJ \cdot mol^{-1}$$

$$\lg K^{\ominus} = \frac{-\Delta_r G_m^{\ominus}}{2.303RT} = -\frac{-275.3 \times 10^3 \ J \cdot mol^{-1}}{2.303 \times 8.314 \ J \cdot mol^{-1} \cdot K^{-1} \times 298.15 \ K} = 48.22$$

得 $\qquad\qquad K^{\ominus} = 1.7 \times 10^{48}$

（2） $\Delta_r G_m^{\ominus}(500 \ K) \approx \Delta_r H_m^{\ominus} - T \Delta_r S_m^{\ominus}$

$$= (-313.5 + 500 \times 128 \times 10^{-3})kJ \cdot mol^{-1} = -250 \ kJ \cdot mol^{-1}$$

$$\lg K^{\ominus}(500K) = \frac{-\Delta_r G_m^{\ominus}(500K)}{2.303RT} = -\frac{-250 \times 10^3 \ J \cdot mol^{-1}}{2.303 \times 8.314 \ J \cdot mol^{-1} \cdot K^{-1} \times 500 \ K} = 26.1$$

得 $\qquad\qquad K^{\ominus}(500 \ K) = 1.3 \times 10^{26}$

2. 解：溶液的 $pH = 9.00$，则 $c(H^+) = 1.0 \times 10^{-9} \ mol \cdot L^{-1}$

故 $\qquad\qquad c(OH^-) = 1.0 \times 10^{-5} \ mol \cdot L^{-1}$

假设在 $1.0 \ L \ 0.10 \ mol \cdot L^{-1}$ 氨水中加入 $x \ mol \ NH_4Cl(s)$。

$$NH_3 \cdot H_2O \Longrightarrow NH_4^+ + OH^-$$

平衡浓度/$(mol \cdot L^{-1})$    $0.10 - 1.0 \times 10^{-5}$    $x + 1.0 \times 10^{-5}$    $1.0 \times 10^{-5}$

$$\frac{c(NH_4^+)c(OH^-)}{c(NH_3 \cdot H_2O)} = K_b^{\ominus}(NH_3 \cdot H_2O)$$

$$\frac{(x + 1.0 \times 10^{-5})1.0 \times 10^{-5}}{0.10 - 1.0 \times 10^{-5}} = 1.8 \times 10^{-5}$$

解得 $\qquad\qquad x = 0.18$

应加入 $NH_4Cl$ 固体的质量为

$$0.18 \text{ mol} \cdot \text{L}^{-1} \times 1 \text{ L} \times 53.5 \text{ g} \cdot \text{mol}^{-1} = 9.6 \text{ g}$$

3. 解：将 $Ag_2S/Ag$ 和 $Ag^+/Ag$ 两个电极组成工作电池，达平衡时

$$E^{\ominus}(Ag_2S/Ag) = E^{\ominus}(Ag^+/Ag) + \frac{0.059\,2 \text{ V}}{1} \lg[c(Ag^+)/c^{\ominus}]$$

$$0.120 = 0.799\,1 + 0.059\,2 \lg[c(Ag^+)/c^{\ominus}] \tag{1}$$

反应 $Ag_2S + 2e^- \Longrightarrow 2Ag + S^{2-}$ 在标准态下，$c(S^{2-}) = 1 \text{ mol} \cdot \text{L}^{-1}$

所以

$$c(Ag^+) = \sqrt{\frac{K_{sp}^{\ominus}(Ag_2S)}{c(S^{2-})}} = \sqrt{K_{sp}^{\ominus}(Ag_2S)} \tag{2}$$

式（2）代入式（1），求出 $K_{sp}^{\ominus}(Ag_2S) = 1.15 \times 10^{-23}$

设平衡时 $Ag^+$ 的浓度为 $x$

$$2Ag^+ + H_2S \Longrightarrow Ag_2S\downarrow + 2H^+$$

平衡浓度/mol · L$^{-1}$ $\qquad$ $x$ $\qquad$ 0.1 $\qquad\qquad\qquad$ $10^{-3}$

根据多重平衡规则 $\quad K^{\ominus} = \dfrac{K_{a1}^{\ominus} \times K_{a1}^{\ominus}}{K_{sp}^{\ominus}(Ag_2S)} = \dfrac{1.1 \times 10^{-7} \times 1.3 \times 10^{-13}}{1.15 \times 10^{-23}} - 1.24 \times 10^{3}$

而 $K^{\ominus} = \dfrac{(10^{-3})^2}{x^2 \times 0.1}$，解得 $x = 8.98 \times 10^{-5} \text{ mol} \cdot \text{L}^{-1}$，此即为溶液中 $Ag^+$ 浓度。

此时溶液中 $E(Ag^+/Ag) = E^{\ominus}(Ag^+/Ag) + 0.059\,2 \text{ V} \times \lg(8.98 \times 10^{-5}) = 0.559 \text{ V}$

# 模拟试卷（三）

## 一、单项选择题（每小题 1 分，共 30 分）

1. 已知反应 $CaO(s) + H_2O(l) \rightleftharpoons Ca(OH)_2(s)$ 在室温下可自发进行，但在高温下不能自发进行，据此可知该反应的（    ）。

A. $\Delta_r H_m^\ominus < 0$，$\Delta_r S_m^\ominus > 0$            B. $\Delta_r H_m^\ominus > 0$，$\Delta_r S_m^\ominus < 0$

C. $\Delta_r H_m^\ominus < 0$，$\Delta_r S_m^\ominus < 0$            D. $\Delta_r H_m^\ominus > 0$，$\Delta_r S_m^\ominus > 0$

2. 如果系统经过一系列变化，最后又变到初始状态，则这一变化过程的（    ）。

A. $Q = W = 0$，$\Delta U = 0$，$\Delta S \neq 0$      B. $Q \neq W$，$\Delta H = 0$，$\Delta S = 0$

C. $Q = W \neq 0$，$\Delta H = 0$，$\Delta S = 0$      D. $Q \neq 0$，$W = 0$，$\Delta U = 0$，$\Delta S \neq 0$

3. 已知下列反应的标准平衡常数：

$C(s) + H_2O(g) \rightleftharpoons CO(g) + H_2(g)$，$K_1^\ominus$；

$CO(g) + H_2O(g) \rightleftharpoons CO_2(g) + H_2(g)$，$K_2^\ominus$；

$C(s) + 2H_2O(g) \rightleftharpoons CO_2(g) + 2H_2(g)$，$K_3^\ominus$；

$C(s) + CO_2(g) \rightleftharpoons 2CO(g)$，$K_4^\ominus$。

则下列关系错误的是（    ）。

A. $K_1^\ominus = K_2^\ominus \cdot K_4^\ominus$                   B. $K_2^\ominus = K_3^\ominus / K_1^\ominus$

C. $K_3^\ominus = K_2^\ominus \cdot K_4^\ominus$                   D. $K_1^\ominus = K_3^\ominus / K_2^\ominus$

4. 下列反应达平衡时，$N_2(g) + 3H_2(g) \rightleftharpoons 2NH_3(g)$，保持温度、压强不变，加入惰性气体 He，使总体积增加一倍，则（    ）。

A. 平衡向左移动                      B. 平衡向右移动

C. 平衡不发生移动                   D. 条件不充足，不能判断

5. 下列各方程式的热效应 $\Delta_r H_m^\ominus$，符合物质标准摩尔生成焓定义的是（    ）。

A. $2S(g) + 3O_2(g) \longrightarrow 2SO_3(g)$       B. $\frac{1}{2}H_2(g) + \frac{1}{2}I_2(g) \longrightarrow HI(g)$

C. $C(石墨) + \frac{1}{2}O_2(g) \longrightarrow CO(g)$       D. $CO(g) + \frac{1}{2}O_2(g) \longrightarrow CO_2(g)$

6. 下列元素（    ）是人体必需微量元素。

A. 钾            B. 锌            C. 钙            D. 碳

7. 维持蛋白质二级结构的主要化学键是（    ）。

A. 盐键          B. 疏水键         C. 肽键          D. 氢键

8. 由实验得知，在一定的温度范围内反应 $2NO + Cl_2 \Longrightarrow 2NOCl$ 符合质量作用定律，则该反应的速率表达式和反应级数为（    ）。

A. $v = kc^2(NO) \cdot c(Cl_2)$，三级反应      B. $v = k\, c(NO) \cdot c(Cl_2)$，二级反应

C. $v = kc^2(NOCl)$，二级反应           D. $v = kc(NOCl)$，一级反应

9. 对于一个可逆反应在一定的温度下达到平衡时，其正、逆反应平衡常数之间的关系是

（    ）。

  A. 二者相等        B. 二者的和等于 1

  C. 二者的乘积等于 1      D. 二者之间没有关系

10. 已知：$K_{sp}^{\ominus}(Ag_2SO_4)=1.2\times10^{-5}$，$K_{sp}^{\ominus}(Ag_2CO_3)=8.46\times10^{-12}$，$K_{sp}^{\ominus}(AgCl)=1.77\times10^{-10}$，$K_{sp}^{\ominus}(AgI)=8.52\times10^{-17}$。在下述各银盐饱和溶液中，$c(Ag^+)$ 由大到小的顺序正确的是（    ）。

  A. $Ag_2SO_4>AgCl>Ag_2CO_3>AgI$    B. $Ag_2SO_4>Ag_2CO_3>AgCl>AgI$

  C. $Ag_2SO_4>AgCl>AgI>Ag_2CO_3$    D. $Ag_2SO_4>Ag_2CO_3>AgI>AgCl$

11. 已知 $K_{sp}^{\ominus}(MI_2)=7.1\times10^{-9}$，则其饱和溶液中 $c(I^-)=$（    ）。

  A. $8.4\times10^{-5}$ mol·L$^{-1}$      B. $1.2\times10^{-3}$ mol·L$^{-1}$

  C. $2.4\times10^{-3}$ mol·L$^{-1}$      D. $1.9\times10^{-3}$ mol·L$^{-1}$

12. 在含有 $Pb^{2+}$ 和 $Cd^{2+}$ 的溶液中，通入 $H_2S$，生成 PbS 和 CdS 沉淀时，溶液中 $c(Pb^{2+})/c(Cd^{2+})=$（    ）。

  A. $K_{sp}^{\ominus}(PbS)\cdot K_{sp}^{\ominus}(CdS)$     B. $K_{sp}^{\ominus}(CdS)/K_{sp}^{\ominus}(PbS)$

  C. $K_{sp}^{\ominus}(PbS)/K_{sp}^{\ominus}(CdS)$     D. $[K_{sp}^{\ominus}(PbS)\cdot K_{sp}^{\ominus}(CdS)]^{1/2}$

13. 对下列反应：$[Fe(H_2O)_6]^{3+}+H_2O\Longrightarrow[Fe(OH)(H_2O)_5]^{2+}+H_3O^+$，正确的叙述是（    ）。

  A. $[Fe(H_2O)_6]^{3+}$ 是碱，$H_3O^+$ 是它的共轭酸

  B. $[Fe(H_2O)_6]^{3+}$ 是碱，$[Fe(OH)(H_2O)_5]^{2+}$ 是它的共轭酸

  C. $[Fe(H_2O)_6]^{3+}$ 是酸，$H_3O^+$ 是它的共轭碱

  D. $[Fe(H_2O)_6]^{3+}$ 是酸，$[Fe(OH)(H_2O)_5]^{2+}$ 是它的共轭碱

14. 在 0.050 mol·L$^{-1}$ HCN 溶液中，若有 0.011% 的 HCN 解离，则 HCN 的 $K_a^{\ominus}$ 为（    ）。

  A. $6.1\times10^{-10}$   B. $6.1\times10^{-8}$   C. $6.1\times10^{-6}$   D. $3.0\times10^{-7}$

15. 有下列溶液：

（1）0.02 mol·L$^{-1}$ HOAc 溶液

（2）0.02 mol·L$^{-1}$ HOAc 与等体积等浓度的 NaOH 溶液混合

（3）0.02 mol·L$^{-1}$ HOAc 与等体积等浓度的 HCl 溶液混合

（4）0.02 mol·L$^{-1}$ HOAc 与等体积等浓度的 NaOAc 溶液混合

其 pH 由大到小排列顺序正确的是（    ）。

  A.（1）>（2）>（3）>（4）     B.（1）>（3）>（2）>（4）

  C.（4）>（3）>（2）>（1）     D.（2）>（4）>（1）>（3）

16. 0.1 mol HOAc 固体溶于 1 L 0.1 mol·L$^{-1}$ NaOAc 水溶液中，HOAc 解离度为（    ）。

  A. $10K_a^{\ominus}$%     B. $1\,000\,K_a^{\ominus}$%    C. $100\,K_a^{\ominus}$%    D. $100\sqrt{\dfrac{K_a^{\ominus}}{0.1}}$%

17. 已知 18 ℃时 $K_w^{\ominus}=6.4\times10^{-15}$，25 ℃时 $K_w^{\ominus}=1.0\times10^{-14}$，下列说法中正确的是（    ）。

  A. 水的解离反应是放热过程

  B. 在 25 ℃时水的 pH 大于在 18 ℃时的 pH

  C. 在 18 ℃时，水中 $c(OH^-)$ 为 $8.0\times10^{-8}$ mol·L$^{-1}$

  D. 水的解离反应是熵减反应

18. 利用反应 $Cu^{2+} + Zn \Longrightarrow Cu + Zn^{2+}$ 组成原电池，当向 Cu 电极中通入 $H_2S(g)$ 后，电池电动势会（　　）。

　　A. 升高　　　　　　　B. 降低　　　　　　　C. 不变　　　　　　　D. 变化难于判断

19. 已知 $E^{\ominus}(Ag^+/Ag) = 0.799\ 1\ V$，$K_{sp}^{\ominus}(AgBr) = 5.0 \times 10^{-13}$，在标准银电极溶液中加入 NaBr 固体，使平衡后 $c(Br^-) = 0.50\ mol \cdot L^{-1}$，此时 $E^{\ominus}(AgBr/Ag)$ 为（　　）。

　　A. 0.782 2 V　　　B. 0.070 9 V　　　C. 0.799 1 V　　　D. 0.089 9 V

20. 下列各组配合物中，中心原子氧化数相同的是（　　）。

　　A. $K[Al(OH)_4]$，$K_2[Co(NCS)_4]$　　　　　　　B. $[Ni(CO)_4]$，$[Mn_2(CO)_{10}]$

　　C. $H_2[PtCl_6]$，$[Pt(NH_3)_2Cl_2]$　　　　　　　D. $K_2[Zn(OH)_4]$，$K_3[Co(C_2O_4)_3]$

21. 电子能级量子化的最好证明是（　　）。

　　A. 线状光谱　　　　　　　　　　　B. 连续光谱

　　C. $\alpha$ 粒子散射实验　　　　　　　　D. 金属中的自由电子

22. 由解薛定谔方程得到的原子轨道是指（　　）。

　　A. 波函数 $\psi(n,l,m,m_s)$　　　　　　B. 波函数 $\psi(n,l,m)$

　　C. 电子云的形状　　　　　　　　　D. 概率密度

23. 下列元素的电子构型中，不合理的是（　　）。

　　A. $_{15}P\ \ [Ne]3s^23p^3$　　　　　　　　B. $_{26}Fe\ \ [Ar]3d^54s^24p^1$

　　C. $_{39}Y\ \ [Kr]4d^15s^2$　　　　　　　　D. $_{47}Ag\ \ [Kr]4d^{10}5s^1$

24. 根据价电子构型，属于 ⅡB 族元素原子的是（　　）。

　　A. $ns^2$　　　　　　B. $ns^2np^1$　　　　　C. $(n-1)d^{10}ns^2$　　　　D. $(n-1)d^1ns^2$

25. 下列各组原子轨道中不能叠加成键的是（　　）。

　　A. $p_x - p_y$　　　　B. $p_x - p_x$　　　　C. $s - p_x$　　　　D. $s - p_z$

26 下列物质中，存在分子内氢键的是（　　）。

　　A. $HNO_3$　　　　B. $C_2H_4$　　　　C. HI　　　　D. $NH_3$

27. 下列分子之间只存在色散力的是（　　）。

　　A. $H_2O$　　　　B. $NH_3$　　　　C. CO　　　　D. $CH_4$

28. 从使用的温度范围来考虑，对橡胶来说，要求 $T_f$（　　）。

　　A. 稍高于 $T_g$　　　B. 越高越好　　　C. 稍低于 $T_g$　　　D. 越低越好

29. CsBr 的晶体类型是（　　）。

　　A. 原子晶体　　　B. 离子晶体　　　C. 分子晶体　　　D. 金属晶体

30. 熔点高、硬度大，可在硬质合金中使用的重金属元素位于元素周期表的（　　）。

　　A. s 区　　　　　B. p 区　　　　　C. d 区　　　　　D. ds 区

## 二、填空题（每小题 1 分，共 25 分）

1. 对于 $N_2(g) + 3H_2(g) \Longrightarrow 2NH_3(g)$，在 298.15 K 时，$\Delta_r H_m^{\ominus} = -92.22\ kJ \cdot mol^{-1}$，$\Delta_r S_m^{\ominus} = -198.53\ J \cdot mol^{-1} \cdot K^{-1}$，则该反应的 $K^{\ominus} = $＿＿＿＿＿＿＿，$\Delta_r G_m^{\ominus} = $＿＿＿＿＿＿$kJ \cdot mol^{-1}$；标准态下，$NH_3(g)$ 自发分解的温度是＿＿＿＿＿＿＿K。

2. 分压定律指出混合气体的总压力等于各组分气体单独占有与＿＿＿＿＿＿＿同样体积时的各

分压力的总和。

3. 公式 $\dfrac{p_A}{p_{总}}=\dfrac{n_A}{n_{总}}$ 成立的条件是_____。

4. 比较实用的获得等离子体的方法是_____，如各种电弧放电、辉光放电、高频电感耦合放电、高频电容耦合放电、微波诱导放电等。

5. 催化剂改变了_____，降低了_____，从而增加了_____，使反应速率加快。

6. 电对 $Ag^+/Ag$，$BrO_3^-/Br^-$，$O_2/H_2O$，$Fe(OH)_3/Fe(OH)_2$ 的电极电势 $E$ 值随溶液 pH 减小而增大的是_____。

7. 已知 298.15 K 时，$E^{\ominus}(MnO_4^-/MnO_2)=1.70\ V$，$E^{\ominus}(Hg_2Cl_2/Hg)=0.80V$，将两电对组成原电池，电池符号为_____。

8. 在下列元素电势图的空格中填上数据：

$$E^{\ominus}/V:\ \underset{0.52}{\overset{\overset{0.76}{\overbrace{\quad\quad\quad\quad\quad}}}{BrO_4^-\ \underline{\quad 0.92\quad}\ BrO_3^-\ \underline{\quad(1)\quad}\ BrO^-\ \underline{\quad(2)\quad}\ Br_2\ \underline{\quad 1.07\quad}\ Br^-}}$$

其中（1）为_____ V；（2）为_____ V。

9. 配合物 $[Fe(OH)_2(H_2O)_4]NO_3$ 的中文命名为_____；三氯化五氨·一水合钴（Ⅲ）的化学式为_____。

10. P 和 S 的共价半径大小比较：P_____S。

11. Be 与 B 元素的第一电离能大小比较：Be_____B。

12.

| 物质 | BeCl$_2$ | PH$_3$ |
|---|---|---|
| 中心原子杂化类型 | | |
| 分子的空间构型 | | |

13. 利用分子轨道理论确定 $O_2^-$，$O_2$ 的未成对电子数目分别为_____、_____。

14. 根据材料的使用性能，材料可分为_____和_____两大类。

## 三、判断题（每小题 1 分，共 15 分）

1. 第三过渡系元素是指第六周期的过渡元素。（　　）

2. Zr 与 Hf 性质相似是惰性电子对效应造成的。（　　）

3. 同一周期副族元素的原子半径随着原子序数的增加而依次减小。（　　）

4. 化学反应的 $\Delta_r G_m^{\ominus}$ 越小，其反应速率越快。（　　）

5. 总反应速率等于组成总反应的各个基元反应速率的平均值。（　　）

6. 能自发进行的反应一定具有较小的活化能。（　　）

7. 已知 298 K 时 $K_{sp}^{\ominus}[M(OH)_2]=1.8\times10^{-11}$，则 $M(OH)_2$ 的溶解度为 $1.7\times10^{-4}\ mol\cdot L^{-1}$。（　　）

8. 酸式盐的 pH 不一定大于 7。（　　）

9. 由于 $E^{\ominus}(Cu^{2+}/Cu^+) < E^{\ominus}(Cu^+/Cu)$，所以 $Cu^+$ 在水溶液中不稳定，易发生歧化反应。（　　）

10. 5p 原子轨道有 5 种空间取向。（　　）

11. 电子云图中小黑点越密，表示那里的电子越多。（　　）

12. 同一周期从左到右，主族元素原子半径的减少幅度大于副族元素。（　　）

13. $BeCl_2$ 和 $OF_2$ 同为 $AB_2$ 型分子，所以它们的中心原子都是以 sp 杂化轨道与周围原子成键。（　　）

14. $H_2O$ 的沸点高于 $H_2S$ 的沸点，是 H—O 键的键能大于 H—S 键的键能的缘故。（　　）

15. 交联聚合物不能溶解，但可以熔融。（　　）

## 四、计算题（每小题 10 分，共 30 分）

1. 试判断反应：$2NaHCO_3(s) \rightleftharpoons Na_2CO_3(s) + CO_2(g) + H_2O(g)$，（1）298.15 K，标准态下反应的方向；（2）反应方向逆转的温度条件。

已知 298.15 K 时下列热力学数据：

| | $NaHCO_3(s)$ | $Na_2CO_3(s)$ | $CO_2(g)$ | $H_2O(g)$ |
|---|---|---|---|---|
| $\Delta_f G_m^{\ominus}/(kJ \cdot mol^{-1})$ | −851.0 | −1 044.44 | −394.359 | −228.572 |
| $\Delta_f H_m^{\ominus}/(kJ \cdot mol^{-1})$ | −950.81 | −1 130.68 | −393.51 | −241.818 |
| $S_m^{\ominus}/(J \cdot mol^{-1} \cdot K^{-1})$ | 101.7 | 134.98 | 213.74 | 188.825 |

2. 在 10 mL $1.5 \times 10^{-3}$ mol $\cdot$ L$^{-1}$ $MnSO_4$ 溶液中，加入 5.0 mL 0.15 mol $\cdot$ L$^{-1}$ 氨水，能否生成 $Mn(OH)_2$ 沉淀？若在原 $MnSO_4$ 溶液中，先加入 0.495 g $(NH_4)_2SO_4$ 固体（忽略体积变化），然后再加入上述氨水 5 mL，能否生成 $Mn(OH)_2$ 沉淀？已知 $K_{sp}^{\ominus}[Mn(OH)_2] = 1.9 \times 10^{-13}$，$K_b^{\ominus}(NH_3 \cdot H_2O) = 1.8 \times 10^{-5}$。

3. 已知 $E^{\ominus}(Cu^{2+}/Cu) = 0.340$ V，$E^{\ominus}(Ag^+/Ag) = 0.799\ 1$ V，$K_f^{\ominus}([Cu(NH_3)_4]^{2+}) = 2.09 \times 10^{13}$，$K_f^{\ominus}([Ag(NH_3)_2]^+) = 1.12 \times 10^7$。将 Cu 片插入盛有 0.5 mol $\cdot$ L$^{-1}$ $CuSO_4$ 溶液的烧杯中，Ag 片插入盛有 0.5 mol $\cdot$ L$^{-1}$ $AgNO_3$ 溶液的烧杯中，两个烧杯之间用盐桥连接，将 Cu 片和 Ag 片用导线连接起来构成原电池。

（1）写出涉及的化学反应式和原电池的正负极半电池反应；

（2）求反应的平衡常数；

（3）求该电池的电动势；

（4）若在正负极两侧烧杯中均通入氨气至 $c(NH_3 \cdot H_2O) = 1.00$ mol $\cdot$ L$^{-1}$，求该电池的电动势。

# 模拟试卷（三）答案

## 一、单项选择题（每小题 1 分，共 30 分）

| 题号 | 1 | 2 | 3 | 4 | 5 | 6 | 7 | 8 | 9 | 10 |
|---|---|---|---|---|---|---|---|---|---|---|
| 答案 | C | B | C | A | C | B | D | A | C | B |
| 题号 | 11 | 12 | 13 | 14 | 15 | 16 | 17 | 18 | 19 | 20 |
| 答案 | C | C | D | A | D | B | C | B | B | B |
| 题号 | 21 | 22 | 23 | 24 | 25 | 26 | 27 | 28 | 29 | 30 |
| 答案 | A | B | B | C | A | A | D | B | B | C |

## 二、填空题（每小题 1 分，共 25 分）

1. $6.25 \times 10^5$；$-33.058$；464.5
2. 混合气体
3. 等温等体积
4. 放电法
5. 反应历程；活化能；活化分子百分数
6. $BrO_3^-/Br^-$，$O_2/H_2O$，$Fe(OH)_3/Fe(OH)_2$
7. $(-)Pt \mid Hg(l) \mid Hg_2Cl_2(s) \mid Cl^-(c_1) \| MnO_4^-(c_2), H^+(c_3), \mid MnO_2(s) \mid Pt(+)$
8. 0.54；0.45
9. 硝酸二羟基·四水合铁（Ⅲ），$[Co(NH_3)_5(H_2O)]Cl_3$
10. ＞
11. ＞
12.

| 物质 | $BeCl_2$ | $PH_3$ |
|---|---|---|
| 中心原子杂化类型 | sp | 不等性 $sp^3$ |
| 分子的空间构型 | 直线形 | 三角锥形 |

13. 1；2
14. 结构材料；功能材料

## 三、判断题（每小题 1 分，共 15 分）

1. √　2. ×　3. ×　4. ×　5. ×　6. ×　7. √　8. √　9. √　10. ×　11. ×
12. √　13. ×　14. ×　15. ×

## 四、计算题（每小题 10 分，共 30 分）

1. 解：（1） $\Delta_r G_m^\ominus = (-228.572 - 394.359 - 1\,044.44 + 2 \times 851.0)\ \text{kJ} \cdot \text{mol}^{-1}$

$$= 34.6\ \text{kJ} \cdot \text{mol}^{-1} > 0$$

即表明在 298.15 K，标准态下该反应逆向自发。

（2） $\Delta_r H_m^\ominus = (-241.818 - 393.51 - 1\,130.68 + 2 \times 950.81)\ \text{kJ} \cdot \text{mol}^{-1}$

$$= 135.61\ \text{kJ} \cdot \text{mol}^{-1}$$

$\Delta_r S_m^\ominus = (188.825 + 213.74 + 134.98 - 2 \times 101.7)\text{J} \cdot \text{mol}^{-1} \cdot \text{K}^{-1} = 334.1\ \text{J} \cdot \text{mol}^{-1} \cdot \text{K}^{-1}$

$\Delta_r G_m^\ominus(T) = \Delta_r H_m^\ominus - T \times \Delta_r S_m^\ominus = (135.61 - T \times 334.1 \times 10^{-3})\ \text{kJ} \cdot \text{mol}^{-1}$

当 $\Delta_r G_m^\ominus(T) < 0$，才能使上述反应方向发生逆转，变为正向自发过程，因此有

$$(135.61 - T \times 334.1 \times 10^{-3})\ \text{kJ} \cdot \text{mol}^{-1} < 0$$

得

$$T > \frac{135.61}{0.334\,1} = 405.9\ \text{K}$$

即标准态下 $NaHCO_3(s)$ 自发分解的最低温度为 405.9 K。

2. 解：（1）混合后：

$c(\text{Mn}^{2+}) = [1.5 \times 10^{-3} \times 10 / (10 + 5.0)]\text{mol} \cdot \text{L}^{-1} = 0.001\,0\ \text{mol} \cdot \text{L}^{-1}$

$c(\text{NH}_3 \cdot \text{H}_2\text{O}) = [(5.0 \times 0.15) / (10 + 5.0)]\ \text{mol} \cdot \text{L}^{-1} = 0.050\ \text{mol} \cdot \text{L}^{-1}$

设 $OH^-$ 浓度为 $x$ mol $\cdot$ $\text{L}^{-1}$。

$$\text{NH}_3 \cdot \text{H}_2\text{O} \rightleftharpoons \text{NH}_4^+ + \text{OH}^-$$

平衡浓度/(mol $\cdot$ $\text{L}^{-1}$)      $0.050 - x$      $x$    $x$

则

$$\frac{x^2}{0.050 - x} = 1.8 \times 10^{-5}$$

因为 $\left(\dfrac{c}{c^\ominus}\right) / K_b^\ominus(\text{NH}_3 \cdot \text{H}_2\text{O}) = [0.050 / (1.8 \times 10^{-5})] > 500$，所以 $0.050 - x \approx 0.050$。

故

$$\frac{x^2}{0.050} = 1.8 \times 10^{-5},\ x^2 = 9.0 \times 10^{-7}$$

即

$$[c(\text{OH}^-) / c^\ominus]^2 = 9.0 \times 10^{-7}$$

$$[c(\text{Mn}^{2+})] \cdot [c(\text{OH}^-)]^2 / (c^\ominus)^3 = 0.001\,0 \times 9.0 \times 10^{-7}$$

$$= 9.0 \times 10^{-10} > K_{sp}^\ominus[\text{Mn(OH)}_2] = 1.9 \times 10^{-13}$$

所以能生成 $\text{Mn(OH)}_2$ 沉淀。

（2）已知 $(\text{NH}_4)_2\text{SO}_4$ 的相对分子质量为 132.15。

$$c[(\text{NH}_4)_2\text{SO}_4] = \frac{0.495 \times 1\,000}{132.15 \times 15}\ \text{mol} \cdot \text{L}^{-1} = 0.25\ \text{mol} \cdot \text{L}^{-1}$$

$$c(\text{NH}_4^+) = 0.50\ \text{mol} \cdot \text{L}^{-1}$$

设 $OH^-$ 浓度为 $x$ mol $\cdot$ $L^{-1}$。

$$NH_3 \cdot H_2O \Longrightarrow NH_4^+ + OH^-$$

平衡浓度/$(mol \cdot L^{-1})$ $\qquad$ $0.050-x$ $\qquad$ $0.50+x \quad x$

$$\frac{c(NH_4^+) \cdot c(OH^-)}{c(NH_3 \cdot H_2O)} = K_b^{\ominus}(NH_3 \cdot H_2O) = \frac{(0.50+x)x}{0.050-x} = 1.8 \times 10^{-5}$$

因为 $\left(\dfrac{c}{c^{\ominus}}\right) \Big/ K_b^{\ominus}(NH_3 \cdot H_2O) = [0.050/(1.8 \times 10^{-5})] > 500$，再加上同离子效应的作用，所以 $0.50+x \approx 0.50$，$0.050-x \approx 0.050$

$$\frac{0.50x}{0.050} = 1.8 \times 10^{-5}$$

解得 $\qquad\qquad\qquad\qquad x = 1.8 \times 10^{-6}$

即 $\qquad\qquad\qquad\qquad c(OH^-) = 1.8 \times 10^{-6}$ mol $\cdot$ $L^{-1}$

$$c(Mn^{2+}) \cdot [c(OH^-)]^2 / (c^{\ominus})^3 = 0.0010 \times (1.8 \times 10^{-6})^2 - 3.2 \times 10^{-15} < K_{sp}^{\ominus}[Mn(OH)_2]$$

所以不能生成 $Mn(OH)_2$ 沉淀。

3. 解：（1）$(-)Cu|Cu^{2+}(0.5 \text{ mol} \cdot L^{-1}) \| Ag^+(0.5 \text{ mol} \cdot L^{-1})| Ag(+)$

$$2Ag^+ + Cu = 2Ag + Cu^{2+}$$

正极：$Ag^+ + e^- = Ag$；负极：$Cu - 2e^- = Cu^{2+}$

（2）$E^{\ominus} = E^{\ominus}(Ag^+/Ag) - E^{\ominus}(Cu^{2+}/Cu) = (0.7991 - 0.340)$ V $= 0.4591$ V

$$\lg K^{\ominus} = \frac{zE^{\ominus}}{0.0592} = \frac{2 \times 0.4591}{0.0592}$$

则 $\qquad\qquad\qquad\qquad K^{\ominus} = 3.24 \times 10^{15}$

（3）$E(+) = E(Ag^+/Ag) = E^{\ominus}(Ag^+/Ag) + 0.0592$ V $\lg c(Ag^+)$

$$= (0.7991 + 0.0592 \lg 0.5)V = 0.7813 \text{ V}$$

$E(-) = E(Cu^{2+}/Cu) = E^{\ominus}(Cu^{2+}/Cu) + \dfrac{0.0592 \text{ V}}{2} \lg c(Cu^{2+})$

$$= \left(0.340 + \frac{0.0592}{2} \lg 0.5\right)V = 0.3311 \text{ V}$$

所以 $\qquad E = E(+) - E(-) = (0.7813 - 0.3311)$ V $= 0.4502$ V

（4）正极反应：$\qquad [Ag(NH_3)_2]^+ + e^- = Ag + 2NH_3$

平衡浓度/$(mol \cdot L^{-1})$ $\qquad\qquad$ $0.5$ $\qquad\qquad\qquad$ $1.00$

所以

$$c(Ag^+) = \frac{c([Ag(NH_3)_2]^+)}{K_f^{\ominus}([Ag(NH_3)_2]^+) \times c^2(NH_3)}$$

$$= \frac{0.5}{1.12 \times 10^7 \times 1.0^2} \text{ mol} \cdot L^{-1} = 4.46 \times 10^{-8} \text{ mol} \cdot L^{-1}$$

负极反应：     $[Cu(NH_3)_4]^{2+} - 2\,e^- \Longrightarrow$    $Cu\ +\ 4\,NH_3$

平衡浓度/$(mol \cdot L^{-1})$      0.5         1.00

所以

$$c(Cu^{2+}) = \frac{c([Cu(NH_3)_4]^{2+})}{K_f^{\ominus}([Cu(NH_3)_4]^{2+}) \times c^4(NH_3)}$$

$$= \frac{0.5}{2.09 \times 10^{13} \times 1.0^4}\ mol \cdot L^{-1} = 2.39 \times 10^{-14}\ mol \cdot L^{-1}$$

所以      $E(+) = [0.799\,1 + 0.059\,2/1 \times lg(4.46 \times 10^{-8})]V = 0.363\,9\ V$

       $E(-) = [0.340 + 0.059\,2/2 \times lg(2.39 \times 10^{-14})]V = -0.063\,2\ V$

因此       $E = E(+) - E(-) = [0.363\,9 - (-0.063\,2)]V = 0.427\,1\ V$

# 模拟试卷（四）

## 一、判断题（每小题 1 分，共 15 分）

1. 对于可逆反应 $C(s)+H_2O(g) \rightleftharpoons CO(g)+H_2(g)$，由于反应前后分子数目相等，所以增加压强对平衡无影响。（　　）

2. 一个反应的 $\Delta G$ 值越负，其自发进行的倾向越大，反应速率越高。（　　）

3. 过渡元素都是金属元素，也称作过渡金属。（　　）

4. 在过渡元素中化学性质最活泼的是钪副族元素。（　　）

5. 第一过渡系元素的第一电离能随原子序数的增大而依次减小。（　　）

6. 标准压强为 1 个大气压。（　　）

7. 系统的总压强等于各组分气体分压之和。（　　）

8. 已知 $K_{sp}^{\ominus}(ZnCO_3)=1.46 \times 10^{-10}$，$K_{sp}^{\ominus}[Zn(OH)_2]=3 \times 10^{-17}$，则在 $Zn(OH)_2$ 饱和溶液中的 $c(Zn^{2+})$ 小于 $ZnCO_3$ 饱和溶液中的 $c(Zn^{2+})$。（　　）

9. 含有 $1.0 \ mol \cdot L^{-1}$ NaAc 的 $0.50 \ mol \cdot L^{-1}$ HOAc 溶液的解离度与含有 $1.0 \ mol \cdot L^{-1}$ HCl 的 $0.50 \ mol \cdot L^{-1}$ HOAc 溶液的解离度相等。（　　）

10. $Br_2$，$KMnO_4$ 和 $H_2O_2$ 是常见的氧化剂，当溶液中 $H^+$ 浓度增大时，它们的氧化能力都增强。（　　）

11. $[Fe(CN)_6]^{3+}$ 的实测磁矩为 2.3 B.M.，这表明该配离子具有 2 个单电子。（　　）

12. 角量子数为 0 的轨道都是 s 轨道。（　　）

13. 用 1 s 轨道与 3 p 轨道混合可以形成 4 个 $sp^3$ 杂化轨道。（　　）

14. 色散力存在于所有分子之间。（　　）

15. 含共轭双键的高分子可用作导电高分子材料。（　　）

## 二、单项选择题（每小题 1 分，共 30 分）

1. 如果系统经过一系列变化，最后又变到初始状态，则这一变化过程的（　　）。

A. $Q=W=0$，$\Delta U=0$  
B. $Q \neq 0$，$W=0$，$\Delta U=0$  
C. $Q=W \neq 0$，$\Delta H=0$  
D. $Q \neq W$，$\Delta H=0$

2. 已知下列反应的标准平衡常数：

$C(s)+H_2O(g) \rightleftharpoons CO(g)+H_2(g)$，$K_1^{\ominus}$；

$CO(g)+H_2O(g) \rightleftharpoons CO_2(g)+H_2(g)$，$K_2^{\ominus}$；

$C(s)+2H_2O(g) \rightleftharpoons CO_2(g)+2H_2(g)$，$K_3^{\ominus}$；

$C(s)+CO_2(g) \rightleftharpoons 2CO(g)$，$K_4^{\ominus}$。

则下列关系错误的是（　　）。

A. $K_4^{\ominus}=K_1^{\ominus}/K_2^{\ominus}$  
B. $K_3^{\ominus}=K_1^{\ominus} \cdot K_2^{\ominus}$

C. $K_2^{\ominus} = K_3^{\ominus} / K_4^{\ominus}$　　　　　　　　　　　D. $K_1^{\ominus} = K_3^{\ominus} / K_2^{\ominus}$

3. 下列电对中标准电极电势值最小的是（　　）。

A. $E^{\ominus}(H^+/H_2)$　　　B. $E^{\ominus}(HCN/H_2)$　　　C. $E^{\ominus}(H_2O/H_2)$　　　D. $E^{\ominus}(HOAc/H_2)$

4. 反应 $PCl_5(g) \rightleftharpoons PCl_3(g)+Cl_2(g)$，在 200 ℃ 达到平衡时，$PCl_5(g)$ 有 48.5% 分解，在 300 ℃ 有 97.4% 分解，该反应是（　　）。

A. 放热反应　　　　　　　　　　　　B. 吸热反应

C. 这两个温度下的平衡常数相等　　　D. 平衡常数为 2

5. 当一个化学反应处于平衡时，则（　　）。

A. 平衡混合物中各种物质的浓度都相等　　　B. 正反应和逆反应速率都是零

C. 反应混合物的组成不随时间而改变　　　　D. 反应的焓变是零

6. DNA 分子的结构具有多样性的主要因素是（　　）。

A. 组成每种 DNA 的脱氧核苷酸的种类不同

B. 碱基配对的方式千差万别

C. 单核苷酸的排列顺序变化多端

D. DNA 碱基有多种

7. 微量元素是指在人体总含量不到万分之一，这些元素对人体正常代谢和健康起着重要作用。下列元素中肯定不是人体中微量元素的是（　　）。

A. I　　　　　　　　B. F　　　　　　　　C. H　　　　　　　　D. Fe

8. 下列说法正确的是（　　）。

A. 反应速率常数的大小即反应速率的大小

B. 反应级数和反应分子数是同义词

C. 反应级数越大，反应速率越大

D. 从反应的速率常数的单位可以推测该反应的反应级数

9. 关于催化剂的下列说法中，正确的是（　　）。

A. 不能改变反应的$\Delta G$，$\Delta H$，$\Delta S$，$\Delta U$

B. 不能改变反应的$\Delta G$，但能改变$\Delta H$，$\Delta S$，$\Delta U$

C. 不能改变反应的$\Delta G$，$\Delta H$，但能改变$\Delta S$，$\Delta U$

D. 不能改变反应的$\Delta G$，$\Delta H$，$\Delta U$，但能改变$\Delta S$

10. 对任意化学反应 $A+B \longrightarrow 2D$，其含义是（　　）。

A. 表明它是二级反应　　　　　　　　B. 表明它是双分子反应

C. 表明反应物与产物间的计量关系　　D. 表明它是基元反应

11. 已知 $K_a^{\ominus}(HOAc)=1.8 \times 10^{-5}$，则含有 $0.050\ mol \cdot L^{-1}$ HOAc 和 $0.025\ mol \cdot L^{-1}$ NaOAc 的混合溶液的 pH 为（　　）。

A. 4.45　　　　　B. 4.70　　　　　C. 5.00　　　　　D. 5.10

12. 将 $MI_2$ 固体溶于水得到饱和溶液，$c(M^{2+})=1.2 \times 10^{-3}\ mol \cdot L^{-1}$，则 $MI_2$ 的 $K_{sp}^{\ominus}$ 为（　　）。

A. $6.9 \times 10^{-9}$　　　B. $1.7 \times 10^{-9}$　　　C. $3.5 \times 10^{-9}$　　　D. $2.9 \times 10^{-6}$

13. $AgCl(s)$在水中，在 $0.01\ mol \cdot L^{-1}$ $CaCl_2$ 溶液中，在 $0.01\ mol \cdot L^{-1}$ NaCl 溶液中和在 $0.05\ mol \cdot L^{-1}$ $AgNO_3$ 溶液中的溶解度分别为 $S_0$、$S_1$、$S_2$ 和 $S_3$，则有（　　）。

A. $S_0 > S_1 > S_2 > S_3$　　　　　　　　　B. $S_0 > S_2 > S_1 > S_3$

C. $S_0 > S_1 = S_2 > S_3$　　　　　　　　　D. $S_0 > S_2 > S_3 > S_1$

14. 对于反应 $[Al(H_2O)_6]^{3+} + H_2O \Longleftrightarrow [Al(OH)(H_2O)_5]^{2+} + H_3O^+$，正确的叙述是（　　）。

A. $[Al(H_2O)_6]^{3+}$是碱，$H_3O^+$是它的共轭酸

B. $[Al(H_2O)_6]^{3+}$是碱，$H_2O$ 是它的共轭酸

C. $[Al(H_2O)_6]^{3+}$是酸，$[Al(OH)(H_2O)_5]^{2+}$是它的共轭碱

D. $[Al(H_2O)_6]^{3+}$是酸，$H_2O$ 是它的共轭碱

15. 将 50.0 mL 0.100 mol·L$^{-1}$(NH$_4$)$_2$SO$_4$ 溶液加入 50.0 mL 0.200 mol·L$^{-1}$ NH$_3$·H$_2$O $[K_b^\ominus(NH_3 \cdot H_2O) = 1.8 \times 10^{-5}]$溶液中，得到的缓冲溶液 pH 是（　　）。

A. 8.70　　　　　　B. 9.56　　　　　　C. 9.26　　　　　　D. 9.00

16. 已知 313 K 时，水的 $K_w^\ominus = 3.8 \times 10^{-14}$，此时 $c(H^+) = 1.0 \times 10^{-7}$ mol·L$^{-1}$ 的溶液是（　　）。

A. 酸性　　　　　　B. 中性　　　　　　C. 碱性　　　　　　D. 缓冲溶液

17. 用 HOAc($K_a^\ominus = 1.8 \times 10^{-5}$) 和 NaOAc 溶液配制 pH = 4.50 的缓冲溶液，$c(HOAc)/c(NaOAc) =$（　　）。

A. 1.55　　　　　　B. 0.089　　　　　　C. 1.8　　　　　　D. 0.89

18. 已知 $K_b^\ominus(NH_3 \cdot H_2O) = 1.8 \times 10^{-5}$。氨水中 OH$^-$浓度为 $2.4 \times 10^{-3}$ mol·L$^{-1}$，则氨水的浓度为（　　）。

A. 3.2 mol·L$^{-1}$　　　B. 0.18 mol·L$^{-1}$　　　C. 0.32 mol·L$^{-1}$　　　D. 1.8 mol·L$^{-1}$

19. 将下列反应设计成原电池时，不用惰性电极的是（　　）。

A. $H_2 + Cl_2 \Longequal 2HCl$　　　　　　　　B. $2Fe^{3+} + Cu \Longequal 2Fe^{2+} + Cu^{2+}$

C. $Ag^+ + Cl^- \Longequal AgCl$　　　　　　　　D. $2Hg^{2+} + Sn^{2+} \Longequal Hg_2^{2+} + Sn^{4+}$

20. FeCl$_3$ 溶液可用来刻蚀铜板，下列叙述中错误的是（　　）。

A. 生成了 Fe 和 Cu$^{2+}$　　　　　　　B. $E^\ominus(Fe^{3+}/Fe) > E^\ominus(Cu^{2+}/Cu)$

C. $E^\ominus(Fe^{3+}/Fe^{2+}) > E^\ominus(Cu^{2+}/Cu)$　　　D. 生成了 Fe$^{2+}$和 Cu$^{2+}$

21. 下列配离子中，磁矩近似为 4.9 的是（　　）。

A. $[Co(H_2O)_6]^{2+}$　　　B. $[CoF_6]^{3-}$　　　C. $[Fe(H_2O)_6]^{3+}$　　　D. $[FeF_6]^{3-}$

22. 已知$[Ag(NH_3)_2]^+$的 $K_f^\ominus = 1.12 \times 10^7$，则在含有 0.20 mol·L$^{-1}$[Ag(NH$_3$)$_2$]$^+$和 0.20 mol·L$^{-1}$ NH$_3$的混合溶液中，Ag$^+$的浓度为（　　）mol·L$^{-1}$。

A. $8.92 \times 10^{-8}$　　B. $2.23 \times 10^{-8}$　　　C. $4.46 \times 10^{-7}$　　　D. $2.23 \times 10^{-7}$

23. 下列各组量子数中，对应于能量最高的电子是（　　）。

A. $3, 0, 0, +\dfrac{1}{2}$　　　B. $3, 1, 1, -\dfrac{1}{2}$　　　C. $4, 0, 0, +\dfrac{1}{2}$　　　D. $3, 2, 1, -\dfrac{1}{2}$

24. 下列元素的电子构型中，不合理的是（　　）。

A. $_{15}$P　[Ne]3s$^2$3p$^3$　　　　　　　　B. $_{26}$Fe　[Ar]4s$^2$3d$^5$4p$^1$

C. $_{39}$Y　[Kr]4d$^1$5s$^2$　　　　　　　　D. $_{49}$In　[Kr]4d$^{10}$5s$^2$5p$^1$

25. 外层电子构型为 4d$^{10}$5s$^1$ 的元素处于元素周期表的（　　）。

A. s 区　　　　　　B. p 区　　　　　　C. ds 区　　　　　　D. d 区

26. 既能衡量元素金属性强弱，又能衡量其非金属性强弱的物理量是（　　）。

A. 电子亲和能　　　B. 电离能　　　　C. 电负性　　　　D. 原子半径

27. 下列作用力中有饱和性和方向性的化学键是（　　）。

A. 共价键　　　　　B. 金属键　　　　C. 离子键　　　　D. 氢键

28. 分子间作用力的本质是（　　）。

A. 化学键　　　　　B. 原子轨道重叠　　C. 磁性作用　　　D. 静电作用

29. 下列分子间色散力最大的是（　　）。

A. HF　　　　　　　B. HCl　　　　　　C. HBr　　　　　　D. HI

30. 氮化硅（$Si_3N_4$）具有优异的耐高温、耐磨性能，在工业上应用广泛，根据氮化硅的物理性质，它应该属于（　　）。

A. 离子晶体　　　　B. 分子晶体　　　　C. 金属晶体　　　　D. 原子晶体

## 三、填空题（每小题 1 分，共 25 分）

1. 甲烷的燃烧反应为 $CH_4(g)+2O_2(g) \Longrightarrow CO_2(g)+2H_2O(l)$。已知 298.15 K 时，$\Delta_r H_m^\ominus = -890.0 \text{ kJ} \cdot \text{mol}^{-1}$，$CO_2(g)$ 和 $H_2O(l)$ 的标准摩尔生成焓分别为 $-393.5 \text{ kJ} \cdot \text{mol}^{-1}$ 和 $-285.8 \text{ kJ} \cdot \text{mol}^{-1}$，则 298.15 K 时，甲烷的标准摩尔生成焓为_____$kJ \cdot mol^{-1}$。

2. 某反应在温度由 20 ℃升至 30 ℃时，反应速率恰好增加 1 倍，则该反应的活化能为_____kJ/mol。

3. 反应 $H_2(g)+I_2(g) \Longrightarrow 2HI(g)$ 的速率方程为 $v=kc(H_2)c(I_2)$，根据该速率方程，能否说它肯定是基元反应_____，能否说它肯定是双分子反应_____。（填"能"或"不能"）

4. 在常温常压下，$HCl(g)$ 的生成热为 $-92.3$ kJ/mol，生成反应的活化能为 113 kJ/mol，则其逆反应的活化能为_____$kJ \cdot mol^{-1}$。

5. $E^\ominus(ClO_3^-/Cl_2)=1.47$ V，$E^\ominus(Sn^{4+}/Sn^{2+})=0.15$ V，则用该两电对组成的原电池。其正极反应为_____；负极反应为_____；电池符号为_____。

6. $dsp^2$ 杂化是_____轨型配合物，$sp^3d^2$ 杂化是_____轨型配合物。

7.

| 化合物 | $BBr_3$ | $SiCl_4$ | $H_2S$ |
|---|---|---|---|
| 中心原子的杂化轨道类型 |  |  |  |
| 分子几何构型 |  |  |  |

8. $B_2$ 的分子轨道式为_____，成键名称及数目_____，键级为_____。

9. 目前研发的储氢材料主要包括：_____、_____及_____。

10. 铬酸洗液由_____组成的，当洗液的颜色由_____变为_____色，表明洗液已经失效，需要重新配制。

## 四、计算题（每小题 10 分，共 30 分）

1. 将 $NO(g)$ 和 $O_2(g)$ 注入一保持在 673 K 的固定容器中，在反应发生前，它们的分压分别为 $p(NO)=101.0$ kPa，$p(O_2)=286.0$ kPa。当反应 $2NO(g)+O_2(g) \rightleftharpoons 2NO_2(g)$ 达平衡时，$p(NO_2)=79.2$ kPa。

（1）计算该反应在 673 K 的 $K^{\ominus}$，$\Delta_r G_m^{\ominus}$。

（2）判断该反应达到平衡后，降低温度，平衡如何移动？对 NO 的转化率有何影响？（已知在该温度下，100 kPa 下，$S_m^{\ominus}(NO,g)=210.76$ J·mol$^{-1}$·K$^{-1}$，$S_m^{\ominus}(O_2,g)=205.14$ J·mol$^{-1}$·K$^{-1}$，$S_m^{\ominus}(NO_2,g)=240.06$ J·mol$^{-1}$·K$^{-1}$。）

2. 取 100 g NaOAc·3H$_2$O，加入 13 mL 6.0 mol·L$^{-1}$HOAc 溶液，然后用水稀释至 1.0 L，此缓冲溶液的 pH 是多少？若向此溶液中通入 0.10 mol HCl 气体（忽略溶液体积的变化），求溶液的 pH 变化多少？已知：$K_a^{\ominus}(NH_3·H_2O)=1.8\times10^{-5}$。

3. 已知 $E^{\ominus}(Ag^+/Ag)=0.799\,1$ V，$E^{\ominus}(AgBr/Ag)=0.071$ V，$E^{\ominus}([Ag(S_2O_3)_2]^{3-}/Ag)=0.017$ V。若使 0.10 mol AgBr(s) 完全溶解在 1.0 L Na$_2$S$_2$O$_3$ 溶液中，则 Na$_2$S$_2$O$_3$ 溶液的最初浓度应为多少？

# 模拟试卷（四）答案

## 一、判断题（每小题 1 分，共 15 分）

1. ×　2. ×　3. √　4. √　5. ×　6. ×　7. √　8. √　9. √　10. ×　11. ×　12. √　13. ×　14. √　15. √

## 二、单项选择题（每小题 1 分，共 30 分）

| 题号 | 1 | 2 | 3 | 4 | 5 | 6 | 7 | 8 | 9 | 10 |
|---|---|---|---|---|---|---|---|---|---|---|
| 答案 | D | C | C | B | C | C | C | D | A | C |
| 题号 | 11 | 12 | 13 | 14 | 15 | 16 | 17 | 18 | 19 | 20 |
| 答案 | A | A | B | C | C | C | C | C | C | A |
| 题号 | 21 | 22 | 23 | 24 | 25 | 26 | 27 | 28 | 29 | 30 |
| 答案 | B | C | D | B | C | C | A | D | D | D |

## 三、填空题（每小题 1 分，共 25 分）

1. $-75.1$

2. 51

3. 不能；不能

4. 205.3

5. $2ClO_3^- + 10\,e^- + 12H^+ \longrightarrow Cl_2 + 6\,H_2O$；$Sn^{4+} + 2e^- \longrightarrow Sn^{2+}$；

$(-)Pt\,|\,Sn^{2+}(c_1),\ Sn^{4+}(c_2)\,\|\,ClO_3^-(c_3),\ H^+(c_4)\,|\,Cl_2(p)\,|\,Pt(+)$

6. 内；外

7.

| 化合物 | BBr₃ | SiCl₄ | H₂S |
|---|---|---|---|
| 中心原子的杂化轨道类型 | sp² | sp³ | 不等性 sp³ |
| 分子几何构型 | 平面正三角形 | 正四面体形 | V 形 |

8. $KK(\sigma_{2s})^2(\sigma_{2s}^*)^2(\pi_{2p_y})^1(\pi_{2p_z})^1$；2 个单电子π键；1

9. 储氢合金；碳纳米管；配位氢化物

10. 饱和重铬酸钾和浓硫酸；紫黑；蓝绿

## 四、计算题（每小题 10 分，共 30 分)

1. 解：（1）该反应在恒温恒容条件下进行，各物质的分压变化同浓度变化一样，与物质的量变化成正比，因此，可以根据反应方程式来确定分压的变化。

$$2NO(g) \quad + \quad O_2(g) \quad \rightleftharpoons \quad 2NO_2(g)$$

起始分压/kPa $\quad\quad$ 101.0 $\quad\quad\quad$ 286.0

平衡分压/kPa $\quad$ $\begin{array}{c}101.0 - 79.2 \\ = 21.8\end{array}$ $\quad$ $\begin{array}{c}286.0 - \dfrac{79.2}{2} \\ = 246.4\end{array}$ $\quad\quad$ 79.2

$$K^\ominus = \frac{[p(NO_2)/p^\ominus]^2}{[p(NO)/p^\ominus]^2 \cdot [p(O_2)/p^\ominus]} = \frac{(79.2/100)^2}{(21.8/100)^2 \times (246.4/100)} = 5.36$$

$$\Delta_r G_m^\ominus = -2.303RT\lg K^\ominus$$

$$= -2.303 \times (8.314 \text{ J} \cdot \text{mol}^{-1} \cdot \text{K}^{-1}) \times (673 \text{ K}) \times \lg 5.36 = -9.40 \text{ kJ} \cdot \text{mol}^{-1}$$

（2） $\Delta_r S_m^\ominus = 2 S_m^\ominus(NO_2,g) - 2 S_m^\ominus(NO,g) - S_m^\ominus(O_2,g)$

$$= (2 \times 240.06 - 2 \times 210.76 - 205.14) \text{J} \cdot \text{mol}^{-1} \cdot \text{K}^{-1} = -146.54 \text{ J} \cdot \text{mol}^{-1} \cdot \text{K}^{-1}$$

$$\Delta_r H_m^\ominus = \Delta_r G_m^\ominus + T\Delta_r S_m^\ominus$$

$$= [-9.40 + 673 \times (-146.54) \times 10^{-3}] \text{ kJ} \cdot \text{mol}^{-1} = -108.0 \text{ kJ} \cdot \text{mol}^{-1}$$

因此该反应为放热反应，根据平衡移动规则，降低温度有利于平衡向放热反应方向移动，所以降低温度，平衡将向右移动，且 NO 的平衡转化率提高。

2. 解：设解离产生的 $H^+$ 浓度为 $x$ mol·L⁻¹，则

$$HOAc \quad \rightleftharpoons \quad H^+ \quad + \quad OAc^-$$

平衡浓度/(mol·L⁻¹) $\quad$ $0.078 - x$ $\quad\quad\quad$ $x$ $\quad\quad$ $0.74 + x$

$$\frac{c(H^+) \cdot c(OAc^-)}{c(HOAc)} = K_a^\ominus(HOAc)$$

则近似有 $\quad$ $\dfrac{0.74x}{0.078} = 1.8 \times 10^{-5}$，$x = 1.9 \times 10^{-6}$，$pH = -\lg\dfrac{c(H^+)}{c^\ominus} = 5.72$

向此溶液通入 0.10 mol HCl 气体，则发生如下反应：

$$NaOAc + HCl \longrightarrow NaCl + HOAc$$

反应后：$c(HOAc) = 0.18 \text{ mol} \cdot L^{-1}$，$c(OAc^-) = 0.64 \text{ mol} \cdot L^{-1}$

设产生的 $H^+$ 变为 $x' \text{mol} \cdot L^{-1}$，则

$$HOAc \rightleftharpoons H^+ + OAc^-$$

平衡浓度/(mol·L⁻¹)　　　 $0.18 - x'$ 　　　 $x'$ 　　 $0.64 + x'$

$$\frac{(0.64 + x')x'}{0.18 - x'} = 1.8 \times 10^{-5}$$

则近似有　　　　　　　 $x' = 5.1 \times 10^{-6}$，$pH = 5.30$

$$\Delta(pH) = 5.30 - 5.72 = -0.42$$

3. 解：（1）相应的电极反应为 $Ag^+ + e^- \longrightarrow Ag$

$$AgBr + e^- \longrightarrow Ag + Br^-$$

$$[Ag(S_2O_3)_2]^{3-} + e^- \longrightarrow Ag + 2S_2O_3^{2-}$$

当两电极电势达平衡，则 $E(Ag^+/Ag) = E([Ag(S_2O_3)_2]^{3-}/Ag)$

$$E^\ominus(Ag^+/Ag) + 0.059\,2\text{ V} \lg[c(Ag^+)] = E^\ominus([Ag(S_2O_3)_2]^{3-}/Ag)$$
$$+ 0.059\,2\text{ V} \lg\{c([Ag(S_2O_3)_2]^{3-})/c(S_2O_3^{2-})^2\}$$

$$E^\ominus([Ag(S_2O_3)_2]^{3-}/Ag) = E^\ominus(Ag^+/Ag) + 0.059\,2\text{ V} \lg\{1/K_f^\ominus([Ag(S_2O_3)_2]^{3-})\}$$

$$\lg K_f^\ominus([Ag(S_2O_3)_2]^{3-}) = \{E^\ominus(Ag^+/Ag) - E^\ominus([Ag(S_2O_3)_2]^{3-}/Ag)\}/0.059\,2\text{ V}$$

得　　　　　　　　　　 $K_f^\ominus([Ag(S_2O_3)_2]^{3-}) = 1.62 \times 10^{13}$

（2）同理，$E(Ag^+/Ag) = E(AgBr/Ag)$

可推导出　　　 $\lg K_{sp}^\ominus(AgBr) = [E^\ominus(AgBr/Ag) - E^\ominus(Ag^+/Ag)]/0.059\,2\text{ V}$

得　　　　　　　　　　 $K_{sp}^\ominus(AgBr) = 5.0 \times 10^{-13}$

（3）设 $Na_2S_2O_3$ 溶液的最初浓度为 $x \text{ mol} \cdot L^{-1}$。

$$AgBr + 2S_2O_3^{2-} \longrightarrow [Ag(S_2O_3)_2]^{3-} + Br^-$$

起始浓度/(mol·L⁻¹)　　　　　　 $x$

平衡浓度/(mol·L⁻¹)　　　　 $x - 0.2$ 　　　 $0.1$ 　　 $0.1$

有　　 $(0.1)^2/(x - 0.2)^2 = K_{sp}^\ominus(AgBr) \times K_f^\ominus([Ag(S_2O_3)_2]^{3-}) = 5.0 \times 10^{-13} \times 1.62 \times 10^{13}$

得　　　　　　　　　　 $x = 0.235(x = 0.165$ 不符合实际)

**答**：$Na_2S_2O_3$ 溶液的最初浓度应为 $0.235 \text{ mol} \cdot L^{-1}$。

# 模拟试卷（五）

## 一、判断题（每小题 1 分，共 15 分）

1. 因为 $\Delta_r G_m^{\ominus} = -RT\ln K^{\ominus}$，所以温度升高，$K^{\ominus}$ 减小。（    ）
2. 需要加热才能进行的化学反应一定是吸热反应。（    ）
3. 酶的反应速率和温度成正比，温度越高，反应速率越快。（    ）
4. 在所有单质中，硬度最大的是铬。（    ）
5. 在所有金属中，熔点最高的是钨。（    ）
6. ⅥB 族中各元素的价层电子构型为 $(n-1)d^5 ns^1$。（    ）
7. 任何实际气体均可以液化。（    ）
8. 当 $H_2O$ 的温度升高时，其 pH < 7，但仍为中性。（    ）
9. 将 $0.10\ mol \cdot L^{-1} CaCl_2$ 溶液与等体积 $0.20\ mol \cdot L^{-1} HF$ 溶液混合，生成 $CaF_2$ 沉淀，此时溶液中 $c(Ca^{2+})$ 为 $c_1$。如将 $0.10\ mol \cdot L^{-1} CaCl_2$ 溶液与等体积 $0.80\ mol \cdot L^{-1} HF$ 溶液混合，生成 $CaF_2$ 沉淀后溶液的 $c(Ca^{2+})$ 为 $c_2$，则 $c_1 > c_2$。（    ）
10. 即使已知原电池中两电极的标准电极电势值，也不一定能准确判断该电池反应自发进行的方向。（    ）
11. 元素 Li 的电负性为 0.97，元素 K 的电负性为 0.91，则 $E^{\ominus}(Li^+/Li) > E^{\ominus}(K^+/K)$。（    ）
12. 磁量子数为 0 的轨道都是 s 轨道。（    ）
13. 由于 $H_2O$ 和 $NH_3$ 分子的中心原子都采用不等性 $sp^3$ 杂化，所以 $H_2O$ 中 H—O 键的键角和 $NH_3$ 分子中 N—H 键的键角相等。（    ）
14. $CH_3Cl$ 分子和 $H_2O$ 分子间存在着取向力、色散力和诱导力。（    ）
15. 只要选择合适的溶剂，硫化橡胶就可以溶解。（    ）

## 二、单项选择题（每小题 1 分，共 25 分）

1. 下列反应中 $\Delta_r S_m^{\ominus} > 0$ 的是（    ）。
   A. $2H_2(g) + O_2(g) == 2H_2O(g)$
   B. $N_2(g) + 3H_2(g) == 2NH_3(g)$
   C. $NH_4Cl(s) == NH_3(g) + HCl(g)$
   D. $CO_2(g) + 2NaOH(aq) == Na_2CO_3(aq) + H_2O(l)$

2. 核酸分子中单核苷酸之间的连接方式是（    ）。
   A. 肽键
   B. 氢键
   C. 3,5 - 磷酸二酯键
   D. 酰胺键

3. 对于一个确定的化学反应来说，下列说法中正确的是（    ）。
   A. 电动势 $E$ 越大，反应速率越快
   B. 活化能 $E_a$ 越小，反应速率越快
   C. 活化能 $E_a$ 越大，反应速率越快
   D. $\Delta_r G_m^{\ominus}$ 越负，反应速率越快

4. 当一个化学反应处于平衡时，则（    ）。

A. 平衡混合物中各种物质的浓度都相等　　B. 正反应和逆反应速率都是零

C. 反应混合物的组成不随时间而改变　　D. 反应的焓变是零

5. $I^-$ 和 $ClO_3^-$ 在酸性溶液中的反应为 $ClO_3^- + 9I^- + 6H^+ \Longrightarrow 3I_3^- + Cl^- + 3H_2O$，该反应的反应速率为 $v = kc(ClO_3^-) \cdot c(I^-) \cdot c^2(H^+)$，对上述反应，不影响反应速率的条件是（　　）。

A. 在溶液中加水　　　　　　　　　　B. 加热

C. 在溶液中加氨水　　　　　　　　　　D. 在溶液中加氯化钠

6. 已知可逆反应 $A(g) + 2B(g) \Longrightarrow C(g) + D(g)$ 的 $\Delta_r H_m^\ominus < 0$，要使 A 和 B 的转化率最大，最佳的反应条件是（　　）。

A. 低温高压　　　　B. 低温低压　　　　C. 高温高压　　　　D. 高温低压

7. 已知 $K_{sp}^\ominus[M(OH)_2] = 1.8 \times 10^{-11}$，则 $M(OH)_2$ 在 pH = 12.00 的 NaOH 溶液中的溶解度为（　　）。

A. $1.8 \times 10^{-7}$ mol $\cdot$ L$^{-1}$　　　　　　　　B. $1.0 \times 10^{-5}$ mol $\cdot$ L$^{-1}$

C. $1.0 \times 10^{-7}$ mol $\cdot$ L$^{-1}$　　　　　　　　D. $1.8 \times 10^{-9}$ mol $\cdot$ L$^{-1}$

8. 已知 $K_{sp}^\ominus(AgI) = 8.52 \times 10^{-17}$，$K_{sp}^\ominus(AgCl) = 1.77 \times 10^{-10}$，向含相同浓度的 $I^-$ 和 $Cl^-$ 的混合溶液中逐滴加入 $AgNO_3$ 溶液，当 AgCl 开始沉淀时，溶液中 $c(I^-)$ 与 $c(Cl^-)$ 的比值为（　　）。

A. $2.5 \times 10^{-7}$　　　B. $4.6 \times 10^{-7}$　　　C. $4.0 \times 10^{-8}$　　　D. $2.0 \times 10^{-8}$

9. 下列溶液中，pH 最大的是（　　）。

A. 0.1 mol $\cdot$ L$^{-1}$ HOAc 溶液中加入等体积的 0.1 mol $\cdot$ L$^{-1}$ HCl 溶液

B. 0.1 mol $\cdot$ L$^{-1}$ HOAc 溶液中加入等体积的 0.1 mol $\cdot$ L$^{-1}$ NaOH 溶液

C. 0.1 mol $\cdot$ L$^{-1}$ HOAc 溶液中加入等体积的蒸馏水

D. 0.1 mol $\cdot$ L$^{-1}$ HOAc 溶液中加入等体积的 0.1 mol $\cdot$ L$^{-1}$ NaOAc 溶液

10. 在 $H_2S$ 水溶液中，$c(H^+)$ 与 $c(S^{2-})$、$c(H_2S)$ 的关系是（　　）。

A. $c(H^+) = [K_{a1}^\ominus \cdot c(H_2S)/c^\ominus]^{1/2}$ mol $\cdot$ L$^{-1}$，$c(S^{2-}) = K_{a2}^\ominus \cdot c^\ominus$

B. $c(H^+) = [K_{a1}^\ominus(H_2S) \cdot K_{a2}^\ominus \cdot c(H_2S)/c^\ominus]^{1/2}$ mol $\cdot$ L$^{-1}$，$c(S^{2-}) = K_{a2}^\ominus \cdot c^\ominus$

C. $c(H^+) = [K_{a1}^\ominus(H_2S) \cdot c(H_2S)/c^\ominus]^{1/2}$ mol $\cdot$ L$^{-1}$，$c(S^{2-}) = c(H^+)/2$

D. $c(H^+) = [K_{a1}^\ominus(H_2S) \cdot K_{a2}^\ominus \cdot c(H_2S)/c^\ominus]^{1/2}$ mol $\cdot$ L$^{-1}$，$c(S^{2-}) = c(H^+)/2$

11. 根据酸碱质子理论，对于反应 $HCl + NH_3 \Longrightarrow NH_4^+ + Cl^-$，下列各组物质中都是碱的是（　　）。

A. HCl 和 Cl$^-$　　　B. HCl 和 NH$_4^+$　　　C. NH$_3$ 和 Cl$^-$　　　D. NH$_3$ 和 NH$_4^+$

12. 已知：体积为 $V_1$，浓度为 0.2 mol $\cdot$ L$^{-1}$ 弱酸溶液，若使其解离度增加一倍，则溶液的体积 $V_2$ 应为（　　）。

A. $2V_1$　　　　　　B. $4V_1$　　　　　　C. $3V_1$　　　　　　D. $10V_1$

13. 将 pH = 2.00 和 pH = 13.00 的两种强酸、强碱溶液等体积混合，混合后溶液的 pH 为（　　）。

A. 12.65　　　　　B. 7.50　　　　　C. 11.70　　　　　D. 2.35

14. pH = 2.00 的溶液中的 H$^+$ 浓度是 pH = 4.00 的溶液中的 H$^+$ 浓度的（　　）。

A. 3 倍　　　　　　B. 2 倍　　　　　　C. 300 倍　　　　　D. 100 倍

15. 关于 Cu-Zn 原电池的下列叙述中，错误的是（　　　）。

A. 盐桥中的电解质可保持两个半电池中的电荷平衡

B. 盐桥用于维持氧化还原反应的进行

C. 盐桥中的电解质不能参与电池反应

D. 电子通过盐桥流动

16. 已知 $E^{\ominus}(Cl_2/Cl^-)=1.36$ V、$E^{\ominus}(Hg^{2+}/Hg)=0.85$ V、$E^{\ominus}(Fe^{3+}/Fe^{2+})=0.771$ V、$E^{\ominus}(Sn^{2+}/Sn)=-0.14$ V，在标准状态下，下列各组物质不可共存于同一溶液的是（　　　）。

A. $Hg^{2+}$ 和 $Fe^{3+}$　　　B. $Cl^-$ 和 $Fe^{3+}$　　　C. Sn 和 $Fe^{3+}$　　　D. $Fe^{3+}$ 和 Hg

17. 在 $[Co(C_2O_4)_2(en)]^-$ 中，中心离子 $Co^{3+}$ 的配位数为（　　　）。

A. 3　　　　　　B. 4　　　　　　C. 5　　　　　　D. 6

18. 下列电子亚层中包含轨道数最多的是（　　　）。

A. 3d　　　　　　B. 4f　　　　　　C. 5s　　　　　　D. 6p

19. 某元素最后填充的是 2 个 $n=3$，$l=0$ 的电子，则该元素的原子序数为（　　　）。

A. 12　　　　　　B. 20　　　　　　C. 19　　　　　　D. 30

20. 以下元素原子半径变化规律正确的是（　　　）。

A. Be<B<Na<Mg　　　　　　　　B. B<Be<Mg<Na

C. Be<B<Mg<Na　　　　　　　　D. B<Be<Na<Mg

21. 下列分子的偶极矩不等于零的是（　　　）。

A. $CO_2$　　　　　　B. $CH_4$　　　　　　C. $NCl_3$　　　　　　D. $Cl_2$

22. 下列分子中存在氢键的是（　　　）。

A. HF　　　　　　B. HCl　　　　　　C. HBr　　　　　　D. $H_2S$

23. 下列化合物中，熔点最低的是（　　　）。

A. MgO　　　　　　B. $SiCl_4$　　　　　　C. SiC　　　　　　D. KCl

24. 具有"塑料王"美称的聚合物是（　　　）。

A. 聚乙烯　　　　　　　　　　　B. 聚丙烯

C. 聚苯乙烯　　　　　　　　　　D. 聚四氟乙烯

25. 置于水中的铁桩在受到氧浓差腐蚀时，氧浓度大的部位发生的反应为（　　　）。

A. $4OH^- \longrightarrow O_2+2H_2O+4e^-$　　　　　B. $O_2+2H_2O+4e^- \longrightarrow 4OH^-$

C. $Fe \longrightarrow Fe^{2+}+2e^-$　　　　　　　　D. $2H^++2e^- \longrightarrow H_2$

## 三、填空题（每小题 1 分，共 30 分）

1. $N_2(g)+3H_2(g) \rightleftharpoons 2NH_3(g)$，$\Delta_r H_m^{\ominus}=-46$ kJ·$mol^{-1}$，反应达平衡后，改变下列条件，$N_2(g)$ 生成 $NH_3(g)$ 的转化率将会发生什么变化？

（1）压缩混合气体：_____；

（2）升温：_____；

（3）恒压下引入稀有气体：_____。

2. 任何地方都可以划着的火柴头中含有三硫化四磷。当 $P_4S_3(s)$ 在过量的氧气中燃烧时生成 $P_4O_{10}(s)$ 和 $SO_2(g)$，在 25 ℃、标准态下，1.0 mol $P_4S_3(s)$ 燃烧放出 3 677.0 kJ 的热，则其热化学方程式为＿＿＿＿＿＿＿＿＿＿＿＿＿＿＿＿＿＿＿。若 $\Delta_f H_m^\ominus (P_4O_{10}, s) = -2\,940.0\ kJ \cdot mol^{-1}$，$\Delta_f H_m^\ominus (SO_2, g) = -296.830\ kJ \cdot mol^{-1}$，则 $\Delta_f H_m^\ominus (P_4S_3, s) = $ ＿＿＿＿＿＿＿＿ $kJ \cdot mol^{-1}$。

3. 若 $A \longrightarrow 2B$ 的活化能为 $E_a$，则 $2B \longrightarrow A$ 的活化能为 $E_a'$。加催化剂后 $E_a$ 和 $E_a'$ ＿＿＿＿＿＿＿；加不同的催化剂则 $E_a$ 的数值变化＿＿＿＿＿＿＿；提高反应温度，$E_a$ 和 $E_a'$ 值＿＿＿＿＿＿＿；改变起始浓度后，$E_a$ ＿＿＿＿＿＿＿。（填变化情况）

4. 已知 $E^\ominus (MnO_4^-/Mn^{2+}) > E^\ominus (Fe^{3+}/Fe^{2+}) > E^\ominus (Sn^{4+}/Sn^{2+})$，则最强的氧化剂是＿＿＿＿＿＿＿，最强的还原剂是 ＿＿＿＿＿＿＿。

5. $[Zn(NH_3)_4]SO_4$ 的中文命名为 ＿＿＿＿＿＿＿。

6. 50 号元素的电子排布式为＿＿＿＿＿＿＿＿＿＿＿＿＿＿＿＿＿＿＿，该元素属第＿＿＿＿＿＿＿周期，＿＿＿＿＿＿＿族，＿＿＿＿＿＿＿区元素。

7. 丙烯$(CH_3—CH＝CH_2)$共有＿＿＿＿＿＿＿个 σ 键，＿＿＿＿＿＿＿个 π 键。

8.

| 化合物 | $BBr_3$ | $PCl_3$ | $SiCl_4$ |
| --- | --- | --- | --- |
| 中心原子杂化轨道类型 | | | |
| 分子的几何构型 | | | |

9. $O_2^+$ 的分子轨道表示式是＿＿＿＿＿＿＿＿＿＿＿＿＿。

10. MgO 与 NaCl 的熔点由高到低的次序为＿＿＿＿＿＿＿。

11. 根据两种单体在高分子链中的序列分布，二元共聚物可分为＿＿＿＿＿＿＿＿＿＿＿＿＿＿、＿＿＿＿＿＿＿＿＿＿、＿＿＿＿＿＿＿＿＿和＿＿＿＿＿＿＿＿＿四种。

## 四、计算题（每小题 10 分，共 30 分）

1. 已知气相反应 $N_2O_4(g) \rightleftharpoons 2NO_2(g)$ 在 45.0 ℃ 的平衡常数 $K^\ominus = 0.596$，该反应 $\Delta_r H_m^\ominus = 57.3\ kJ \cdot mol^{-1}$。

（1）求该反应的 $\Delta_r S_m^\ominus$；

（2）计算 100.0 ℃时该反应的 $K^\ominus$ 和 $\Delta_r G_m^\ominus$。

2. 已知 $K_{sp}^\ominus (M_2C_2O_4) = 3.4 \times 10^{-7}$，$K_{sp}^\ominus (PbC_2O_4) = 4.8 \times 10^{-10}$。在含有 0.010 $mol \cdot L^{-1}$ $MNO_3$（$M^+$ 为某一价金属离子）和 0.010 $mol \cdot L^{-1}$ $Pb(NO_3)_2$ 的混合溶液中，逐滴加入 $PbC_2O_4$ 溶液。

（1）通过计算判断哪一种离子先被沉淀。

（2）计算当第二种沉淀析出时，溶液中 $Pb^{2+}$ 浓度。

3. 在 298 K 时，$Sn^{2+}$ 和 $Pb^{2+}$ 与其粉末金属平衡的溶液中 $c(Sn^{2+})/c(Pb^{2+}) = 2.98$，已知 $E^\ominus (Pb^{2+}/Pb) = -0.126\ V$，计算 $E^\ominus (Sn^{2+}/Sn)$。

4. 已知 $E^\ominus (Ag^+/Ag) = 0.799\ 1\ V$，$Ag_2C_2O_4$ 的溶度积常数为 $3.5 \times 10^{-11}$。求 $Ag_2C_2O_4 + 2e^- = 2Ag + C_2O_4^{2-}$ 的 $E^\ominus$。

# 模拟试卷（五）答案

## 一、判断题（每小题 1 分，共 15 分）

1. ×　2. ×　3. ×　4. ×　5. √　6. ×　7. ×　8. √　9. √　10. √　11. ×
12. ×　13. ×　14. √　15. ×

## 二、单项选择题（每小题 1 分，共 25 分）

| 题号 | 1 | 2 | 3 | 4 | 5 | 6 | 7 | 8 | 9 | 10 |
|------|---|---|---|---|---|---|---|---|---|----|
| 答案 | C | C | B | C | D | A | A | B | B | A |
| 题号 | 11 | 12 | 13 | 14 | 15 | 16 | 17 | 18 | 19 | 20 |
| 答案 | C | B | A | D | D | C | D | B | A | B |
| 题号 | 21 | 22 | 23 | 24 | 25 | | | | | |
| 答案 | C | A | B | D | B | | | | | |

## 三、填空题（每小题 1 分，共 30 分）

1. （1）增大；（2）减小；（3）减小
2. $P_4S_3(s) + 8O_2(g) \Longrightarrow P_4O_{10}(s) + 3SO_2(g)$，　$\Delta_r H_m^{\ominus} = -3\,677.0\ \text{kJ} \cdot \text{mol}^{-1}$；$-153.5$
3. 同等程度降低；不同；基本不变；不变
4. $MnO_4^-$；$Sn^{2+}$
5. 硫酸四氨合锌（Ⅱ）
6. $[\text{Kr}]4d^{10}5s^25p^2$；第五；ⅣA；p
7. 8；1
8.

| 化合物 | $BBr_3$ | $PCl_3$ | $SiCl_4$ |
|--------|---------|---------|----------|
| 中心原子杂化轨道类型 | $sp^2$ | 不等性 $sp^3$ | $sp^3$ |
| 分子的几何构型 | 平面正三角形 | 三角锥形 | 正四面体形 |

9. $KK(\sigma_{2s})^2(\sigma_{2s}^*)^2(\sigma_{2p_x})^2(\pi_{2p_y})^2(\pi_{2p_z})^2(\pi_{2p_y}^*)^1$

10. $MgO > NaCl$

11. 无规共聚；交替共聚；接枝共聚；嵌段共聚

## 四、计算题（每小题 10 分，共 30 分）

1. 解：（1）$\Delta_r G_m^{\ominus} = -2.303 RT \lg K^{\ominus}$

$\qquad\qquad = -2.303 \times 8.314\ \text{J} \cdot \text{mol}^{-1} \cdot \text{K}^{-1} \times (273.15 + 45.0)\text{K} \times \lg 0.596$

$\qquad\qquad = 1.37\ \text{kJ} \cdot \text{mol}^{-1}$

$$\Delta_r S_m^\ominus = \frac{\Delta_r H_m^\ominus - \Delta_r G_m^\ominus}{T} = \frac{(57.3 - 1.37) \times 10^3 \text{ J} \cdot \text{mol}^{-1}}{(273.15 + 45.0)\text{K}} = 176 \text{ J} \cdot \text{mol}^{-1} \cdot \text{K}^{-1}$$

（2）100.0 ℃时：

$$\Delta_r G_m^\ominus = \Delta_r H_m^\ominus - T\Delta_r S_m^\ominus$$

$$= [57.3 - (273.15 + 100.0) \times 176 \times 10^{-3}]\text{kJ} \cdot \text{mol}^{-1} = -8.4 \text{ kJ} \cdot \text{mol}^{-1}$$

$$\lg K^\ominus = -\frac{\Delta_r G_m^\ominus}{2.303RT} = -\frac{-8.4 \times 10^3 \text{ J} \cdot \text{mol}^{-1}}{2.303 \times 8.314 \text{ J} \cdot \text{mol}^{-1} \cdot \text{K}^{-1} \times (273.15 + 100.0)\text{K}} = 1.2$$

得 $\qquad\qquad\qquad\qquad K^\ominus = 16$

2. 解：（1）$Ag_2C_2O_4$ 沉淀时，$c(C_2O_4^{2-}) = \dfrac{4.8 \times 10^{-10}}{0.010} \text{ mol} \cdot \text{L}^{-1} = 4.8 \times 10^{-8} \text{ mol} \cdot \text{L}^{-1}$

$M_2C_2O_4$ 沉淀时，$c(C_2O_4^{2-}) = \dfrac{3.4 \times 10^{-7}}{0.010^2} \text{ mol} \cdot \text{L}^{-1} = 3.4 \times 10^{-3} \text{ mol} \cdot \text{L}^{-1}$

即 $PbC_2O_4$ 先沉淀。

（2）当 $M_2C_2O_4$ 沉淀时，$c(Pb^{2+}) = \dfrac{4.8 \times 10^{-10}}{3.4 \times 10^{-3}} \text{ mol} \cdot \text{L}^{-1} = 1.4 \times 10^{-7} \text{ mol} \cdot \text{L}^{-1}$

3. 解：反应 $Sn^{2+} + Pb \Longrightarrow Sn + Pb^{2+}$ 达平衡时，其电池电动势 $E = 0$。

$$E = E(Sn^{2+}/Sn) - E(Pb^{2+}/Pb)$$

$$= [E^\ominus(Sn^{2+}/Sn) - E^\ominus(Pb^{2+}/Pb)] + \frac{0.059\,2 \text{ V}}{2} \lg[c(Sn^{2+})/c(Pb^{2+})] = 0$$

则 $\qquad\qquad E^\ominus(Sn^{2+}/Sn) = -0.126 \text{ V} - \dfrac{0.059\,2 \text{ V}}{2} \lg 2.98 = -0.140 \text{ V}$

4. 解：将 $Ag^+/Ag$、$Ag_2C_2O_4/Ag$ 两电对组成原电池，达平衡时，存在以下关系式：

$$E(Ag^+/Ag) = E(Ag_2C_2O_4/Ag)$$

利用能斯特方程，将等式两边分别进行展开为

$$E^\ominus(Ag^+/Ag) + 0.059\,2 \text{ V} \lg[c(Ag^+)] = E^\ominus(Ag_2C_2O_4/Ag) + 0.059\,2 \text{ V}/2 \lg[1/c(C_2O_4^{2-})]$$

经移项等式变为

$$E^\ominus(Ag_2C_2O_4/Ag) = E^\ominus(Ag^+/Ag) + \frac{0.059\,2 \text{ V}}{2} \lg\{[c(Ag^+)]^2 \cdot c(C_2O_4^{2-})\}$$

$$= E^\ominus(Ag^+/Ag) + \frac{0.059\,2 \text{ V}}{2} \lg K_{sp}^\ominus(Ag_2C_2O_4)$$

$$= 0.799\,1 \text{ V} + \frac{0.059\,2 \text{ V}}{2} \lg(3.5 \times 10^{-11}) = 0.489\,6 \text{ V}$$

# 模拟试卷（六）

## 一、单项选择题（每小题 1 分，共 35 分）

1. 下列说法错误的是_____。
   A. 298.15 K 时稳定单质的标准摩尔生成焓等于零
   B. 298.15 K 时稳定单质的标准摩尔熵不等于零
   C. 298.15 K 时稳定单质的标准摩尔生成吉布斯自由能等于零
   D. 298.15 K 时 $H_2O(g)$ 的标准摩尔生成焓等于 0.5 mol $O_2(g)$ 和 1 mol $H_2(g)$ 反应热

2. $2NH_3(g) + 3Cl_2(g) \Longrightarrow N_2(g) + 6HCl(g)$，$\Delta_r H_m^{\ominus} = -461.5\ kJ \cdot mol^{-1}$，当温度升高 50 K，则此时 $\Delta_r H_m^{\ominus}$ _____。
   A. $\gg -461.5\ kJ \cdot mol^{-1}$                    B. $\ll -461.5\ kJ \cdot mol^{-1}$
   C. $\approx -461.5\ kJ \cdot mol^{-1}$                    D. $= -461.5\ kJ \cdot mol^{-1}$

3. 下列物质中，可以认为具有最大标准摩尔熵的物质是_____。
   A. $Li(g)$          B. $Li(s)$          C. $LiCl \cdot H_2O(s)$          D. $Li_2CO_3(s)$

4. 稳定单质在 298.15 K，100 kPa 下，下述正确的是_____。
   A. $S_m^{\ominus}$，$\Delta_f G_m^{\ominus}$ 为零                    B. $\Delta_f H_m^{\ominus}$ 不为零
   C. $S_m^{\ominus}$ 不为零，$\Delta_f H_m^{\ominus}$ 为零                    D. $S_m^{\ominus}$，$\Delta_f G_m^{\ominus}$，$\Delta_f H_m^{\ominus}$ 均为零

5. 某系统在失去 15 kJ 热给环境后，系统的内能增加了 5 kJ，则系统对环境所做的功是_____。
   A. 20 kJ          B. 10 kJ          C. $-10\ kJ$          D. $-20\ kJ$

6. 已知 $\Delta_f H_m^{\ominus}(PCl_3, l) = -319.7\ kJ \cdot mol^{-1}$；$\Delta_f H_m^{\ominus}(PCl_3, g) = -287.0\ kJ \cdot mol^{-1}$；$S_m^{\ominus}(PCl_3, l) = 217.1\ J \cdot mol^{-1} \cdot K^{-1}$；$S_m^{\ominus}(PCl_3, g) = 311.78\ J \cdot mol^{-1} \cdot K^{-1}$。在 100 kPa 时，$PCl_3(l)$ 的沸点约为_____。
   A. 0.35 ℃          B. 345 ℃          C. 72 ℃          D. $-72$ ℃

7. 如果某反应的 $\Delta_r G_m^{\ominus} < 0$，则反应在标准态下将_____。
   A. 自发进行          B. 处于平衡状态          C. 不进行          D. 是放热反应

8. 在 298.15 K 和 101.3 kPa 下，$H_2(g) + \dfrac{1}{2} O_2(g) \Longrightarrow H_2O(l)$ 的 $Q_p$ 与 $Q_V$ 之差是_____ $kJ \cdot mol^{-1}$。
   A. $-3.7$          B. 3.7          C. 1.2          D. $-1.2$

9. 供给生物体的主要能源物质是_____。
   A. 糖类          B. 脂肪          C. 蛋白质          D. 氨基酸

10. Watson 和 Crick 提出的 DNA 结构模型_____。
    A. 是单链 $\alpha$ - 螺旋结构                    B. 是双链平行结构
    C. 是双链反向的平行的螺旋结构                    D. 是左旋结构

11. 一氧化碳燃烧反应的化学方程式为 $2CO(g) + O_2(g) \Longrightarrow 2CO_2(g)$，为基元反应，则该

反应的反应速率方程为_____。

A. $v = kc^2(CO) \cdot c(O_2)$　　　　　　　B. $v = k$

C. $v = kc(O_2)$　　　　　　　　　　　　D. $v = kc(CO_2)$

12. 下列说法正确的是_____。

A. 反应速率常数的大小即反应速率的大小

B. 反应级数和反应分子数是同义词

C. 反应级数越大，反应速率越大

D. 从反应的速率常数的单位可以推测该反应的反应级数

13. 关于催化剂的下列说法中，正确的是_____。

A. 不能改变反应的 $\Delta G, \Delta H, \Delta S, \Delta U$

B. 不能改变反应的 $\Delta G$，但能改变 $\Delta H, \Delta S, \Delta U$

C. 不能改变反应的 $\Delta G, \Delta H$，但能改变 $\Delta S, \Delta U$

D. 不能改变反应的 $\Delta G, \Delta H, \Delta U$，但能改变 $\Delta S$

14. 对任意化学反应 $A + B \longrightarrow 2D$，其含义是_____。

A. 表明它是二级反应

B. 表明它是双分子反应

C. 表明反应物与产物间的计量关系

D. 表明它是基元反应

15. 已知难溶物 AB、$AB_2$ 及 XY、$XY_2$，且 $K_{sp}^{\ominus}(AB) > K_{sp}^{\ominus}(XY)$，$K_{sp}^{\ominus}(AB_2) > K_{sp}^{\ominus}(XY_2)$，则下列叙述中，正确的是（溶解度量纲为 $mol \cdot L^{-1}$）_____。

A. AB 溶解度大于 XY，$AB_2$ 溶解度小于 $XY_2$

B. AB 溶解度大于 XY，$AB_2$ 溶解度大于 $XY_2$

C. AB 溶解度大于 XY，XY 的溶解度一定大于 $XY_2$ 的溶解度

D. $AB_2$ 溶解度大于 $XY_2$，AB 的溶解度一定大于 $XY_2$ 的溶解度

16. 已知 $K_{sp}^{\ominus}[Mg(OH)_2] = 1.8 \times 10^{-11}$，则 $Mg(OH)_2$ 在水中的溶解度为_____。

A. $2.6 \times 10^{-4}$ $mol \cdot L^{-1}$　　　　　　B. $1.7 \times 10^{-4}$ $mol \cdot L^{-1}$

C. $4.2 \times 10^{-6}$ $mol \cdot L^{-1}$　　　　　　D. $3.2 \times 10^{-22}$ $mol \cdot L^{-1}$

17. 下列水溶液蒸气压的顺序正确的为_____。

A. $0.1\ mol \cdot L^{-1} CaCl_2 < 1\ mol \cdot L^{-1} C_6H_{12}O_6 < 1\ mol \cdot L^{-1} NaCl < 1\ mol \cdot L^{-1} H_2SO_4$

B. $1\ mol \cdot L^{-1} H_2SO_4 < 1\ mol \cdot L^{-1} NaCl < 1\ mol \cdot L^{-1} C_6H_{12}O_6 < 0.1\ mol \cdot L^{-1} CaCl_2$

C. $1\ mol \cdot L^{-1} H_2SO_4 < 1\ mol \cdot L^{-1} C_6H_{12}O_6 < 1\ mol \cdot L^{-1} NaCl < 0.1\ mol \cdot L^{-1} CaCl_2$

D. $0.1\ mol \cdot L^{-1} CaCl_2 < 1\ mol \cdot L^{-1} NaCl < 1\ mol \cdot L^{-1} C_6H_{12}O_6 < 1\ mol \cdot L^{-1} H_2SO_4$

18. 在某二元弱酸 $H_2A$ 水溶液中，其 $K_{a1}^{\ominus} \gg K_{a2}^{\ominus}$，则 $c(H^+)$ 与 $c(A^{2-})$ 的浓度分别为_____。

A. $c(H^+) = [K_{a1}^{\ominus} \cdot c(H_2A)/c^{\ominus}]^{1/2}\ mol \cdot L^{-1}$，$c(A^{2-}) = \dfrac{1}{2}c(H^+)$

B. $c(H^+) = [K_{a1}^{\ominus} \cdot c(H_2A)/c^{\ominus}]^{1/2}\ mol \cdot L^{-1}$，$c(A^{2-}) = K_{a2}^{\ominus} \cdot c^{\ominus}$

C. $c(H^+) = [K_{a1}^{\ominus} \cdot K_{a2}^{\ominus} \cdot c(H_2A)/c^{\ominus}]^{1/2}\ mol \cdot L^{-1}$，$c(A^{2-}) = 2c(H^+)$

D. $c(\text{H}^+) = [K_{a1}^\ominus \cdot K_{a2}^\ominus \cdot c(\text{H}_2\text{A})/c^\ominus]^{1/2}\ \text{mol} \cdot \text{L}^{-1}$，$c(\text{A}^{2-}) = K_{a2}^\ominus \cdot c^\ominus$

19. 已知 $K_b^\ominus(\text{NH}_3 \cdot \text{H}_2\text{O}) = 1.8 \times 10^{-5}$，现将 20 mL 0.50 mol·L$^{-1}$ 氨水与 30 mL 0.50 mol·L$^{-1}$ HCl 溶液相混合，溶液中的 pH 为_____。

A. 1.0          B. 0.30          C. 0.50          D. 4.9

20. 下列各溶液浓度相同，其 pH 由大到小排列次序正确的是_____。

A. HOAc，(HOAc + NaOAc)，NH$_4$OAc，NaOAc

B. NaOAc，(HOAc + NaOAc)，NH$_4$OAc，HOAc

C. NH$_4$OAc，NaOAc，(HOAc + NaOAc)，HOAc

D. NaOAc，NH$_4$OAc，(HOAc + NaOAc)，HOAc

21. 已知：$K_a^\ominus(\text{HA}) < 10^{-5}$，HA 是很弱的酸，现将 $a$ mol·L$^{-1}$ HA 溶液加水稀释，使溶液的体积为原来的 $n$ 倍（设[HA] $\ll$ 1），下列叙述正确的是_____。

A. $c(\text{H}^+)$ 变为原来的 $1/n$          B. HA 溶液的解离度增大为原来 $n$ 倍

C. $c(\text{H}^+)$ 变为原来的 $a/n$ 倍          D. $c(\text{H}^+)$ 变为原来的 $(1/n)^{1/2}$

22. 浓度为 0.010 mol·L$^{-1}$ 的一元弱碱（$K_b^\ominus = 1.0 \times 10^{-8}$）溶液的 pH 是_____。

A. 8.70          B. 8.85          C. 9.00          D. 10.50

23. 已知 $E^\ominus(\text{M}^{3+}/\text{M}^{2+}) > E^\ominus[\text{M(OH)}_3/\text{M(OH)}_2]$，则溶度积 $K_{sp}^\ominus[\text{M(OH)}_3]$ 与 $K_{sp}^\ominus[\text{M(OH)}_2]$ 的关系应为_____。

A. $K_{sp}^\ominus[\text{M(OH)}_3] > K_{sp}^\ominus[\text{M(OH)}_2]$          B. $K_{sp}^\ominus[\text{M(OH)}_3] < K_{sp}^\ominus[\text{M(OH)}_2]$

C. $K_{sp}^\ominus[\text{M(OH)}_3] = K_{sp}^\ominus[\text{M(OH)}_2]$          D. 无法判断

24. 某电池 $(-)\text{A} \mid \text{A}^{2+}(0.1\ \text{mol} \cdot \text{L}^{-1}) \parallel \text{B}^{2+}(1.0 \times 10^{-2}\ \text{mol} \cdot \text{L}^{-1}) \mid \text{B}(+)$ 的电动势 $E$ 为 0.27 V，则该电池的标准电动势 $E^\ominus$ 为_____。

A. 0.24 V          B. 0.27 V          C. 0.30 V          D. 0.33 V

25. 在溶液中[Fe(CN)$_6$]$^{3-}$比[FeF$_6$]$^{3-}$稳定，这意味着[Fe(CN)$_6$]$^{3-}$的_____。

A. 酸性较强          B. 不稳定常数较大

C. 稳定常数较大          D. 解离平衡常数较大

26. $\psi(3, 2, 1)$代表的原子轨道是_____。

A. 2p 轨道          B. 3d 轨道          C. 3p 轨道          D. 4f 轨道

27. 下面轨道中，不可能存在的是_____。

A. 4f          B. 8s          C. 2d          D. 1s

28. 在第四周期中，成单电子数为 3 的元素个数为_____。

A. 1          B. 2          C. 3          D. 4

29. 下列各组元素原子的第一电离能递增的顺序正确的为_____。

A. Mg < Na < Al      B. He < Ne < Ar      C. Si < P < As      D. B < C < N

30. 在下列分子结构中，哪一个是平面结构_____。

A. BF$_3$          B. NH$_3$          C. H$_2$O$_2$          D. CH$_4$

31. 下列分子中，只需克服色散力就能使之沸腾的是_____。

A. O$_2$          B. HF          C. CO          D. CH$_2$Cl$_2$

32. 下列关于晶格能的说法正确的是_____。

A. 晶格能是指标准态下气态阳离子与气态阴离子生成 1 mol 离子晶体所释放的能量

B. 晶格能是指标准态下由单质化合成 1 mol 离子化合物时所释放的能量

C. 晶格能是指标准态下气态阳离子与气态阴离子生成离子晶体所释放的能量

D. 晶格能就是组成离子晶体时，离子键的键能

33. 下列说法错误的是_____。

A. 高聚物的相对分子质量是一平均值　　　B. 高聚物没有气态

C. 尼龙–66 是通过加聚反应合成的　　　D. 丁苯橡胶一种共聚物

34. 当速率常数的单位为 $s^{-1}$ 时，反应级数为_____。

A. 一级　　　　B. 二级　　　　C. 零级　　　　D. 三级

35. 0.10 mol·$L^{-1}$ MOH 溶液 pH = 10.0，则该碱的 $K_b^{\ominus}$ 为_____。

A. $1.0 \times 10^{-3}$　　B. $1.0 \times 10^{-19}$　　C. $1.0 \times 10^{-13}$　　D. $1.0 \times 10^{-7}$

## 二、判断题（每小题 1 分，共 10 分）

1. 中心离子电子构型为 $d^1 \sim d^9$ 的配离子大多具有颜色。（　　　）

2. 过渡元素的许多水合离子和配合物呈现颜色。（　　　）

3. ds 区元素原子的次外层都有 10 个 d 电子。（　　　）

4. 含有 1.0 mol·$L^{-1}$ NaOAc 的 0.50 mol·$L^{-1}$ HOAc 溶液的解离度比 0.50 mol·$L^{-1}$ HOAc 溶液的解离度大。（　　　）

5. 在某溶液中含有多种离子可以和同一沉淀剂生成沉淀，$K_{sp}^{\ominus}$ 小的一定最早析出。（　　　）

6. 已知 $Fe^{3+} + e^- \rightleftharpoons Fe^{2+}$ 的 $E^{\ominus}(Fe^{3+}/Fe^{2+}) = 0.771$ V，则 $3Fe^{2+} - 3e^- \rightleftharpoons 3Fe^{3+}$ 的 $E^{\ominus}(Fe^{3+}/Fe^{2+}) = -2.313$ V。（　　　）

7. 因为 Al—N 和 H—F 键均为极性共价键，加之 HF 分子间存在氢键作用，故 HF 的熔、沸点高于 AlN。（　　　）

8. 光子晶体是一种由介电常数不同的介质在空间按照一定的周期排列而形成的长程有序结构，其排列周期与光的波长处于同一数量级。（　　　）

9. 石墨烯是目前世界上人工制得的最薄物质。（　　　）

10. $NH_3$ 中心原子的杂化方式为 $sp^2$ 杂化。（　　　）

## 三、填空题（每小题 1 分，共 25 分）

1. 如果压力、温度和体积都采用 SI 单位，则摩尔气体常数 $R$ 的取值为_____。

2. 锌是一种重要的金属，锌及其化合物有着广泛的应用。指出锌在元素周期表中的位置：第_____周期，第_____族，基态 Zn 原子的价电子排布式为_____。

3. _____型配合物 $[Zn(NH_3)_4]^{2+}$ 中，中心离子采用_____杂化轨道成键，配离子空间构型为_____。因为分子中含有_____个单电子，故属于_____磁性性质。

4. 已知 $E_A^{\ominus}$/V: $Cr_2O_7^{2-}$ ──1.36── $Cr^{3+}$ ──────── $Cr^{2+}$ ──−0.86── Cr

$$\underset{\qquad\qquad -0.74 \qquad\qquad}{\rule{0pt}{1em}}$$

则 $E^{\ominus}(Cr_2O_7^{2-}/Cr^{2+})=$ _____。

5. 原子序数 $Z=80$ 的元素原子的电子排布式为（书写时使用原子实）_____，价层电子构型_____，位于第_____周期_____族，属于_____区。

6. $B_2$ 的分子轨道分布式为_____；其键级为_____。

7. 乙烯分子中有_____个 σ 键，_____个 π 键。

8. 液晶既具有液体的_____，又具有晶体的_____。

9. 按照化学成分，材料可以分为_____、_____、_____和_____四大类。

## 四、计算题（每小题 10 分，共 30 分）

1. 水煤气的反应为 $C(s)+H_2O(g)\Longrightarrow CO(g)+H_2(g)$，已知 $\Delta_f H_m^{\ominus}(H_2O, g)=-241.818\ kJ\cdot mol^{-1}$；$\Delta_f H_m^{\ominus}(CO, g)=-110.525\ kJ\cdot mol^{-1}$；$\Delta_f G_m^{\ominus}(H_2O, g)=-228.572\ kJ\cdot mol^{-1}$；$\Delta_f G_m^{\ominus}(CO, g)=-137.168\ kJ\cdot mol^{-1}$。问各气体都处在 $10^5\ Pa$ 下，在温度多少时，此系统为平衡系统。

2. 某工厂废液中含有 $Pb^{2+}$ 和 $Cr^{3+}$，经测定 $c(Pb^{2+})=3.0\times10^{-2}\ mol\cdot L^{-1}$，$c(Cr^{3+})=2.0\times10^{-2}\ mol\cdot L^{-1}$，若向其中逐渐加入 NaOH 固体(忽略体积变化)将其分离，试计算说明：

（1）哪种离子先被沉淀？

（2）若分离这两种离子，溶液的 pH 应控制在什么范围？（已知 $K_{sp}^{\ominus}[Pb(OH)_2]=1.43\times10^{-15}$，$K_{sp}^{\ominus}[Cr(OH)_3]=6.3\times10^{-31}$。）

3. 298 K 时，对于反应 $MnO_4^-+8H^++5Fe^{2+}\longrightarrow Mn^{2+}+5Fe^{3+}+4H_2O$，其中 $E^{\ominus}(MnO_4^-/Mn^{2+})=1.51\ V$，$E^{\ominus}(Fe^{3+}/Fe^{2+})=0.771\ V$。

（1）请写出根据此反应所组成的原电池的电池符号。

（2）当所有物质都处于标准态时，通过计算说明，反应能否自发进行？并计算反应的平衡常数和所组成的原电池的标准电动势。

（3）通过计算说明，在 pH=5.0 时，反应能否自发进行？

# 模拟试卷（六）答案

## 一、单项选择题（每小题 1 分，共 35 分）

| 题号 | 1 | 2 | 3 | 4 | 5 | 6 | 7 | 8 | 9 | 10 |
|---|---|---|---|---|---|---|---|---|---|---|
| 答案 | D | C | A | C | D | C | A | A | A | C |
| 题号 | 11 | 12 | 13 | 14 | 15 | 16 | 17 | 18 | 19 | 20 |
| 答案 | A | D | A | C | B | B | B | B | A | D |
| 题号 | 21 | 22 | 23 | 24 | 25 | 26 | 27 | 28 | 29 | 30 |
| 答案 | D | C | B | C | C | B | C | C | D | A |
| 题号 | 31 | 32 | 33 | 34 | 35 | | | | | |
| 答案 | A | A | C | A | D | | | | | |

## 二、判断题（每小题 1 分，共 10 分）

1. √　2. √　3. √　4. ×　5. ×　6. ×　7. ×　8. √　9. √　10. ×

## 三、填空题（每小题 1 分，共 25 分）

1. $8.314 \text{ J} \cdot \text{mol}^{-1} \cdot \text{K}^{-1}$

2. 四；ⅡB；$3d^{10}4s^2$

3. 外轨；$sp^3$；正四面体形；0；反

4. $0.90 \text{ V}$

5. $[\text{Xe}]4f^{14}5d^{10}6s^2$；$5d^{10}6s^2$；六；ⅡB；ds

6. $KK(\sigma_{2s})^2(\sigma_{2s}^*)^2(\pi_{2p_y})^1(\pi_{2p_z})^1$；1

7. 5；1

8. 流动性；各向异性

9. 金属材料；无机非金属材料；高分子材料；复合材料

## 四、计算题（每小题 10 分，共 30 分）

1. 解：$C(s) + H_2O(g) \Longrightarrow CO(g) + H_2(g)$

$$\Delta_r H_m^{\ominus} = [-110.525 - (-241.818)] \text{ kJ} \cdot \text{mol}^{-1} = 131.293 \text{ kJ} \cdot \text{mol}^{-1}$$

$$\Delta_r G_m^{\ominus} = [-137.168 - (-228.572)] \text{ kJ} \cdot \text{mol}^{-1} = 91.404 \text{ kJ} \cdot \text{mol}^{-1}$$

故　　　$\Delta_r S_m^{\ominus} = \dfrac{(131.293 - 91.404) \times 1\,000}{298.15} \text{ J} \cdot \text{mol}^{-1} \cdot \text{K}^{-1} = 133.79 \text{ J} \cdot \text{mol}^{-1} \cdot \text{K}^{-1}$

忽略 $\Delta_r H_m^{\ominus}$，$\Delta_r S_m^{\ominus}$ 随 $T$ 变化

由 $\Delta_r G_m^{\ominus} = \Delta_r H_m^{\ominus} - T\Delta_r S_m^{\ominus}$，平衡时，$\Delta_r G_m^{\ominus} = 0$

可得 $T = \dfrac{\Delta_r H_m^{\ominus}}{\Delta_r S_m^{\ominus}} = \dfrac{131.293 \times 1\,000}{133.79} \text{ K} = 981.34 \text{ K}$

即 $T = 981.34 \text{ K}$ 时系统处平衡状态。

2. 解：（1）$Pb^{2+}$ 沉淀时需要的 $c(\text{OH}^-)$：

$$c(\text{OH}^-) = \sqrt{\dfrac{1.43 \times 10^{-15}}{3.0 \times 10^{-2}}} \text{ mol} \cdot \text{L}^{-1} = 2.18 \times 10^{-7} \text{ mol} \cdot \text{L}^{-1}$$

$Cr^{3+}$ 沉淀时需要的 $c(\text{OH}^-)$：

$$c(\text{OH}^-) = \sqrt[3]{\dfrac{6.3 \times 10^{-31}}{2.0 \times 10^{-2}}} \text{ mol} \cdot \text{L}^{-1} = 3.16 \times 10^{-10} \text{ mol} \cdot \text{L}^{-1}$$

所以 $Cr^{3+}$ 先沉淀

（2）$Cr^{3+}$ 完全沉淀时，溶液的 pH：

$$c(\text{OH}^-) = \sqrt[3]{\dfrac{6.3 \times 10^{-31}}{1.0 \times 10^{-5}}} \text{ mol} \cdot \text{L}^{-1} = 3.98 \times 10^{-9} \text{ mol} \cdot \text{L}^{-1}$$

$$pH = pK_w - pOH = 5.60$$

$Pb^{2+}$沉淀时 pH：

$$pH = pK_w - pOH = 6.44$$

3. 解：（1）$(-) Pt \,|\, Fe^{2+}(c_1), Fe^{3+}(c_2) \,\|\, MnO_4^-(c_3), H^+(c_4), Mn^{2+}(c_5) \,|\, Pt\,(+)$

（2）标准态时，

$$E^\ominus = E^\ominus(MnO_4^-/Mn^{2+}) - E^\ominus(Fe^{3+}/Fe^{2+}) = 1.51\ V - 0.771\ V = 0.739\ V$$

$$\Delta_r G_m^\ominus = -nFE^\ominus = -5 \times 96\ 485 \times 0.739\ J \cdot mol^{-1} = -356\ 512\ J \cdot mol^{-1} < 0$$

即标准态下，反应能自发进行。

由 $\qquad \lg K^\ominus = nE^\ominus / 0.059\ 2\ V = 5 \times 0.739 / 0.059\ 2 = 62.42$

可得 $\qquad\qquad\qquad K^\ominus = 2.63 \times 10^{62}$

（3）pH = 5.0 时，$c(H^+) = 10^5\ mol \cdot L^{-1}$

$$E(MnO_4^-/Mn^{2+}) = E^\ominus(MnO_4^-/Mn^{2+}) + \frac{0.059\ 2\ V}{5} \lg[c(H^+)]^8$$

$$= 1.51\ V - 40 \times \frac{0.059\ 2}{5}\ V = 1.036\ V > E^\ominus(Fe^{3+}/Fe^{2+})$$

故在标准态下，反应能自发进行。

# 模拟试卷（七）

## 一、判断题（每题 1 分，共 15 分）

1. $Q_p = \Delta H$，$H$ 是状态函数，所以 $Q_p$ 也是状态函数。（　　）

2. 当温度接近绝对零度时，在标准态下，所有放热反应均能自发进行。（　　）

3. 若 $\Delta_r H_m^{\ominus}$ 和 $\Delta_r S_m^{\ominus}$ 都为正值，则当温度升高时反应自发进行的可能性增加。（　　）

4. 在 d 区元素中以ⅢB族元素最活泼。（　　）

5. 许多过渡金属及其化合物具有催化性能。（　　）

6. 同一族的过渡元素，除ⅢB族外其他各族第一过渡系元素比相应的第二、三过渡系元素活泼。（　　）

7. 中心离子电子构型为 $d^0$ 或 $d^{10}$ 的配离子大多是无色的。（　　）

8. 公式 $\alpha = \sqrt{\dfrac{K_a^{\ominus}}{c}}$ 表明，弱酸浓度 $c$ 越小，解离度 $\alpha$ 越大，所以酸越稀，酸性越强。（　　）

9. 弱酸及其盐组成的缓冲溶液的 pH 必定小于 7。（　　）

10. 在羰基配合物中，配体 CO 的配位原子是碳。（　　）

11. $ClO_3^-$ 被还原为 $Cl^-$ 得到 $6e^-$，而 $ClO^-$ 被还原为 $Cl^-$ 仅得到 $2e^-$，则 $E^{\ominus}(ClO_3^-/Cl^-) > E^{\ominus}(ClO^-/Cl^-)$。（　　）

12. 对双原子分子而言，其分子的极性是由键的极性决定的。（　　）

13. 柔顺性是高分子链最重要的物理特性，高分子链中单键的内旋转越困难，分子链的柔顺性就越好。（　　）

14. 太阳能、氢能和生物质能都属于清洁能源。（　　）

15. 汽油属于一次能源。（　　）

## 二、选择题（每题 1 分,共 30 分）

1. 室温下，稳定状态的单质的标准摩尔熵为_____。
A. 零
B. $1\ J \cdot mol^{-1} \cdot K^{-1}$
C. 大于零
D. 小于零

2. 在 25 ℃、100 kPa 下发生下列反应：
（1）$2H_2(g) + O_2(g) \Longrightarrow 2H_2O(l)$
（2）$CaO(s) + CO_2(g) \Longrightarrow CaCO_3(s)$
其熵变分别为 $\Delta S_1$ 和 $\Delta S_2$，则下列情况正确的是_____。
A. $\Delta S_1 > 0$，$\Delta S_2 > 0$
B. $\Delta S_1 < 0$，$\Delta S_2 < 0$
C. $\Delta S_1 < 0$，$\Delta S_2 > 0$
D. $\Delta S_1 > 0$，$\Delta S_2 < 0$

3. 下述叙述中正确的是_____。
A. 在恒压下，凡是自发的过程一定是放热的

B. 因为焓是状态函数，而恒压反应的焓变等于恒压反应热，所以热也是状态函数

C. 单质的 $\Delta_f H_m^\ominus$ 和 $\Delta_f G_m^\ominus$ 都为零

D. 在恒温恒压条件下，系统自由能减少的过程都是自发进行的

4. 一个双链都被放射性标记的 DNA 分子，在不含放射标记的原料中复制两代，所得的四个 DNA 分子中，放射性标记分布是_____。

A. 全部不含放射性　　　　　　　　　　B. 一半含有放射性

C. 全部含有放射性　　　　　　　　　　D. 无法判断

5. 下列两个反应在某温度、100 kPa 时都能生成 $C_2H_6(g)$：

① $2C(石墨, s) + 3H_2(g) \longrightarrow C_2H_6(g)$

② $C_2H_4(g) + H_2(g) \longrightarrow C_2H_6(g)$

则代表 $C_2H_6(g)$标准摩尔生成焓的反应是_____。

A. 反应①　　　　　　　　　　　　　　B. 反应①的逆反应

C. 反应②　　　　　　　　　　　　　　D. 反应②的逆反应

6. 一级反应速率常数的单位可以是_____。

A. $s^{-1}$　　　　　B. $mol \cdot L^{-1}$　　　　　C. $mol \cdot L^{-1} \cdot s^{-1}$　　　　　D. $mol^{-1} \cdot L \cdot s^{-1}$

7. 某化学反应进行 1 h，反应完成 50%，进行 2 h，反应完成 100%，则此反应是_____。

A. 零级反应　　　　　B. 一级反应　　　　　C. 二级反应　　　　　D. 三级反应

8. 升高同等温度，反应速率增加幅度大的是_____。

A. 活化能小的反应　　　　　　　　　　B. 双分子反应

C. 多分子反应　　　　　　　　　　　　D. 活化能大的反应

9. 某一级反应的速率常数为 $9.5 \times 10^{-2}$ $min^{-1}$，则此反应的半衰期为_____。

A. 3.65 min　　　　　B. 7.29 min　　　　　C. 0.27 min　　　　　D. 0.55 min

10. 在 $Ca_3(PO_4)_2$ 饱和溶液中，已知 $c(Ca^{2+}) = 2.0 \times 10^{-6}$ $mol \cdot L^{-1}$，$c(PO_4^{3-}) = 1.58 \times 10^{-6}$ $mol \cdot L^{-1}$，则 $Ca_3(PO_4)_2$ 的 $K_{sp}^\ominus$ 为_____。

A. $2.0 \times 10^{-29}$　　　　B. $3.2 \times 10^{-12}$　　　　C. $6.3 \times 10^{-18}$　　　　D. $2.1 \times 10^{-27}$

11. 已知 $K_{sp}^\ominus(M(OH)_2) = 8.0 \times 10^{-16}$，则 $M(OH)_2$ 在 pH = 9.00 的溶液中的溶解度为_____。

A. $8.0 \times 10^{-2}$ $mol \cdot L^{-1}$　　　　　　　　B. $8.0 \times 10^{-10}$ $mol \cdot L^{-1}$

C. $3.0 \times 10^{-5}$ $mol \cdot L^{-1}$　　　　　　　　D. $8.0 \times 10^{-6}$ $mol \cdot L^{-1}$

12. 已知 $K_a^\ominus(HCN) = 6.2 \times 10^{-10}$，$K_b^\ominus(NH_3 \cdot H_2O) = 1.8 \times 10^{-5}$，则反应 $NH_3 + HCN \Longrightarrow NH_4^+ + CN^-$ 的标准平衡常数等于_____。

A. 0.90　　　　　B. 1.1　　　　　C. $9.0 \times 10^{-5}$　　　　　D. $9.0 \times 10^{-19}$

13. $0.1$ $mol \cdot L^{-1}$ $H_3PO_4$ 溶液中，其各物种浓度大小次序正确的是_____。

A. $H_3PO_4 < H_2PO_4^- < HPO_4^{2-} < PO_4^{3-}$　　　　B. $PO_4^{3-} < HPO_4^{2-} < H_2PO_4^- < H_3PO_4$

C. $H^+ > H_3PO_4 > H_2PO_4^- > HPO_4^{2-}$　　　　D. $H_3PO_4 > H_2PO_4^- > HPO_4^{2-} > H^+$

14. $0.25$ $mol \cdot L^{-1}$ HF 溶液中的 $c(H^+)$为_____。

A. $0.25$ $mol \cdot L^{-1}$　　　　　　　　　　B. $(0.25/K_a^\ominus)^{1/2}$ $mol \cdot L^{-1}$

C. $0.25 K_a^\ominus$ $mol \cdot L^{-1}$　　　　　　　　　D. $(0.25 K_a^\ominus)^{1/2}$ $mol \cdot L^{-1}$

15. 已知 $K_{sp}^{\ominus}(BaSO_4)=1.08\times10^{-10}$, $K_{sp}^{\ominus}(AgCl)=1.77\times10^{-10}$, 等体积的 $0.002\ mol\cdot L^{-1}$ $Ag_2SO_4$ 溶液与 $2.0\times10^{-5}\ mol\cdot L^{-1}$ $BaCl_2$ 溶液混合时会出现_____。

A. 仅有 $BaSO_4$ 沉淀　　　　　　　　B. 仅有 AgCl 沉淀

C. AgCl 与 $BaSO_4$ 共沉淀　　　　　　D. 无沉淀

16. 金属氢氧化物 $M(OH)_n$ 溶度积为 $K_{sp}^{\ominus}$, 其溶于铵盐溶液的反应为 $M(OH)_n+nNH_4^+ \rightleftharpoons$ $M^{n+}+nNH_3\cdot H_2O$, 则该反应的标准平衡常数为_____。

A. $K_{sp}^{\ominus}[M(OH)_n]/[K_b^{\ominus}(NH_3\cdot H_2O)]^n$　　　B. $[K_b^{\ominus}(NH_3\cdot H_2O)]^n/K_{sp}^{\ominus}[M(OH)_n]$

C. $K_{sp}^{\ominus}[M(OH)_n]\cdot K_b^{\ominus}(NH_3\cdot H_2O)$　　　D. $\{K_{sp}^{\ominus}[M(OH)_n]\cdot K_b^{\ominus}(NH_3\cdot H_2O)\}^{-1}$

17. 已知 $K_a^{\ominus}(HOAc)=1.8\times10^{-5}$, 用 HOAc 和 NaOAc 配制 pH=5.00 的缓冲溶液时, $c(HOAc)/c(NaOAc)$ 为_____。

A. 1.75　　　　　　B. 3.6　　　　　　C. 0.55　　　　　　D. 0.36

18. 已知元素 M 的元素电势图为

$$MO_3 \xrightarrow{0.50\ V} M_2O_5 \xrightarrow{0.20\ V} MO_2 \xrightarrow{0.70\ V} M^{3+} \xrightarrow{0.10\ V} M$$

其中能发生歧化反应的物质是_____。

A. $MO_3$　　　　　　B. $M_2O_5$　　　　　　C. $MO_2$　　　　　　D. $M^{3+}$

19. 下列说法正确的是_____。

A. 只有金属离子才能作为配合物的中心原子

B. 配体的数目就是形成体的配位数

C. 配离子的电荷数等于中心离子的电荷数

D. 配离子的几何构型取决于中心离子所采用的杂化轨道类型

20. 下列配离子中, 具有平面正方形构型的是_____。

A. $[Ni(NH_3)_4]^{2+}(\mu=3.2\ B.M.)$　　　　　　B. $[CuCl_4]^{2-}(\mu=2.0\ B.M.)$

C. $[Zn(NH_3)_4]^{2+}(\mu=0)$　　　　　　D. $[Ni(CN)_4]^{2-}(\mu=0)$

21. 已知 $E^{\ominus}(Tl^+/Tl)=-0.34\ V$, $E^{\ominus}(Tl^{3+}/Tl)=0.72\ V$, 则 $E^{\ominus}(Tl^{3+}/Tl^+)$ 为_____ V。

A. $(0.72+0.34)/2$　　　　　　B. $(0.72-0.34)/2$

C. $(0.72\times3+0.34)/2$　　　　　　D. $(0.72\times3+0.34)$

22. $\psi_{3,1,0}$ 代表_____中的一个简并轨道。

A. 3s 轨道　　　　　　B. 3p 轨道　　　　　　C. 3d 轨道　　　　　　D. 2p 轨道

23. 决定波函数在空间的伸展方向的量子数是_____。

A. 主量子数　　　　　　B. 角量子数　　　　　　C. 磁量子数　　　　　　D. 自旋量子数

24. 以下是四种元素的核外电子构型, 其中未成对电子数最多的元素为_____。

A. $1s^22s^22p^63s^23p^63d^64s^2$　　　　　　B. $1s^22s^22p^63s^23p^63d^54s^2$

C. $1s^22s^22p^63s^23p^63d^34s^2$　　　　　　D. $1s^22s^22p^63s^23p^63d^54s^1$

25. 阿波罗飞船上的天线是用钛镍合金制成的, 这是因为钛镍合金_____。

A. 机械强度大　　　　　　B. 熔点高

C. 具有记忆性能　　　　　　D. 耐腐蚀

26. 下列分子中, 中心原子采取 $sp^2$ 杂化轨道成键的是_____。

A. $C_2H_2$，分子中各原子在同一平面　　　　B. HCN，直线形分子

C. $C_2H_4$，分子中各原子均在同一平面　　　D. $NCl_3$，原子不在同一平面

27. 下列物质熔点高低顺序中，不正确的是_____。

A. $NaF>NaCl>NaBr>NaI$　　　　　　B. $NaCl<MgCl_2<AlCl_3<SiCl_4$

C. $LiF>NaCl>KBr>CsI$　　　　　　　D. $Al_2O_3>MgO>CaO>BaO$

28. $H_2$ 分子之间的作用力有_____。

A. 氢键　　　　　B. 取向力　　　　　C. 诱导力　　　　　D. 色散力

29. 配合物中心离子的配位数等于_____。

A. 配体数　　　　　　　　　　　　　B. 配体中的原子数

C. 配位原子数　　　　　　　　　　　D. 配位原子中的孤对电子数

30. $E^{\ominus}(Cu^{2+}/Cu^+)=0.159\ V$，$E^{\ominus}(Cu^+/Cu)=0.52\ V$，则反应 $2Cu^+ \Longrightarrow Cu^{2+}+Cu$ 的 $K^{\ominus}$ 为_____。

A. $6.93\times10^{-7}$　　　B. $1.98\times10^{12}$　　　C. $1.3\times10^6$　　　D. $4.8\times10^{-13}$

## 三、填空题（每空 1 分，共 25 分）

1. 生物体内的三大营养物质是指_____，其中_____是生物体最重要的能源和碳源物质。

2. 根据元素原子的外围电子排布的特征，可将元素周期表分成_____五个区，其中 As 属于_____区。

3. 在 $Cu-Zn$ 原电池（标准态）中，铜为_____极，锌为_____极。若向 $Cu^{2+}$ 溶液中通入 $NH_3$，则电池电动势将_____；若向 $Zn^{2+}$ 溶液中加入 NaOH 溶液，则电池电动势将_____。

4. 已知相同浓度的 $[FeF_6]^{3-}$ 溶液和 $[Fe(CN)_6]^{3-}$ 溶液中，前者的 $c(Fe^{3+})$ 大于后者的 $c(Fe^{3+})$，由此可知 $K_f^{\ominus}([FeF_6]^{3-})$ 比 $K_f^{\ominus}([Fe(CN)_6]^{3-})$_____，而 $K_d^{\ominus}([Fe(CN)_6]^{3-})$ 比 $K_d^{\ominus}([FeF_6]^{3-})$_____。

5. 第四周期第六个元素的核外电子分布式是_____。

6. HCN 分子中有_____个 σ 键，_____个 π 键。

7. $O_2^+$ 分子轨道式为_____，由此可以判断出 $O_2^+$_____（填"有"或"无"）顺磁性。

8. 3d 轨道具有的等价轨道的数目是_____，轨道的形状是_____。

9. 在乙醇的水溶液中，分子间存在的分子间作用力的种类有_____、_____、_____和_____。

10. 复合材料一般都具有_____相和_____相。

11. 当雨水的 pH 小于_____时称为酸雨。

12. 环境对系统做 10 kJ 的功，且系统又从环境获得 10 kJ 的热量，系统热力学能变化是为_____。

## 四、计算题（每小题 10 分，共 30 分）

1. 对生命起源问题，有人提出最初植物或动物的复杂分子是由简单分子自动形成的，例如尿素($NH_2CONH_2$)的生成可用反应方程式 $CO_2(g) + 2NH_3(g) \longrightarrow (NH_2)_2CO(s) + H_2O(l)$ 表示。已知 $\Delta_f H_m^\ominus[(NH_2)_2CO, s] = -333.19 \text{ kJ} \cdot \text{mol}^{-1}$，$\Delta_f H_m^\ominus(H_2O, l) = -285.830 \text{ kJ} \cdot \text{mol}^{-1}$，$\Delta_f H_m^\ominus(CO_2, g) = -393.51 \text{ kJ} \cdot \text{mol}^{-1}$，$\Delta_f H_m^\ominus(NH_3, g) = -46.11 \text{ kJ} \cdot \text{mol}^{-1}$，$S_m^\ominus[(NH_2)_2CO, s] = 104.60 \text{ J} \cdot \text{K}^{-1} \cdot \text{mol}^{-1}$，$S_m^\ominus(H_2O, l) = 69.91 \text{ J} \cdot \text{K}^{-1} \cdot \text{mol}^{-1}$，$S_m^\ominus(CO_2, g) = 213.74 \text{ J} \cdot \text{K}^{-1} \cdot \text{mol}^{-1}$，$S_m^\ominus(NH_3, g) = 192.45 \text{ J} \cdot \text{K}^{-1} \cdot \text{mol}^{-1}$。

（1）计算 298.15 K 时该反应的 $\Delta_r G_m^\ominus$，并说明该反应在此温度和标准态下能否自发；

（2）标准态下，温度高于何值时，反应就不再自发进行了。

2. 在 pH = 1 的 1 L 溶液中，含有 $0.01 \text{ mol} \cdot \text{L}^{-1}$ $Fe^{2+}$ 和 $0.01 \text{ mol} \cdot \text{L}^{-1}$ $Mg^{2+}$，向该溶液中通入 $NH_3(g)$，要使这两种离子实现完全分离，试计算所通入 $NH_3(g)$ 物质的量最少为多少？最多为多少？（通入 $NH_3$ 前后的溶液体积变化可忽略，已知 $K_b^\ominus(NH_3 \cdot H_2O) = 1.8 \times 10^{-5}$，$K_{sp}^\ominus[Fe(OH)_2] = 4.87 \times 10^{-17}$，$K_{sp}^\ominus[Mg(OH)_2] = 5.61 \times 10^{-12}$）

3. 已知 $E^\ominus(I_2/I^-) = 0.535\,5 \text{ V}$，$E^\ominus(H_2O_2/H_2O) = 1.763 \text{ V}$。

（1）将标准态时的上述电对中有关物质组成原电池，写出电极反应、电池反应、原电池符号。

（2）计算 pH = 4，其他离子为标准态时，原电池的电动势。

# 模拟试卷（七）答案

## 一、判断题（每小题 1 分，共 15 分）

1. ×　2. √　3. √　4. √　5. √　6. √　7. √　8. ×　9. ×　10. √　11. ×
12. √　13. ×　14. √　15. ×

## 二、填空题（每小题 1 分，共 30 分）

| 题号 | 1 | 2 | 3 | 4 | 5 | 6 | 7 | 8 | 9 | 10 |
|---|---|---|---|---|---|---|---|---|---|---|
| 答案 | C | B | D | B | A | A | A | D | B | A |
| 题号 | 11 | 12 | 13 | 14 | 15 | 16 | 17 | 18 | 19 | 20 |
| 答案 | D | B | B | D | C | A | C | C | D | D |
| 题号 | 21 | 22 | 23 | 24 | 25 | 26 | 27 | 28 | 29 | 30 |
| 答案 | C | B | C | D | C | C | B | D | C | C |

## 三、填空题（每空 1 分，共 25 分）

1. 糖类，脂肪，蛋白质；糖类

2. s，p，d，ds，f；p

3. 正；负；降低；升高

4. 小；小

5. $[Ar]3d^5 4s^1$

6. 2；2

7. $KK(\sigma_{2s})^2 (\sigma_{2s}^*)^2 (\sigma_{2p_x})^2 (\pi_{2p_y})^2 (\pi_{2p_z})^2 (\pi_{2p_y}^*)^1$；有

8. 5；花瓣形

9. 色散力；诱导力；取向力；氢键

10. 连续；分散

11. 5.6

12. 20 kJ

## 四、计算题（每小题 10 分，共 30 分）

1. 解：（1）根据吉布斯 – 亥姆霍兹公式 $\Delta_r G_m^{\ominus} = \Delta_r H_m^{\ominus} - T\Delta_r S_m^{\ominus}$

$\Delta_r H_m^{\ominus} = \Delta_f H_m^{\ominus}[(NH_2)_2 CO,s] + \Delta_f H_m^{\ominus}(H_2O, l) - \Delta_f H_m^{\ominus}(CO_2, g) - 2\Delta_f H_m^{\ominus}(NH_3, g)$

$\quad = [-333.19 + (-285.830) - (-393.51) - 2 \times (-46.11)] \text{ kJ} \cdot \text{mol}^{-1}$

$\quad = -133.29 \text{ kJ} \cdot \text{mol}^{-1}$

$\Delta_r S_m^{\ominus} = S_m^{\ominus}[(NH_2)_2 CO, s] + S_m^{\ominus}(H_2O, l) - S_m^{\ominus}(CO_2, g) - 2S_m^{\ominus}(NH_3, g)$

$\quad = (104.60 + 69.91 - 213.74 - 2 \times 192.45) \text{ J} \cdot \text{K}^{-1} \cdot \text{mol}^{-1}$

$\quad = -424.13 \text{ J} \cdot \text{K}^{-1} \cdot \text{mol}^{-1}$

故 $\Delta_r G_m^{\ominus} = -133.29 \text{ kJ} \cdot \text{mol}^{-1} - [298.15 \text{ K} \times (-424.13 \times 10^{-3} \text{ kJ} \cdot \text{K}^{-1} \cdot \text{mol}^{-1})]$

$\quad = -6.84 \text{ kJ} \cdot \text{mol}^{-1} < 0$

该反应在此温度和标准态下自发进行。

（2）若使 $\Delta_r G_m^{\ominus}(T) = \Delta_r H_m^{\ominus}(T) - T\Delta_r S_m^{\ominus}(T) > 0$，则标准态下正向非自发。

又因为 $\Delta_r H_m^{\ominus}$、$\Delta_r S_m^{\ominus}$ 随温度变化不大，即

$$\Delta_r G_m^{\ominus}(T) \approx \Delta_r H_m^{\ominus} - T\Delta_r S_m^{\ominus} > 0$$

则 $T > -133.29 \text{ kJ} \cdot \text{mol}^{-1}/(-424.13 \times 10^{-3} \text{ kJ} \cdot \text{K}^{-1} \cdot \text{mol}^{-1}) = 314.27 \text{ K}$

故在标准态下，温度高于 314.27 K 时，反应就不再自发进行了。

2. 解：$Fe^{2+} + 2OH^- \Longrightarrow Fe(OH)_2$

开始沉淀：$c(OH^-) = \sqrt{\dfrac{4.87 \times 10^{-17}}{0.01}} \text{ mol} \cdot \text{L}^{-1} = 7.0 \times 10^{-8} \text{ mol} \cdot \text{L}^{-1}$

沉淀完全：$c(OH^-) = \sqrt{\dfrac{4.87 \times 10^{-17}}{10^{-5}}} \text{ mol} \cdot \text{L}^{-1} = 2.2 \times 10^{-6} \text{ mol} \cdot \text{L}^{-1}$

$$Mg^{2+} + 2OH^- \Longrightarrow Mg(OH)_2$$

开始沉淀：$c(OH^-) = \sqrt{\dfrac{5.61 \times 10^{-12}}{0.01}} \text{ mol} \cdot \text{L}^{-1} = 2.4 \times 10^{-5} \text{ mol} \cdot \text{L}^{-1}$

沉淀完全：$c(\text{OH}^-) = \sqrt{\dfrac{5.61\times10^{-12}}{10^{-5}}}$ mol $\cdot$ L$^{-1}$ = $7.5\times10^{-4}$ mol $\cdot$ L$^{-1}$

所以 Fe$^{2+}$先沉淀。

设 Fe$^{2+}$完全沉淀时，体系中 NH$_3\cdot$H$_2$O 的初始浓度为 $x$ mol $\cdot$ L$^{-1}$。

$$\text{H}^+ + \text{NH}_3\cdot\text{H}_2\text{O} = \text{H}_2\text{O} + \text{NH}_4^+$$

　　0.1 mol　　0.1 mol　　　　　　　0.1 mol

$$\text{Fe}^{2+} + 2\text{NH}_3\cdot\text{H}_2\text{O} = \text{Fe(OH)}_2 + 2\text{NH}_4^+$$

　0.01 mol　　0.02 mol　　　　　　　0.02 mol

$$\text{NH}_3\cdot\text{H}_2\text{O} \;=\; \text{NH}_4^+ \;+\; \text{OH}^-$$

初始浓度/(mol $\cdot$ L$^{-1}$)　　　　$x$　　　　　　　0.12　　　　　$10^{-7}$

平衡浓度/(mol $\cdot$ L$^{-1}$)　$x - 2.2\times10^{-6}$　$0.12 + 2.2\times10^{-6}$　$2.2\times10^{-6}$

$$K_b^{\ominus}(\text{NH}_3\cdot\text{H}_2\text{O}) = \frac{(0.12 + 2.2\times10^{-6})\cdot(2.2\times10^{-6})}{x - 2.2\times10^{-6}} = 1.8\times10^{-5}$$

解得　　　　　　　　　　　　$x = 0.015$

设 Mg$^{2+}$开始沉淀时，体系中 NH$_3\cdot$H$_2$O 的初始浓度为 $y$ mol $\cdot$ L$^{-1}$。

　　　　　0.015 mol + 0.1 mol + 0.02 mol = 0.135 mol

$$\text{NH}_3\cdot\text{H}_2\text{O} \;\rightleftharpoons\; \text{NH}_4^+ \;+\; \text{OH}^-$$

初始浓度/(mol $\cdot$ L$^{-1}$)　　　$y$　　　　　　0.12　　　　　　$10^{-7}$

平衡浓度/(mol $\cdot$ L$^{-1}$) $y - 2.4\times10^{-5}$　$0.12 + 2.4\times10^{-5}$　$2.4\times10^{-5}$

$$K_b^{\ominus}(\text{NH}_3\cdot\text{H}_2\text{O}) = \frac{(0.12 + 2.4\times10^{-5})\cdot(2.4\times10^{-5})}{y - 2.4\times10^{-5}} = 1.8\times10^{-5}$$

解得　　　　　　　　　　　　$y = 0.16$

则　　　　　　　　0.16 mol + 0.12 mol = 0.28 mol

通入 NH$_3$(g)最少 0.135 mol，最多 0.28 mol。

3. 解：（1）负极反应：$2\text{I}^- - 2e^- = \text{I}_2$

正极反应：$\text{H}_2\text{O}_2 + 2\text{H}^+ + 2e^- = 2\text{H}_2\text{O}$

电池反应：$\text{H}_2\text{O}_2 + 2\text{H}^+ + 2\text{I}^- = \text{I}_2 + 2\text{H}_2\text{O}$

$$(-)\text{Pt}|\text{I}_2(s)|\text{I}^- \;\|\; \text{H}_2\text{O}_2,\ \text{H}^+|\text{Pt}(+)$$

（2）$E = E(\text{H}_2\text{O}_2/\text{H}_2\text{O}) - E^{\ominus}(\text{I}_2/\text{I}^-)$

$\quad = E^{\ominus}(\text{H}_2\text{O}_2/\text{H}_2\text{O}) + \dfrac{0.059\,2\ \text{V}}{2}\cdot\lg(1\times10^{-4})^2 - E^{\ominus}(\text{I}_2/\text{I}^-)$

$\quad = 1.763\ \text{V} + \dfrac{0.059\,2\ \text{V}}{2}\cdot\lg(1\times10^{-4})^2 - 0.535\,5\ \text{V} = 0.991\ \text{V}$

# 模拟试卷（八）

## 一、判断题（每小题 1 分，共 15 分）

1. 化学计量数与化学反应计量方程式中各反应物和产物前面的配平系数相等。（　　）
2. 标准状况与标准态是同一个概念。（　　）
3. $H_2O(l)$ 的标准摩尔生成焓等于 $H_2(g)$ 的标准摩尔燃烧焓。（　　）
4. 非必需氨基酸指生物体内不需要的那些氨基酸。（　　）
5. 中心离子电子构型为 $d^1 \sim d^9$ 的配离子大多具有颜色。（　　）
6. 第一过渡系元素中，从 Sc 到 Mn，元素的最高氧化数等于其族序数。（　　）
7. 气体具有无限扩散性。（　　）
8. 弱酸的浓度越小，解离度越大，酸性越强。（　　）
9. 某溶液中 $c(HCl) = c(NaHSO_4) = 0.10 \ mol \cdot L^{-1}$，其 pH 与 $0.10 \ mol \cdot L^{-1} \ H_2SO_4(aq)$ 的 pH 相等。（　　）
10. 配合物中，配位数就是与中心离子结合的配体的个数。（　　）
11. 电极反应中有关物质浓度的变化，会引起电极电势的改变，但不会导致氧化还原反应方向的改变。（　　）
12. 配位键是稳定的化学键，配位键越稳定，配合物的稳定常数越大。（　　）
13. 按分子在空间排列的有序性不同，液晶可分为热致液晶和溶致液晶。（　　）
14. 若浓差电池 $Ag|Ag^+(c_1)||Ag^+(c_2)|Ag$ 的 $c_1 < c_2$，则左端为正极。（　　）
15. 当反应速率常数的单位为 $s^{-1}$ 时，反应级数为一级。

## 二、选择题（每小题 1 分，共 30 分）

1. 恒温下，下列相变中，$\Delta_r S_m^{\ominus}$ 最大的是_____。

A. $H_2O(l) \longrightarrow H_2O(g)$       B. $H_2O(s) \longrightarrow H_2O(g)$

C. $H_2O(s) \longrightarrow H_2O(l)$       D. $H_2O(l) \longrightarrow H_2O(s)$

2. 在标准态下石墨燃烧反应的焓变为 $-393.51 \ kJ \cdot mol^{-1}$，金刚石燃烧反应的焓变为 $-395.41 \ kJ \cdot mol^{-1}$，则石墨转变成金刚石反应的焓变为_____。

A. $-788.92 \ kJ \cdot mol^{-1}$       B. 0

C. $1.90 \ kJ \cdot mol^{-1}$       D. $-1.90 \ kJ \cdot mol^{-1}$

3. 已知 $Mg(s) + Cl_2(g) =\!=\!= MgCl_2(s)$，$\Delta_r H_m^{\ominus} = -642 \ kJ \cdot mol^{-1}$，则_____。

A. 在任何温度下，反应都是自发的

B. 在任何温度下，反应都是不自发的

C. 高温下，反应是自发的；低温下，反应不自发

D. 高温下，反应是不自发的；低温下，反应自发

4. 系统对环境做功 20 kJ，并失去 10 kJ 的热给环境，则系统热力学能的变化是_____。

A. 30 kJ                    B. 10 kJ                    C. $-10$ kJ                    D. $-30$ kJ

5. 对于催化剂特性的描述，不正确的是_____。

A. 催化剂只能改变反应达到平衡的时间而不能改变平衡状态

B. 催化剂不能改变平衡常数

C. 催化剂在反应前后其化学性质和物理性质皆不变

D. 加入催化剂不能实现热力学上不可能进行的反应

6. 下列叙述中正确的是_____。

A. 反应活化能越小，反应速率越大

B. 溶液中的反应一定比气相中的反应速率大

C. 增大系统压力，反应速率一定增大

D. 加入催化剂，使正反应活化能和逆反应活化能减少相同倍数

7. 某化学反应进行 30 min 反应完成 50%，进行 60 min 完成 100%，则此反应是_____。

A. 三级反应            B. 二级反应            C. 一级反应            D. 零级反应

8. 升高温度可以加快反应速率，主要是因为_____。

A. 增加了反应物的平均能量                    B. 增加了活化分子百分数

C. 降低了活化能                                        D. 促使平衡向吸热反应方向移动

9. 已知 $K_{sp}^{\ominus}(PbCl_2) = 1.70 \times 10^{-5}$，$K_{sp}^{\ominus}(PbI_2) = 9.8 \times 10^{-9}$，$K_{sp}^{\ominus}(PbS) = 8.0 \times 10^{-28}$。若沉淀过程中依次看到白色 $PbCl_2$、黄色 $PbI_2$ 和黑色 $PbS$ 三种沉淀，则向 $Pb^{2+}$ 溶液中滴加沉淀剂的次序是_____。

A. $Na_2S$、$NaI$、$NaCl$                    B. $NaCl$、$NaI$、$Na_2S$

C. $NaCl$、$Na_2S$、$NaI$                    D. $NaI$、$NaCl$、$Na_2S$

10. 某难溶强电解质 $A_2B$，其相对分子质量为 80，常温下在水中的溶解度为 $2.4 \times 10^{-3}$ g $\cdot$ $L^{-1}$，则 $K_{sp}^{\ominus}(A_2B) = $_____。

A. $1.1 \times 10^{-13}$            B. $2.7 \times 10^{-14}$            C. $1.8 \times 10^{-9}$            D. $8.6 \times 10^{-10}$

11. 下列水溶液蒸气压的顺序正确的为_____。

A. 0.1 mol $\cdot$ $L^{-1}$ $C_6H_{12}O_6$ 溶液 < 0.1 mol $\cdot$ $L^{-1}$ $CH_3COOH$ 溶液 < 0.1 mol $\cdot$ $L^{-1}$ $NaCl$ 溶液 < 0.1 mol $\cdot$ $L^{-1}$ $CaCl_2$ 溶液

B. 0.1 mol $\cdot$ $L^{-1}$ $CaCl_2$ 溶液 < 0.1 mol $\cdot$ $L^{-1}$ $NaCl$ 溶液 < 0.1 mol $\cdot$ $L^{-1}$ $CH_3COOH$ 溶液 = 0.1 mol $\cdot$ $L^{-1}$ $C_6H_{12}O_6$ 溶液

C. 0.1 mol $\cdot$ $L^{-1}$ $NaCl$ 溶液 < 0.1 mol $\cdot$ $L^{-1}$ $CaCl_2$ 溶液 < 0.1 mol $\cdot$ $L^{-1}$ $CH_3COOH$ 溶液 < 0.1 mol $\cdot$ $L^{-1}$ $C_6H_{12}O_6$ 溶液

D. 0.1 mol $\cdot$ $L^{-1}$ $CaCl_2$ 溶液 < 0.1 mol $\cdot$ $L^{-1}$ $NaCl$ 溶液 < 0.1 mol $\cdot$ $L^{-1}$ $CH_3COOH$ 溶液 < 0.1 mol $\cdot$ $L^{-1}$ $C_6H_{12}O_6$ 溶液

12. 反应 $Ca_3(PO_4)_2(s) + 6F^- \rightleftharpoons 3CaF_2(s) + 2PO_4^{3-}$ 的标准平衡常数 $K^{\ominus}$ 为_____。

A. $K_{sp}^{\ominus}(CaF_2) / K_{sp}^{\ominus}[Ca_3(PO_4)_2]$                    B. $K_{sp}^{\ominus}[Ca_3(PO_4)_2] / K_{sp}^{\ominus}(CaF_2)$

C. $[K_{sp}^{\ominus}(CaF_2)]^3 / K_{sp}^{\ominus}[Ca_3(PO_4)_2]$                    D. $K_{sp}^{\ominus}[Ca_3(PO_4)_2] / [K_{sp}^{\ominus}(CaF_2)]^3$

13. 在 20.0 mL 0.10 mol $\cdot$ $L^{-1}$ 氨水中，加入下列溶液后，pH 最大的是_____。

A. 加入 20.0 mL 0.100 mol·L$^{-1}$ HCl 溶液

B. 加入 20.0 mL 0.100 mol·L$^{-1}$ HOAc 溶液（HOAc 的 $K_a^{\ominus} = 1.75 \times 10^{-5}$）

C. 加入 20.0 mL 0.100 mol·L$^{-1}$ HF 溶液（HF 的 $K_a^{\ominus} = 6.3 \times 10^{-4}$）

D. 加入 10.0 mL 0.100 mol·L$^{-1}$ 硫酸

14. 已知 $K_a^{\ominus}$(HOAc) $= 1.75 \times 10^{-5}$，现有一醋酸与 $1.0 \times 10^{-3}$ mol·L$^{-1}$ HCl 溶液的 pH 相同，则醋酸的浓度为_____。

A. $1.75 \times 10^{-4}$ mol·L$^{-1}$            B. $5.5 \times 10^{-4}$ mol·L$^{-1}$

C. 1.75 mol·L$^{-1}$                     D. 0.057 mol·L$^{-1}$

15. 比较下列各种磷酸或其盐溶液中 $PO_4^{3-}$ 浓度大小，其中错误的是_____。

A. 0.10 mol·L$^{-1}$ $Na_2HPO_4$ 溶液 > 0.10 mol·L$^{-1}$ $H_3PO_4$ 溶液

B. 0.10 mol·L$^{-1}$ $Na_2HPO_4$ 溶液 > 0.10 mol·L$^{-1}$ $NaH_2PO_4$ 溶液

C. 0.10 mol·L$^{-1}$ $NaH_2PO_4$ 溶液 > 0.10 mol·L$^{-1}$ $H_3PO_4$ 溶液

D. 0.10 mol·L$^{-1}$ $KH_2PO_4$ 溶液 > 0.10 mol·L$^{-1}$ $Na_2HPO_4$ 溶液

16. 等体积混合 pH $= 2.00$ 和 pH $= 11.00$ 的强酸和强碱溶液，所得溶液的 pH 为_____。

A. 1.35           B. 3.35           C. 2.35           D. 6.50

17. pH $= 10$，水作氧化剂的半反应为_____。

A. $O_2 + 4H^+ + 4e^- \rightleftharpoons 2H_2O$          B. $H_2O + e^- \rightleftharpoons \dfrac{1}{2}H_2 + OH^-$

C. $O_2 + 2H_2O + 4e^- \rightleftharpoons 4OH^-$       D. $H^+ + \dfrac{1}{2}O_2 + e^- \rightleftharpoons \dfrac{1}{2}H_2O_2$

18. 下列氧化剂中，随着 $c(H^+)$ 浓度增加，氧化能力没有变化的是_____。

A. $Fe^{3+}$          B. $H_2O_2$          C. $K_2Cr_2O_7$          D. $KMnO_4$

19. 已知电极反应 $ClO_3^- + 6H^+ + 6e^- \Longrightarrow Cl^- + 3H_2O$ 的 $\Delta_r G_m^{\ominus} = -839.6$ kJ·mol$^{-1}$，则 $E^{\ominus}(ClO_3^-/Cl^-)$ 为_____。

A. 1.45 V          B. 0.73 V          C. 2.90 V          D. $-1.45$ V

20. 使下列电极反应中有关离子浓度减小一半，而 $E$ 值增加的是_____。

A. $Cu^{2+} + 2e^- \Longrightarrow Cu$          B. $I_2 + 2e^- \Longrightarrow 2I^-$

C. $2H^+ + 2e^- \Longrightarrow H_2$           D. $Fe^{3+} + e^- \Longrightarrow Fe^{2+}$

21. 将有关离子浓度增大 5 倍，$E$ 值保持不变的电极反应是_____。

A. $Zn^{2+} + 2e^- \Longrightarrow Zn$          B. $MnO_4^- + 8H^+ + 5e^- \Longrightarrow Mn^{2+} + 4H_2O$

C. $Cl_2 + 2e^- \Longrightarrow 2Cl^-$          D. $Cr^{3+} + e^- \Longrightarrow Cr^{2+}$

22. 下列量子数取值错误的是_____。

A. 3，2，2，$\dfrac{1}{2}$          B. 2，2，0，$-\dfrac{1}{2}$

C. 3，2，1，$\dfrac{1}{2}$          D. 4，1，0，$-\dfrac{1}{2}$

23. 下列基态原子的电子排布式错误的是_____。

A. $1s^2 2s^2 2p^1$          B. $1s^2 2s^2 2p^6 3s^2 3p^6$

C. $1s^2 2s^2 2p^6 3s^2 3p^6 3d^5 4s^2$          D. $1s^2 2s^2 2p^6 3s^2 3p^6 3d^9 4s^2$

24. 下列几种元素中电负性最大的是_____。

A. Na          B. Ca          C. S          D. Cl

25. 下列分子中，空间构型是平面三角形的是_____。

A. $CS_2$          B. $BF_3$          C. $NH_3$          D. $PCl_3$

26. 由分子轨道理论可推知 $O_2$、$O_2^-$ 键能的大小顺序为_____。

A. $O_2 > O_2^-$          B. $O_2 < O_2^-$          C. $O_2 = O_2^-$

27. 在下列各分子中，偶极矩不为零的是_____。

A. $BeCl_2$          B. $BF_3$          C. $NF_3$          D. $CH_4$

28. 下列分子中，只存在色散力的是_____。

A. $CO_2$          B. HF          C. CO          D. $CH_2Cl_2$

29. 下列晶体熔点高低正确的顺序是_____。

A. $NaCl > SiO_2 > HCl > HF$          B. $SiO_2 > NaCl > HCl > HF$

C. $NaCl > SiO_2 > HF > HCl$          D. $SiO_2 > NaCl > HF > HCl$

30. 材料可以分为结构材料和功能材料，是依据材料的_____而分的。

A. 化学成分                   B. 原子排列的有序程度

C. 使用历史                   D. 使用性能

## 三、填空题（每空 1 分，共 25 分）

1. 糖类是一类_____的总称，而脂类则是指_____的化合物。

2. $[Ni(CN)_4]^{2-}$ 中心离子的杂化轨道类型为_____，其空间构型为_____，是_____轨型配合物，具有_____磁性。

3. 用电对 $MnO_4^-/Mn^{2+}$，$Cl_2/Cl^-$ 设计成原电池，其负极反应为_____，正极反应为_____，电池符号为_____。

4. d 轨道的角度分布图为_____形。

5. 原子序数 $Z = 42$ 的元素原子的电子排布式为_____，价电子构型为_____，位于第_____周期_____族，属于_____区。

6. 乙醇和二甲醚($CH_3OCH_3$)的组成相同，但前者的沸点为 78.5 ℃，而后者的沸点为 $-23$ ℃的原因是_____。

7. 纳米复合材料是_____的复合材料。

8.

| 物质 | 晶体类型 | 晶格结点上的粒子 | 粒子间作用力 |
|------|----------|------------------|--------------|
| CsCl |          |                  |              |
| 硼酸 |          |                  |              |

9. $SiH_4$ 中心原子的杂化类型是_____，它是_____分子（填极性或非极性）。

## 四、计算题（每小题 10 分，共 30 分）

1. 已知 298.15 K 时，$NH_4HCO_3(s) \longrightarrow NH_3(g) + CO_2(g) + H_2O(g)$ 的相关热力学数据如下：

|  | $NH_4HCO_3(s)$ | $NH_3(g)$ | $CO_2(g)$ | $H_2O(g)$ |
|---|---|---|---|---|
| $\Delta_f G_m^{\ominus}$ /(kJ·mol$^{-1}$) | −670 | −16.45 | −394.359 | −228.572 |
| $\Delta_f H_m^{\ominus}$ /(kJ·mol$^{-1}$) | −850 | −46.11 | −393.51 | −241.818 |
| $S_m^{\ominus}$ /(J·K$^{-1}$·mol$^{-1}$) | 130 | 192.45 | 213.74 | 188.825 |

试计算：

（1）298.15 K，标准态下 $NH_4HCO_3(s)$ 能否发生分解反应。

（2）在标准态下 $NH_4HCO_3(s)$ 分解的温度范围。

2. 含有 $FeCl_2$ 和 $CuCl_2$ 的溶液，两者的浓度均为 0.10 mol·L$^{-1}$，通 $H_2S$ 至饱和（饱和 $H_2S$ 溶液的浓度为 0.1 mol·L$^{-1}$），通过计算说明是否会生成 FeS 沉淀 [$K_{sp}^{\ominus}$(FeS) = 6.3 × 10$^{-18}$，$K_{sp}^{\ominus}$(CuS) = 6.3 × 10$^{-36}$；$H_2S$：$K_{a1}^{\ominus}$ = 1.1 × 10$^{-7}$，$K_{a2}^{\ominus}$ = 1.3 × 10$^{-13}$]？

3. 已知 $E^{\ominus}$(Ag$^+$/Ag) = 0.799 1 V，$E^{\ominus}$(Zn$^{2+}$/Zn) = −0.762 6 V，反应 $2Ag^+ + Zn \rightleftharpoons 2Ag + Zn^{2+}$。

（1）开始时 Ag$^+$ 和 Zn$^{2+}$ 的浓度分别为 0.10 mol·L$^{-1}$ 和 0.50 mol·L$^{-1}$，求 $E$(Ag$^+$/Ag)、$E$(Zn$^{2+}$/Zn) 及 $E$ 值；

（2）计算反应的 $K^{\ominus}$、$E^{\ominus}$ 及 $\Delta_r G_m^{\ominus}$ 值；

（3）求达平衡时溶液中剩余的 Ag$^+$ 浓度。

# 模拟试卷（八）答案

## 一、判断题（每小题 1 分，共 15 分）

1. ×　2. ×　3. √　4. ×　5. √　6. √　7. √　8. ×　9. √　10. ×　11. ×　
12. ×　13. ×　14. ×　15. √

## 二、选择题（每小题 1 分，共 30 分）

| 题号 | 1 | 2 | 3 | 4 | 5 | 6 | 7 | 8 | 9 | 10 |
|---|---|---|---|---|---|---|---|---|---|---|
| 答案 | B | C | D | D | C | A | D | B | B | A |
| 题号 | 11 | 12 | 13 | 14 | 15 | 16 | 17 | 18 | 19 | 20 |
| 答案 | D | D | B | D | D | C | B | A | A | B |
| 题号 | 21 | 22 | 23 | 24 | 25 | 26 | 27 | 28 | 29 | 30 |
| 答案 | D | B | D | D | B | A | C | A | D | D |

## 三、填空题（每空 1 分，共 25 分）

1. 多羟基的醛、酮和它们的缩合物及其衍生物；由甘油和高级脂肪酸所构成的不溶于水而溶于非极性的有机溶剂

2. $dsp^2$；平面正方形；内；反

3. $2Cl^- - 2e^- \longrightarrow Cl_2$；$MnO_4^- + 8H^+ + 5e^- \longrightarrow Mn^{2+} + 4H_2O$；

$(-)Pt|Cl_2(p)|Cl^-(c_1)\|MnO_4^-(c_2), H^+(c_3), Mn^{2+}(c_4)|Pt(+)$

4. 花瓣

5. $[Kr]4d^55s^1$；$4d^55s^1$；第五；ⅥB；d

6. 乙醇分子之间可以形成氢键

7. 分散相尺度至少有一维小于 100 nm

8.

| 物质 | 晶体类型 | 晶格结点上的粒子 | 粒子间作用力 |
| --- | --- | --- | --- |
| CsCl | 离子晶体 | $Cs^+$、$Cl^-$ | 离子键 |
| 硼酸 | 分子晶体 | 硼酸分子 | 范德华力、氢键 |

9. $sp^3$；非极性

## 四、计算题（每小题 10 分，共 30 分）

1. 解：$NH_4HCO_3$ 的分解反应式为 $NH_4HCO_3(s) \longrightarrow NH_3(g) + CO_2(g) + H_2O(g)$

（1）$\Delta_r G_m^\ominus = (-16.45 - 394.359 - 228.572 + 670) kJ \cdot mol^{-1} = 31\ kJ \cdot mol^{-1} > 0$

故 298.15 K，标准态下 $NH_4HCO_3$ 不能发生分解反应。

（2）根据吉布斯-亥姆霍兹公式：$\Delta_r G_m^\ominus = \Delta_r H_m^\ominus - T\Delta_r S_m^\ominus$

故令 $\Delta_r G_m^\ominus = (-46.11 - 393.51 - 241.818 + 850) kJ \cdot mol^{-1} - T \cdot (192.45 + 213.74 + 188.825 - 130) J \cdot K^{-1} \cdot mol^{-1} = (169 - T \times 465 \times 10^{-3}) kJ \cdot mol^{-1} < 0$

则 $T > 363\ K$

在标准态下 $NH_4HCO_3(s)$ 分解的温度范围为大于 363 K。

2. 解：$K_{sp}^\ominus(FeS) = c(Fe^{2+}) \cdot c_1(S^{2-})$

$$c_1(S^{2-}) = \frac{K_{sp}^\ominus(FeS)}{c(Fe^{2+})} = \frac{6.3 \times 10^{-18}}{0.10}\ mol \cdot L^{-1} = 6.3 \times 10^{-17} mol \cdot L^{-1}$$

$$K_{sp}^\ominus(CuS) = c(Cu^{2+}) \cdot c_2(S^{2-})$$

$$c_2(S^{2-}) = \frac{K_{sp}^\ominus(CuS)}{c(Cu^{2+})} = \frac{6.3 \times 10^{-36}}{0.10}\ mol \cdot L^{-1} = 6.3 \times 10^{-35} mol \cdot L^{-1}$$

所以 CuS 先沉淀

$$Cu^{2+} + H_2S \Longleftrightarrow 2H^+ + CuS \downarrow$$

$$0.1\ mol \cdot L^{-1} \qquad\qquad 0.2\ mol \cdot L^{-1}$$

$$K_a^{\ominus}(H_2S) = K_{a1}^{\ominus} \times K_{a2}^{\ominus} = 1.1 \times 10^{-7} \times 1.3 \times 10^{-13} = 1.43 \times 10^{-20}$$

$$H_2S \rightleftharpoons 2H^+ + S^{2-}$$

$$c(S^{2-}) = \frac{K_a^{\ominus}(H_2S) \cdot c(H_2S)}{c^2(H^+)} = \frac{1.43 \times 10^{-20} \times 0.1}{0.2^2} \text{ mol} \cdot L^{-1} = 3.58 \times 10^{-20} \text{ mol} \cdot L^{-1}$$

$$J_c = c(Fe^{2+})c(S^{2-}) = 0.1 \times 3.58 \times 10^{-20} = 3.58 \times 10^{-21} < K_{sp}^{\ominus}(FeS)$$

故不能生成 FeS 沉淀。

3. 解：（1）$E(Ag^+/Ag) = E^{\ominus}(Ag^+/Ag) + 0.059\,2 \text{ V} \times \lg c(Ag^+)$

$$= 0.799\,1 \text{ V} + 0.059\,2 \text{ V} \times \lg 0.10$$

$$= 0.74 \text{ V}$$

$$E(Zn^{2+}/Zn) = E^{\ominus}(Zn^{2+}/Zn) + \frac{0.059\,2 \text{ V}}{2} \times \lg[c(Zn^{2+})]$$

$$= -0.762\,6 \text{ V} + \frac{0.059\,2 \text{ V}}{2} \times \lg 0.50$$

$$= -0.77 \text{ V}$$

$$E = E(Ag^+/Ag) - E(Zn^{2+}/Zn) = 0.74 \text{ V} - (-0.77 \text{ V}) = 1.51 \text{ V}$$

（2）$\lg K^{\ominus} = z[E^{\ominus}(Ag^+/Ag) - E^{\ominus}(Zn^{2+}/Zn)]/(0.059\,2 \text{ V})$

$$= 2 \times [0.799\,1 \text{ V} - (-0.762\,6 \text{ V})]/(0.059\,2 \text{ V})$$

得
$$K^{\ominus} = 5.75 \times 10^{52}$$

$$E^{\ominus} = E^{\ominus}(Ag^+/Ag) - E^{\ominus}(Zn^{2+}/Zn)$$

$$= 0.799\,1 \text{ V} - (-0.762\,6 \text{ V}) = 1.561\,7 \text{ V}$$

故 $\quad \Delta_r G_m^{\ominus} = -zFE^{\ominus} = -2 \times 96.485 \text{ kJ} \cdot \text{mol}^{-1} \cdot \text{V}^{-1} \times 1.561\,7 \text{ V} = -301.36 \text{ kJ} \cdot \text{mol}^{-1}$

（3）达平衡时，设 $c(Ag^+) = x \text{ mol} \cdot L^{-1}$。

$$2Ag^+ + Zn \rightleftharpoons 2Ag + Zn^{2+}$$

平衡浓度/(mol·L⁻¹) $\qquad\qquad x \qquad\qquad\qquad 0.50 + (0.10 - x)/2$

由
$$K^{\ominus} = \frac{c(Zn^{2+})}{c^2(Ag^+)}$$

得
$$6.17 \times 10^{52} = \frac{0.55 - 0.5x}{x^2}$$

解得
$$x = 3.0 \times 10^{-27}$$

即
$$c(Ag^+) = 3.0 \times 10^{-27} \text{ mol} \cdot L^{-1}$$

# 模拟试卷（九）

## 一、判断题（每小题 1 分，共 10 分）

1. 所有生成反应和燃烧反应都是氧化还原反应。（　　）
2. 标准摩尔生成焓是生成反应的标准摩尔反应热。（　　）
3. 冬天公路上撒盐以使冰融化，此时 $\Delta_r G_m$ 值的符号为负，$\Delta_r S_m$ 值的符号为正。（　　）
4. 酶的催化作用是增加底物分子的活化能以促进分子活化，加速化学反应。（　　）
5. 中心离子电子构型为 $d^0$ 或 $d^{10}$ 的配离子大多是无色的。（　　）
6. 理想气体并不存在。（　　）
7. 某弱酸的钠盐溶液浓度为 $0.10\ mol \cdot L^{-1}$，其 $pH = 10.0$，该弱酸盐的水解度为 0.10%。
（　　）
8. 难溶强电解质 $MB_2$ 的溶解度为 $7.7 \times 10^{-6}\ mol \cdot L^{-1}$，则 $K_{sp}^{\ominus}(MB_2) = 4.5 \times 10^{-16}$。（　　）
9. 外轨型配合物，磁矩一定不为 0；内轨型配合物，磁矩不一定为 0。（　　）
10. 在氧化还原反应中，若两个电对的标准电极电势值相差越大，则反应进行得越快。
（　　）

## 二、选择题（每小题 1 分，共 32 分）

1. 下列单质中，$\Delta_r G_m^{\ominus}$ 不为零的是_____。
A. 石墨　　　　　　B. 金刚石　　　　　　C. 液态溴　　　　　　D. 氧气

2. 下列反应中 $\Delta_r S_m^{\ominus} > 0$ 的是_____。
A. $2H_2(g) + O_2(g) \Longrightarrow 2H_2O(g)$　　　　　B. $N_2(g) + 3H_2(g) \Longrightarrow 2NH_3(g)$
C. $NH_4Cl(s) \Longrightarrow NH_3(g) + HCl(g)$　　　　D. $C(s) + O_2(g) \Longrightarrow CO_2(g)$

3. 如果一个反应的吉布斯自由能变为零，则反应_____。
A. 能自发进行　　B. 是吸热反应　　C. 是放热反应　　D. 处于平衡状态

4. 电解水生成氧气和氢气，该过程的 $\Delta_r G_m^{\ominus}$、$\Delta_r H_m^{\ominus}$、$\Delta_r S_m^{\ominus}$ 正确描述的是_____。
A. $\Delta_r G_m^{\ominus} > 0$，$\Delta_r H_m^{\ominus} > 0$，$\Delta_r S_m^{\ominus} > 0$　　　B. $\Delta_r G_m^{\ominus} < 0$，$\Delta_r H_m^{\ominus} < 0$，$\Delta_r S_m^{\ominus} < 0$
C. $\Delta_r G_m^{\ominus} > 0$，$\Delta_r H_m^{\ominus} < 0$，$\Delta_r S_m^{\ominus} > 0$　　　D. $\Delta_r G_m^{\ominus} < 0$，$\Delta_r H_m^{\ominus} > 0$，$\Delta_r S_m^{\ominus} > 0$

5. 温度升高导致反应速率明显增加的主要原因是_____。
A. 分子碰撞概率增加　　　　　　B. 反应物压力增大
C. 活化分子数增加　　　　　　　D. 活化能降低

6. 在给定条件下，可逆反应达到平衡时_____。
A. 各反应物和生成物浓度相等
B. 各反应物和生成物的浓度分别为定值
C. 各反应物浓度系数次方的乘积小于各生成物浓度系数次方的乘积

D. 各生成物浓度系数次方的乘积小于各反应物浓度系数次方的乘积

7. 当反应 $A_2 + B_2 \Longrightarrow 2AB$ 的速率方程为 $v = kc(A_2)c(B_2)$ 时，则反应_____。

A. 一定是基元反应 B. 一定是非基元反应

C. 不能肯定是否是基元反应 D. 反应为一级反应

8. 某一放热化学反应，正反应的活化能为 $80\ kJ \cdot mol^{-1}$，则逆反应的活化能为_____。

A. 大于 $80\ kJ \cdot mol^{-1}$ B. 小于 $80\ kJ \cdot mol^{-1}$

C. $-80\ kJ \cdot mol^{-1}$ D. 无法判断

9. 催化剂可以加快化学反应的反应速率，原因是_____。

A. $\Delta_r H_m^{\ominus}$ 降低 B. $\Delta_r G_m^{\ominus}$ 降低 C. $E_a$ 降低 D. $K^{\ominus}$ 降低

10. 已知 298 K 时，$MgF_2$ 的溶解度是 $1.17 \times 10^{-3}\ mol \cdot L^{-1}$，则 $MgF_2$ 的标准溶度积常数为_____。

A. $6.41 \times 10^{-9}$ B. $4.00 \times 10^{-9}$ C. $1.60 \times 10^{-9}$ D. $3.20 \times 10^{-12}$

11. 已知 $K_{sp}^{\ominus}(CdCO_3) = 1.0 \times 10^{-12}$，$K_{sp}^{\ominus}[Cd(OH)_2] = 7.2 \times 10^{-15}$，则溶解度大小次序正确的是_____。

A. $s(CdCO_3) > s[Cd(OH)_2]$ B. $s(CdCO_3) < s[Cd(OH)_2]$

C. $s(CdCO_3) = s[Cd(OH)_2]$ D. $s(CdCO_3) = 2s[Cd(OH)_2]$

12. 下列水溶液沸点的顺序正确的为_____。

A. $0.1\ mol \cdot L^{-1}\ C_6H_{12}O_6$ 溶液 $> 0.1\ mol \cdot L^{-1}\ CH_3COOH$ 溶液 $> 0.1\ mol \cdot L^{-1}\ NaCl$ 溶液

B. $0.1\ mol \cdot L^{-1}\ CH_3COOH$ 溶液 $> 0.1\ mol \cdot L^{-1}\ NaCl$ 溶液 $> 0.1\ mol \cdot L^{-1}\ C_6H_{12}O_6$ 溶液

C. $0.1\ mol \cdot L^{-1}\ NaCl$ 溶液 $> 0.1\ mol \cdot L^{-1}\ C_6H_{12}O_6$ 溶液 $> 0.1\ mol \cdot L^{-1}\ CH_3COOH$ 溶液

D. $0.1\ mol \cdot L^{-1}\ NaCl$ 溶液 $> 0.1\ mol \cdot L^{-1}\ CH_3COOH$ 溶液 $> 0.1\ mol \cdot L^{-1}\ C_6H_{12}O_6$ 溶液

13. 已知浓度为 $0.010\ mol \cdot L^{-1}$ 的某一元弱酸溶液的 pH 为 5.50，则该酸的 $K_a^{\ominus}$ 为_____。

A. $1.0 \times 10^{-10}$ B. $1.0 \times 10^{-9}$ C. $1.0 \times 10^{-8}$ D. $1.0 \times 10^{-3}$

14. $1.0 \times 10^{-10}\ mol \cdot L^{-1}$ HCl 和 $1.0 \times 10^{-10}\ mol \cdot L^{-1}$ HOAc 两溶液中 $c(H^+)$ 相比，其结果是_____。

A. HCl 溶液的远大于 HOAc 溶液的 B. 两者相近

C. HCl 溶液的远小于 HOAc 溶液的 D. 无法估计

15. 如果在 10.0 L 水中加入 $1.0 \times 10^{-2}$ mol NaOH，系统的 pH 将_____。

A. 增加 2.00 B. 增加 3.00 C. 减少 4.00 D. 增加 4.00

16. 有体积相同的 $K_2CO_3$ 溶液和 $(NH_4)_2CO_3$ 溶液，其浓度分别为 $a$ mol $\cdot L^{-1}$ 和 $b$ mol $\cdot L^{-1}$。现测得两种溶液中所含 $CO_3^{2-}$ 的浓度相等，$a$ 与 $b$ 相比较，其结果是_____。

A. $a = b$ B. $a > b$ C. $a < b$ D. $a \gg b$

17. 将 pH = 5.00 的强酸与 pH = 13.00 的强碱溶液等体积混合，则混合溶液的 pH 为_____。

A. 9.00 B. 8.00 C. 12.70 D. 5.00

18. 将反应 $K_2Cr_2O_7 + HCl \longrightarrow KCl + CrCl_3 + Cl_2 + H_2O$ 完成配平后，方程式中 $Cl_2$ 的系数是_____。

A. 11 B. 2 C. 3 D. 4

19. 现有原电池(−) Pt | $Fe^{2+}(c_1)$, $Fe^{3+}(c_2)$|| $Ce^{4+}(c_3)$, $Ce^{3+}(c_4)$| Pt (+)，该原电池放电时所发生的反应为_____。

A. $Fe^{3+} + Ce^{3+} = Ce^{4+} + Fe^{2+}$

B. $3Ce^{4+} + Ce = 4Ce^{3+}$

C. $Ce^{4+} + Fe^{2+} = Fe^{3+} + Ce^{3+}$

D. $2Ce^{4+} + Fe = Fe^{2+} + 2Ce^{3+}$

20. 某氧化还原反应的标准吉布斯自由能变为 $\Delta_r G_m^\ominus$，平衡常数为 $K^\ominus$，标准电动势为 $E^\ominus$，则下列对 $\Delta_r G_m^\ominus$，$K^\ominus$，$E^\ominus$ 的值判断合理的一组是_____。

A. $\Delta_r G_m^\ominus > 0$，$K^\ominus < 1$，$E^\ominus < 0$

B. $\Delta_r G_m^\ominus > 0$，$K^\ominus > 1$，$E^\ominus < 0$

C. $\Delta_r G_m^\ominus < 0$，$K^\ominus > 1$，$E^\ominus < 0$

D. $\Delta_r G_m^\ominus < 0$，$K^\ominus < 1$，$E^\ominus > 0$

21. 已知 $H_4Y$ 为 EDTA，为了去除因铅中毒进入人体内的 $Pb^{2+}$，下列最佳选择是_____。

A. $H_2S$      B. $H_4Y$      C. $Na_2H_2Y$      D. $Na_2CaY$

22. 下列固体物质在同浓度 $Na_2S_2O_3$ 溶液中溶解度（以 1 L $Na_2S_2O_3$ 溶液中能溶解该物质的物质的量计）最大的是_____。

A. AgS      B. AgBr      C. AgCl      D. AgI

23. 下列各组量子数不合理的是_____。

A. $n=2$，$l=1$，$m=0$

B. $n=2$，$l=2$，$m=-1$

C. $n=3$，$l=1$，$m=1$

D. $n=3$，$l=0$，$m=0$

24. 某元素的原子序数小于 36，该元素原子失去一个电子时，其角量子数等于 2 的轨道内轨道电子数为全充满，则该元素是_____。

A. $_{19}K$      B. $_{24}Cr$      C. $_{29}Cu$      D. $_{35}Br$

25. 下列关于元素第一电离能的说法不正确的是_____。

A. 钾元素的第一电离能小于钠元素的第一电离能，故钾的活泼性强于钠

B. 因同周期元素的原子半径从左到右逐渐减小，故第一电离能必定依次增大

C. 最外层电子排布为 $ns^2np^6$（若只有 K 层时为 $1s^2$）的原子，第一电离能较大

D. 对于同一元素而言，原子的逐级电离能越来越大

26. 下列分子中，空间构型是平面三角形的是_____。

A. $CS_2$      B. $BF_3$      C. $NH_3$      D. $PCl_3$

27. 下列各分子或离子的稳定性按递增顺序排列的是_____。

A. $N_2^+ < N_2 < N_2^{2-}$

B. $N_2^{2-} < N_2^+ < N_2$

C. $N_2 < N_2^{2-} < N_2^+$

D. $N_2 < N_2^+ < N_2^{2-}$

28. 下列有关分子间作用力的说法中，不正确的是_____。

A. 分子间作用力只有方向性没有饱和性

B. 分子间作用力的本质是静电作用力

C. 分子间作用力和氢键能同时存在于分子之间

D. 大多数分子的分子间作用力以色散力为主

29. 下列分子中不存在氢键的是_____。

A. HF      B. HBr      C. $NH_3$      D. $H_2O$

30. 下列各组离子化合物的晶格能变化顺序中，正确的是_____。

A. $MgO > CaO > Al_2O_3$　　　　　　　　B. $LiF > NaCl > KI$

C. $RbBr < CsI < KCl$　　　　　　　　　D. $BaS > BaO > BaCl_2$

31. 离子极化对化合物的影响中，正确的是_____。

A. 熔点升高　　　　B. 沸点升高　　　　C. 溶解度增大　　　　D. 晶型变化

32. 最轻的固体金属出现在_____。

A. s 区　　　　　　B. p 区　　　　　　C. d 区　　　　　　D. ds 区

## 三、填空题（每小题 1 分，共 28 分）

1. 氨基酸或蛋白质在等电点时，没有净的_____，而且溶解度_____。

2. 在水溶液中，$Cr_2O_7^{2-}$ 与 $CrO_4^{2-}$ 存在下列平衡_____，故在酸性溶液中以_____为主，在碱性溶液中以_____为主。

3. 第二、第三过渡系同族金属（如锆与铪、铌与钽、钼与钨）的原子半径相近，性质相似，其主要原因是_____。

4. 实际气体与理想气体存在偏差的原因是_____和_____。

5. 下列氧化剂 $KClO_3$、$Br_2$、$FeCl_3$、$KMnO_4$，当其溶液中 $H^+$ 浓度增大时，氧化能力增强的是 _____。

6. 配合物 $[PtCl(NO_2)(NH_3)_4]CO_3$ 的名称是_____，中心离子的电荷数是_____，中心离子的配位数是_____，配体是_____，配位原子是_____。

7. 具有 $ns^2np^{1\sim6}$ 电子构型的是_____区元素，具有 $(n-1)d^7ns^2$ 电子构型的是_____族元素。

8. 比较 Al—Cl 键和 P—Cl 键的极性：Al—Cl_____P—Cl

9. 比较 HI 和 HBr 的沸点 HI_____HBr

10. 聚合物的化学式 $\left[ CH_2-CH_2 \right]_{2400}$ 中，2 400 表示该聚合物的_____，其聚合反应类型为_____反应。

11. 由于_____而形成的液晶称为热致液晶，由于_____而形成的液晶，则称为溶致液晶。

12. 高温超导材料主要有_____、_____、_____ 和_____。

13. 增塑剂加入后可以_____（填升高或降低）聚合物的玻璃化温度。

14. $[Ag(S_2O_3)_2]^{3-}$ 水溶液中存在的配位平衡为_____。

## 四、计算题（每小题 10 分，共 30 分）

1. 反应 $3O_2(g) \Longrightarrow 2O_3(g)$ 在 298.15 K 时 $\Delta_r H_m^{\ominus} = 285.4$ kJ·mol$^{-1}$，其标准平衡常数为 $6.61 \times 10^{-58}$，计算反应的 $\Delta_r G_m^{\ominus}$ 和 $\Delta_r S_m^{\ominus}$，并判断 1 000 K 时反应能否自发进行。

2. 在 pH=1.0，1 L 含 0.01 mol·L$^{-1}$ 的硫酸锌溶液中通入氨气，通入氨气物质的量为多少时可使全部的 $Zn^{2+}$ 生成 $Zn(OH)_2$ 沉淀？（已知 $K_{sp}^{\ominus}[Zn(OH)_2] = 3.0 \times 10^{-17}$，$K_b^{\ominus}(NH_3 \cdot H_2O) =$

$1.8 \times 10^{-5}$)

3. 已知 $E^{\ominus}(Cu^{2+}/Cu) = 0.340\ V$，$E^{\ominus}(Zn^{2+}/Zn) = -0.762\ 6\ V$。在 $0.10\ mol \cdot L^{-1}$ 的 $CuSO_4$ 溶液中加入过量的锌粉。

（1）写出反应方程式；

（2）计算反应的 $K^{\ominus}$，$E^{\ominus}$ 及 $\Delta_r G_m^{\ominus}$ 值；

（3）求达平衡时溶液中剩余的 $Zn^{2+}$，$Cu^{2+}$ 浓度。

# 模拟试卷（九）答案

## 一、判断题（每小题 1 分，共 10 分）

1. × 　2. √ 　3. √ 　4. × 　5. √ 　6. √ 　7. √ 　8. × 　9. × 　10. ×

## 二、选择题（每小题 1 分，共 32 分）

| 题号 | 1 | 2 | 3 | 4 | 5 | 6 | 7 | 8 | 9 | 10 |
|------|---|---|---|---|---|---|---|---|---|----|
| 答案 | B | C | D | A | C | B | A | A | C | A |
| 题号 | 11 | 12 | 13 | 14 | 15 | 16 | 17 | 18 | 19 | 20 |
| 答案 | B | D | B | B | D | C | C | C | C | A |
| 题号 | 21 | 22 | 23 | 24 | 25 | 26 | 27 | 28 | 29 | 30 |
| 答案 | D | C | B | C | B | B | B | A | B | B |
| 题号 | 31 | 32 | | | | | | | | |
| 答案 | D | A | | | | | | | | |

## 三、填空题（每小题 1 分，共 28 分）

1. 电荷；最低

2. $2CrO_4^{2-} + 2H^+ \xrightleftharpoons[OH^-]{H^+} Cr_2O_7^{2-} + H_2O$；$Cr_2O_7^{2-}$；$CrO_4^{2-}$
   （黄色）　　　　　　　　　（橙红色）

3. 镧系收缩

4. 实际气体分子本身占有体积；实际气体分子间存在相互作用力

5. $KClO_3$ 和 $KMnO_4$

6. 碳酸一氯·一硝基·四氨合铂（Ⅳ）；+4；6；$Cl^-$，$NO_2^-$，$NH_3$；$Cl$，$N$，$N$

7. p；Ⅷ

8. 大于

9. 大于

10. 聚合度；加聚

11. 加热破坏结晶结构；溶剂破坏结晶结构

12. 铜氧化物高温超导材料；铁基高温超导材料；基于 $C_{60}$ 的超导材料；金属硼化物超导

材料

13. 升高

14. $Ag^+ + 2\,S_2O_3^{2-} \rightleftharpoons [Ag(S_2O_3)_2]^{3-}$

# 四、计算题

1. 解： $\Delta_r G_m^\ominus = -2.303 RT \lg K^\ominus$

$$= -2.303 \times 8.314 \times 298.15 \times \lg(6.61 \times 10^{-58})\ \text{J} \cdot \text{mol}^{-1}$$

$$= 326.4\ \text{kJ} \cdot \text{mol}^{-1}$$

$$\Delta_r S_m^\ominus = \frac{\Delta_r H_m^\ominus - \Delta_r G_m^\ominus}{T} = \frac{(285.4 - 326.4) \times 10^3\ \text{J} \cdot \text{mol}^{-1}}{298.15\ \text{K}} = -137.5\ \text{J} \cdot \text{mol}^{-1} \cdot \text{K}^{-1}$$

$$\Delta_r G_m^\ominus (1\,000\ \text{K}) = \Delta_r H_m^\ominus - T \Delta_r S_m^\ominus$$

$$= [326.4 - 1\,000 \times (-137.5 \times 10^{-3})]\text{kJ} \cdot \text{mol}^{-1}$$

$$= 463.9\ \text{kJ} \cdot \text{mol}^{-1}$$

由于 $\Delta_r G_m^\ominus (1\,000\ \text{K}) > 46\ \text{kJ} \cdot \text{mol}^{-1}$，所以该反应在 $1\,000\ \text{K}$ 时不能自发进行。

2. 解：首先中和 pH = 1.0 初始溶液，消耗约 $0.1\ \text{mol} \cdot \text{L}^{-1}\ NH_3 \cdot H_2O$，生成 $0.1\ \text{mol} \cdot \text{L}^{-1}\ NH_4^+$。设再通入 $x$ mol 氨气的时候全部的 $Zn^{2+}$ 生成 $Zn(OH)_2$ 沉淀。

$$Zn^{2+} \quad + \quad 2\,NH_3 \cdot H_2O \ \rightleftharpoons \ Zn(OH)_2 \downarrow + 2\,NH_4^+$$

起始浓度/(mol · L$^{-1}$)　　　0.01　　　　　　$x$　　　　　　　　　　0.1

平衡浓度/(mol · L$^{-1}$)　　$1 \times 10^{-5}$　　$x - 2 \times (0.01 - 1 \times 10^{-5})$　　$0.1 + 2 \times (0.01 - 1 \times 10^{-5})$

$$K^\ominus = \frac{c^2(NH_4^+)}{c(Zn^{2+}) \cdot c^2(NH_3 \cdot H_2O)} = \frac{c^2(NH_4^+)}{c(Zn^{2+}) \cdot c^2(NH_3 \cdot H_2O)} \cdot \frac{c^2(OH^-)}{c^2(OH^-)}$$

$$= [K_b^\ominus(NH_3 \cdot H_2O)]^2 / K_{sp}^\ominus[Zn(OH)_2] = 1.08 \times 10^7$$

$$K^\ominus = \frac{[0.1 + 2 \times (0.01 - 1 \times 10^{-5})]^2}{[x - 2 \times (0.01 - 1 \times 10^{-5})]^2 \times (1 \times 10^{-5})} = 1.08 \times 10^7$$

解得　　　　　　　　　　　　　　　　$x = 0.032$

当全部的 $Zn^{2+}$ 生成 $Zn(OH)_2$ 沉淀时，共消耗氨气为 $(0.1 + 0.032)\ \text{mol} = 0.132\ \text{mol}$。

3. 解：（1）反应方程式：$CuSO_4 + Zn \rightleftharpoons ZnSO_4 + Cu$

或离子方程式：$Cu^{2+} + Zn \rightleftharpoons Zn^{2+} + Cu$

（2）$\lg K^\ominus = z'[E^\ominus(Cu^{2+}/Cu) - E^\ominus(Zn^{2+}/Zn)]/0.059\,2\ \text{V}$

$$= 2 \times [0.340\ \text{V} - (-0.762\,6\ \text{V})]/0.059\,2\ \text{V}$$

$$= 37.25$$

所以　　　　　　　　　　　　$K^\ominus = 1.78 \times 10^{37}$

$$E^\ominus = E^\ominus(Cu^{2+}/Cu) - E^\ominus(Zn^{2+}/Zn)$$

$$= +0.340\ \text{V} - (-0.762\,6\ \text{V}) = +1.102\,6\ \text{V}$$

则　　$\Delta_r G_m^\ominus = -z'F E^\ominus = -2 \times 96.485\ \text{kJ} \cdot \text{mol}^{-1} \cdot \text{V}^{-1} \times 1.102\,6\ \text{V} = -2.128 \times 10^2\ \text{kJ} \cdot \text{mol}^{-1}$

（3）达平衡时，设 $c(Cu^{2+}) = x \ mol \cdot L^{-1}$。

$$Cu^{2+} \quad + \quad Zn \rightleftharpoons Zn^{2+} \quad + \quad Cu$$

平衡浓度/(mol·L⁻¹)　　　　　$x$　　　　　　　　$0.10 - x$

由

$$K^{\ominus} = \frac{c(Zn^{2+})/c^{\ominus}}{c(Cu^{2+})/c^{\ominus}}$$

可得

$$1.78 \times 10^{37} = \frac{0.10 - x}{x}$$

解得

$$x = 5.62 \times 10^{-39}$$

达平衡时，$c(Cu^{2+}) = 5.62 \times 10^{-39} \ mol \cdot L^{-1}$，$c(Zn^{2+}) = (0.1 - 5.62 \times 10^{-39}) \ mol \cdot L^{-1} \approx 0.1 \ mol \cdot L^{-1}$。

# 模拟试卷（十）

## 一、判断题（每小题 1 分，共 10 分）

1. 石墨和金刚石的标准摩尔燃烧焓相等。（　　）
2. RNA 和 DNA 含有的四种碱基都是不同的。（　　）
3. 稳定单质的 $\Delta_r H_m^\ominus$、$S_m^\ominus$、$\Delta_r G_m^\ominus$ 均为零。（　　）
4. 气体分压定律也叫作范德华定律。（　　）
5. 中心离子电子构型为 $d^0$ 或 $d^{10}$ 的配离子大多是无色的。（　　）
6. 过渡元素的许多水合离子和配合物呈现颜色。（　　）
7. 常温下 $0.010\ mol \cdot L^{-1}$ 甲酸溶液的 $pH = 4.30$，则甲酸解离度为 $0.50\%$。（　　）
8. 标准电极电势和标准平衡常数一样，都与反应方程式的系数有关。（　　）
9. $E^\ominus(AgCl/Ag)$ 与 $E^\ominus([Ag(NH_3)_2]^+/Ag)$ 均小于 $E^\ominus(Ag^+/Ag)$。（　　）
10. 共价化合物呈固态时，均为分子晶体，因此熔点、沸点都低。（　　）

## 二、选择题（每小题 1 分，共 30 分）

1. 下列哪个反应的标准吉布斯自由能变化可以表示 $\Delta_f G_m^\ominus(CO_2, g)$ _____。
   A. $C(石墨, s) + O_2(g) === CO_2(g)$
   B. $C(金刚石, s) + O_2(g) === CO_2(g)$
   C. $C(石墨, s) + O_2(l) === CO_2(l)$
   D. $C(石墨, s) + O_2(g) === CO_2(l)$

2. 萘燃烧的化学反应方程式为 $C_{10}H_8(s) + 12O_2(g) === 10CO_2(g) + 4H_2O(l)$，则在 $101.325\ kPa$，$298.15\ K$ 时，$Q_p$ 和 $Q_V$ 的差值为 _____ $kJ \cdot mol^{-1}$。
   A. $-4.958$　　　　　B. $4.958$　　　　　C. $-2.479$　　　　　D. $2.479$

3. 在一定温度下：
   （1）$C(石墨, s) + O_2(g) === CO_2(g)$，$\Delta H_1$
   （2）$C(金刚石, s) + O_2(g) === CO_2(g)$，$\Delta H_2$
   （3）$C(石墨, s) === C(金刚石, s)$，$\Delta H_3 = 1.9\ kJ \cdot mol^{-1}$
   其中 $\Delta H_1$ 和 $\Delta H_2$ 的关系是 _____。
   A. $\Delta H_1 > \Delta H_2$　　B. $\Delta H_1 < \Delta H_2$　　C. $\Delta H_1 = \Delta H_2$　　D. 不能判断

4. 某系统在失去 15 kJ 热给环境后，系统的内能增加了 5 kJ，则系统对环境所做的功是 _____ kJ。
   A. 20　　　　　　　B. 10　　　　　　　C. $-10$　　　　　　D. $-20$

5. 在 $298.15\ K$，下列反应中 $\Delta_r H_m^\ominus$ 与 $\Delta_r G_m^\ominus$ 最接近的是 _____。
   A. $CCl_4(g) + 2H_2O(g) === CO_2(g) + 4HCl(g)$
   B. $CaO(s) + CO_2(g) === CaCO_3(s)$
   C. $Cu^{2+}(aq) + Zn(s) === Cu(s) + Zn^{2+}(aq)$
   D. $Na(s) + H_2O(l) === Na^+(aq) + \frac{1}{2}H_2(g) + OH^-(aq)$

6. 下列叙述中正确的是_____。

A. 化学反应动力学是研究反应的快慢和限度的

B. 反应速率常数大小即是反应速率的大小

C. 反应级数越大，反应速率越大

D. 活化能的大小不一定总能表示一个反应的快慢，但可以表示反应速率常数受温度影响的大小

7. 在某温度下平衡 A+B $\Longrightarrow$ G+F 的 $\Delta_r H_m^{\ominus}$ <0，升高温度平衡逆向移动的原因是_____。

A. $v_{正}$减小，$v_{逆}$增大　　　　　　　　B. $k_{正}$减小，$k_{逆}$增大

C. $v_{正}$和 $v_{逆}$ 都增大　　　　　　　　D. $v_{正}$增加的倍数小于 $v_{逆}$增加的倍数

8. 催化剂是通过改变反应进行的历程来加速反应速率，这一历程影响为_____。

A. 增大了碰撞频率　　　　　　　　　B. 降低了活化能

C. 减小了速率常数　　　　　　　　　D. 增大了平衡常数值

9. 反应 A+B $\longrightarrow$ P 为基元反应，则其反应速率常数的单位表述正确的是_____。

A. $L \cdot mol^{-1} \cdot s$　　　　　　　　　B. $L^2 \cdot mol^{-2} \cdot min^{-1}$

C. $L \cdot mol^{-1} \cdot min^{-1}$　　　　　　D. $L^2 \cdot mol^{-2} \cdot s^{-1}$

10. 已知 $Ag_4[Fe(CN)_6]$ 的 $K_{sp}^{\ominus}$，则在其饱和溶液中，$c(Ag^+)=$ _____ $mol \cdot L^{-1}$。

A. $(K_{sp}^{\ominus})^{1/5}$　　　　B. $(K_{sp}^{\ominus}/256)^{1/5}$　　　C. $(4K_{sp}^{\ominus}/5)^{1/5}$　　　D. $4(K_{sp}^{\ominus}/256)^{1/5}$

11. 下列沉淀中，可溶于 1 $mol \cdot L^{-1}$ $NH_4Cl$ 溶液中的是_____。

A. $Fe(OH)_3$ ($K_{sp}^{\ominus}=4 \times 10^{-36}$)　　　B. $Mg(OH)_2$ ($K_{sp}^{\ominus}=1.8 \times 10^{-11}$)

C. $Al(OH)_3$ ($K_{sp}^{\ominus}=1.3 \times 10^{-33}$)　　　D. $Cr(OH)_3$ ($K_{sp}^{\ominus}=6.3 \times 10^{-31}$)

12. 下列水溶液凝固点的顺序正确的为_____。

A. 0.1 $mol \cdot L^{-1}$ $CaCl_2$ 溶液 <1 $mol \cdot L^{-1}$ $C_6H_{12}O_6$ 溶液 <1 $mol \cdot L^{-1}$ NaCl 溶液 <1 $mol \cdot L^{-1}$ 硫酸

B. 1 $mol \cdot L^{-1}$ 硫酸 <1 $mol \cdot L^{-1}$ $C_6H_{12}O_6$ 溶液 <1 $mol \cdot L^{-1}$ NaCl 溶液 <0.1 $mol \cdot L^{-1}$ $CaCl_2$ 溶液

C. 1 $mol \cdot L^{-1}$ 硫酸 <1 $mol \cdot L^{-1}$ NaCl 溶液 <1 $mol \cdot L^{-1}$ $C_6H_{12}O_6$ 溶液 <0.1 $mol \cdot L^{-1}$ $CaCl_2$ 溶液

D. 0.1 $mol \cdot L^{-1}$ $CaCl_2$ 溶液 <1 $mol \cdot L^{-1}$ NaCl 溶液 <1 $mol \cdot L^{-1}$ $C_6H_{12}O_6$ 溶液 <1 $mol \cdot L^{-1}$ 硫酸

13. 在饱和 $Mg(OH)_2$ 溶液中，$c(OH^-)=1.0 \times 10^{-4}$ $mol \cdot L^{-1}$。若往该溶液中加入 NaOH 溶液，使溶液中的 $c(OH^-)$变为原来的 10 倍，则 $Mg(OH)_2$ 的溶解度在理论上将_____。

A. 变为原来的 $10^{-3}$ 倍　　　　　　　B. 变为原来的 $10^{-2}$ 倍

C. 变为原来的 10 倍　　　　　　　　　D. 不发生变化

14. 已知：$K_{a1}^{\ominus}(H_2CO_3)=4.4 \times 10^{-7}$，$K_a^{\ominus}(HClO)=2.95 \times 10^{-8}$。反应 $ClO^- + H_2CO_3 \Longrightarrow HClO + HCO_3^-$ 的标准平衡常数是_____。

A. $4.0 \times 10^{-7}$　　　B. $4.6 \times 10^{-7}$　　　C. $1.3 \times 10^{-15}$　　　D. 15

15. pH=1.00 的 HCl 溶液和 pOH=13.00 的 HCl 溶液等体积混合后，溶液的 pH 为_____。

A. 1.00　　　　　　B. 13.00　　　　　　C. 7.00　　　　　　D. 6.00

16. 在 pH $= 3.00$ 的 HOAc($K_a^{\ominus} = 1.8 \times 10^{-5}$)溶液中，HOAc 的起始浓度为_____mol·L$^{-1}$。

A. $5.7 \times 10^{-2}$　　　　B. $1.0 \times 10^{-4}$　　　　C. $1.3 \times 10^{-3}$　　　　D. $3.3 \times 10^{-5}$

17. 对弱酸 HA 的水溶液来说，下列关系式中总是成立的是_____。

A. $c$ (HA, 开始) $= c$ (HA, 平衡)　　　　B. $c$ (HA, 开始) $= c$ (A$^-$) $+ c$ (H$^+$)

C. $c$ (H$^+$) $= c$ (A$^-$) $+ c$ (OH$^-$)　　　　D. $c$ (HA) $= c$ (A$^-$)

18. 下列配合物中属于内轨型的是_____。

A. [Fe(CN)$_6$]$^{3-}$　　　　B. [FeF$_6$]$^{3-}$　　　　C. [Zn(NH$_3$)$_4$]$^{2+}$　　　　D. [Ag(NH$_3$)$_2$]$^+$

19. 下列粒子中可作为多齿配体的是_____。

A. SCN$^-$　　　　B. en　　　　C. S$_2$O$_3^{2-}$　　　　D. NH$_3$

20. 向[Cu(NH$_3$)$_4$]$^{2+}$水溶液中通入氨水，则_____。

A. $K_f^{\ominus}$ ([Cu(NH$_3$)$_4$]$^{2+}$) 增大　　　　B. $K_f^{\ominus}$ ([Cu(NH$_3$)$_4$]$^{2+}$) 减小

C. $c$(Cu$^{2+}$)增大　　　　D. $c$(Cu$^{2+}$) 减小

21. 对于下列两个反应方程式，说法完全正确的是_____。

$2Fe^{2+} + Cl_2 \longrightarrow 2Fe^{3+} + 2Cl^-$ 和 $Fe^{2+} + 1/2Cl_2 \longrightarrow Fe^{3+} + Cl^-$

A. 两式的 $E^{\ominus}$、$\Delta_r G_m^{\ominus}$、$K_c$ 都相等　　　　B. 两式的 $E^{\ominus}$、$\Delta_r G_m^{\ominus}$ 相等，$K_c$ 不等

C. 两式的 $\Delta_r G_m^{\ominus}$ 相等，$E^{\ominus}$、$K_c$ 不等　　　　D. 两式的 $E^{\ominus}$ 相等，$\Delta_r G_m^{\ominus}$、$K_c$ 不等

22. 利用 Nernst 方程式 $E = E^{\ominus} + \dfrac{0.059\,2\ \text{V}}{z} \lg \dfrac{c(\text{氧化型})}{c(\text{还原型})}$ 计算 ClO$_3^-$/Cl$^-$的电极电势，下列叙述不正确的是_____。

A. 温度应为 298.15 K　　　　B. Cl$^-$浓度增大，则 $E$ 减小

C. H$^+$ 浓度的变化对 $E$ 无影响　　　　D. ClO$_3^-$浓度增大，则 $E$ 增大

23. 对于下列两个反应方程式：$2Fe^{2+} + Br_2 \longrightarrow 2Fe^{3+} + 2Br^-$；$Fe^{2+} + \dfrac{1}{2}Br_2 \longrightarrow Fe^{3+} + Br^-$。下列哪一种说法完全正确_____。

A. 两式的 $E^{\ominus}$、$\Delta_r G_m^{\ominus}$、$K^{\ominus}$ 都相等

B. 两式的 $E^{\ominus}$、$\Delta_r G_m^{\ominus}$ 相等，$K^{\ominus}$ 不等

C. 两式的 $\Delta_r G_m^{\ominus}$ 相等，$E^{\ominus}$、$K^{\ominus}$ 不等

D. 两式的 $E^{\ominus}$ 相等，$\Delta_r G_m^{\ominus}$、$K^{\ominus}$ 不等

24. 用 Nernst 方程式计算 MnO$_4^-$/Mn$^{2+}$的电极电势，下列叙述错误的是_____。

A. 应该考虑温度的影响　　　　B. Mn$^{2+}$浓度增大，则 $E$ 减小

C. H$^+$ 浓度的变化对 $E$ 无影响　　　　D. MnO$_4^-$浓度增大，则 $E$ 增大

25. 下列各组量子数中，不合理的一组是_____。

A. 3，0，0，$+\dfrac{1}{2}$　　　　B. 3，2，3，$+\dfrac{1}{2}$

C. 2，1，0，$-\dfrac{1}{2}$　　　　D. 4，2，0，$+\dfrac{1}{2}$

26. 具有下列电子排布式的原子中，半径最大的是_____。

A. 1s$^2$2s$^2$2p$^6$3s$^2$3p$^3$　　B. 1s$^2$2s$^2$2p$^3$　　C. 1s$^2$2s$^2$2p$^4$　　D. 1s$^2$2s$^2$2p$^6$3s$^2$3p$^4$

27. $OF_2$ 是 V 形分子，其氧原子成键的轨道类型是_____。

A. 2 个 p 轨道　　　　　　　　　　　　B. sp 杂化

C. 不等性 $sp^3$ 杂化　　　　　　　　　　D. $sp^2$ 杂化

28. 下列各分子或离子的稳定性按递增顺序排列的是_____。

A. $O_2^{2+} < O_2 < O_2^{2-}$　　　　　　　　B. $O_2^{2-} < O_2 < O_2^{2+}$

C. $O_2 < O_2^{2-} < O_2^+$　　　　　　　　　D. $O_2 < O_2^+ < O_2^{2-}$

29. 下列各组分子中，化学键均有极性，但分子偶极矩均为零的是_____。

A. $NO_2$，$PCl_3$，$CH_4$　　　　　　　　B. $NH_3$，$BF_3$，$H_2S$

C. $N_2$，$CS_2$，$PH_3$　　　　　　　　　D. $CS_2$，$BCl_3$，$CCl_4$

30. 最硬的金属出现在_____。

A. s 区　　　　　　B. p 区　　　　　　C. d 区　　　　　　D. f 区

## 三、填空题（每小题 1 分，共 30 分）

1. 已知反应：

（1）$C_2H_2(g) + \frac{5}{2}O_2(g) \longrightarrow 2CO_2(g) + H_2O(l)$，　$\Delta_r H_m^{\ominus} = -1\,299.6\ \text{kJ} \cdot \text{mol}^{-1}$；

（2）$C(s) + O_2(g) \longrightarrow CO_2(g)$，　$\Delta_r H_m^{\ominus} = -393.51\ \text{kJ} \cdot \text{mol}^{-1}$；

（3）$H_2(g) + \frac{1}{2}O_2(g) \longrightarrow H_2O$，　$\Delta_r H_m^{\ominus} = -285.830\ \text{kJ} \cdot \text{mol}^{-1}$。

则反应（4）$2C(s) + H_2(g) \longrightarrow C_2H_2(g)$ 的 $\Delta_r H_m^{\ominus}$ 为_____$\text{kJ} \cdot \text{mol}^{-1}$。

2. 在新陈代谢过程中起催化作用的蛋白质叫_____。

3. 加入催化剂可以改变反应速率，而不改变化学平衡常数，原因是_____。

4. 某温度下反应 $2NO(g) + O_2(g) \Longrightarrow 2NO_2(g)$ 的速率常数 $k = 8.8 \times 10^{-2}\ \text{dm}^6 \cdot \text{mol}^{-2} \cdot \text{s}^{-1}$，已知反应对 $O_2$ 来说是一级反应，则对 NO 为_____级，速率方程为_____；当反应物浓度都是 $0.05\ \text{mol} \cdot \text{dm}^{-3}$ 时，反应速率是_____。

5. 电对 $Ag^+/Ag$、$BrO_3^-/Br^-$、$O_2/H_2O$、$Fe(OH)_3/Fe(OH)_2$ 的 $E$ 值随溶液 pH 减小而增大的是_____。

6.

| 名称 | 化学式 | 配位原子 | 配位数 |
|---|---|---|---|
| 四氯·二氨合铂(Ⅳ) |  |  |  |
|  | $K[Cr(NCS)_4(NH_3)_2]$ |  |  |

7. 第四周期某元素 M 的气态自由离子 $M^{2+}$ 的自旋磁矩约为 5.9B.M.，该元素位于元素周期表的_____族，描述基态 $M^{2+}(g)$ 最高占有轨道上电子运动状态的一组合理的量子数的值

可以是 $n=$_____, $l=$_____, $m=$_____, $m_s=$_____。

8. 某元素的原子最外层只有 1 个电子，其 +3 价离子的最高能级有 3 个电子，它们的 $n=3$、$l=2$。该元素的符号是_____，在周期表中位于第_____周期，第_____族，属_____区元素。

9. $NH_3$ 和 $PH_3$ 的沸点由高到低的次序为_____。

10. $MgCl_2$ 与 $CaCl_2$ 的熔点由高到低的次序为_____。

11. 根据分子在空间排列的有序性不同，液晶可分为_____、_____和_____三种。

12. 非晶态高聚物随温度的变化，从固态逐步变为液态的过程中，出现三种不同的力学状态，即_____、_____和_____。

## 四、计算题（每小题 10 分，共 30 分）

1. 已知 $\Delta_r H_m^{\ominus}(C_6H_6, l)=49.10\ kJ\cdot mol^{-1}$，$\Delta_r H_m^{\ominus}(C_2H_2, g)=226.73\ kJ\cdot mol^{-1}$；$S_m^{\ominus}(C_6H_6, l)=173.40\ J\cdot K^{-1}\cdot mol^{-1}$，$S_m^{\ominus}(C_2H_2, g)=200.94\ J\cdot K^{-1}\cdot mol^{-1}$。试判断：$C_6H_6(l)\Longrightarrow 3C_2H_2(g)$ 在 298.15 K，标准态下正向能否自发？并估算最低反应温度。

2. 某溶液中含有 $Pb^{2+}$ 和 $Zn^{2+}$ 的浓度均为 $0.10\ mol\cdot L^{-1}$；在室温下通入 $H_2S(g)$，成为 $H_2S$ 饱和溶液，并加 HCl 控制 $S^{2-}$ 浓度。为使 PbS 沉淀出来，而 $Zn^{2+}$ 仍留在溶液中，则溶液中的 $H^+$ 浓度最低应是多少（通过计算说明）？此时溶液中的 $Pb^{2+}$ 是否被沉淀完全？已知 $K_{sp}^{\ominus}(ZnS)=2.5\times10^{-22}$，$K_{sp}^{\ominus}(PbS)=8.0\times10^{-28}$，$K_{a1}^{\ominus}(H_2S)=1.1\times10^{-7}$，$K_{a2}^{\ominus}(H_2S)=1.3\times10^{-13}$。$H_2S$ 饱和溶液浓度为 $0.10\ mol\cdot L^{-1}$。

3. 已知 $E^{\ominus}(Ag^+/Ag)=+0.799\ 1\ V$，$K_{sp}^{\ominus}(AgI)=8.52\times10^{-17}$。银不能溶于 $1.0\ mol\cdot L^{-1}$ 的 HCl 溶液，却可以溶于 $1.0\ mol\cdot L^{-1}$ HI 溶液，试通过计算说明之。

# 模拟试卷（十）答案

## 一、判断题（每小题 1 分，共 10 分）

1. × 2. × 3. × 4. × 5. √ 6. √ 7. √ 8. × 9. √ 10. ×

## 二、选择题（每小题 1 分，共 30 分）

| 题号 | 1 | 2 | 3 | 4 | 5 | 6 | 7 | 8 | 9 | 10 |
|------|---|---|---|---|---|---|---|---|---|----|
| 答案 | A | A | A | D | C | D | D | B | C | D |
| 题号 | 11 | 12 | 13 | 14 | 15 | 16 | 17 | 18 | 19 | 20 |
| 答案 | B | C | B | D | A | A | C | A | B | D |
| 题号 | 21 | 22 | 23 | 24 | 25 | 26 | 27 | 28 | 29 | 30 |
| 答案 | D | C | D | C | B | A | C | B | D | C |

## 三、填空题（每小题1分，共30分）

1. 226.75

2. 酶

3. 催化剂只改变了反应的历程，降低了活化能，但不改变平衡，只是缩短了达到平衡的时间

4. 二；$v = kc^2(NO)c(O_2)$；$1.1 \times 10^{-5}$ mol·dm$^{-3}$·s$^{-1}$

5. $BrO_3^-/Br^-$，$O_2/H_2O$，$Fe(OH)_3/Fe(OH)_2$

6.

| 名称 | 化学式 | 配位原子 | 配位数 |
|------|--------|----------|--------|
|  | $[PtCl_4(NH_3)_2]$ | Cl、N | 6 |
| 四(异硫氰酸根)·二氨合钴(Ⅲ)酸钾 |  | N、N | 6 |

7. ⅧB；3；2；$-2$，$-1$，$0$，$1$，$2$（任写其一）；$+\dfrac{1}{2}$，$-\dfrac{1}{2}$（任写其一）

8. Cr；四；ⅥB；d

9. $NH_3 > PH_3$

10. $CaCl_2 > MgCl_2$

11. 向列型；近晶型；胆甾型

12. 玻璃态；橡胶态；黏流态

## 四、计算题

1. 解：根据吉布斯－亥姆霍兹公式

$$\Delta_r G_m^\ominus = \Delta_r H_m^\ominus - T\Delta_r S_m^\ominus$$

而

$$\Delta_r H_m^\ominus = 3\,\Delta_f H_m^\ominus(C_2H_2, g) - \Delta_f H_m^\ominus(C_6H_6, l)$$
$$= 3 \times 226.73 \text{ kJ·mol}^{-1} - 49.10 \text{ kJ·mol}^{-1} = 631.09 \text{ kJ·mol}^{-1}$$

$$\Delta_r S_m^\ominus = 3\,S_m^\ominus(C_2H_2, g) - S_m^\ominus(C_6H_6, l)$$
$$= 3 \times 200.94 \text{ J·K}^{-1}\text{·mol}^{-1} - 173.40 \text{ J·K}^{-1}\text{·mol}^{-1} = 429.42 \text{ J·K}^{-1}\text{·mol}^{-1}$$

故

$$\Delta_r G_m^\ominus = 631.09 \text{ kJ·mol}^{-1} - 298.15 \text{ K} \times 429.42 \times 10^{-3} \text{ kJ·mol}^{-1}\text{·K}^{-1}$$
$$= 503.06 \text{ kJ·mol}^{-1} > 0，正向反应不自发。$$

若使 $\Delta_r G_m^\ominus(T) = \Delta_r H_m^\ominus(T) - T\Delta_r S_m^\ominus(T) < 0$，则正向自发。

又因为 $\Delta_r H_m^\ominus$、$\Delta_r S_m^\ominus$ 随温度变化不大，即

$$\Delta_r G_m^\ominus \approx \Delta_r H_m^\ominus - T\Delta_r S_m^\ominus < 0$$

则 $T > (631.09 \text{ kJ·mol}^{-1})/(429.42 \times 10^{-3} \text{ kJ·mol}^{-1}\text{·K}^{-1}) = 1\,469.6$ K

故最低反应温度为 $1\,469.6$ K。

2. 解：$Zn^{2+}$仍留在溶液中，$c(S^{2-}) = \dfrac{K_{sp}^{\ominus}(ZnS)}{c(Zn^{2+})} = \dfrac{2.5 \times 10^{-22}}{0.10}$ mol·$L^{-1}$ = $2.5 \times 10^{-21}$ mol·$L^{-1}$

有　　　　　　　　$c(H^+)^2 \cdot c(S^{2-}) = 0.10 \times K_{a1}^{\ominus} \times K_{a2}^{\ominus} = 1.43 \times 10^{-21}$

所以　　　　　　　　$c(H^+) \geqslant \sqrt{\dfrac{1.43 \times 10^{-21}}{2.5 \times 10^{-21}}}$ mol·$L^{-1}$

$$c(H^+) \geqslant 0.76 \text{ mol·} L^{-1}$$

设平衡时溶液中 $Pb^{2+}$ 浓度为 $y$ mol·$L^{-1}$。

$$\text{PbS} + \quad 2H^+ \rightleftharpoons \quad Pb^{2+} + \quad H_2S$$

平衡浓度/(mol·$L^{-1}$)　　　　　0.76　　　　　$y$　　　　　0.10

$$\dfrac{y \times 0.1}{0.76^2} = \dfrac{K_{sp}^{\ominus}(PbS)}{K_{a1}^{\ominus} \cdot K_{a2}^{\ominus}} = \dfrac{8.0 \times 10^{-28}}{1.43 \times 10^{-20}}$$

解得　　$y = 3.2 \times 10^{-7}$，故此时 $c(Pb^{2+}) = 3.2 \times 10^{-7}$ mol·$L^{-1}$ < $1.0 \times 10^{-5}$ mol·$L^{-1}$。

故 $Pb^{2+}$ 能沉淀完全。

3. 解：Ag 的溶解反应为

$$2Ag + 2H^+ + 2I^- \Longrightarrow 2AgI + H_2 \uparrow$$

由题意可知，$E^{\ominus}(Ag^+/Ag) = +0.799\ 1$ V，$E^{\ominus}(H^+/H_2) = 0$ V，$E^{\ominus}(Ag^+/Ag) > E^{\ominus}(H^+/H_2)$。
故反应 $2Ag + 2H^+ \Longrightarrow 2Ag^+ + H_2 \uparrow$ 不能自发进行，故 Ag 不溶解在 HCl 中。

$$E^{\ominus}(AgI/Ag) = E^{\ominus}(Ag^+/Ag) + 0.059\ 2 \text{ V lg } K_{sp}^{\ominus}(AgI)$$

$$= 0.799\ 1 \text{ V} + 0.059\ 2 \text{ V lg } (8.52 \times 10^{-17})$$

$$= -0.152 \text{ V}$$

$E^{\ominus}(AgI/Ag) < E^{\ominus}(H^+/H_2)$，反应 $2Ag + 2H^+ + 2I^- \Longrightarrow 2AgI + H_2 \uparrow$ 可以自发进行。

# 附　　录

## 附录 1　常用基本物理常数

| 物理量 | 符号 | 数值 | 单位 |
|---|---|---|---|
| 阿伏伽德罗（Avogadro）常数 | $N_A$ | $(6.022\ 136\ 7 \pm 0.000\ 003\ 6) \times 10^{23}$ | $mol^{-1}$ |
| 元电荷（电子电荷） | $e$ | $(1.602\ 177\ 33 \pm 0.000\ 000\ 49) \times 10^{-19}$ | C |
| 电子质量 | $m_e$ | $(9.109\ 389\ 7 \pm 0.000\ 005\ 4) \times 10^{-31}$ | kg |
| 质子质量 | $m_p$ | $(1.672\ 623\ 1 \pm 0.000\ 001\ 0) \times 10^{-27}$ | kg |
| 法拉第（Faraday）常数 | $F$ | $(9.648\ 530\ 9 \pm 0.000\ 002\ 9) \times 10^{4}$ | $C \cdot mol^{-1}$ |
| 普朗克（Planck）常量 | $h$ | $(6.626\ 075\ 5 \pm 0.000\ 004\ 0) \times 10^{-34}$ | $J \cdot s$ |
| 玻耳兹曼（Boltzmann）常数 | $k$ | $(1.380\ 658 \pm 0.000\ 012) \times 10^{-23}$ | $J \cdot K^{-1}$ |
| 摩尔气体常数 | $R$ | $8.314\ 510 \pm 0.000\ 070$ | $J \cdot mol^{-1} \cdot K^{-1}$ |
| 真空中的光速 | $c$，$c_0$ | $2.997\ 924\ 58 \times 10^{8}$ | $m \cdot s^{-1}$ |

# 附录 2　某些物质的标准摩尔生成焓、标准摩尔
## 生成吉布斯自由能和标准摩尔熵
### （标准态压强 $p^{\ominus} = 100\ \text{kPa}$，298.15 K）

| 物质 | $\dfrac{\Delta_{\text{f}} H_{\text{m}}^{\ominus}}{\text{kJ} \cdot \text{mol}^{-1}}$ | $\dfrac{\Delta_{\text{f}} G_{\text{m}}^{\ominus}}{\text{kJ} \cdot \text{mol}^{-1}}$ | $\dfrac{S_{\text{m}}^{\ominus}}{\text{J} \cdot \text{mol}^{-1} \cdot \text{K}^{-1}}$ |
|---|---|---|---|
| Ag(s) | 0 | 0 | 42.55 |
| Ag$_2$O(s) | $-31.05$ | $-11.21$ | 121.34 |
| AgBr(s) | $-100.37$ | $-96.90$ | 107.1 |
| AgCl(s) | $-127.068$ | $-109.789$ | 96.2 |
| AgI(s) | $-61.84$ | $-66.19$ | 115.5 |
| Ag$_2$S(s, $\alpha$, 正交) | $-32.59$ | $-40.67$ | 144.01 |
| Al(s) | 0 | 0 | 28.33 |
| Al$_2$O$_3$(s, $\alpha$, 刚玉) | $-1\,675.7$ | $-1\,582.3$ | 50.92 |
| Br$_2$(g) | 30.907 | 3.110 | 245.463 |
| Br$_2$(l) | 0 | 0 | 152.231 |
| C(s, 金刚石) | 1.897 | 2.900 | 2.377 |
| C(s, 石墨) | 0 | 0 | 5.74 |
| C$_2$H$_2$(g) | 226.73 | 209.20 | 200.94 |
| C$_2$H$_5$OH(l) | $-277.69$ | $-174.78$ | 160.7 |
| C$_2$H$_6$(g) | $-84.68$ | $-32.82$ | 229.60 |
| Ca(OH)$_2$(s) | $-986.09$ | $-898.49$ | 83.39 |
| CaCl$_2$(s) | $-795.8$ | $-748.4$ | 104.6 |
| CaCO$_3$(s, 方解石) | $-1\,206.92$ | $-1\,128.79$ | 92.9 |
| CaF$_2$(s) | $-1\,219.6$ | $-1\,167.3$ | 68.87 |
| CaO(s) | $-635.09$ | $-604.04$ | 39.75 |
| CH$_3$COOH(l) | $-484.5$ | $-389.9$ | 159.8 |
| CH$_3$OH(l) | $-238.66$ | $-166.27$ | 126.8 |
| CH$_4$(g) | $-74.81$ | $-50.72$ | 186.264 |
| Cl$_2$(g) | 0 | 0 | 223.066 |
| CO(g) | $-110.525$ | $-137.168$ | 197.674 |

| 物质 | $\dfrac{\Delta_f H_m^{\ominus}}{kJ \cdot mol^{-1}}$ | $\dfrac{\Delta_f G_m^{\ominus}}{kJ \cdot mol^{-1}}$ | $\dfrac{S_m^{\ominus}}{J \cdot mol^{-1} \cdot K^{-1}}$ |
|---|---|---|---|
| $CO_2(g)$ | $-393.51$ | $-394.359$ | $213.74$ |
| $Cu(s)$ | $0$ | $0$ | $33.150$ |
| $Cu_2O(s)$ | $-168.6$ | $-146.0$ | $93.14$ |
| $Cu_2S(s)$ | $-79.5$ | $-86.2$ | $120.9$ |
| $CuCl(s)$ | $-137.2$ | $-119.86$ | $86.2$ |
| $CuCl_2(s)$ | $-220.1$ | $-175.7$ | $108.07$ |
| $CuO(s)$ | $-157.3$ | $-129.7$ | $42.63$ |
| $CuS(s)$ | $-53.1$ | $-53.6$ | $66.5$ |
| $F_2(g)$ | $0$ | $0$ | $202.78$ |
| $Fe(s, \alpha)$ | $0$ | $0$ | $27.28$ |
| $Fe_2O_3(s, 赤铁矿)$ | $-824.2$ | $-742.2$ | $87.40$ |
| $Fe_3O_4(s, 磁铁矿)$ | $-1\,118.4$ | $-1\,015.4$ | $146.4$ |
| $FeCl_2(s)$ | $-341.79$ | $-302.30$ | $117.95$ |
| $FeCl_3(s)$ | $-399.49$ | $-334.00$ | $142.3$ |
| $FeS(s)$ | $-100.0$ | $-100.4$ | $60.29$ |
| $FeSO_4(s)$ | $-928.4$ | $-820.8$ | $107.5$ |
| $H_2(g)$ | $0$ | $0$ | $130.684$ |
| $H_2O(g)$ | $-241.818$ | $-228.572$ | $188.825$ |
| $H_2O(l)$ | $-285.830$ | $-237.129$ | $69.91$ |
| $H_2O_2(l)$ | $-187.78$ | $-120.35$ | $109.6$ |
| $H_2S(g)$ | $-20.63$ | $-33.56$ | $205.79$ |
| $HBr(g)$ | $-36.4$ | $-53.45$ | $198.695$ |
| $HCl(g)$ | $-92.307$ | $-95.299$ | $186.908$ |
| $HF(g)$ | $-271.1$ | $-273.2$ | $173.779$ |
| $Hg(l)$ | $0$ | $0$ | $76.02$ |
| $HgO(s, 红, 斜方晶形)$ | $-90.83$ | $-58.539$ | $70.29$ |
| $HI(g)$ | $26.48$ | $1.70$ | $206.594$ |
| $HNO_3(l)$ | $-174.10$ | $-80.71$ | $155.60$ |
| $I_2(g)$ | $62.438$ | $19.327$ | $260.69$ |

| 物质 | $\dfrac{\Delta_f H_m^{\ominus}}{kJ \cdot mol^{-1}}$ | $\dfrac{\Delta_f G_m^{\ominus}}{kJ \cdot mol^{-1}}$ | $\dfrac{S_m^{\ominus}}{J \cdot mol^{-1} \cdot K^{-1}}$ |
|---|---|---|---|
| $I_2(s)$ | 0 | 0 | 116.135 |
| $KCl(s)$ | − 436.747 | − 409.14 | 82.59 |
| $KClO_3(s)$ | − 397.73 | − 296.25 | 143.1 |
| $KNO_3(s)$ | − 494.63 | − 394.86 | 133.05 |
| $MgCO_3(s)$ | − 1 095.8 | − 1 012.11 | 65.69 |
| $MgO(s)$ | − 601.7 | − 569.4 | 26.94 |
| $MnO_2(s)$ | − 520.03 | − 465.14 | 53.05 |
| $N_2(g)$ | 0 | 0 | 191.61 |
| $N_2H_4(l)$ | 50.63 | 149.34 | 121.21 |
| $N_2O(g)$ | 82.05 | 104.20 | 219.85 |
| $Na_2CO_3(s)$ | − 1 130.68 | − 1 044.44 | 134.98 |
| $Na_2SO_4(s)$ | − 1 387.08 | − 1 270.16 | 149.58 |
| $NaHCO_3(s)$ | − 950.81 | − 851.0 | 101.7 |
| $NaOH(s)$ | − 425.609 | − 379.494 | 64.455 |
| $NH_3(g)$ | − 46.11 | − 16.45 | 192.45 |
| $NH_4Cl(s)$ | − 314.43 | − 202.87 | 94.6 |
| $NH_4HS(s)$ | − 156.9 | − 50.5 | 97.5 |
| $NH_4NO_3(s)$ | − 365.56 | − 183.87 | 151.08 |
| $NO(g)$ | 90.25 | 86.55 | 210.761 |
| $NO_2(g)$ | 33.18 | 51.31 | 240.06 |
| $O_2(g)$ | 0 | 0 | 205.138 |
| $O_3(g)$ | 142.7 | 163.2 | 238.93 |
| $P(s, 白)$ | 0 | 0 | 41.09 |
| $P(s, 红)$ | − 17.6 | − 121 | 22.80 |
| $PCl_3(g)$ | − 287.0 | − 267.8 | 311.78 |
| $PCl_5(g)$ | − 374.9 | − 305.0 | 364.58 |
| $Si(s)$ | 0 | 0 | 18.83 |
| $SiCl_4(g)$ | − 657.01 | − 616.98 | 330.73 |
| $SiCl_4(l)$ | − 687.0 | − 619.84 | 239.7 |
| $SiF_4(g)$ | − 1 614.94 | − 1 572.65 | 282.49 |

| 物质 | $\dfrac{\Delta_f H_m^{\ominus}}{kJ \cdot mol^{-1}}$ | $\dfrac{\Delta_f G_m^{\ominus}}{kJ \cdot mol^{-1}}$ | $\dfrac{S_m^{\ominus}}{J \cdot mol^{-1} \cdot K^{-1}}$ |
|---|---|---|---|
| $SiO_2$(s, 石英) | $-910.94$ | $-856.64$ | 41.84 |
| $SiO_2$(s, 无定形) | $-903.49$ | $-850.70$ | 46.9 |
| Sn(s, 白) | 0 | 0 | 51.55 |
| Sn(s, 灰) | $-2.09$ | 0.13 | 44.14 |
| $SnO_2$(s) | $-580.7$ | $-519.6$ | 52.3 |
| $SO_2$(g) | $-296.830$ | $-300.194$ | 248.22 |
| $SO_3$(g) | $-395.72$ | $-371.06$ | 256.76 |
| $Zn(OH)_2$(s, $\beta$) | $-641.91$ | $-553.52$ | 81.2 |
| Zn(s) | 0 | 0 | 41.63 |
| $ZnCl_2$(s) | $-415.05$ | $-369.398$ | 111.46 |
| ZnO(s) | $-348.28$ | $-318.30$ | 43.64 |

注：数据摘自 Wagman D D, Evans W H, Parker V B, et al. 刘天和，赵梦月，译. NBS 化学热力学性质表. 北京：中国标准出版社，1998.

# 附录 3　水溶液中某些离子的标准摩尔生成焓、标准摩尔生成吉布斯自由能和标准摩尔熵

## （标准态压强 $p^{\ominus} = 100 \text{ kPa}$，298.15 K）

| 物质 | $\dfrac{\Delta_f H_m^{\ominus}}{\text{kJ} \cdot \text{mol}^{-1}}$ | $\dfrac{\Delta_f G_m^{\ominus}}{\text{kJ} \cdot \text{mol}^{-1}}$ | $\dfrac{S_m^{\ominus}}{\text{J} \cdot \text{mol}^{-1} \cdot \text{K}^{-1}}$ |
|:---:|:---:|:---:|:---:|
| $Ag^+$ | 105.579 | 77.107 | 72.68 |
| $[Ag(CN)_2]^-$ | 270.3 | 305.5 | 192 |
| $Al^{3+}$ | $-531$ | $-485$ | $-321.7$ |
| $[Al(OH)_4]^{-①}$ | $-1\,502.5$ | $-1\,305.3$ | 102.9 |
| $AsO_4^{3-}$ | $-888.14$ | $-648.41$ | $-162.8$ |
| $[B(OH)_4]^-$ | $-1\,344.03$ | $-1\,153.17$ | 102.5 |
| $Ba^{2+}$ | $-537.64$ | $-560.77$ | 9.6 |
| $BiO^+$ | — | $-146.4$ | — |
| $Be^{2+}$ | $-382.8$ | $-379.73$ | $-129.7$ |
| $Br^-$ | $-121.55$ | $-103.96$ | 82.4 |
| $BrO^-$ | $-94.1$ | $-33.4$ | 42 |
| $BrO_3^-$ | $-67.07$ | 18.60 | 161.71 |
| $BrO_4^-$ | 13.0 | 118.1 | 199.6 |
| $HCO_3^-$ | $-691.99$ | $-586.77$ | 91.2 |
| $CN^-$ | 150.6 | 172.4 | 94.1 |
| $CO_3^{2-}$ | $-677.14$ | $-527.81$ | $-56.9$ |
| $CH_3COO^-$ | $-486.01$ | $-369.31$ | 86.6 |
| $Ca^{2+}$ | $-542.83$ | $-553.58$ | $-53.1$ |
| $Cd^{2+}$ | $-75.90$ | $-77.612$ | $-73.2$ |
| $Cl^-$ | $-167.159$ | $-131.228$ | 56.5 |
| $ClO^-$ | $-107.1$ | $-36.8$ | 42 |
| $ClO_2^-$ | $-66.5$ | 17.2 | 101.3 |

---

① 相当于 $AlO_2^-(aq) + 2H_2O$。

| 物质 | $\dfrac{\Delta_f H_m^{\ominus}}{kJ \cdot mol^{-1}}$ | $\dfrac{\Delta_f G_m^{\ominus}}{kJ \cdot mol^{-1}}$ | $\dfrac{S_m^{\ominus}}{J \cdot mol^{-1} \cdot K^{-1}}$ |
|---|---|---|---|
| $ClO_3^-$ | $-103.97$ | $-7.95$ | $162.3$ |
| $ClO_4^-$ | $-129.33$ | $-8.52$ | $182.0$ |
| $Co^{2+}$ | $-58.2$ | $-54.5$ | $-113$ |
| $Co^{3+}$ | $92$ | $134$ | $-305$ |
| $CrO_4^{2-}$ | $-881.15$ | $-727.75$ | $50.21$ |
| $Cr_2O_7^{2-}$ | $-1\,490.3$ | $-1\,301.1$ | $261.9$ |
| $Cs^+$ | $-258.28$ | $-292.02$ | $133.05$ |
| $Cu^+$ | $71.67$ | $49.98$ | $40.6$ |
| $Cu^{2+}$ | $64.77$ | $65.49$ | $-99.6$ |
| $[Cu(NH_3)_4]^{2+}$ | $-348.5$ | $-111.07$ | $273.6$ |
| $F^-$ | $-332.63$ | $-278.79$ | $-13.8$ |
| $HF_2^-$ | $-649.94$ | $-578.08$ | $92.5$ |
| $Fe^{2+}$ | $-89.1$ | $-78.90$ | $-137.7$ |
| $Fe^{3+}$ | $-48.5$ | $-4.7$ | $-315.9$ |
| $[Fe(CN)_6]^{3-}$ | $561.9$ | $729.4$ | $270.3$ |
| $[Fe(CN)_6]^{4-}$ | $455.6$ | $695.08$ | $95.0$ |
| $H^+$ | $0$ | $0$ | $0$ |
| $OH^-$ | $-229.994$ | $-157.244$ | $-10.75$ |
| $Hg^{2+}$ | $171.1$ | $164.40$ | $-32.2$ |
| $Hg_2^{2+}$ | $172.4$ | $153.52$ | $84.5$ |
| $[HgCl_4]^{2-}$ | $-554.0$ | $-446.8$ | $293$ |
| $[HgI_4]^{2-}$ | $-235.1$ | $-211.7$ | $360$ |
| $I^-$ | $-55.19$ | $-51.57$ | $111.3$ |
| $I_3^-$ | $-51.5$ | $-51.4$ | $239.3$ |
| $K^+$ | $-252.38$ | $-283.27$ | $102.5$ |

续表

| 物质 | $\dfrac{\Delta_f H_m^{\ominus}}{kJ \cdot mol^{-1}}$ | $\dfrac{\Delta_f G_m^{\ominus}}{kJ \cdot mol^{-1}}$ | $\dfrac{S_m^{\ominus}}{J \cdot mol^{-1} \cdot K^{-1}}$ |
|---|---|---|---|
| $Li^+$ | −278.49 | −293.31 | 13.4 |
| $Mg^{2+}$ | −466.85 | −454.8 | −138.1 |
| $Mn^{2+}$ | −220.75 | −228.1 | −73.6 |
| $MnO_4^-$ | −541.4 | −447.2 | 191.2 |
| $MnO_4^{2-}$ | −653 | −500.7 | 59 |
| $NO_2^-$ | −104.6 | −32.2 | 123.0 |
| $NO_3^-$ | −205.0 | 108.74 | 146.4 |
| $NH_4^+$ | −132.51 | −79.31 | 113.4 |
| $Na^+$ | −240.12 | −261.905 | 59.0 |
| $Ni^{2+}$ | −54.0 | −45.6 | −128.9 |
| $[Ni(CN)_4]^{2-}$ | 367.8 | 472.1 | 218 |
| $[Ni(NH_3)_4]^{2+}$ | −438.9 | — | 258.6 |
| $PO_4^{3-}$ | −1 277.4 | −1 018.7 | −222 |
| $HPO_4^{2-}$ | −1 292.14 | −1 089.15 | −33.5 |
| $H_2PO_4^-$ | −1 296.29 | −1 130.28 | 90.4 |
| $Pb^{2+}$ | −1.7 | −24.43 | 10.5 |
| $Rb^+$ | −251.17 | −283.98 | 121.50 |
| $S^{2-}$ | 33.1 | 85.8 | −14.6 |
| $SO_3^{2-}$ | −635.5 | −486.5 | −29 |
| $SO_4^{2-}$ | −909.27 | −744.53 | 20.1 |
| $S_2O_3^{2-}$ | −648.5 | −522.5 | 67 |
| $S_2O_8^{2-}$ | −1 344.7 | −1 114.9 | 244.3 |
| $HS^-$ | −17.6 | 12.08 | 62.8 |
| $HSO_4^-$ | −887.3 | −756.0 | 131.8 |

| 物质 | $\dfrac{\Delta_f H_m^{\ominus}}{\text{kJ} \cdot \text{mol}^{-1}}$ | $\dfrac{\Delta_f G_m^{\ominus}}{\text{kJ} \cdot \text{mol}^{-1}}$ | $\dfrac{S_m^{\ominus}}{\text{J} \cdot \text{mol}^{-1} \cdot \text{K}^{-1}}$ |
|---|---|---|---|
| $SbO^+$ | — | $-177.11$ | — |
| $Sc^{3+}$ | $-614.2$ | $-586.6$ | $-255$ |
| $[SiF_6]^{2-}$ | $-2\,389.1$ | $-2\,199.4$ | $122.2$ |
| $Sn^{2+}(HCl)$ | $-8.8$ | $-27.2$ | $-17$ |
| $Sr^{2+}$ | $-545.80$ | $-559.84$ | $-32.6$ |
| $Zn^{2+}$ | $-153.89$ | $-147.06$ | $-112.1$ |
| $[Zn(NH_3)_4]^{2+}$ | $-533.5$ | $-301.9$ | $301$ |
| $[Zn(OH)_4]^{2-}$ | — | $-858.52$ | — |
| $[Zn(CN)_4]^{2-}$ | $342.3$ | $446.9$ | $226$ |

注：数据摘自 Wagman D D, Evans W H, Parker V B, et al. 刘天和，赵梦月，译. NBS 化学热力学性质表. 北京：中国标准出版社，1998.

# 附录 4　某些有机化合物的标准摩尔燃烧焓
## （标准态压强 $p^{\ominus} = 100$ kPa，298.15 K）

| 物质 | | $\dfrac{\Delta_c H_m^{\ominus}}{\text{kJ} \cdot \text{mol}^{-1}}$ | 物质 | | $\dfrac{\Delta_c H_m^{\ominus}}{\text{kJ} \cdot \text{mol}^{-1}}$ |
|---|---|---|---|---|---|
| $CH_4(g)$ | 甲烷 | $-890.31$ | $CH_3COCH_3(l)$ | 丙酮 | $-1\,790.4$ |
| $C_2H_6(g)$ | 乙烷 | $-1\,559.8$ | $CH_3COC_2H_5(l)$ | 甲乙酮 | $-2\,444.2$ |
| $C_3H_8(g)$ | 丙烷 | $-2\,219.9$ | $HCOOH(l)$ | 甲酸 | $-254.6$ |
| $C_5H_{12}(l)$ | 正戊烷 | $-3\,509.5$ | $CH_3COOH(l)$ | 乙酸 | $-874.54$ |
| $C_5H_{12}(g)$ | 正戊烷 | $-3\,536.1$ | $C_2H_5COOH(l)$ | 丙酸 | $-1\,527.3$ |
| $C_6H_{14}(l)$ | 正己烷 | $-4\,163.1$ | $C_3H_7COOH(l)$ | 正丁酸 | $-2\,183.5$ |
| $C_2H_4(g)$ | 乙烯 | $-1\,411.0$ | $CH_2(COOH)_2(s)$ | 丙二酸 | $-861.15$ |
| $C_2H_2(g)$ | 乙炔 | $-1\,299.6$ | $(CH_2COOH)_2(s)$ | 丁二酸 | $-1\,491.0$ |
| $C_3H_6(g)$ | 环丙烷 | $-2\,091.5$ | $(CH_3CO)_2O(l)$ | 乙酸酐 | $-1\,806.2$ |
| $C_4H_8(l)$ | 环丁烷 | $-2\,720.5$ | $HCOOC_2H_5(l)$ | 甲酸乙酯 | $-979.5$ |
| $C_5H_{10}(l)$ | 环戊烷 | $-3\,290.9$ | $CH_3COOC_2H_5(l)$ | 乙酸乙酯 | $-2\,254.21$ |
| $C_6H_{12}(l)$ | 环己烷 | $-3\,919.9$ | $C_6H_5OH(s)$ | 苯酚 | $-3\,063.0$ |
| $C_6H_6(l)$ | 苯 | $-3\,267.5$ | $C_6H_5CHO(l)$ | 苯甲醛 | $-3\,527.9$ |
| $C_{10}H_8(s)$ | 萘 | $-5\,153.9$ | $C_6H_5COCH_3(l)$ | 苯乙酮 | $-4\,148.9$ |
| $CH_3OH(l)$ | 甲醇 | $-726.51$ | $C_6H_5COOH(s)$ | 苯甲酸 | $-3\,226.9$ |
| $C_2H_5OH(l)$ | 乙醇 | $-1\,366.8$ | $C_6H_4(COOH)_2(s)$ | 邻苯二甲酸 | $-3\,223.5$ |
| $C_3H_7OH(l)$ | 正丙醇 | $-2\,019.8$ | $C_6H_5COOCH_3(l)$ | 苯甲酸甲酯 | $-3\,957.6$ |
| $C_4H_9OH(l)$ | 正丁醇 | $-2\,675.8$ | $C_{12}H_{22}O_{11}(s)$ | 蔗糖 | $-5\,648.0$ |
| $CH_3OC_2H_5(g)$ | 甲乙醚 | $-2\,107.4$ | $CH_3NH_2(l)$ | 甲胺 | $-1\,060.6$ |
| $(C_2H_5)_2O(l)$ | 二乙醚 | $-2\,751.5$ | $C_2H_5NH_2(l)$ | 乙胺 | $-1\,713.3$ |
| $HCHO(g)$ | 甲醛 | $-570.78$ | $(NH_2)_2CO(s)$ | 尿素 | $-631.66$ |
| $CH_3CHO(l)$ | 乙醛 | $-1\,166.4$ | $C_5H_5N(l)$ | 吡啶 | $-2\,782.4$ |
| $C_2H_5CHO(l)$ | 丙醛 | $-1\,816.3$ | | | |

# 附录5 某些弱电解质在水中的解离常数
## （298.15 K，离子强度 $I = 0$）

弱酸在水中的解离常数

| 弱酸 | 化学式 | $K_a^\ominus$ | $pK_a^\ominus$ |
|---|---|---|---|
| 砷酸 | $H_3AsO_4$ | $5.98 \times 10^{-3}(K_{a1}^\ominus)$ | 2.223 |
| | | $1.73 \times 10^{-7}(K_{a2}^\ominus)$ | 6.760 |
| | | $5.1 \times 10^{-12}(K_{a3}^\ominus)$ | 11.50 |
| 亚砷酸 | $HAsO_3$ | $5.25 \times 10^{-10}$ | 9.28 |
| 硼酸 | $H_3BO_3$ | $5.8 \times 10^{-10}$ | 9.236 |
| 四硼酸（焦硼酸） | $H_2B_4O_7$ | $1 \times 10^{-4}(K_{a1}^\ominus)$ | 4 |
| | | $1 \times 10^{-9}(K_{a2}^\ominus)$ | 9 |
| 碳酸 | $H_2CO_3$ | $4.5 \times 10^{-7}(K_{a1}^\ominus)$ | 6.352 |
| | | $4.7 \times 10^{-11}(K_{a2}^\ominus)$ | 10.329 |
| 氢氰酸 | $HCN$ | $6.2 \times 10^{-10}$ | 9.21 |
| 铬酸 | $H_2CrO_4$ | $1.8 \times 10^{-1}(K_{a1}^\ominus)$ | 0.74 |
| | | $3.3 \times 10^{-7}(K_{a2}^\ominus)$ | 6.488 |
| 氢氟酸 | $HF$ | $6.3 \times 10^{-4}$ | 3.20 |
| 亚硝酸 | $HNO_2$ | $7.2 \times 10^{-4}$ | 3.14 |
| 过氧化氢 | $H_2O_2$ | $2.3 \times 10^{-12}(K_{a1}^\ominus)$ | 11.64 |
| 磷酸 | $H_3PO_4$ | $7.08 \times 10^{-3}(K_{a1}^\ominus)$ | 2.148 |
| | | $6.3 \times 10^{-8}(K_{a2}^\ominus)$ | 7.198 |
| | | $4.8 \times 10^{-13}(K_{a3}^\ominus)$ | 12.32 |
| 焦磷酸 | $H_4P_2O_7$ | $1.2 \times 10^{-1}(K_{a1}^\ominus)$ | 0.91 |
| | | $7.9 \times 10^{-3}(K_{a2}^\ominus)$ | 2.10 |
| | | $2.0 \times 10^{-7}(K_{a3}^\ominus)$ | 6.70 |
| | | $4.5 \times 10^{-10}(K_{a4}^\ominus)$ | 9.35 |
| 亚磷酸 | $H_3PO_3$ | $3.72 \times 10^{-2}(K_{a1}^\ominus)$ | 1.43 |
| | | $2.08 \times 10^{-7}(K_{a2}^\ominus)$ | 6.68 |

续表

| 弱酸 | 化学式 | $K_a^{\ominus}$ | $pK_a^{\ominus}$ |
|---|---|---|---|
| 氢硫酸 | $H_2S$ | $1.1 \times 10^{-7}(K_{a1}^{\ominus})$ | 6.97 |
| | | $1.3 \times 10^{-13}(K_{a2}^{\ominus})$ | 12.90 |
| 硫酸 | $H_2SO_4$ | $1.0 \times 10^{-2}(K_{a2}^{\ominus})$ | 1.99 |
| 亚硫酸 | $H_2SO_3$ | $1.3 \times 10^{-2}(K_{a1}^{\ominus})$ | 1.89 |
| | | $6.2 \times 10^{-8}(K_{a2}^{\ominus})$ | 7.205 |
| 原硅酸 | $H_4SiO_4$ | $2.5 \times 10^{-10}(K_{a1}^{\ominus})$ | 9.60 |
| | | $1.6 \times 10^{-12}(K_{a2}^{\ominus})$ | 11.8 |
| | | $1.0 \times 10^{-12}(K_{a3}^{\ominus})$ | 12.0 |
| 甲酸 | HCOOH | $1.8 \times 10^{-4}$ | 3.75 |
| 乙酸 | $CH_3COOH$ | $1.8 \times 10^{-5}$ | 4.75 |
| 一氯乙酸 | $CH_2ClOOH$ | $1.4 \times 10^{-3}$ | 2.867 |
| 二氯乙酸 | $CHCl_2COOH$ | $5.0 \times 10^{-2}$ | 1.26 |
| 三氯乙酸 | $CCl_3COOH$ | 0.60 | 0.22 |
| 乳酸 | $CH_3CHOHCOOH$ | $1.4 \times 10^{-4}$ | 3.858 |
| 苯甲酸 | $C_6H_5COOH$ | $6.2 \times 10^{-5}$ | 4.204 |
| 草酸 | $H_2C_2O_4$ | $5.9 \times 10^{-2}(K_{a1}^{\ominus})$ | 1.271 |
| | | $6.4 \times 10^{-5}(K_{a2}^{\ominus})$ | 4.272 |
| D－酒石酸<br>(D－2,3－二羟基丁二酸) | HOOC(OH)CHCH(OH)COOH | $9.1 \times 10^{-4}(K_{a1}^{\ominus})$ | 3.036 |
| | | $4.3 \times 10^{-5}(K_{a2}^{\ominus})$ | 4.366 |
| 邻苯二甲酸 | $C_6H_4(COOH)_2$ | $1.1 \times 10^{-3}(K_{a1}^{\ominus})$ | 2.950 |
| | | $3.9 \times 10^{-6}(K_{a2}^{\ominus})$ | 5.408 |
| 柠檬酸<br>(2－羟基丙烷－1，2，3－三羧酸) | $(HOOCCH_2)_2C(OH)COOH$ | $7.4 \times 10^{-4}(K_{a1}^{\ominus})$ | 3.128 |
| | | $1.7 \times 10^{-5}(K_{a2}^{\ominus})$ | 4.761 |
| | | $4.0 \times 10^{-7}(K_{a3}^{\ominus})$ | 6.396 |
| 苯酚 | $C_6H_5OH$ | $1.1 \times 10^{-10}$ | 9.99 |
| 乙二胺四乙酸 | $H_6-EDTA^{2+}$ | $0.1(K_{a1}^{\ominus})$ | 0.9 |
| | $H_5-EDTA^{+}$ | $3 \times 10^{-2}(K_{a2}^{\ominus})$ | 1.6 |

续表

| 弱酸 | 化学式 | $K_a^{\ominus}$ | $pK_a^{\ominus}$ |
|---|---|---|---|
| 乙二胺四乙酸 | $H_4-EDTA$ | $1 \times 10^{-2}(K_{a3}^{\ominus})$ | 1.99 |
| | $H_3-EDTA^-$ | $2.1 \times 10^{-3}(K_{a4}^{\ominus})$ | 2.67 |
| | $H_2-EDTA^{2-}$ | $6.9 \times 10^{-7}(K_{a5}^{\ominus})$ | 6.16 |
| | $H-EDTA^{3-}$ | $5.5 \times 10^{-11}(K_{a6}^{\ominus})$ | 10.26 |

### 弱碱在水中的解离常数

| 弱碱 | 化学式 | $K_b^{\ominus}$ | $pK_b^{\ominus}$ |
|---|---|---|---|
| 氨水 | $NH_3 \cdot H_2O$ | $1.8 \times 10^{-5}$ | 4.75 |
| 联氨 | $N_2H_4$ | $3.0 \times 10^{-6}(K_{b1}^{\ominus})$ | 5.52 |
| | | $7.6 \times 10^{-15}(K_{b2}^{\ominus})$ | 14.12 |
| 羟氨 | $NH_2OH$ | $9.1 \times 10^{-9}$ | 8.04 |
| 甲胺 | $CH_3NH_2$ | $4.2 \times 10^{-4}$ | 3.38 |
| 乙胺 | $C_2H_5NH_2$ | $5.6 \times 10^{-4}$ | 3.25 |
| 二甲胺 | $(CH_3)_2NH$ | $1.2 \times 10^{-4}$ | 3.93 |
| 二乙胺 | $(C_2H_5)_2NH$ | $1.3 \times 10^{-3}$ | 2.89 |
| 乙醇胺 | $HOCH_2CH_2NH$ | $3.2 \times 10^{-5}$ | 4.50 |
| 三乙醇胺 | $(HOCH_2CH_2)_3N$ | $5.8 \times 10^{-7}$ | 6.24 |
| 六次甲基四胺 | $(CH_2)_6N_4$ | $1.4 \times 10^{-9}$ | 8.85 |
| 乙二胺 | $H_2NCH_2CH_2NH_2$ | $8.5 \times 10^{-5}(K_{b1}^{\ominus})$ | 4.07 |
| | | $7.1 \times 10^{-8}(K_{b2}^{\ominus})$ | 7.15 |
| 吡啶 | $C_5H_5N$ | $1.7 \times 10^{-9}$ | 8.77 |

注：表中数据摘引自

[1] Dean J A. Lange's Handbook of Chemistry. 15th ed. New York：McGraw-Hill, 1999.

[2] Lide D R. Handbook of Chemistry and Physics. 78th ed. Boca Raton：CRC Press, 1997—1998.

# 附录6 难溶化合物的溶度积常数
## （291.15～298 K，离子强度 $I = 0$）

| 难溶化合物 | $K_{sp}^{\ominus}$ | $pK_{sp}^{\ominus}$ | 难溶化合物 | $K_{sp}^{\ominus}$ | $pK_{sp}^{\ominus}$ |
|---|---|---|---|---|---|
| $Ag_3AsO_4$ | $1.03 \times 10^{-22}$ | 21.99 | $CaSO_4$ | $4.93 \times 10^{-5}$ | 4.31 |
| $AgBr$ | $5.35 \times 10^{-13}$ | 12.27 | $CdCO_3$ | $1.0 \times 10^{-12}$ | 12.0 |
| $Ag_2CO_3$ | $8.46 \times 10^{-12}$ | 11.07 | $Cd(OH)_2$（新析出） | $7.2 \times 10^{-15}$ | 14.14 |
| $AgCl$ | $1.77 \times 10^{-10}$ | 9.75 | $CdC_2O_4 \cdot 3H_2O$ | $1.42 \times 10^{-8}$ | 7.85 |
| $Ag_2CrO_4$ | $1.12 \times 10^{-12}$ | 11.95 | $CdS$ | $8.0 \times 10^{-27}$ | 26.10 |
| $AgCN$ | $5.97 \times 10^{-17}$ | 16.22 | $CoCO_3$ | $1.4 \times 10^{-13}$ | 12.84 |
| $AgOH$ | $2.0 \times 10^{-8}$ | 7.71 | $Co(OH)_2$（新析出） | $5.92 \times 10^{-15}$ | 14.23 |
| $AgI$ | $8.52 \times 10^{-17}$ | 16.07 | $Co(OH)_3$ | $1.6 \times 10^{-44}$ | 43.80 |
| $Ag_2C_2O_4$ | $5.40 \times 10^{-12}$ | 11.27 | $\alpha-CoS$（新析出） | $4.0 \times 10^{-21}$ | 20.40 |
| $Ag_3PO_4$ | $8.89 \times 10^{-17}$ | 16.05 | $\beta-CoS$（陈化） | $2.0 \times 10^{-25}$ | 24.70 |
| $Ag_2SO_4$ | $1.20 \times 10^{-5}$ | 4.92 | $Cr(OH)_3$ | $6.3 \times 10^{-31}$ | 30.20 |
| $Ag_2S$ | $6.3 \times 10^{-50}$ | 49.20 | $CuBr$ | $6.27 \times 10^{-9}$ | 8.20 |
| $AgSCN$ | $1.03 \times 10^{-12}$ | 11.99 | $CuCl$ | $1.72 \times 10^{-7}$ | 6.76 |
| $Al(OH)_3$（无定形） | $1.3 \times 10^{-33}$ | 32.89 | $CuCN$ | $3.47 \times 10^{-20}$ | 19.46 |
| $As_2S_3$ | $2.1 \times 10^{-22}$ | 21.68 | $CuI$ | $1.27 \times 10^{-12}$ | 11.90 |
| $BaCO_3$ | $2.58 \times 10^{-9}$ | 8.59 | $CuOH$ | $1 \times 10^{-14}$ | 14 |
| $BaCrO_4$ | $1.17 \times 10^{-10}$ | 9.93 | $Cu_2S$ | $2.5 \times 10^{-48}$ | 47.60 |
| $BaF_2$ | $1.84 \times 10^{-7}$ | 6.74 | $CuSCN$ | $1.77 \times 10^{-13}$ | 12.75 |
| $BaC_2O_4$ | $1.6 \times 10^{-7}$ | 6.79 | $CuCO_3$ | $1.4 \times 10^{-10}$ | 9.86 |
| $BaSO_4$ | $1.08 \times 10^{-10}$ | 9.97 | $Cu(OH)_2$ | $2.2 \times 10^{-20}$ | 19.66 |
| $Bi(OH)_3$ | $6.0 \times 10^{-31}$ | 30.4 | $CuS$ | $6.3 \times 10^{-36}$ | 35.20 |
| $BiOCl$ | $1.8 \times 10^{-31}$ | 30.75 | $FeCO_3$ | $3.13 \times 10^{-11}$ | 10.50 |
| $CaCO_3$ | $2.8 \times 10^{-9}$ | 8.54 | $Fe(OH)_2$ | $4.87 \times 10^{-17}$ | 16.31 |
| $CaF_2$ | $5.3 \times 10^{-9}$ | 8.28 | $FeS$ | $6.3 \times 10^{-18}$ | 17.20 |
| $CaC_2O_4 \cdot H_2O$ | $2.32 \times 10^{-9}$ | 8.63 | $Fe(OH)_3$ | $2.79 \times 10^{-39}$ | 38.55 |
| $Ca_3(PO_4)_2$ | $2.07 \times 10^{-29}$ | 28.68 | $Hg_2Br_2$ | $6.40 \times 10^{-23}$ | 22.19 |

| 难溶化合物 | $K_{sp}^{\ominus}$ | $pK_{sp}^{\ominus}$ | 难溶化合物 | $K_{sp}^{\ominus}$ | $pK_{sp}^{\ominus}$ |
|---|---|---|---|---|---|
| $Hg_2CO_3$ | $3.6 \times 10^{-17}$ | 16.44 | $PbCO_3$ | $7.4 \times 10^{-14}$ | 13.13 |
| $Hg_2Cl_2$ | $1.43 \times 10^{-18}$ | 17.84 | $PbCl_2$ | $1.70 \times 10^{-5}$ | 4.77 |
| $Hg_2(OH)_2$ | $2.0 \times 10^{-24}$ | 23.70 | $PbF_2$ | $3.3 \times 10^{-8}$ | 7.48 |
| $Hg_2I_2$ | $5.2 \times 10^{-29}$ | 28.72 | $Pb(OH)_2$ | $1.43 \times 10^{-15}$ | 14.84 |
| $Hg_2SO_4$ | $6.5 \times 10^{-7}$ | 6.19 | $PbI_2$ | $9.8 \times 10^{-9}$ | 8.01 |
| $Hg_2S$ | $1.0 \times 10^{-47}$ | 47.0 | $PbSO_4$ | $2.53 \times 10^{-8}$ | 7.60 |
| $Hg(OH)_2$ | $3.2 \times 10^{-26}$ | 25.52 | $PbS$ | $8.0 \times 10^{-28}$ | 27.10 |
| $HgS$（红色） | $4 \times 10^{-53}$ | 52.4 | $Pb(OH)_4$ | $3.2 \times 10^{-66}$ | 65.50 |
| $HgS$（黑色） | $1.6 \times 10^{-52}$ | 51.80 | $Sn(OH)_2$ | $5.45 \times 10^{-28}$ | 27.26 |
| $MgCO_3$ | $6.82 \times 10^{-6}$ | 5.17 | $SnS$ | $1.0 \times 10^{-25}$ | 25.00 |
| $MgF_2$ | $5.16 \times 10^{-11}$ | 10.29 | $Sn(OH)_4$ | $1 \times 10^{-56}$ | 56 |
| $Mg(OH)_2$ | $5.61 \times 10^{-12}$ | 11.25 | $SrCO_3$ | $5.60 \times 10^{-10}$ | 9.25 |
| $MnCO_3$ | $2.34 \times 10^{-11}$ | 10.63 | $SrCrO_4$ | $2.2 \times 10^{-5}$ | 4.65 |
| $Mn(OH)_2$ | $1.9 \times 10^{-13}$ | 12.72 | $SrF_2$ | $4.33 \times 10^{-9}$ | 8.36 |
| $MnS$（无定形） | $2.5 \times 10^{-10}$ | 9.60 | $SrC_2O_4 \cdot H_2O$ | $1.6 \times 10^{-7}$ | 6.80 |
| $MnS$（晶形） | $2.5 \times 10^{-13}$ | 12.60 | $Sr_3(PO_4)_2$ | $4.0 \times 10^{-28}$ | 27.39 |
| $NiCO_3$ | $1.42 \times 10^{-7}$ | 6.85 | $SrSO_4$ | $3.44 \times 10^{-7}$ | 6.46 |
| $Ni(OH)_2$（新析出） | $5.48 \times 10^{-16}$ | 15.26 | $ZnCO_3$ | $1.46 \times 10^{-10}$ | 9.94 |
| $\alpha-NiS$ | $3.2 \times 10^{-19}$ | 18.50 | $Zn(OH)_2$ | $3.0 \times 10^{-17}$ | 16.5 |
| $\beta-NiS$ | $1.0 \times 10^{-24}$ | 24.0 | $Zn_3(PO_4)_2$ | $9.0 \times 10^{-33}$ | 32.04 |
| $\gamma-NiS$ | $2.0 \times 10^{-26}$ | 25.70 | $\alpha-ZnS$ | $1.6 \times 10^{-24}$ | 23.80 |
| $PbCrO_4$ | $2.8 \times 10^{-13}$ | 12.55 | $\beta-ZnS$ | $2.5 \times 10^{-22}$ | 21.60 |

注：表中数据录自 Dean J A. Lange's Handbook of Chemistry. 15th ed. New York：McGraw-Hill，1999.

# 附录 7 标准电极电势

## （标准态压强 $p^{\ominus} = 100$ kPa，298.15 K）

### 酸性水溶液中的标准电极电势（酸表）

| 电对（氧化态/还原态） | 标准电极电势 $E^{\ominus}$/V | 电极反应（氧化态 $+ ze^- \rightleftharpoons$ 还原态） |
|---|---|---|
| $Li^+/Li$ | $-3.040$ | $Li^+ + e^- \rightleftharpoons Li$ |
| $K^+/K$ | $-2.924$ | $K^+ + e^- \rightleftharpoons K$ |
| $Rb^+/Rb$ | $-2.924$ | $Rb^+ + e^- \rightleftharpoons Rb$ |
| $Cs^+/Cs$ | $-2.923$ | $Cs^+ + e^- \rightleftharpoons Cs$ |
| $Ba^{2+}/Ba$ | $-2.92$ | $Ba^{2+} + 2e^- \rightleftharpoons Ba$ |
| $Ca^{2+}/Ca$ | $-2.84$ | $Ca^{2+} + 2e^- \rightleftharpoons Ca$ |
| $Na^+/Na$ | $-2.714$ | $Na^+ + e^- \rightleftharpoons Na$ |
| $Mg^{2+}/Mg$ | $-2.356$ | $Mg^{2+} + 2e^- \rightleftharpoons Mg$ |
| $Be^{2+}/Be$ | $-1.99$ | $Be^{2+} + 2e^- \rightleftharpoons Be$ |
| $Al^{3+}/Al$ | $-1.676$ | $Al^{3+} + 3e^- \rightleftharpoons Al$ |
| $Mn^{2+}/Mn$ | $-1.18$ | $Mn^{2+} + 2e^- \rightleftharpoons Mn$ |
| $Zn^{2+}/Zn$ | $-0.762\,6$ | $Zn^{2+} + 2e^- \rightleftharpoons Zn$ |
| $Cr^{3+}/Cr$ | $-0.74$ | $Cr^{3+} + 3e^- \rightleftharpoons Cr$ |
| $Fe^{2+}/Fe$ | $-0.44$ | $Fe^{2+} + 2e^- \rightleftharpoons Fe$ |
| $Cd^{2+}/Cd$ | $-0.403$ | $Cd^{2+} + 2e^- \rightleftharpoons Cd$ |
| $PbSO_4/Pb$ | $-0.356$ | $PbSO_4 + 2e^- \rightleftharpoons Pb + SO_4^{2-}$ |
| $Co^{2+}/Co$ | $-0.277$ | $Co^{2+} + 2e^- \rightleftharpoons Co$ |
| $Ni^{2+}/Ni$ | $-0.257$ | $Ni^{2+} + 2e^- \rightleftharpoons Ni$ |
| $AgI/Ag$ | $-0.152\,2$ | $AgI + e^- \rightleftharpoons Ag + I^-$ |
| $Sn^{2+}/Sn$ | $-0.136$ | $Sn^{2+} + 2e^- \rightleftharpoons Sn$ |

| 电对（氧化态/还原态） | 标准电极电势 $E^\ominus$/V | 电极反应（氧化态 $+ze^- \rightleftharpoons$ 还原态） |
|---|---|---|
| $Pb^{2+}/Pb$ | $-0.126$ | $Pb^{2+} + 2e^- \rightleftharpoons Pb$ |
| $H^+/H_2$ | $0.00$ | $2H^+ + 2e^- \rightleftharpoons H_2$ |
| $AgBr/Ag$ | $+0.071\ 1$ | $AgBr + e^- \rightleftharpoons Ag + Br^-$ |
| $S/H_2S(aq)$ | $+0.144$ | $S + 2H^+ + 2e^- \rightleftharpoons H_2S$ |
| $Sn^{4+}/Sn^{2+}$ | $+0.154$ | $Sn^{4+} + 2e^- \rightleftharpoons Sn^{2+}$ |
| $SO_4^{2-}/H_2SO_3$ | $+0.158$ | $SO_4^{2-} + 4H^+ + 2e^- \rightleftharpoons H_2SO_3 + H_2O$ |
| $Cu^{2+}/Cu^+$ | $+0.159$ | $Cu^{2+} + e^- \rightleftharpoons Cu^+$ |
| $AgCl/Ag$ | $+0.222\ 3$ | $AgCl + e^- \rightleftharpoons Ag + Cl^-$ |
| $Hg_2Cl_2/Hg$ | $+0.268\ 2$ | $Hg_2Cl_2 + 2e^- \rightleftharpoons 2Hg + 2Cl^-$ |
| $Cu^{2+}/Cu$ | $+0.340$ | $Cu^{2+} + 2e^- \rightleftharpoons Cu$ |
| $[Fe(CN)_6]^{3-}/[Fe(CN)_6]^{4-}$ | $+0.361$ | $[Fe(CN)_6]^{3-} + e^- \rightleftharpoons [Fe(CN)_6]^{4-}$ |
| $H_2SO_3/S_2O_3^{2-}$ | $+0.400$ | $2H_2SO_3 + 2H^+ + 4e^- \rightleftharpoons S_2O_3^{2-} + 3H_2O$ |
| $Cu^+/Cu$ | $+0.52$ | $Cu^+ + e^- \rightleftharpoons Cu$ |
| $I_2/I^-$ | $+0.535\ 5$ | $I_2 + 2e^- \rightleftharpoons 2I^-$ |
| $Cu^{2+}/CuCl$ | $+0.559$ | $Cu^{2+} + Cl^- + e^- \rightleftharpoons CuCl$ |
| $H_3AsO_4/HAsO_2$ | $+0.560$ | $H_3AsO_4 + 2H^+ + 2e^- \rightleftharpoons HAsO_2 + 2H_2O$ |
| $HgCl_2/Hg_2Cl_2$ | $+0.63$ | $2HgCl_2 + 2e^- \rightleftharpoons Hg_2Cl_2 + 2Cl^-$ |
| $O_2/H_2O_2$ | $+0.695$ | $O_2 + 2H^+ + 2e^- \rightleftharpoons H_2O_2$ |
| $Fe^{3+}/Fe^{2+}$ | $+0.771$ | $Fe^{3+} + e^- \rightleftharpoons Fe^{2+}$ |
| $Hg_2^{2+}/Hg$ | $+0.796\ 0$ | $Hg_2^{2+} + 2e^- \rightleftharpoons 2Hg$ |
| $Ag^+/Ag$ | $+0.799\ 1$ | $Ag^+ + e^- \rightleftharpoons Ag$ |
| $Hg^{2+}/Hg$ | $+0.853\ 5$ | $Hg^{2+} + 2e^- \rightleftharpoons Hg$ |
| $Cu^{2+}/CuI$ | $+0.86$ | $Cu^{2+} + I^- + e^- \rightleftharpoons CuI$ |

| 电对（氧化态/还原态） | 标准电极电势 $E^{\ominus}$ /V | 电极反应（氧化态 $+ze^-$ $\Longrightarrow$ 还原态） |
|---|---|---|
| $NO_3^-/NH_4^+$ | $+0.88$ | $NO_3^- + 10H^+ + 8e^- \Longrightarrow NH_4^+ + 3H_2O$ |
| $Hg^{2+}/Hg_2^{2+}$ | $+0.911$ | $2Hg^{2+} + 2e^- \Longrightarrow Hg_2^{2+}$ |
| $NO_3^-/HNO_2$ | $+0.94$ | $NO_3^- + 3H^+ + 2e^- \Longrightarrow HNO_2 + H_2O$ |
| $NO_3^-/NO$ | $+0.957$ | $NO_3^- + 4H^+ + 3e^- \Longrightarrow NO + 2H_2O$ |
| $HNO_2/NO$ | $+0.996$ | $HNO_2 + H^+ + e^- \Longrightarrow NO + H_2O$ |
| $Br_2/Br^-$ | $+1.065$ | $Br_2 + 2e^- \Longrightarrow 2Br^-$ |
| $IO_3^-/I_2$ | $+1.195$ | $2IO_3^- + 12H^+ + 10e^- \Longrightarrow I_2 + 6H_2O$ |
| $O_2/H_2O$ | $+1.229$ | $O_2 + 4H^+ + 4e^- \Longrightarrow 2H_2O$ |
| $MnO_2/Mn^{2+}$ | $+1.23$ | $MnO_2 + 4H^+ + 2e^- \Longrightarrow Mn^{2+} + 2H_2O$ |
| $Cl_2/Cl^-$ | $+1.358\ 3$ | $Cl_2 + 2e^- \Longrightarrow 2Cl^-$ |
| $Cr_2O_7^{2-}/Cr^{3+}$ | $+1.36$ | $Cr_2O_7^{2-} + 14H^+ + 6e^- \Longrightarrow 2Cr^{3+} + 7H_2O$ |
| $PbO_2/Pb^{2+}$ | $+1.46$ | $PbO_2 + 4H^+ + 2e^- \Longrightarrow Pb^{2+} + 2H_2O$ |
| $ClO_3^-/Cl_2$ | $+1.468$ | $2ClO_3^- + 12H^+ + 10e^- \Longrightarrow Cl_2 + 6H_2O$ |
| $BrO_3^-/Br^-$ | $+1.478$ | $BrO_3^- + 6H^+ + 6e^- \Longrightarrow Br^- + 3H_2O$ |
| $BrO_3^-/Br_2(l)$ | $+1.5$ | $2BrO_3^- + 12H^+ + 10e^- \Longrightarrow Br_2(l) + 6H_2O$ |
| $MnO_4^-/Mn^{2+}$ | $+1.51$ | $MnO_4^- + 8H^+ + 5e^- \Longrightarrow Mn^{2+} + 4H_2O$ |
| $HClO/Cl_2$ | $+1.630$ | $2HClO + 2H^+ + 2e^- \Longrightarrow Cl_2 + 2H_2O$ |
| $MnO_4^-/MnO_2$ | $+1.70$ | $MnO_4^- + 4H^+ + 3e^- \Longrightarrow MnO_2 + 2H_2O$ |
| $H_2O_2/H_2O$ | $+1.763$ | $H_2O_2 + 2H^+ + 2e^- \Longrightarrow 2H_2O$ |
| $S_2O_8^{2-}/SO_4^{2-}$ | $+1.96$ | $S_2O_8^{2-} + 2e^- \Longrightarrow 2SO_4^{2-}$ |
| $FeO_4^{2-}/Fe^{3+}$ | $+2.20$ | $FeO_4^{2-} + 8H^+ + 3e^- \Longrightarrow Fe^{3+} + 4H_2O$ |
| $BaO_2/Ba^{2+}$ | $+2.365$ | $BaO_2 + 4H^+ + 2e^- \Longrightarrow Ba^{2+} + 2H_2O$ |
| $F_2(g)/F^-$ | $+2.87$ | $F_2 + 2e^- \Longrightarrow 2F^-$ |
| $F_2(g)/HF(aq)$ | $+3.053$ | $F_2(g) + 2H^+ + 2e^- \Longrightarrow 2HF(aq)$ |

### 碱性水溶液中的标准电极电势（碱表）

| 电对（氧化态/还原态） | 标准电极电势 $E^{\ominus}$ /V | 电极反应（氧化态 $+z\,e^{-} \Longrightarrow$ 还原态） |
|---|---|---|
| $Ca(OH)_2/Ca$ | $(-3.02)$ | $Ca(OH)_2 + 2e^{-} \Longrightarrow Ca + 2OH^{-}$ |
| $Mg(OH)_2/Mg$ | $-2.687$ | $Mg(OH)_2 + 2e^{-} \Longrightarrow Mg + 2OH^{-}$ |
| $[Al(OH)_4]^{-}/Al$ | $-2.310$ | $[Al(OH)_4]^{-} + 3e^{-} \Longrightarrow Al + 4OH^{-}$ |
| $SiO_3^{2-}/Si$ | $(-1.697)$ | $SiO_3^{2-} + 3H_2O + 4e^{-} \Longrightarrow Si + 6OH^{-}$ |
| $Cr(OH)_3/Cr$ | $(-1.48)$ | $Cr(OH)_3 + 3e^{-} \Longrightarrow Cr + 3OH^{-}$ |
| $[Zn(OH)_4]^{2-}/Zn$ | $-1.285$ | $[Zn(OH)_4]^{2-} + 2e^{-} \Longrightarrow Zn + 4OH^{-}$ |
| $HSnO_2^{-}/Sn$ | $-0.91$ | $HSnO_2^{-} + H_2O + 2e^{-} \Longrightarrow Sn + 3OH^{-}$ |
| $H_2O/H_2$ | $-0.828$ | $2H_2O + 2e^{-} \Longrightarrow H_2 + 2OH^{-}$ |
| $Co(OH)_2/Co$ | $-0.73$ | $Co(OH)_2 + 2e^{-} \Longrightarrow Co + 2OH^{-}$ |
| $Ni(OH)_2/Ni$ | $-0.72$ | $Ni(OH)_2 + 2e^{-} \Longrightarrow Ni + 2OH^{-}$ |
| $AsO_4^{3-}/AsO_2^{-}$ | $-0.67$ | $AsO_4^{3-} + 2H_2O + 2e^{-} \Longrightarrow AsO_2^{-} + 4OH^{-}$ |
| $SO_3^{2-}/S$ | $-0.59$ | $SO_3^{2-} + 3H_2O + 4e^{-} \Longrightarrow S + 6OH^{-}$ |
| $SO_3^{2-}/S_2O_3^{2-}$ | $-0.576$ | $2SO_3^{2-} + 3H_2O + 4e^{-} \Longrightarrow S_2O_3^{2-} + 6OH^{-}$ |
| $NO_2^{-}/NO$ | $(-0.46)$ | $NO_2^{-} + H_2O + e^{-} \Longrightarrow NO + 2OH^{-}$ |
| $S/S^{2-}$ | $-0.407$ | $S + 2e^{-} \Longrightarrow S^{2-}$ |
| $CrO_4^{2-}/[Cr(OH)_4]^{-}$ | $-0.13$ | $CrO_4^{2-} + 4H_2O + 3e^{-} \Longrightarrow [Cr(OH)_4]^{-} + 4OH^{-}$ |
| $O_2/HO_2^{-}$ | $-0.076$ | $O_2 + H_2O + 2e^{-} \Longrightarrow HO_2^{-} + OH^{-}$ |
| $Co(OH)_3/Co(OH)_2$ | $+0.17$ | $Co(OH)_3 + e^{-} \Longrightarrow Co(OH)_2 + OH^{-}$ |
| $O_2/OH^{-}$ | $+0.401$ | $O_2 + 2H_2O + 4e^{-} \Longrightarrow 4OH^{-}$ |
| $ClO^{-}/Cl_2$ | $+0.421$ | $2ClO^{-} + H_2O + 2e^{-} \Longrightarrow Cl_2 + 4OH^{-}$ |
| $MnO_4^{-}/MnO_4^{2-}$ | $+0.56$ | $MnO_4^{-} + e^{-} \Longrightarrow MnO_4^{2-}$ |
| $MnO_4^{-}/MnO_2$ | $+0.60$ | $MnO_4^{-} + 2H_2O + 3e^{-} \Longrightarrow MnO_2 + 4OH^{-}$ |
| $MnO_4^{2-}/MnO_2$ | $+0.62$ | $MnO_4^{2-} + 2H_2O + 2e^{-} \Longrightarrow MnO_2 + 4OH^{-}$ |
| $HO_2^{-}/OH^{-}$ | $+0.867$ | $HO_2^{-} + H_2O + 2e^{-} \Longrightarrow 3OH^{-}$ |
| $ClO^{-}/Cl^{-}$ | $+0.890$ | $ClO^{-} + H_2O + 2e^{-} \Longrightarrow Cl^{-} + 2OH^{-}$ |
| $O_3/OH^{-}$ | $+1.246$ | $O_3 + H_2O + 2e^{-} \Longrightarrow O_2 + 2OH^{-}$ |

注：表中数据录自 Dean J A. Lange's Handbook of Chemistry. 15th ed. New York：McGraw-Hill, 1999.

括号中数据取自 Lide D R. Handbook of Chemistry and Physics. 78th ed. Boca Raton：CRC Press, 1997—1998.

# 附录8 相对原子质量表

| 原子序数 | 元素名称 | 元素符号 | 英文名称 | 相对原子质量 |
|---|---|---|---|---|
| 1 | 氢 | H | hydrogen | 1.007 94（7） |
| 2 | 氦 | He | helium | 4.002 602（2） |
| 3 | 锂 | Li | lithium | 6.941（2） |
| 4 | 铍 | Be | beryllium | 9.012 182（3） |
| 5 | 硼 | B | boron | 10.811（7） |
| 6 | 碳 | C | carbon | 12.010 7（8） |
| 7 | 氮 | N | nitrogen | 14.006 7（2） |
| 8 | 氧 | O | oxygen | 15.999 4（3） |
| 9 | 氟 | F | fluorine | 18.998 403 2（5） |
| 10 | 氖 | Ne | neon | 20.179 7（6） |
| 11 | 钠 | Na | sodium | 22.989 769 28（2） |
| 12 | 镁 | Mg | magnesium | 24.305 0（6） |
| 13 | 铝 | Al | aluminium | 26.981 538 6（8） |
| 14 | 硅 | Si | silicon | 28.085 5（3） |
| 15 | 磷 | P | phosphorus | 30.973 762（2） |
| 16 | 硫 | S | sulfur | 32.065（5） |
| 17 | 氯 | Cl | chlorine | 35.453（2） |
| 18 | 氩 | Ar | argon | 39.948（1） |
| 19 | 钾 | K | potassium | 39.098 3（1） |
| 20 | 钙 | Ca | calcium | 40.078（4） |
| 21 | 钪 | Sc | scandium | 44.955 912（6） |
| 22 | 钛 | Ti | titanium | 47.867（1） |
| 23 | 钒 | V | vanadium | 50.941 5（1） |
| 24 | 铬 | Cr | chromium | 51.996 1（6） |
| 25 | 锰 | Mn | manganese | 54.938 045（5） |
| 26 | 铁 | Fe | iron | 55.845（2） |
| 27 | 钴 | Co | cobalt | 58.933 195（5） |
| 28 | 镍 | Ni | nickel | 58.693 4（4） |
| 29 | 铜 | Cu | copper | 63.546（3） |

续表

| 原子序数 | 元素名称 | 元素符号 | 英文名称 | 相对原子质量 |
|---|---|---|---|---|
| 30 | 锌 | Zn | zinc | 65.38（2） |
| 31 | 镓 | Ga | gallium | 69.723（1） |
| 32 | 锗 | Ge | germanium | 72.64（1） |
| 33 | 砷 | As | arsenic | 74.921 60（2） |
| 34 | 硒 | Se | selenium | 78.96（3） |
| 35 | 溴 | Br | bromine | 79.904（1） |
| 36 | 氪 | Kr | krypton | 83.798（2） |
| 37 | 铷 | Rb | rubidium | 85.467 8（3） |
| 38 | 锶 | Sr | strontium | 87.62（1） |
| 39 | 钇 | Y | yttrium | 88.905 85（2） |
| 40 | 锆 | Zr | zirconium | 91.224（2） |
| 41 | 铌 | Nb | niobium | 92.906 38（2） |
| 42 | 钼 | Mo | molybdenum | 95.96（2） |
| 43 | 锝 | Tc | technetium | [98] |
| 44 | 钌 | Ru | ruthenium | 101.07（2） |
| 45 | 铑 | Rh | rhodium | 102.905 50（2） |
| 46 | 钯 | Pd | palladium | 106.42（1） |
| 47 | 银 | Ag | silver | 107.868 2（2） |
| 48 | 镉 | Cd | cadmium | 112.411（8） |
| 49 | 铟 | In | indium | 114.818（3） |
| 50 | 锡 | Sn | tin | 118.710（7） |
| 51 | 锑 | Sb | antimony | 121.760（1） |
| 52 | 碲 | Te | tellurium | 127.60（3） |
| 53 | 碘 | I | iodine | 126.904 47（3） |
| 54 | 氙 | Xe | xenon | 131.293（6） |
| 55 | 铯 | Cs | caesium | 132.905 451 9（2） |
| 56 | 钡 | Ba | barium | 137.327（7） |
| 57 | 镧 | La | lanthanum | 138.905 47（7） |
| 58 | 铈 | Ce | cerium | 140.116（1） |
| 59 | 镨 | Pr | praseodymium | 140.907 65（2） |
| 60 | 钕 | Nd | neodymium | 144.242（3） |

| 原子序数 | 元素名称 | 元素符号 | 英文名称 | 相对原子质量 |
|---|---|---|---|---|
| 61 | 钷 | Pm | promethium | [145] |
| 62 | 钐 | Sm | samarium | 150.36（2） |
| 63 | 铕 | Eu | europium | 151.964（1） |
| 64 | 钆 | Gd | gadolinium | 157.25（3） |
| 65 | 铽 | Tb | terbium | 158.925 35（2） |
| 66 | 镝 | Dy | dysprosium | 162.500（1） |
| 67 | 钬 | Ho | holmium | 164.930 32（2） |
| 68 | 铒 | Er | erbium | 167.259（3） |
| 69 | 铥 | Tm | thulium | 168.934 21（2） |
| 70 | 镱 | Yb | ytterbium | 173.054（5） |
| 71 | 镥 | Lu | lutetium | 174.966 8（1） |
| 72 | 铪 | Hf | hafnium | 178.49（2） |
| 73 | 钽 | Ta | tantalum | 180.947 88（2） |
| 74 | 钨 | W | tungsten | 183.84（1） |
| 75 | 铼 | Re | rhenium | 186.207（1） |
| 76 | 锇 | Os | osmium | 190.23（3） |
| 77 | 铱 | Ir | iridium | 192.217（3） |
| 78 | 铂 | Pt | platinum | 195.084（9） |
| 79 | 金 | Au | gold | 196.966 569（4） |
| 80 | 汞 | Hg | mercury | 200.59（2） |
| 81 | 铊 | Tl | thallium | 204.383 3（2） |
| 82 | 铅 | Pb | lead | 207.2（1） |
| 83 | 铋 | Bi | bismuth | 208.980 40（1） |
| 84 | 钋 | Po | polonium | [209] |
| 85 | 砹 | At | astatine | [210] |
| 86 | 氡 | Rn | radon | [222] |
| 87 | 钫 | Fr | francium | [223] |
| 88 | 镭 | Re | radium | [226] |
| 89 | 锕 | Ac | actinium | [227] |
| 90 | 钍 | Th | thorium | 232.038 06（2） |
| 91 | 镤 | Pa | protactinium | 231.035 88（2） |

| 原子序数 | 元素名称 | 元素符号 | 英文名称 | 相对原子质量 |
|---|---|---|---|---|
| 92 | 铀 | U | uranium | 238.028 91（3） |
| 93 | 镎 | Np | neptunium | [237] |
| 94 | 钚 | Pu | plutonium | [244] |
| 95 | 镅 | Am | americium | [243] |
| 96 | 锔 | Cm | curium | [247] |
| 97 | 锫 | Bk | berkelium | [247] |
| 98 | 锎 | Cf | californium | [251] |
| 99 | 锿 | Es | einsteinium | [252] |
| 100 | 镄 | Fm | fermium | [257] |
| 101 | 钔 | Md | mendelevium | [258] |
| 102 | 锘 | No | nobelium | [259] |
| 103 | 铹 | Lr | lawrencium | [262] |
| 104 | 𬬻 | Rf | rutherfordium | [267] |
| 105 | 𬭊 | Db | dubnium | [270] |
| 106 | 𬭳 | Sg | seaborgium | [269] |
| 107 | 𬭛 | Bh | bohrium | [270] |
| 108 | 𬭶 | Hs | hassium | [270] |
| 109 | 鿏 | Mt | meitnerium | [278] |
| 110 | 𰚩 | Ds | darmstadtium | [281] |
| 111 | 𬬭 | Rg | roentgenium | [281] |
| 112 | 鎶 | Cn | copernicium | [285] |
| 113 | 鿭 | Nh | nihonium | [286] |
| 114 | 𫓧 | Fl | flerovium | [289] |
| 115 | 镆 | Mc | moscovium | [289] |
| 116 | 𫟼 | Lv | livermorium | [293] |
| 117 | 鿬 | Ts | tennessine | [293] |
| 118 | 鿫 | Og | oganesson | [294] |
| 119 | | Uue | ununennium | |
| 120 | | Ubn | Unbinilium | |

注：本表数据源自 2007 年 IUPAC 元素周期表(IUPAC 2007 standard atomic weights)，以 $A_r(^{12}C) = 12$ 为标准。本表[ ]内的原子质量为放射性元素的半衰期最长的同位素质量数。相对原子质量末位数的不确定度加注在其后的括号内，比如 8 号氧元素的相对原子质量 15.999 4（3）是 15.999 4±0.000 03 的简写。

**读者意见反馈**

为收集对教材的意见建议，进一步完善教材编写并做好服务工作，读者可将对本教材的意见建议通过如下渠道反馈至我社。

咨询电话　400－810－0598

反馈邮箱　hepsci@pub.hep.cn

通信地址　北京市朝阳区惠新东街 4 号富盛大厦 1 座　高等教育出版社理科事业部

邮政编码　100029

**防伪查询说明**

用户购书后刮开封底防伪涂层，使用手机微信等软件扫描二维码，会跳转至防伪查询网页，获得所购图书详细信息。

防伪客服电话 （010）58582300

# 大学化学习题解答 第 2 版

配套天津大学无机化学教研室编《大学化学》（第2版）

ISBN 978-7-04-061020-8

9 787040 610208 >

定价 42.70元